内 容 简 介

本书是普通高等教育"十一五"国家级规划教材、普通高等教育农业农村部"十三五"规划教材、全国高等农林院校"十三五"规划教材、2011年全国高等农业院校优秀教材、2011年江苏省高等学校精品教材。

本书是《土壤调查与制图》教材的第三版。全书仍以传统的土壤调查制图为主线，介绍了土壤调查与制图的理论、方法与技术。由于遥感技术、地理信息系统技术和全球定位系统技术的迅猛发展并在土壤调查制图中得到了较好的应用，所以本教材在土壤调查制图中使用到这些技术的章节，对这些技术的应用作了较详细的介绍，还专门列了一章来介绍遥感技术土壤调查制图。

土壤系统分类具有明显的特点，发展很快。所以，本教材专辟一章，对土壤系统分类的土壤调查制图进行介绍。由于这方面的研究工作刚刚起步，可以参考的资料不多，因而该章的介绍相对比较粗浅。由于计算机技术特别是地理信息系统技术的迅猛发展，数字技术近年来发展迅速，数字土壤制图技术因其具有某些突出优点而受到重视。本教材也单列一章对其进行概要介绍。在特别任务的土壤调查中，由于水土流失调查有专门的书籍进行介绍，本教材略去了这部分内容。湿地和城市土壤受到越来越多的重视，本教材增加了这两方面的调查制图技术介绍。在土壤调查制图成果的应用部分，本教材只是考虑了土壤资源评价的技术问题。由于土壤调查制图的实践性很强，本教材特别增加了实验指导部分。

本书是高等农林院校农业资源与环境专业的必选教科书，也可用作土地、生态、环境、林学、草原学、农学、植保、园艺等相关专业课程的教科书或参考书。

普通高等教育"十一五"国家级规划教材
普通高等教育农业农村部"十三五"规划教材
全国高等农林院校"十三五"规划教材
2011年全国高等农业院校优秀教材
2011年江苏省高等学校精品教材

土壤调查与制图

第三版

潘剑君　主编

中国农业出版社

第三版编写人员

主　编　潘剑君
副主编　陈焕伟　夏建国
编　者　（以姓氏笔画为序）
　　　　孙福军（沈阳农业大学）
　　　　李　玲（河南农业大学）
　　　　李兆富（南京农业大学）
　　　　李道林（安徽农业大学）
　　　　宋付朋（山东农业大学）
　　　　张海涛（华中农业大学）
　　　　陈焕伟（中国农业大学）
　　　　夏建国（四川农业大学）
　　　　梁中龙（华南农业大学）
　　　　樊文华（山西农业大学）
　　　　潘剑君（南京农业大学）

特邀编写人员
　　　　赵玉国（中国科学院南京土壤研究所）
　　　　孙孝林（中国科学院南京土壤研究所）

第二版编写人员

主　编　朱克贵（南京农业大学）
副主编　徐盛荣（南京农业大学）
编写者　（以姓氏笔画为序）
　　　　　　王庆云（华中农业大学）
　　　　　　王深发（浙江农业大学）
　　　　　　刘腾辉（华南农业大学）
　　　　　　刘兴久（东北农学院）
　　　　　　李　刚（西北农业大学）
　　　　　　林恩涌（河北农业大学）
　　　　　　蒋玉衡（沈阳农业大学）
　　　　　　谭成君（沈阳农业大学）
审稿者　王人潮（浙江农业大学）
　　　　　　林　培（北京农业大学）
　　　　　　李永昌（山东农业大学）

第一版编写人员

主　编　南京农学院
副主编　东北农学院
编写者　朱克贵　徐盛荣　何万云　郭兴加
　　　　　张廷璧　王人潮　赖守抒　林　培
　　　　　李永昌　蒋玉衡　冯立孝　李仲明
　　　　　刘腾辉　林恩涌　庄伟民　杨志超
　　　　　汤辛农　王庆云　蒋道德　张风海
　　　　　张永武

第三版前言

1981年江苏科学技术出版社《土壤调查与制图》和1996年中国农业出版社《土壤调查与制图》（第二版）被全国普遍采用，反响很好。

合理开发利用自然资源、切实保护生态环境、实施可持续发展战略，正日益深入人心。经济建设的众多方面对快速掌握土壤资源的数量多少、质量高低、分布状况及其变化预测的要求越来越迫切。这就要求土壤调查与制图要能够采用当今的最新理论、方法、技术，以满足社会发展的需要。为此，我们决定对原先的教材进行必要的修编。

在本教材的章节设置方面，由于土壤调查与制图仍应以让学生掌握土壤调查制图的基本理论、方法、技术为主要目标，所以本教材仍以传统的土壤调查制图为主线，进行内容安排。但由于遥感技术特别是航天遥感技术已经成为当前土壤调查制图工作中不可或缺的技术，所以本教材作了特别介绍。本教材对地理信息系统技术和全球定位系统技术在土壤调查制图中的应用方法、技术，也作了尽可能详细的介绍。

本教材对土壤调查制图的新兴领域给予了足够的关注，如单独设章对基于土壤系统分类的土壤调查制图技术和数字土壤制图技术进行了介绍。此外，还在特别任务的土壤调查制图中，对近年来受到重视的湿地保护、土地复垦、污染土壤、城市土壤等的土壤调查制图方法技术进行了介绍。

土壤调查与制图是实践性很强的课程，所以本教材增加了实验指导书部分，以利于相应实践教学活动的开展。

由于科学技术日新月异，也由于我们水平有限，在本教材中难免出现偏差甚至错误，敬请读者批评指正。

编　者

2010年3月于南京

注：该教材于2017年12月被评为农业部（现名农业农村部）"十三五"规划教材［农科（教育）函〔2017〕第379号］。

第二版前言

土壤资源是人类赖以生存的最基本的物质基础。土壤则是农、林、牧业不可缺少的生产资料。因此，世界各国都非常重视对土壤资源的调查、制图、评价与区划，进而有效地给以合理利用和保护。它既与一个国家的国计民生相联系，也是土地和土壤科学发展水平高低的一种标志。在对土壤资源的调查与制图方面，美国、日本、原苏联、西欧和朝鲜等国家都曾做了大量工作。我国自新中国成立以来，除了区域性的土壤调查与区划，还开展了两次全国性的土壤普查，其目的都是在于弄清土壤资源的数量与质量，为农业生产发展服务。当前，中央又提出了发展持续农业和三高农业的战略，其实施过程，对土壤资源的深入调查与研究更显示其重要地位。因为，持续和三高农业是一个大的系统工程，它包括生命科学和环境科学的发展，以及经济结构的优化，环境科学内涵中的重要组成分就是土壤资源。

对土壤资源的调查与制图，随着工、农业的发展，它的理论及技能也在不断地发展与更新。在理论方面，已由原来主要为粮食增产服务的农业区划、建设高产稳产农田、扩大垦殖资源和科学种田等单一的思想体系，逐步发展到为农、林、牧综合经营的调查，甚至为城镇建设的非农范畴的调查；学术思想上，已经从为传统农业服务，发展到为生态农业、环境保护和持续农业服务；对土壤资源的调查，已经从生产性能为主，发展到同时注视到土壤科学升华的内涵调查技术上，已经由以地形图为主的野外实测调查，发展到航、卫片新技术的应用；调查成果数据的处理，已经由简单的数据归纳运算，发展到应用电脑技术的统计、贮存、甚至制图。

本教材在历来对土壤资源调查的进程中，均能以当时的理论和技术，培养人才，指导土地与土壤调查工作者去完成服务。尤其在全国第二次土壤普查中间，这种作用表现得特别突出。另一方面，两次土壤普查的实践，也在理论和技术上，充实丰富了土壤调查制图的内容。本教材1981年出版，先后印刷4次，累计印数一万余册，借以满足土壤调查工作者的需要。然而，随着上述土壤资源调查理论与技术的不断发展，土壤调查与制图的内容也在更新，这次的修订本，就是为了这个目的而做出的努力。所以，全书已由原版的七章，拓宽至九章，其中增加了土壤分类与土壤野外制图、以卫片为基础的土壤调查制图和土壤调查成果的应用三章，将原来的土壤草图的测绘与土壤编图一章，合并到以航、卫片为基础的土壤调查中去。第二章成土因素与区域景观研究，在原来单独阐述之成土因素作用的基础上，给以综合归纳，提出区域景观的概念；第三章土壤剖面性态研究，增加了若干新材料，使内容更趋于详尽和细致；第五章土壤分类，陈述了国际上主要学派对土壤分类的理论、技术及方案，并增加了中国土壤系统分类研究的内容；第七章土壤调查成果的整理与总结，加进了数据处理的数理统计技术；在新列第九章的土壤调查成果应用中，增加了科学种田的若干新近应用成果、污染防治应用、城镇建设中的土力学应用等材料。总之，力求使教材能够符合形势发展的需要。

在修订过程中，正、副主编朱克贵和徐盛荣先生。以及参加修订的诸位同志，都付出了辛勤的劳动。刘兴久修订了第一章土壤调查的准备工作和第八章中的林区调查；谭成君、蒋玉衡修订了第二章成土因素与区域景观研究；王深发修订了第三章土壤剖面性态的观测研究；刘腾辉修订了第五章以航片为基础的土壤调查制图；王庆云修订了第六章以卫片为基础的土壤调查制图；李刚修订了第七章土壤调查成果的整理与总结和第八章中的水土保持；林恩涌修订了第八章中的盐渍土区调查和牧区调查；主编朱克贵仔细统观和审阅了全书；副主编徐盛荣新编了土壤分类和成果应用两章，同时协助主编统观和审阅了全书直至定稿。修订后的部分稿件，特邀王人潮先生审改第二、六两章。林培先生审改第三、四两章，李永昌先生审改第一、五两章。他们修订得非常细致和详尽，付出了艰辛的劳动。在此，还要提出，全部插图都是由硕士王志明精心完成的，在定稿过程中，博士吴克宁和刘晓磊，以及王志明，认真地参加了校对和勘误工作，使稿件得以及时地完成。对以上同志，均致衷心感谢！

编　者

1994年12月

第一版前言

土壤调查与制图教材，是农业院校土壤农化专业的教学用书，也是土壤调查工作者必备的参考书。本书是根据国内外的有关资料和我们多年的教学与实习的体会，并吸收全国第二次土壤普查试点的成果经验编写的。

本教材是由南京农学院和东北农学院分别担任正副主编，并组织了全国有关农学院土壤调查教师集体编写的。参加编写的有朱克贵、徐盛荣、何万云、郭兴加、张廷璧、王人潮、赖守抒、林培、李永昌、蒋玉衡、冯立孝、李仲明、刘腾辉、林恩涌、庄伟民、杨志超、汤辛农、王庆云、蒋道德、张风海、张永武等。最后由朱克贵、徐盛荣、郭兴加、王人潮、赖守抒等五人整理定稿。在编写过程中，沈梓培、黄瑞采、邹国础同志对教材的组织提供了宝贵的意见，部分章节经黄瑞采、戴昌达同志加以修改，特此致谢。由于编者水平有限，错误是难免的，希望读者批评指正。

编　者

1980年4月

目　　录

第三版前言
第二版前言
第一版前言

绪论 ··· 1
 第一节　土壤调查与制图的概念和作用 ·· 1
  一、土壤调查与制图的概念 ·· 1
  二、土壤调查与制图的作用 ·· 1
 第二节　土壤调查与制图的发展概况 ·· 3
  一、国外的发展概况 ·· 3
  二、国内的发展概况 ·· 5
  三、主要的存在问题及其对策思考 ·· 8
 第三节　土壤调查与制图课程的专业地位与教学安排建议 ·································· 8
  一、土壤资源调查与评价课程的地位与作用 ·· 8
  二、教学安排建议 ·· 9
 思考题 ··· 9

第一部分　土壤调查与制图教程

第一章　土壤调查制图的准备工作 ·· 13
 第一节　明确任务、拟定工作计划 ··· 13
  一、明确调查任务 ·· 13
  二、确定调查底图的比例尺 ·· 13
  三、组织调查队伍 ·· 15
  四、拟订工作计划 ·· 15
 第二节　资料的收集与分析 ·· 15
  一、自然成土因素资料的收集 ·· 16
  二、农业生产资料的收集 ··· 17
  三、土壤资料的收集 ··· 17
  四、资料的分析 ·· 18
 第三节　调查物质的准备 ··· 20
  一、图件的准备 ·· 20

二、遥感资料的准备 20
三、土壤底图的编制准备 21
四、调查工具的准备 22
思考题 24

第二章 成土因素研究 25

第一节 气候因素研究 26
一、气候因素对土壤形成的影响 26
二、主要调查内容 29
三、调查方法 31

第二节 地形因素研究 32
一、地形因素对土壤形成的影响 32
二、主要调查内容 33
三、研究方法 38

第三节 母质因素调查研究 39
一、母质对土壤形成的影响 39
二、主要调查内容 40
三、研究方法 43

第四节 水文因素研究 45
一、水文因素对土壤形成的影响 45
二、主要调查内容 46
三、研究方法 48

第五节 生物因素调查研究 50
一、生物因素对土壤形成的影响 50
二、主要调查内容 52
三、研究方法 56

第六节 时间因素调查研究 58
一、时间因素对土壤形成的影响 58
二、研究内容 59
三、研究方法 61

第七节 人为因素调查研究 62
一、人类活动对土壤形成的影响 62
二、研究内容 63
三、研究方法 64

第八节 成土因素的综合分析 66
一、确定成土因素中的主导因素 66
二、分析成土因素之间的联系 67
三、研究各成土因素的相互作用 68
四、研究成土因素的变化对土壤类型演替的影响 68

思考题 ·· 68

第三章 土壤分类 ·· 69

第一节 土壤分类概述 ·· 69
一、土壤分类的基本概念 ··· 69
二、土壤分类的依据、逻辑方法和目的意义 ······································ 70
三、中国土壤分类的现状 ··· 71

第二节 中国土壤发生分类 ·· 71
一、中国土壤发生分类的分类思想 ·· 72
二、中国土壤发生分类高级分类单元 ··· 72
三、中国土壤发生分类基层分类单元 ··· 73
四、命名方法 ·· 75

第三节 中国土壤系统分类 ·· 75
一、诊断层和诊断特性 ··· 76
二、中国土壤系统分类高级分类单元 ··· 77
三、中国土壤系统分类基层分类单元 ··· 78
四、命名原则和检索方法 ··· 79

第四节 国际上主要土壤分类体系 ·· 80
一、美国土壤系统分类 ··· 80
二、世界土壤资源参比基础（WRB） ··· 82

思考题 ·· 84

第四章 土壤剖面性态的观测研究 ·· 85

第一节 土壤剖面及其设置与挖掘 ··· 85
一、土壤剖面与单个土体、聚合土体 ··· 85
二、土壤剖面的种类 ·· 86
三、土壤剖面数量的确定 ·· 87
四、土壤剖面点的设置 ··· 89
五、土壤剖面点的野外选择、挖掘与定位 ·· 92

第二节 土壤剖面点地表状况的描述 ··· 93
一、地貌和地形 ··· 93
二、母质类型、岩石露头与砾质状况 ·· 95
三、土壤侵蚀与排水状况 ·· 95
四、植被状况 ··· 96
五、土地利用现状 ··· 97

第三节 土壤剖面形态观察与描述 ··· 97
一、土壤发生层的划分与命名 ··· 98
二、土壤发生型与土体构型 ·· 105
三、土壤形态要素及其描述 ·· 106

四、土壤自然性态的描述 119
　第四节　土壤剖面理化性状的简易测定 122
　　一、土壤 pH 测定 122
　　二、土壤石灰性反应 122
　　三、土壤氧化还原电位（Eh） 123
　　四、土壤电导率测定 123
　　五、土壤亚铁反应 124
　　六、土壤自然含水量的快速测定 124
　第五节　中国土壤系统分类诊断层和诊断特性的观测 125
　　一、概述 125
　　二、诊断层 125
　　三、诊断特性 136
　第六节　土壤标本的采集与剖面摄影 142
　　一、土壤分析标本的采集 143
　　二、比样标本的采集 145
　　三、整段标本的采集与制作 145
　　四、土壤剖面摄影 147
　第七节　土壤剖面形态的综合分析与生产评价 148
　　一、土壤生产性能的访问 148
　　二、土壤剖面发生性分类和生产性的分析 149
　　三、土壤剖面的生产性能评价 151
　思考题 152

第五章　土壤图的调绘 153

　第一节　土壤分类与土壤草图调绘 153
　　一、土壤分类与制图单元 153
　　二、土壤草图调绘原则与依据 154
　　三、土壤草图内容 155
　第二节　土壤草图调绘的精度和详度要求 158
　　一、土壤草图的精度要求 159
　　二、土壤草图的详度要求 160
　第三节　土壤图斑界线的勾绘 162
　　一、勾绘图斑界线的方法 162
　　二、中、小比例尺土壤草图的勾绘 163
　　三、大比例尺土壤草图的调绘 167
　　四、遥感技术在土壤界线确定中的应用 170
　　五、GPS/PDA 在土壤界线确定中的应用 178
　第四节　土壤图的编制 181
　　一、土壤草图的审查与修正 181

二、土壤图的编制 …………………………………………………………………… 182
　　三、GIS在土壤制图中的应用 …………………………………………………… 190
　　四、其他土壤专题图的编制 ……………………………………………………… 195
思考题 …………………………………………………………………………………… 199

第六章　土壤调查成果的整理与总结 ……………………………………………… 200
第一节　原始资料的审核 ……………………………………………………………… 200
　　一、土壤标本和野外记录的审核 ………………………………………………… 200
　　二、土壤草图的审核 ……………………………………………………………… 200
　　三、比土评土和制订土壤分类系统 ……………………………………………… 200
第二节　组织土样化验 ………………………………………………………………… 201
　　一、分析土样的选择 ……………………………………………………………… 201
　　二、分析项目的确定 ……………………………………………………………… 202
　　三、分析资料的审查和登记 ……………………………………………………… 203
第三节　调查与分析资料的整理 ……………………………………………………… 204
　　一、资料整理的数理统计技术 …………………………………………………… 204
　　二、土壤剖面形态统计 …………………………………………………………… 207
　　三、土壤中地球化学物质数据的整理 …………………………………………… 207
　　四、土壤养分的统计 ……………………………………………………………… 208
第四节　土壤图的整理 ………………………………………………………………… 208
　　一、土壤图集的统一设计 ………………………………………………………… 208
　　二、土壤图面积的量测 …………………………………………………………… 209
第五节　土壤资源评价 ………………………………………………………………… 210
　　一、土壤资源评价的内容、原则与依据 ………………………………………… 211
　　二、土壤资源评价项目（评价因素）的确定 …………………………………… 213
　　三、土壤资源评价方法 …………………………………………………………… 214
　　四、土壤资源评价图和报告 ……………………………………………………… 224
第六节　土壤适宜性评价 ……………………………………………………………… 225
　　一、土壤适宜性评价的内涵 ……………………………………………………… 225
　　二、土壤适宜性评价的原则和依据 ……………………………………………… 226
　　三、土壤适宜性评价的方法及体系 ……………………………………………… 227
第七节　土壤改良利用分区规划 ……………………………………………………… 231
　　一、分区的目的与要求 …………………………………………………………… 231
　　二、分区的原则、系统与依据 …………………………………………………… 232
　　三、分区命名 ……………………………………………………………………… 233
　　四、土壤改良利用分区图的编制 ………………………………………………… 233
第八节　土壤调查报告的编写 ………………………………………………………… 233
　　一、总论 …………………………………………………………………………… 233
　　二、调查地区的自然和农业概况 ………………………………………………… 234

  三、土壤性态综述 234

  四、土壤与土地资源评价 234

  五、土壤改良利用分区 234

  六、其他 234

 思考题 234

第七章　特别任务的土壤调查 235

 第一节　土壤养分调查与制图 235

  一、土壤养分调查的内容和方法 235

  二、土壤养分调查结果的评价 237

 第二节　土宜调查 240

  一、土宜的概念和土宜调查的目的要求 240

  二、土宜调查的内容和方法 241

  三、特殊性土宜研究 242

 第三节　盐渍土的调查与制图 243

  一、盐渍土的类型和分级 244

  二、盐渍土调查的内容与方法 245

  三、盐渍土的特征及其图件的调绘 247

 第四节　湿地土壤调查制图 251

  一、湿地的定义与类型 251

  二、湿地土壤类型 255

  三、湿地土壤调查与制图 258

 第五节　污染土壤调查与制图 262

  一、土壤污染的概念、来源及特点 263

  二、污染土壤调查的内容和方法 269

  三、土壤环境质量评价 274

 第六节　城市土壤调查与制图 276

  一、城市土壤的特点和主要性状 277

  二、城市土壤调查的内容与方法 279

  三、城市土壤分类与制图 282

 第七节　复垦区土壤调查 284

  一、复垦废弃地种类 285

  二、矿产资源开发与利用对生态环境的影响 285

  三、矿区土壤形成特点和主要性状 287

  四、矿区土壤调查的目的和任务 289

  五、矿区土壤调查的内容与方法 289

 思考题 293

第八章　遥感土壤调查制图 ... 294

第一节　遥感土壤调查制图概述 ... 294
一、遥感影像的特征 ... 294
二、土壤遥感调查制图评述 ... 295

第二节　土壤遥感解译的理论基础 ... 296
一、遥感的主要物理基础 ... 296
二、成土因素学说（地理景观学说）的理论基础 ... 299
三、土壤的光谱特性 ... 299

第三节　遥感影像的解译标志和土壤解译方法 ... 301
一、遥感影像的解译标志 ... 301
二、遥感影像的目视解译方法 ... 306

第四节　土壤遥感调查的步骤 ... 308
一、准备工作 ... 308
二、土壤遥感草图调绘 ... 308
三、土壤遥感草图的转绘 ... 316
四、土壤遥感调查成果的整理与总结 ... 320

思考题 ... 320

第九章　土壤系统分类的土系调查制图 ... 321
一、土系的定义 ... 321
二、土系的调查 ... 322
三、土壤系统分类的制图应用 ... 329

思考题 ... 336

第十章　数字土壤制图技术 ... 337

第一节　数字土壤制图依据的景观环境信息 ... 338
一、数字地形信息 ... 339
二、数字土壤信息 ... 340
三、数字植被信息 ... 341
四、数字成土母质信息 ... 341
五、空间位置信息 ... 342
六、数字气候信息 ... 342

第二节　数字土壤制图中建立土壤—景观模型的方法 ... 342
一、地统计方法 ... 342
二、数理统计方法 ... 343
三、决策树模型 ... 344
四、专家系统 ... 345
五、模糊数学方法 ... 347

六、其他方法 ··· 348
第三节　数字土壤制图的成本、精度和展望 ··· 349
思考题 ··· 351

第二部分　土壤调查与制图实验指导

引言 ··· 355
　　一、课程的性质和任务 ·· 355
　　二、基本要求 ·· 355
　　三、学时分配 ·· 355

实验一　地形图的阅读与应用 ··· 356
　　一、目的要求 ·· 356
　　二、实验材料 ·· 356
　　三、实验内容与步骤 ·· 356
　　四、实验作业 ·· 363

实验二　航片基本要素的认识与量测 ·· 364
　　一、目的要求 ·· 364
　　二、实验材料 ·· 364
　　三、实验内容与方法 ·· 364
　　四、实验作业 ·· 366

实验三　成土因素的野外研究 ··· 369
　　一、目的要求 ·· 369
　　二、实验材料 ·· 369
　　三、实验内容与步骤 ·· 369
　　四、实验作业 ·· 370

实验四　土壤剖面的设置、打开与观测 ······································ 371
　　一、目的要求 ·· 371
　　二、实验材料 ·· 371
　　三、实验内容与步骤 ·· 371
　　四、实验作业 ·· 372

实验五　航片的土壤判读 ··· 375
　　一、目的要求 ·· 375
　　二、实验材料 ·· 375

  三、实验内容与方法 ··· 375
  四、实验作业 ·· 378

实验六　野外校核与土壤草图勾绘 ·· 379
  一、目的要求 ·· 379
  二、实验材料 ·· 379
  三、实验内容与步骤 ··· 379
  四、实验作业 ·· 381

实验七　土壤图形数据的矢量化与编辑 ·· 382
  一、目的要求 ·· 382
  二、实验材料 ·· 382
  三、实验内容与步骤 ··· 383
  四、实验作业 ·· 398

实验八　土壤属性数据的输入与空间分析 ·· 399
  一、目的要求 ·· 399
  二、实验材料 ·· 399
  三、实验内容与步骤 ··· 399
  四、实验作业 ·· 404

实验九　土壤类型图和土壤专题图的编制 ·· 405
  一、目的要求 ·· 405
  二、实验材料 ·· 405
  三、实验内容与步骤 ··· 405
  四、实验作业 ·· 408

附录 ·· 409
  附录一　中国土壤分类系统表 ·· 409
  附录二　中国土壤系统分类表（土纲、亚纲、土类） ···································· 414
  附录三　《土地利用现状分类》与《全国土地分类（试行）》"三大类"对照表 ········ 415

主要参考文献 ·· 418

绪　　论

第一节　土壤调查与制图的概念和作用

一、土壤调查与制图的概念

土壤是重要的自然资源和生产资料。土壤调查与制图就是把一定区域内的土壤作为对象进行调查，研究其内各种土壤类型的发生、发育、演变的规律及其分布状况，研究各种土壤类型的区域性特征、理化性状与生产性能，研究土壤与生态、环境和农业生产的关系，测绘出土壤类型图及相关图件；在此基础上，对土壤资源进行评价，编制土壤资源评价等级图，制订合理的开发利用改良实施方案。由此可见，土壤调查与制图课程具有以下4个方面特点：

1. 对象宏观性　土壤，广泛地分布在地球表面，面广量大，具有鲜明的宏观性特点。这就要求我们具有研究宏观事物的世界观和方法论，并用之于土壤调查与制图工作中。我们不能把目光局限于部分细节上，这样会有碍于宏观事物的把握。具体地说，我们要时刻把握精度这个要素，既要严格细致、一丝不苟地进行作业，确保精度质量，又要实事求是、科学合理地制订误差标准，不能用测量工程的误差标准来衡量我们土壤资源和土地资源调查的精度。

2. 实践应用性　土壤调查与制图，具有强烈的实践性特点和应用性特点。就实践性特点而言，面向调查研究的对象是土壤，我们要多动手、多观察、多用脑，不要怕付出辛劳。具体地说，对于必要的野外实地调研，我们绝不能省去或者马虎；对于必要的土壤剖面，我们必须按标准认真挖掘、观测、记载、采样；对于必要的样品分析和数据分析，我们必须进行。就应用性特点而言，我们必须抱着向人民负责、向社会负责的极其严肃的态度，去进行每一步作业。要时刻牢记，任何一点微小的差错，都可能在实际应用时造成严重的和深远的后果。

3. 技术技能性　土壤调查与制图，是一项技术性、技能性很强的实践活动。因此，我们一定要全面地、深刻地理解土壤调查与制图的理论、程序和方法，扎扎实实地掌握好土壤调查与制图的技术技能。要牢记，没有理论指导的实践是盲目的实践，没有技术技能的实践不可能成功。

4. 专业综合性　土壤调查与制图课程要运用多学科、多领域、多方面的知识，是一门综合性很强的专业课程。所以，要求学生要学好相关课程内容，并能灵活地、综合地加以运用。本课程是农业资源环境专业的专业课，目的是让学生掌握一项实用的专业本领。因此，在学生的专业培养方面有着特别重要的意义，要求学生给予高度重视。

二、土壤调查与制图的作用

土壤是人类赖以生存的最基本的生活条件，是农、林、牧业不可缺少的生产资料。土壤的数量和质量,影响着供给人类食物的数量多少和质量高低;土壤还对人类的生存环境有着很大的影响。所以说,土壤与人类的健康、兴旺与安全紧密相关。因此,做好土壤调查与制图工作,对于发展农、林、牧业生产,对于国民经济建设,对于人类健康与安全,都非常重要。

世界各国都把有效地利用土壤资源作为重要的课题,都十分重视土壤调查与制图工作,根据土壤状况提出合理利用与保护的建议。我国约有 960 万 km^2 的国土面积,土壤资源十分丰富。我国以不到世界 7% 的耕地,养活了超过世界 1/5 的人口,这是我国对人类的巨大贡献,而土壤资源调查功不可没。与此同时,我们也应该看到,我国人均所占的粮食、木材蓄积量、畜产品量都不高,农业的劳动生产率较低,广大的草场和林地资源还没有得到有效的保护和充分合理地开发利用。因此,土壤资源、土地资源调查与评价任重而道远。我们需要进行农田基本建设,改善农业生产条件;我们需要建设优良草场,发展畜牧业生产;我们需要合理利用山地、水面,发展林业、渔业和副业;我们需要做的事很多很多。总之,我们要把全国的各种土壤(土地)资源有效地保护起来并加以充分合理地利用。要做到这一点,就必须进行大量、细致的土壤调查与评价工作。只有搞清楚了土壤资源和土地资源,才能按照不同的情况,确定合理的和具体的实施方案。土壤资源、土地资源调查与评价,可以为确定土地的利用方向,确定种植何种作物,确定施用何种肥料,确定采用何种灌溉方法,确定采取何种耕作制度,确定使用何种农业机械等等,提供决策依据。

综上所述,土壤调查与制图的作用有下列几个方面:①摸清全国的土壤的数量、质量及其分布,就要进行土壤调查与制图。土壤资源是不断变化的,这种变化既表现在类型、性状上,也表现在空间分布上。土壤生产性能的正确把握,需要不断地进行土壤调查。②土壤调查制图是做好农业区划的基础。农业区划需要土壤类型、土壤分布、土壤生产性能及存在问题等资料。土壤调查制图的成果(土壤类型图、土地利用现状图、土壤资源评级图、土壤利用改良分区图及其文字资料)是农业区划和拟定农业技术措施的科学依据。③为了科学种田,要对农业用地进行大比例尺的土壤调查,并进行田间诊断,查清各种土壤的障碍因素,制订改土培肥规划,建立田块档案,借以拟定科学种田乃至精细耕作的方案,实现优质高产和环境保护的双丰收。④为了合理地扩大耕地面积,要进行荒地土壤调查,绘制荒地土壤类型图、土壤生产力评级图,制订利用荒地规划。⑤为了防治近年来日益严重的土地质量退化问题,为了建设优美的生态环境以保证可持续发展,需要切实弄清土壤状况,制订科学合理的各种控制土地退化的方案。⑥土壤有机碳含量及其变化,对全球碳平衡具有很大的影响。研究全球碳平衡,不能缺少土壤碳的资料。所以,土壤调查与评价应该提供这方面的数据。此外,建设工艺作物基地及商品粮基地,改造低产土壤,兴建大型水利和基本建设工程,发展林业、牧业生产,防止水土流失,防止土壤污染,保护土壤资源,调控全球气候变化等,都需要进行土壤调查研究,测制各种土壤图及其他图表,并做出相应的区划与规划。

土壤调查,对于研究作为历史自然体的土壤自身,也是非常重要的。通过土壤调查可以了解土壤形成的过程,就有可能使我们以有效的措施来控制作为历史自然体的土壤的发育和调节其性能,使其适合于农业生产。

第二节 土壤调查与制图的发展概况

一、国外的发展概况

(一) 俄罗斯

俄罗斯的土壤调查与制图是在实际生活需要影响下发生发展起来的。15—17 世纪的俄罗斯土地财产登记，就有了土壤地理资料的内容。19 世纪 70 年代开始，俄罗斯进行了系统的土壤研究和编制土壤图。当时的俄罗斯土地测量委员会搜集土地质量、土壤成分、土地位置、耕作施肥与产量等资料，根据这些资料，编制了 1∶840 万的俄罗斯欧洲部分土壤图，1875 年在巴黎召开的国际地理学会上展出。1877—1881 年道库恰耶夫完成了俄罗斯黑钙土区的野外调查，编绘了 1in[①]＝60 俄里[②]黑钙土带示意图；1882—1886 年他又在尼日格勒省进行系统调查，编绘 1in＝10 俄里的土壤图。在这些科学活动的基础上，道库恰耶夫提出"土壤是母质、动植物有机体、气候、地形与年龄五个因素作用下形成的一个独立的历史自然体"，并创立了有科学根据的土壤调查方法，即地理综合法。正因为此，土壤调查才得益从土壤学中独立成为一个分支。此后，到 20 世纪初，俄罗斯的土壤调查与制图得到很大发展。1901—1916 年土壤调查在 28 个省区进行，并印制了各省、县的土壤图。十月社会主义革命以后，苏联的土壤调查与制图有了很大的发展。在最初的几年中，进行了大面积的土壤地理调查，编制中、小比例尺的土壤图，这些图用来进行农业区划，查明可以移民开垦及灌溉的土地。1923—1930 年，编制了苏联欧洲部分及亚洲部分的土壤图。1931 年以后，为了建立国有农场，在苏联南方各省进行了大比例尺土壤调查。1932 年在伏尔加河流域进行了以灌溉为目的的大比例尺土壤调查制图。与此同时，苏联土壤工作者多次讨论土壤图的内容问题，苏联农业部于 1946 年出版了"土壤调查指南"。苏联所建立起来的土壤调查与制图方法，在亚洲、东欧及非洲一些国家得到应用。

(二) 美国

美国对土壤调查与制图工作极为重视。早在 1860 年，E. W. Hilgard 就阐明了有关土壤形成的概念。1894 年担任美国农业部土壤调查处首领的 M. Whitney 于 1897 年对美国西部干旱地区进行考察，一年后编制了比林兹附近的大比例尺碱斑详图，次年又从事 1in∶1mile[③] 的土壤调查。从此，美国研究土壤的形成、发生及分类工作就和土壤调查处分离不开了。由于土壤调查处的推动，土壤学有了很大的发展，而且在为公共服务方面打下了良好的基础，受到了广泛的支持。早期的土壤调查，把美国土壤划分为 13 个省和区，这是根据地貌类型划分的。土壤类别分为土系，土系作为基层分类单元，一直沿用到现在。1920 年在芝加哥成立美国土壤调查工作者协会，在第一次年会上研究土壤调查经验。在 1921 年第二次年会上 C. F. Marbut 提出淋余土与钙成土的概念。他在 1927 年第一届国际土壤科学大

---

① in 为非法定计量单位，1in＝0.025 4m。
② 俄里为非法定计量单位，1 俄里＝1.06km。
③ mile 为非法定计量单位，1mile＝1 609.344m。

会上提出的土壤分类方案，使他在这个领域内，享有很高的声望。从 1935 年 C. E. Kellogg 主持土壤调查处，土壤调查在美国都是按县进行的，1938 年由 C. E. Kellogg 等制定了美国新的土壤分类系统。必须指出，自 1935 年起，土壤保持受到重视，以 H. H. Bennett 为主任，成立土壤保持局。土壤保持局根据土壤的某些属性调查编制土壤图，而土壤调查处主张土壤调查应根据土壤的自然发生特征，拟订土壤制图单元。1952 年，两家土壤调查活动合并在一起，进行国家合作土壤调查，1960 年美国土壤工作者在 G. Smith 领导下，根据土壤诊断层及其属性制定了新的土壤分类系统及命名法，详载于《土壤分类学》（Soil Taxonomy）一书中，同时制订全国协作土壤调查规范（soil survey manual），这对于土壤形态定量做出了巨大贡献。该规范手册规定采用航片影像图做底图，以土壤组合为上图单元。从 20 世纪 60—80 年代，美国地质调查局（USGS）和美国农业部（USDA）对美国本土进行了两次较大规模的土壤普查。

（三）日本

日本土壤调查的发展可分为 4 个时期。第一阶段，16—17 世纪，日本的农书《清良记》可见到最早的土壤记载，当时只记有一些土壤名称、分布和成分等，这是旧的辨认土壤的记录。第二阶段，日本的明治维新后，政府重视土壤科学。1882 年聘请德国人 Max Fesca 指导土壤调查，当时很重视土壤质地，所勾绘 1∶10 万的土壤图，实际上是质地为主的成土母质图，1902 年由日本地质调查所出版的 1∶50 万的土性图，体现了这个性质。第三阶段，1930 年关丰太郎（T. Seki）发表了 1∶500 万的日本土壤概图，他把日本土壤分为 3 带：①西北部弱灰化土带；②东部本洲棕色森林土带；③西南部的红壤带，这是日本发生分类的创始。1940 年鸭下宽在青森县做土壤调查，将水田分为沼泽土、黑泥土、低地土和棕色低土地，1958 年发表了日本土壤一书，附有 1∶80 万的土壤图。关丰太郎和鸭下宽的土壤工作，开拓了日本土壤学的道路。第四阶段，第二次世界大战以后，日本进行了各种目的的土壤调查。主要有占领军搞的土壤调查，并完成 1∶25 万土壤图，由企划厅主持的土壤基本调查，绘制 1∶5 万的土壤图，最后汇编成 1∶50 万全国土壤图。林地土壤调查，绘制了 1∶200 万国有林地土壤图。近年来，日本还进行详细的对策调查，都是针对性的解决生产问题的调查。总之，日本土壤调查是不断发展前进的。

（四）其他国家

其他一些发达国家，如加拿大、英国、德国、比利时、荷兰，对土壤调查工作也都很重视，设置有土壤调查组织，对土壤调查学科的发展，也都做出了一定的贡献。第二次世界大战以后，土壤调查工作有很大发展。自 1972 年起，加拿大就开始了该国的土壤信息系统的建造工作。他们开展了 1∶2 万到 1∶20 万的土壤详查和 1∶25 万的土地清查，完成了 1∶100 万的加拿大土壤景观图（Soil Landscapes of Canada，SLC），并建造了加拿大国家土壤数据库（national soil database），于 1991 年推出加拿大土壤信息系统（Canadian Soil Information System，CanSIS）第一版，1994 年推出第二版，1995 年修订成 2.1 版，1996 年推出 2.2 版。

（五）联合国及国际组织

联合国及一些相关的国际组织在土壤调查方面也做了不少工作。1962 年 2 月，联合国在日内瓦召开发展中国家利用土壤调查成果会议；1972年联合国粮农组织（FAO）决定与国际土壤学会共同研究数据处理系统，成立土壤信息系统工作组，推动土壤调查研究应用电子计算机的发展。1986年国际土壤学会提出了建立全球和国家层次的土壤—地形数字化数据库（SOTER）。1993年FAO又召开国际土壤退化会议，决定开展热带、亚热带地区国家级土壤退化和SOTER（土壤和地体数字化数据库）试点研究。1971—1981年，FAO分10册陆续出版了比例尺为1:500万的《世界土壤图》（SMW），它由全世界近600幅不同比例尺图例的土壤图综合而成，并收集了1100多幅相关的地貌、植被、气候、地质和土地利用图，以减少各国土壤分类系统不统一而造成的误差。SMW按照土壤发生类型和过程，将世界土壤划分为26个主要土类106个土壤单元。它是迄今为止被国际普遍承认的、比例尺最大和最具综合性的土壤图。1988年，FAO出版了修正后的图例，对部分诊断层及其特征进行了重新定义，对土类和土壤单元做出修改。联合国土地荒漠化（desertification）会议于1977在肯尼亚内罗毕召开。联合国环境署（UNEP）又分别于1990年和1992年资助了Oldeman等开展全球土壤退化评价（GLASOD）、编制全球土壤退化图和干旱土地的土地退化（即荒漠化）评估的项目计划。

许多国家除了应用中小比例尺调查土壤资源外，近年来都重视大比例尺的土壤调查，使土壤调查的成果直接为农业生产或某一工程项目服务。如美国在土壤调查与分析的基础上，制订施肥配方，根据种植地区的土壤类型及作物品种，附有整套的施肥方案。日本对水田土壤进行土壤剖面对比调查，根据水稻产量与土壤类型，找出土壤质地和锈斑层的高低对水稻生长特性的影响，并以这些指标划分土壤。

由于航空事业与航空摄影事业的发展，20世纪40年代以后许多国家应用航空像片进行土壤调查与制图，把土壤调查推进到航空勘测阶段。近年来，利用资源卫星上的遥感技术所收集的信息，用电子计算机处理，已能进行土壤调查与制图、土壤资源评价、土地利用、土壤恶化过程的监测以及土壤水分分布等工作。例如，在美国，根据卫星的遥感资料，已经可以绘制出精度较高的土壤图。墨西哥利用200幅地球资源卫星图片，完成了1.92亿hm^2的土壤调查，划分出11个土壤类型，制成了土壤图。遥感技术的发展，开辟了从宇宙空间勘测地面土壤的新阶段，把土壤调查与制图提高到新的水平。

二、国内的发展概况

我国土壤调查是从20世纪30年代开始的。1930年广东中山大学设立广东土壤调查所（属农林局），编印了土壤调查暂行办法（见《农声》139期），这是我国建立土壤研究机构的开端。同年北平地质调查所请美国人萧查理做中国土壤概观实地考查，用4个月时间考查我国东部地区土壤，把考查区划分9个土区，并绘制1:840万的土壤图。同年谢家荣、常隆庆做河北省三河、平谷、蓟县土壤约测，并绘制1:7.5万土壤图。这两次土壤调查报告都于1931年出版。之后在地质调查所成立土壤室，从事土壤研究工作。1936年出版了J. Thorp等所著《中国之土壤》一书，把美国的土壤分类体系及命名，系统的应用于我国土壤研究之中。20世纪40年代初，江西、福建两省的地质调查所都设有土壤室，进行土壤调查与制图。但新中国成立前的20年，只进行全国和部分省区的路线调查，先后绘制了全国1:800万的土壤图以及四川、贵州两省和两广、江苏、河北、福建、江西等省部分县的中比例尺土壤图。新中国成立后，结合社会主义经济建设的进行，我国在黄河中游黄土高原作了土壤侵蚀的调查与制图；为了消除洪涝灾害，兴修水利工程，在黄河下游及淮河、长江流域开展了大规模的土壤调查，编绘了1∶20万的土壤图及土地利用改良分区图。此外，在东北、西北、西南及海南等地区也进行了大量的土壤调查，为开发利用荒地及发展经济作物与建场规划，提供了大量的科学依据。1958—1959年，全国农区开展了土壤普查工作，吸收了我国农民识土、辨土、用土、改土的宝贵经验。在普查基础上，编绘了四图一志，即农业土壤图、农业土壤肥力概图、农业土壤改良图、土地利用现状图和农业土壤志。制订了改良土壤规划。不仅在农业生产上起了很大作用，也为我国土壤科学发展开辟了新途径。1974年以来，全国有22个省、区陆续进行土壤普查与诊断研究，在诊断土壤生产特性及环境障碍因素等方面有所发展，对建设高产、稳产农田，解决当地生产问题，都发挥了一定的作用。此外，在黑龙江、新疆、西藏也作了大规模的土壤资源调查，于1978年编绘出版《中国土壤图（1∶400万）》。1979年国务院批发111号文件，要求在全国范围内，开展第二次土壤普查，并印发了土壤普查技术规程，要求土壤普查的县，要完成五图一书，并边查边用。1979—1993年由农业部全国土壤普查办公室主持的第二次全国土壤普查，经过6万多农业科技人员的努力，首次以1∶1万~1∶5万的航空像片为主要数据源，结合使用地形图，进行了县级土壤调查，随后又以卫星遥感影像MSS和TM进行专区级和省级汇总。普查实践证明，我国土壤普查不仅是土壤地理工作，也是土壤肥料学科知识的应用，对发展农业生产及土壤科学有很大的作用。

中国科学院南京土壤研究所在20世纪80年代参与热带、亚热带土壤退化图的编制，完成了海南岛1∶100万SOTER图的编制工作。1992年基本完成了1∶50万海南省SOTER数据库及制图工作。1991年，中国科学院沈阳应用生态研究所进行了区域土壤信息系统（RSIS）的建立和应用研究，所建立的RSIS具有信息的提取和查询、土壤信息更新和纠正、信息综合处理等功能，是一个比较成功的土壤信息系统。中国科学院地理资源研究所资源与环境信息系统国家重点实验室于1996年发行了《1∶400万资源环境数据库》，其中有一套数字化中国土壤图集。中国科学院南京土壤研究所史学正等人，基于新的土壤分类系统，于2002年完成了中国1∶100万的土壤数据库，该数据库是较为详细的数字化中国土壤图件。

国内还有很多工作与土壤调查有关。浙江大学农业遥感与信息技术应用研究所承担农业部和省科委下达的航卫片影像目视土壤解译与制图技术研究课题，运用航空相片、SPOT、TM和MSS卫星图像等遥感资料，经过12年的20多项特殊设计的试验，取得了土壤解译与制图的成套技术的系列成果，明确了MSS、TM和SPOT卫星图像资料分别能满足比例尺≤1∶20万、≤1∶5万和1∶2.5万的土壤调查制图精度要求，土壤可判率75%~95%，准确率90%左右，重复率>75%；而>1∶1万比例尺的土壤调查与制图需要用相应的航片，土壤可判率73%以上，准确率>83%，重复率>70%，解决了土壤图的精度差和重复性差的国际性技术难题，提高了土壤图的可信性和实用性。该项成果在全国第二次土壤普查中全面推广应用。1979—1986年，中国科学院成都地理研究所经过7年的努力，完成了"四川省国土资源遥感调查系列化研究"。选择了有代表性的夹江县、二滩电站周围地区和攀西地区为研究区，取得了四川省不同地形和不同气候条件下的地表覆盖和土地利用类型在MSS、TM图像上的波谱显示和形状差异的基础性成果以及成图和评价的技术理论方法，为四川省全面开展土地资源利用普查和详查提供了有力的技术支持。在此期间，在四川省农业区划委员会的支持下，编写了"土地利用遥感调查与制图"教程，为四川省举办了多期利用遥感技术进行土地资源普查和详查培训班，培养了大批人才，取得了良好的综合效益。华东师范大学河口海岸研究所历时6年，于1987年12月完成了上海市滩涂土地资源、植被资源、动物资源等的航空遥感综合调查，其中海岸涨坍变化的估计为护岸围垦及其他沿岸工程的决策发挥了重要作用。1998年三峡工程生态环境实验站完成了三峡库区主要土壤类型的野外考察、土壤微生物与土壤动物的野外调查。

我国在1978—1980年，在云南省腾冲地区进行了航空遥感研究，其中完成了1∶10万的土壤类型图、土地类型图、土地资源图和土地利用图航片判读。1980—1981年，我国利用美国的陆地卫星MSS太原幅图像，进行了农业自然条件的系列解译研究，完成了包括1∶50万土壤类型图、土壤侵蚀图、土地利用图、土地类型图、土地资源评价图在内的众多图件。1993年在水利部遥感中心的组织下，进行了全国土壤侵蚀的遥感制图研究，利用TM图像对全国进行了土壤侵蚀的清查工作，编制了全国1∶50万（部分地区1∶25万～1∶10万）土壤侵蚀图。利用遥感方法，我国还先后对江西三江河流域、延安地区、永定河上游等进行了土壤侵蚀调查。中国科学院南京土壤研究所于1999年完成了利用遥感资料和地理信息系统技术编制东部红壤区1∶400万90年代土壤侵蚀图的研究工作，并将此图与土地利用图、土壤母质图等进行叠加，编制了1∶400万土壤侵蚀退化分区图。他们还对江西省兴国县和余江县进行了70年代、80年代和90年代3个时期遥感土壤侵蚀解译图叠加研究。

在基于我国土壤系统分类的土壤调查制图的研究方面，南京农业大学潘剑君等从2008年开始，承担了国家自然科学基金"面向土壤系统分类的土壤调查制图方法技术及规范标准研究"项目，已经取得了明显的进展。中国科学院地理与资源研究所朱阿兴和中国科学院南京土壤研究所张甘霖等近年来在数字土壤制图研究方面进行了很好的探索，并取得了可喜的进步。

此外，台湾省在土壤调查，特别是土壤分类和土壤评价方面，也做了很多工作。如1991年完成花宜地区农田土壤特性调查，结果表明，该地区土壤母质呈现小面积和多样化特点，土壤性质变异很大。

特别值得一提的是，近20多年来，我国启动了很多全国性的基于土壤调查或与土壤调查相关的项目。农业部于2001年启动了"全国耕地地力调查与质量评价"项目，2002年组织开展了试点工作，参加试点的有河北、内蒙古、山西、江苏、浙江、福建、山东、湖南、广东、云南10个省（自治区）。每个试点完成1个县（市）耕地地力调查与质量评价工作，共调查耕地面积64.5万hm^2，采集了大田样点2 973个、蔬菜地样点931个、水样163个，完成了77 401项次的分析化验任务，对68 274个评价单元进行了评价，形成了成果报告和专题报告43篇，绘制了各类专题图件259幅。江苏省扬州市土壤肥料工作站承担并研制开发了全国耕地地力调查与质量评价信息系统，完成了以数据库和空间数据库为基础的技术规程、质量控制标准及数据库字典。试点工作2003年3月通过了验收。全国耕地地力调查与质量评价项目是1998年起农业部开展的"沃土工程"的延续。"沃土工程"的核心包括土壤肥料测试体系建设、土壤肥料信息体系建设和土壤肥料新技术研发、示范等。农业部于2003年组织了区域调查，主要包括环太湖、珠江三角洲、华北平原区等集约种植区和东北黑土区，调查项目包括耕地肥力、土壤环境和农户施肥状况。国家土地局自1987年开始主持开展"全国土地利用现状详查",历时近10年。此次土地利用现状调查的几何精度较高,在县一级采用了经过几何纠正的像片平面图和正射影像图。1999年开始,国家设专项资金120亿元,由国土资源部具体组织实施新一轮国土资源大调查,工程将历时12年。土地监测与调查工程是其中主要内容之一。2002年全国确定河北、山东、河南、湖北、海南和四川6个省开展农用地分等定级与估价试点工作,要求每个试点省在2003年完成全省农用地分等工作、国家级标准样地的设置(每省10~15块)和5~8个重点县(市)农用地定级与估价试点工作。这些工作都是以土壤调查为基础的。国家科学技术委员会、国家土地管理局和农业部从1996年开始组织了"全国基本农田保护与监测"工作,利用了航空像片(大比例尺)、TM影像(中比例尺)结合GIS和GPS的办法。国土资源部于2002年开展了"全国生态地球化学(农业地质)调查"项目。国家环境保护总局与国土资源部于2006年联合启动了经费预算达十亿人民币的全国首次土壤污染状况调查。

三、主要的存在问题及其对策思考

存在问题:①土壤调查资料相对缺乏。主要是大比例尺的土壤调查制图资料明显不足。第二次全国土壤普查的比例尺多在1∶5万和<1∶5万;土壤属性多局限于作物大量养分元素含量方面。如工作中需要比例尺>1∶5万的土壤图或者需要的土壤属性超出作物大量养分元素含量的范围,就必须自行进行土壤调查。②土壤调查资料陈旧。目前所用的土壤资料,主要是来自全国第二次土壤普查。全国第二次土壤普查始于1981年,土壤野外调查采样多在1982—1984年期间。③有些专业专题性较强的土壤调查制图资料,难以收集到。

对策思考:①采用新技术,实现快速更新和提供现势土壤调查制图的资料。遥感技术可提供最新现势资料。利用遥感资料可以实现又好又快的土壤调查制图;利用GIS可以实现快速的土壤调查数据分析成图。②采用新方法,有针对性地补充土壤专题调查资料。近年来,精准农业被普遍重视,实现精准农业作业,需要现势土壤资料,利用土壤电导制图和各种遥测办法,是解决这一问题的可取途径。③采用新观念,补充当前社会发展和经济发展所需的土壤调查资料。当前,建设资源节约、环境友好型社会已深入人心,各行各业都在注重可持续发展,为此,土壤调查也应顺应需求,提供与之相关的土壤资料,甚至开展有针对性的土壤专题调查制图。④采用新手段,提高土壤调查与评价结果资料的可用性。GIS技术能够以数字的形式有效地管理土壤调查与制图活动积累的大量空间数据和属性数据。数字土壤制图在应用时较为方便、高效,具有良好的发展前景。⑤采用新机制,增强土壤调查与制图的服务意识。采取企业化、商业化的运作机制,以承担项目形式,专业性地完成土壤调查与制图任务。这种形式,相对而言,标准、规范易统一,技术比较有保障,可以达到既可靠又快速的目的。

第三节 土壤调查与制图课程的专业地位与教学安排建议

一、土壤资源调查与评价课程的地位与作用

土壤调查与制图是大土壤学里的一部分,特别是土壤地理学的重要后续部分。土壤调查

与制图是农业资源与环境专业的必修专业课。通过讲课与实验实习，要求学生能正确掌握土壤调查与制图的原理和操作技能，并学会识土、辨土、诊断土壤性质，掌握运用土壤分类进行土壤调查，编绘出土壤图及相关图件的方法。

近几十年来，科学技术发展很快，电子计算机文字及数据处理技术、遥感技术、地理信息系统技术、全球定位系统技术被普遍采用，在土壤调查与制图方面也不例外。所以，我们的教学应该尽可能多地介绍这些技术在土壤调查与制图工作中的应用。然而，考虑到不同院校存在教学条件的差异，本教材内容在介绍地面常规调查的同时，以不小的篇幅介绍遥感技术土壤调查与制图的技术技能。不过，实践证明，只有熟练掌握地面常规土壤调查的技术技能，才能很好地应用遥感技术进行土壤调查。所以，地面土壤常规调查是最基本的训练。要通过课堂实习与教学实习，熟练地掌握地面调查的全部技能，也要把应用航片的技能教给学生，用以提高土壤调查的水平，为应用遥感技术创造条件。

在教学安排上，要把概查放在前面，把详细的土壤调查与制图放在后面讲，这是从培养学生树立全局观点出发的，使能全面了解一个地区的土壤类型及其与地理环境的关系，从而比较全面地认识局部地区的土壤特征。在进行教学时要理论联系实际，多用实物去讲解，以加深对教材内容的理解与认识。最好放映一些土壤剖面与景观录像和土壤调查的现场活动，以提高教学效果。

二、教学安排建议

要特别注重实践环节，是这门课的特点。建议对这门课的实践教学环节，采用分实验和实习两种形式来进行。具体地说，这门课程应含课堂讲授 36 学时、实验 36 学时和实习 21d。36 学时实验，要完成 9 个实验。21d 实习的安排是：完成一个土壤调查与制图的完整过程，为学生今后参加或组织开展资源、环境方面的土壤调查制图工作打好坚实基础。为了达到良好的实习效果，应建立供土壤调查与制图课程实习的基地，面积宜在 $10\sim20km^2$。选择一种土壤调查方法（建议选择航空像片的方法）开展调查。第 1～2 天，土壤调查准备（收集资料、制定技术规程和工作计划、勾画作业面积、确定调查路线和剖面点位置、物品准备等）；第 3～5 天，4～5 人一组，进行野外土壤类型和土地利用现状踏查（挖掘土壤剖面点平均每人 2～3 个、观测土壤剖面、建立土壤和土地利用现状的解译标志等）；第 6 天，比土评土，建立土壤工作分类系统，汇总土地利用现状并确定分类；第 7～9 天，解译土壤和土地利用现状，勾画图斑；第 10 天，野外校核，修改草图；第 11 天，草图转绘、拼图；第 12 天，土壤图和土地利用现状图制作；第 13～16 天，土壤资源评价；第 17～18 天，制作土壤资源评级图；第 19 天，制作土壤利用改良分区图；第 20～21 天，编写土壤调查报告、专题研究报告，并进行报告交流。成绩考核建议采用提交实习报告的形式。

思 考 题

1. 什么是土壤调查与制图？
2. 土壤调查与制图有哪些作用？

第一部分

土壤调查与制图教程

第一章 土壤调查制图的准备工作

传统土壤调查工作按其工作进程可分为准备工作、野外工作与室内汇总工作3个阶段。准备工作阶段的主要任务是组建调查队伍，明确调查任务，确定制图比例尺，统一技术规程，提出质量标准及成果要求；同时要收集并分析已有的基础资料与图件，研究前人工作的成果；准备调查所需工具与仪器，做好物质准备。准备工作是完成后面两个阶段工作的基础。

第一节 明确任务、拟定工作计划

一、明确调查任务

明确调查目的任务、调查范围、质量标准及成果要求，是土壤调查与制图的基础工作。

随着国民经济建设的发展，高产、优质、高效农业体系建立，对土壤调查与制图工作有更高、更深的要求。专业性调查增多，诸如山区开发土壤调查，土壤侵蚀分区调查，防止土壤污染及区域土壤环境背景值调查，科学施肥的典型田块调查，农用地分等定级，发展经济林果的土宜及旅游资源开发的调查，发展林木的土宜及旅游资源开发调查，水利资源开发利用中土壤沼泽化及次生盐渍化预测调查等，都是在不同条件下提出的，它们的任务要求也不同。只有对调查目的和任务非常明确，才能提高工作效能与调查质量。

土壤调查的任务一般可分为两大类型：

①对一个较大区域，如一个省的行政区域、大流域或某一自然区域的土壤资源作概括了解，以便进行农业区划、土地资料评价或是总体规划等。这种调查一般采用中比例尺或小比例尺，其比例尺主要取决于调查区域面积大小，即面积较小者多采用中比例尺，反之则多采用小比例尺。

②对一个具体地区，如某一乡、农场，甚至更小型的生产单位，需要对其土壤情况进行比较详细的了解，以便进行详细土地利用规划或土壤改良规划等，一般采用大比例尺调查。

调查没有资料的新区土壤，则应首先进行概查，即先进行中、小比例尺调查，然后再根据需要进行大比例尺调查。这类似于地形测量中"先控制后碎部"测量工序一样。

二、确定调查底图的比例尺

地形图是进行土壤野外草图测制和室内转绘成图的基础图件。为了保证制图的精度和质量，通常野外用底图比例尺比最后成果图比例尺要大。在没有合适比例尺的地形图时，可以使用稍小的比例尺地形图进行放大，但放大的地形图上，地物点及其他地理要素较少，使用前要到野外进行补充调查与调绘。根据规程的具体要求，在野外调查开始前除准备好地形图外，还需了解各级不同比例尺地形图的特点和我国地形图的分幅编号以及制图单位、方法和时间等，以把握住图件的质量。

（一）底图的精度及要求

土壤调查的精度是用成图的比例尺表示的。精度不同，所用地形底图比例尺也不一样。通常采用的比例尺有以下 4 种：

1. 详测比例尺 规定为 1∶200～1∶5 000。多用于小型试验地、各种苗圃、土壤改良试验区、村（社区）和农场的分场等类型的土壤利用改良设计。土壤制图单元要求到变种或更细。

2. 大比例尺 规定为 1∶1 万～1∶2.5 万。多用于乡（镇）和大型农场的农业生产规划，土壤利用改良区划和指导农业生产。土壤制图单元要求到土种、变种或其复区。

3. 中比例尺 规定为 1∶5 万～1∶20 万。多用于县（市、区、旗）或中、小河流流域的农业区划和土壤利用改良区划，以及森林和草原的开发利用调查。土壤制图单元要求到土属、土种或其复区。

4. 小比例尺 规定为小于 1∶20 万。多用于全国、大区或大的河流流域土壤资源开发，国际土壤图幅的测绘和编制。土壤制图单元要求到亚类或土属的复区。

（二）确定比例尺的其他影响因素

除上述按任务要求的成图精度确定地形底图比例尺外，在同一级比例尺范围内，还有几项其他因素影响比例尺的选择。

1. 根据农业用地方式确定比例尺 在自然成土因素较一致的情况下，一般园地土壤调查所选比例尺最大，耕地次之，林地再次之，牧草地最小。如果在同一地区，有两种不同利用方式，也允许采用两种不同的比例尺测制土壤图，这种在一幅图中使用的两种不同的比例尺称为复合比例尺。

2. 根据地形切割程度和土壤复杂状况确定比例尺 通常对地形平坦、切割程度不深而土壤种类又比较单纯的情况，所用比例尺可略小；反之，要稍大。例如，进行区、乡范围大比例尺土壤调查，在平原地区土壤种类比较单纯的，可采用 1∶2.5 万比例尺；在切割平原地区，土壤种类又比较复杂的，需采用 1∶1 万比例尺；在丘陵岗地，土壤种类更为复杂的，应采用 1∶1 万或更大比例尺。

3. 根据调查面积大小确定比例尺 调查面积较大的，采用比例尺可略小；反之，要稍大。这与调查后的成图图幅大小是否相称有关。例如，在 1km^2 面积上测制的土壤图，若采用 1∶5 000 的底图，图幅为 400cm^2，显然过小；若改用 1∶2 000，图幅扩大到 2 500cm^2，图幅大小即比较适宜。我国第二次土壤普查规定，山区调查底图要求 1∶2.5 万或 1∶5 万的比例尺，牧区土壤调查一般情况下，要求做 1∶10 万或 1∶20 万土壤图。乡完成 1∶5 000～1∶1 万土壤图，县完成 1∶5 万～1∶10 万土壤图，省完成 1∶20 万的土壤图。实践证明，这些规划是比较适宜的。

地形底图除带有等高线外，应具有精确的和足够的地物点。正确的地形和水文地理网地形底图的精度对土壤调查的精度影响很大。因此，调查人员要向测绘部门搜集调查地区最新测制的相应比例尺的地形图。

三、组织调查队伍

土壤调查通常按调查的目的、任务和精度要求,分为概查和详查两种类型。

①概查工作是为了对大的河流流域或省级行政区域范围内的农业区划或土壤改良所做的中比例尺的土壤调查与制图。其特点是综合性强,工作的流动性和分散性大。因此,概查工作队伍要配备有经验的植物、地理、水文、气象、农业、土壤、遥感和数字化制图等各专业人员参加,组成综合性的调查工作队。

②详测工作是为对大型农场和县级行政区域内农业生产区划、农田基本建设规划、科学种田规划等所做的土壤调查。其特点是成果的精度要求高,生产上要求见效快、工作集中。详测工作队要有专业骨干,应在农技站的技术力量配合下进行,吸收有经验的农民参加。

无论哪一种土壤调查工作,调查队伍组建时,都要当地行政人员参加,可以组建领导小组和技术小组。因为调查工作的性质牵涉面广,有些问题不是技术干部所能解决的。要有专业人员分工负责野外调查工作、室内分析、资料整理、图件编绘、物质保障工作,要明确岗位职责,领会"技术规程",并建立严格的检查验收制度,保证调查工作顺利进行和调查成果质量。

四、拟订工作计划

制订工作计划时,先要熟悉本次调查的目的与任务,并了解调查地区的基本情况和特点,准确估算工作量。工作量的估量主要取决于成图所要求的比例尺、调查地区地形地貌的复杂程度、调查使用的工作底图种类、调查方法、选择观察剖面点的方法、剖面观察的深度与类型、土壤分类与制图单元、其他附加要求及报告编写要求等方面。对前人在该区的工作成果,要详细的了解与分析,这样才能制定出切合实际的工作计划。

工作计划内容一般包括:①调查精度,如调查比例尺的大小、制图单元确定、野外观察和化验分析所需样点的密度等;②成果要求,如完成图幅的种类和数量、调查报告的要求、必须完成的资料汇编、化验分析数据等;③工作方法和步骤,包括野外试点、全面展开、室内分析安排,工作总结等;④完成工作的时间,可以工作进度时间表或甘特图(Gantt chart)(查看项目进程最常用的工具图,也叫线条图或横道图,由二维坐标构成,其横坐标表示时间,纵坐标表示任务)的形式落实,以使工作人员遵守;⑤各项工作阶段所必需的设备、包括野外调查装备及室内化验设备、制图的仪器、计算机和相应的软件等;⑥经费的估算。

第二节 资料的收集与分析

系统的收集、整理并分析研究调查地区有关资料十分重要。通过资料的分析与研究,可以对调查地区的基本情况和存在的问题有一个总的概念,对后续调查工作起到不走歪路,提高效率,加快进度的作用;还可以发现问题,初步确定要补充和修正的调查内容,了解前人工作方法的特点,以便深化土壤调查的工作内容。

收集资料要根据调查的任务与目的进行，要注意分析材料的来源及可靠程度、资料的历史条件等，对收集到的资料要进行编目登记，重要的资料要摘录和加工整理。

一、自然成土因素资料的收集

（一）气象资料

气候是土壤形成和农业生产的重要因素。地区性的水热状况，对土壤的发生及其特性，对农业生产的发展，都有重要的影响。因此，需要收集并分析研究温度、湿度、雨量、蒸发量、风和灾害性天气及物候等方面的资料。有时为了研究土壤发生上的某些特殊问题，甚至还要收集并分析古气候资料。

①收集调查区历年的年、月、旬平均气温，年绝对最高、最低温度等，借以了解调查区总热量及热量变化的情况。此外，还要注意收集≥5℃、≥10℃的积温及有效天数，这些都是作物生长和布局的重要因素——气温指数。还要收集对影响作物生长的关键性温度，如调查区3、5、9月出现低温和7、8月出现高温的资料。

②掌握历年的年、月、旬平均降水量，借以了解水资源及其分配状况。还要收集对估计土壤侵蚀力和排涝、灌溉的规划设计有重要价值的大雨和暴雨资料；对研究旱象规律有关的日降雨量、降雨强度等资料也要收集。

③灾害性天气。收集包括干旱、冷冻、冰雹、台风、暴雨、梅雨等资料以及群众抗灾经验的资料。

④土壤温度。为了研究调查地区气候因素对土壤形成与分类的影响，要收集土壤温度，如表土、心土、底土层的日均温，日最高、最低温度，旬变幅资料等。因为这些资料直接影响作物的生长发育状况及土壤养分转化状况。

⑤风向、风速、风力等级等资料。对于估测土壤风蚀、风灾和设计农田防护林等有关的风向、风速、风力等级资料也要收集。

气象资料的获得途径：一般是通过调查地区的气象台（站）及水文站取得，对于未有气象台（站）实测资料的地方，如山区，可推算获得，也可访问农民，总结他们关于历年气候感受所得的经验。另外，还要重视调查地区有关物候资料和气象农谚的收集与整理。

（二）地质和地貌

地质资料，是我们认识调查地区的地质构造和岩性的基础。地貌影响土壤水热状况和土壤利用方向。因此，要收集调查地区的地质图、地貌图及其文字说明，地形图和航片、卫片等图件及文字资料。

借助地质图及文字资料，特别是第四纪地质资料和图件，分析调查地区的地质构造、岩性及其分布规律，成土母质及其基岩等等情况，对于土壤母质的了解具有十分重要的意义。

一个地区的地貌类型往往综合反映了该地区的地表状况、物质组成和地下潜水运动规律。借助于地貌图和地形图，了解调查区的地貌类型、成因及其特性、不同地貌类型的特点，诸如河床和阶地的宽度、分水岭高地和坡地宽度，并确定不同地貌分区和地貌部位的绝对高度以及分水岭高地高出侵蚀基准面高度等。

充分了解地质、地貌情况，对确定土属的界线，掌握土壤养分状况的丰缺、土壤物理性状的好坏，以及防止土壤侵蚀和规划农田基本建设等方面，都有很大帮助。

地质、地貌资料的收集途径：主要依靠地质部门和地理工作者及有关科研院所所做的成果图件与文字说明，与土壤外业调查相结合的野外调查也是我们掌握当地地质、地貌状况的重要途径。

（三）地表水和地下水

地表水和地下水是决定土壤发生及某些性状的重要因素，也是影响作物布局和水利设施的重要条件。借助地形图、水系分布图及航片、卫片可以了解调查区的水系及其发生发育情况以及水系分布的主要特点。这些资料对制定基本农田建设的水利规划、土地复垦整理等是不可缺少的。

浅层和深层地下水的埋藏深度、储量、补给情况，地下水季节性动态变化，地下含水层状况，地下水矿化度及化学性质等资料都要认真收集。上述资料对发展井灌，研究土壤沼泽化、盐渍化等方面都是重要的。

地表水和地下水资料收集途径：向当地水利局及其水文站收集。

（四）植被资料

植物是重要的成土因素之一，是土壤有机质和氮素营养积累的重要来源。植被群落也与土壤的水、热状况有密切关系，因此收集自然植被方面的资料更为重要。其主要内容包括：了解调查地区所处的植被区划位置（如亚热带常绿林、温带夏绿林、草原及草地等），熟悉不同土类的植被群落特征及演替过程，以及植被与土壤之间的相互关系。在农区调查，要了解当地主要作物的品种、农田杂草种类及其生长繁殖条件和危害程度。

自然植被图和资料的收集主要通过查阅文献，而农田杂草和当地主要作物品种及适生植物的种类主要向当地农民访问了解。

二、农业生产资料的收集

土壤是农业的基本生产资料，农、林、牧业的生产都是在土壤上进行的。同时，人类的农业生产活动也影响着成土过程和土壤性质。因此，收集研究调查地区的农业生产资料是土壤调查的一项重要内容。主要包括：①调查地区基本资料，如人口、劳力、畜力、农业机械、耕地面积、林业、牧业面积等；②调查地区农业区划和农业发展规划，农业生产的研究报告，以及田间试验资料；③调查地区的农业历史，农、林、牧业生产情况，各业所占比重，历年作物产量、产值以及生产中存在的问题；④调查地区轮作布局的发展及其对粮食单产和总产的影响；⑤历年农田基本建设的成就与问题，当地开展山、水、田、林、路综合治理的主要措施；⑥各种土壤耕作管理经验，用地养地的措施及其效率等；⑦农业生产历史及其变迁情况，特殊的土地利用经验与特产等。

三、土壤资料的收集

土壤资料的收集与分析，对提高土壤调查成果的质量非常重要，是资料收集的主体。只有了解了过去已有的资料,才能避免工作中的简单重复。应通过刊物、技术档案以及有关调查总结和科研试验材料,收集资料包括:①调查区的土壤类型、分布规律、形成特点、肥力特征、土壤问题和改良利用经验,从农业科学研究所收集土壤定位试验和改良资料;②有关土壤与农业生产关系方面的资料,如土壤生产性能、因土施肥、因土耕作、因土种植、因土管理以及障碍因素等方面的研究成果;③历次调查使用的分类系统、调查方法、比例尺大小及质量标准,对于一些主要剖面资料,应进行编号整理,摘记主要剖面特征及分析结果,并将剖面号码注记在地形图上,关于培肥与改良土壤的试验方法及效果,也要详细抄录,作为参考;④按区域整理过去调查的土壤资料,最好设计表格进行填写,以掌握区域土壤特点与问题;⑤特殊的土宜资料,因许多地域性植物性特产往往与一定的土宜特性有关。

四、资料的分析

土壤调查工作者要善于分析所收集到的资料。因为调查地区所收集到的有关资料都是过去调查的成果,所以分析研究这些资料,能帮助我们了解调查区过去的土壤利用情况及存在的问题。因此,要深入地分析研究所得到的资料。分析后,将资料分成必用资料、参考资料、备用资料等几类。资料分析可以从 4 个方面进行。

1. 分析调查地区自然成土因素的特点　根据气象资料,分析调查地区的水热系数(干燥度)。我国采用的计算水热系数公式为

$$水热系数 = \frac{降水量总和（日均温 \geq 10℃）}{0.16 \times 活动积温（日均温 \geq 10℃）}$$

水热系数是反映温暖季节的某地区的干湿程度,水热系数与干湿程度的关系如表 1-1。

表 1-1　水热系数与干湿程度的关系

水热系数	干湿程度
0.8～1.0	干燥区
1.0～1.4	湿润区
1.4～2.0	水分充足区
≥2.0	过湿润区

为了研究调查区气候因素对土壤形成与分类的影响,可以将多年按日平均的气温、降水与蒸发量画一个综合坐标曲线图(图1-1)。

美国的土壤分类系统将土壤气候分为 4 种:

①干燥的,即土壤干燥时期为大于 180d。

②干湿交替而夏季湿润的,即高温多雨同时出现。

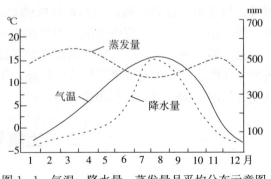

图 1-1　气温、降水量、蒸发量月平均分布示意图

③干湿交替而冬季湿润的，即地中海型气候，在种植夏季作物时还需灌溉。

④湿润的，即全年最少3/4时间是湿润的。

这种土壤气候的区分方法也可作为我们的参考。

又如，根据气象资料，分析各气候要素出现的频率和保证率。如以武汉市（1951—1974）≥10℃的平均活动积温为5 239.8℃，而历年活动积温按一定的范围为4 915.3～5 523.2℃，将历年活动积温按一定的范围分组如表1-2，然后统计各组出现的次数，除以总次数得出频率，按频率自上而下逐项累加，就得出积温范围的保证率。从表1-2可知武汉市≥10℃的活动积温在历年的可靠性。

用同样的方法，可以统计有关温度或降水的频率和保证率。

此外，可从地质图、地形图和有关资料来分析调查地区的地理景观，如地势的差异，山地、丘陵、平原的分布状况，以及分析基岩类型及成土母质的状况。作为土壤、土壤改良和土壤利用的地学基础。

表1-2 武汉市≥10℃的活动积温统计表

积温范围（℃）	次数	频率（%）	保证率（%）
5 501～5 600	1	4	4
5 401～5 500	5	21	25
5 301～5 400	4	17	42
5 201～5 300	4	17	59
5 101～5 200	3	12	71
5 001～5 100	5	21	92
4 901～5 000	2	8	100
总计	24	100	—

根据水文资料，分析当地水资源情况，如可利用水量有多少、利用水资源存在问题等。在沿海地区调查，要分析该区的潮位高低及潮侵频率。

当地的植被类型，适生植物种类，分析它们的生境条件，重要的指示植物及其分布情况等。特别注意研究野生经济植物的生境条件，土宜问题，因为它们是重要的再生资源。

2. 分析调查地区农业生产的发展情况 根据统计材料分析历年农业生产的变化，分析气候特征、施肥量、耕作改制与农业发展的关系幅度。特别要注意研究创建高产、优质、高效农业的有利条件与不利因素。粮食年际常产波动在很大程度上与气候有关。但同一丰年或同一歉年内同一区域各乡镇之间的产量差异除栽培管理外，主要是土壤质量高低引起的。因而改善中低产田的土壤条件，对促进农业生产有很大的帮助。

3. 分析调查地区主要土壤类型的发生、特性及分布规律 分析各成土因素对土壤发生、发育的影响，对土壤肥力高低的作用及对农业生产情况的影响等。

4. 分析已有的资料 对已有资料进行分析，提出要进行调查的内容、调查深度，设计调查计划，如要研究的土壤特征，需要分析化验土壤测试项目，要设计的调查路线以及必须观察的剖面点等。

第三节 调查物质的准备

一、图件的准备

地形图是土壤调查采用的最基础图件,它是土壤图野外调绘和内业成图的基础。为了保证调查制图的精度和质量,通常野外草图测制使用的地形图比例尺要大于成果图的比例尺。如要完成1∶5万的县级土壤图,最好选用1∶2.5万或1∶1万的地形图做底图,要完成区的1∶1万土壤图最好用1∶5 000的地形图做底图。因此,就要同时收集这两种比例尺的地形图,分别作野外和室内成图之用。

如野外制图的底图为航空像片,则所收集的底图比例尺可以和最后成图比例尺相同,以作为室内转绘成图之用。

地形图应是最新出版的地形图,至于土壤调查所用地形图的份数,决定于成果要求的数量。一般准备涉及调查地区的图件2套,分别供草测和清绘使用。

二、遥感资料的准备

航空相片(航片)与卫星影像(卫片)等遥感资料,是现代土壤调查与制图应该收集的资料。在准备地形图的同时一定要准备航空相片与卫星影像。运用航片和高空间分辨率卫片进行土壤调查与制图,具有许多优点。因此,在有条件的地区,要尽量利用航片和高空间分辨率卫片作为土壤调查的工作底图。

(一)航片比例尺的选择

航空像片、地形图、土壤图的比例尺划分标准不同。

航片的划分标准为:1∶1万或1∶1.5万以下为大比例尺;1∶2.5万以上为中比例尺;1∶3.5万以上为小比例尺。

进行1∶5 000~1∶1万的大比例尺土壤调查制图时,最好使用大比例尺的航片。由于大比例尺反映地面状况极为详尽,因此航片的比例尺可以稍微小于成图比例尺,如进行1∶5 000土壤调查可以使用1∶7 000的航片;进行1∶1万土壤调查可以使用1∶1.2万~1∶1.4万的航片,都无损于精度,并可以减少航片拼接等工作量。

进行1∶2.5万的土壤调查制图时,最好选用同比例尺的航片,但不要大于制图比例尺。航片比例尺大了是浪费;航片比例尺小了,判读性能降低,影响调查制图的质量。

干旱、寒冷地区自然景观比较单纯,人类活动影响较小,在这些地区1∶6万左右的航片仍能反映地面的实况,可满足1∶5万~1∶10万的土壤调查制图。

(二)航片的准备

在有相片平面图或影像地图的地区,最好利用它们作为土壤调查的底图。多数情况下,是以接触晒印航片及由此镶嵌的像片略图作为调查底图。

准备相片一般要向测绘部门订购2套接触晒印相片(至少1套半)。其中1套供立体观察、判读和转绘用；另1套（半套）供镶嵌相片略图，或供野外控制测量，选编典型影像图谱等用。

因当前我国广大地区主要是大比例尺和中比例尺的全波段黑白航片，所以主要是准备黑白航片，对少数地区具有彩红外航片和多波段航片也可以使用。在订购航片时，要索取诸如摄影时间、航高、焦距等航摄资料，以便对航片质量进行分析。

（三）卫星影像的准备

在进行中、小比例尺土地资源调查时，多采用的是假彩色卫星影像。一般SPOT影像能满足1∶5万～1∶10万的土地资源调查与制图；TM影像能满足1∶10万～1∶20万的土地资源调查与制图。特别是在一些边远地区，土地利用结构比较简单，管理粗放，如牧区、林区可以考虑利用卫星影像，有些研究工作可以考虑利用卫星影像的磁带或将其扫描数字化处理，利用计算机进行辅助分类解译。

随着中巴资源卫星的发射和使用，CBERS卫星的数据涉及农业、林业、水利、国土资源、地矿、测绘、灾害和环境监测等各个行业，因此有条件的地区在调查的时候，也要收集相关CBERS卫星影像。

卫星影像资料准备要考虑收集多种比例尺、多波段和多时片的卫片，满足不同调查内容的需要。

1. 多种比例尺卫片的收集　根据现有卫片制图精度的限制，要求收集1∶100万、1∶50万、1∶20万等不同比例尺的各种MSS、TM、HRV等卫片。如工作需要，还需对局部地区索取进一步放大的1∶10万卫片。

2. 多波段卫片的收集

①1∶100万正负软胶片、浮雕片。现有波段主要有MSS 4～7，TM 1～7，HRV 1～4等。

②1∶50万黑白片，假彩色片。

③1∶20万假彩色组合片。

④对局部地貌及土壤类型丰富的地区，还要收集大比例尺的计算机图像处理片和磁带。

3. 多时相卫片的收集　应包括春、夏、秋、冬等主要季节最新的连续卫片，尤其以春、秋季节的最好。因为不同季节，对某解译对象会呈现出较突出的信息。如秋末卫片，对乔、灌、草的解译较佳；冬季卫片，对落叶植被最易区分，对土壤解译也较有利。

三、土壤底图的编制准备

（一）土壤底图编制的必要性

土壤底图是指制作土壤图时使用的工作底图，是土壤资源调查成果图的地理基础，其内容一般包括水系、居民地、境界、道路、地貌等要素等，可用来定向、定位，定量说明专题要素的分布特征、分布规律以及它与周围地理环境的相互关系。土壤底图通常利用地形图进行制作。

地形图是各种地图制图的基本资料，在土壤调查中，使用地形图进行专题要素的填充、分析研究是必要的，但不能代替土壤调查成果图的底图。这是因为：

①一个调查区域需由几幅地形图拼接，使用不方便。

②地形图的内容是多方面的，有许多内容是土壤资源成果图中不必反映的，若以地形图作底图，则图面的地理负载过重，反而冲淡了专题内容。

（二）底图编制方法

①按相应比例尺，利用国家基本地形图直接裁割，嵌贴在展有数学基础的裱板上。这种底图编制方法是现在最常用的方法。

②展绘地图的数学基础，就是按规定比例尺展绘出地图的经纬线图廓点、经纬线网或直角坐标网、控制点等。展绘时用的设备为直角坐标展点仪，也可用简易工具如坐标格网尺、分规等展绘。

③编绘地物或地貌版，然后蒙上聚酯薄膜清绘，剪贴注记，进行图面整饰。

④可将底图直接蓝晒在聚酯薄膜上进行编绘、清绘成果图。有条件的地方，可采用单色印刷或双色印刷（地物、地貌为棕色，水系为蓝色），在印刷图的基础上，编绘成果图。

（三）底图内容的选取

底图内容的选取，取决于土壤资源各专题地图的内容及反映本区域特征的需要，而不应该是地形图的简化。根据比例尺不同，底图内容差异很大。大比例尺土壤调查底图内容大致应包括：

①居民地：省、县（市）、集镇、行政村及部分自然村。表示的形状和方式与比例尺的大小有很大关系，自然村的选取与图面负载，是否有方位意义有关。

②境界：行政界线往往同居民点的表示结合在一起。

③水系：海岸线、常年河、水库、湖泊及主要渠道。

④地貌：海拔高度、坡度、坡向和形态特征。

⑤道路：铁路、公路及个别有特殊意义的大车路等。

中小比例尺土壤调查底图选取内容，主要是一些地理基础资料，如水系、道路、主要居民地等。

四、调查工具的准备

（一）挖掘、取土工具

到目前为止，我国挖掘土壤剖面的主要方法仍然是用铁锹、镐挖掘土坑。用各种土钻，包括螺旋钻、半筒式开口钻、洛阳铲、熊毅土钻等工具（图1-2、图1-3）钻取土样。螺旋钻用于检查土壤制图的边界；各式的筒钻，用于取不同深度的土样以检查土壤类型的变化，甚至可以作为化验样本；洛阳铲适用于黄土母质地区，它可以容易地取得较深的土样；机动土钻，用汽车和拖拉机的运载，并利用这些机械输出动力以带动土钻，它的钻筒外套为螺纹，可以借助于机械输出的液压和螺旋向下的力量，使钻筒的内管能取出保护原来土壤结构的一定深度（如1m）的柱状土样，可作为土壤剖面的观察和化验样本取样，甚至可作为物理分析取样。

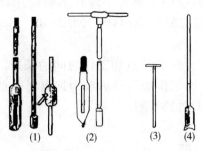

图 1-2 各式取土工具图

(1) 筒式土钻 (2) 森林钻 (3) 螺旋土钻 (4) 洛阳铲

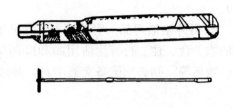

图 1-3 取土用土钻示意图

国外土壤调查已经较多地使用越野取土车（图 1-4），可掘取整段土体进行观察，我国也应该试制推广，以提高野外调查土壤的效率。

如采集整段标本时应配备修饰土柱的工具如手锯、修枝剪、油灰刀、木工凿等。遇有剖面中坚硬层次应均匀地喷水再用油灰刀切割修成柱状；对无明显结构的土壤最好在采土前浇水，待渗透后取土；遇有砾质土壤则注意取土后的修饰工作，尽可能保持原状。因此，在干旱地区采土时，务必用大塑料水桶带足用水。

（二）调查的一般工具

剖面尺（2m）、剖面刀、门赛尔比色卡、硬度计、照相机、摄像机、放大镜、比样土盒、整段标本盒、野外记录簿、土样袋和标签等。

图 1-4 测试车

（引自 J. M. Hoelgon：《Soil Sampling and Soil Description》）

（三）野外土壤草图测制仪器

野外测图用具包括罗盘仪、海拔高度计、坡度仪、望远镜、绘图板、视距尺、钢卷尺、钢直尺、三角板、量角器、曲线板、圆规、绘图铅笔、求积仪、标杆、木桩等，在有条件的情况下，可用全站仪和 GPS 接收机等测绘设备。

（四）野外测定土壤理化性质仪器

1. 土壤养分及化学性质速测装备 在野外观察土壤剖面要配置速测土壤有机质、碱解氮、速效磷、速效钾、二价铁、三价铁等项目的速测箱，pH 计，电导仪，10% 稀盐酸及特制滴瓶，野外地物光谱仪等。

2. 土壤水分物理性状测定装备 土壤水分物理性质有些是要在野外进行测定的，如土壤孔隙状况、土壤田间持水量、土壤三相比等。因此要配备一定的设备，如张力计、土壤硬度计、切土环刀、三相仪、铝盒等。

（五）其他配备

1. 室内成图工具的装备 包括遥感影像的纠正、转绘仪，有关面积量算的求积仪，绘图的有关纸张，绘图笔及不同类型的墨水和简易的绘图工具等。现在多数应用计算机进行制图，需有计算机和相关的应用软件（如 AutoCAD、ArcGIS、MAPGIS、SuperMAP 等）。

2. 野外生活用品　野外调查工作队要根据工作地区的特点和工作时间的长短，配备必须的衣、食、住、行等生活用品和医药保健装备。如工作地区较远或为远离居民点的荒漠区、牧区等，则必须配备交通工具，并做好周密的野外路线图。

思　考　题

1. 土壤调查底图比例尺确定的影响因素有哪些？
2. 如何制订土壤调查的工作计划？
3. 怎样进行土壤调查所需资料的收集与整理？

第二章 成土因素研究

土壤是成土母质在气候、地形、生物等自然成土因素和人类生产活动综合作用下，经过一系列物理、化学和生物的作用下而形成的。土壤作为一种自然体，与其他自然体一样，具有其本身特有的发生和发展规律。成土因素学说就是研究这些外在环境条件对土壤发生过程和土壤性质影响的学说。土壤形成因素分析不仅是我们组织有关土壤知识概念并建立分类体系的指导，它也是我们在野外鉴别土壤、划分土壤界线的重要参考依据。因此，土壤的研究必须和成土因素的研究紧密地结合起来，才能全面深入地认识土壤，这是土地调查制图工作必须具有的基本思想。

19世纪末，俄国著名土壤学家道库恰耶夫对俄罗斯大草原土壤进行了调查，并在此基础上，将广阔地域的土壤研究与土壤周围的自然条件联系起来，创立了野外调查与制图的方法。该方法强调土壤调查要阐明土壤特性以及土壤分布与地方成土因子，如地方气候、植被、母质、地质水文以及人类活动之间的相互关系，认为土壤是在五大成土因素（即气候、母质、生物、地形和时间）作用下形成的。并创立了函数关系式以表示土壤与成土因素之间的发生关系。

$$\Pi = f(K, O, \Gamma, P) T$$

式中：Π 为土壤；K 为气候；O 为生物；Γ 为地形；P 为母质；T 为时间。其含义为土壤是气候、生物、地形、母质等因素长时间作用的产物。

道库恰耶夫的成土因素学说是现代土壤学的重要原理之一，更是土壤调查的基本理论基础。

继道库恰耶夫之后，许多土壤学家对成土因素学说的发展作出了贡献，从不同的侧面深化了成土因素的内容。

威廉斯提出了土壤统一形成学说。在这个学说中，强调了土壤形成中生物因素的主导作用和人类生产活动对土壤产生的重大影响。威廉斯认为土壤形成过程的发展密切联系着土壤形成全部条件的发展，特别是作为土壤形成主导因子——植物的发展。形成条件的发展变化引起土壤性质的变化，使土壤不断进化，并可能产生质的突变。同时，土壤的发展对植被的发展起着反作用。

在道库恰耶夫60年之后，美国土壤学家詹妮（1948）在她的《成土因素》一书中，引用了与道库恰耶夫同样的数学式来表示土壤和最主要的成土因素之间的关系：

$$S = f(CL, O, R, P, T, \cdots)$$

式中：S 为土壤；CL 为气候；O 为生物；R 为地形；P 为母质；T 为时间；$\cdots$ 为其他因素。

应当指出，道库恰耶夫和詹妮的土壤形成方程式只是土壤形成的模糊概念模型，并不能用现代数学（微积分）方法逐个解答公式的每一部分。因为每一个成土因素都是极其复杂的动态系统，它们不仅是独立的、而且彼此之间又是紧密联系着，错综复杂地作用于土壤。另外，威廉斯关于生物累积过程是主导成土过程的观点也带有片面性。一个土壤个体可以在比较短的时间内发育形成，也可以受到各种不同的影响而改变，甚至由于侵蚀或其他作用而被消灭，而不仅仅与植物的进化相关。

综上所述，通过野外景观综合研究和土壤剖面的野外描述研究成土因素，是揭示土壤发生分类，制定土壤利用改良分区等方面的理论基础和重要依据，是土壤工作者必须掌握的基本技能。

第一节　气候因素研究

一、气候因素对土壤形成的影响

气候因素主要是指太阳辐射、降水、温度、风等，它们是土壤系统能量的源泉和能量传输的载体，决定着土壤的水热状况。土壤和大气之间经常进行着水分和热量的交换，影响着土壤中矿物质、有机质的迁移转化过程，并决定着母质母岩风化、土壤形成的方向和强度。气候条件和植被类型有着直接的关系，因而气候也通过植被间接地影响土壤形成。总的来说，土壤形成的外在推动力归根结蒂都来自于气候因素，气候是直接和间接地影响土壤形成过程中方向和强度的基本因素。在气候要素中，温度和降水量对土壤的形成具有最普遍的意义。

（一）太阳辐射

土壤表面获得太阳短波辐射和大气逆辐射，是土壤温度的重要来源。与此同时，土壤表面时刻不停地与大气进行着热量交换。土壤温度状况与近地大气层温度状况有最直接的依赖关系。

①太阳每年投到地球表面的总辐射能，按左大康经验公式计算如下：

$$R = (Q+q)(a+bn/N)$$

式中：R 为太阳总辐射能 $[kJ/(cm^2 \cdot a)]$；Q 为直接辐射能 $[kJ/(cm^2 \cdot a)]$；q 为散射辐射能 $[kJ/(cm^2 \cdot a)]$；$a=0.248$，$b=0.752$，$a+b=1$；n 为太阳实际照射时数；N 为太阳照射总时数。

②地面由于吸收太阳辐射和大气逆辐射而获得能量，同时又向外放射长波辐射而损失能量。在单位时间内，单位面积地面所吸收的辐射与放出的辐射之差，称为地面辐射差额（R）。得出方程式为

$$R = (S'+D)(1-r) - E_0$$

式中：S' 为太阳直接辐射；D 为散射；E_0 为地面有效辐射；r 为反射率。

（二）温度

温度影响矿物的风化和合成、有机质的合成与分解。一般来说，温度增高10℃，化学反应速度平均增加1~2倍。在寒带，土壤化学风化作用微弱，植物生长发育很缓慢，微生物活动受低温的抑制，有机质分解困难，因而土壤中物质转化缓慢，土壤发育处于原始阶段。相反，在高温多雨地区，矿物绝大部分被分解，植物生长迅速，有机质年增长量很大，土壤微生物活动旺盛，风化壳和土壤层厚度增加，土壤中物质转化速度很快。

土壤温度的变化与大气温度有最直接的关系。

1. 气温与土壤温度状况 土壤表面时刻不停的以辐射、蒸发以及土壤与大气的湍流交换而向近地大气层传送热能，而只有小部分为生物所消耗，极少部分通过热传导进入土壤底部。由此可见，土壤与近大气层之间存在着频繁的热量交换过程，土壤温度状况与近地大气层温度状况有最直接的依赖关系。

2. 气温对成土过程的作用 气温及其变化对土壤矿物体的物理崩解、土壤有机物以及无机物的化学反应速率具有明显的作用；气温及其变化对土壤水分的蒸发、土壤矿物的溶解与沉淀、有机质的分解以及腐殖质的合成都有重要的影响，从而制约土壤中元素迁移转化的能力和方式。温度的快速剧烈变化会导致母岩的崩解，使母岩转化为碎屑状成土母质。

温度除了对土壤产生直接影响外，对植物的影响也间接的影响土壤的发育与发展。温度对生物的影响主要考虑与植物生长发育有关的温热指标，如：年平均温（℃），≥0℃、≥5℃、≥10℃的积温（活动积温）及有效积温等等。

俄罗斯土壤学家柯夫达根据上述指标将地球表面划分成若干温度带（表2-1），植物群落类型及其循环强度，土壤类型分布均与之相关联。

表2-1 中国温度带的划分

自然区域	自然带和亚带	温度指标（℃）			主要植被和地带性土壤	农业特征
		≥10℃积温	最冷月气温	年平均极端最低气温		
东部季风区域	温带	<4 500	<0	<−10		有"死"冬
	1. 寒温带	<1 700	<−30	<−45	针叶林，棕色针叶林土	一季及早熟作物
	2. 中温带	1 700～3 500	−30～−10	−45～−25	针阔混交林，暗棕壤	一年一熟，春麦、玉米为主
	3. 暖温带	3 500～4 500	−10～0	−25～−10	落叶阔叶林，棕壤，褐土	两年三熟，或一年两熟冬麦、玉米为主，苹果、梨
	亚热带	4 500～8 000	0～15	−10～5		冷季种喜凉植物，热季种喜温植物
	4. 北亚热带	4 500～5 300	0～5	−10～−5	常绿落叶阔叶林，黄棕壤	稻麦两熟，茶、竹
	5. 中亚热带	5 300～6 500	5～10	−5～0	常绿阔叶林，黄、红壤	双季稻两年五熟，柑橘、油茶
	6. 南亚热带	6 500～8 000	10～15	0～5	季风常绿阔叶林，赤红壤	双季稻一年三熟，龙眼、荔枝
	热带	>8 000	>15	>5		喜温作物全年都能生长
	7. 边缘热带	8 000～8 500	15～18	5～8	半常绿季雨林，砖红壤性土	喜温作物一年三熟，咖啡
	8. 中热带	>8 500	>18	>8	季雨林，砖红壤	木本作物为主，橡胶
	9. 赤道热带	>9 000	>25	>20	珊瑚岛常绿林，磷质石灰土	可种热带植物

（续）

自然区域	自然带和亚带	温度指标（℃） ≥10℃积温	最冷月气温	年平均极端最低气温	主要植被和地带性土壤	农业特征
西北干旱区域	10. 干旱中温带	<4 000	<−10	<−20	草原与荒漠，棕钙土	一年一熟，有冬麦和棉花
	11. 干旱暖温带	>4 000	>−10	>−20	灌丛与荒漠，棕漠土	两年三熟或一年两熟
	12. 高原寒带	<500	<6		高寒荒漠、高山荒漠土	"无人区"
	13. 高原亚寒带	500～1 500	6～10		高寒草原、高山草原土	只有牧业
	14. 高原温带	1 500～3 000	10～18		山地针叶林、山地森林土	有农、林业

（据周立三等，中华人民共和国国家农业地图集，1989）

（三）降水

土壤水分是现代土壤科学研究的重要内容，也是进行土壤分类的重要定量指标。降水是土壤水分的主要来源，是许多矿物风化过程与成土过程的媒介与载体，是影响土壤中物质和能量迁移转化的重要条件。

1. 大气降水对矿物风化和土壤淋溶淀积的影响　在铝硅酸盐矿物风化过程中，正是由于水及其中溶解的阳离子的参与使矿物的晶格遭到破坏、晶格中的某些阳离子进入水体。在半干旱半湿润气候区，土体中 Na^+、K^+ 绝大部分淋失，而 Ca^{2+} 和 Mg^{2+} 多淀积在心土层；在湿润地区，母质中的盐分遭到强烈淋洗，Na^+、Ca^{2+}、Mg^{2+} 和 K^+ 绝大多数被淋出土体进入地表水系中，土壤呈酸性。如 Jenny（1983）的资料表明，在美国大平原中部地区，土壤中 $CaCO_3$ 淀积深度与年降雨量有明显的相关性。中国学者的研究也表明，在黄土高原及华北地区土壤中次生碳酸钙淀积深度与年降雨量也存在密切关系。

2. 大气降水对土壤有机质积累的影响　一般来说，在其他条件类似的情况下，土壤中有机质的积累过程强度随着区域降水量的减少而减少。如中国中温带地区自东而西，由黑土—黑钙土—栗钙土—棕钙土—灰漠土，有机质含量逐渐降低。同理，一般情况下，土壤有机质的累积过程强度也会随着区域降水量的增加而增加，但当降雨量增加到一定程度时，由于土壤水分过量导致土壤通气状况变差，土壤有机质的积累，特别是土壤腐殖化过程则明显受到抑制，故土壤表层（0～20cm）有机碳含量与年均降雨量之间呈非线性关系。

3. 大气污染物对土壤的影响　随着工业的发展，大气污染对土壤的影响也越来越受到关注。大量酸雨注入土壤已引起土壤的酸化，增强了土壤溶液对矿物的溶解作用，并增加了土壤有毒有害元素如 Al^{3+}、Mn^{2+} 的积累，从而危害作物的正常生长。而土壤的有机—无机复合胶体表面吸附的阳离子也会被 H^+ 置换所淋失；酸化土壤还会制约微生物的活性，从而影响有机质和矿物的分解和转化过程。

（四）干燥度与湿润度

干燥度指可能蒸发量与降水量的比值。其倒数称为湿润度。由于蒸发量测定较麻烦，一

般用经验公式计算,我国采用的公式为

$$K = E/r = 0.16\sum t/r$$

式中:K 为干燥度指数;E 为可能蒸发量;r 为 $\geq 10℃$ 的稳定期内的降水量;$\sum t$ 为 $\geq 10℃$ 的稳定期内的积温。

按干燥度指数可以划分气候的干湿类型及程度。根据干燥度可把我国气候划分为 5 类,见表 2-2。

表 2-2 中国气候大区划分指标

气候大区	年干燥度	自然景观
湿润	<1.0	森林
半湿润	1.0~1.6	森林草原
半干旱	1.6~3.5	草原
干旱	3.5~16.0	半荒漠
极干旱	>16.0	荒漠

(据《国家自然地理》1981)

(五)风

风对成土过程的影响是巨大的,也是多种多样的。首先,风力导致土壤粉粒大量流失,即土壤风蚀沙化。其次,风力堆积作用常造成土壤物质组成的变化。如在中国温带地区,多数成土母质是第四纪风力堆积的黄土,这些由风成粉砂和粉粒组成的厚层黄土对土壤形成发育具有重要影响。

(六)其他气候情况

1. 雨季 土壤溶液稀释,土体中可溶性物质与黏粒受到淋溶或下移。

2. 旱季 土壤溶液浓缩,可溶性物质随蒸发水上移。

3. 季节性冻融交替 加速土体的物理风化和促进土体碎裂。

(七)微域小气候

主要表现在温度、湿度和风的变化上。小气候种类很多,包括地形小气候、海滨小气候、湖泊小气候、森林小气候、草地小气候和农田小气候等。这些小气候都对土壤胀热状况发生或多或少的影响,但其中以地形小气候对土壤形成及土壤性质的影响最为显著。

二、主要调查内容

(一)太阳辐射

太阳辐射主要调查地面有效辐射、太阳实际照射时数、太阳照射总时数等。

太阳直接辐射是太阳直接辐射强度的简称,指单位时间内以平行光的形式投射到地表单位水平面积上的太阳能。

散射辐射是指太阳光被大气散射后，单位时间内以散射光的形式到达地表单位面积上的太阳辐射能。

地面有效辐射是指地面辐射与被吸收的大气逆辐射之差。

(二) 温度

表示温度状况的特征值主要有平均气温、最高温度、最低温度和积温等。

①通常，将24h各定时观测的气温平均值定为日平均气温，年平均气温是全年内各日（或各月）平均气温的算术平均值。为了表征某地气温的年变化，通常还要研究最热月平均气温、最冷月平均气温以及逐月的平均气温变化。

②最高温度是指给定时段内所达到的最高温度，如日最高温度、月最高温度、年最高温度等；最低温度是指给定时段内所达到的最低温度。最高温度与最低温度之差，称为该时段的温度较差。温度的日较差和年较差可表征气候的大陆性程度。大陆性气候下温度日较差可达15～20℃。

③积温也是衡量热量的一个重要指标。在农业气候上，通常将一年内日平均气温≥10℃的稳定持续期看作作物生长发育期，在此期间内，温度的累积值称为活动积温，简称积温。除了活动积温还有有效积温、净效积温。积温是气候上划分热量带的重要依据，也是进行土壤资源评价的重要指标。

无霜期、初霜日期和终霜日期等，也是我们讨论温度时的重要指标。

在寒温带，一些土壤冬季冻结，甚至有永久冻土层，应进行冻土观测，包括平均冻土深度、年最大冻土深度、冻结期和永久冻土出现的深度等。

(三) 水分

我国绝大部分地区属季风气候，干湿季节明显，因而降水的年内分配，对于分析土壤形成过程更有意义。降水主要调查降水量、降水强度、降水距平和降水频率等。

①降水量是表示降水多少的特征量，它是指从大气降水降落到地面后未经蒸发、渗透和径流而在水平面上积聚的水层（或固体降水融化后）厚度，通常单位是mm。降雨量具有不连续性和变化大的特点，通常以日为最小时间单位，进行降雨日总量、旬总量、月总量和年总量的统计。

②降水强度是表示降水急缓的特征量。它是指单位时间内的降水量，单位是mm/d或mm/h，按照降水强度的大小，可将降雨划分为小雨、中雨、大雨、暴雨、大暴雨和特大暴雨等。降水强度越大，雨势越猛烈，被土壤和植物吸收利用的雨水越少。

③降水距平是表示降水量变动程度的特征量，是指某地实际降水量与同期多年平均降水量之差，又称降水绝对变率。降水距平越大，表示平均降水量的可靠程度越小，发生旱涝灾害的可能性越大。

④降水频率是指某一界限降水量在某一段时间内出现的次数与该时段内降水总次数的百分比。降水量高于（或低于）某一界限频率的总和，称为降水保证率。降水保证率表明某一界限降水量出现的可靠程度的大小。降水变率、频率和保证率的统计，往往是我们进行土壤资源评价的重要内容。

除了降水外，蒸发量以及空气湿度也应根据实际进行调查。空气湿度主要调查水汽压、相对湿度、饱和差、露点温度等。

气象工作中的蒸发量是用小型蒸发器测定的水面蒸发量,与实际蒸发量有一定的相关。常常采用旬蒸发量、月蒸发量、季蒸发量和年蒸发量的统计资料。

空气中水汽所产生的压力,称为水汽压。饱和空气中所具有的水汽压力,称为饱和水汽压。空气中实际水汽压与同温度下饱和水汽压的百分比,称为相对湿度,用以表示空气的潮湿程度。相对湿度越小,表示空气越干燥;相对湿度越大,表示空气越潮湿。饱和差指同温下的饱和水汽压和实际水汽压之差。饱和差的大小直接反映了空气离饱和的程度,值越大表示空气越干燥,反之越潮湿。

(四)其他气候内容

除了上述主要的调查内容外,还需调查其他与土壤形成有关的气象要素。例如,雨季、旱季持续的时间,调查区季节性风的盛行时间、风速等。

应特别注意的是,有些微气候对土壤的形成起至关重要的作用。例如,森林小气候,森林中空气湿度大,风力弱,气温变化缓和,有助于土壤腐殖质的积聚和矿物质的淋溶;沙地小气候,由于土粒较粗,土体松散,保水性能差,加上比热小,导热性差,散热快,从而造成沙地土壤具有易遭风蚀、白天温度高、水分蒸发强烈和昼夜温差大等特点。

三、调查方法

(一)地理景观研究法

地理景观在土壤上的具体体现就是土壤的地带性,其中包括水平地带性和垂直地带性。水平地带性又分为经度地带性和纬度地带性。根据调查区的生物气候特点和指标,便能推断出该地区的地带性土壤及它们形成的地域组合。同时,可以结合野外观察来研究和证实气候因素对土壤形成和发育所产生的影响。例如,按照年降水量 500~700mm,年蒸发量 1 500~1 800mm,年均温 10℃左右等指标,即可推断它是一个干旱森林与灌木草原的景观,地带性土壤为褐土。同样在栗钙土地带、棕壤地带和红黄壤地带均有相应的景观特征,也是受该地带的气候因素和大区地形的影响而形成的。

但土壤与气候间的关系,因其他成土因素的参与而变得复杂起来。如中国广东与广西两地同处于亚热带,广东因其成土母质多为花岗岩类,而造成大多数土壤是贫瘠和酸性的;而在广西,由于广泛分布着石灰岩,发育了中性或微酸性盐基饱和度较高的石灰岩土。总之,在根据气候特点判断土壤类型时,我们应从土壤形成的多因子综合作用的观点去看问题,有地带性论,但不唯地带性论。

(二)小区域气候观察法

在一个大的气候条件下,往往由于局部的地形变化因素形成一些中小区域的气候条件,特别是在山区。如东南季风区的迎风坡,温暖湿润多雨;而背风坡则干旱温暖,使山东南面与山东北面形成两种地理景观,因而就出现两种土壤类型。这种情况在南方的横断山脉和北方的北京山区都是常见的现象。又比如,阳坡(偏南坡)所得的太阳辐射的光和热比较多,湿度比较低,温度比较高,土壤蒸发比较强,导致土壤比较干燥;而阴坡(偏北坡)的情况正相反，冬季往往积雪时间较长，回暖后积雪融化较慢，增温少，蒸发弱，土壤水分消耗也较慢。导致同海拔两边的土壤形成类型有差异。

（三）土壤剖面形态观察及物质的地球化学迁移研究法

一般说来土壤剖面形态就等于地面景观的一面镜子。影响剖面形态所反映和记录的景观，除母质因素以外，主要的是气候因素，具体表现在两个方面。

1. 气候影响土壤黏土矿物类型的形成 岩石中的原生矿物的风化演化系列，与风化环境条件（气候）有关。根据黏土矿物的风化沉淀学说，一般在良好的排水条件下，风化产物能顺利通过土体淋溶而淋失，则岩石的风化与黏土矿物的形成可以反映其所在地区的气候特征，特别是土壤剖面的上部和表层。在中国的温带湿润地区，硅酸盐与铝硅酸盐原生矿物缓慢风化，土壤黏土矿物一般以2∶1型铝硅酸盐黏土矿物为主；亚热带的湿润地区，硅酸盐和铝硅酸盐矿物风化比较迅速，土壤黏土矿物以高岭石或其他1∶1型铝硅酸盐黏土矿物为主；而在高温高湿的热带地区，硅酸盐和铝硅酸盐矿物剧烈风化，土壤中的黏土矿物主要是三氧化物、二氧化物。具体表现为土壤剖面黏化层和土壤结构体表面胶膜的存在。这只是从宏观地理气候的角度分析问题，实际工作中还要注意母质条件对土壤黏土矿物类型的影响。

2. 气候影响物质的地球化学迁移 气候学上干燥度是反映该现象的重要指标，当降水量大于蒸发量时，一般土壤呈酸性反应，甚至产生土壤胶体破坏和硅酸移动。一般降水量稍小于蒸发量，且地下水位低者，土体中出现$CaCO_3$等新生体，形成钙质近中性的土壤；而当降水量小而蒸发量很大，或排水情况不甚良好时，则土壤中或土壤表面产生一价盐分元素积聚，即形成盐化土壤。

（四）指标分析法

1. 土体化学性质与气候的相关性 在干旱区内，降水稀少，蒸发量大，土壤物理风化占优势，化学风化较弱，因而土壤富含石灰、氧化镁和碱金属元素。例如，在内蒙古及华北草原、森林草原带，土壤的一价盐大部分淋失，两价盐在土壤中有明显的分异，大部分土壤都有明显的钙积层。而在湿润区的土壤则化学风化盛行，可溶性氧化硅、铁和铝的含量较高。在华东、华中、华南地区，两价碳酸盐也都淋失掉，进而影响硅酸盐的移动。由西北向东南过渡，土壤中$CaCO_3$、$MgCO_3$、$Ca(HCO_3)_2$、$CaSO_4$和Na_2SO_4等盐类的迁移能力随着其溶解度的加大而不断加强。

2. 土壤分布与湿润条件的相关性 所有研究这类关系的方程式都是以降水量和蒸发量的比值作为湿润度的指标为基础的。按湿润系数K的水平，可分出以下湿度带：

过湿润 $K=1.5\sim3$　　　　半干旱 $K=0.5\sim0.7$
湿　润 $K=1.2\sim1.5$　　　　干　旱 $K=0.3\sim0.5$
正　常 $K=0.7\sim1.2$　　　　极干旱 $K=0.1\sim0.3$

第二节　地形因素研究

一、地形因素对土壤形成的影响

地形是影响土壤与环境之间进行物质、能量交换的场所，但它与土壤之间并没有物质与能量的交换，对成土过程的影响是通过其他因素来实现的。其主要作用表现为：一方面是使物质在地表进行再分配；另一方面是使土壤及母质在接受光、热、水或潜水条件方面发生差异，或重新分配。这些差异都深刻地导致土壤性质、土壤肥力的差异和土壤类型的分异。地形的作用主要表现在大、中、小不同地形，正地形与负地形以及海拔高度、坡向、坡长、位置、地表形态和地形演变对土壤发育的影响。

1. 地形通过影响土壤水分和辐射的再分配而影响土壤发生 地形支配着地表径流、土内径流、排水情况，因而在不同的地形部位会有着不同的土壤水分状况类型。地形不仅控制着近地表的土壤过程（侵蚀与堆积过程），而且还影响着成土作用（如淋溶作用）的强度和土壤特性以及成土过程的方向。

不同的坡度影响太阳的辐射角，从而影响接收的太阳辐射能量，造成土壤温度的差异。例如，在北半球，阳坡接受了较多的太阳辐射，土壤蒸散量高于阴坡，造成阳坡的水分条件比阴坡的差，形成不同的土壤类型。因此，地形间接影响土壤的形成过程。

2. 地形影响土壤形成过程中的物质再分配 由于地形影响水热的再分配，从而也影响着地表物质组成和地球化学分异过程。在山区，坡体上部的表土不断被剥蚀，使得底土层总是被暴露出来，延缓了土壤的发育，产生了土体薄、有机质含量低、土层发育不明显的初育土壤或粗骨性土壤。正地形的土壤遭受淋洗，一些可溶的盐分进入地下水，随地下径流迁移到负地形，造成负地形地区的地下水矿化度大。

在河谷地貌中，不同的地貌部位上可构成水成土壤（河漫滩，潜水位较高）→半水成土壤（低阶地，土壤仍受潜水的一定影响）→地带性土壤（高阶地，不受潜水影响）发生系列（图2-1）。

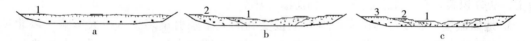

图2-1 河谷地形发育对土壤形成、演化的影响示意图
a. 河漫滩 b. 河漫滩变成低阶地 c. 低阶地变成高阶地
1. 水成土壤 2. 半水成土壤 3. 地带性土壤

二、主要调查内容

（一）地貌因素

地形是区域性景观分异的主体，它导致一个地区水热条件的重新分异。地形因素主宰着地表物质的分布、地表与地下水的相互补充与排泄，还支配着一个地区的生物地球化学分异的规律，所以土壤调查中要将地形因素提高到地貌学高度来研究。地貌是地球表面各种起伏形态的统称。地貌因素中的地表高程、地表起伏度、地面坡度、坡向等，对土壤的发育与分布产生强烈影响。

1. 地形高度 地形的高低会引起气候的垂直变化。通常海拔每升高100m，气温平均降低0.5~0.6℃，一般降水量增加50mm，其他气象要素如日照、积温、土温等也因此而发生很大变化。

随着海拔高度的上升，生物气候条件的变化，形成一系列土壤垂直带谱。垂直带谱中的土壤类型与基带土壤有明显的不同，类似于较高纬度地区的土壤类型。

2. 地形起伏度 地形起伏度即不同地形类型间相对高差的大小，或称相对高度。在一些多山地区，由于相对高度大，坡度陡峭，侵蚀强烈，因而土层浅薄，石砾多，且山高谷深，谷地狭窄，光照不足，气温低、土温低，也影响了土壤的发育。

平原地区地形起伏一般不超过20m，即使是平原上的微小起伏，也可能会对土壤的发育产生重大影响。如华北平原上有大大小小的平浅洼地，和古河道自然堤形成的带状缓岗，其高低相差一般为3~5m，甚至只有1~2m，但它们在质地、地下水矿化度、土壤盐渍化等方面都有显著差别。

较大的地形起伏制约着热量和水分条件的分布，这主要体现为地形屏障作用。如燕山山系作为一道屏障，在冬季阻挡了西北南下的干冷寒流侵袭，使该山系南北间的冬季低温相差4℃以上。地形还显著影响着降水量的分布，特别是正对海洋水汽水路且有相当高度的山岭，其迎风坡多形成多雨带，而背风坡则成为少雨或干旱的雨影区。

地形支配着地表径流。地形可分为正地形和负地形，一般来讲，地表径流是从正地形流向负地形。正地形一般为侵蚀区，负地形一般为堆积区，处于固态和溶解态的化学元素的迁移方向，是由侵蚀区指向堆积区。如山坡上氮、磷、钾及微量元素向河谷的迁移。

不同地形造成不同的地下水补给、径流、排泄条件。这不仅影响到地下水资源的总量，也影响到地下水的质量。在山区，广泛分布基岩裂隙水，这种类型的地下水接受降水补给，并受山区水文网的排泄作用。由于坡度大，地下水径流速度快，潜水来不及矿化，所以通常是低矿化重碳酸盐水。在扇形地和山前平原前缘以及内陆盆地内，随着地势的降低，地形越来越平缓，潜水埋藏也越来越浅。由于受强烈蒸发作用，水逐渐矿化，潜水排泄以垂直排泄为主。盐分积聚，有可能形成沼泽土和盐渍土壤。

3. 地面坡度 坡度对单位面积地面上接受到的太阳辐射量多少有极大影响。以北半球为例，南坡坡度增加1°，相当于纬度降低1°，相当于该地南移110km；而对北坡来说，坡度每增加1°，相当于纬度增加1°。坡度也是影响土壤侵蚀的重要因素之一。一般来说，坡度越大，水土流失强度也越大。水土流失的严重程度，直接关系着土层厚薄和土壤的养分含量。

4. 坡向 在不同方向的坡地上，日照、降水、气温、湿度和风等各个气候因子都有显著差异，在高、中纬度地区，这种差异更为明显。一般是南坡接受阳光多，热量充足，有较强的蒸发量，一般相对温暖干燥，北坡则相反。迎风坡降水丰富，地表径流发达，侵蚀作用强，易产生水土流失；背风坡多为雨影区，降水较少，地表径流不发达，易产生干旱环境。由于这种自然景观分异作用形成的土壤类型有很大的不同。

（二）按形态特征划分的地貌类型

1. 山地 指地面上四周被平地环绕的孤立高地，其周围与平地交界部分有明显的坡度转折。山地是大陆上最常见的地貌形态，山地的形态特征是地面起伏大，海拔高度在500m以上，相对高度在100m以上，根据海拔和相对高度及山体的切割程度可将山地划分成不同的等级（表2-3）。其特点一般是山岭与谷地相间分布，地面坡度大。

山地内部按形态要素，可续分为：

（1）山顶　呈长条状延伸的称山脊，按其形态有尖顶山、圆顶山和平顶山。

表 2-3 地形分级表

名称	切割程度	绝对高度（m）	相对高度（m）
极高山		>5 000	>1 000
高山	深切割高山	3 500～5 000	>1 000
	中切割高山	3 500～5 000	500～1 000
	浅切割高山	3 500～5 000	100～500
中山	深切割中山	1 000～3 500	>1 000
	中切割中山	1 000～3 000	500～1 000
	浅切割中山	1 000～3 000	100～500
低山	中切割低山	500～1 000	>500
	浅切割低山	500～1 000	
丘陵	高丘	<500	100～200
	中丘	<500	50～100
	低丘	<500	<50
平原	高平原	<200	5～10
	低平原	<200	0～5

（2）山坡 有直形坡、凸形坡、凹形坡和复合坡。

（3）山谷 两山之间凹陷的地形称为谷，谷的两侧称谷岸，基部称谷底，两岸宽阔者称宽谷，陡窄者称峡谷。山谷与山体走向平行者称纵向谷，与山体走向垂直者称横向谷，开阔的谷底包括河漫滩和阶地。

（4）扇形地 扇形地在山地的沟谷出口多能见到。在山地沟谷出口处，由于坡度锐减，流速降低，同时因洪水出口后不再受两侧沟壁的束缚，水流迅速分散而形成放射状水道，流水搬运能力大大减弱，就在沟口堆积大量的砾石、沙、亚黏土等，形成半圆形的扇形地，小的扇形地称为冲积锥，大的称为洪积扇。洪积扇的面积可达数十平方千米至数百平方千米不等，扇顶与边缘高差可达数百米。

2. 丘陵 丘陵属于山地与平原之间的过渡类型。切割破碎，构造线模糊，地形起伏缓和，绝对高度在 500m 以内，相对高度在 200m 以内。按相对高度，丘陵可分为高丘、中丘和低丘，三者的相对高度分别为 100～200m、50～100m 和<50m（表 2-3）。

丘陵按形态续分标准及名称，各地不尽相同。西北黄土丘陵，按切割后的形态特征划分成：

（1）塬 未受强烈切割的广阔平坦地。

（2）梁 切割成条带状的地面，形似屋梁。

（3）峁 纵横地割成孤立的块体，形似馒头。

（4）川 丘间谷地，平坦如坪，故又称坪。

南方第四纪红色黏土丘陵岗地和淮阳第四纪黄土丘陵岗地按地形部位划分岗、塝、冲。

沙丘形态特征多呈月牙形，但因形成特点不同，又可划分成：新月形盾状、雏形新月形、幼年新月形、半月形、成对新月形、大型综合新月形、新月形沙丘链、斜棱面新月形纵向沙垄和综合斜交棱面大型纵向沙垄等。

其他还有按成因命名的,如侵蚀残丘、构造残丘和四川盆地的紫色土残丘等。而且不同的部位,也都有其相应的名称,不一一列举。

3. 平原 平原指地面平坦而稍有起伏的广阔地,绝对高度在200m以内,相对高度在10m以内。根据相对高度,可划分为高平原和低平原。相对高度5~10m的平原称高平原,相对高度0~5m的称低平原。再按部位和形态可分为河成阶地、河漫滩、三角洲平原和海积平地(海滩、沙嘴、拦湾坝等)。就平原中常见的几种类型做介绍:

(1) 河成阶地 阶地是分布在河床两侧成阶梯状,具有一级或多级,已不受近代常年洪水淹没的地区,它是河谷演变的产物。多数河成阶地是河谷底部因地壳上升(或侵蚀基准面下降),河流下切形成的。许多河谷带有一级阶地或数级阶地,除去河漫滩不算,由新至老依次称为一级阶地、二级阶地和三级阶地。每级阶地都由阶地面和阶地斜坡组成。每一阶地面代表一个地壳稳定时期,而一个斜坡则代表一次地壳相对上升时期。不同阶地的形成年代、组成物质和土壤类型都不相同,因而在农业利用上,也就有明显差异。按照阶地的组成物质和形成过程,可以将阶地划分为以下几种。

①侵蚀阶地:在河流的上游或山地河谷中比较常见,阶地由基岩及残积物或坡积物等构成,阶面上往往没有或只有很少的残余冲积物存在。

②基座阶地:基座阶地的特点是在阶地的斜坡上可以见到冲积层和基岩底座,即阶地由两种物质构成,上部为河流的冲积物,下部是基岩。反映河流下切深度超过了原来冲积层厚度,已切穿原来河流的谷底。

③堆积阶地:也称为冲积阶地,主要分布在河流中下游,尤其是平原河谷中较为常见,但山地河谷也可见到。堆积阶地的形成过程:首先是河流侧向侵蚀,展宽谷底,同时形成较深厚的河流冲积层,塑造出宽广的河漫滩;然后河流强烈下切,形成阶地,但河流下切的深度,一般不超过冲积层的厚度。因此,阶地全部由河流冲积物构成。

④埋藏阶地:它是在原有的阶地面上由于各种原因而被新的沉积物所掩埋,在地形上不再有阶梯状的形态,这种老的阶地就称为埋藏阶地。埋藏阶地主要发生在新构造运动下沉的地区,如川西平原、江汉平原均有埋藏阶地分布。在山区,由于山崩、巨大的滑坡、泥石流、冰川、风、堰塞湖和熔岩流等的作用,也可以形成局部性的埋藏阶地。

(2) 河漫滩 它是指在一般年份河流高水位时,河流泛滥淹没的谷底部分。它是河床长期移动和河流泛滥的产物。大的河漫滩也称冲积平原或泛滥平原。河漫滩表面平坦,仅有微小的起伏。河漫滩由河流冲积物组成,具有二元结构。其下层为早期形成的河床相,质地较粗;其上层是河漫滩相,质地较细。我国南方的河漫滩地多数围垦成"圩田"、"垸田"或"洋田",是南方地区肥沃的农业基地。从微地貌来看,由河岸至谷坡坡麓可明显地将河漫滩分为3个部分。

①自然堤:多发生在河流下游的河谷两侧。由于下游河面宽广,流速减缓,河水携带的比较粗大的泥沙首先在贴近河岸沉积下来,逐渐形成沿河两岸分布的滨河床沙堤,通常称为自然堤。自然堤的组成物质较粗,地势较高,形成特有的地貌单元。如长江两岸高沙地带就是原长江下游两侧的自然堤。自然堤的外缘,多形成洼地或盐碱地,对农业生产有一定的影响。

②泛滥平地:自然堤以外,是洪水中悬移质的主要沉积带,地势十分平坦,洪水量很小,滩面粗糙度非常大(往往生长有喜湿植物),故流速小,有利悬移的泥沙沉积。如惠民

县滩地 1937—1957 年淤积高达 15.5m。

③湖沼洼地：位于远离河床的接近谷地坡麓部分，是河漫滩中最低洼的地带。洪水带来的物质因沿途沉积而越来越少、越细，沉积速度也十分缓慢。沉积物质以黏土和亚黏土为主，一次洪水沉积 1~2cm。这里常分布有废弃河道和牛轭湖，因地势低洼排水不畅，常形成湿地和沼泽。洼地沼泽也可出现在两天然堤之间的低地，如海河平原上古黄河河床间洼地。

（3）三角洲　河口处泥沙堆积呈扇形向海伸展，所形成的冲积平原称为三角洲。三角洲是河流与海洋相互作用的结果。广义的三角洲包括了各种形状的河口堆积体、已成陆地三角洲平原和水下三角洲。三角洲的形成主要分为水下三角洲形成阶段、沙岛及汊道形成阶段、三角洲形成阶段。在它的发育过程中，形成了复杂的沉积结构。三角洲的沉积结构，一般可分为 3 层：顶积层（包括水上、水下两部分）、前积层和底积层。

①顶积层：它是三角洲水下浅滩的成陆部分的沉积物。以河流作用为主，但受海洋动力作用影响，沉积环境复杂多变，沉积物类型多，岩相变化大。沉积物以粉沙为主，有明显的水平层理和交错层理，间夹黏土及泥炭，含有贝壳及植物碎屑。

②前积层：它是水下三角洲斜坡堆积，它随着三角洲向海延伸为河、海交互沉积。沉积物质以黏土质粉沙为主，时有黏土与粉沙夹层，沙的含量渐少，有较薄斜层理和波状层理，常含有咸水软体动物化石。

③底积层：主要为海相沉积。河流携带的最细小的悬浮泥沙和胶体物质在三角洲最前端的浅海海底沉积，以淤泥和黏土为主。富含有机质淤泥，含海相生物化石，具水平层理（图 2-2）。

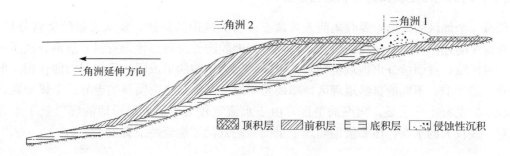

图 2-2　三角洲沉积结构

三角洲的类型，可根据河口水流、波浪和潮汐作用相对强度分出 3 种，即河流型（包括鸟爪形三角洲、扇形三角洲）、波浪型（如尖头形三角洲）和潮汐型（如巴布亚湾型三角洲）。下面介绍几种主要类型。

①扇形三角洲：产生在河流作用较强的河口区，为排洪需要，由河口分汊出放射状河系或洪水时发生河流多次改道、摆荡，使整个三角洲岸线全面向海推进，岸线再经波浪修饰，使其形态似扇形。如尼罗河三角洲、黄河三角洲等。

②岛屿形三角洲：在潮汐作用较强的河口区形成。

③过渡类型三角洲：介于两种三角洲之间的过渡类型三角洲，如我国长江三角洲。

4. 高原　海拔高度一般在 1 000m 以上，面积广大，地形开阔，周边以明显的陡坡为界，比较完整的大面积隆起地区称为高原。高原与平原的主要区别是海拔较高，它以完整的大面积隆起区别于山地。它是在长期连续的大面积的地壳抬升运动中形成的。有的高原表面宽广平坦，地势起伏不大；有的高原则山峦起伏，地势变化很大。

按高原面的形态可将高原分为几种类型：①顶面较平坦的高原，如中国的内蒙古高原；②地面起伏较大，顶面仍相当宽广的高原，如中国青藏高原；③分割高原，如中国的云贵高原，流水切割较深，起伏大，顶面仍较宽广。黄土高原是中国四大高原之一，高原大部分为厚层黄土覆盖。陕西黄土高原地层出露完整，地貌形态多样，是中国黄土自然地理最典型的地区。

黄土高原地面被流水切割，形成塬、梁、峁和沟谷交错分布的地形。

（1）塬　顶部平坦而未受切割的高平地，面积也较大，又称为黄土平原，中央部分的倾斜不超过 $1°\sim2°$，其面积往往可达数十平方千米。塬面上黄土结构疏松，土质肥沃。

（2）梁　为塬受流水冲刷切割，沟谷发育，分割出条状塬地，成为山梁，称为梁。其两侧为冲沟切割，宽度较小，一般仅数百米，但长度可达数千米。根据其梁面形态还可分为顶部平坦的平梁和纵向坡度较大的斜梁以及具有小起伏梁面的梁峁等。

（3）峁　梁地再被沟谷切开，则成为一个个黄土丘陵，就成为峁。一般峁顶呈弯形，坡度 $2°\sim5°$；四周为凸形坡，坡度 $10°\sim30°$。

云贵高原的地形特征是崇山峻岭连续起伏，耕地零散狭窄，但山岭之间常有面积不大的山间盆地，称为坝子。有的低陷则成湖盆并发育有湖岸平原。

三、研究方法

（一）现有地形地貌资料的收集和分析

研究一个地区的地形，要收集前人对调查区有关地形的论述，要从大量的资料分析中，对调查地区的地形有一个全貌的概念。首先根据地貌图件及自然地理资料弄清调查区所属的大的地貌区域，进而续分出地貌类型及其组成。因为地貌的形成固然受内营力的作用，但也受外营力的影响，不同的自然地理区，即使是平原，其类型也有明显的差异。干燥地区，山麓洪积扇的发育十分明显，而湿润地区，由于水流量较大，形成扇形地的现象就不十分明显。对一些较大的水系，还要借助陆地卫星图像的判读才能清楚地看出。

（二）进行地形图和遥感影像的分析

根据地形图的等高线及其地物符号以及遥感影像标志等，进行调查区具体的地貌类型分析。例如，哪组等高线或遥感影像特征表现的是山地，哪组等高线特征为不同类型的丘陵等等，而且还能掌握一些量的概念，如地面高程的变化，山体的坡度，河流的比降，平原区河流是地上河还是地下河等。

现代遥感技术的发展，使我们可以通过遥感影像，如航空相片和陆地卫星影像来更形象地认识地表形态，特别是彩色影像提供的信息更多，更丰富。如果用影像地形图，对分析地貌更有利。

（三）进行详细的野外观测和地形描述

在掌握总体地貌规律基础上，还要在野外路线调查中进行实际观测描述。通过不同的地形部位，选择一些典型的地貌类型及组合地段，在进行土壤剖面观察与制图时，对地貌类型进行具体调查和描述。

①山区调查可借助气压计、罗盘仪等简单仪器，测出山地的高程及其变化，坡面的坡长、坡度、坡向以及基岩露头，岩层的走向、倾斜，植被的变化等。

②丘陵岗地调查，则应注意相对高差，坡面的长度及坡度，丘间谷地开阔程度，面积大小，水土流失的程度等。

③河谷地形及阶地的调查，必须弄清新、老阶地的分布及特点，观察地下水位的埋藏深度，记载河漫滩的宽度及河水泛滥的程度。

④平原地区的调查，要特别注意描述微域地形的变化。

(四) 绘制综合断面示意图

选择一条具有代表性典型路线，观察地形变化，引起母质类型、植被类型和土壤类型相应变化的关系，按比例尺规定的要求，绘制综合断面示意图，表示当地地形、母质、地下水和土壤、植被等的综合关系，在野外可粗略绘制，以加深对该地区地形区域规律的理解。

(五) 地形素描

为了补充断面图的不足，可以在野外绘素描图，把观察到的地形，用简单的素描勾绘出来。首先用线条把主要地形轮廓描绘下来，然后用补充线条进行加工，突出阴面和阳面。素描与山水画不同，必须按一定的比例尺绘成。有时还可以结合地质特点绘成方块立体图。

(六) 摄影方法

用摄影方法拍摄调查地区的地形特征及其与土壤、植被类型的关系，地形与农业生产活动的关系，更能直观地反映出地形的作用，是现在广为应用的一种方法。

(七) 新构造运动对地形影响的分析

对一个地区地壳升降运动做正确的分析和判断，对现代土壤发生、类型、特性及其分布规律出现的异常现象进行推论，有很大帮助。

第三节 母质因素调查研究

一、母质对土壤形成的影响

地球表层的岩石经过风化，变为疏松的堆积物，这种物质称为风化壳，它们在地球陆地上有广泛的分布。风化壳的表层就是形成土壤的重要物质基础——成土母质。母质是形成土壤的物质基础，在生物气候的作用下，母质表面逐渐转化为土壤。成土母质对土壤形成发育和土壤特性的影响，是在母质被风化、侵蚀、搬运和堆积的过程中对成土过程施加影响形成的。母质对成土过程的主要影响可归纳为以下几个方面。

①母质的机械组成直接影响到土壤的机械组成、矿物组成及其化学成分，从而影响土壤的物理化学性质、土壤物质与能量的迁移转化过程。如基性岩中铝硅酸盐和铁硅酸盐的含量

较多，而二氧化硅的含量较少，故抗风化能力弱，在这种母质上发育的土壤，土质则较黏重。

②非均质的母质造成地表水分运行状况与物质能量迁移的不均一性。如质地层次上轻下黏的土体，就下行水来说，在不同质地界面造成水分聚积和物质的淀积。如果界面具有一定的倾斜度，就造成在界面处形成土内径流，从而形成物质淋溶作用较强的淋溶层；反之就会造成土壤侵蚀的发生。非均一母质这种对土壤水分的影响必然会影响土壤形成与发育的方向。

③母岩种类、母质矿物与化学元素组成对土壤形成发育的方向和速率也有决定性的影响。例如，灰化作用一般都发生在盐基贫乏的砂质结晶岩或酸性母质上。

二、主要调查内容

(一) 母质的物理性状和化学性状观测

1. 物理性状 颗粒组成的粗细，砾质的、粗粒质的、细粒质的以及风化层的厚薄、堆积母质的成层性等。

2. 化学性状 主要是pH、石灰性、可溶性盐分和石膏等。

(二) 主要的风化壳类型

地球表面的风化层，称为风化壳，风化壳是土体的组成部分。风化壳在分布上与气候带大致相符，由北向南，由东向西呈现有规律的变化。

1. 碎屑状风化壳 碎屑状风化壳是岩石风化的最初阶段，由各种火成岩或水成岩的机械崩解块状组成。生物、化学风化弱，风化层甚薄；质地粗，砾石含量多达60%以上，细粒含量低，元素迁移很微弱。广泛分布于干旱寒冷地区或严重剥蚀的山坡地，无明显的土壤发生层可判别。

2. 含盐风化壳 主要分布于广大的干旱和半干旱区，由于降雨少，淋溶微弱，风化壳中富含盐分。多分布于新疆、甘肃、青海柴达木盆地、内蒙古西部等干旱地区。

3. 碳酸盐风化壳 主要分布于暖温带和温带半干旱条件下，最易移动的元素氯、硫及一部分钠从风化产物中淋失，钙、镁和钾等大部分保留在风化壳中，并有一些在风化过程中游离出来的钙离子与碳酸根作用生成不易溶解的碳酸钙。多分布于华北及西北丘陵山区，与黄土、次生黄土、石灰岩、石灰质灰岩等碳酸盐类岩石的分布区一致。

4. 硅铝型风化壳 分布于温带和寒温带湿润半湿润条件下，风化壳受到强烈淋浴，最易移动的元素（氯和硫）和易移动元素（钙、钠、镁、钾）大量从风化壳中淋失，移动性小的元素相对累积，堆积了硅、铝、铁组成的次生黏土矿物。因风化壳缺乏盐基，呈中性至微酸性反应。主要分布于东北及华北山区。

5. 富铝风化壳 在亚热带湿润气候条件下，风化过程中盐基大量淋失，而且铝硅酸盐分解时形成的硅酸也大量淋失，残积层中的主要成分是Al_2O_3，并有少量Fe_2O_3，铁铝风化壳由此得名。铁铝风化壳很深厚，呈酸性反应，因其风化壳呈红色又称红色风化壳。其中，以花岗岩、片麻岩一类岩石的残积风化物最具代表性。集中分布于广大华南地区。

6. 还原系列风化壳 在相对低洼的地方，由于有较高的地下水位的影响（地下水直接浸没或地下水受毛细管力作用上升浸润）使环境条件的 Eh 处于相对较低的状态下，地壳表层的松散物质多处于还原状态。这种风化壳类型在全国各地都有分布，尤以湿润海洋气候地区较为普遍。

（三）按成因划分母质类型

母质按成因可分为残积母质和运积母质两大类，如图 2-3。残积母质是指岩石风化后，基本上未经动力搬运而残留在原地的风化物；运积母质是指母质经外力，如水、风、冰川和地心引力等作用而迁移到其他地区的风化物。

1. 残积母质 它是指岩石就地风化而形成的产物。多分布在山地、丘陵或准平原等平缓的顶部。在一定程度上保留了母岩的特性，母质中的砂粒和碎石有明显的棱角，颗粒无分选和层理，原生矿物组成与底部基岩相同。真正的残积物母质分布不广。

发育在残积母质上的土壤，一般土层发育明显，典型而完整的主体构型为 A-B-C 型，全剖面多含有砂

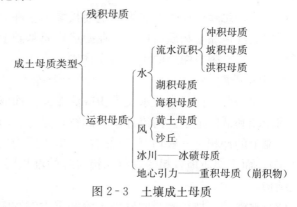

图 2-3 土壤成土母质

粒和碎石，表层含量较少，且粒径较小，至下层逐渐增多且粒径较大。残积母质受基岩的岩性影响很大，而岩性较明显地影响到土壤的发生及性状。

残积物可根据岩石的矿物学和风化化学特性分为：

（1）酸性结晶岩类风化物 包括有花岗岩、流纹岩、花岗片麻岩、花岗斑岩等酸性结晶岩类和风化物。其特点是抗风化能力较强，常形成深厚的风化壳，矿物组成以石英和正长石为主，也有少量斜长石和角闪石，风化物有较多的石英颗粒，故质地偏砂，矿质营养元素少。

（2）中性结晶岩类风化物 包括正长岩、粗面岩、闪长岩、安山岩及其各种斑岩风化物。抗风化能力稍强，风化度较浅，矿物组成主要是正长石和斜长石，也有黑云母、角闪石、辉石等，石英含量少，风化物的质地较轻，矿质营养含量也较少，但比酸性结晶岩类风化物稍多。

（3）基性结晶岩类风化物 如玄武岩、辉长岩、辉绿者、辉绿斑岩、辉岩等。抗风化能力较弱，矿物组成以斜长石为主，其次为辉石、角闪石、橄榄石等，石英极少或无。矿质营养元素含量较高。

（4）石英岩类风化物 包括石英砂岩、石英页岩、石英岩、片麻石英岩及硅质类等风化物。风化物中的二氧化硅含量很高，抗风化能力强、风化层很薄，故土层较薄，多粗骨性。矿物中的长石和铁化物都很少，矿质营养含量低。

（5）泥质岩类风化物 指泥岩、页岩、板岩、千枚岩和片岩等含泥质较多的风化物。抗风化能力弱，一般易于风化。风化后的土层较厚，物质组成比较复杂，除原生物外，还有许多次生黏土矿物，所以质地偏黏，保水保肥力强，矿质营养元素含量较高。

（6）碳酸盐类风化物 如石灰岩、白云岩、大理岩等碳酸钙、镁类风化物。风化过程以

化学风化为主，风化层较薄，风化物质黏重，保水、保肥能力强，但土层一般较薄。风化物中有时有石灰反应，中性至微碱性，矿质营养元素丰富。

（7）紫色岩类风化物　包括三叠纪、侏罗纪和白垩纪等时期的紫红色岩类风化物，在四川盆地周围的山地丘陵区广泛分布，在云南、贵州、浙江、福建、广东和广西等省区也有一定的分布。紫色岩在亚热带湿热条件下，极易就地风化，加之所处地面有一定坡度，侵蚀亦较强，故风化与侵蚀同时进行。大部分仍保持岩层的色泽与性状，土层中的碳酸钙、pH、色泽、黏土矿物特性均与母质极相近，仅盐基物质遭到轻度淋溶而已，很易形成松散的紫红色风化壳。

（8）第四纪红色黏土　属第四纪漫长湿热条件下形成的红色风化物，既包括由基岩就地风化形成的红色黏土物质，也包括在搬运物质基础上形成的富铝红色黏土。主要见于江南低矮丘陵区，是丘陵、岗地的重要组成物质。

2. 运积母质

（1）冲积物　由经常性水流堆积或泛滥淤积而成。分布于沿河两岸的滨河床浅滩、自然堤、河漫滩和低阶地上。河流冲积物的特点是砾石磨圆度好，分选也好，有明显层理。发育在河漫滩上的冲积物一般均有二元结构，即表层为质地细而具有水平层理的堆积层（河漫滩相堆积），而下层质地较粗的具有交错层理的堆积层（河床相堆积）。有时还可出现复合式的二元结构。

（2）坡积物　坡积物受间歇性水流和重力的影响，沿地表倾斜面搬运堆积而成，在山地丘陵坡面及坡麓有广泛分布。因搬运距离近，堆积物无磨圆特征，且分选性不好，无明显层理。土层厚薄往往取决于坡度的大小，坡积物顶部较薄，下部深厚，可见到叠加层次和埋藏层次。

（3）洪积物　由暂时性线状洪流搬运堆积而成。多分布于山麓地带和沟谷出口处，形成洪积扇或洪积锥。洪积物由于经过一定距离的流水搬运，所以砾石有一定的磨圆度，但磨圆度和分选性均不好。由于洪水的变动，常有一些透镜体存在。

较大的洪积扇，在水平方向上粒径有明显分选。顶部粒径大，多为砾石层，漏水严重，养分缺乏，农业利用价值较小，越向下部，粒径越小，土层越厚，到扇缘地段往往地下水位增高或溢出，形成沼泽化或盐渍化土壤。

（4）湖积物　属静水沉积物，多分布于地形低洼的湖盆地。其特点是以黏粒为主，质地均一，下层可见到灰蓝色的潜育层，由于湖积物受当地生物气候和地球化学物质迁移的影响，不同的自然地理区域，其堆积物的性质也不相同。分布于南方一带湖积物，由于水生植物残体丰富，多形成肥沃的黑色淤泥沉积物，农业利用价值大；而分布于西北内陆地区的湖积物，往往伴随盐湖相沉积，造成严重的盐渍化，其农业利用价值很小。位于山间盆地的沉积物，由于搬运力较强，沉积物多含砾石，并形成粗细相间的沉积层理；位于湖滨和河流入口处的湖积物，亦可发现斜层理。

（5）滨海沉积物　为沿海岸线一带的松散堆积物，主要由河流的河口堆积、海湾堆积和海水助力而成。其特点是分选明显，多有水平层理。在波浪分选作用下，海积物常为颗粒大小不同的混杂物，粗体物质向上移动，形成海岸堤，细粒物质向下移动，形成水下台地。

（6）风积物　它是风力搬运的堆积物。广泛分布于我国的西北、华北和东北地区。在这些地区，风积物往往同其他成因类型的成土母质交错存在，大片沙漠区例外。

风积物的特点是有分选性，但堆积的层理不水平，层理间可见埋藏的干植被层，富含碳酸钙。除沙质风积物能反映出明显的沙丘、沙垄和沙链等形态外，黄土等壤质类浮移物质的堆积，其形态往往随原地面形态而异。从大的宏观视野可以看出戈壁、沙地、沙黄土、黄土和变质黄土（黏性黄土）等沿风向垂直分布的规模分异以外，在小范围内很难看出像水营力搬运堆积那样的明显分异规律。

①黄土堆积物：中国的黄土分布最广，堆积也十分丰厚，因而是一类重要的成土母质。中国黄土母质是一类较特殊的成土母质，黄土堆积的过程是间隙性的，最有力的证据是黄土层中可见多层红色条带，说明在黄土堆积的间隙期间，曾进行过土壤形成过程，红色条带夹层是埋藏的古土壤，记录了当时的土壤形成特征。在黄土高原 58 万 km^2 的广阔范围内，降落的黄土堆积物一般厚度在 30~50m，最厚可达 280m。黄土层多见于吕梁山以西、秦岭以北、长城沿线以南的甘、陕、晋等境内，在青海东部、山西太行山以西，亦可见厚层黄土堆积。不过，长江中下游广泛分布的黄土，普遍认为是水成的次生黄土，最有代表性的就是南京的下蜀黄土。

②沙丘：从西北干旱区到内蒙古高原一带，广泛分布着风成沙丘、沙垄，系由西北荒漠地区吹起沙粒，一旦风力减缓后堆积而成。在堆积甚厚的阶段，可见相连的沙丘链和密集的沙丘群。在阿尔金山与祁连山强风口地段，风沙堆积起厚度达 200~400m 的沙山。这种风力移动堆积的沙土，可直接作为成土母质。

（7）冰碛物 为冰川堆积物，形成冰积扇、冰水平原和蛇形丘等。在我国分布不广，多分布于我国西北和西南的高山地区。其特点是无分选性，多含有角砾、漂砾和泥沙，黏粒含量很少，多无水平层理（冰水沉积物除外）。

（8）重力堆积物

三、研究方法

（一）利用地质部门现有的地质资料和地质图，了解调查区的母岩和母质的类型、特点，同时了解岩石形成的地质时期

通常情况下，获取母质信息比较困难。例如，常见的母质类型风化壳信息的获取就十分困难。但风化壳下的母岩信息可以很容易地从地质图上获得。既然风化壳来自其下部的母岩，它们具有很强的相似性，因此可用下部的母岩信息代替母质。因此，在土壤制图的实际工作中，通常采用地质图来代替土壤母质的分布图。地质图的信息主要提取当地地层的地质年代、岩性和构造特征等情况，大致了解成土母质的地质基础。

（二）实地调查分析，了解母质的成因、性质和组成等，确定成土母质的成因类型

在野外工作中，结合对地貌类型的观察和已有资料的分析，进一步确定成土母质的成因类型，并与地貌类型相结合，观察两者相关性。从绘制地貌、母质断图的分析，可反映区域地貌与母质的关系，进一步确定成土母质的类型。

（三）进行地层分析

在确定母质成因类型以后，再进一步选择一些自然的主要断面点，进行地层分析。特别

是几种岩层交错分布的地区，必须弄清楚其地质年代的先后关系。例如，在北方地区广泛分布着不同时代的黄土和红土母质。

在土壤母质研究中，要注意古土壤层和埋藏层的研究，因为土壤个体剖面在母质方面有地质上的继承性，有时在土壤剖面中发现的一些土壤层次难以用现代的生物气候条件来解释。绝不能牵强附会，应当用地质地层学的方法来加以分析，而且要注意异源母质的鉴别，如冲积物的二元结构，坡积物与下伏基岩的差异等，否则就会得出错误的结论。

（四）研究成土母质的化学属性、岩石学属性和矿物学属性

例如，残积物中原生风化物的岩石特点、母质 $CaCO_3$ 含量、pH、冲积物硅质沙的比例和黑色矿物的含量与形态等，这些性质可以通过野外的简单化学测试和放大镜观察来鉴别。必要时取一部分样本带回实验室进行化学分析、矿物学分析，甚至花粉孢子分析及 ^{14}C 测定。后者主要是了解其母质的地质年代及其古生态环境。这些母质的岩石学、矿物学和化学属性，是土属划分的基础。

在母质的化学属性研究中，还要注意结合风化壳理论与地球化学矿物的物质迁移规律。例如，在南方温热地区属富铝风化壳，而北方为钙质风化壳，它们与母质的化学和矿物学特性密切相关。

至于野外研究母质的具体方法，主要采取：

1. 观察剖面　包括人工剖面、自然断面以及深井洞口的土层。剖面观测对于准确地鉴定母质类型、研究母质分布规律都非常必要。

2. 鉴定母质类型　主要鉴定矿物机械组成、上下是否有层性变化、砾石形态和磨圆度、有无层理、土石比例、沉积物颜色、生物遗体类型和酸碱性以及有无石灰反应等。在野外首先就要按照母质的这些表征，结合地貌特点确定成因类型。然后再根据岩性、质地和生物遗体堆积类型异同以及酸碱性、石灰性反应，确定母质类型名称。

土壤剖面的母质有的是多元结构，如上部是坡积物下部是残积物，就要采用复合命名，可称为坡、残积物。在母质中有时混有构成母质成分以外的异样物质，特别是在受成土作用影响的 A 层和 B 层，如混有风积沙、火山灰等，均应进行记载。

3. 研究母质属性与土壤性质的关系

（1）质地的层性变化　沉积母质的质地层次组合大体可归纳为三大类型。

①均质型：可分为壤质适中型，砂质松散型和黏质紧实型。

②夹层型：可分黏夹砂型或砂夹黏型。这两种夹层厚度、出现部位都要进行观察研究。

③底垫型：可分上砂下黏型和上黏下砂型。

（2）母质的矿物组成　由于母质不同，矿物成分不一，所以在不同母质上发育的土壤，其矿质养分的丰缺差别很大。钾长石和云母含量高的母质，钾素来源丰富，而石英含量高的母质，各种养分来源都显得贫乏，但母质中如果含有大量的黑云母、辉石、橄榄石和白云石等矿物，钙、镁、铁、锰的来源丰富。一般来说，以酸性结晶岩风化物为主的母质，除钾素外，矿质养分含量低；而基性结晶岩风化物为主的母质矿质养分含量较高。因此，在野外研究土壤剖面时，首先要用放大镜仔细观察岩石风化物和各种沉积物，辨认其矿物成分，其次就是结合其成因，分析各种矿质养分来源的丰缺。

（3）酸碱性　当 pH 小于 5.5 或大于 7.5 时，磷就要发生明显的固定作用，降低了磷的

有效性。但铁、锰、铜、锌的有效性,是随酸性的增高而增大。因此,在野外还要检验各层的 pH,以便推断母质中矿质养分的有效性。同时还应检验各层的石灰性、可溶性盐和石膏等。

(五)了解母质的机械组成及其分层性

为了某些实用目的,可制作母质分布图,特别是对灌区土壤调查,需要了解母质的机械组成及其分层性,为灌溉与排水工程的设计和实施提供科学依据。

第四节 水文因素研究

水分是所有生物活动,特别是高等植物生长发育不可或缺的生命要素和营养元素的载体,也是土壤发生发育过程必需的物质,水分参与了土壤全部(物理的、化学的、生物的)物质与能量迁移转化的过程。由此可见,水分在生物生理代谢过程和土壤形成过程中起着重要的作用。因而不了解外部水文因素与土壤中其他物质之间的相互作用、土壤系统内部水分的运动机理和变化规律、土壤水分与土壤中其他物质之间的相互作用、土壤水分与外部其他环境因素之间的相互作用,就无法全面和正确地认识土壤形成过程的本质,以及土壤与成土环境的相互作用。土壤水分并不是孤立存在的,而是全球水圈(包括冰冻圈)的重要组成部分,土壤水文循环也是陆地水文循环的重要一环。由于土壤水分与水圈之间这种密切的关系,使水文因素在土壤形成中具有特殊的作用。因此,必须深入了解土壤水文循环的机制及其动态变化。

一、水文因素对土壤形成的影响

(一)水分在母岩崩裂过程中的作用

在高寒地带或者温带季风气候区,由于气温变化常使地表母岩裂隙及土壤孔隙中的水分在一日或者一年之内发生冻融交替现象。由于水分在冻结成冰的过程中体积膨胀,冰块会对母岩的裂隙壁施加巨大的压力,加速母岩的破碎;当冰块融化时,水分在重力的作用下进一步渗入到母岩内部,并再次被冻结成冰锲。这样频繁地冻融交替使母岩不断破碎分解,最后形成具有较好通透性的成土母质。

(二)水分在物质转化过程中的影响

水分是自然地理环境中物质迁移转化的重要介质,以水分为介质或载体的物质迁移转化过程是土壤发生发育的重要组成部分。从土壤发生发育的共性来看,土壤形成过程可归结为 3 类不同的过程:

1. 物质消耗过程 包括溶解、分解与水解、淋溶等,其中成土母质及土壤中易溶性盐的消耗过程、矿物在土壤剖面中的重新分配以及新矿物的形成均是以水分为介质的,而且水分也直接参与了上述许多物质的转化过程。这清楚地反映了水分在土壤矿化中的重要作用。

2. 营养物质的循环过程 包括植物对土壤、地下水、母质和大气中营养元素的选择性吸收和积累,生物代谢产物被土壤微生物分解与合成的过程。水分不但是生物营养的重要组成部分,而且也是其他营养元素循环的介质或载体。

3. 无机物质在土壤剖面中的迁移过程　包括物质分离与混合、淋溶与淀积等。如土壤黏土矿物、碳酸盐在土体中的淋溶与淀积均是以水分为介质在重力作用下进行的,并形成了不同形态的土壤。

水文因素对成土过程的影响绝对不是单向的,地表水文过程与土壤形成过程总是存在着相互作用、相互影响。例如,在中国东南沿海湿润地区,土壤及母质因遭受强烈的淋溶过程,导致土壤中矿质元素的大量流失,使土壤呈现酸性或强酸性;同时地表水中的矿质元素含量也很少,即河水矿化度值低于56mg/L;而在中国西北干旱区,因干旱少雨土壤及母质未遭受明显的淋溶过程,故在土壤及母质中有大量的易溶性盐的积累,使土壤呈现碱性甚至转变为盐碱土,同时仅有的少量地表水中也富含易溶性盐分,荒漠区下游的河床矿化度可达1 000mg/L以上。

(三) 水分在土壤形态中的作用

在干旱地区,干旱土表土层、龟裂层、片状土层的形成以及碱积盐成土中柱状结构土层的形成均和土壤水分状况的剧烈变化有关。

二、主要调查内容

(一) 地表水

地表水指存在于河流、冰川、湖泊和沼泽等水体中的水分,亦称陆地水。这里,我们主要指河川径流。河川径流的水文特征对土壤,特别是水成土壤和半水成土壤的影响是深刻的。

1. 间歇河和常态河

(1) 间歇河　指河水忽断忽续,随季节而变化。如干旱区河流只有雨季时才有水流,一般河床宽浅而不固定,虽然对地下水补给量不大,但对土壤中的盐分的再分配起很大作用。半干旱半湿润地区的许多支流,也有间歇河暴涨暴落的水文特征。

(2) 常态河　也称恒流河,是指终年流水的河流。

还有一类河流,在石灰岩地区常常转入地下成为伏流,称为潜流河。

2. 河川径流的补给方式　我国河川径流不仅在地区分布上极不平衡,而且在年内季节分配和年际变化上也很不平衡。这种不平衡具体表现在汛期与枯水期出现的季节月份,延续时间以及径流集中的情况等方面。河川径流的季节变化对地下水的补给及对水成土壤和半水成土壤发育的影响,关系很大。径流的季节变化主要取决于河流的补给条件。我国河流的补给来源有雨水、冰雪融水、地下水等。

根据各地区补给情况的不同,可以粗略地分成三大区:秦岭淮河以南,主要为雨水补给,河水变化主要受制于降水的季节变化,夏汛非常突出;东北、华北地区为雨水和季节性冰雪融水补给区,河流每年有两次汛期——春汛和夏汛;西北和青藏一带,各种补给都具备,但主要为高山冰雪融水补给,水量的多少取决于气温的高低。

3. 河川径流与地下水　根据河流对地下水的补给和排泄关系,可分为4种类型。①补给性河流:一般多为地上河,或称游漫型河流,河水通过河床渗漏向两岸补给地下水;②排泄性河流：多为下切性的曲流型河，河漫滩和阶地较完整，一年中大部分时间河床水位低于两岸的地下水位；③补给—排泄型河流：它在枯水期起地下水的排泄作用，丰水期则对地下水起补给作用；④不对称型河流：常出现在山麓一带，侧向地形倾斜，一侧的边岸接受地下水，另一侧边岸又不断补充地下水。

（二）地下水

1. 地下水类型 根据地下水的存在条件，可以将地下水分为3个类型，即上层滞水、潜水和自流水。

（1）上层滞水 是存在于地壳最表层的地下水，主要包括土壤水和狭义的上层滞水，即局部隔水层（黏土或亚黏土）上的重力水。

存在于地表以下第一个稳定的隔水层上的重力水，称为潜水。它广泛分布在第四纪疏松沉积物中，或者具有裂隙的基岩上部。由于潜水上覆透水岩层，可以接受大气降水和地表水的渗透补给。

（2）潜水 具有自由的表面，又称潜水面。潜水面常具有一定的坡度，坡度的大小与地貌有关。在山区的山坡地带，潜水面可达千分之几或百分之几的坡度，而在地势平坦的平原，则常常仅有数千分之一的坡度。一般说来，潜水面的形状与地貌有一定程度的一致性，但比地貌的起伏要平缓得多。

（3）自流水 又称承压水，它是充满在两个不透水层间的含水层中的重力水。

2. 潜水水位 潜水水位变化，取决于气候、地貌、地层结构、径流条件、人为因素、河川径流等因素的综合影响，而就整体而言，气候因素居首位。随着降水丰、枯年及雨、旱季的不同，呈有规律的变化。

潜水水位变化，是水资源循环的结果，是地下水补给与排泄的动态标志。地下水补给包括有降水入渗、地表水入渗、灌溉渗漏等。地下水的排泄包括潜水蒸发、开采和补给地表水。地下水补给地表水或出露地表，称地下水的水平排泄。潜水蒸发称地下水的垂直排泄，垂直排泄只有水分的蒸发，但不排泄水中的盐分，结果导致潜水矿化度升高。

按潜水对土壤影响程度，可以划分3种类型的潜水水位。

（1）深位 深位潜水指潜水面在3m以下。潜水难以通过毛细管到达土壤剖面，土壤的发育不受地下水影响。土壤一般发育为地带性土壤。

（2）中位 中位潜水一般水位在2m左右，毛细管水上升可能达到地表，地下水补给充足。在干旱、半干旱地区则土壤有盐渍化威胁。

（3）高位 高位潜水的潜水面在1m左右，甚至更高，土壤剖面可为毛细管水所饱和，土体水分过多，已有沼泽化、盐渍化的发生。

（三）水质

水质可以以矿化度或水化学组成的方式来表示。矿化度指每升（L）水中含干残余物质的克（g）数来计算，分级标准见表2-4。水化学组成指水中所溶解的盐分。表2-5按阴离子组成将地下水进行划分，类型名称一般以含量最大（超过阴离子或阳离子总数25%）的离子类型命名，如HCO_3^-含量超过阴离子总量的25%时就称为重碳酸盐水。或按各种离子含量大小顺序排列命名，如地下水各种离子含量为HCO_3^-占20%、SO_4^{2-}占5%、Cl^-占

18%、Ca^{2+} 占 6%、Mg^{2+} 占 10%、Na^+ 占 5%，即称重碳酸—氯根—钙盐水（$HCO_3^-Cl^-$-Ca^{2+}）。命名时，阴离子在前，阳离子在后。

表 2-4 地下水矿化度分级

分级名称	干残余物质含量（g/L）	分级名称	干残余物质含量（g/L）
淡水	<1	强矿化水	10～30
弱矿化水	1～5	极强矿化水	30～80
矿化水	5～10	盐水	>80

表 2-5 地下水矿化类型划分

	类型名称	离子类型	占同类离子总数（%）
阴离子	重碳酸盐	HCO_3^-	>25
	硫酸盐	SO_4^{2-}	>25
	氯化物	Cl^-	>25
	重碳酸盐—硫酸盐	$HCO_3^- + SO_4^{2-}$	>25
	重碳酸盐—氯化物	$HCO_3^- + Cl^-$	>25
	硫酸盐—氯化物	$SO_4^{2-} + Cl^-$	>25
阳离子	钙盐	Ca^{2+}	>25
	镁盐	Mg^{2+}	>25
	钠盐	Na^+	>25
	钙镁盐	$Ca^{2+} - Mg^{2+}$	>25
	钙钠盐	$Ca^{2+} - Na^+$	>25
	镁钠盐	$Mg^{2+} - Na^+$	>25

随着矿化度的变化，地下水的化学组成也发生相应的变化。一般 HCO_3^-、Ca^{2+}、Mg^{2+} 的变化不大，但是随着矿化度的增加，SO_4^{2-}、Cl^-、Na^+ 和 K^+ 逐渐增加的现象比较显著。

三、研究方法

（一）将水文与区域气候、地貌、地质构造等景观因素相统一

地表水不仅是一定气候与地貌条件的综合反映，也是一定区域地貌的塑造者。由于它的侵蚀、搬运与堆积，形成了当前各种地表水成地貌。因此，必须将水体作为景观因素来研究。例如，半干旱半湿润山区的水系，出口以后形成洪积扇的同时，大量的地表水潜入下层，形成潜流，到洪积扇边缘又以泉水形式流出地表。这一过程表现的明显程度及水量的大小，与气候、降水、河水流量等呈一定的相关性，因而决定了半干旱半湿润地区的土壤分布规律。

一定的水系结构与当地的地质构造以及岩性都有很大的关系。如以花岗岩为基底的盆地，由于岩石渗透性差，多出现丰水区。石灰岩区则相反，由于大量的溶蚀裂隙与溶洞存在，使大量的地表水漏失，形成地上和地下的枯水区。

（二）将地表水、地下水与地形图等高线联系起来

在山地与丘陵区，河谷与地形的关系比较清楚。如纵向河谷、横向河谷、串行状河谷、"V"形河谷等都在等高线上有所反映。在平原区则有下切性河床（等高线向河谷上游凸出）和地上河河床（等高线向河谷下游凸出）等。

（三）研究地表水和地下水之间的补给或排泄关系

可结合地形图进行。一般等高线所表示的地形使河床高于两侧者（等高线向河床方向凸出者），则为地上河；反之，则为地下河。

（四）水文资料的收集

包括调查地区的河流名称、长度、流域面积、年径流量等。此外还应通过对不同比例尺地形图的阅读，对调查区的水文特征做出分析统计，如主要流域的几何特征和自然地理特征值等。

（五）径流特征值的收集

包括调查区主要流域的径流总量、径流模数、径流深度和径流系数等。

1. 径流总量 是指某时段通过河流某一出口断面的总水量为该时段的径流总量。有年径流总量、月径流总量等，以万立方米或亿立方米计，它是水资源的重要特征值，其大小与流域面积和河流补给有关。

2. 平均径流量 是指单位时间内通过的径流总量。如为月的就称月平均径流量，以年计就称年平均径流量，单位为 m^3/s。公式如下：

$$Q=W/t$$

式中：Q 为平均径流量；W 为径流总量；t 为时间，可是日、月或年。

3. 径流模数 又称径流率，是指流域内单位面积上单位时间的径流量，以 $L/(s \cdot km^2)$ 计。多年平均径流模数是把多年不同的径流模数除以统计年数而得出的算术平均值，或叫做正常径流量。径流模数用于比较不同自然地理条件下流域径流量的大小，有一定的地区分布规律。

4. 径流变率或模比系数 它是指各年的径流模数和历年平均径流模数的比值，由此得出各年径流模比系数的变化特点。

5. 径流深度 它是指某时段流域的径流总量，平铺在整个流域面积上所得的水层厚度。

$$r=W/1\,000F$$

式中：F 为受水面积（km^2）；W 为某时段流域的径流总量（m^3）；r 为径流深度（mm）。

径流深度直接反映各地区水量的多少和干湿的程度。

6. 径流系数 它是指某时段的径流深度与形成该时段径流的降水深度的比值。一般以百分数表示，其数值取决于自然地理条件，有一定的地区分布规律。

计算一年内从流域面积流出的水量可按下式计算：

$$W=(31.5 \times 10^6)FM/7\,000=31\,500FM$$

式中：W 为流域内一年径流总量（m^3）；F 为流域面积（km^2）；M 为径流模数 $[L/(s·km^2)]$；$31.5×10^6$ 为一年间的秒数。

(六) 结合地貌研究潜水的补给和排泄条件

对地区性的土壤改良十分重要。如平原区的地下水补给可能有扇缘补给、河床补给和渠道补给，而在弄清地下潜水补给来源之后，在排水设计上则应当将主要排水系统垂直于地下潜水补给来源。

在半干旱和干旱区，土壤是否盐渍化，主要取决于地下潜水是否有较高的矿化度，而矿化度高低往往取决于地下潜水排泄的地质条件。如果是处于一个封闭或半封闭的洼地，地下潜水处于停滞状态，大量的地表蒸发肯定会引起土壤盐渍化。因此，必须和地貌条件的研究相结合。

(七) 确定地表水和地下水对土壤影响的强度

结合土壤剖面中的土壤颜色、新生体和土壤湿度，以及指示植物等的综合观察，确定地表水和地下水对土壤影响的强度。此外还可结合剖面水位观测，或附近具有自由水面的井水位观测，以协助判断。

(八) 观测地下潜水的矿化咸分、矿化度和地下潜水的埋深

可以根据生产要求，绘制潜水矿化度图，潜水埋深图、潜水等水位线图等。

调查研究地下水，可以通过观测主要土壤剖面、民井和土井来进行。野外调查时，凡受地下水影响的土壤类型，都要选择一至几个典型剖面，挖到地下水位以下，进行观测。

利用当地民井或土井进行观测，应选择在群众取水之前进行。调查中由于对民井或土井的地下水位观测只是一次性资料，因此还需调查当地地下水位的季节性变化。某些土壤有形成临时上层滞水的可能性，以及高位地下水和上层临时滞水对作物生长发育的影响，也要进行调查。

在涝洼地和水稻田地区，要以土壤剖面上的铁锰锈斑特征和潜育层出现位置来判断地下水的变动情况和土壤滞水程度。以便结合地表水的现状，确定降低地下水位的深度。

在干旱、半干旱地区还要注意研究不同土体构型中的地下水的临界深度，为防止土壤次生盐渍化和制订灌溉措施提供依据。

在盐土地区调查，为查明地下水的动态，一般可用定点井位观测法，即在设置的观测井上，将具有明显标志的染料投入井中，然后查出在其下游观测井中出现的时间和两个观测井间的距离便可算出地下水位水流的速度。

第五节 生物因素调查研究

一、生物因素对土壤形成的影响

从土壤具有肥力这个质的特征认识出发，生物因素是土壤发展中最主要、最活跃的成土因素。由于生物的生命活动，把大量的太阳能引进成土过程，使分散在岩石圈、水圈和大气

圈中的营养元素向土壤表层富集，形成土壤腐殖质层，使土壤具有肥力特性，推动土壤的形成和演化，所以从一定意义上说，没有生物因素的作用，就没有土壤的成土过程。土壤形成过程的生物因素主要包括植物、土壤动物和土壤微生物。它们在土壤形成过程中的作用主要表现为：

（一）植物在土壤形成过程中的作用

1. 植物对土壤有机质积累的影响　由于不同类型的生态系统所产生的有机物的数量、组成和向土壤的归还方式的不同，它们在成土过程中的作用也不同。有机质在土壤中的分布状况是：森林土壤的有机质集中于地表，并且随深度锐减，即土壤有机质的表聚分布型；而草原土壤的有机质含量则随深度增加而逐渐减少，即土壤有机质的舌状分布型，这是由于植物生长方式和植物残体结合进入土壤的方式不同。

2. 植物对土壤矿质养分的影响　在土壤微生物的作用下，有机质所包含的矿质营养元素释放到土壤中，造成土壤中的矿质营养元素的相对富集和土壤性状的改善。但不同类型植物残体所含的矿质营养元素差异较大，一般湿润地区的森林、针叶林植物的灰分含量低，即一般为1.5%～2.5%；在湿润区的阔叶林、高山亚高山草甸、半干旱区草原、灌木及热带稀树草原的灰分含量中等，一般为2.5%～5.0%；在极端干旱荒漠区的地衣以及热带滨海红树林植物的灰分含量较高，一般为5.0%～15.0%。

3. 植被类型土壤淋溶与淋洗程度　在相同的气候条件下，相邻生长的森林和草原具有相似的地面坡度和母质，森林土壤则显示了较大的淋溶和淋洗强度，造成这样的差别有两个原因。

①森林土壤每年归还到土壤表面的碱金属与碱土金属盐基离子较少；
②森林蒸腾作用消耗的水分较多，降水进入土壤的比例较大，水的淋洗效率较高。

自然植被和水热的演变，引起土壤类型的演变。中国东部由东北往华南的森林植被和土壤的分布依次是：针叶林（棕色针叶林土）→针阔混交林（暗棕壤）→落叶阔叶林（棕壤）→落叶常绿阔叶林（黄棕壤）→常绿阔叶林（红壤、黄壤、赤红壤）→雨林、季雨林（砖红壤）。

（二）动物在土壤形成过程中的作用

在成土过程中，动物参与了土壤中有机质和能量的转化过程，动物通过吞食有机质，消化后排除的代谢物质，再由微生物进行分解并合成土壤有机质。据调查，在温带和热带地区，每公顷土壤生活的蚯蚓数目在10^5～10^6条，它们平均每年吞食36t的土壤（干重）。其结果使得土壤中细菌数量，有机质含量，全氮含量，交换性钙、镁离子含量，有效态磷钾含量，盐基饱和度等明显增高。改善了土壤结构，增加土壤通透性。土壤动物种类在一定程度上是反映土壤类型和土壤性质的标志。

（三）微生物在土壤形成过程中的作用

土壤微生物对成土过程的作用是多方面的，而且其成土过程也是非常复杂的。总的来说，微生物对土壤形成的作用主要表现为：
①分解有机质，释放各种养料，为植物吸收利用；

②合成土壤腐殖质，发挥土壤胶体性能；
③固定大气中的氮素，增加土壤氮含量；
④促进土壤物质的溶解和迁移，增加矿质养分的有效浓度。

总之，生物因素是影响土壤发生发展的最活跃的因素。土壤动物、微生物和植被构成了土壤生态系统，并共同参与了成土过程，是成土过程中的积极因素。

二、主要调查内容

（一）植被

1. 植物群落生物量的累积特征 地球表面由于气候、水文、地质条件等的差异，植物群落带是不一样的，它们的生长习性也各异，主要表现在生物小循环中生物量的积累特征（表 2-6）。

从冰沼至热带，随着光、热能和水量的增加，植物群落不断演替，生物量不断增加，对土壤形成和特征都会产生深刻的影响。

表 2-6 各类生态系统生物积累特征

生态系统类型	面积（$\times 10^6 km^2$）	生物量（干物质）（$\times 10^9 t/a$）		
		正常范围	平均值	总计
热带雨林	17.0	6~80	45	765
热带季雨林	7.5	6~60	35	260
亚热带常绿森林	5.0	6~200	30	175
温带落叶森林	7.0	6~60	20	210
北方泰加林	12.0	6~40	6	240
森林和灌丛	8.5	2~20	4	50
热带稀树草原	15.0	0.2~15	1.6	60
温带草原	9.0	0.2~5	0.6	14
苔原和高山	8.0	0.1~3	0.7	5
荒漠半荒漠灌丛	18.0	0.1~4	0.02	13
岩石、荒漠和冰地	24.0	0~0.2	1	0.5
耕地	14.0	0.4~12	15	14
沼泽和湿地	2.0	3~50	0.02	30
湖泊和河流	2.0	0~0.1	12.2	0.05

2. 自然植被的水平分布规律 中国植被的分布，主要取决于水热条件，遵循着自然环境地域分布规律。受季风气候的强烈影响，降水量一般自东南向西北递减，东南半部（大兴安岭—吕梁山—六盘山—青藏高原东缘一线以东）是森林区，西北半部是草原和荒漠区。中国的气温分布由北向南递增，自北向南由寒温带向温带、暖温带、北亚热带、中亚热、南亚热带，直到热带。与温度变化最直接相联系的是由最北端寒温带的针叶林，向南依次是温带的针阔（落）叶混交林、暖温带的落叶阔叶林、北亚热带的常绿阔叶与落叶阔叶混交林、中

亚热带的常绿阔叶林、南亚热带的季雨林，直到最南端热带的季雨林与雨林。

由于海陆分布的地理位置所引起的水分差异，在昆仑山—秦岭淮河一线以北的广大温带和暖温带地区由东向西，即从沿海的湿润区，经半湿润区到内陆的半干旱区、干旱区，表现出明显的植被类型的经度方向更替顺序，出现森林带、森林草原带、草原带和荒漠带。随着植被类型的变化，土壤类型在水平方向上也有规律的变化，它们两者之间存在着非常紧密的联系（表2-7）。

表2-7 我国植被—土壤分区

景观特征		土壤类型区
森林区域	热带季雨林	赤红壤、砖红壤区
	亚热带常绿阔叶林	黄棕壤、黄壤、红壤区
	温带落叶阔叶林	暗棕壤、棕壤区
	寒温带落叶针叶林	棕色针叶林区
草原区域	温带森林草原	黑钙土、黑垆土区
	温带草原	栗钙土、灰钙土土区
	高寒森林草甸	高山草甸土区
	高寒草原	高山草原土区
荒漠区域	温带荒漠、半荒漠	灰棕漠土、风沙土区
	温带荒漠、裸露荒漠	棕漠土、风沙土、盐土区
	高寒荒漠	高山寒漠土区

（据中国经济地理，1985）

中国在不同的水平地带内还有隐域性植被分布，它们主要是受地下水影响的草甸植被、受区域地球化学影响的盐生植被、受岩性影响的石灰岩植被和沙丘植被等。它们的地理分布主要受到地下水、岩性、地表组成物质的影响。例如，东北、华北和华南的草甸植被，其种类和生物量都有所不同。在隐域性植被下，也有一部分土壤在地下水、成土母质等的影响下，形成与地带性土壤不一样的土壤，称为隐地带性土壤。如潮土和草甸土都是受地下水的影响而形成的。

3. 自然植被的垂直分布规律 中国是一个多山的国家，山地植被类型十分丰富。随着山地海拔高度的增加，出现了类似于水平地带的垂直带谱。由于中国东部季风区域和西北干旱区域气候条件，尤其是水分差异明显，山地垂直带谱也有很大的不同，东部为海洋性山地垂直带谱，西部则为大陆性山地垂直带谱。青藏高原其地势特别，高原面植被是在垂直地带性的基础上出现水平分布规律。在青藏高原面上，其植被以高原中部的冈底斯山、念青唐古拉山为界分为南北两带。青藏高原北带自东向西，由高原边缘到高原内部，依次出现山地森林草原、高山草甸、高山草原、高山寒荒漠植被类型。青藏高原南带，自东而西分布着沟谷森林灌丛、亚高山草甸、亚高山草原等植被类型，在某些谷地甚至有下垂带谱存在。随着海拔的升高，植被类型以及土壤的水热状况发生变化，从而导致土壤出现垂直的地带性分布规律。例如，珠穆朗玛峰自基带的红壤向上，依次分布的土壤类型为山地黄棕壤、山地酸性棕壤、山地灰化土、亚高山草甸土与高山草甸土，直到高山寒漠土与雪线。

4. 指示植被与土壤 植物对于环境具有灵敏的反应，同时植物对于环境具有严格的选择性。因此，一个地区的植物生长状况，往往就是当地自然地理环境的综合反映，这种反映就是植物的指示现象。植物和植物群落可以指示土壤类型、土壤酸碱度、土壤水以及其他土壤化学和物理性状。铁芒萁是我国热带和亚热带强酸性土壤（pH 为 4～5）的指示植物；蜈蚣草是钙质土的指示植物；盐角草、盐爪爪等是氯化物—硫酸盐土（含盐量为 10% 以上）的典型标志；内蒙古自治区一带生长的油蒿是沙性很强的土质指示植物。植物也可以指示地下水的状况。香蒲繁生，说明地下水过剩；针茅大量分布，说明土壤干旱；骆驼刺、欧洲甘草的生长，说明潜水呈微咸性；泽泻一定生长在沼泽土上。如此等等，说明植物与土壤都有明显的相关性。调查中应对这部分资料进行广泛收集，并深入分析指示和特殊性土宜植物的生理机制，对土壤调查工作来说是十分必要的。

5. 农田作物 通过对农作物的长势和缺素症状的研究，可用来帮助认识当地土壤肥力状况。主要了解作物的种类、布局、种植制度和轮作制度，生产状况以及生产中的问题等。要根据农作物群体的密度、个体的高度、茎叶比例和发育阶段特征等方面，来分别其生长状况。同时要根据作物的形态特征进行分析诊断，研究有无缺素症状等。

（二）动物

土壤中物质的转移和能量的交换，如果没有动物的活动就会成为不可能。动物对土壤的作用主要表现在动物性排泄物，包括厩肥、人粪尿等是补充土壤有机质、供给植物养分、改善土壤结构、增长土壤肥力不可缺少的成分。此外，动物对土壤的作用还表现在它们对土壤的挖掘和搅动作用，使土壤疏松多孔，物理性状得到改善。

1. 土壤中的动物类型 土壤中的动物根据其个体大小分为如下 4 组，即：

（1）微型动物 个体小于 0.2mm 的动物类型，包括原生动物、线虫等，多分布在湿润的土壤环境中，生活在充满土壤溶液的毛细管和孔隙内。

（2）中型动物 包括个体大小为 0.2～4mm 的各种动物群，如节肢动物门的最小的昆虫，多足纲动物和特殊的蠕虫等，它们适应在非常湿润的土壤中生活。

（3）大型动物 由个体大小为 4～80mm 的各种动物群，如蚯蚓、高等昆虫（包括白蚁、蚂蚁及其幼虫）、多足纲动物、软体动物以及泥鳅、田螺等。

（4）巨型动物 包括个体大小在 0.01～1.5m 的大动物，如田鼠、龟、蛇、鳝鱼、胡鳗、蟹等，最大的动物类型如狐狸等也是生活在土壤穴洞中。

2. 土壤动物群落结构

（1）水平结构 土壤动物群落随不同植被、土壤、微地貌与海拔高度以及人类活动等而呈水平差异性，表现为组成与数量、密度和群落多样性等的水平差异。例如，吉林省东部山地相同海拔带、同一土壤不同植被类型下的土壤动物类群数和数量表现出明显的差异，尤其是自然植被改变后的耕作土壤，种类和数量明显减少，显示出植被类型对土壤动物群落水平结构的巨大影响可以通过土壤动物群落特征，推断土壤的变化。例如，甲螨分布广、数量大、种类多，有广泛接触有害物质的机会，所以当土壤环境发生变化时有可能从它们种类和数量的变化中反映出来。

（2）垂直结构 一般具有表聚性特征，即土壤动物的种类数和个体数、密度、多样性等随着土壤深度而逐渐减少，如泰山土壤动物 A 层占 77.18%，B 层占 16.35%，C 层占 6.47%。不同类群、不同季节、不同环境土壤动物的表聚性的程度有所差别。

(3) 时间结构　主要研究季节变化，当然也包括昼夜变化和多年变化，特别是全球变化对土壤动物群落结构的研究也应得到关注。土壤动物的季节变化与环境的季节性节律密切相关，植被、土壤水分和温度的季节变化制约着土壤动物类群数和个体总数的变化。在中温带和寒温带地区，土壤动物群落的种类和数量一般在7~9月达到最高，与雨量、温度的变化基本一致，而在亚热带地区一般于秋末冬初达到最高（11月）。同时，不同土壤动物类群的季节动态也不相同。

（三）微生物

土壤中的微生物具有多方面的功能。主要是分解动植物残体，使有机物矿物质化和合成土壤腐殖质。此外，还有多种自养型微生物能起固氮作用、氨和硫化氢的氧化、硫酸盐和硝酸盐的还原以及溶液中铁、锰化合物的沉淀等作用。土壤微生物的种类有：

1. 原核微生物

(1) 古细菌　古细菌包括甲烷产生菌、极端嗜酸嗜热菌和极端嗜盐菌。这3种细菌都生活在特殊的极端环境（水稻土、沼泽地、盐碱地、盐水湖和矿井等）。

(2) 细菌　土壤细菌占土壤微生物总数的70%~90%。主要的能分解各种有机质的种类，包括有芽孢杆菌和无芽孢杆菌、球菌、弧菌和螺旋菌等。据记载，土壤中细菌有近50个属和250种，它们和真菌一起是岩石和原生矿物强有力的分解者。

(3) 放线菌　放线菌广泛分布在土壤、堆肥、淤泥等各种自然环境中，其中土壤中数量和种类最多。一般肥土比瘦土多，农田土壤比森林土壤多。放线菌最适宜在中性、偏碱性、通气良好的土壤中。包括诺卡氏菌属（*Nocardia*）、链霉菌属（*Streptomyces*）与小单孢菌属（*Micromonospora*）。这是被认为介于细菌和真菌之间的微生物，具有极细的菌丝（小于1μm），为好氧性微生物，主要分解和消耗纤维素，半纤维素和蛋白质，甚至木质素等。

(4) 蓝细菌　是光合微生物，过去称蓝藻。分布很广泛，但以热带和温带居多，淡水、海水和土壤是其主要的生活场所。在潮湿的土壤和稻田中常常大量繁殖。

(5) 黏细菌　黏细菌在土壤中的数量并不多，但在施用有机肥的土壤中常见。黏细菌是已知的最高级的原核微生物。

2. 真核微生物

(1) 真菌　包括藻菌纲（Phycomycetes）、子囊菌纲（Ascomycetes）、或半知菌纲（Deuteromycetes）和担子菌纲（Basidiomycetes）。在土壤和堆肥中，产生大量菌丝和孢子，纤细的菌丝和分泌物可把小土粒团聚成块。对森林土的形成，以及在低温或极干燥的气候条件下作用特别大，并形成腐蚀性较强的腐殖质酸——富里酸，以及使土壤酸化的有机酸，如柠檬酸、草酸、醋酸和乳酸。并且由于真菌在土壤中合成各种独特的酸性化合物和许多毒性物质，可使土壤破坏和杀死一定的细菌群。

各种真菌与高等植物（木本植物、草类和作物）共生形成菌根，将营养物质供给植物。菌根表面还能直接吸收有机质和矿物质，以改善木本和草本植物的根部营养。有些植物如橡树和松树如缺少菌根，就会发育不良。

(2) 藻类　包括绿藻、蓝藻和硅藻等，它们和其他土壤微生物的不同点在于它们具有叶绿素型的各种特殊色素，能同化CO_2，通过光合作用形成有机物，提高土壤有机质和氧气贮存量。因此，它们一般只居住在有阳光照射的土壤表层，有些藻类（硅藻）在土壤硅酸盐化合物和钙化合物的转化过程中，起着重要作用，另一些藻类还能固氮。

（3）地衣　地衣是真菌和藻类形式的不可分离的共生体。地衣广泛分布在荒凉的岩石、土壤和其他物体表面，地衣通常是裸露岩石和土壤母质的最早定居者。因此，地衣在土壤发生的早期起重要作用。

3. 滤过性生物　包括噬菌体和另外一些病毒，是土壤中最小的生物体，也是最简单的生物，在土壤中噬菌体能分解豆科植物根部的根瘤菌。除此之外，还有一些微生物，只存在于一定的土壤中和特殊的环境及耕作条件下。如豌豆根瘤菌，大多局限于有这种豆科植物生长的旱地土壤中；圆褐固氮菌只发现在土壤pH为6的条件下。

土壤微生物与植物生长量比仅为0.0001%。但是，由于微生物具有惊人的繁殖速度，其作用可与高等植物相比，并超过土壤动物。

三、研究方法

（一）野外植物调查

1. 植被调查

（1）研究群落分布规律　研究某些植物群落的分布规律及其与一定地形、土壤的生态关系，并绘出断面图，作为进行遥感影像解译的参考。

（2）样方选择　选择有代表性的地区进行典型样方或样段的调查，以收集某些植物组成的具体资料。主要根据工作要求及植被类型，在不同典型样区，结合土壤剖面观察，选择$1m^2$（草原区）、$25m^2$（灌木草原区）、$100m^2$（森林区）作为观察记载的样方。记载内容包括：

①生境条件：包括植被所处地形环境、气候条件、土壤资料、地下水位等。

②群落名称：一般以其优势种、亚优势种依次排列命名。例如，长芒羽茅—西伯利亚蒿群落，表明该群落是由长芒羽茅与西伯利亚蒿构成。有时一个群落有三种以上的植物组成，其命名可按其所占比重多少依次排列，如长芒羽茅—西伯利亚蒿—蒙古柳群落。

（3）多度　多度是指植物群落中每一种植物的个体数目。多度的表示，一般是分为密集（SOC）、丰盛（COP）、稀疏（SP）和零星（SOL）4级。通常用目估法估算每个种属的多度，按德鲁捷（Drude）分级法表示。

SOC（sociales）"特多"（背景比），植物地上部郁闭，个体数占90%以上；

COP3（copiosae3）"很多"，个体占70%～90%；

COP2（copiosae2）"多"，个体占50%～70%；

COP1（copiosae1）"相当多"，个体占30%～50%；

SP（sparsal）"零散分布"，个体占10%～30%；

SOL（solitariae）"稀少"，个体占10%以下；

UN（unicum）"单株"，只有单株。

（4）估测覆盖度　通常以植物的地上部分垂直投影在地面的面积占整个群落面积的百分比来表示。用目估法测定整个植物群落的覆盖度。有时还要测定某些优势植物个体的总数和覆盖度。覆盖度均用百分数表示。

（5）测绘植物群落分布图　采用样方调查法，其样方面积已如上述，它是一种特大比例尺的植被制图。一般草原植被要注意有用牧草的种类、产草量、有害植物种类等。在林区要注意树木的胸径、材积量及林下幼树生长状况等。

2. 指示作物的调查 指示作物的观测,可以推断土壤的某些理化性质,作为鉴别土壤类型的参考。如南方的茶树对土壤酸度的要求较严,当土壤中含有一定的钙质时,就生长不良,以至死亡。

3. 农田地区的样点调查 主要是了解作物种类、布局、种植制度或轮作制度、生产情况及生产中的问题等。借以了解土壤的某些性质与肥力情况。

①调查研究不同土壤上栽培作物的种类、品种、长势、长相(包括株型、分蘖或分枝数目、叶色、高度、发育及缺素现象)、根系发育及分布情况、结实情况和产量等。对于一些不良土壤,更应注意对作物生长的影响及特殊情况表现。这对于土壤肥力、宜种性和用地养地等方面都是重要的参考资料。

②调查研究不同土壤类型上的作物布局、品种搭配方式、种植制度及其优缺点,为因地制宜利用土壤提供依据。

③调查研究田间杂草的种类和数量。因为许多田间杂草是农田土壤肥力、土壤水分和土壤盐分等良好的指示植物。

(二)土壤动物研究法

土壤取样方法一般采用常规采样方法,即在每个取样区,选择具有代表性的样点,进行三点重复取样,4个层次分层取样,按0～5cm、5～10cm、10～15cm和15～20cm挖掘剖面。大型土壤动物调查,挖掘面积50cm×50cm,深度20cm,手捡动物计数和分类。

土壤动物的分离提取和鉴定采用干漏斗法和湿漏斗法分离提取中、小型土壤动物,活泼性土壤小型节肢动物以吸虫器采集。并计数和分类,一般分到目或科。

(三)土壤微生物研究法

鉴于微生物的变异性及其生活的土壤条件的复杂,如何使所得结果尽可能反映自然情况,在方法上应多加考虑。

为了得到关于土壤微生物在自然条件下的真实情况,不少研究者先后提出了若干直接显微镜观察和计数的方法。随着免疫学的发展以及放射性同位素示踪研究的广泛应用,给土壤微生物的直接鉴别提供了有实际意义的手段。生境中土壤微生物检测方法有土壤细菌的显微镜直接计数法、琼脂膜法、土壤微生物区系的切片观察法、光学显微镜直接检测土壤颗粒法、毛细管法、尼龙网法、电子显微镜法和土壤切片观察法等。

土壤中微生物数量的测定,除了用分离培养的方法和直接镜检观察计算或根据各类微生物的数量和比重折算为菌体重量外,目前最常用的方法为化学方法测定微生物细胞体被降解产生CO_2的量或菌体中某种组分的量来计算微生物总量。例如,熏蒸法、ATP含量换算法和真菌体内几丁质含量换算法等。

(四)土壤生物综合研究法

1. 生物地球化学研究法 即研究不同的物理因素、化学因素及生物因素等的作用,特别是从土壤、气候、天然水等地球化学观念出发来研究它们对于有机体的影响。

2. 不同土壤生态型的生物地球化学特征研究法 也就是把土壤生物学、土壤地理学和土壤微生物学综合在一起的研究方法。研究时必须搜集每种生态型中各种要素的全部化学分析资料。为此，要选择具有代表性的点，采集土壤剖面、岩石及其风化产物、土壤水、地下水、植物的地上部分和地下部分、土壤动物和微生物等标本进行化学分析。

为了进行动态研究，设置定位观测是十分必要的。也可以选择一些能形成各种化合物和能参与生物循环的挥发性示踪元素综合体，置于土壤中以观察它们在景观中移动的途径。

第六节 时间因素调查研究

气候、地形、母质、水文和生物等因素对土壤发育的影响是通过时间来体现的，所以时间对土壤发育的影响也是一个间接因子。以基岩上土壤的发育过程为例，首先是坚硬块状的母岩在地表环境中被风化成初具营养条件的、疏松多孔的风化壳（成土母质）；然后，在一定的气候条件和生物的作用下，母质与环境之间不断进行物质与能量的交换和转化，产生土壤腐殖质和次生黏土矿物；随着时间的推移，母质、气候、生物和地形等因素的作用强度逐渐加深，发育了层次分明的土壤剖面，从而出现了具有肥力特性的土壤。因此可以说，时间提供了土壤发育的"舞台"。

一、时间因素对土壤形成的影响

时间因素对土壤形成没有直接的影响，但时间因素可体现土壤的不断发展。成土时间长，气候作用持久，土壤剖面发育完整，与母质差别大；成土时间短，受气候作用短暂，土壤剖面发育差，与母质差别小。

（一）土壤年龄

正像一切的自然体一样，土壤也有一定的年龄。土壤年龄是土壤发生发育时间的长短，通常土壤年龄分为绝对年龄和相对年龄。绝对年龄是指从该土壤在当地新鲜分化层或新母质上开始发育算起，迄今所经历的时间，通常用年表示，可以用多种技术测试出来，一些古老的土壤自第三纪已存在，绝对年龄达数千万年；相对年龄则是指土壤的发育阶段或土壤的发育程度。土壤剖面发育明显，土壤厚度大，发育度高，相对年龄大；反之相对年龄小。需要说明的是，相对年龄和绝对年龄之间没有必然联系。有些土壤所经历的时间虽然很长，但由于某种原因，其发育程度仍停留在比较低的阶段。

（二）土壤发育速度

土壤发育速度主要取决于成土条件。在干旱寒冷的气候条件下，发育在坚硬岩石上的土壤发育速度极慢，长期处于幼年土阶段（按相对年龄），如西藏高原上的寒漠土。而在温暖湿润的气候条件下，松散母质上的土壤发育速度非常迅速，在较短的时间内就可发育为成熟土壤。例如，我国南方的紫色砂岩经十余年的风化成土就可形成较肥沃的土壤。

有利于土壤快速发育的条件是：温暖湿润的气候，森林植被，低石灰含量的松散母质，排水良好的平地。阻碍土壤发育的因素是：干冷的气候，草原植被，高石灰含量且通透性差、紧实的母质，陡峭的地形。

土壤的发育速度整体上随发育阶段而变化。一个土壤的有机质含量的变化分为3个阶段：在土壤发育的初级阶段，有机质含量迅速增加，因为土壤中有机质增加的速度大大超过有机质的分解速度；成熟阶段的土壤以有机质含量的稳定不变为特征，此阶段的有机质的增加与消耗持平；到老年期，一般由于合成有机质的条件消失，土壤有机质含量表现出下降的特征。

（三）土壤发育的主要阶段

如果土壤发育条件有利，母质可以在较短的时间内转变为幼年土。这个阶段的特征是有机质在表面累积，而风化、淋洗或胶体的迁移都是微弱的，仅存在A层与C层，土壤性质在很大程度上是由母质继承来的。随着B层的发育，土壤达到成熟的阶段。如果其他成土条件不变，成熟土壤继续发展，最终可以变成高度风化的土壤，以至于在A与B之间出现一个舌状的漂白层E，土壤进入老年阶段。

实际上土壤发育千变万化，随成土母质的性质和发育过程中其他成土条件（气候、地形、母质、水文和生物等）的变化而变化。如抗风化的石英砂母质上发育的土壤长期停留在幼年土的阶段；有些成熟的土壤因为受到侵蚀而被剥掉土体，新的成土过程又开始。在土壤调查中，确定了主要的成土因素，但不能仅凭一个成土因素对土壤类型进行划分，应将多因素结合起来进行研究。

二、研究内容

对时间因素的研究，往往就是通过古土壤和现代土壤性态的表征来体现的。这样，对古土壤的研究，便构成时间因素研究中的重要内容。

理论上说，自4.5亿年前陆生植物开始出现，就产生了最早的土壤。但地质史的多次巨变导致这种古土壤侵蚀殆尽。现在北半球所存在的土壤多是在第四纪冰川退却后开始发育的。古土壤是在与当地现代景观条件不相同的古景观条件下所形成的土壤，它的性质和现代当地土壤有某些差异，它们可以是因为环境条件的改变而终止了原来的土壤形成过程，成为现在土壤发育的一种母质；它们也可以是因为地壳新构造运动的升降或地面的变迁，使原来的土壤发育受到埋藏而终止。古土壤的形成往往与气候条件有关系。因此，研究古土壤，就必须对当时的气候条件有所了解。

（一）古气候

古气候研究可追溯到6亿年前的震旦纪，但这些远古地质时期的气候影响，由于海陆变迁和构造运动，多已消失或凝固于深处的岩层中，对现今土壤体的研究意义不大。而重要的是要研究第四纪的古气候，因为在野外调查中常常需要应用第四纪的古气候知识来研究土壤剖面的发育。

第四纪以来几个主要地质时期（间冰期）的古气候与当时沉积物及土壤形成的关系如下：

1. 上新世（N_2）　在上新世时，特别是它的早期，我国北方的气候温暖湿润，致使有些地方堆积了铁锰淀积层、质地黏重的红土层，如三趾马红土（保德红土）、静乐的红土、北栗红土等。红土的上覆地层遭受侵蚀后有的已露出地面，作为成土母质而影响着现代土壤的形成发育和理化性质。

2. 早更新世（Q_1）至晚更新世（Q_3） 在间冰期，气温均有回升，但幅度不一，对沉积物和土壤性质的影响也很不相同。第四纪的第一次冰川退缩后，我国北方气候炎热湿润，如黑龙江河谷中发现的 Q_1 红色黏土层，pH6.0～6.5，轻黏土、黏粒含量达 40% 左右；还夹有沙石，经孢粉分析有棕榈属花粉。据推测，这种红色风化壳是亚热带气候条件下富铝化作用的产物，在东北山地丘陵区分布较广。中更新世（Q_2）大姑期冰川退却后，我国气温普遍炎热，但北方干燥南方湿润，因而北方出现大面积的周口店期的红色土，而南方普遍发现有经过湿热化作用形成的网纹土风化壳。南方的风化作用非常强烈，不仅使冰碛物遭到了强烈的风化，甚至连砾石也是如此，被淋溶下来的铁质胶结，形成多层铁盘。熊毅根据分析结果，认为北方红色土不是湿热气候下的产物，而是干热气候下形成的，网纹红土则是湿热气候的产物。到晚更新世（Q_3）初期，气候又转寒冷，在北方有大量的马兰黄土堆积，在南方有下蜀黄土堆积。熊毅根据分析资料也认为这些黄土均是干冷环境下的产物。直到晚更新世末转入冰后期阶段，气候又有转向温暖湿润的趋势，如在辽宁朝阳和喀左的马兰黄土中可见到 1～2 层黑土型古土壤，其中有根孔和姜状灰白色的钙质结核，说明马兰黄土在晚期堆积中曾出现过几次温湿的气候。

3. 全新世（Q_4） 近年来，我国地理学家对全新世以来的古气候做了大量研究，获得了大量新资料。根据资料可把我国 10 000 年前至今这段气候变化归纳为 4 个时期，现就各时期的气候特性及其与土壤形成的关系简介于下。

①距今 5 000 年前一段时期，我国气候温暖湿润。这种气候不仅出现在长江以南直到东北北部，甚至内蒙古和青藏高原也受到了影响。黑龙江呼玛在全新世中期地层中发现了阔叶林和桤树花粉，内蒙古察哈尔出现了喜湿乔木的栎树和十字花科草本植物花粉，北京一带当时是河流纵横、池沼广布的地区，天津还发现了只能在亚热带淡水中生长的水蕨。从南昌和洞庭湖南岸的泥炭沼泽中的孢粉看，气候比现在还要湿润。

从上述古气候和古植物的分布可以推测，当时我国山地丘陵的土壤分化淋溶很强，质地黏重，而低洼地区进行沼泽和泥炭化过程，积累了大量有机质。

②在距今 2 500～5 000 年间，气候又转向温暖干燥。辽宁南部的阔叶林中增加了松树的成分；北京一带的沼泽地不再形成泥炭，原有的泥炭土也被淤泥掩埋；洞庭湖南岸虽然还保持着原有的阔叶林型，但耐旱草本植物增加；四川和鄂西的长江及其主要支流水位下降；内蒙古察哈尔增加了适应恶劣环境生长的麻黄和在较干燥条件下生长的松树。

据此可以推测，当时山地丘陵土壤的分化和淋溶作用减弱，氧化作用加强，而低洼地区土壤沼泽化逐渐消失，有的还形成了埋藏泥炭土。

③在距今 700～2 500 年间，北方气候又变冷变湿。对在辽宁庄河、普兰一带湖沼黑灰色的淤泥层中的古莲子进行 ^{14}C 年代测定，认为时间相当于距今 700～2 500 年间。因此，说明当时的低洼地带土壤是在冷湿气候条件下进行着沼泽化过程。

④我国距今 700 年以来，气候又逐渐变干。根据郑斯中等人的研究，认为我国东南部地区距今 1 900 年来，湿润时期短，干旱时间长，特别是近 500 年来旱灾多于水灾。黄河流域近 400 年的旱灾也比较频繁。在这个阶段我国农牧业生产有了较大的发展，这可能与近期气

候变干有一定的联系。近100年来，世界冰川开始退缩，至1930年退缩加剧，地球气候有变暖趋势。

（二）古土壤

按古土壤分布及其保留的现状，大致分为4类：

1. 埋藏古土壤　系原地形成并被埋藏于一定深度的古土壤。它一般保存较完整的剖面和一定的发生土层分异，如淋溶层、淀积层、母质层，甚至有的还保留有古腐殖质层。黄土高原地区深厚的黄土剖面内埋藏的红褐色古土壤条带，即属埋藏古土壤。

2. 裸露埋藏土　一度被埋藏于地下，后来覆盖层被侵蚀而重新裸露于地表呈残留状的土壤。各类埋藏古土壤层（古褐土、古黑垆土等）均有可能成为裸露埋藏土，并在原古土壤基础上开始了现代化成土过程，成为多元发生型土壤。

3. 残存古土壤　系原地形成但又遭受侵蚀后残存于地表的古土壤。残存古土壤原有腐殖质层或土体上半部分已被剥离掉，裸露地表的仅仅为淋溶层或淀积层以下部分。在新的成土条件下此残缺剖面又可继续发育，或在其上覆盖沉积物，形成分界面明显的埋藏型残积古土壤。北京低山丘陵区零星分布在各类岩石上的红色土，即属于残存古土壤。

4. 古土壤残余物　系古土壤经外营力搬运而重新堆积后形成，与其他物质混杂在一起。北京周口店洞穴堆积物中就有古土壤残余物。如西藏珠穆朗玛峰地区土壤普遍存在一些结构紧密、颜色较红、风化程度很深（状似红色风化物）的古土壤残留体或残留特征。它们与周围土体没有发生联系，而是新构造运动前，在低海拔和湿热条件下形成的土壤（风化物）。

三、研究方法

对埋藏古土壤层的研究，主要采用从古论今的方法，即通过比较埋葬古土壤层与现代土壤的性质，推测该古土壤层形成时的古地理、古气候的情况。当然，某些残存于地表的古土壤层，如黑垆土层、砂浆黑土的砂浆层、云南山原红壤的红壤层等，它们多数是在原古土层的基础上开始了现代的成土过程，其成土时间的自然历史继承性必须加以注意，否则，会对其成土过程得出一些不切实际的结论。比较好的研究方法是先采用地貌与第四纪地质的研究方法进行野外观察，而后采样进行年龄测定等室内分析。如北京地区的褐土，一般多在Q_3的黄土阶地上发育的。

（一）查阅搜集资料

野外调查前，要搜集和阅读调查区及邻近地区第四纪地质资料，从有关新构造运动、古气候演变、地文期沉积物排列特点等，推断调查区可能出现的古土壤类型及特征。例如，分布在北京山前倾斜平原与冲积平原之间的交接扇缘带的砂姜潮土，与一万多年前的"北京湾"湖沼有关，应属于古土壤。

（二）分析现代土壤剖面残遗的特征

古土壤和遗留特征都是表明成土过程或成土条件发生了变化的证据，研究它们对了解土壤发展历史和成土条件的变化具有实际意义。所谓遗留特征是指地球陆地表面现代土壤中存在着的与目前成土条件不相符合的一些性状。如现代河流高阶地上的土壤中发现有铁锰结核或锈纹锈斑，这是以前该河流阶地土壤未脱离地下水的作用，在氧化还原交换条件下形成的；而目前由于阶地的抬升，已不具备氧化还原交替过程的条件，这些铁锰结核或锈纹锈斑就称为现代土壤中的遗留特征。

（三）古土壤年龄量测法

1. 放射性碳法 此法简称^{14}C法，是测定最年轻的地质建造年龄的方法之一。它可测定5万～6万年内土壤的年龄。利用测定土壤年龄的原理如下式：

$$t = t_0 \ln A_0 / A_t$$

式中：t_0为^{14}C平均寿命（8 030年）；A_0为现代样品中碳的放射性比度；A_t为所测土壤样品碳放射性比度。

所谓放射性比度是指样品中同位的放射性（以μCi^*、mCi表示）与该样品中同一元素的重量（mg）之比，即土壤样品$^{14}C/(^{12}C+^{14}C)$的比值。式中A_0应是常数值，而A_t则为生物死亡后或碳酸盐沉积物形成以后的$^{14}C/(^{12}C+^{14}C)$的值。

2. 测定第四系沉积母质年龄法 从测定第四纪沉积母质的年龄中，估测其上部土层的发育时间，也是有效的测定土壤年龄的方法。用^{14}C法能测定的极限年龄仅为6万年。

第七节 人为因素调查研究

一、人类活动对土壤形成的影响

土壤形成的作用的传统看法认为是母质、气候、生物、地形和时间五种因素的相互作用，而把人类的作用简单地包括在生物因素之内，这种观点贬低了人类对土壤影响所起的作用。

人类活动在土壤形成过程中具有独特的作用，但它与其他5个成土因素有本质的区别，不能把其作为第6个因素，与其他自然因素同等对待。因为：

①人类活动对土壤的影响是有意识、有目的、定向的。在农业生产实践中，在逐渐认识土壤发生发展客观规律的基础上，利用和改造土壤、培肥土壤，它的影响可以的较快的；

②人类活动是社会性的，它受着社会制度和社会生产力的影响，在不同的社会制度和不同的生产力水平下，人类活动对土壤的影响及效果有很大的差别；

③人类活动的影响可通过改变各自然因素而起作用，并可分为有利和有害两个方面（表2-8）；

④人类活动对土壤的影响也具有两重性。利用合理，有助于土壤肥力的提高；利用不当，就破坏土壤。例如，我国不同地区的土壤退化原因主要是由于人类不合理利用土壤造成的。

---

* Ci为非法定计量单位，$1Ci = 3.7 \times 10^{10} Bq$。

表 2-8 人类影响成土因素的作用

成土因素	有利效果	有害效果
母质	1. 增加矿质肥料 2. 增积贝壳和骨骼 3. 局部增加灰分 4. 迁移过量物质如盐分 5. 施用石灰 6. 施用淤积物	1. 动植物养分通过收获取走多于收回 2. 施用对动植物有毒的物质 3. 改变土壤组成足以抑制植物生长
地形	1. 通过增加表层粗糙度、建造土地和创造结构以控制侵蚀 2. 增积物质以提高土地高度 3. 平整土地	1. 湿地开沟和开矿促其下降 2. 加速侵蚀 3. 采掘
气候	1. 因灌溉而增加水分 2. 人工降雨 3. 工业上经营者释放 CO_2 到大气中并可能使气候转暖 4. 近地面空气加热 5. 用电气或用热气管使亚表层土壤增温 6. 改变土壤表层颜色,以改变反射率 7. 排水迁移水分 8. 风的转向	1. 土壤遭受过分暴晒,扩大冰冻,迎风和紧实化等危害 2. 土壤形成中改变外观 3. 制作烟雾 4. 清除和烧毁有机植被
有机体	1. 引进和控制动植物的数量 2. 运用有机体直接或间接增加土壤中有机质,包括人粪尿 3. 通过翻犁疏松土壤以取得更多氧气 4. 休闲 5. 控制熏烧消灭致病有机体	1. 移走动植物 2. 通过燃烧、犁耕、过度放牧、收获、加速氧化作用、淋溶作用从而减少有机质含量 3. 增加或繁生致病有机体 4. 增加放射性物质
时间	1. 因增添新母质或因土壤侵蚀而局部母质裸露从而使土壤更新 2. 排水开垦土地	1. 养分从土壤和植物中加速迁移,以致土壤退化 2. 土壤居于固体填充物和水下

(据 E. M. Bridges,1982)

二、研究内容

(一)社会经济概况

包括有行政区划、人口劳力、农业机械、水利设施、产量、产值和收入等。社会经济状况可以反映出人均资源的占有量、投入产出水平以及集约化程度。

(二)土地利用结构

土地总面积、各类土地所占面积比例及变化。还需调查燃料来源,牛、羊的饲养方式,水面的利用状况和乡镇企业的发展等。

(三)农田基本建设

以兴修水利和修建山区梯田为中心的农田基本建设是人们通过工程措施改变土壤生态条件的实际行动。农田基本建设包括有打井修渠、挖沟排水、平整土地、植树造林、修建梯田和改土培肥等措施。

(四)农艺措施

实施灌溉、耕翻、中耕、施肥、间作轮种、覆膜等农艺措施,可以定向培肥土壤,达到土壤肥力与农作物产量同步提高的良性循环。但是,若不能正确的实施这些措施,不仅作物会减产,土壤的肥力也会降低。调查农艺措施时,需了解各项措施实施的时间、面积、次数、数量、方式等内容。

(五)生产问题

包括水土流失状况;土壤是否有退化趋势,如盐渍化、沙化等;作物是否有缺素症状;是否有灾害性天气,如旱、涝、风和冻等。

三、研究方法

耕地土壤是由自然土壤经过人工耕作发育而成的,在形成过程中,既受人为活动的作用,又受自然因素的制约。而人为因素主要是通过耕作和施肥两大措施,在自然因素作用的基础上,调节和改善土壤性质,建造适宜人工栽培生长发育的土壤条件。如上所述,耕地土壤熟化过程的基本特点,实质上是集中在对土壤腐殖质的合成与分解过程的调节。因此,对研究方法的设计也应当围绕这一特点来进行。

(一)土壤腐殖质形成过程的研究

在调查研究各种耕作土壤的形成和发育时,一般应注意:

1. 有机肥料的物质来源 在有机肥的来源之中,植物残株、厩肥、绿肥和堆肥占首要地位。

植物残株除茎、叶和植物其他收获残余物外,也应包括植物根系。但由于根群提取比较困难,一般只测定地上部分。不同种类的植物残株在化学组成上有相当大的变化,如一般谷物的残株和根中的含氮量0.5%;磷0.1%,钾0.5%;而豆科残余物中,一般含氮达2%～3%,磷0.5%,钾2%～2.5%。要进行全部物质的组成成分的全量分析,计算它们的全部化学组成,几乎是不可能的。在近似法的分析中,只能求出植物中最丰富的物质和最容易了解它们分解过程的那些化合物。因此,在一般情况下,也可单独测定它们施用时和施用后经过一定时期的碳氮比率的变化。

2. 土壤条件的研究 土壤条件的研究内容主要包括土壤物理性状,如水分状况,通气性,土温;土壤化学性状,如pH、碳氮比;土壤微生物区系的特点,如微生物群体组成等。

3. 土壤腐殖质特性的研究 土壤腐殖质的研究要分别采集地表上层和亚表层土样进行如下项目的分析:

①土壤腐殖质的总碳量和全氮量,并计算碳氮比;
②胡敏酸和富里酸量的测定,并计算胡敏酸/富里酸比值;
③土壤残渣中胡敏素的含碳量计算——由土壤全碳量减去胡敏酸与富里酸碳量而得;
④胡敏酸与富里酸的光学性质测定,根据二者在紫外分光光度计上的消光系数(E)检

测短波段（465nm）和长波段（665nm）部分的消光系数值，并比较 E_4/E_6 比值，检定其缩合度等。

通过这些项目的分析研究，一般能取得有机肥在不同的土壤条件下分解和合成腐殖质的数量和质量特征，以便了解施肥措施在土壤形成发育中的作用。

（二）群众经验的调查研究

我国幅员辽阔，南北有纬度的差别，东西有地形起伏的变化和距海远近的不同。因此，传统的农业经验常具有比较独特的地方性。调查研究时，必须注意区域性条件的变化，推广应用时应注意因地制宜。通常对一个地区的传统农业经验的调查总结应当包括如下 3 项内容：

1. 农民的生产经验

（1）求同法　调查出现某一现象的不同场合，然后寻找这些不同场合中共同的因素，找到了就可能是某一现象的原因。例如，每年早稻坐苗的土壤类型很多，有山垄烂泥田、坡地黄泥田和平原灰泥田等，所有这些场合，土壤性质都不一样，所处地形条件也不相同。但根据土壤速效磷的分析结果，唯一的共同因素是它们的磷素含量多在 3～5mg/kg，因而得知早稻坐苗的原因可能是土壤缺磷所引起。

（2）差异法　即使作用于两个实验组的所有其他因素保持不变，而仅仅对两组中的某一组变更某一因素，然后观察其效应。如果两组出现不同的效应，则可认为被变更的某一因素就是这不同效应的原因或部分因素。例如，在闽北有一位农民采用石膏防治黏质土中的坐苗田，他认为黏质土是冷性土，种水稻容易坐苗，只有用石膏能防治。于是在他指定的田块进行试验，其他条件不变，而只改变肥料的种类，除一小区施石膏外，另外一些小区施用硫酸铵、钙镁磷肥、过磷酸钙和尿素。结果，对照钙镁磷肥区和尿素区都发生坐苗，而其他 3 种肥料石膏、硫酸铵和过磷酸钙区却未发生坐苗现象。因此，诊断这位农民所提供的经验是一种土壤缺硫现象。这就是求异法。

（3）共变因果法　使某一现象发生一定的变化，观察另一现象是否随之发生一定的变化。如果重复试验，第二个现象恒定发生变化，则第一个现象所发生的那个变化就是第二个现象所发生的原因。例如，推广良种时，为查明它们对不同土壤的适应性，可以选择肥力差异较大的不同土壤进行对比，把土壤肥力分为高、中、低 3 级分别检查（在管理措施一致条件下），这称为共变因果法。

2. 农谚的收集　农谚是传统经验提炼的科学语言，也是流传于我国广大农村中的传统经验的提炼，其内容很丰富，有气候、耕作、施肥、土壤等方面的，都有一定的参考价值。

3. 地方志的收集　地方志是研究我国农业、历代政治、经济、文化等方面的重要资料之一，我国各地都有收藏，也是土壤调查前必读的资料。

（三）年度对比法

年度对比法指在同一地方，同一耕地上，土壤生产力（以作物年产量衡量）的年际变化，因为不同年份的气候差异，年产量是不相同的。一般应寻找两种以上的不同土壤类型在耕作措施基本一致的情况下作变化曲线的比较。

应当注意，在进行这种生产经验的调查总结，并通过试验研究使之上升为科学材料时，选取样本必须有一定数量基础，而这种数量是否可靠则是十分重要的。然而又只能根据调查研究的目的要求，采取抽样调查的方法获得材料。统计学有一个二项分布95%可靠性，由此统计出两组百分比相差显著时即为所需要的选择数。例如，在相同的地域条件和相似的耕作水平下，同一山垄或地段施用磷肥的团块有75%不坐苗，而在未施肥的情况下，只有10%的田块未出现坐苗，调查时应选择多少田块才能判断两组百分比相差是显著的。经查表可知相差显著需要15个样本（在这里为田块），两组共需30个。这样，我们得出的施用磷肥与不发生坐苗之间的结果可靠性为95%。

第八节　成土因素的综合分析

　　成土因素可概分为自然成土因素（气候、生物、母质、地形、时间）和人为活动因素。前者存在于一切土壤形成过程中，产生自然土壤；后者是在人类社会活动的范围内起作用，对自然土壤进行改造，可改变土壤的发育程度和发育方向。各种成土因素对土壤的形成作用不同，但都是相互影响，相互制约的。一种或几种成土因素的改变，会引起其他成土因素的变化。土壤形成的物质基础是母质；能量的基本来源是气候；生物的功能是物质循环和能量的转换，使无机能转变为有机能，太阳能转变为生物化学能，促进有机物质积累和土壤肥力的产生；地形和时间以及人类活动则影响土壤的形成速度和发育程度及方向。概括起来，土壤形成过程有以下几条特点：

　　①土壤形成过程的复杂的物质与能量迁移和转化的综合过程，母质与气候之间的辐射能量交换是这一综合过程的基本动力，土体内部物质和能量的迁移和转化则是土壤形成过程的实际内容；

　　②土壤形成过程是随时间进行的；

　　③土壤形成过程由一系列生物的、物理的、化学的、物理化学的基本现象构成的。它们之间的对立统一运动，导致土壤向某一方向发展，形成特定类型的土壤；

　　④土壤形成过程是在一定的地理位置、地形和地球重力场之下进行的，地理位置影响着这一过程的方向、速度和强度，地球重力场是引起物质（能量）在土体中做下垂方向移动的主要条件，地形则引起物质（能量）的水平移动。

　　由于成土条件组合的多样性，造成了成土过程的复杂性。在每一块土壤中都发生着一个以上的成土过程，其中有一个起主导作用的成土过程决定着土壤发展的大方向，其他辅助成土过程对土壤也起到不同程度的影响。各种土壤类型正是在不同成土条件组合下，通过一个主导成土过程加上其他辅助成土过程作用下形成的。不同土壤有不同的主导成土过程。成土过程的多样性形成了众多的土壤类型。

一、确定成土因素中的主导因素

　　在某一特定地区，对土壤性状发生及发展的影响，总有一个因素是主导的，而其他因素则处于从属的地位。据此，在分析问题时，要抓住主要矛盾，问题才能迎刃而解。

　　H. Jenny 对 В. Р. Вилъямс 的土壤形成过程中生物因素起主导作用的学说进行补充修正。发表了著名的论著《Factors of Soil Formation》，提出了"clorpt"公式，成为土壤形成的综合公式。H. Jenny 认为,生物主导作用并不是千篇一律的现象,不同地区、不同类型的土壤,往往有不同的成土因素占优势。他将优势因素放在函数式右侧括弧内的首位,以下列形式表示:

气候主导因素函数式:$S=f(CL, O, R, P, T, \cdots)$
生物主导因素函数式:$S=f(O, CL, R, P, T, \cdots)$
地形主导因素函数式:$S=f(R, CL, O, R, T, \cdots)$
母岩主导因素函数式:$S=f(P, CL, O, R, T, \cdots)$
时间主导因素函数式:$S=f(T, CL, O, R, P, \cdots)$

式中:S、CL、O、P、R 和 T 分别代表土壤、气候、生物、母质、地形和时间;$\cdots$代表其他成土因素。

例如,黄泛平原区的碱化土、碱土和盐土系列,主要受水文地质条件所支配,在含有不同盐分组成的情况下,便形成不同性质的盐渍土。当然,这种盐分的分异,与地形及成土母质性状也有密切的关系。而黄潮土中的沙土、二合土和淤土系列主要受水文条件所支配,由紧砂慢淤的沉积规律所形成。因此,把握住水系的分布,可大致了解土壤的种类。

再如,在山地丘陵地区,土壤发生所涉及的因素比较复杂,有些土壤类型是因地形的影响,而产生几种分异。如山地、丘岗部位,主要受地带性生物气候条件的支配而多形成地带性土壤;陡坡部分,土体侵蚀严重,土壤发育始终处于幼年状态的石质土。还有的土壤类型是受母质的制约,如发育在普通砂岩和第四纪红色黏土上的为黄红壤,发育在石灰岩上的是石灰岩土。有的土壤类型则受人为耕作影响为主,如谷地平川的水稻土。

二、分析成土因素之间的联系

土壤形成过程中任何一个成土因素对土壤的影响不是孤立的,这是因为各因素间有着发生上的联系。因此,在研究成土因素对土壤的影响时,不仅要具体地分析每个因素的作用,而且要在互相连接上分析它们的作用。这是因为:

①在某一特定区域,对土壤性状、发生以及发展的影响,总有一个因素处于主导地位,而其他的因素则处于从属地位,所以在分析成土因素对土壤的综合作用时,要抓住主要矛盾,问题才会迎刃而解。

②由于各个成土因素之间具有发生上的联系,在研究成土因素时,不仅要具体地分析各个成土因素的作用,也要在其相互联系上分析它们的作用。

③各个成土因素及土壤本身均是在不断的运动和发展的,因而不仅要研究它们的现状,还要研究它们的过去和最新的发展趋势。

例如,地表水、地下水与气候、地貌等景观因素的关系。地表水和地下潜水不仅是一定气候和地貌条件的综合反映,也是一定气候条件下区域地貌的塑造者。因此,必须将这些水体作为景观因素的组成部分来研究。半干旱与半湿润山区水系携带大量的迁移物质,当流出山口时,水速变缓,大量迁移物质沉积下来,形成洪积扇。一般扇顶物质较粗,扇缘物质较细。与此同时,大量的河水在扇顶处渗漏而成为地下潜水,在扇缘处潜水又以泉水出露变成地表水。其水量大小与降水、河水流量呈一定的相关性。因而,这些因素决定了半干旱和半湿润地区山麓地带的土壤分布规律。

三、研究各成土因素的相互作用

对区域景观中的任何一个因素来说，其他所有的因素都为它创造了或规定了起作用的条件。因而在分析任何一个因素的作用时，不能只从其作用的本身来考虑，而要考虑它起作用的条件，从各个因素的相互联系、相互制约、相互作用中去研究。

例如，应将地表水、地下水与地质构造和岩性研究结合起来。一定的水系结构和水文地质条件与其构造地质及岩性密切相关，如山体形状和排列决定水系结构，一般所谓纵向河谷、横向河谷、断层河谷、先成河、后成河等，即为例证。

地表水、地下潜水与岩性关系也极为密切。以花岗岩为基底的盆地，由于岩石渗透差，多出现丰水区。而石灰岩则相反，由于大量的溶蚀裂隙与溶洞存在，使大量地表水漏失，便成了地上和地下的枯水区。只有当地势接近于侵蚀基准面，或是遭遇不透水层（如花岗岩）时，才形成泉水涌出。

四、研究成土因素的变化对土壤类型演替的影响

区域景观中某一因素发生变化，引起其他一些因素相应的变化，从而使土壤类型依次发生演替。地形发育对土壤形成产生了深刻的影响。由于地壳的上升或下降，不仅影响土壤的侵蚀和堆积过程，同时引起水文、植被等一系列变化，其结果改变了成土的方向，形成了新的土壤类型。例如，随着河谷地形的变化，在不同地形部位形成了不同的土壤类型。河漫滩是由于地下水位较高，其上形成水成土，低阶地上形成了半水成土。高阶地成土过程不受地下水影响形成了地带性土壤。随着河谷继续发展，土壤也发生相应变化。如果河漫滩升为高阶地，河漫滩上的水成土将经过半水成土转化为地带性土壤。以此可见，在不同地形部位形成不同的土壤类型。相反，在相同的气候条件下，在同一类型和同一年龄的地形部位上，则形成相同的土壤类型。

区域景观中各因素及土壤本身都不是静止的，而是不断发生变化的。因而，不仅要研究它们的现状，还要研究它们的过去和最新的发展趋势。这样才能看清它们作用的本质，才有可能预见其未来，以便更好地进行土壤分类研究、合理开发利用和保护区域土壤资源。

思 考 题

1. 为什么要开展成土因素的研究？
2. 气候因素的研究内容和研究方法主要有哪些？
3. 地形因素的研究内容和研究方法主要有哪些？
4. 母质因素的研究内容和研究方法主要有哪些？
5. 生物因素和人为活动因素的研究内容和研究方法主要各有哪些？

第三章　土壤分类

土壤分类是土壤科学知识的系统组织和科学表达，是土壤科学水平的综合体现，是土壤调查制图的基础。同时，土壤分类也是因地制宜推广农业技术的依据，是自然资源与环境评价要素之一，是土壤信息的载体和土壤知识传播的媒介。

土壤作为一种有限的资源，对地球上多种生命形式的生息繁衍至关重要。随着人口的增长和社会对自然资源需求的增加，土壤科学在农业可持续发展、自然资源的可持续开发利用、全球环境保护方面发挥着越来越重要的作用，而许多复杂土壤问题的解决都有赖于正确认识和区分土壤。因此，在成土因素研究的基础上，深入研究土壤分类在地球科学中既是一个重大的理论问题也是一个重要的实际问题。

土壤分类是一个不断完善的过程，从目前世界上土壤分类来看，主要趋势是以诊断层和诊断特征为基础，走定量化、标准化和统一化的途径，建立一个能被各国土壤学家广泛接受的国际统一的土壤分类方案。

第一节　土壤分类概述

一、土壤分类的基本概念

土壤分类（soil classification）是基于土壤发生学原理，联系土壤的个体发育和土壤系统发育，在不同层次上依据土壤性质和特征，将有共性的土壤个体进行科学划分，建立起的一个符合逻辑的多级系统。

土壤鉴定是指借助已有的土壤分类系统去命名土壤。土壤命名包括土壤命名的制度和方法，以及各种命名规则的建立、解释和应用。

土壤分类单元是指在所选用的作为土壤分类标准的土壤性质上相似的一组土壤个体，并且依据这些性质区别其他土壤个体。

单个土体（pedon）是美国土壤学家 R. W. Simonson 等（1960）提出的概念。单个土体像一个晶体中的晶胞，具有三维空间，是土壤这个空间连续体在地球表层分布的最小体积。土壤剖面的立体化就构成了单个土体，其延伸范围应大到足以研究任何土层的本质，在其范围内，土壤剖面的发生层次是连续的、均一的，单个土体的水平面积一般为 $1\sim10m^2$。单个土体是能够对土壤进行观察描述、采样分析，并据以鉴定土体构型和特性变异的最小单位。土壤分类也就是在分析单个土体的物质组成、结构、土壤剖面、土层形态特征及其定量化的基础上，划分的土壤类型。

聚合土体（polypedon）是 Simonson 于 1962 年提出的概念，即在空间上相邻、土壤物质组成和形态特征相近的多个单个土体便构成了聚合土体。单个土体和聚合土体就像一棵树和一片森林之间的关系。聚合土体是土壤最小的分类单元。

土壤个体（soil individual）与聚合土体同义，是在自然景观中以其位置、大小、坡度、剖面形态、基本属性和具有一定其他外观特征的三维实体，包括多于一个单个土体的原状土壤体积。它是由在一定面积内一群具有统计相似性的单个土体构成的，是我们进行土壤分类的基层单位，如土种或土系。在自然景观中相当于一个景观单位。

发生层（soil genetic horizon，soil horizon）是指在土壤的发生与发育过程中，由特定成土作用形成的具有发生学特征的土壤层次，是进行土壤分类和判断的重要依据。

土壤诊断层是用于识别土壤分类单元，在性质上有一系列定量说明的土层。从而有别于传统意义上的只有定性说明的发生土层，主要用于高级分类单元的划分。

诊断特征是指具有定量说明的土壤特性。

二、土壤分类的依据、逻辑方法和目的意义

（一）土壤分类的依据

土壤是覆盖于地球表面的一种连续的自然体，土壤圈与大气圈、水圈、岩石圈、生物圈各圈层之间进行物质和能量的交换。土壤圈是由无数土壤个体或者聚合土体所构成的。土壤圈中土壤个体的多样性，是在不同的成土因素综合影响和作用下，处于不同发育阶段的土壤所构成的。土壤特征是成土因素综合作用的产物，也是在土壤野外调查、实验室分析过程中能够直接定量化测量的。因此，土壤发生学是指导土壤分类的理论基础。土壤外部形态（土体构型）和内部性质是土壤分类的主要依据。

（二）土壤分类的逻辑方法

土壤分类的最终目标，就是依据土壤发生学理论构建一个具有严密逻辑的、多等级的谱系式分类系统。

从逻辑方法上讲，同其他分类一样，土壤分类必须遵守基本逻辑规则。逻辑规则一，划分的各个子项应当互不相容。即每个分类级别中的各土壤类型必须互相独立，互不混淆。逻辑规则二，各子项之和必须穷尽母项。即每个分类单元级别必须包括该级的所有土壤。逻辑规则三，在同一级中，每次划分必须按同一标准进行在多级分类的连续划分，各级分类所用的标准可以不同。即各级分类单元的定义要首尾一致。土壤分类遵守这3条逻辑规则，才具有明确性、无矛盾性、一贯性的特点。

土壤分类采用多级分类体制，较高级的分类等级对较低级的分类等级的土壤单元进行归纳和概括。土壤个体之间存在着许多共性，同时它们之间也存在着相当大的差异。对土壤主要特征（指标）进行比较、归纳，按照土壤个体的相似程度逐级区分，形成分类等级（category），从低级单元到高级单元土壤性质差别变大。各分类等级构成了纵向的对比关系，同一分类等级的分类单元则构成了横向的对比关系。一个土壤类型就是作为分类标准的土壤性质相似的一组土壤个体，并且依据这些性质区别于其他土壤类型。因此，每一个土壤都可在该体系中有一个位置，而且只有一个位置。

（三）土壤分类的目的意义

土壤的分类的目的是根据土壤自身的发生发展规律，系统地认识土壤。土壤分类系统是

人们对土壤认识的高度归纳和概括,因而成为土壤调查制图、土壤资源评价和土壤利用改良的重要依据,是实现土壤资源现代化管理的工具。

土壤的发生、发育和演变过程,既是自然界物质循环和能量转换过程的组成部分,又是人类生存环境变化的具体反映。土壤学与环境科学、地学、生物学及农学等的关系至为密切,并与这些学科交叉发展。因此,反映土壤发生、发育和演变实质的土壤分类不仅成为相关学科的科学基础,也是不同学科进行交叉、渗透研究的重要媒介。

土壤分类是因地制宜地利用土壤,因土施肥、因土种植和因土改良,是发挥土地生产潜力的基础;也是进行土地评价、土地利用规划、农业技术推广的重要依据。

土壤分类为土壤信息的储存、检索和交流提供了网络系统,是进行国际土壤科学交流的信息载体,为土壤信息科学的发展带来了生机。

由此可见,土壤分类无论在推动土壤科学和相关学科的发展,还是在推动生产实践、土壤资源的持续利用和生态环境保护等方面,都占据着重要的作用。

三、中国土壤分类的现状

中国土壤分类的历史虽然最早,但系统的研究却比西方国家晚了近半个世纪。中国土壤分类从古至今可分为4个时期:古代朴素的土壤分类;早期马伯特(Marbut)分类;以成土因素学说为指导的近代土壤发生学分类;以诊断层和诊断特性为基础的定量化的现代土壤系统分类。这是一个土壤分类随着现代科学不断发展的过程,也是国际土壤分类发展的趋势。

当前我国土壤分类体系处于发生分类和系统分类并存的阶段,而且因为目前缺少大范围的基于土壤系统分类的土壤图和土壤数据库,大部分的相关研究和生产应用还是采用土壤发生分类系统。

第二节 中国土壤发生分类

我国于1954年通过引进前苏联的地理发生分类,以此为基础提出了中国土壤发生分类,并于1978年建立了一个统一的较为完整的分类体系"中国土壤分类暂行草案",在全国第二次土壤普查中得到检验和广泛应用。并于1998年完善成为六级分类系统,即土纲、亚纲、土类、亚类、土属和土种,这个系统包含了12个土纲、29个亚纲、61个土类和231个亚类,其中土类和亚类名称是我国土壤学家最为熟悉的,也是最为常用的土壤名称。

土壤发生分类是以发生学理论为基础的分类,在对土壤鉴别、分类时,首先强调土壤的发生学关系,即以主要的成土过程定土类,以附加的次要过程定亚类。

发生学分类在我国现在仍被广泛应用,这是由于发生学分类系统已应用了几十年,并且经过第二次全国土壤普查之后,被大多数土壤科学工作者和农业工作者所熟知,并积累了大量的土壤剖面描述和分析数据信息。发生学分类对成土环境条件强调较多,因此应用时凭借肉眼可见的地形、植被以及所了解的气候等宏观因素即可对土壤类型的归属作出判断。加上其分类名称有一部分来自群众,从而本身便具有一定的群众基础。

一、中国土壤发生分类的分类思想

中国土壤发生分类源于俄国 B. B. 道库恰耶夫的土壤发生分类思想，其分类指导思想的核心是：土壤的形态、物理化学以及其他的特性，是土壤分类的基础，应当从土壤的本质和起源的观点研究土壤属性。每一个土壤类型都是在各成土因素的综合作用下，由特定的主要成土过程所产生。因此，在分析每一个土壤剖面时，要广泛地研究三个环节构成的一系列现象，即土壤属性、成土过程和成土因素，即将土壤属性和成土条件以及由前两者推论的成土过程联系起来。所以在鉴别土壤和分类时，强调地理宏观控制的原则。即首先了解调查区的自然条件，其中包括气候、地形等因素，根据土壤地理的原则可以大致推知该区可能看到的土壤类型以及它们的地形分异和地形组合关系，因而就可进一步推知在不同地形部位上可能遇到的土壤类型。

二、中国土壤发生分类高级分类单元

中国土壤发生分类体系的分类单元从上至下采用土纲、亚纲、土类、亚类、土属、土种和变种 7 级分类单元，其中土纲、亚纲、土类、亚类属高级分类单元，土属和土种为基层分类的基本单元，以土类、土种最为重要。

该分类体系的高级分类单元主要反映土壤发生学上质的分异。土壤的地带性空间分布规律，用以指导小比例尺的土壤调查与制图，反映土壤合理利用、土壤改良、土地规划与管理和农业发展方向与途径。

（一）土纲

土纲为最高级土壤分类级别，是土壤重大属性的差异和土类属性共性的归纳和概括，反映了土壤不同发育阶段中，土壤物质移动累积所引起的重大属性的差异。如铁铝土纲，是在湿热条件下，在脱硅富铁铝化过程中产生的以 1:1 型高岭石和三氧化物、二氧化物为主的黏土矿物的一类土壤。把具有这一特性的土壤（砖红壤、赤红壤、红壤和黄壤等）归结在一起成为一个土纲。该分类系统将中国土壤共划分为铁铝土、淋溶土、半淋溶土、钙层土、干旱土、漠土、初育土、半水成土、水成土、盐碱土、人为土和高山土 12 个土纲。

（二）亚纲

在同一土纲中，根据土壤形成的水热条件和岩性及盐碱的重大差异来划分出不同的亚纲。一般地带性土纲可按水热条件来划分。如淋溶土纲分成湿暖淋溶土亚纲、湿暖温淋溶土亚纲、湿温淋溶土亚纲、湿寒温淋溶土亚纲，它们之间的差别在于热量条件；钙层土纲中的半湿温钙层土亚纲和半干温钙层土亚纲，它们之间的差别在于水分条件。盐碱土纲分为盐土和碱土两个亚纲，主要依据两者在土壤属性上的重大差别。而初育土纲可按其岩性特征进一步划分为土质初育土和石质初育土亚纲。该分类系统将 12 个土纲细分为 29 个亚纲。

（三）土类

土类是高级分类的基本单元。在土类的划分过程中，强调成土条件、成土过程和土壤属性的三者统一和综合。同一土类的土壤，成土条件、主导成土过程和主要土壤属性相同。如砖红壤代表在热带雨林季雨林条件下，经历高度的化学风化过程，富含游离铁、铝的强酸性土壤。每一个土类均要求：①具有一定的特征土层或组合，如黑钙土它不仅具有腐殖质表层，而且具有 $CaCO_3$ 积累的心土层；②具有一定的生态条件和地理分布区域；③具有一定的成土过程和物质迁移的地球化学规律；④具有一定的理化属性和肥力特征及改良利用方向。该分类系统将 29 个亚纲续分为 61 个土类。

（四）亚类

亚类是土类的进一步续分，反映主导成土过程以外，还有其他附加的成土过程。一个土类中有代表它典型特性的典型亚类，即它是在定义土类的特定成土条件和主导成土过程作用下产生的；也有表示一个土类向另一个土类过渡的亚类，它是根据主导成土过程之外的附加成土过程来划分的。如黑土土类，其主导成土过程是腐殖质累积过程，由此主导成土过程所产生的典型亚类为普通黑土；而当地势平坦，地下水参与成土过程，则在心底土中形成锈纹锈斑或铁锰结核，它是潴育化过程，但这是附加的成土过程，根据它划分出来的草甸黑土就是黑土向草甸土过渡的一个亚类。该分类系统将 61 个土类续分为 231 个亚类。

三、中国土壤发生分类基层分类单元

基层分类单元划分则反映土壤形成过程的量的和地区性的差异，是土壤高级分类的基础和支撑，它能提供给土地使用者尽可能多的信息，是用来指导大、中比例尺土壤调查和制图，以及为土壤合理利用、改良和土地整理的具体措施服务。

（一）土属

土属是具有承上启下意义的土壤分类单元，是基层分类的土种与高级分类的土类之间的重要"接口"。土属主要根据母质类型、岩性和区域水分条件等地方性因素来划分的。如棕壤亚类根据成土母质的差异分为麻砂质棕壤（花岗片麻岩发育的）、硅质棕壤（石英砂岩发育的）、砂泥质棕壤（砂页岩发育的）、灰泥质棕壤（碳酸岩发育的）、黄土质棕壤（Q_3 马兰黄土发育的）、红黄土质棕壤（Q_2、Q_1 红黄土发育的）等土属。盐土可根据盐分类型划分为硫酸盐盐土、硫酸盐—氯化物盐土、氯化物盐土、氯化物—硫酸盐盐土等。

（二）土种

土种是土壤分类的基层单元。主要反映了土属范围内量的差异，而不是质的差别。

1. 土种划分的原则与依据　土种是土壤基层分类的基本单元。它处于一定的景观部位，是具有相似土体构型的一群土壤。

同一土种要求：①景观特征、地形部位、水热条件相同；②母质类型相同；③土体构型（包括厚度、层位、形态特征）一致；④生产性和生产潜力相似，而且具有一定的稳定性，在短期内不会改变。

土种如山地土壤可根据土层厚度、砾石含量划分土种。盐化土壤可根据盐分含量及缺苗程度来划分土种。冲积平原土壤，如潮土可根据土壤剖面的质地层次变化来划分土种。

2. 指标体系 我国土壤类型众多，有自成型土壤与非自成型土壤，土种划分的属性依据不尽相同，受地域性因素的影响，即使是同一属性依据，量级指标也不一样。如盐土的盐化度指标，内陆盐土与滨海盐土差异就很大。土种划分的主要指标是：

（1）土体厚度 丘陵山地土壤按土体厚度分为薄层<30cm，中层30~60cm，厚层>60cm（热带、亚热带的为<40cm、40~80cm和>80cm）。平原冲积土壤以1m土体为对象分为上位0~30cm，中位30~60cm，下位60~100cm。淤灌土壤按覆淤层厚度分为薄淤层<20cm，厚淤层20~50cm，并按淤土层下部土壤命名土种，如淤土层>50cm的土壤，属灌淤土。

（2）有机质层厚度与丰度 薄层<20cm，中层20~40cm，厚层>40cm；丰度因土类而异。

（3）砾质度 按土体中>2mm的石砾含量（体积百分比）分为轻砾质<15%，重砾质15%~50%，粗骨土>50%。

（4）特征土层的部位 按土体中特征土层出现部位不同，划分为不同土种。如白浆土的白浆层出现在30cm以内的是上位白浆土，30cm以下的为下位白浆土；钙积层、淀积层、黏盘层、潜育层和腐泥层等出现在50cm以上的为上位，50cm以下的为下位。

（5）特殊土层 例如，贝壳层、砂姜层、砂砾层、铁子铁盘层、埋藏层等，视其出现部位的差异，划分为不同土种。

（6）土壤酸碱度 pH<5.5为酸性，pH5.5~6.5为微酸性，pH6.6~7.5为中性，pH7.6~8.5为微碱性，pH>8.5为碱性（四川省将紫色土中pH>8.5的土壤称为石灰性）。

（7）土体质地及构型 按土体质地差异划分不同土种，土壤质地按国际制分为砂土类、壤土类、黏壤土类和黏土类4级，平原冲积母质上的土壤按1m土体质地层次排列可划分为均质型、夹层型、身型和底型4种构型。均质型指1m土体为同一质地类型；夹层型指土体30~50cm处夹有>20cm厚的另一质地类型；身型指30~100cm为另一质地类型；底型指60cm以下为另一质地类型。

（8）特征土层的发育度 以特征土层的发生学形态特征及其属性指标划分不同土种，各土类的特征土层不同，划分土种的指标也不一样。如潴育性水稻土按潴育层的发育强度划分土种，自成型土类按B层发育特点划分土种。

（9）盐渍度 盐渍度因地区不同差异很大。

①半湿润地区按地表20cm土层的盐分含量百分比划分。

a. 以氯化物为主的盐渍土壤 $Cl^- + SO_4^{2-} > CO_3^{2-} + HCO_3^-$，$Cl^- > SO_4^{2-}$。轻盐化0.2%~0.4%，中盐化0.4%~0.6%，重盐化0.6%~1.0%，氯化物盐土>1.0%。

b. 以硫酸盐为主的盐渍土壤 $SO_4^{2-} + Cl^- > CO_3^{2-} + HCO_3^-$，$SO_4^{2-} > Cl^-$。轻盐化0.3%~0.5%，中盐化0.5%~0.7%，重盐化0.7%~1.2%，硫酸盐盐土>1.2%。

c. 以苏打为主的盐渍土壤 $CO_3^{2-} + HCO_3^- > Cl^- + SO_4^{2-}$。轻盐化0.1%~0.3%，中盐化

0.3%～0.5%，重盐化 0.5%～0.7%，苏打盐土＞0.7%。

②滨海地区按 1m 土体盐分含量百分比划分：轻盐化 0.1%～0.2%，中盐化 0.2%～0.4%，重盐化 0.4%～0.6%，滨海盐土＞0.6%。

③干旱地区按 0～30cm 土体的盐分含量百分比划分。

a. 以硫酸盐—氯化物为主的盐渍土壤，轻盐化 0.7%～0.9%，中盐化 0.9%～1.3%，重盐化 1.3%～1.6%，硫酸盐—氯化物盐土＞1.6%。

b. 以氯化物—硫酸盐为主的盐渍土壤，轻盐化 0.7%～1.0%，中盐化 1.0%～1.5%，重盐化 1.5%～2.0%，氯化物—硫酸盐盐土＞2.0%。

c. 以苏打为主的盐渍土壤，轻盐化 0.35%～0.50%，中盐化 0.50%～0.65%，重盐化 0.65%～0.85%，苏打盐土＞0.85%。

(10) 碱化度 按土壤交换性钠占阳离子交换量百分比划分不同土种。弱碱化 5%～15%，中碱化 15%～30%，强碱化 30%～45%，碱土＞45%。碱土又按碱化层的部位划分为：浅位 0～7cm，中位 7～15cm，深位 15cm 以下。

(三) 变种（或亚种）

变种是土种的辅助分类单元，是根据土种范围内由于耕层或表层性状的差异进行划分的。如根据表层耕性、质地、有机质含量和耕作层厚度等进行划分。变种经过一定时间的耕作可以改变，但同一土种内各变种的剖面构型一致。

四、命名方法

土壤发生分类体系采用连续命名与分段命名相结合的方法。土纲和亚纲为一段，以土纲名称为基本词根，加形容词或副词前缀，构成亚纲名称，即亚纲名称是连续命名，如淋溶土纲中的湿暖淋溶土亚纲名称，即是由土纲和亚纲连续命名构成。土类和亚类又成一段，以土类名称为基本词根，加形容词或副词前缀，构成亚类名称，如淋溶褐土、石灰性褐土、潮褐土。而土属名称不能自成一段，多与土类、亚类连用，如黄土状石灰性褐土是典型的连续命名法。土种和变种也不能自成一段，必须与土类、亚类、土属连用，如黏壤质（变种）厚层黄土性草甸黑土，但各地命名方法情况有所差别。

第三节 中国土壤系统分类

在中国科学院南京土壤研究所等有关科研单位和高等院校共同合作研究下，1991 年提出了《中国土壤系统分类（首次方案）》，1995 年提出了《中国土壤系统分类（修订方案）》，于 1999 年出版了《中国土壤系统分类—理论、方法、实践》一书，对该项研究做了系统总结。2001 年提出了《中国土壤系统分类》（第 3 版），该分类方案在国内外都产生了重要影响。

中国土壤系统分类研究吸取了美国等国家土壤分类的先进经验，以诊断层和诊断特性为基础，定量化为特点，以发生学原理为指导，在确定诊断层、诊断特性、分类的原则和系统命名方面都尽量吸收和借鉴国际经验，结合我国实际，具有鲜明的特色。

一、诊断层和诊断特性

中国土壤系统分类是以诊断层（diagnostic horizon）和诊断特性（diagnostic characteristic）为基础的系统化、定量化土壤分类。因此，就必须首先研究和建立一系列诊断层和诊断特性作为鉴别土壤、进行分类的依据。《中国土壤系统分类》共设了 11 个诊断表层，20 个诊断表下层，2 个其他诊断层和 25 个诊断特性。

（一）诊断层

诊断层就是用于鉴别土壤类别（taxon）、在性质上有一系列定量化规定的特定土层。土壤诊断层和发生层两者是密切相关而又相互平行的体系，土壤诊断层可谓是土壤发生层的定量化和指标化。有许多土壤诊断层与发生层相当并同名，如盐积层、石膏层、钙积层、盐磐和黏磐等；有的诊断层相对于某一发生层，但名称不同，如雏形层相当于风化 B 层；有的诊断层则是两个发生层归并而成，如水耕表层为水耕耕作层与犁底层之和；干旱表层一般包括孔隙结皮层和片状层。按其有机碳含量、盐基状况和土层厚薄等定量规定可分为暗沃表层、暗瘠表层和淡薄表层。

按诊断层在土壤剖面或单个土体中出现的部位，可细分为诊断表层和诊断表下层。

1. 诊断表层　诊断表层（diagnostic surface horizon）是指位于单个土体最上部的诊断层。在中国土壤系统分类中共设置 11 个诊断表层，可归纳为 4 大类：①有机物质表层类（有机表层、草垫表层）；②腐殖质表层类（暗沃表层、暗瘠表层、淡薄表层）；③人为表层类（灌淤表层、堆垫表层、肥熟表层和水耕表层）；④结皮表层（干旱表层、盐结壳）。

2. 诊断表下层　诊断表下层（diagnostic subsurface horizon）是在土壤表层之下，由物质的淋溶、迁移、淀积或就地富集等作用所形成的具有诊断意义的土层，包括发生层中的 B 层和 E 层。在土壤遭受严重侵蚀的情况下，可裸露于地表。中国土壤系统分类共设置了 20 个诊断表下层，为漂白层、舌状层、雏形层、铁铝层、低活性富铁层、聚铁网纹层、灰化淀积层、耕作淀积层、水耕氧化还原层、黏化层、黏盘、碱积层、超盐积层、盐盘、石膏层、超石膏层、钙积层、超钙积层、钙盘和磷盘。

还有其他诊断层包括盐积层和含硫层。

（二）诊断特性

诊断特性是用于鉴别土壤类别具有定量规定的土壤性质（形态的、物理的和化学的性质）。它与诊断土层的不同在于并非一定为某土层所有，诊断特性则是可出现于单个土体的任何部位，常是泛土层的或非土层的。非土层的诊断特性如土壤水分状况和土壤温度状况等。

中国土壤系统分类共设置 25 个诊断特性。这些诊断特性包括有机土壤物质、岩性特征、石质接触面、准石质接触面、人为淤积物质、变性物质、人为扰动层次、土壤水分状况、潜育特征、氧化还原特征、土壤温度状况、永冻层次、冻融特征、n 值（田间条件下含水量与无机黏粒和有机质之间的关系）、均腐殖质特性、腐殖质特性、火山灰特性、铁质特性、富铝特性、铝质特性、富磷特性、钠质特性、石灰性、盐基饱和度和硫化物物质。

另外，中国土壤系统分类中还把在性质上已发生明显变化，但尚未达到诊断层或诊断特性规定指标，但在土壤分类上具有重要意义，即足以作为划分土壤类别依据的称为诊断现象（主要用于亚类一级）。目前已建立的诊断现象有有机现象、草毡现象、灌淤现象、堆垫现象、肥熟现象、水耕现象、舌状现象、聚铁网纹现象、灰化淀积现象、耕作淀积现象、水耕氧化还原现象、碱积现象、石膏现象、钙积现象、盐积现象、变性现象、潜育现象、富磷现象、钠质现象和铝质现象共 20 个。

二、中国土壤系统分类高级分类单元

中国土壤系统分类依据单个土体本身所具有的诊断层和诊断特性进行土壤类别的鉴定，通常以给定深度范围内的垂直切面为控制层段（control section），其目的为土壤分类系统提供一个相同的基础。

1. 矿质土的控制层段　一般从矿质土表层到 C 层或 ⅡC 层上部界限以下 25cm，或最大到地表以下 200cm 深处。若从矿质土表到 C 层或 ⅡC 层上界的深度＜75cm，则控制层段可延伸到 1m；若基岩出现深度＜1m，则控制层段可延伸到石质接触面。

2. 有机土的控制层段　一般自土表向下到 160cm，或到石质接触面。有机土控制层段可细分为三个层，即表层（从土表向下到 60cm 或 30cm 深处）、表下层（通常厚 60cm 或出现石质接触面、水层或永冻层时则止于较浅深度）和底层（厚 40cm 或出现石质接触面、水层或永冻层时止于较浅处）。

中国土壤系统分类为多级分类制，共 6 级，即土纲、亚纲、土类、亚类、土族和土系。前 4 级为较高分类级别，主要供中、小尺度比例尺土壤调查与制图确定制图单元用；后两级为基层分类级别，主要供大比例尺土壤图确定制图单元用。

（一）土纲

土纲（soil order）为最高土壤分类级别，根据主要成土过程产生的性质或影响主要成土过程的性质划分。根据主要成土过程产生的性质划分的有：有机土、人为土、灰土、干旱土、盐成土、均腐土、铁铝土、变性土、富铁土、淋溶土和雏形土；根据影响主要成土过程的性质，如土壤水分状况、母质性质划分的有：潜育土、火山灰土以及无明显发育的新成土。

（二）亚纲

亚纲（soil suborder）是土纲的辅助级别，主要根据影响现代成土过程的控制因素所反映的性质（如水分状况、温度状况和岩性特征）划分。如人为土纲中按水分状况划分为水耕人为土和旱耕人为土；干旱土纲中按温度状况划分为寒性干旱土和正常（温暖）干旱土；新成土纲中按岩性特征划分为砂质新成土、冲积新成土和正常新成土。此外，个别土纲由于影响现代成土过程的控制因素差异不大，所以直接按主要成土过程发生阶段所表现的性质划分。如灰土纲中的腐殖灰土和正常灰土。

（三）土类

土类（soil group）是亚纲的续分。土类类别多根据反映主要成土过程强度或次要成土过程或次要控制因素的表现性质划分。根据主要成土过程表现性质划分的有反映泥炭化过程强度的高腐正常有机土、半腐正常有机土和纤维正常有机土土类；根据次要成土过程表现性质划分，如正常干旱土中根据钙化、石膏化、盐化、黏化、土内风化等次要过程划分为钙积正常干旱土、石膏正常干旱土、盐积正常干旱土、黏化正常干旱土和简育正常干旱土等土类；根据次要控制因素的表现性质划分，如反映母质岩性特征的钙质干润淋溶土、钙质湿润富铁土等，反映气候控制因素的寒冻冲积新成土，干旱、干润和湿润冲积新成土等。

（四）亚类

亚类（soil subgroup）是土类划分的辅助级别，主要根据偏离中心概念的程度，是否具有附加过程的特性和是否具有母质残留的特性划分。代表中心概念的亚类为普通亚类，依据具有附加成土过程特性的亚类为过渡性亚类，如灰化、漂白、黏化、龟裂、潜育、斑纹、表蚀、耕淀、堆垫和肥熟等；依据具有母质残留特性的亚类为继承性亚类，如石灰性、酸性、含硫等。

三、中国土壤系统分类基层分类单元

中国土壤系统分类中的基层分类单元包括土族（soil family）和土系（soil series）。

（一）土族

土族（soil family）是土壤系统分类的基层分类单元。它是在亚类的范围内，主要反映与土壤利用管理有关的土壤理化性质发生明显分异的续分单元。同一亚类的土族划分是地域性（或地区性）成土因素引起土壤性质变化在不同地理区域的具体体现。不同类别的土类划分土族所依据的指标各异。供土族分类选用的主要指标是剖面控制层段的土壤颗粒大小级别，不同颗粒级别的土壤矿物组成类型，土壤温度状况，土壤酸碱性、盐碱特性、污染特性以及人为活动赋予的其他特性等。

（二）土系

土系（soil series）是客观存在的土壤实体，它有特定的地理分布、形成条件和特征特性，向上可以与高一级土壤分类单元衔接，向下直接与生产应用相结合，是理论与实践之间的桥梁。

1. 土系的定义 土系是最低级别的基层分类单元，它发育在相同母质上，由若干剖面形态特征相似的单个土体组成的聚合土体所构成，其性状的变异范围较窄，在分类上更具直观性和客观性。同一土系的土壤成土母质、所处地形部位及水热状况均相似，在一定剖面深度内，土壤的特征土层的种类、形态、排列层序和层位以及土壤生产利用的适宜性能大体一致。

2. 土系的划分原则 土系是系统分类中的基层单元，该分类以诊断层和诊断特性为基础，强调土壤属性是主要依据，土系按所属高级单元的分异特性来划分，土系的鉴别及特性指标限于在土族及其以上分类单元的特性指标范围内，而且土系的鉴别特性是土层排列中最普通和易于观察的，具有自然客体特征。

用于土系鉴别特征的土壤性质是土壤最普通的性质，如深度、厚度等。同时是易于被观察的，或从其他土壤性质或环境、植被能合理推知的。最常用的鉴别指标包括用于鉴别的高级分类单元的诊断层、诊断特性的存在与否、深度、厚度和表现程度，以及质地、矿物学特征、土壤水分、土壤温度和有机质含量等。土系鉴别特征，其变化范围（同土族内土系间的差别）要明显大于一般实验室正常测定、野外观察或估计所可能产生的误差。

如第四纪红色黏土发育的富铁土，由于所处地形，或受侵蚀及植被状况的影响，其剖面的不同特征土层如低活性富铁层、聚铁网纹层、铁锰胶膜斑淀层以及泥砾红色黏土层等的层位高低和厚薄不一，土壤性状均有明显差异，按土系分类的标准，可分别划分相应的土系单元。又如，由冲积母质发育的雏形土或新成土，由于所处地形、距河流远近以及受水流大小的影响，其剖面中不同性状沉积物的质地特征土层的层位高低和厚薄不一，同样按土系分类依据的标准，分别划分出相应的土系等。

土系是建立在单个土体的基础上，通过一个小体积的土壤来研究，足以反映控制层段内土层种类、排列和形状，以及侧面上的起伏变化等性状，并与微域生境条件一致，能客观反映土壤性状及其演变规律，具有真正土壤实体概念。

3. 土系的划分方法

（1）土系控制层段的设定　土系的控制层段是自土表向下至石质或准石质接触面，或由地表向下至100cm或150cm深处，或诊断表下层的下部边界及至稳定水层等，以影响土壤利用的土族性状的内在差异为出发点，可视具体土壤而定。

（2）土系划分的常用指标　常常根据所研究的土壤分布区域、自然地理、环境条件，尤其是分布的地貌地形部位与排水状况，观察土壤在特性上的差异，从而鉴别土系。

在此条件下，进一步考虑的土壤特性可包括：在土系控制层段内一些部位的质地，在限定深度或其上的碳酸盐含量，表土层厚度，石质和准石质接触面等的出现深度，土壤水分差异，土壤诊断层、诊断特性的差异，土壤温度差异，土壤矿物组成、颜色指标，土系控制层段内的土坡反应，土壤剖面构型、养分、孔隙度、障碍层次等。

这些性质之间有的具有很好的相关性。因此，在众多的土壤性质中选择和确定具有代表性的主导性质来划分土系，以求用最少的变量最充分地反映土壤质量的差异。

四、命名原则和检索方法

《中国土壤系统分类》采用分段连续命名。即土纲、亚纲、土类、亚类为一段。在此基础上加上颗粒大小级别、矿物组成、土壤温度状况等，构成土族名称，而其下的土系则另列一段，单独命名。名称结构以土纲名称为基础，其前叠加反映亚纲、土类和亚类性质的术语，以分别构成亚纲、土类和亚类的名称。性质术语尽量限制为2个汉字，这样土纲名称一般为3个汉字，亚纲为5个汉字，土类为7个汉字，亚类为9个汉字。如斑纹简育湿润淋溶土（亚类），属于淋溶土（土纲）、湿润淋溶土（亚纲）、简育湿润淋溶土（土类）。如为复合亚类，在两个亚类形容词之间加连接号"—"，如石膏—盐盘盐积正常干旱土。

土纲的名称均为世界上常用的名称。命名中亚纲、土类和亚类一级中有代表性的类型，分别称为正常、简育和普通加以区别。"简育"指构成这一土类应具备的最起码的诊断层和诊断特性，而无其他附加过程。土族命名可采用亚类名称前以土族主要分异特性连续命名，如石灰淡色潮湿雏形土（亚类），其土族可分别命名为黏质蒙脱温性石灰淡色潮湿雏形土，黏质蒙脱混合型温性石灰淡色潮湿雏形土，壤质水云母型温性石灰淡色潮湿雏形土等等。土系命名可选用该土系代表性剖面（单个土体）点位或首次描述该土系的所在地的标准地名直接定名，或以地名加上控制土层的优势质地定名。对某些具有识别性特征土层的土系，可用地名加上主要土体构型定名。

中国土壤系统分类也是一个检索分类，各级类别是通过有诊断层和诊断特性的检索系统确定的。使用者如能按照检索顺序，自上而下逐一排除那些不能符合某种土壤要求的类别，就能找出它的正确分类位置。

根据以下原则制定土壤检索顺序：

①最先检出有独特鉴别性质的土壤；

②若某种土壤的次要鉴别性质与另一种土壤的主要鉴别性质相同，则先检出前一种土壤，以便根据它们的主要鉴别性质把两者分开；

③若两种或更多土壤的主要鉴别性质相同，则按主要鉴别性质的发生强度或对农业生产的限制程度进行检索；

④土纲类别的检索应严格依照本方案规定的顺序进行，否则可导致错误结果；

⑤各土类下属的普通亚类中在资料充分的情况下尚可从中细分出更多的亚类。

第四节 国际上主要土壤分类体系

随着科学的进步，土壤分类也在迅速发展。目前国际上土壤分类主要有美国土壤系统分类（ST）和世界土壤资源参比基础（WRB）等。从目前世界土壤分类来看，其主要趋势是以诊断层和诊断特性为基础的，走定量化、标准化和统一化的途径。

一、美国土壤系统分类

美国土壤系统分类（Soil Taxonomy）是当前世界上比较通行的一种土壤分类系统。它于20世纪60年代兴起，70年代在世界上传播，以定量化为特点，其影响正日益扩大。从1983年起，美国土壤调查局每隔一定时间出版一部《土壤系统分类检索》，以反映美国土壤分类的最新进展。至今在世界上已有80多个国家将这一分类作为本国的第一或第二分类。

美国《土壤系统分类》遵循发生学思想，在定义诊断层和诊断特性时力求将有着共同发生特性的土壤归集到一起。但又认为，成土过程是看不见摸不着的，土壤性质也不一定与现代的环境成土条件完全相符（如古土壤遗迹），若以成土条件和成土过程来分类土壤必然会存在着不确定性，而只有以土壤性状为分类标准，才会建立起共同鉴别确认的依据。因此，在实际应用诊断层和诊断特征时要以土壤性状本身为根据。

美国土壤系统分类的另一指导思想是，分类标准必须定量化，以求在不同的分类之间有共同的比较基础。

（一）诊断层和诊断特性

1999年出版的《土壤系统分类》（第二版）中共定义了8个诊断表层和20个诊断表

下层。

所谓诊断层是土壤剖面中,在土壤性质上有定量说明的一段土层,用于识别土壤高级分类单元。如淀积黏化层（argillic horizon）的规定,当上覆淋溶层的黏粒含量<15%时,淀积黏化层的黏粒至少比上覆淋溶层的黏粒含量多3%;当上覆淋溶层的黏粒含量为15%~40%时,它至少为上覆淋溶层黏粒含量的1.2倍,并规定当剖面有岩性不连续（沉积间断）时,只要在土壤结构体面上发现黏粒淀积现象（包括大形态或微形态观察）,就可定义为淀积黏化层。再如钙积层,规定其碳酸盐的含量至少比C层高5%,并且该层的厚度≥15cm。

诊断表层包括有人为松软表层、有机表层、淡色表层、黑色表层、厚熟表层和暗色表层。诊断表下层包括有耕作淀积层、漂白层、淀积黏化层、钙积层、雏形层、硬磐、脆磐、石膏层、高岭层、碱化层、氧化层、石化淀积层、石化石膏层、薄铁磐层、积盐层、腐殖质淀积层、灰化淀积层、含硫层和舌状层等。

诊断特征是指有定量说明的土壤性质。如土壤水分状况的级别,不但规定了是在土壤剖面中间层段（控制层段）的水分状况,而且规定了在这个层段中<1 500kPa的土壤水分的周年变化情况。

诊断特性如质地突变、n值、永冻层、聚铁网纹体、滑擦面、土壤水分状况、土壤湿度状况、可风化矿物、灰化物质等。

（二）分类体系的构成

美国现行的土壤分类采用土纲、亚纲、土类、亚类、土族和土系六级制。前四级为高级分类单元,后两级为低级分类单元或称基层分类单元。土系之下还可划分土相。

1. 土纲 土纲是反映主导成土过程,并按其产生的诊断层和诊断特性划分的分类单元。共划分出12个土纲:即冻土（gelisols）、有机土（histosols）、灰化土（spodosols）、火山灰土（andisols）、氧化土（oxisols）、变性土（vertisols）、干旱土（aridisols）、老成土（ultisols）、软土（mollisols）、淋溶土（alfisols）、始成土（inceptisols）和新成土（entisols）。这些土纲的划分实质上体现了土壤的发生学特征。

2. 亚纲 亚纲是反映控制现代成土过程的成土因素,一般根据土壤水分状况划分,或根据土壤温度状况、人为影响、成土过程等划分。

3. 土类 土类是综合反映在成土条件作用下,成土过程组合的作用结果。根据诊断层的种类、排列及其诊断特性划分。

4. 亚类 亚类主要反映次要的或附加的成土过程。亚类的划分可以是代表土类中心概念的"典型"亚类;或向其他土纲、亚纲或土类的过渡性亚类;还可以是既不具有该土类的典型特征,又不具有向其他土类过渡的特征,如在山麓地带发育的一个软土,因不断接受新沉积物,从而发育过厚的松软表层,而定义为堆积亚类。

5. 土族 土族是一个亚类中具有类似物理、化学性质土壤的归并。主要根据剖面控制层次内的颗粒大小级别（与质地分级不同）、矿物学特性、土壤温度状况等划分。

6. 土系 土系是为了反映和土壤利用关系更为密切的土壤物理、化学性质,在土族以下分出性质更为均一的分类单元。土系的划分依据主要是在土族和土族以上各级分类中还未使用过的土壤性质,如质地、pH、结构、结持性等。土族主要反映1m土体内的土壤物理学、矿物学、化学性质,而土系则要考虑到距地表1~2m的土壤性质。土族和土系的划分主要目的是反映土壤的生产性状。土系提供的土壤信息比较丰富，应用于土地利用解译和资源评价，可以获得更为理想的实际效果。土系在农业改良以及在指导住宅区、交通运输路线、娱乐区、化粪池处理场等有关设施及公园和保留地的选择等方面发挥了作用。

为了便于应用《土壤系统分类》在实际工作中鉴别分类土壤，美国每2年修改出版一次新版《土壤系统分类检索》（Keys to Soil Taxonomy），该检索系统实际上是采取了排除分类法，避免了由于土壤具有多种诊断层或诊断特征时不好确定土壤的分类地位问题。如检索某一土壤时，首先看它能否满足有机土纲的要求，若满足则为有机土，若不能满足，看它是否满足灰土纲的要求，这样依次采用排除法类推。若都不能满足前10个土纲的要求者，则最后归入新成土纲。

（三）美国土壤系统单元的命名

美国土壤系统分类中土壤分类单元的命名，采用了拉丁文及希腊文词根拼缀法。实际是一种连续命名法，即以土纲名称为词根，累加形容词或副词，分别依次构成亚纲、土类、亚类、土族的名称。如 loamy、mixed、mesic、typic（壤质的、混合矿物的、中温的、典型的强发育半干润淋溶土，其中 alf 取自淋溶土纲（alfisol），作为土纲词根，ust 表示该亚纲的土壤水分状况为半干润的，pale 表示该土类的黏化层发育程度高而深厚，typic 表示是典型亚类；loamy，mixed 和 mesic 则分别表示土族是壤质的、矿物学类型是混合型的、土壤温度是中温性的。土系的名称则是用首先发现它的地方命名。这种连续命名法最好地体现了分异特性逐级累积的分类逻辑。因为每一个形容词都赋予了一定的意义，所以从名称上不但可以知道该分类单元的分类等级，而且可以由名称联想到它上属的分类单元以及各级分类所使用的分类性质。

土系的名称用首先发现它的地方命名（如 Miami Loam，迈阿密壤土土系）。

二、世界土壤资源参比基础（WRB）

1992年在法国 Montpelier 召开的会议上，在国际土壤分类参比系统（International Reference Base，IRB）的基础上，由国际土壤学会（ISSS）、联合国粮食及农业组织（FAO）、联合国教科文组织（UNESCO）和国际土壤参比信息中心（ISRIC）联合成立世界土壤资源参比基础（World Reference Base for Soil Resources，WRB），组织全世界土壤学家完善土壤系统分类。

1998年在第16届国际土壤学会大会上出版了这一方案的正式版本，同时还出版了相应的简要本和图册（atlas）。目前，这一方案已以多国文字出版，许多国家，尤其是欧洲一些国家都在积极应用 WRB，在 WRB 的基础上发展服务于自己国家土壤调查的土壤分类系统。

WRB 广泛吸收了各国土壤学家的智慧，以诊断层和诊断特性为基础，以 FAO、UNESCO 和 ISRIC 修订的图例单元为起点，并尽可能多的吸取了俄罗斯、英国、德国和法国土壤分类的一些概念和术语，极大地充实了人为土的分类，它的成立标志着土壤分类发展的新阶段。

（一）诊断层、诊断特性和诊断物质

WRB 正式方案中有诊断层 40 个，诊断特性 13 个，还有 7 个土壤物质。

1. 诊断层 诊断层包括漂白层（albic）、火山灰层（andic）、水耕表层（anthroquic）、人为发生层（anthropogenic）、黏化层（argic）、钙积层（calcic）、雏形层（cambic）、暗黑层（chernic）、寒冻层（cryic）、硅胶结层（duric）、铁铝层（ferralic）、铁质层（ferric）、落叶层（folic）、脆磐层（fragic）、暗黄层（fulvic）、石膏层（gypsic）、有机层（histic）、水耕氧化还原层（hydragric）、厚熟层（hortic）、灌淤层（irragric）、火山灰暗黑层（melanic）、松软层（mollic）、碱化层（natric）、黏绨层（nitic）、淡色层（ochric）、石化钙积层（petrocalcic）、石化硅胶结层（petroduric）、石化石膏层（petrogypsic）、石化聚铁网纹层（petroplinthic）、草垫层（plaggic）、聚铁网纹层（plinthic）、盐积层（salic）、灰化淀积层（spodic）、含硫层（sulfuric）、龟裂层（takyric）、暗色层（umbric）、变性层（vertic）、玻璃质层（vitric）、干漠层（yerrnic）。

2. 诊断特性 诊断特性包括有质地突变（abrupt textural change）、漂白淋溶舌状物（albeluvic tonguing）、高活性强酸特性（alic properties）、干旱特性（aridic properties）、连续硬质基岩（continuous hard rock）、铁铝特性（ferralic properties）、超强风化特性（geric）、潜育特性（gleyic properties）、永冻层（permafrost）、次生碳酸盐（secondary carbonates）、滞水特性（stagnic properties）、强腐殖质特性（strongly humic properties）、变性特性（vertic properties）。

3. 诊断物质 包括人为土壤物质（anthropogeomorphic soil material）、石灰性土壤物质（calcaric soil material）、冲积土壤物质（fluvic soil material）、石膏性土壤物质（gypsiric soil material）、有机土壤物质（organic soil material）、硫化物土壤物质（sulfidic soil material）和火山喷出土壤物质（tephric soil material）

（二）一级单元和二级单元

根据 WRB 诊断层、诊断特性和诊断物质检索一级单元，据此可检索出 30 个一级单元。

一级单元包括有机土（histosols）、寒冻土（cryosols）、人为土（anthrosols）、薄层土（leptosols）、变性土（vertisols）、冲积土（fluvisols）、盐土（solonchaks）、潜育土（gleysols）、火山灰土（andosols）、灰壤（podzols）、聚铁网纹土（plinthosols）、铁铝土（ferralsols）、碱土（solonetz）、黏磐土（planosols）、黑钙土（chernozems）、栗钙土（kastanozems）、黑土（phaeozems）、石膏土（gypsisols）、硅胶结土（durisols）、钙积土（calcisols）、漂白淋溶土（albeluvisols）、高活性强酸土（alisols）、黏绨土（nitisols）、低活性强酸土（acrisols）、高活性淋溶土（luvisols）、低活性淋溶土（lixisols）、暗色土（umbrisols）、雏形土（cambisols）、砂性土（arenosols）和疏松岩性土（regosols）。

在 30 个一级单元之下，根据诊断层和诊断特性或诊断物质划分二级单元，共有 122 个二级单元的冠词。

如钙积土（calcisol）下分石化钙积土（petric）、超量钙积土（hypercalcic）、薄层钙积土（leptic）、变性钙积土（vertic）、底盐钙积土（endosalic）、潜育钙积土（gleyic）、黏化钙积土（luvic）、龟裂钙积土（takyric）、干漠钙积土（yerrnic）、干旱钙积土（aridic）、灰白钙积土（hyperoclhric）、粗骨钙积土（skeletic）、钠质钙积土（sodic）、简育钙积土（haplic）。

同美国土壤系统分类一样，WRB（世界土壤资源参比基础）也是一个检索性分类法，同样避免了由于某具体土壤包括多种诊断层或诊断特性时，难于确定其土壤类型的问题。因此，在检索土壤时也必须依顺序进行，以免引起混乱。如检索某一土壤时，首先看它有机物质层能否大于 40cm，若满足则为有机土，若不能满足，看它是否具备寒冻层，若是则归入寒冻土，若否则看它是否具备人工层，这样依次采用排除法类推。

思 考 题

1. 什么是土壤分类的依据？什么是土壤分类的作用？
2. 什么是中国土壤发生分类的分类思想？
3. 什么是中国土壤系统分类的分类特点？

第四章　土壤剖面性态的观测研究

土壤剖面性态是诸多成土因素共同作用下形成的不同土壤类型内在性质和外在形态的综合表现，是成土过程的客观记录。因此，土壤剖面性态研究在土壤学中的地位，犹如生物学中的解剖学一样重要。土壤剖面性态的观测是野外调查研究土壤的基础，是土壤调查的核心。它既是土壤工作者野外研究土壤的发生性和生产性、确定土壤分类和制图的科学依据，又是识土、辨土的重要技术手段。

土壤是连续分布在地球陆地表面的自然客体，而土壤剖面只是某一土壤实体的一个切面。因此，如何将有限剖面点上的调查资料转换成面上成果，这就需要运用各种专业技能，也是本章所要详细讨论的内容。

第一节　土壤剖面及其设置与挖掘

土壤是三维实体，土壤在空间分布具有一定的"连续性"和"渐变性"，而且埋藏在地下只出露一个二维的表层，这就给土壤调查带来了困难。因为我们不可能将地下的土体按三维方向全部挖掘出来观测一遍。然而，土壤发生学告诉我们，土壤是自然成土因素和人类生产活动综合作用的产物，具有与其相适应的相对稳定的自然地理单元或景观单元。因此，每种土壤也必然有其一定的分布范围和规律。只要选择一定数量的具有代表性的剖面点，并对其进行详细的观测研究，就有可能正确地揭示出调查区的全部土壤。

一、土壤剖面与单个土体、聚合土体

（一）土壤剖面

土壤剖面（soil profile）的概念和土壤剖面的研究法，是俄罗斯土壤学家道库恰耶夫于1883年首先提出来的。土壤剖面是指一个具体土壤的垂直断面，包括土壤形成过程中所产生的发生学层次和母质层次。即土壤剖面是从地表至母岩的土层（含母质层）的垂直序列。土壤剖面表征着各种土壤性质的垂直变化特征，它是母质在成土过程中，由于物质和能量的垂直流动，土壤中活性有机物质（根系、微生物、土壤动物）垂直分布的结果。

（二）单个土体

在现代土壤学中，从土壤是一个三维实体出发，把土壤剖面的概念立体化，引入单个土体（pedon）的概念作为土壤最小单位，此后又进一步明确，它是土壤调查和研究中的一个最小描述单位和采样单位。这是20世纪50年代美国土壤调查工作者首先提出来的，其定义是：作为空间连续体的土壤三维实体在地球表层分布的最小体积。人为地假设其平面形状为近似六角形，一般的统计面积为$1\sim10m^2$不等，在此面积范围内其土壤剖面的发生层次是连续的，均一的。面积的实际大小取决于土壤的变异程度。单个土体的性态及其所处的景观，具有一致性与均匀性。单个土体垂直面的下限，是土壤与非土壤之间的模糊界线。即单个土体只包括非土壤以上的部分，相当于土壤剖面的 A＋B 层（图 4-1）。

（三）聚合土体

聚合土体（polypedon）是若干剖面特征相似的一组土壤聚合体。也就是一些性质上属于同一种类相邻单个土体的组合。两个以上的单个土体可以构成一个聚合土体，即土壤分类中最基本的分类单位，相当于美国分类体系中的土系或土型，大致相当于中国的土种或变种。聚合土体在野外处于一个具体的景观单元，是土壤制图中的一个制图单位。

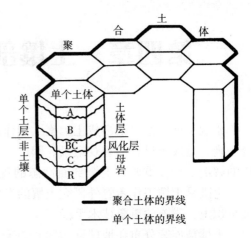

图 4-1 单个土体与土壤剖面的关系

综上所述，土壤是地球陆地表面各种聚合土体的综合，聚合土体则由两个以上具有三维空间特征的单个土体所构成。单个土体与聚合土体的关系，就像一棵松树与一片松林的关系一样。而土壤剖面只是单个土体的一个垂直观察面上土层的纵向序列（图 4-2）。

土壤剖面是聚合土体的一个缩影。研究聚合土体即土壤类型，需要通过研究土壤剖面来实现。所以，正确选择好有代表性的土壤剖面，十分重要。

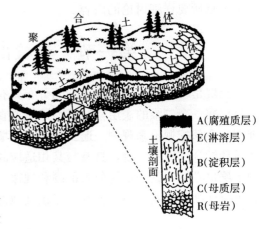

图 4-2 土壤剖面与单个土体、聚合土体三者关系

二、土壤剖面的种类

土壤剖面按其来源可分为两大类，即自然剖面和人工剖面。

（一）自然剖面

自然剖面是因修路、开矿、平整土地、兴修水利等工程建设，在施工挖方地段裸露的土壤垂直断面，并被长期保留下来，成为土壤调查中可以利用的现存剖面。自然剖面的优点是，垂直面往往开挖得较深，延伸面较广，连续性较好。但是，它不是因土壤调查需要而开挖的垂直面。其缺点首先是不能均匀地分布在各种土壤类型上，位置也不一定具有较好的代表性；其次，自然剖面长期露在大气中，日晒雨淋，生物滋生等环境因素的变化，使土壤理化性态不可避免地发生变化。例如，土壤水分和盐分状况，由于自然剖面的长期表面蒸发而不同于毗邻的土壤。因此，土壤调查中自然剖面上不能采集土壤理化分析样品，只能作为了解土壤类型的过渡关系。

（二）人工剖面

人工剖面是根据土壤调查的要求，临时开挖出来的土壤垂直切面，一般挖成阶梯状的斜坑，又称土坑。按其用途和特点可细分为主要剖面，检查剖面和定界剖面3种。

1. 主要剖面 也叫基本剖面或骨干剖面。它是为了研究某个土壤类型的全面性状特征，用于确定某一土壤类型的"中心概念"而开挖的垂直断面。因此，对主要剖面上的各个土层必须详尽地进行观测研究，如具体土壤属性、分异程度、排列顺序等等，掌握其发生、发育的全部特性及生产性能，以便做出全面确切的鉴定。

为充分观测研究土壤实体的三维空间特征分异，剖面宽度应拓宽到足以观察土层在水平方向上的变化，理论上定为1～3.5m。剖面的深度，应能使全部土层（含母质层）显露出来为止，即自地表垂直向下，延伸到不受或少受成土作用影响的地质形成物（母质或母岩）为止，使剖面贯穿于土体的全土层，即相当于A-B-C（R）。实际工作中，在土层水平变幅不大的情况下，在南方稻区一般剖面宽1m、深1m为主；在有地下水参与土壤形成的盐土或发生层深厚的土壤分布区，观察深度应达临界地下水位，一般要求在1.5m左右，甚至2m以上，直至挖到地下水面为止；在某些土层浅薄的丘陵山区，土壤剖面深度以挖至母岩出露为止。挖掘工具一般用铁锹，在一些平原区大比例尺调查中可以用剖面取样机动土钻。

2. 检查剖面 又称对照剖面或次要剖面。它是为检查主要剖面中所观测到的土壤属性的变异性和稳定性，确定某一土壤类型的"边缘概念"而设置的剖面。其作用在于：①检查主要剖面所确定的土壤属性变化程度，补充与修正主要剖面所确定的土壤类型的分类指标；②准确地鉴定剖面所在地段的土壤类型，研究土壤分布规律，为土壤定界提供推理依据。检查剖面的深度一般较浅，只要挖出某类土壤的主要土层（控制段），可以确定土壤类型的深度即可，一般不能小于主要剖面的1/2或1/3。在我国南方稻区，一般深50～60cm；在盐土区则要1m以上。如果发现土壤性状与主要剖面差异较大，则应将其改挖成主要剖面。

3. 定界剖面 它是为确定土壤界线而设置的土壤剖面。因此，剖面只要求能确定土壤类型即可。但为寻找一条土壤分界线，需要大量的定界剖面，密度大、数量多。因此，在野外往往用钻孔代替土坑。这种定界剖面一般只在大比例尺土壤制图中采用，在中、小比例尺土壤制图中应用较少。

主要剖面和定界剖面的点位，都要用GPS精确定位并标注在野外工作底图上，其中主要剖面还要按土壤剖面记载表的要求做规范化的剖面性状的描述记载。

三、土壤剖面数量的确定

在土壤调查区内土壤剖面设置的数量多少，不仅决定了野外工作量，而且直接关系到土壤调查成果的质量。因此，土壤剖面数量的确定是保证土壤调查质量的重要措施之一，也是野外工作量估算的重要依据。土壤剖面数量的确定，各国应该有一个统一的标准。但因我国幅员辽阔、区域性差异较大和调查人员专业水平不一，因此目前尚未形成统一的规范。在实际工作中可以根据以下原则来确定土壤剖面数量。

(一) 地区分级原则

这是根据调查地区的地形，土壤复杂程度和土地利用特点，对调查区进行复杂性分级。调查区的等级愈高，相应的剖面数量也要求愈多。在《全国第二次土壤普查暂行技术规程》中，将调查区的复杂程度分成5个等级（表4-1）。

表4-1 地区等级划分标准

地区等级	地形特点	土壤母质复杂状况	植被利用明显程度	通气状况	地区举例
Ⅰ	平坦而微有倾斜的山麓洪积—冲积平原与高平原	比较均一、简单（无沼泽和沙丘）	分异明显、旱作为主，群落清楚	良好	华北、东北、西北大平原；内蒙古、青海高原
Ⅱ	割裂较明显的切割平原，地形平坦但多次沉积的冲积平原	切割平原母质单一，冲积平原母质复杂	分异尚明显，水、旱兼有	较好	西北黄土塬；东北漫岗平原；长江中下游平原；洞庭湖、鄱阳湖、太湖等滨湖平原及华北平原非盐渍化地区
Ⅲ	明显切割分化的丘陵，洼涝平原，河谷平原及泛滥平原	土壤母质复杂，地下水影响土壤复区面积达20%左右	不明显、利用类型多	较困难	南方红土丘陵；西北黄土丘陵；长江中下游平原局部地区；丘陵山区、河谷平原
Ⅳ	高差500m以上的山地，微地形复杂的盐碱地和沼泽地	母质岩性复杂，土壤垂直分布明显，或母质、地下水复杂，复区面积30%~40%	类型复杂、群落不明显或零星	不良	各地区山地、松花江、黑龙江下游沼泽地、西北盐土区、海南岛西部
Ⅴ	农地	农业土壤为主	农业利用高度集约	较好	蔬菜地、实验地、苗圃

(二) 精度要求原则

在同一等级的土壤调查区内，其剖面数量还因精度要求不同而差异悬殊。土壤调查精度要求高即制图比例尺大，要求设置的剖面数就多。具体数量可参照原国家农垦局荒地勘测设计院的标准（表4-2）。

表4-2 每个主要土壤剖面所代表的面积及调查路线的间距

土壤图比例尺	每个主要土壤剖面代表的面积 (hm²)					调查路线间距		主要的土壤制图单元
	地区地形复杂程度等级					地面 (m)	图上 (cm)	
	Ⅰ	Ⅱ	Ⅲ	Ⅳ	Ⅴ			
1:2 000	4	3.3	2.7	2	1.3	100~200	5~10	变种
1:5 000	13.3	11.3	9.3	7.3	5	200~300	4~6	变种
1:10 000	25	20	18	15	10	300~500	3~5	变种
1:25 000	80	65	50	40	25	500~1 000	2~4	变种
1:50 000	120	100	88	64	40	1 000~1 500	2~3	土种
1:100 000	300	25	200	150	75	1 500~2 000	1.5~2	土种
1:200 000	733.3	600	450	357	200	2 000~3 000	1.0~1.5	土属

（引自《中国土壤普查技术》，1992）

（三）底图质量原则

野外调查的工作底图质量，也是关系到剖面数量多少的前提。如以单一的线划地形图作为工作底图，因其所提供的地面信息有限，要求设置的剖面数就多。如果利用航空像片或卫星图像，则地面信息丰富、景观影像逼真，主剖面的数量可以大大减少，许多相同的景观单元可以不设置主剖面，而以检查剖面代替（表4-3）。

表4-3 不同底图的各种比例尺制图时所要求的剖面数

土壤分布的地区地形复杂程度等级	每100hm²的剖面数				每一剖面控制的面积（hm²）			
	1:2 000		1:5 000		1:2 000		1:5 000	
	地形图	航片	地形图	航片	地形图	航片	地形图	航片
Ⅰ	26	17	7	4	3.8	6	14	25
Ⅱ	30	20	9	5	3.3	5	11	20
Ⅲ	39	25	11	7	2.5	4	9	14
Ⅳ	50	35	14	9	2.0	3	7	11
Ⅴ	78	50	21	14	1.2	2	5	7

（引自《土壤地理研究法》，1989）

（四）因人制宜原则

在遵循剖面设置原则的基础上，最后还应根据调查人员的专业水平作适当调整。一般实践经验丰富的老工作人员，相同土壤类型的主剖面可以少看一些；而对于新队员，则应适当增加主剖面，以加深感性认识、保证分类和制图质量。

四、土壤剖面点的设置

在土壤调查的室内准备阶段，调查者必须在分析研究调查区地形、地貌的基础上，根据大致确定的剖面数量，在野外工作底图上（地形图或航、卫片）进行主要剖面和检查剖面点的布置。这一工作的好坏将直接关系到土壤调查的速度和精度。正确布置剖面点，尤其是主要剖面点，有利于建立各类土壤的"中心概念"，有利于对调查区土壤做出正确的判断和推理，从而获得高质量的土壤调查成果。反之，如果土壤剖面设置不当，不仅浪费挖掘土坑的劳力和观测剖面的精力，更严重的是缺乏代表性和典型性的剖面资料，难以建立起正确的土壤"中心概念"，给野外分类、制图带来困难，甚至对调查区土壤做出错误的结论。为此，土壤工作者必须慎重对待土壤剖面点的设置。土壤剖面点的设置有常规布点法和统计抽样法两种。

（一）常规布点法

土壤剖面常规布点，应从土壤调查要求出发，全面考虑剖面点的代表性和均匀性的原则。所谓调查要求，就是本次土壤调查制图比例尺决定的土壤分类单元和制图单元的要求。所谓代表性原则，是指主要剖面点的设置要做到每个制图单元或景观单元至少有一个以上的主要剖面点，并尽可能地将剖面点布置在最有代表性的典型地形部位上。所谓均匀性原则，是指在一个面积较大且景观变化较小的区域，即同一景观单元之内，应按一定的面积比例（一个主剖面所能代表的面积）设置主要剖面点，以确保调查制图的精度。

1. 中、小比例尺土壤调查的剖面点设置 制图单位通常是亚类或土属（在土壤比较简单的地区，中比例尺土壤调查的制图单位也可以是土种或土种组合）。所以，一般只能在调查范围内选择主要的具有代表性的地形单元设置主要剖面。如在山地、丘陵、岗地、平原以及洪积扇的不同部位设置主剖面，以观测土壤高级分类单元之中的亚类（有时为土属）的变异即可。不能把主要剖面设置在小的地形部位上，以免得出以偏概全的错误结论。例如，在林区调查时，往往出现小片采伐过的林间洼地，因积水而成草甸沼泽，若将主要剖面设在这片洼地上，便有可能得出林区土壤都有沼泽化的结论。中、小比例尺的土壤调查，着重考虑的是主要剖面。检查剖面相对用得较少，定界剖面甚至不用，土壤界线主要以景观变化目视估测完成。

2. 大比例尺土壤调查的剖面点设置 制图单位是土种或变种，所以在制图允许的范围内应注意一切可能引起土壤发生变化的因素，以观测基层分类中的土种或变种分异。因此，在不同地貌类型中，要考虑地形部位的变化。以岗地为例，在同一岗地的顶部、坡地谷底上都要设置剖面点，如果坡形发生变化，还要在不同的凹坡、凸坡、直线坡及不同的坡度处设置剖面点。在平原地区，应当考虑在不同阶地和地形微小变化处设置剖面点（图4-3）。

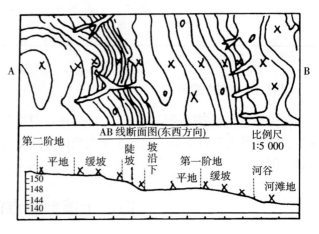

图4-3 大比例尺土壤剖面设置图

（二）统计抽样法

除了常规方法进行土壤剖面点设置外，还可按数理统计方法进行，它对于那些地面变化小、景观单一的地区更具有优越性。首先，它可用不多于常规布点的剖面数量，达到、甚至超过常规布点调查的精度；其次，可以获得一系列统计数据来说明土壤分类的可靠性和制图的精度水平。具体做法如下：

1. 划分类型 统计学上称之为"分层"，也就是将调查区按地面差异划分成若干个类型，其目的是为了减少土壤类型内的变异系数，使每一类型中的每个土壤个体比较均匀，从而提高抽样精度。因此，当"分层"后不足以提高精度的地区（即单一景观），可以不必"分层"，如某些变异较小的平原区就是如此。当利用航、卫片作底图时，因影像具有丰富的地面信息，对调查区进行"分层"比较容易实现。

2. 确定数量 根据数理统计原理，按下列公式计算剖面点数量：

$$n = \frac{C^2 \cdot t^2}{E^2} \cdot K$$

式中：n 为剖面点数量；C 为样本变异系数，即样本标准差（S）对样本平均值（$\overline{X}$）的相对值（$C = S/\overline{X} \times 100\%$），因为分层后各层内的变异比总体内的变异相对较小，因此层内 C 值必然小于总体的 C 值，各层的 C 值（相当于各类土壤变异）可以根据历史资料或勘察过程中收集的资料估算，一般单因素分层比综合分层的变异性要小；t 为可靠性指标，一般取 95% 的可靠性，其 $t = 2.0$；E 为允许误差限额，根据精度要求而定，若规定抽样精度不能低于 80%，则 $E = 1 - 80\% = 20\%$；K 为安全系数，一般取 1.2。

3. 计算点距 根据调查区总面积和总样点数（剖面数），按下列公式求得：

$$L = \sqrt{A/n}$$

式中：L 为点间距（m）；A 为总面积（m²）；n 为总样点数。

4. 剖面布置 采用统计学上"分层机械抽样法"，根据上述公式求得 L 值，按比例尺制作成边长为 L 的透明方格图（图4-4A），然后在调查区的地形图上以某一点为起点（或为中心点），进行蒙盖，每一方格网的交叉点即为剖面点。

如果发生方格网正巧与某些线性地物的走向一致（图4-4B），使某些土壤类型落点过多，而另一些类型落点过少。在这种情况下，可将格网向上、下（或左、右）移动半格，剖面点布置比较合理（图4-4C）。然后用刺针按一定顺序将网格交叉点刺在地形图上，并编号（即为剖面点）。若以航、卫片作底图时，可根据地形图上的同名地物点再转刺。

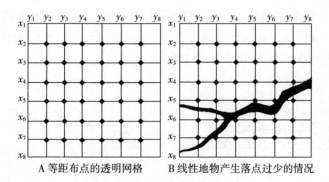

A 等距布点的透明网格　　B 线性地物产生落点过少的情况

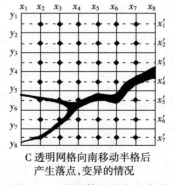

C 透明网格向南移动半格后
产生落点，变异的情况

图4-4　分层等距布点示意图
（…表示移动的 x 线，即 x' 线）

五、土壤剖面点的野外选择、挖掘与定位

（一）土壤剖面点的野外选择

在室内虽然已完成了土壤剖面点的图上设置。但并非每个剖面点都能在预先设置的点位上挖掘。其原因是野外实际微小变化，在有限比例尺的地形图上难以反映出来，尤其在陈旧的历史图件上，许多微小地面变化在图上看不出来。因此，剖面点位在野外还要做具体的调整。其选择的原则是：

①由一个相对稳定的土壤发育条件，即具备有利于该土壤主要特征发育的环境（通常要求小地形比较平坦和稳定），否则土壤剖面缺乏代表性；

②不宜在路旁、住宅四周、沟渠附近、粪坑周围和田角沤肥坑等一切人为干扰较大而没有代表性的地方挖掘剖面；

③如果发现母质或人为熟化等未预料的因素，使土壤发生变化，则应改变剖面点位，或重新增设剖面；

④山地丘陵区的土壤比较复杂，应根据调查目的和精度要求选择不同高度和坡地的上、中、下或坡形变化较大的部位挖掘剖面。

在剖面地点的选择中，要注意代表性和典型性的辩证关系，一般以代表性为主，不要以主观上的所谓典型性来要求，造成剖面点选择困难。

（二）土壤剖面的挖掘

当剖面地点选定以后，就开始用铁锹挖掘土壤剖面。土壤剖面规格一般要求宽 1.0m、长 1.5~2.0m、深 1.0~1.5m（图 4-5）；盐土地区挖深至地下水位或使用土钻打孔至地下水位（图 4-6）；山地深达基岩出露为止（图 4-7）。

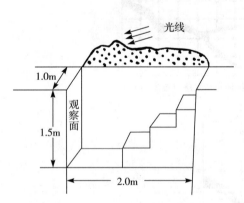
图 4-5 平坦地面土壤剖面坑的挖掘

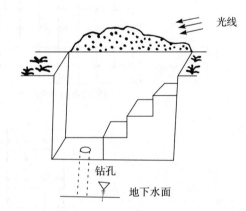
图 4-6 盐碱土地区土壤剖坑及土壤钻孔的配置

剖面挖掘时应注意以下几点：

①剖面观察面应垂直、向阳，便于观察和拍照；在条件不允许时方可采用其他方向。

②挖掘出来的表土和底土应分别堆放在土坑两侧，不宜掺混，以便在观察剖面后分层回填。回填时分层填土，不要因打乱土层而影响肥力，特别是农地更应注意。同时应分层踏实，以免造成事故。如南方沼泽性稻田区，田底软，要采取夹杂草类将土层下层踏实，以免

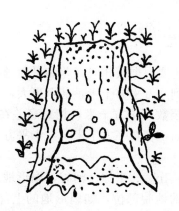 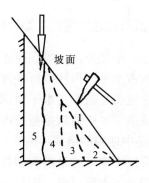

图 4-7 山地丘陵坡面土壤剖面的挖掘
1、2、3、4 为挖掘顺序线　5 为整修剖面线

春耕时拖拉机下陷或折断牛腿。

③观察面上方不应堆土、走动或踏踩，以免破坏表层结构而影响剖面观察。

④垄作农田土地上，观察面应垂直垄沟走向，使剖面垂直面上同时可以看到垄背、垄沟部位土壤表层的变化。

⑤剖面点的位置必须用目视或仪器测量，准确地标在工作底图上。

在用机动土钻代替挖掘土壤剖面时，所取土柱应按秩序放于木板上进行剖面观察与取样。

（三）土壤剖面点定位

利用手持式 GPS（global positioning system）定位仪或采用全站仪等仪器设备对剖面点进行定位，记录其经纬度坐标并标注在工作底图上。如果利用航空相片作土壤剖面图的底图，由于它的地面信息量丰富，其定点比较容易。但如果利用地形图作为大比例尺制图的底图，特别是一些图件的质量较差，或年代已久，地面状况已发生变异的地点，就要求利用一些简单的仪器，如袖珍经纬仪、罗盘仪来协助定点，具体的方法一般有前方交会法、后方交会法和极坐标法。还可利用全球定位系统 GPS 进行定位（剖面点所处经度、纬度、海拔高度），以便今后能精确找到点位。

第二节　土壤剖面点地表状况的描述

土壤剖面点的地表状况描述，是土壤野外调查工作的重要组成部分，它和土壤剖面性状鉴定与描述、土壤性状的调查解译分析，是土壤剖面记载表填写的三项重要内容。地表状况的描述也是成土因素的调查内容。因此，土壤剖面描述不能仅限于剖面部分，而要综合包括剖面点所在地的地表景观条件和环境过程等。另外，在描述地表状况时，应尽量使用规范性语言和定量化指标。

一、地貌和地形

主要描述剖面所在地的地貌类型和地表形态。其中，地貌说明其发生类型，地表形态是进一步从量的方面描述其立体空间。

（一）土壤剖面所在地的地貌类型及地貌部位

地貌有大、中、小之分。一般在描述时，主要根据其相对高差和平面延伸的范围进行。

大地貌是指所占水平面积从数百平方千米到几万平方千米，甚至更大，相对高差在数百米至千米以上。中地貌是指所占水平面积数十至数百平方千米，相对高差在数十至数百米，它是大地貌的组成单位。小地貌是指所占水平面积在数平方千米至数十平方千米，相对高差在10m以下，它是中地貌的组成单位。

一个大的地形区中常见的地貌类型有山地、丘陵、平原、河谷、扇形地、阶地等。

在每一个地貌类型上可以进一步分出不同的地貌部位，如扇形地的上部、中部和下部，以至扇缘地区等；同样，一个丘陵体的侧坡，可以分出坡顶、坡肩、坡身、坡脚等。

（二）地形大小的划分

它主要是对地表形态进行一种量的划分，一般在描述时可根据其相对高差和平面延伸的范围来考虑。

1. 大地形 是指相对高差在10m（平原）～100m（山地）以上，平面延伸1 000m以上，在这个平面范围内相对一致，如高原、山地、丘陵、平原等。

2. 中地形 一般相对高差在1～10m，平面延伸则在几十米或几百米，需要在1：5 000～1：1万的地形图上方可表示出来，如阶地平原，河谷平原等。

3. 小地形 一般相对高差在1m以内，平面延伸在几十米的范围内，地表形状相对一致。各地区有关小地形的划分和命名的内容较丰富，如"溜岗"、"河槽地"等，在利用当地名称时最好给以一定的科学说明及形态数量的描述以便汇总时加以对比。

4. 微地形 一般相对高差在1m以下，面积仅几平方米或几十平方米。仅凭人眼很难看出，一般只有在水准测量时才可以显出差异，但是它在土壤分布与利用方面都可产生一定的影响，特别是土壤盐渍化地区表现更为明显。

（三）地表形态描述

1. 平坦地 即水平的，或接近水平的。

2. 缓坡地 包括较缓坡与缓坡。

3. 较大坡度 包括一定坡度和较大坡度，如大于25°的坡度。

4. 波状（漫岗） 即波状起伏。

5. 起伏（丘陵） 即有相对高差，起伏较大。

6. 地形特征

（1）海拔高度 海拔的确定一般可以用海拔计在现场测定，也可以从地形图上的等高线确定。

（2）坡度 利用罗盘仪或测坡仪，量出剖面点所在的坡度。坡度的划分共分6级：①微坡：<3°，一般不必采用土地平整措施；②极缓坡：3°～7°，可以机耕和等高种植，利用等高种植可取得水土保持效果；③缓坡：8°～15°，必须采用坡式梯田或宽垄梯田方可取得水土保持效果；④中坡：16°～25°，必须采用水平梯田方可取得水土保持效果；⑤陡坡：26°～

35°，不宜农用，如已农用者则宜退耕还林；⑥极陡坡：＞35°，不宜农用，适宜发展林业，预防土壤侵蚀和泥石流发生。

记载坡度时，应包括剖面所在地局部地段的坡度变化及整体坡度，两者应分别记载。

（3）坡型　包括斜面坡、凸坡、凹坡、复式坡等。

（4）坡向　可分为 E（东）、SE（东南）、S（南）、SW（西南）、W（西）、NW（西北）、N（北）和 NE（东北）8 个方位，使用罗盘仪测量更为准确。坡向对土壤水分和温度状况及土地利用影响较大，特别是山地与丘陵区，在坡度描述上应予以注意。

二、母质类型、岩石露头与砾质状况

（一）母质类型

一般首先按第四纪地质类型及其特性，分出残积物、坡积物、洪积物等。当对剖面进行观察以后，还可对其母质的岩石学、矿物学和物理性状、化学性状进一步加以补充描述。

（二）地面的岩石露头情况

按照基岩出露占地表面积的百分数分为以下 6 级：

0 级：无岩石，或很少岩石露头（＜2%），不影响正常的农业耕作。

1 级：中等石质露头，岩石露头的间距为 35～100m，覆盖地表 2%～10%，基岩露头已开始干扰耕作，但不影响条播形式种植中耕作物的耕作。

2 级：较多石质露头，岩石露头的间距 10～35m，覆盖面积 10%～25%，该等级已不能种植中耕作物，但能改为牧场，或进行非机械化的耕作和发展果园。

3 级：非常多的石质露头，岩石露头的间距为 3.5～10m，覆盖面积 26%～50%。这种情况下所有的机械作业均不可能进行，除去土壤特别好可以改良为使用小型机械化牧场外，还能进行非机械化耕作和果园种植。

4 级：极多石质露头，岩石露头较多，其露头间距为 3m 左右或更小，覆盖面积 50%～90%，而且岩石离地面很近，土层极薄，所有的机械应用均不可能，但还可以利用手工作业种植一些浅根耐旱作物，或用作牧场。

5 级：完全是岩石露头的，露头面积＞90%，难以农用。

三、土壤侵蚀与排水状况

（一）土壤侵蚀状况

一般可分为水蚀和风蚀两类。

1. 水蚀　以降水和地面径流作为主要侵蚀营力，与坡度关系密切。按其侵蚀形态可分为：

（1）片蚀　指以溅蚀和薄层漫流均匀剥蚀地表的现象，地表无明显的侵蚀沟，由于发生的面积广，侵蚀量大。

耕作土壤按侵蚀后土壤存留程度划分为：①轻度：表土小部分被侵蚀；②中度：表土 50% 被侵蚀；③强度：表土全部被侵蚀；④剧烈：心土部分被侵蚀。

非耕作土壤根据植被覆盖度划分：①轻度：覆盖度＞70％；②中度：覆盖度30％～70％；③强度：覆盖度＜30％。

（2）沟蚀　是地表径流以较集中的股流形式对土壤或土体进行冲刷的过程，也是片蚀进一步发展的结果。沟蚀程度按侵蚀沟面积占总面积的比例划分为：①轻度：＜10％；②中度：10％～25％；③强度：25％～50％；④剧烈：＞50％。

（3）崩塌　在沟壑中，陡直沟壁的土体，受到雨水或地下水的浸透后，在本身重力作用的影响下，发生土体大块下坠滑塌的现象。实际上，它既是沟蚀的发展，又是重力侵蚀的结果。

按崩塌面积占山丘面积的比例划分为：①轻度：＜10％；②中度：10％～20％；③强度：20％～30％；④剧烈：＞30％。

2. 风蚀　是指风以其自身力量和所挟带的砂粒对地表岩石、土壤进行冲击和摩擦，并使受作用的岩石碎屑、土壤颗粒剥离原地而发生的搬运和堆积作用。主要发生在干旱地区或沿海沙质海岸的地带。一般可分为：

（1）轻度　表示受到侵蚀，并有轻微的风积现象，大田作物正常生长，仅苗期偶遭轻微危害。

（2）中度　地表有明显的风蚀和风积，春季或常年对作物危害较大。

（3）强度　因侵蚀而失去A层50％以上，地表出现明显的风蚀槽与沙丘，一般作物难以生长。

（4）剧烈　因侵蚀失去全部A层，地面多为砾石。

（二）土壤排水状况

包括地形所影响的排水条件和土壤质地与土壤剖面层次所形成的土体内排水条件两个方面，共分5级：

1. 排水稍过量　水自土层中排出较快，土层持水力差。一般地势较高，土层较薄，土壤质地较粗，且土层质地均一。

2. 排水良好　水分易从土壤中流走，但流动不快，雨后或灌溉后，土壤能保蓄相当水分以供植物生长。

3. 排水中等　水分在土体中移动缓慢，在相当长的时间内（半年以内），剖面中大部分土体湿润。该类土壤往往在土体内或土体以下具有不透水层，或地下水位较高，或有侧向水渗入补给，或三者兼而有之。

4. 排水不畅　水分在土体中移动缓慢，在一年中有半年以上的时间（不足全年）地面湿润，而剖面中的下部大体呈潮湿状态。其原因可能为地下水位较高，或有侧向补给，或者两者结合。

5. 排水极差　水分在土体中移动极为缓慢，一年中有一半以上的时间地表或近地表土层呈潮湿状态，有时地下水可上升至地表，呈现少量积水。其原因可能是因为地下水位过高，或是侧渗补给，或是两者结合。

四、植被状况

主要记载剖面附近的主要植物群落名称，植物组成（主要的优势种和伴生成分）的复杂程度，层次分化和外观以及覆盖度等。必要时（如草原地区）可以作一定的植被样方调查。

五、土地利用现状

（一）土地利用现状分类

1984 年全国《土地利用现状调查技术规程》将土地利用现状分为耕地、园地、林地、牧草地、居民点用地及工矿用地、交通用地、水域、未利用土地等，8 个一级分类。1999 年施行的《中华人民共和国土地管理法》中规定将土地分为农用地、建设用地和未利用地。2007 年国家颁布的《土地利用现状分类》（GB/T21010-2007）国家标准采用一级、二级两个层次的分类体系，共分 12 个一级类、57 个二级类，其中一级类包括：耕地、园地、林地、草地、商服用地、工矿仓储用地、住宅用地、公共管理与公共服务用地、特殊用地、交通运输用地、水域及水利设施用地、其他土地。土地管理法分类与国家标准分类对照表见附录三所示。

首先根据国家标准进行一级和二级分类，再根据具体情况进行详细分类。

（二）土地利用状况

①土地利用方式。
②作（植）物种类、长势与产（生长）量。
③耕作方式，施肥、灌排水平。
④产量水平、生产效益。
⑤土壤污染状况。

第三节 土壤剖面形态观察与描述

作为独立的历史自然体的任何一种土壤，都有其独特的剖面形态。一方面反映了它与周围环境之间的关系，"土壤是景观的一面镜子"（道库恰耶夫），即各成土要素均综合组合在土壤形成类型中，且深刻地记录于土壤剖面上，包括古地理环境；另一方面表征了它在形成过程中所进行的物理、化学以及生物化学的变化，尤如人的脸部"气色"可以反映人体内脏器官的功能状况一样。因此，土壤工作者十分重视剖面形态的观察研究。对于一个有经验的土壤工作者来说，剖面观察如同中医看病时的"望诊"，通过剖面观察可以了解其成土环境、成土过程，"根据土壤剖面可以从理论上预言景观"（波雷诺夫），同时从剖面形态特征中可大致了解到土壤内在性质，初步确定土壤类型，进而解译出土壤的生产性能及其利用改良途径。因此，掌握和运用土壤剖面观察技术，是土壤学家野外工作的必备技能，是一项经验性很强的工作。

在观察描述土壤剖面时，除了土壤剖面所在位置、地形部位、母质、植被、利用情况和调查者、调查日期外，在剖面挖成后，要用剖面刀对剖面进行修饰，修出断面，露出自然结构。然后进行剖面摄影。观察时首先按土壤形态特征划分层次、量出厚度，然后逐层观察记载其颜色、质地、结构、孔隙度、紧实度、湿度、根系、有机质状况、动物活动遗迹、新生体及土层界线的形状和过渡特征。描述标准应力求统一，同时应尽可能将剖面形态特征草绘于调查记载表上，有助于将之与相应的分层描述文字或数码联系为一个整体。

一、土壤发生层的划分与命名

(一) 土层与发生层概念

土壤剖面中与地表大致平行的一些土壤层次，统称为土层。单个土层是组成单个土体的基本单元，故可称为"单元土层"。由此可见，"土壤是土层的总和，聚合土体是聚合土层的总和，单个土体是单元土层的总和"（科恩布卢姆，1970 年）。土层可以根据剖面中的颜色、结构、质地、结持性、新生体等形态特征进行划分。这是原来的成土母质在成土作用影响下产生土层分异作用的结果。其主要形成因素是物质与能量（水、热、气）的垂直流（下行和上行垂直流及其循环变化）和生物有机体（植物根系、微生物、土壤动物）活动的垂直分布。在这些因素影响下，作为土壤形成的物质基础的母质，就会发生实质性的改变。其中，包括母质原有组成在理化性质、矿物学性质和生物学特性方面的改变，并通过淋溶淀积作用、氧化还原作用和其他成土作用，使土体逐渐发生分异，形成了外部形态特征各异的土壤层次。在土壤形成过程中所形成的剖面层次称为土壤发生层，即发生层。土壤发生层与残留于土壤剖面中的母质层次性具有根本性的不同，如沉积岩第四纪沉积物中的砂、黏相间的沉积学层次，它们虽保留在土壤剖面中，但它们的特性不是成土作用所为，是一种非发生学土层。作为一个土壤发生层，至少应能被肉眼识别。

(二) 主要发生层

在描述每一个土壤剖面时，应划分土壤发生层次并给予命名，以便为揭示每一个土壤剖面内各发生层间的发生关系提供信息。正确地或恰当地比较这些发生层次，对于推断数个被描述剖面的相关关系也是有帮助的。应用一定的符号表示土壤剖面发生层，以便对所观察到的土壤特征给予发生意义上的指示，或为以后根据剖面描述解释土壤提供信息。在土壤学发展的初期（19 世纪末），道库恰耶夫就把土壤剖面分为三个发生层：A 层（腐殖质聚积表层）、B 层（过渡层）和 C 层（母质层）。后来不断有人研究并提出新的土层命名建议，土层的划分也越来越细。但总的来说，基本的土层命名仍不脱离道库恰耶夫 ABC 传统命名法。目前在国际上虽尚无统一的土层命名法，但自 1967 年国际土壤学会提出把土壤剖面划分为：O 层（有机层）、A 层（腐殖质层）、E 层（淋溶层）、B 层（淀积层）、C 层（母质层）和 R 层（基岩）等 6 个主要土层以来，经过一个时期的应用实践，目前已为越来越多国家的土壤工作者所承认和采用。我国对各土层的命名及采用的符号也不一致，但在土壤调查和研究中也趋向采用 H、O、A、E、B、C、R 土层命名法。严格地说，C 层和 R 层不应叫做"土壤发生层"，但可叫做"土层"，因为它们的特性不是由成土过程所产生的，它们作为土壤剖面的一个重要部分与主要发生土层并列。

现将我国在土壤普查中常用主要发生层介绍如下。在第二次土壤普查汇总编写的《中国土壤》（1998）中有特殊规定的，在某一字母后加以说明。

1. 基本发生层

（1）H 层　泥炭层。在长期水分饱和的情况下，湿生性植物残体在表面累积形成的一种有机物质层。如果矿质部分含有 ≥60% 的黏粒，其有机质含量 ≥30%；如果矿质部分不含有黏粒，含≥20%的有机质；当黏粒含量为 0%～60%时，相应的有机质含量为 20%～30%。

（2）O 层　有机质层，包括枯枝落叶层、草根盘结层。在通气干燥条件下，植物残体不能分解而大量在地表累积形成的有机物层，新鲜或部分分解的有机物质，是枯枝落叶堆积过程。其有机质积聚一般超过 30%以上。有些植物残片还清楚可辨，或有一定分解，相当于过去土壤文献中 Ao（半分解层）、Aoo 层（未分解层）。

（3）A 层　腐殖质表层或受耕作影响的表层。其特征是土壤腐殖质与矿质土粒充分混合，颜色较暗，结构一般较好，有机质含量高于下垫土层，一般在 1%～10%。并具有如下两条特征：①有与矿质部分紧密结合的腐殖质化的有机质累积，且 B 层和 E 层的性质不明显；②具有因耕作、放牧或类似的扰动作用而形成的土壤性质。如果一个表层同时具有 A 层和 E 层的性质，但其主要特点是聚积腐殖化有机质，那么这一发生层应划分为 A 层。在温暖而干旱的气候条件下，未扰动的表层可比下垫土层颜色淡，有机质含量很低，其矿质部分也未或很少风化、蚀变，但在形态学上它与 C 层不同；因其位于地表，故仍划分为 A 层。

（4）E 层　淋溶、漂白层。表示该土层硅酸盐黏粒和铁、铝淋失，石英或其他抗风化矿物的砂粒或粉粒相对富集的矿质淋溶层，一般土色浅淡、质地沙化，它包括原土壤学文献中的灰化层（A_2）和漂白层。E 层的颜色与下面 B 层相比，一般土色要淡一些，但也有例外。有些土壤 E 层的颜色由砂粒或粉粒的颜色所决定，也有很多土壤由于有铁或其他化合物的胶膜包被，掩蔽了一级颗粒的颜色。E 层通常可借其与上覆 A 层相比，具有较浅的颜色和较少有机质含量予以鉴别。与 B 层相比，则有较高的亮度和较低的彩度，或较粗的质地。E 层一般接近表层，位于 O 层或 A 层之下，B 层之上。然而，有时字母"E"也可表示剖面中任一符合上述 E 层的发生层，而不考虑它在剖面中的位置。

（5）B 层　物质淀积或聚集层，或风化层。位于 O、A、E 层以下的心土层位的发生层，完全或几乎完全丧失岩石结构与外形，并具有下列一个或一个以上特征：①硅酸盐黏粒、铁、铝、腐殖质、碳酸盐、石膏的淀积，这些物质可单独出现，也可同时存在；②硅酸重新淋失；③三氧化物、二氧化物的残积；④由于存在三氧化物、二氧化物胶膜，因此与没有铁明显淀积的上下土层相比，该层具有较低的亮度，较高的彩度和较红的色调；⑤如果该层体积随土壤水分含量的变化而变化（即干湿交替），使形成的硅酸盐黏土或释放出的游离氧化物，形成核状、块状或棱柱状结构。很明显，B 层的种类很多（包括淀积层、聚积层、风化B 层等），在土体中的位置也各不相同。但所有 B 层都是表下层，或者曾经是表下层但因侵蚀而处于表层。B 层是反映当地土壤长期形成过程的结果，具有相对的稳定性，所以它往往是土壤类型鉴定的主要依据。

（6）C 层　成土母质层。不具备土壤性质的发生层或土层，也不包括未受发生过程影响的坚硬基岩。多数 C 层是矿质土层，但有机的湖积层也划为 C 层。其中有风化的基岩，疏松的沉积物，甚至有生物性的腐泥，有的母质中甚至有部分可溶性盐和碳酸钙积聚。有些 A—C 型的土壤，其 C 层可能有少量的成土过程的影响。

（7）R 层　岩石层。表示坚硬的基岩。花岗岩、流纹岩、玄武岩、石英岩或硬结的石灰岩或砂岩等都属于坚硬基岩，应划为 R 层。一般工具难以挖动，也很少有植物根系穿插。允许根系发展的砾质或石质物质被认为是 C 层。岩石裂缝中可能有黏土填充，或有黏粒胶膜覆盖于岩块表面。

根据以上土层的层位关系，排列顺序如图 4-8 所示。

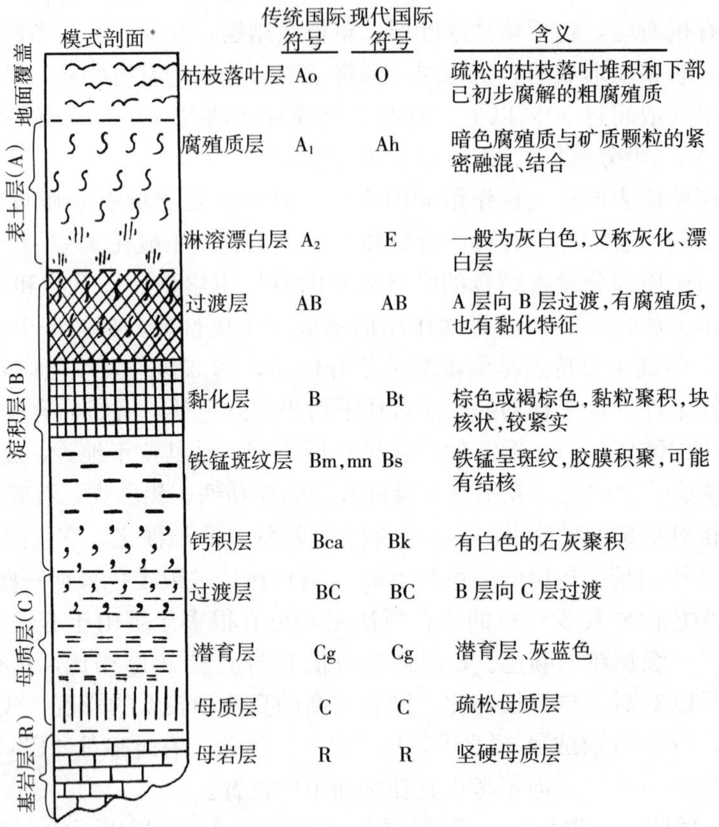

模式剖面*		传统国际符号	现代国际符号	含义
地面覆盖	枯枝落叶层	Ao	O	疏松的枯枝落叶堆积和下部已初步腐解的粗腐殖质
表土层(A)	腐殖质层	A_1	Ah	暗色腐殖质与矿质颗粒的紧密融混、结合
	淋溶漂白层	A_2	E	一般为灰白色，又称灰化、漂白层
	过渡层	AB	AB	A 层向 B 层过渡，有腐殖质，也有黏化特征
淀积层(B)	黏化层	B	Bt	棕色或褐棕色，黏粒聚积，块核状，较紧实
	铁锰斑纹层	Bm,mn	Bs	铁锰呈斑纹，胶膜积聚，可能有结核
	钙积层	Bca	Bk	有白色的石灰聚积
母质层(C)	过渡层	BC	BC	B 层向 C 层过渡
	潜育层	Cg	Cg	潜育层、灰蓝色
	母质层	C	C	疏松母质层
基岩层(R)	母岩层	R	R	坚硬母质层

图 4-8　土壤剖面层次模式图

* 它不代表任何一个具体的土壤类型

2. 特定发生层　除了上述一些"正常的"主要发生层外，尚有一些在特定条件下形成的发生层，它们在发生学上有其特定的共性，难以完全符合上述几种主要发生层的定义，而且根据我国的传统习惯也有必要将之独立划分为土壤的主要发生层。其中有：

（1）G 层　潜育层。长期被水饱和，土壤中的铁、锰还原并迁移，土体呈灰蓝、灰绿或灰色的矿质发生层。国外多将它视作 B 层或 C 层的一种特性来处理，划分为 Bg 或 Cg 层。但在很多情况下（如水稻土中），这种潜育层往往难以判断它原来是 B 层或 C 层。长期来，我国土壤工作者视之为独立的发生层。

（2）K 层　矿质结壳层。一般位于矿质土壤的 A 层之上，如盐结壳、铁结壳等。出现于 A 层之下的盐盘、铁盘则不能叫做 K 层。

（3）P 层　犁底层。主要见于耕作层之下，由于农具镇压、人畜践踏等压实而形成。土体紧实，容重较大；既有物质的淋失，也有物质的淀积。在土壤发生上有 A、E、B 层的一种、两种或均兼有。因此不能硬性将之划为 A 层。

3. 发生层的续分与细分　主要发生层按其发生上的特定性质可进一步分为一系列特性发生层。它们用一个英文大写字母之后再加一个或两个小写字母做后缀，可以用来修饰主要发生土层的形态或性状。用英文字母符号联合所标注的土壤发生层，可通过加一个数字，表示该发生层或土层在垂直方向再次连续地划分为亚层次，如 Bt_2 - Bt_3 - Bt_4。数字词尾总是跟在所有的字母符号之后。在改变字母符号的情况下，数字次序再重新排列，如 Bt_1 - Bt_2，Btx_1 - Btx_2。但数字次序不被由于母质或岩性的不连续所打断。

在书写形式上，用英文小写字母并列置于基本发生层大写字母之后（而不是右下角）表示发生层的特性。英文字母不够用时，借用希腊字母作后缀。一种特性只用一个字母表示。如 Ah、Ap 层。小写字母可以联合起来表示在同一发生层共同出现的性质，如 Ahz、Bty、Cck。通常，在联合使用时，小写字母的应用不会多于两个。对过渡土层，小写不仅修饰大写字母中的一个，而且用作修饰整个过渡土层，如 Bck、Abg。对于混合土层，如有必要，可用小写字母分别修饰大写字母，如 Ah/Bt。

用数字划分亚层适用于过渡层，在这种情况下应理解为数字词尾并不是修饰最后一个大写字母，而是修饰整个发生层的，如 AB_1、AB_2。数字不作为词尾来表示没有定性的 A 和 B 层，以避免与老的土层标号系统冲突。如果对没有用小写字母修饰的 A 层或 B 层再次划分，且必须用数字垂直再次划分的情况下，应在数字词尾前附加小写字母词尾 u，如 Bu_1 - Bu_2 - Bu_3。

主要发生层或特性发生层的续分：①可按其发育程度上的差异进一步续分为若干亚层，均以阿拉伯数字与大写字母并列表示，如 C_1、C_2，Bt_1、Bt_2、Bt_3；②对某些特性发生层（P、R、S），按其发生特性的差异进一步细分。例如，Ap（受耕作影响的表层）细分为 Ap_1 层（耕作层）和 Ap_2 层（犁底层）；Br 层（水稻土潴育层）分为 Br_1 层（铁淀积层）和 Br_2（锰淀积层）；Bs 层（铁锰淀积层）分为 Bs_1 层（铁淀积层）和 Bs_2 层（锰淀积层）。

（三）发生层的观测与记载

农业土壤的土体构造状况，是人类长期耕作栽培活动的产物，它是在不同的自然土壤剖面上发育而来的，因此比较复杂。在农业土壤中，旱地和水田由于长期利用方式、耕作、灌排措施和水分状况的不同，明显地反映出不同的层次构造。

1. 旱地土壤的发生层　在第二次土壤普查汇总编写的《中国土壤》（1998）中将原 AC 型旱耕土壤分为 4 层：旱耕层，代号 A_{11}；亚耕层，代号 A_{12}；心土层，代号 C_1；底土层，代号 C_2。

2. 水田土壤的发生层　水田土壤由于长期种稻，受水浸渍，并经历频繁的水旱交替，形成了不同于旱地的剖面形态和土体构型。在第二次土壤普查汇总编写的《中国土壤》（1998）中将水稻土分为：耕作层（淹育层），代号 Aa；犁底层，代号 Ap；渗育层，代号 P；潴育层，代号 W；潜育层，代号 G 及脱潜层，代号 Gw 等土层。

上述农业土壤的层次分化是农业土壤发育的一般趋势，由于农业生产条件和自然条件的多样性，致使农业土壤的土体构型也呈复杂状况，有的层次分化明显，有的则不明显或不完全。各层厚度差异也较大，因此田间观察时，应据具体情况进行划分。

用来限定主要发生土层的小写字母有下面这些：

①b 表示埋藏层，如 Btb。该埋藏土层之上的覆盖土壤物质应在 50cm 厚，或者当覆盖物质厚度是被埋藏土体（A+B）厚度的一半时，该覆盖层至少 35cm 厚。

②c 表示结核形式的积聚。这个词尾通常与另一个表示结核物质性质的小写字母联合使用，Bck 表示碳酸钙结核（砂姜）的存在。

③d 表示漂灰特征（《中国土壤》1998）。
④f 表示冰冻特征（《中国土壤》1998）。
⑤g 反映氧化还原过程所造成的铁锰斑点、斑块，如 Bg、Btg、Cg。
⑥h 有机质在矿质土壤中的自然积聚层，如 Ah、Bh。对于 A 层，h 仅应用在没有因耕作、放牧或其他人为活动所造成的扰动或混合的地方，即 h 和 p 实际上是相互排斥的。
⑦i 表示弱分解有机质。
⑧k 表示碳酸钙的积聚，如 Bk 表示有菌丝状碳酸钙存在。
⑨m 表示强烈胶结、固结、硬化层次。这个小写字母通常与另一个表示胶结物质的词尾联合使用，置于属何性质的符号后面。如 Bkm 表示石灰盘，Bym 表示石膏盘，Bzm 表示盐盘，Btm 表示黏盘。
⑩n 表示代换性钠的积聚，如 Btn 表示一个碱化层。
⑪p 表示由耕作或其他耕作活动造成的扰动，如 Ap 表示耕层。
⑫q 表示次生硅质的累积，如 Cmq 表示在 C 层的硅化层。
⑬r 为半风化层，松软基质，可用铁锹挖掘，但根系不能穿插。在第二次土壤普查汇总编写《中国土壤》（1998）中空缺。联合国粮农组织定义为由于地下水影响的结果，强烈的还原，如 Cr。
⑭s 代表二氧化物、三氧化物的累积，如 Bs 表示砖红壤层或氧化层。
⑮t 表示黏粒的积聚，如 Bt 表示黏化层。
⑯u 表示未特别指出的层次。这个小写字母用在有关的 A 和 B 层未被上述那些小写字母词尾修饰，但必须用数字垂直再次划分的情况下，如 Au_1、Au_2、Bu_1、Bu_2。附加 u 到大写字母上是为了避免与以前的记号 A_1、A_2、A_3、B_1、B_2、B_3 混淆，过去的 A_1、A_2、A_3、B_1、B_2、B_3 有发生学的含义；A_2 表示漂白层，现在漂白层用 E 表示了。如果不必用数字词尾再次划分，符号 A 和 B 也可单独使用。u 表示锈色斑纹（《中国土壤》1998）。
⑰w 指无论是黏粒含量，还是颜色或结构有所变化的土层，一般修饰 B 层，如 Bw。它反映在原位发生的变化，即所谓"土内风化"或"蚀变"。
⑱x 表示脆盘或脆壳的存在，如 Btx。y 表示石膏的累积，如 Cy 表示有石膏结晶存在。z 比石膏更易溶的盐分累积，如 Az 或 Ahz 表示表层盐化。
⑲su 表示硫化物的聚集（《中国土壤》1998）。
⑳mo 表示铁锰胶膜（《中国土壤》1998）。

当需要时，词尾 i、e 和 a 能用来修饰 H 层，它们分别代表纤维质有机质层（Hi），半分解的有机质层（He）或高度分解的有机质层（Ha）。

小写字母可以用来描述在剖面内的诊断层和诊断特征。例如，黏化的 B 层为 Bt，碱化的 B 层为 Btn，蚀变的 B 层为 Bw，灰化淀积的 B 层为 Bhs、Bh 或 Bs，氧化的 B 层为 Bws，钙积层为 k，石灰结盘层为 km，石膏层为 y，石膏结盘层为 ym，铁盘层为 sm，铁铝斑纹层为 sg，脆盘为 x，锈纹、锈斑层为 g。应该强调指出，在一个剖面描述里某个层次名称的使用并不是必然有一个诊断层或性质的存在（像前面所说的 B 层里所指出的），而字母符号仅仅反映一个定性的估计。在需要用多个小写字母做后缀时，习惯上把 a、e、i、h、r、s、t 和 w 排在前面。除 Bhs（腐殖质—三氧化物、二氧化物淀积层）和 Crt（具有黏粒胶膜的半风化层）外，上述小写字母不能在一个土层中进行组合。f、g、m 和 x 排在最后，如 Bkm

(石灰盘层)。

虽然 Bw、Bs 和 Bh 层可以出现于 Bt 层之上或之下,但绝不能划分并命名出 Bth、Bts 或 Btw 层。若某一层系埋藏层,其符号 b 应排在最后,如 Btb(埋藏黏粒淀积层)。

在《中国土壤系统分类》中,关于土壤发生层的划分和命名,特别是附加符号与数字的表示,根据我国土壤特点,在尽量向国际化靠拢的前提下,吸收美国和联合国的共同点,从比较其差异中择其合适者,缺乏或不适当者则予以增补或调整;作增补或调整时尽量保留我国已有方案中可取者,提出了一个建议草案。土壤剖面发生层位与层次字母注记如表 4-4 所示。

表 4-4 土壤剖面发生层位与层次字母注记

土层符号			土层后缀符号	
	名称	符号	名称	符号
耕作土壤	水稻土	耕作层	Aa	腐解良好的腐殖质层	a
		犁底层	Ap	埋藏层	b
		渗育层	P	结核形式的积聚	c
		潴育层	W	粗腐殖质层:粗纤维≥30%	d
		脱潜层	Gw	水耕熟化的渗育层	e
		潜育层	G	永冻层	f
		漂洗层	E	氧化还原层	g
		腐泥层	M	矿质土壤的有机质的自然积聚层	h
	平原旱地	旱耕层	A_{11}	灌溉淤积层	i
		亚耕层	A_{12}	碳酸钙的积聚层	k
		心土层	C_1	对壳层、龟裂层	l
		底土层	C_2	强烈胶结,固结,硬化层次	m
林、草地土壤		泥炭状有机质层	H	代换性钠积聚层	n
		纤维质泥炭层	Hi	R_2O_3 的残余积聚层	o
		半分解泥炭层	He	耕作层	p
		高分解泥炭层	Ha	次生硅积聚层	q
		凋落物有机质层	O	砾幂	r
		在地面或近地面形成的矿质层	A	R_2O_3 的淋溶积聚层	s
		淡色、少有机质、沙粒或粉砂粒富积的矿质层	E	黏化层	t
		母质特征消失或微弱可见的矿质层	B	网纹层	v
		受成土过程影响小或不受影响的母质层	C	风化过渡(CAMBIC)层	w
		不受成土过程影响的碎屑土层	D	脆磐层,脆壳层	x
		坚硬或极坚硬基岩	R	石膏积聚层	y
				盐分积聚层	z

注:在各小写字母后,可用"1"、"2"等代号进一步区分,如 p_1:耕作层,p_2:犁底层,O_1:Aoo 层,O_2:Ao 等。

3. 过渡土层和指间层的划分

(1)过渡土层 有时在两个发生层之间出现兼有两层特征的过渡层,如 A 层和 B 层之间的 AB 层。符号用代表上下两个发生层的大写字母连写，如 AE、EB、BE、BC、AB、BA、AC 来表示，第一个字母标志着过渡层和这个主要层次更相似一些。如 AB 层表示该过渡层的特征主要像 A 层。

（2）指间层 有的土壤剖面具有舌状、指状、参差状土壤界线。两种土层犬牙交错的部分称为指间层。可用上下发生层符号以斜线分隔（/）置于其间，前面的大写字母代表该发生层在指间层中占优势。如 E/B、B/D 层。

4. 发生层出现深度的量测与记载 这些测定应以 cm 为单位记录下来，深度测定应从真正的土体上限开始（即紧接着枯枝落叶层或其他没分解的植物物质之下开始）。位于矿质土壤 A 层之上的 O 层和 K 层，其厚度从 A 层向上量测，并前置"+"表示。土壤剖面深度自 A 层开始向下量测。例如：

O_1：$+4\sim+2$cm；K：$+1\sim0$cm；

O_2：$+2\sim0$cm；A：$0\sim10$cm

在发生层厚度上存在任何显著变化的地方，其上限到下限的深度范围，应与在剖面上所观察的这个发生层的厚度范围一起记录下来，如 $45/50\sim55/65$cm，表明层次厚度变化从 $5\sim20$cm。

5. 发生层的过渡特征 在两个主要发生层之间，出现兼有上、下两层特征的部分，在剖面观察中有时将它单独划分为一个层次，即过渡层。其过渡特点、界线形状及其清晰度，具有重要的发生学意义，是确定成土作用强度及其总趋势的标准之一，具有一定的诊断意义。过渡层按其发生层边界的明显程度和形态进行描述。

（1）按边界明显度 可分为如下 4 种过渡形式。

①突然（abrupt）：上下土层之间不确定的范围（界面厚度）为 $0\sim2$cm。

②清楚（clear）：上下土层的界面明显过渡，界面厚度在 $2\sim5$cm。

③渐变（gradual）：上下土层过渡界面厚度较大，$5\sim15$cm。

④扩散（diffuse）：上下土层的界面模糊不清，厚度 >15cm。例如，有时某一层的层间既像层又不像层，则可用来表示。特别是淡色的腐殖质表层与雏形黏化常有此现象。

（2）按边界形状 往往与地形、母质有关，可分为以下四种形态（图 4-9）。

①平直（smooth）：或称平滑形，界线基本在一平面上。这是大多数土壤的界面特征，尤其在剖面下部分变化程度最弱的部位。这种边界形状在土层渐变过渡情况下是常见的。但在突然过渡的情况下，也有可能出现。如耕作土壤的耕作层，成土母质的水平层理等。

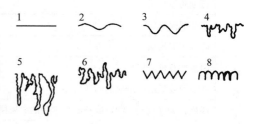

图 4-9 土壤剖面层间界线的形状
1. 平直形 2. 波浪形 3. 袋形 4. 舌形
5. 渗流形 6. 蚀沟形 7. 锯齿形 8. 栅栏形

②波状（wave）：界线呈波状起伏，其振幅与波长之比 <0.5。按波长大小可细分为：细波状（$\lambda<5$cm），中波状（$\lambda 5\sim10$cm），大波状（$\lambda>10$cm）。当波状界线的波谷很浅，而波长较大时，即波的深宽比 <0.5，可以认为是一种"袋形"的波状界线；当波状界线波峰、波谷锐利，且频率很高，形状似锯齿形时，可称为"锯齿形"波状界线；当波状界线呈峡口深谷、波峰呈椭圆柱状的栅栏形时，可称"栅栏形"波状界线，它只发生在柱状碱土中。上述界线形态都是一种特殊波状土壤过渡界线。

③不规则（irregular）：其过渡界线无固定形状，上下土层之间呈犬牙交错，或似舌状、或似指状（渗流形）、或似蚀沟状。这样不规则的过渡层，称之为"指间层"。

④间断（broken）：其土层过渡界线时明时隐，间断出现。其明显部分界线形状可以是上述各种形态。

6. 发生层垂直序列与异元母质土层的表示

（1）*发生层序列* 土壤剖面可以用发生层垂直序列来表示，其表示形式一般用发生层符号的并列中间加连字符的方式反映，如 A-B-C、A-E-B-C-R 等。

（2）*异元母质* 当两种以上母质上发育的或两个间断成土过程所形成的剖面，应通过土层颗粒大小分布、矿质组成、发育程度等明显差异鉴别后，视分异的明显程度而确定（^{14}C 或微古孢粉分析更有说服力）。在剖面垂直序列表示中，应在第二种母质或第二个成土过程所发育的发生层符号 A、E、B、C 和 R 前，加阿拉伯数字"2"（代替过去使用的罗马数字）作为前缀，以反映母质异元和两个成土过程（有两种以上的母质或成土过程者，以此类推）。如 A-E-Bt_1-Bt_2-$2Bt_3$-2C-2R。在冲积物上形成的土壤，只要砂黏间层的层理尚未形成发生层，仍然不能称为异元母质。

由异元母质形成的土壤，其上部土层的物质为"1"，可省略不写。只在第二种物质上形成的土层名称前加"2"表示。剖面中由上至下物质种类的变化，即母质不连续性的顺序用数字表示，即使物质"2"下面的物质与物质"1"相同，也应依次用"3"作前缀。这里，数字前缀只说明物质的改变，而不表明物质的种类。另外，同一发生层的续分并不受异元母质，即物质不连续性的影响。例如，上面所举例的 A-E-Bt_1-Bt_2-$2Bt_3$-2C-2R 垂直序列中，说明：①该剖面由异元母质发育而成，剖面上部的 A-E-Bt_1-Bt_2 形成于物质"1"，剖面下部的 $2Bt_3$-2C-2R 则形成于物质"2"；②该垂直序列只表示物质的改变，并不表明物质的种类；③同一发生层 Bt 的续分，并不受物质不连续性的影响，Bt 层应作为一个整体进行续分，不能写成 Bt_1-Bt_2-$2Bt_1$。

土壤剖面中的埋藏层，虽然与上覆"沉积层"并非同时形成，但若岩性相同，则不必加数字前缀。只是在岩性相异时，才加前缀，如 Ap-Bt-2Ab-$2Btb_1$-$2Btb_2$-2C-2R。

二、土壤发生型与土体构型

（一）土壤发生型

土壤发生型是指土壤发生层垂直序列的高度综合、概括的类型。也就是说，按其共性抽象出来的土壤发生层排列组合的形式。它相当于传统土壤学文献中的土壤剖面构造类型，故有人称"土壤剖面构型"。土壤发生型是土壤高级分类的重要依据，每个高级分类单元土壤都有其相应的发生型。如典型红壤土类为 A-Bs-C，普通水稻土亚类为 Ap_1-Ap_2-Br-C 等。

（二）土体构型

不同的土壤发生学层次构成了不同的层次组合称为土体构型。它们是区别和鉴定土壤的基础。这里特别要注意的是指具体土层，不是抽象土层，它包括具体的发生学土层和非发生学的母质层次（沉积学层理）。一种土体构型是一种土壤基层分类单元（如土种剖面）的描述，如一个发育于河漫滩沉积物上的潴育水稻土亚类的土体构型是 Ap_1（壤）- Ap_2（黏壤）- Br_1（黏土）- Br_2（黏土）- C_1（壤）- C_2（砂壤）。土体构型是土壤基层分类（土种、变种）的依据，也是土壤评价的客观依据，因为它直接关系到水、肥、气、热等肥力因素在土壤中的分配与运行。

三、土壤形态要素及其描述

土壤剖面描述是土壤调查野外工作的重要组成部分，因为土壤剖面一方面综合地"记录"和反映了各成土因素对该土体的影响，另一方面也反映了该土壤的肥力特征，所以土壤剖面特征是土壤分类和制图单元划分的基础。因此，土壤剖面的描述、记载都必须按标准严格地进行。

（一）土壤颜色

土壤颜色，首先取决于土壤的化学组合和矿物组成。这一点早在土壤学发展初期就被土壤学家所认识。因此，土壤学家甚至在简单的野外调查中就能做出关于土壤物质组成、土壤性质及其主要特征的充分肯定的判断。

土壤颜色一部分继承于成土母质，一部分且常常是较大一部分来自成土过程。例如，发育于紫色砂岩的紫色土，其紫色是母岩所赋予的；而发育于石灰岩的红色石灰土、棕色石灰土和黄色石灰土等，其颜色产生于成土过程中。

1. 土壤颜色及其发生学意义　土壤颜色的基本色调为黑、红、白三色。常见的棕、黄、灰均由它们派生出来。紫色和蓝色只在特种母质或特定成土条件下才会出现。

（1）**黑色**　染黑土壤的物质主要是腐殖质。腐殖质组成中，灰色的胡敏酸组分具有最暗的亮度，而富里酸组分颜色最浅。因此，不是每一种腐殖质都给土壤染黑（甚至在其含量很高时也是这样），而只是高聚度胡敏酸盐在土壤中聚积才使土壤变黑。对土壤而言，含蒙脱型黏粒的土壤，其腐殖质染黑作用特别强烈。如果土壤中含有许多蒙脱型黏粒，即使腐殖质含量较少的情况下，但它因腐殖质以特殊的腐殖质—黏粒复合体（即有机—无机复合体）形式聚积，土壤也能呈现黑色。例如，热带的变性土中就有这种情况。土壤的腐殖质含量与土壤黑色色值之间并无完全的相关性，因它受腐殖质组分和土壤黏粒矿物类型、含量的影响，通常所说的"土壤越黑腐殖质越多"，仅仅是广义上的。严格地说应该是指某一土类范围内，这种说法是正确的，土壤黑色可以作为土壤肥沃程度的直观指标。除腐殖质外，能使土壤染黑的物质还有：黑色原生矿物（黑云母、角闪石、辉石等），新生的黑色氧化物（磁铁矿——Fe_3O_4），硫化物（水化黄铁矿——$FeS·2H_2O$），以及母岩、母质赋予的有机碳（如碳质页岩和碳质灰岩的有机碳，沉积母质中的木炭等）。

（2）**红色**　主要由铁的氧化物引起。土壤红色程度的变化，一方面受土壤中氧化铁含量的影响，另一方面也受氧化铁水化度的影响。在相似的氧化铁含量情况下，土壤颜色随着氧化铁水化度的降低由黄向红发展，即脱水红化。例如，黄磁铁矿（$Fe_2O_3·2H_2O$）为黄色，褐铁矿（$2Fe_2O_3·nH_2O$）呈黄棕色，针铁矿（$FeOOH$）显红棕色，赤铁矿（Fe_2O_3）显红色。在土壤水分状况相同的条件下，土壤红色程度随游离氧化铁含量提高而加深。熊毅对江西红壤的试验结果证实了这一点，即粉红色红壤，Fe_2O_3 为 6.25%；橘红色红壤，Fe_2O_3 为

14.30%；红色红壤，Fe_2O_3 为 15.56%；黑红色红壤，Fe_2O_3 达 23.36%。

（3）**白色** 主要同土壤中的石英、高岭土、石灰和水溶性盐类这 4 种组分有关。此外，某些浅色的原生矿物（如斜长石）也能使土壤具有较浅的颜色。沼泽土所特有的蓝铁矿，在潮湿状态下具有特别雪白的颜色。石膏或硬石膏的细小晶体也能使土壤具有白色。

（4）**紫色** 是游离态的锰氧化物含量高的证据。这是相当少见的现象，它同含锰元素较高的成土母质有关。

（5）**蓝色** 土壤中纯蓝色很少见，只有在北方某些沼泽土类的潜育层中才会出现，它同干燥状态下的蓝铁矿有关。但是由蓝色派生的灰蓝色几乎在所有沼泽土或沼泽化土中广泛出现，它同一些含亚铁的特殊矿物有关。

（6）**绿色** 是在过度潮湿的土壤中形成，这与土壤含有独特带绿色的高铁黏土矿有关，如绿高岭石。

2. 土壤颜色的描述与门塞尔比色卡 基于土壤颜色主要由黑、红、白三色组成的观点出发，1927 年前苏联扎哈罗夫（С. А. Захаров）提出了"土壤颜色三角图"（图 4-10）。但是，他忽视了潜育土壤中普遍出现的蓝色调。所以，以后由索柯诺夫（С. И. Соколов）作了修改，提出了四面立体图（图 4-11）。此图虽增设了蓝绿色，但仍缺少紫色调还不能适应实际应用需要。尽管如此，它们毕竟使土壤颜色描述有了一定标准，在土壤调查中曾被广泛采用。

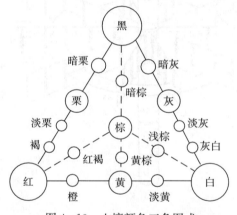

图 4-10 土壤颜色三角图式
(С. А. Захаров)

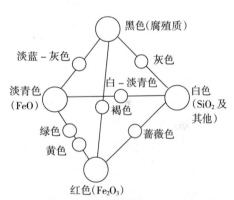

图 4-11 土壤颜色四面立体图
(С. И. Соколов)

随着近代色度科学的发展和印染工艺的改进，尤其是门塞尔颜色序列系统的出现和光谱测定技术的完善，使土壤颜色测定更具科学性。早在 20 世纪 30 年代，国际土壤学会就提出要以门塞尔色谱（Munsell Atlas of Color）作为土壤描述的标准。以后由国际土壤学会向全世界推荐发行了日本出版的《新版标准土色卡》（图 4-12），我国在第二次全国土壤普查中广泛应用。加上我国土壤类型繁多，土壤颜色多种多样，因此，无论是日本的还是美国的土色卡，都不能完全满足我国土壤工作者描述土壤颜色的需要。为此，1989 年由中国科学院南京土壤研究所和西安光学精密机械研究所，根据中国土壤类型特点研制出版了《中国标准土壤色卡》。该色卡设有 28 种色调，426 个色片，基本上可以满足我国土壤颜色的测定和描述需要。

《中国标准土壤色卡》采用门塞尔颜色序列系统，它包括两个互为补充的内容：①形容颜色的标准术语——颜色名称；②门塞尔颜色标记——色调（hue）、明度（value）、彩度

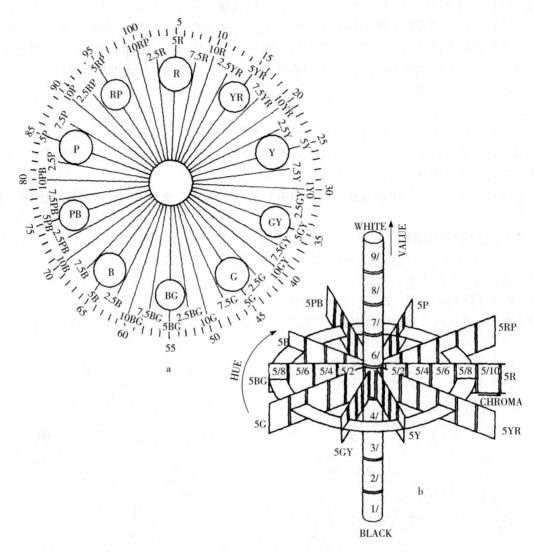

图 4-12 新版标准土色卡

(引自 J. M. Hoelgoon：《Soil Sampling and Soil Description》)

(chroma)，即颜色的三属性。

(1) 色调　色调又称色彩、色别，是指区分物体所呈现颜色的主要特征，它与物体反射光的主波长有关。共分10个基本色调（其符号用光谱色的英文名称缩写字母表示）。其中5个为主色调，即 R（红）、Y（黄）、G（绿）、B（蓝）、P（紫）；5个是中间色调，即 YR（黄红）、GY（绿黄）、BG（蓝绿）、PB（紫蓝）、RP（红紫）。每一种色调又可细分10等分，这样整个色调环在 R（红）到 RP（红紫）之间被分成100等分。在土色卡中以2.5等分值作为基本单位。色调级别是以等分数值在先、色调字母在后，连写表示，如 2.5YR、5YR、7.5YR 等。其中前一色调的尾与后一色调的首正好处在同一等分值上，即首尾相接。如 10R 等分处就是 0YR，而 10YR 又是 0Y 等分处。

(2) 明度　明度又称亮度，是指物体颜色的相对明亮程度，与物体反射光谱的强度有关。以无色彩（neutral color，符号 N）作为基准，将绝对黑（理想的黑色）作为 0，把绝对白

(理想的白色）作为 10，灰色介于 0 与 10 之间。这样由 0 到 10 表示物体逐渐变为明亮。

（3）彩度　彩度也叫饱和度，指物体呈现颜色的鲜艳程度，与其相对纯度或饱和度有关。颜色的彩度随其鲜艳程度的增加而增加，对于绝对无彩色的颜色（纯灰、白和黑），其彩度为 0（这时也无色调）。彩度从 0 开始，按等间距（1、2、3、…）逐渐递增至最大值 20，但因土壤中并不存在很高的彩度，故土色卡中只表示到 8 为止。

《中国标准土壤色卡》的色调页，按色调在色立体中的位置由 RP（红紫）到 R（红）、YR（黄红）、Y（黄）、GY（绿黄）、G（绿）、BG（蓝绿）、B（蓝）、PB（蓝紫）、P（紫）进行系统排列。色调符号记在各色调页的右上角，每一色调页中的纵坐标表示明度，由下向上颜色逐渐变得明亮；横坐标表示彩度，自左向右颜色逐渐鲜艳，由右向左颜色逐渐变灰。各色调页的左邻页为颜色名称页。

门塞尔颜色标记的排列顺序是色调—明度—彩度。例如，某土壤的色调为 YR，明度为 5，彩度为 6，则其颜色标记为 5YR 5/6。书写时在色调值后空一印刷字符后接明度，在明度与彩度之间用斜线分隔号分开，不能写成分子式。门塞尔颜色的完整表示方法，应是颜色名称+门塞尔颜色标记，如亮红棕（5YR 5/6）、灰棕（10YR 6/1）等。

3. 土壤比色方法

①室内选择在光线明亮的窗口，室外找无强烈日光直接照射的地方，在林地应避开树冠、枝叶的阴影处，将一批标本在同一照度下进行统一比色。

②取大小与土色卡片相似的土块，按土块新鲜断面颜色找出与其相似的色调页，并将框格卡覆盖于色片上（淡色土壤用灰卡、暗色土壤用黑卡），露出与土壤颜色接近的色片，即可读得色调、明度和彩度数值。

③若测得土壤的门塞尔颜色值位于两色片之间，可取其中间值。如明度在 5 与 6 之间，可描述为 5.5；彩度在 2 与 3 之间，可描述为 2.5，也即明度和彩度可精确到 0.5 个单位。色调也同样，如处于前后两个色调等分值之间，可取其色调等分值中的 1.25 个单位。例如，某土壤颜色的色调处于 0YR（10R）与 2.5YR 之间，则描述为 1.25YR；在 2.5YR 与 5YR 之间，则为 3.75YR；在 5YR 与 7.5YR 之间，则为 6.25YR；在 7.5YR 与 10YR 之间，则为 8.75YR。

④当土壤彩度很低（为 1）、明度也很低（≤3）时，要特别注意对其色调的测定。

⑤当土壤彩度为 0 时，可用无彩色 N 测定其明度值。

⑥当彩度在 0～1 时，要注意观察其色调是接近 YR 还是 Y 或 GY、G 等。例如，经比色得知其色调按近 5G，明度为 7，则记载为 N7（5G）。

⑦对颜色不均一，夹有杂色斑块或斑纹的土壤比色时，应分别描述土壤底色和斑块、斑纹颜色。当土壤底色或斑纹存在两种或两种以上的门塞尔颜色值时，若色调相同，则只需在括号内并列记载其明度、彩色标记，并用逗号隔开即可。例如，棕灰有橙色（5YR6/6，6/8）斑纹。

⑧干土与湿润的明度可相差 0.5～3 个单位，彩色要相差 0.5～2 个单位，故描述时要注明是干土还是湿润土。如红棕（5YR 4/6 干），浊红棕（5YR 4/4 润）。在室内比色时，干土指风干状态的土壤，湿润土壤颜色可用滴定管将水滴于风干土块表面，待水刚渗入时立即测定。

⑨注意事项。首先，色卡不应长时间曝光，更不能在强烈阳光下照射以防退色；其次，色卡要保持清洁，若沾泥污，可用干净湿布轻揩，不能用任何溶剂擦洗。

4. 土壤红色率（RR）计算 在红壤分类研究中，为了进行红化（赤铁矿化）程度的对比分析，国内外尚有将土壤颜色的门塞尔三属性测定值变换成一个数值，即红色率（RR），以便进行数值处理。具体变换公式如：

$$RR = H \cdot C/V \qquad ①$$
$$RR = (10 - H) \cdot C/V \qquad ②$$

当土壤颜色色调处在 2.5R~10R 时，红色率可按公式①变换；当色调为 2.5YR~10YR 时，则应按公式②换算。式中 H 为色调，C 为彩度，V 为明度。例如，测得某一红壤颜色为 7.5R5/8，则 $RR = (7.5 \times 8)/5 = 12$；若土壤颜色为 7.5YR5/8，则 $RR = (10 - 7.5) \times 8/5 = 4$。

（二）土壤结构

土壤结构是指在自然状况下，土体受外力作用破坏成不同形状、大小和性质的团聚体，又称为土壤结构体。它是由原始机械颗粒或 0.25~10mm 粒径的微团聚体所构成的形成物。是土壤颗粒间的内聚力与黏着力之间的比值差异的反应，土壤学中称之为土壤结构性。这种大小、形状不同的结构体对土体中的水、肥、气、热等因素的变化，对作物根系的活动等影响很大。因此，准确的观察和研究土壤结构具有十分重要的意义。

在剖面观察研究中一般从结构体的形状、大小和发育程度进行分类、分级。

1. 土壤结构体分类 国际采用前苏联扎哈罗夫（С. А. Захаров）的结构体分类方法，即沿结构体的高、宽、厚 3 个方向轴相对发展的长度分为：粒状（三轴相等）、柱状（高大于宽和厚）和片状（高小于宽和厚）（图 4 - 13）。在上述分类基础上，美国农业部（1951）

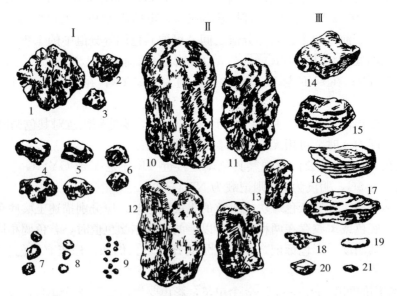

图 4 - 13 标准土壤结构类型简图

Ⅰ类：1. 大团块状 2. 团块状 3. 小团块状 4. 大核状 5. 核状 6. 小核状 7. 大粒状 8. 粒状 9. 屑粒状
Ⅱ类：10. 柱状 11. 小柱状 12. 棱状 13. 小棱状
Ⅲ类：14. 板状 15. 片状 16. 贝状 17. 介壳状 18. 大鳞片状 19. 小鳞片状 20. 小块状 21. 扁豆状

（引自 Академия Наук Ссср Лочвенный Институтим. В. В. Докучаева. Лочвенн ая Сьемка. 1959.）

将扎哈罗夫的结构分类加以修正制订了统一分类的指标,对土壤结构进行细分(表4-5)(图4-14、图4-15、图4-16、图4-17)。

表4-5 土壤结构体的形状大小*

	垂直轴短 水平轴长		垂直轴长 水平轴短		三轴等同发展					
	片状(mm)		柱状(mm)		块状(mm)					
	1 片状	2 鳞片状	3 棱柱状	4 柱状	5 棱块状	6 团块状	7 棱状	8 粒状	9 团块状	10 屑粒状
极小(薄)	≤1	≤1	<10	<10	<5	<5	1	1	1	1
小(薄)	1~2	1~2	10~20	10~20	5~10	5~10	1~2	1~2	1~2	1~2
中	2~5	2~5	20~50	20~50	10~20	10~20	2~5	2~5	2~5	2~5
大(厚)	5~10	—	50~100	50~100	20~50	20~50	5~10	5~10	5~10	—
很大(厚)	>10	—	>100	>100	>50	>50	—	—	>10	—
说明	表面水平	表面弯曲	边角明显无圆头	边角较明显有圆头	边角明显多面体状	边角浑圆	边角尖紧实少孔	浑圆多孔	多种细少颗粒的混杂体	

* 对片状、柱状结构体,以短轴长度计;对块状、粒状结构体,以最大长度计。

2. 土壤结构体发育程度分级

0级:无结构,呈单粒状或整块状。

1级:弱发育结构——有发育不良的、不明显的单个小结构体聚合而成。土壤搅动时破碎成以下几个部分:极少数完整的小结构体,许多破碎的小结构体,大量非结构体单粒。

2级:中度发育结构——有发育良好的明显的单个小结构体组成。单个小结构体明显较硬,但在未扰动土壤中并不明显。土壤搅动时破碎成以下几个部分:许多完整的小结构体,部分破碎的结构体,极少数非结构体单位。

3级:强发育结构——小结构坚硬,在剖面中十分明显,相互间连接很弱,脱离剖面后变化不大,成为极大量的完整的小结构体;极少破碎的小结构体,非结构体单粒极少或根本不存在。

3. 土壤结构的胶结物观测 土壤结构体观察时应注意说明其胶结物质的种类,一般可分三大类:

(1) 腐殖质胶结 一般形成良好的结构体。

(2) 碳酸盐类胶结 形成脆性胶结的结构体。如果大量积聚,形成坚硬的胶结盘。包括石膏、可溶性盐在内。

(3) 铁铝胶结物和硅酸胶结结构 一般均形成坚硬的胶结特性。

土壤结构观察最好在土壤含水量中等状况下进行。某些结构体较大,在破碎后(改变了原有结构),则应分别记载破碎结构体的形状和大小。在剖面中,要注意表土层与心土层结构体分布的差异性。一个土层中常有两种或多种结构,均应如实记载。

(三)土壤质地

土壤质地是土壤基层分类和土壤肥力分级的重要指标,因此土壤剖面观察中质地的野外简易测定是重要的内容之一。

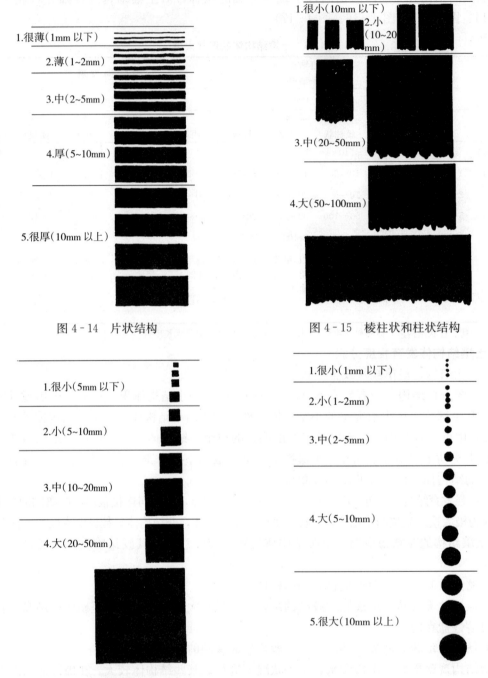

图 4-14 片状结构

图 4-15 棱柱状和柱状结构

图 4-16 角块状和半角块状结构

图 4-17 粒状结构

土壤质地分级，建国后我国一直采用苏联卡庆斯基制，但因其未能反映出对水稻土淀浆板结性影响颇大的粉砂粒组的含量，而对山地土壤颗粒分级又太细（>1mm 作为砾石）的原因，在第二次全国土壤普查中改用"国际制"。然而，"国际制"土壤质地分类从未被国际组织所承认，也未被各国所采用过。相反，美国制土壤质地分类，已被美国土壤系统分类及联合国土壤图中应用。为了便于国际交流，中国土壤系统分类（首次方案）中，也采用了美国制。它既能适用于山地土壤的粗骨性（以 2mm 作为砂、砾的分界线），又能反映出水稻土的粉砂性。

1. 砾石与岩屑

（1）丰度　根据砾石与岩屑占所在土层的体积百分比，分为无、很少（0~2%）、少（2%~5%）、中（5%~15%）、多（15%~40%）、很多（40%~80%）、极多（>80%）。

砾石的测定方法：可直接在剖面中根据砾石分布的特点，选取一定的土壤体积，把其中包含的各种砾石用水洗净后，放入 50ml 的量筒或量杯中测量其增加的体积数，即是该土体中所含砾石的体积数，而后根据所取土体体积大小换算为百分比。

（2）大小　很小（2~5mm）、小（5~20mm）、中（20~75mm）、大（75~250mm）、很大（>250mm）。

（3）形状　扁平、角状、次圆、圆形。

（4）风化度　按风化程度可分为：新鲜，没有或仅有极少风化证据；风化，砾石表面颜色发生明显变化，原晶体已遭破坏，但有的部分仍然保持新鲜状态，基本保持原岩石所具强度；强风化，几乎所有抗风化矿物均已改变原有颜色，施加一定压力即可将砾石弄碎。

（5）磨圆度　按磨圆度可分为：磨圆形、半磨圆形、半棱角形、棱角形。

（6）性质　应尽可能地精确描述岩石或矿物碎屑的性质。如"黑云母片麻岩"、"花岗岩"、"石灰岩"、"石英"等。

2. 细土颗粒分组　根据土壤颗粒的粒径分为极粗砂（1.0~2.0mm）、粗砂（0.5~1.0mm）、中砂（0.25~0.5mm）、细砂（0.1~0.25mm）、极细砂（0.05~0.1mm）、粉粒（0.002~0.05mm）、黏粒（<0.002mm）。

3. 土壤质地分级　采用美国制土壤质地分类，用三角坐标图（图 4-18）表示，可分为

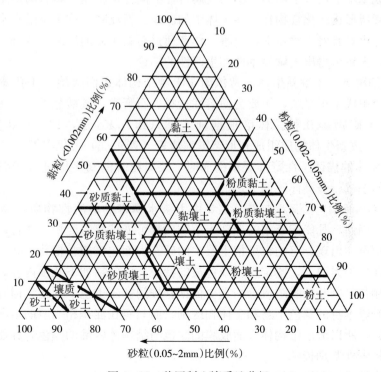

图 4-18　美国制土壤质地分级

六级质地等级：砂土、粉砂壤土、砂壤土、黏壤土、壤土、黏土。

上述质地坐标图应用一般需作土壤颗粒分析，在野外就很难做到。因此，C. F. Shaw 提出了简易质地测定法，被不少国际组织所采用（如联合国教科文组织、国际土壤博物馆）。具体分类如下：

（1）砂土　松散和单位颗粒、能够见到或感觉出单个砂粒。干时抓在手中。稍松开后即散落；润时可捏成团，但一碰即散。

（2）砂壤土　干时手握成团，但极易散落；润时握成团后，用手小心拿起不会散开。

（3）壤土　松软并有砂粒感，平滑，稍黏着。干时手握成团，用手小心拿起不会散开；润时手握成团后，一般性触动不至散开。

（4）粉壤土　干时成块，但易开碎，粉碎后松软，有粉质感；湿时成团或为塑性胶泥。干、润时所呈团块均可随便拿起不散。湿时以拇指与食指搓捻不成条，呈断裂状。

（5）黏壤土　破碎后呈块状，土块干时坚硬，湿土可用拇指与食指搓捻成条，但往往受不住自身重量；润时可塑，手握成团，手拿时更加不易散裂，反而变成坚实的土团。

（6）黏土　干时常为坚硬的土块；润时极可塑。通常有黏着性，手指间搓成长的可塑土条。

（四）土壤新生体

土壤新生体是指成土过程中的产物。更确切地说，土壤新生体是土壤物质中在形态上具有一定外形的分离物和聚积物，它是土壤形成过程的结果（В. Г. Розанов，1988），反映了土壤形成过程中的化学和生物过程。如根据一些元素所形成的不同溶解度的化合物在不同的土体中出现，就基本上反映了不同土壤的气候特征。同样，根据一些容易产生氧化还原电位变化的一些元素所形成的化合物在一些土体中的出现，就反映了该土壤潜水水位的关系。因此，对它的研究更具有发生学意义，土壤工作者通过对新生体的形态、成分、数量和出现部位的观测研究，大致可得出土壤发生性和生产性的结论。

1. 新生体的种类　土壤新生体通常依附于土壤结构体表面或填充于孔隙之中，形态千姿百态。其化学组成也很复杂，主要为易溶性盐类、石膏类、碳酸盐类、三氧化物、铁还原物、硅酸和黏土矿物等几种。林培根据柯夫达（В. А. Ковда，1973）和美国、联合国（FAO）等资料，按新生体物质组成和形态汇编成表（表 4-6）可供参考。

2. 某些新生体的描述　在野外观察剖面时，要对出现的新生体进行详细的描述。以下是按照新生体形态进行分类详述如下。

（1）胶膜（coating）　又称包被，主要由下渗水携带的淋溶性物质在结构体表面的淀积作用形成的。因而，凡能溶于水的上部土壤物质都可能被挟带淀积。并且，凡有下渗水浸透的土层位置都可能出现，有的也可把土层中的砾石表面包被或在根孔、孔的内壁表面发生淀积。但不管在何种界面上，鉴定胶膜或包被的特征，应包括如下几项内容。

①颜色：颜色是判断胶膜组成的重要依据，按门塞尔土色卡描述。但有时由于太薄或呈透明状而使胶膜本身的颜色不易和土体相区别，而只有在淀积相当厚的情况下才会显示与土体色调的差异，所以测定结构体表面胶膜的颜色与结构体内部的颜色差异往往又可以作为胶膜淀积厚薄的野外鉴别指标。

②种类：当胶膜淀积厚度较大时，其色调特征与反映如下。

a. 黏粒胶膜：一般较原土体颜色淡，不反光，放大镜下呈粗糙状。

b. 腐殖质胶膜：为灰色，湿时呈黏沾状，干时反光性强。

c. 腐殖质—无机物质复合胶膜：一般呈红褐色，反光，放大镜下无粗糙感。

d. 三氧化物胶膜：一般是淡红色—红褐色，与复合胶膜较难区别。

e. 石灰膜（石灰结皮）。

此外，结构体表面或孔隙内的细沙和粉沙覆盖物也应进行描述。

③厚度：在野外可根据结构体内、外颜色的差异估测如下。

a. 薄：<0.5mm，结构体内、外颜色无明显差异。

b. 中：0.5～1.0mm，结构体内、外颜色开始变化，特别在彩度上已有明显变化，并趋明亮。

c. 厚：1.0～2.0mm，结构体内、外颜色有明显区别，如赤红壤中的B层棱柱体内为橙色5YR 6/8，结构面为赤褐5YR 4/4，色调虽较一致，但亮度和彩度已有明显差异。

d. 很厚：>2mm。

④丰度：以胶膜表面所占土层面积的百分比计，它表明了胶膜淀积面的广度。野外测定时，可根据胶膜在结构面上的分布情况选择有代表性的结构面，对照丰度测量卡（图4-19）直接估测所占单位结构面上的面积百分比。可分为以下5级：a. 很少：<5%；b. 少：5%～10%；c. 中：10%～20%；d. 多：20%～50%；e. 很多：>50%。

⑤包被情况：指在结构体表面或砾石表面上包被状况。可分为：

a. 斑状：在结构体面上小的稀疏的胶膜斑点或在孔隙壁内存在。

b. 断续状：胶膜包被了很多，但不是全部的结构体表面或在多数孔隙内，但不是全部孔隙内断续排列。

c. 全包被：胶膜完全包被了结构体或完全排列在空隙或水道内。

表4-6 土壤新生体分类表

表现形态 物质组成	粉状	丝状	结皮	结晶	结核	盘状	斑点	胶膜
可溶性盐类（NaCl、CaCl$_2$、MgCl$_2$、Na$_2$SO$_4$等）	白色粉状聚集于地表特别是Na$_2$SO$_4$表现明显	丝状积于土体	白色或灰色结皮出现于盐化土壤表层		出现于盐化土壤	出现于重盐化土壤	白色出现于盐化土壤	
石膏（CaSO$_4$）无水或有结晶水	白色丝状积于土体	丝状积于土体	可形成灰色结壳	透明结晶出现于土体	可以与石灰结合而形成结核	可出现于土体		
石灰（CaCO$_3$）	白色粉状积于土体	假菌丝状积于土体			方解石、"白眼睛"等形式	灰黄色的硬盘、脆盘或软泥		
MnO$_2$					黑色的软结核		黑色斑点	黑色胶膜
三氧化物、四氧化物（Fe$_2$O$_3$、Al$_2$O$_3$、Mn$_3$O$_4$，主要为Fe$_3$O$_4$）		红白色的网纹形成于土体			橘红色或棕色结核（铁子）	红色或棕色的铁盘	黄色斑点	红色或暗棕色胶膜

（续）

物质组成 \ 表现形态	粉状	丝状	结皮	结晶	结核	盘状	斑点	胶膜
蓝铁矿 $[Fe_3(PO_4)_2 \cdot 8H_2O]$							蓝灰色斑点	
硫化铁(FeS)							黑色斑点	
硅酸(H_2SiO_3)	白色粉末附于结构体外					硅酸胶结硬盘		
黏土矿物					黏土脆盘		黏土斑块	黏土膜，黏土桥（砂性土）

⑥分布部位：a. 结构面；b. 根孔内；c. 虫穴内；d. 整个砾石面；e. 砾石底面。

⑦明显程度。

a. 模糊：只有用 10 倍放大镜才能在近处的少数部位看到，与周围物质在颜色、质地和其他性质上差异很小。

b. 明显：不用放大镜即可见到，与相邻物质在颜色、质地和其他性质上有明显差异。

c. 显著：胶膜与结构体内部颜色有十分明显的差异。

（2）结核（concretion）　土壤中铁、锰、铝和钙、镁等物质都可以因水分的淋溶和再淀积，并凝聚形成坚硬的结核体。据目前所见，以铁、锰和铝的氧化物为主成分的硬结核多分布在我国长江以南的红壤地带，而以钙、镁碳酸盐类为主成分的软结核多见于长江以北的石灰性土壤中。

①颜色：按门塞尔比色卡观察记载。

②硬度：a. 软结核：用小刀易于破开；b. 硬结核：用小刀难以破开。

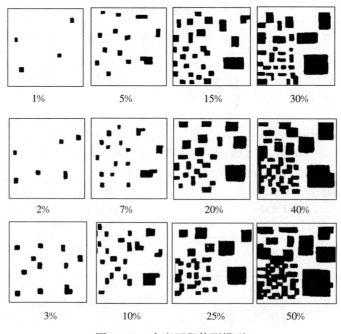

图 4-19　丰度面积估测模型

③组成分：a. 铁锰质结核；b. 铁质结核；c. 石灰质结核；d. 石膏质结核。

④丰度（占土层体积的百分数）：a. 很少：<5%；b. 少：5%～10%；c. 中等：10%～20%；d. 多：20%～50%；e. 很多：>50%（图 4-19）。

⑤大小（按平均直径划分，单位 cm）：a. 小：<2；b. 中：2～10；c. 大：10～30；d. 很大：>30。

⑥形状：a. 米粒状；b. 角块状；c. 管状；d. 球状；e. 不规则形状。

(3) 盘层

①颜色：按门塞尔比色卡观察记载。

②种类：a. 黏盘；b. 铁盘；c. 石灰盘；d. 石膏盘；e. 盐盘；f. 由上列某一物质成分与土体胶结而成的硬盘（如铁质硬盘、石灰质硬盘、石膏质硬盘、磷质硬盘等）。

③盘的连续性：a. 连续：盘层扩展成层，没有或几乎没有沿暴露面断裂；b. 不连续：层次由于裂隙断裂，但各部分保持着原来的方向；c. 断裂：层次由于裂隙断裂，各部分非定向排列。

④盘的结构：a. 大块状：物质没有可确认的结构；b. 气泡状：物质有海绵状结构，有大孔隙，孔隙内有或没有松软物质填充；c. 豆粒状：层次大部分是由胶结一起的球状凝团所构成；d. 凝团状：层次大部分是由不规则形状的凝团所构成；e. 板状：胶结的单位呈板状（垂直方向小，比另外两方向小得多）。"板状"结构的土壤结构体大小级别的确定同样适用于被胶结的物质。

⑤盘的厚度（cm）：a. 薄的：<1；b. 中等厚的：1～5；c. 较厚的：5～10；d. 极厚的：>10。

(4) 结皮　结皮是指在干旱或荒漠条件下形成的有机质含量低，颜色很浅、厚度甚薄的多孔结皮，一般出现在地表。

①颜色：按门塞尔比色卡描述。

②孔隙数量：以<2mm 的细孔隙为主，孔隙数量>14 个/cm^2。

③厚度（cm）：a. 薄的：<1；b. 中等厚的：1～3；c. 厚的：3～5；d. 特厚的：>5，也可称结壳。

④发育程度：a. 发育弱，有小蜂窝状孔隙或无孔；b. 发育较好，有蜂窝状孔隙；c. 发育良好，有蜂窝状孔隙。

⑤结皮的组成：a. 可溶性盐分或石膏的；b. 单一的或混合的；c. 以某一盐类为主。

⑥结皮的结构：a. 水平层状的；b. 蜂窝状的；c. 细孔隙状的或混合的。

⑦结皮的硬度：较松的、脆的、或稍紧实，甚至是坚硬的。

(5) 晶体　晶体是土壤形成发育过程中无机盐类的淋溶与再结晶淀积的新生体，在结构体表面呈胶膜状，沿着裂隙则呈晶霜状，在土壤构成中也可形成晶囊或晶管状物、树枝状晶体和晶页等形态出露。常见的结晶化合物有碳酸盐、碳酸氢盐、硫酸盐和钙、镁、钠的氯化物。结晶矿物的组成分在野外可借助放大镜根据其形态或简易化验方法（如盐酸）加以识别。具体描述时应记载颜色、大小、形状、丰度、化学组成和分布等。

(6) 斑纹　斑纹是土壤发育过程中由于水分的淋溶和生物作用的淀积等综合作用的结果所形成的新生体，常显示为具有较明显的地带性发育。如我国南方多以铁质的锈纹锈斑出现，而北方土壤多以假菌丝体和石灰斑物质出现。

斑纹的发育在渍水土壤中的鉴定和描述对了解土壤的发育和生物过程的作用强度具有重要意义。对斑纹的描述除颜色、丰度外，对其形态特征和发育强度也应予注意。

①颜色：颜色是判断新生体组成成分的重要依据。如红、黄色多为铁化物；黑色或棕褐色多为三氧化物；白色在南方土壤多为高岭石类，而北方土壤多为石灰质物质；蓝色斑为亚铁物质。按门塞尔土色卡观察记载。

②丰度：丰度是说明斑纹的数量指标，可根据斑纹占土体或描述面积的百分数或上述的丰度面积估测模型（图4-19）比较，直接标注其所占土壤层平面积的百分比。但严格地讲，这种新生体在土层中的出现都是以具有三维空间的体积存在，丰度仅能表示面积（二维空间）的特点。因而，详细研究时还应剥开土块具体测量其大小，但在野外情况下，这种描述不如做成薄片进行微形态观察更有意义。一般分为5级：a. 无；b. 少：<2%；c. 中：2%～20%；d. 多：20%～40%；e. 很多：>40%。一般情况下仅用丰度值表示已足够说明其数量指标，大小的量测可以不加考虑。

③大小（mm）：可分为：a. 极小：<1；b. 很小：1～2；c. 小：2～5；d. 中：5～15；e. 大：>15。

④对比度：a. 模糊：要仔细观察才能看到。斑纹色和土壤底色一般属同一色调，其差别不超过1个单位的彩度或两个单位的亮度。也有在亮度和彩度上很相似（都较低），但色调相差一个基本描述单位（即2.5个单位）。b. 明显：斑纹色和土壤底色的差别是：属同一色调，彩度为1～4个单位，亮度为2～4个单位；色调相差一个基本描述单位（2.5个单位），但彩度≤1个单位或亮度≤2个单位。c. 显著：色调、亮度和彩度相差几个单位。彩度和亮度相同，则色调相差至少2个基本描述单位（5个单位）；色调相同，则亮度和彩度至少相差4个单位；色调相差一个基本描述单位（2.5个单位），则至少相差1个单位的彩度或2个单位的亮度。

⑤斑纹边界的清晰度：a. 鲜明：有截然不同的颜色边界；b. 清楚：颜色的过渡带<2mm；c. 扩散：颜色的过渡带>2mm。

⑥分布部位：a. 结构体表面；b. 结构体内；c. 孔隙周围；d. 根系周围。

⑦组成：a. 碳酸盐质；b. 二氧化硅；c. 铁、锰；d. 石膏；e. 其他。

（7）网纹 富含铁质，见于铁铝土层的强风化壳，湿时紧实，干时则不可逆性的硬化，故坚硬。

①颜色：用门塞尔土壤比色卡记载。

②数量：a. 少量：不足体积的20%；b. 中量：网纹占据体积的20%～50%；c. 多量：网纹占据的体积>50%。

（五）植物根系

植物根系发育情况是土壤肥力高低的标志之一。土壤肥沃，通气良好，则根系一般发育良好；相反，则根系发育不良。如果有坚硬层或具体障碍土层，则根系就难穿插伸展。例如，地下水位高的土壤，根系就只能在水位以上的层次中发育。因此，对植物根系的观察、描述和研究也是土壤调查工作中的重要内容之一。

①大小按照直径分为极细：<0.5mm；细：0.5～2mm；中：2～5mm；粗：>5mm。

②丰度共分4级（表4-7）。

③根系性质判别为木本或草本植物根系；活的根或已腐化的根。

④根系深度注意根系集中分布的深度以及主根或须根所达的最大深度，描述时应按粗细、多少分别记载，如"中量粗根和多量极细根"。在水田土壤调查中还要仔细观察根系的特征和数量。例如：正常稻根呈棕红色，根尖呈白色；异常稻根为黑根，整条呈黑色，腐烂；虎尾根呈一节白、一节红的虎尾巴状；白根的整条老根呈白色；须根为许多细小须根占优势的根系，正常稻根极少。

表 4-7 根系丰度分级表

分 级	每 100cm² 中根数	
	极细根和细根	中根和粗根
很少	1~20	1~2
少	20~50	2~5
中	50~100	>5
多	>100	>5

（六）土壤动物

土壤动物数量的多少也是间接反映土壤肥力高低的指标之一。常见的有蚯蚓、田鼠和蚂蚁等昆虫。不同种类的动物，往往反映出不同的肥力水平。例如，一般蚯蚓多的土壤比较肥沃，蚂蟥多的土壤常为酸、瘦土壤。在剖面描述中应详细观察记载动物种类、数量、洞穴和粪便数量等。

（七）土壤侵入体

侵入体是由于人为机械活动混入的物质，与成土过程本身无关，但它能反映土壤受人为影响的程度和人类活动的情况，在耕作土壤时具有重要意义。剖面观察时要说明其种类、数量和出现层位。

1. 种类 其种类有石块、砖瓦片、陶瓷碎片、草木灰、煤渣、贝壳等。

2. 丰度（占土层体积的百分数） ①很少：0~2%；②少：2%~5%；③中：5%~15%；④多：>15%。

（八）地下水位

地下水的状况直接影响成土过程，影响土壤生产力的高低。在土壤剖面观察中，主要观测记载地下水位出现的深度。

四、土壤自然性态的描述

土壤自然性态是指那些在田间表现很不稳定，极易受气候变化和耕作措施等因素影响而变动的土壤性质。主要包括土壤干湿度、土壤结持性、孔隙度和坚实度4项。对它们的观测描述相对比较困难，但它们又都与农业生产关系密切。因此，仍然应当详细描述。

(一) 土壤干湿度

通过土壤剖面干湿度的观察，能部分地看出土壤墒情这个重要的肥力特征，可以判断土壤水分的补给和运动情况。其次，说明土壤湿度状况对于在野外正确解释许多形态特征，尤其是土壤颜色、结构性等十分重要。土壤干湿度是野外描述土壤剖面的重要项目之一。当然，在野外只能对湿度作出定性粗略的鉴定，但对形态分析完全可以满足。其测定标准如下：

1. 干燥 砂土分散成自由单粒，不凉手；壤土和黏土起灰尘或分散成大小不同的自由硬块，不凉手。

2. 半潮湿 砂土散成粒状或不牢固的复粒，略有黏结性，手摸凉意；壤土和黏土散成软团粒，手摸有凉意，很快风干时颜色略浅淡。

3. 潮润 砂土黏结状，不散成自由单粒，手摸感觉很凉，放在滤纸上，使滤纸强烈变湿，用手捏压不能保持赋予的形状；壤土和黏土手摸时很凉，放在滤纸上，使滤纸有些变湿，干燥时颜色明显变浅，用手捏压能保持一定形状。

4. 潮湿 砂土黏结不散，手捏压能保持赋予的形状，手挤压时水湿手，并从指间渗流出来；壤土和黏土能揉捏成面团状，塑性好，水湿手但不会从指间渗流出来。

5. 透湿 沙土能流动，成流沙；壤土和黏土能保持其本身的形状，但用手挤压时水从指间渗流出来。

(二) 土壤结持性

土壤结持性包括黏着性、可塑性和松紧度等，它们都是土壤的重要物理性质，对农业生产影响很大，但定量表达也很困难。在野外描述中，应分别记载干、润、湿时的结持性。

1. 干时结持性 指风干土壤物质在手中挤压时破碎的难易程度。共分6级：

（1）松散 土壤物质相互无黏着性。

（2）松软 在大拇指与食指间，用极轻微压力即能破碎。

（3）稍坚硬 土壤物质有一定的抗压性，在拇指与食指间较易压碎。

（4）坚硬 土壤物质抗压性中等，在拇指与食指间极难压碎，但以全手挤压时可以破碎。

（5）很坚硬 土壤物质抗压性极强，只有全手使劲挤压时才可以破碎。

（6）极硬 在手中无法压碎。

2. 润时结持性 指土壤含水量介于风干土与田间持水量之间时，土壤物质在手中挤压时破碎的难易程度。共分6级：

（1）松散 土壤物质相互之间无黏着性。

（2）极疏松 在大拇指与食指间用极轻微压力即可破碎。

（3）疏松 在大拇指与食指间稍加压力即可破碎。

（4）坚实 在大拇指与食指间加以中等压力即可破碎。

（5）很坚实 在大拇指与食指间极难压碎，但以全手紧压时可以破碎。

（6）极坚实 以大拇指与食指无法压碎，全手紧压时也较难破碎。

3. 湿时结持性

(1) 湿时黏着性　指土壤物质（<2mm）与其他物质相互黏着的程度。在野外，以土壤物质在拇指与食指间的最大黏着程度表示，水分含量以满足土壤获得最大黏着性为准。

①无黏着：两指相互挤压后，实际上无土壤物质依附在手指上；

②稍黏着：两指相互挤压后，仅有一指上依附着土壤物质。两指分开时，土壤无拉长现象；

③黏着：两指挤压后，土壤物质在两指上均有附着，两指分开时，有一定的拉长现象；

④极黏着：两指挤压后分开时，土壤物质在两指上的附着力极强，在两指间拉长性也最强。

(2) 湿时可塑性　指土壤物质在来自任何方向的外力作用下，能持续改变形状而不断裂的能力。观察时取粒径<2mm 的土壤物质，加水湿润，在手中搓成直径为 3mm 的圆土条，然后继续搓细，直至断裂为止。湿时可塑性共分四级：

①无塑：不形成圆条；

②稍塑：可搓成圆条，但稍加外力极易断裂；

③中塑：可搓成圆条，稍加外力较易断裂；

④强塑：可搓成圆条，稍加外力不易断裂。

（三）土壤孔隙度

土壤孔隙是土壤水分和空气运行的通道，其状况直接关系到水、肥、气、热的协调程度。因此，它是评定土壤肥力的重要标志。土壤孔隙度通常是通过对土壤容重、土壤密度（比重）、毛孔持水量等项目测定后换算而得来的。在野外进行土壤剖面观测时应注意描述其形状、大小和丰度。

1. 形状　由不同作用力形成的孔隙形状是不同的，如气泡状孔隙多为水分或空气在土体中运动的作用结果，这种孔隙多时，表明土壤中水、气的作用较为活跃，通透性也较好；管状孔孔隙是小动物或木本植物或水生植物根茎的残余孔洞，当缺乏充填物时，易造成漏水漏肥。可分为：①气泡状；②蜂窝状；③管道状；④孔洞状。

2. 大小　主要是指结构体面上的孔隙大小。按照孔径大小可以分为：①微：<0.1mm；②很细：0.1~2mm；③中：2~5mm；④粗：5~10mm；⑤很粗：>10mm。

微细孔隙在所有的土壤内都存在，但没有显微镜是难以看到的。所以，通常在野外描述时不提到它。孔隙直径可用合适的标线片和手持放大镜测定，或通过与已知直径的物体比较得到。

3. 丰度（以每平方分米的个数计）　①无；②少：1~50 个；③中：50~200 个；④多：>200 个。

4. 孔隙排列的方向　①垂直；②水平；③倾斜；④任意。

5. 连续性　①连续；②断续；③不连续。

6. 分布　①结构体内；②结构体外；③结构体内外。

7. 裂隙　主要是指结构体之间的孔隙，多呈长形和分枝状。

(1) 宽度（mm）　①很细：<1；②细：1~3；③中：3~5；④粗：5~10；⑤很粗：>10。

(2) 长度（cm）　①很小：<10；②小：10~30；③中：30~50；④大：>50。

(3) 间距（cm） ①很小：<10；②小：10～30；③中：30～50；④大：50～100；⑤很大：>100。

第四节　土壤剖面理化性状的简易测定

在野外土壤剖面描述中，有些重要的土壤化学性状往往成为土壤发生分类和生产性评价的重要依据之一，而这些土壤化学性状可以简易测定。因此，应当结合土壤剖面观察，进行分层测定，其中包括土壤酸碱度、石灰性反应、氧化还原电位、电导率和亚铁反应等。

一、土壤 pH 测定

反映土壤酸碱度的 pH 是土壤分类的重要指标，也是影响土壤肥力的环境条件（如养分有效性），故在剖面观测中必须分层测定。pH 测定方法采用混合指示剂比色法。具体比色操作可分瓷盘比色法和薄膜比色法 2 种。

（一）混合指示剂瓷盘比色法

在 6 孔或 12 孔白色瓷盘上，先滴混合指示剂 1～2 滴，看其指示剂是否保持 pH7 中性色值。若指示剂偏离中性而变色，说明瓷盘不清洁，应用蒸馏水重新清洗，直到指示剂保持 pH7 不变色为至。然后，从某一土层取直径 2～3mm 的土粒放入混合指示剂液滴中，用玻璃棒搅拌，静止片刻后以溶液部分的颜色与比色卡进行比色定级。此比色法，比较正确，但需要携带瓷盘、玻璃棒、蒸馏水等，每次都要清洁瓷盘、玻璃棒，在野外操作很不方便。故一般宜在室内进行。

（二）混合指示剂薄膜比色法

它是选用白色透明的塑料薄膜（裁成 5cm×5cm），代替瓷盘，滴 1～2 滴混合指示剂，加小土粒后，用手隔着薄膜将土和指示剂揉捏，然后进行比色。薄膜为一次性消耗材料，不需要清洗回收。因此，野外作业比较方便。

土壤的 pH 分级如下：极酸性：pH<4.5；中性：pH6.6～7.3；较强酸性：pH4.5～5.0；弱碱性：pH7.4～7.8；强酸性：pH5.1～5.5；中碱性：pH7.9～8.4；中酸性：pH5.6～6.0；弱碱性：pH8.5～9.0；弱酸性：pH6.1～6.5；极强碱性：pH>9.0。

土壤 pH 也可用土壤原位 pH 计进行测定。

二、土壤石灰性反应

泡沫反应可以指示土壤中碳酸盐的大体含量。反应强度与样本表面积、干湿程度等有关。在野外测定时，应将新鲜土样在手指间压碎，用少量水浸润后，再滴加 10%（约 1mol/L）的盐酸，观察其泡沫反应的情况。其分级如下：

①无碳酸盐：无泡沫反应，记为"−"；
②轻度碳酸盐的：很微弱的起泡，一般很难看出，但近耳时可以听出声音，记为"+"；

③中度碳酸盐的：能看出泡沫反应，记为"++"；
④强度碳酸盐的：较强的泡沫反应，一般能清楚地看出碳酸盐的颗粒，记为"+++"；
⑤极强碳酸盐的：明显的碳酸盐积聚，泡沫反应强烈，而且往往在起泡时伴随有雾化现象。

三、土壤氧化还原电位（Eh）

氧化还原电位是土壤氧化还原状况的综合指标，是某些土壤（如潜育性土壤）的分类指标之一，具有重要的发生学意义和生产意义。在野外可以用"铂电极直接测定法"进行测试，从而获得土壤现势性的氧化还原电位，分析土壤通气性状况。

（一）测试要点

野外选用 pHS-29A 型酸度计，将铂电极和甘汞电极直接插入待测土层中，平衡 2min 后读数，取得相对的结果。为了测得较为精确的 Eh 值，除对铂电极进行表面处理外，常以延长平衡时间直至读数稳定为止。

根据土层厚度来确定重复次数，一般测 1~10 次，取其平均值。在重复测定前，先将铂电极用水洗净，再用滤纸吸干，然后插入另一处进行测定。如土壤水分适宜，两电极间的电阻不大，饱和甘汞电极可不移动。

（二）土壤氧化还原电位计算

土壤氧化还原电位（Eh）可按下列公式计算：
$$Eh（土壤）= E（实测）+ E（饱和甘汞）$$
式中：E（实测）为电位计读得电位值；E（饱和甘汞）为饱和甘汞电极的理论电位值。

土壤氧化还原状况分级：氧化状况，>400mV；中度还原状况，0~200mV；强还原状况，<0mV。

四、土壤电导率测定

在一定浓度范围内，土壤溶液的含盐量与电导率呈正相关。在土壤溶液中盐类组成比较固定的情况下，用电导率值测定总盐分浓度的高低是相当准确的。因此，电导法用于田间定位，定点测量，及时了解土壤盐分动态变化，是最快速而又精确的方法。电导率是盐土分类中的重要指标。因此，在盐土调查时，应进行电导率测定，一般应取土样回室内成批测定。具体步骤如下：

（一）土壤溶液制备

取风干土 10g，放入 100~150ml 塑料广口瓶中，加蒸馏水 50ml 制成 5:1 水土比的土壤溶液，振荡 3min，静置 2h 至澄清后，吸取上层清液即成待测液。

（二）电导度测定

适用 DDS-11 型电导仪和铂电极；按要求接线，打开电源开关；将电极插入待测液中，按仪器操作法读取电导度。同时，测量待测液温度。测第二个样品时，必须将取出的电极用蒸馏水洗净，用滤纸吸干后再测。

（三）电导率计算

测得电导度（S_t）后，按溶液温度查表可得温度校正系数（f_x），然后按下列公式计算电导率：

$$土壤浸出液的电导率（EC_{25}）=电导度（S_t）×温度校正系数（f_x）$$

五、土壤亚铁反应

土壤亚铁反应是间接反映土壤氧化还原状况的指标，大量亚铁离子的存在会影响作物根系正常生长，甚至受害中毒。但亚铁离子极易氧化变价，故必须在田间就地测定。其测试方法有"赤血盐显色法"和"邻啡罗啉显色法"。

（一）赤血盐显色法

取一待测土块，在新土块新鲜面上滴加10%盐酸2滴，使之酸化。然后加1.5%赤血盐溶液2滴，看其土壤显蓝程度定级。①无：无色（－）；②轻度：浅蓝（＋）；③中度：蓝色（＋＋）；④强度：深蓝（＋＋＋）。

（二）邻啡罗啉显色法

取少量（3~4米粒大小）待测土块放入白瓷板孔穴中，滴入0.1%邻啡罗啉显色剂5滴，搅匀，稍待澄清后观其面上清液的显红色程度定级。①无：无色（－）；②轻度：微红（＋）；③中度：红色（＋＋）；④强度：深红（＋＋＋）。

六、土壤自然含水量的快速测定

野外速测多采用酒精燃烧法。此法快速，但缺点为准确性不如烘干法，有机质含量高于30g/kg的土壤不适于应用。因为有机质被燃烧后炭化，不能准确地测定土壤含水量。

1. 方法原理 利用酒精燃烧汽化土壤中的水，使之变干，根据燃烧后失重计算出土壤含水量。

2. 操作步骤

①将采回的土样混合均匀，用镊子把湿土中的植物根、碎石块等杂物拣掉。将已称好的铝盒称土10g左右。

②用量筒量取灯用酒精10ml，并将酒精7ml倒入装有湿土的铝盒中，转动铝盒，使酒精与土混合均匀。

③点燃酒精，燃烧完毕后，再加入剩余的3ml酒精，继续点燃1次，冷却后称重。根据失水重量，计算出土壤自然含水量。

第五节 中国土壤系统分类诊断层和诊断特性的观测

中国土壤系统分类是以诊断层和诊断特性为基础的系统化、定量化土壤分类。自 1985 年中国科学院南京土壤研究所土壤分类课题组开始历经 10 年于 1995 年出版的《中国土壤系统分类（修订方案）》建立了一套既与国际接轨，又充分注意我国土壤特色的诊断层和诊断特性。

一、概　述

（一）诊断层和诊断特性

凡用于鉴别土壤类别的，在性质上有一系列定量规定的特定土层称为诊断层；如果用于分类目的的不是土层，而是具有定量规定的土壤性质（形态的、物理的、化学的），则称为诊断特性。诊断特性与诊断层的不同在于所体现的土壤性质并非一定为某一土层所特有，而是可出现于单个土体的任何部位，常是泛土层的或非土层的。

大多数诊断特性有一系列有关土壤性质的定量规定，少数仅为单一的土壤性质，如石灰性、盐基饱和度等。

（二）诊断现象

中国土壤系统分类中还把在性质上已发生明显变化，不能完全满足诊断层或诊断特性规定的条件，但在土壤分类上具有重要意义，即足以作为划分土壤类别依据的称为诊断现象（主要用于亚类一级）。

（三）有关统一规定

①描述土壤形态的术语，按国家自然科学名词审定委员会公布的《土壤学名词》（科学出版社，1988）和"土壤剖面描述"（中国土壤系统分类研究协作组，1991）。颜色描述按《中国标准土壤色卡》（南京出版社，1989）或日本《新版标准土色帖》（1973）。

②理化分析按"中国土壤系统分类用土壤实验室分析项目及方法规范"（中国科学院南京土壤研究所土壤系统分类课题组，1991）和"中国土壤系统分类土壤物理和化学分析方法补充"（中国科学院南京土壤研究所土壤系统分类课题组，1992）。

③化学组成均以元素表示。转换系数为：

$Fe_2O_3 \rightarrow Fe$：×0.699

$P_2O_5 \rightarrow P$：×0.437

$K_2O \rightarrow K$：×0.83

有机质→有机 C：×0.58

二、诊　断　层

诊断层按其在单个土体中出现的部位，可细分为诊断表层和诊断表下层。

(一) 诊断表层

诊断表层是指位于单个土体最上部的诊断层。在土壤系统分类中这种表层用 epipedon 表示，表明是单个土体的上部层段。因此，它并非发生层中 A 层的同义语，而是广义的"表层"。既包括狭义的 A 层；也包括 A 层及由 A 层向 B 层过渡的 AB 层。

本系统分类共设 11 个诊断表层，可以归纳为 4 大类，即有机物质表层类、腐殖质表层类、人为表层类和结皮表层类。

1. 有机物质表层类（organic epipedons） 是由含高量有机碳的有机土壤物质组成的诊断表层，包括有机表层和草毡表层。

（1）有机表层（histic epipedon） 矿质土壤中经常被水饱和，具高量有机碳的泥炭质有机土壤物质表层；或被水分饱和的时间很短，具极高量有机碳的枯枝落叶质有机土壤物质表层。有机表层按原有植物物质分解程度和种类可细分为四类：纤维的、半腐的、高腐的和枯枝落叶的。

①泥炭质表层具有以下全部条件：

a. 大多数年份（10 年中有 6 年或 6 年以上）至少有 1 个月被水分饱和（人工排水例外）。

b. 厚度。

（a）若水藓纤维按体积计 $\geqslant 75\%$，或土壤容重（潮或湿态）$< 0.1 mg/m^3$，为 $20\sim 60cm$；

（b）若水藓纤维按体积计 $< 75\%$，或有机土壤物质主要为半腐和高腐的，或土壤容重（潮或湿态）为 $0.1\sim 0.4 mg/m^3$，则为 $20\sim 40cm$；

（c）若上部 50cm 范围内覆有或夹有矿质层次，其总厚度应 $\leqslant 10cm$。

c. 有机碳含量。

（a）在符合 b（b）项条件的各亚层中（不包括所夹的矿质层次）。

i. 若矿质部分黏粒含量 $\geqslant 600g/kg$，则有机碳含量 $\geqslant 180g/kg$；

ii. 若矿质部分不含黏粒，则有机碳含量 $\geqslant 120g/kg$；

iii. 若矿质部分黏粒含量 $< 600g/kg$，则有机碳含量应 $\geqslant$ [$120g/kg +$（黏粒含量 $g/kg \times 0.1$）]。

（b）若该泥炭质表层上部为耕作层，则 $0\sim 25cm$ 深度内土层混合后的有机碳含量为：

i. 若矿质部分黏粒含量 $\geqslant 600g/kg$，则 $\geqslant 160g/kg$；

ii. 若矿质部分不含黏粒，则 $\geqslant 80g/kg$；

iii. 若矿质部分黏粒含量 $< 600g/kg$，则 $\geqslant$ [$80g/kg +$（黏粒含量 $g/kg \div 7.5$）]。

②枯枝落叶质表层具有以下全部条件：

a. 大多数年份被水分饱和时间不到一个月；

b. 厚度 $\geqslant 20cm$；

c. 有机碳含量 $\geqslant 200g/kg$（包括枯枝落叶层）。

附：有机现象（histic evidence），表层中具有有机土壤物质积累，但不符合有机表层厚度条件的特征。其厚度下限定为 5cm，或在干旱地区定为 3cm。

（2）草毡表层（mattic epipedon） 高寒草甸植被下具高量有机碳有机土壤物质、活根与死根根系交织缠结的草毡状表层。它具有以下条件：

①厚度≥5cm，有一定弹性，铁铲不易挖掘；

②缠结根系按体积计≥50%；

③缠结根系之间有不同分解程度的其他有机土壤物质，色调为 7.5～10YR，润态明度<3.5，干态明度<5.5，润态彩度<3.5；

④碳氮比一般为 14～20；

⑤大多数年份被水分饱和的时间<1 个月；

⑥容重为 0.5～1.1mg/m³；

⑦具寒性或更冷的土壤温度状况。

附：草毡现象（mattic evidence），表层草毡状有机土壤物质发育较弱的特征。厚度为 2～5cm，或草毡按体积计仅占 10%～50%。

2. 腐殖质表层类（humic epipedons） 是在腐殖质积累作用下形成的诊断表层，包括暗沃表层、暗瘠表层和淡薄表层。主要用于鉴别土类、亚类一级，但暗沃表层加均腐殖质特性则是鉴别均腐土纲的依据。"暗沃"、"暗瘠"除反映其腐殖质含量较高，且土壤颜色的明度和彩度值较低外，还分别说明盐基的饱和与贫瘠状况。"淡薄"表示该诊断层或是腐殖质含量较低，且明度和彩度值较高，或是厚度较薄。

（1）暗沃表层（mollic epipedon） 有机碳含量高或较高、盐基饱和、结构良好的暗色腐殖质表层。它具有以下条件：

①厚度：a. 若直接位于石质、准石质接触面或其他硬结土层之上，为≥10cm；b. 若土体层（A+B）厚度<75cm，应相当于土体层厚度的 1/3，但至少为 18cm；c. 若土体层厚度≥75cm，应≥25cm。

②颜色：具有较低的明度和彩度；搓碎土壤的润态明度<3.5，干态明度<5.5，润态彩度<3.5；若有 C 层，其干、润态明度至少比 C 层暗 1 个门塞尔单位，彩度应至少低 2 个单位。

③有机碳含量≥6g/kg。

④盐基饱和度（NH_4OAc 法，下同）≥50%。

⑤主要呈粒状结构、小角块状结构和小亚角块状结构；干时不呈大块状或整块状结构，也不硬。

（2）暗瘠表层（umbric epipedon） 有机碳含量高或较高、盐基不饱和的暗色腐殖质表层。除盐基饱和度<50%和土壤结构的发育比暗沃表层稍差外，其余均同暗沃表层。

（3）淡薄表层（ochric epipedon） 发育程度较差的淡色或较薄的腐殖质表层。它具有以下一个或一个以上条件：

①搓碎土壤的润态明度≥3.5，干态明度≥5.5，润态彩度≥3.5；

②有机碳含量<6g/kg；

③颜色和有机碳含量同暗沃表层或暗瘠表层，但厚度条件不能满足。

3. 人为表层类（anthropic epipedons） 是在人类长期耕作施肥等影响下形成的诊断表层，包括灌淤表层、堆垫表层、肥熟表层和水耕表层。分别是由混水灌溉形成的灌淤土壤、由人为堆垫作用形成的堆垫土壤、长期种植蔬菜的高度熟化菜园土壤和长期种植水稻并具有特定发生层分异的水田土壤的诊断依据。其中堆垫表层还根据其物质来源不同，细分出泥垫和土垫两亚型；前者是珠江三角洲桑（蔗、蕉、花、草）基鱼塘地区泥垫旱耕人为土的鉴别依据，后者则是黄土高原地区土垫旱耕人为土（前称土娄土）的鉴别依据。

(1) 灌淤表层（siltigic epipedon）　长期引用富含泥沙的混水灌溉（siltigation），水中泥沙逐渐淤积，并经施肥、耕作等交迭作用影响，失去淤积层理而形成的由灌淤物质组成的人为表层。它具有以下全部条件：

①厚度≥50cm；

②全层在颜色、质地、结构、结持性、碳酸钙含量等方面均一，相邻亚层的质地在美国农部制质地三角表中也处于相邻位置；

③土表至50cm有机碳加权平均值≥4.5g/kg；随深度逐渐减少，但至该层底部最少为3g/kg；

④泡水一小时后，在水中过80目筛，可见扁平状半磨圆的致密土片，在放大镜下可见淤积微层理；或在微形态上有人为耕作扰动形貌——半磨圆、磨圆状细粒质团块，内部可见有残存淤积微层理；

⑤全层含煤渣、木炭、砖瓦碎屑、陶瓷片等人为侵入体。

附：灌淤现象（siltigic evidence），具有灌淤表层的特征，但厚度为20~50cm者。

(2) 堆垫表层（cumulic epipedon）　长期施用大量土粪、土杂肥或河塘淤泥等并经耕作熟化而形成的人为表层。它具有以下全部条件：

①厚度≥50cm。

②全层在颜色、质地、结构、结持性等方面相当均一，相邻亚层的质地在美国农部制质地三角表中也处于相同或相邻位置。

③土表至50cm有机碳加权平均值≥4.5g/kg。

④受堆垫物质来源影响，除具有与邻近起源土壤相似的颗粒组成外，并且具有下列之一的特征：a. 有残留的和新形成的锈纹、锈斑、潜育斑、或兼有螺壳、贝壳等水生动物残体等水成、半水成土壤的特征（泥垫特征）；b. 有与邻近自成型土壤相似的某些诊断层碎屑或诊断特性（土垫特征）。

⑤含煤渣、木炭、砖瓦碎屑、陶瓷片等人为侵入体。

附：堆垫现象（cumulic evidence），具有堆垫表层的特征，但厚度为20~50cm者。

(3) 肥熟表层（fimic epipedon）　是长期种植蔬菜，大量施用人畜粪尿、厩肥、有机垃圾和土杂肥等，精耕细作，频繁灌溉而形成的高度熟化人为表层。它具有以下全部条件：

①厚度≥25cm（包括上部的高度肥熟亚层和下部的过渡性肥熟亚层）；

②有机碳加权平均值≥6g/kg；

③0~25cm土层内0.5mol/L $NaHCO_3$ 浸提有效磷加权平均值≥35mg/kg（有效P_2O_5≥80mg/kg）；

④有多量蚯蚓粪，间距<10cm的蚯蚓穴占一半或一半以上；

⑤含煤渣、木炭、砖瓦碎屑、陶瓷片等人为侵入体。

附：肥熟现象（fimic evidence），具有肥熟表层的某些特征。a. 厚度不够，但有效磷含量符合要求，即厚度<25cm，但≥18cm，有效磷加权平均值≥35mg/kg；b. 厚度和有机碳含量符合要求，有效磷含量稍低，即厚度虽≥25cm，而且有机碳加权平均值≥6g/kg，但0~25cm土层内有效磷加权平均值为18~35mg/kg（有效P_2O_5 40~80mg/kg）；c. 厚度和有效磷含量符合要求，但有机碳含量较低，即厚度≥25cm，

且 0~25cm 土层有效磷加权平均值≥35mg/kg，但全层有机碳加权平均值为 4.5~6g/kg。

（4）水耕表层（anthrostagnic epipedon） 在淹水耕作条件下形成的人为表层（包括耕作层和犁底层）。它具有以下全部条件：

①厚度≥18cm；

②大多数年份当土温>5℃时，至少有 3 个月具人为滞水水分状况；

③大多数年份当土温>5℃时，至少有半个月，其上部亚层（耕作层）土壤因受水耕搅拌而糊泥化（puddling）；

④在淹水状态下，润态明度≤4，润态彩度≤2，色调通常比 7.5YR 更黄，乃至呈 GY、B 或 BG 等色调；

⑤排水落干后多锈纹、锈斑；

⑥排水落干状态下，其下部亚层（犁底层）土壤容重对上部亚层（耕作层）土壤容重的比值≥1.10。

附：水耕现象（anthrostagnic evidence），水耕作用影响较弱（或种植水稻历史较短，或在某些水旱轮作制下 10 年中只有一半或不到一半时间，当土温>5℃时至少有 3 个月具人为滞水水分状况特征）的表层。缺乏下部亚层（犁底层），或虽有微弱发育，但对上部亚层（耕作层）的土壤容重比值<1.10。

4. 结皮表层类（crustic epipedons） 是根据干旱表层和盐结壳两诊断表层结构状况的归类。

（1）干旱表层（aridic epipedon） 在干旱水分状况条件下形成的具特定形态分异的表层。它具有以下条件：

①具有下列之一的地表特征：a. 有砾幂，砾石、石块表面有荒漠漆皮或风蚀刻痕、或两者兼有；b. 有沙层、砂砾层或小沙包；c. 有多边形裂缝，并有由地衣和藻类组成的黑色、或间有其他颜色的薄有机结皮；d. 为光板地；并有宽数毫米至 1cm，深 1~4cm 的多边形裂隙，裂隙内多填充有砂粒或粉砂粒；多角形体表面有极薄层黏粒结皮。

②从地表起，无盐积或钠质孔泡结皮层或其下垫的土盐混合层。

③从地表起，有一厚度≥0.5cm，含不同数量气泡状孔隙的孔泡结皮层（除非遭受强烈风蚀）；紧接孔泡结皮层之下有厚数厘米至 10cm、呈鳞片状或片状结构的片状层，含较少气泡状孔隙或变形气泡状孔隙（除非遭受强烈风蚀）。

④孔泡结皮层之下的片状层发育微弱或由于有多量石膏聚积而不发育。

⑤在向半干润土壤水分状况过渡的土壤中，即当润态明度<3.5，干态明度<5.5，润态彩度<3.5 时，孔泡结皮层或片状层发育微弱，但必须符合①b 或①c 条件。

（2）盐结壳（salic crust） 由大量易溶性盐胶结成的灰白色或灰黑色表层结壳。它具有以下条件：

①从地表起，厚度≥2cm；

②易溶性盐含量≥100g/kg。

（二）诊断表下层

诊断表下层是由物质的淋溶、迁移、淀积或就地富集作用在土壤表层之下所形成的具诊断意义的土层。包括发生层中的 B 层（如黏化层）和 E 层（如漂白层）。在土壤遭受剥蚀的情况下，可以暴露于地表。本系统分类共设 20 个诊断表下层。

1. 漂白层（albic horizon） 由黏粒或游离氧化铁淋失，有时伴有氧化铁的就地分凝，形成颜色主要决定于砂粒和粉粒的漂白物质所构成的土层（表 4-8）。它具有以下全部条件：

①厚度≥1cm；位于 A 层之下，但在灰化淀积层、黏化层、碱积层或其他具一定坡降的缓透水层如黏磐、石质或准石质接触面等之上；可呈波状或舌状过渡至下层，但舌状延伸深度＜5cm。

②由≥85%（按体积计）的漂白物质组成（包括分凝的铁锰凝团、结核、斑块等在内）。漂白物质本身显示下列之一的颜色：a. 彩度≤2，以及或是润态明度≥3，干态明度≥6，或是润态明度≥4，干态明度≥5；b. 彩度≤3，以及或是润态明度≥6，干态明度≥7，或是粉粒、砂粒色调为 5YR 或更红，明度同 a。

2. 舌状层（glossic horizon） 由呈舌状淋溶延伸的漂白物质和原土层残余所构成的土层（表 4-8）。它具有以下两个条件：

①其上覆土层或为漂白层，或为其他土层，但本层内漂白物质的舌状淋溶延伸深度必须≥5cm（舌状物垂直深度大于宽度，宽度大小依被伸入土层质地而异），故舌状层厚度至少应为 5cm；

②舌状漂白物质占土层体积的 15%～85%。

表 4-8 漂白层、舌状层、舌状现象中漂白物质的特征

土层	成因	漂白物质占土层体积的百分数	舌状或窄舌状淋溶延伸深度（cm）	舌状物或窄舌状物宽度（cm）	备注
漂白层	漂白物质的形成，或有波状或舌状淋溶	≥85	若有，＜5		相当于 ST 制中的漂白层加漂白物质
舌状层	漂白物质的舌状淋溶延伸	15～85	≥5	黏质土层中≥5 黏壤质土层中≥10 壤质土层中≥15	相当于 ST 制中的舌状层（曾称漂白物质的舌状延伸）
舌状现象	漂白物质的窄舌状（指间状）淋溶延伸	＜15	≥5	≥2，在不同质地土层中其上限均不符合舌状物的宽度	相当于 ST 制中的漂白物质的指间状延伸

附：舌状现象（glossic evidence），由呈窄舌状（或称指间状淋溶延伸）的漂白物质所构成的特征。窄舌状淋溶延伸深度≥5cm（其宽度见表 4-8），但漂白物质按体积计＜15%。

由上述可见，漂白层、舌状层以及舌状现象三者在性质上反映了漂白物质数量及其淋溶延伸状况的差异。

3. 雏形层（cambic horizon） 风化—成土过程中形成的无或基本上无物质淀积，未发生明显黏化，带棕、红棕、红、黄或紫等颜色，且有土壤结构发育的 B 层。它具有以下一些条件：

①除具干旱土壤水分状况或寒性、寒冻温度状况的土壤，其厚度至少 5cm 外；其余应≥10cm，且其底部至少在土表以下 25cm 处；

②具有极细砂、壤质极细砂或更细的质地；

③有土壤结构发育并至少占土层体积的 50%，保持岩石或沉积物构造的体积＜50%；

④与下层相比，彩度更高，色调更红或更黄；

⑤若成土母质含有碳酸盐，则碳酸盐有下移迹象；
⑥不符合黏化层、灰化淀积层、铁铝层和低活性富铁层的条件。

4. 铁铝层（ferralic horizon） 由高度富铁铝化作用形成的土层。它具有以下条件：
①厚度≥30cm；
②具有砂壤或更细的质地，黏粒含量≥80g/kg；
③阳离子交换量（CEC_7）<16cmol（＋）/kg 黏粒；
④实际阳离子交换量（ECEC）<12cmol（＋）/kg；
⑤保持岩石构造的体积<5%，或在含可风化矿物的岩屑上有二氧化物、三氧化物包膜。

5. 低活性富铁层（LAC‐ferric horizon） 由中度富铁铝化作用形成的具低活性黏粒和富含游离铁的土层。全称为低活性黏粒—富铁层。它具有以下条件：
①厚度≥30cm；
②具有极细砂、壤质极细砂或更细的质地；
③色调为 5YR 或更红，或细土 DCB 浸提游离铁含量≥14g/kg（游离 Fe_2O_3≥20g/kg），或游离铁占全铁的 40% 或更多；
④其部分亚层（厚度≥10cm）CEC_7<24cmol（＋）/kg 黏粒；
⑤不符合铁铝层的条件。

6. 聚铁网纹层（plinthic horizon） 由铁、黏粒与石英等混合并分凝成多角状或网状红色或暗红色的富铁、贫腐殖质聚铁网纹体（plinthite）组成的土层。聚铁网纹层具有以下全部条件：
①厚度≥15cm；
②聚铁网纹体按体积计≥10%；
③土壤遭剥蚀后裸露于地表，经日晒和反复干湿交替作用则硬化成不可逆的铁石硬磐或不规则形聚集体。

附：聚铁网纹现象（plinthic evidence），土层中含有一定聚铁网纹体的特征。厚度为 5～15cm 或聚铁网纹体按体积计为 5%～10%。

7. 灰化淀积层（spodic horizon） 由螯合淋溶作用形成的一种淀积层。它具有以下两个条件：
①厚度≥2.5cm，一般位于漂白层之下；
②由≥85%（按体积计）的灰化淀积物质（spodic material）组成。其指标为：a. 水提（1∶1）pH≤5.9，有机碳≥6g/kg。b. 润态颜色为：（a）色调 5YR 或更红；（b）色调 7.5YR，明度≤5，彩度≤4；（c）色调为 10YR 或 N，明度和彩度≤2；（d）门塞尔颜色值为 10YR 3/1。c. 在色调为 7.5YR，润态明度≤5，彩度为 5 或 6 时，其形态或化学指标为：（a）单个土体中有一半或一半以上被有机质和铝或有机质和铁、铝胶结，胶结部分结持坚实；（b）砂粒、岩屑表面有≥10% 的断裂胶膜；（c）活性铝、铁（草酸铵浸提铝百分数＋1/2铁百分数）≥0.50，而且在上覆的暗瘠表层（或其某一亚层）、淡薄表层或漂白层中其数量只有它的一半或更少；（d）草酸盐浸提液的光密度值（ODOE）≥0.25，而且在上述的上覆土层中其数量只有它的一半或更少。

附：灰化淀积现象（spodic evidence），土层中具有一定灰化淀积物质的特征。灰化淀积物质按体积计占 50%～85%，并且：①单个土体中被有机质和铝或有机质和铁、铝胶结的部分占 10%～50%；②砂粒、岩屑表面有 1%～10%的断裂胶膜；③活性铝、铁百分数<0.50；④ODOE 值<0.25。ODOE 值增加表明淀积层中迁移性有机物质的聚积。

8. 耕作淀积层（agric horizon） 旱地土壤中受耕种影响而形成的一种淀积层。位于紧接耕作层之下，其前身一般是原来的其他诊断表下层。它具有以下一个以上条件：

①厚度≥10cm。

②在大形态上，孔隙壁和结构体表面淀积有颜色较暗、厚度≥0.5mm 的腐殖质—黏粒胶膜或腐殖质—粉砂—黏粒胶膜，其明度和彩度均低于周围土壤基质；数量应占该层结构面和孔隙壁的 5%或更多；或者在微形态上，这些胶膜应占薄片的 1%或更多。

③在艳色土壤中，此层颜色与未受耕作影响的下垫土层相比，明度增加，彩度降低，色调不变或偏黄。

④在酸性土壤中，此层 pH 和盐基饱和度高于或明显高于未受耕作淋淀影响的下垫土层。

⑤在肥熟土中，此层 0.5mol/L $NaHCO_3$ 浸提有效磷明显高于下垫土层，并≥18mg/kg（有效 P_2O_5≥40mg/kg）。

附：耕作淀积现象（agric evidence），旱地土壤心土层中，具有一定耕作淀积的特征。厚度为 5～10cm，田间可见的腐殖质—黏粒胶膜或腐殖质—粉砂—黏粒胶膜厚度<0.5mm，或数量只占该层结构面和孔隙壁的 3%～5%；或者在微形态上，这些胶膜只占薄片面积的 0.3%～0.9%。

9. 水耕氧化还原层（hydragric horizon） 水耕条件下铁锰自水耕表层或兼自其下垫土层的上部亚层还原淋溶，或兼有由下面具潜育特征或潜育现象的土层还原上移；并在一定深度中氧化淀积的土层。它具有以下一些条件：

①上界位于水耕表层底部，厚度≥20cm。

②有下列一个或一个以上氧化还原形态特征：a. 铁锰氧化淀积分异不明显，以锈纹锈斑为主；b. 有地表水（人为水分饱和）引起的铁锰氧化淀积分异，上部亚层以氧化铁分凝物（斑纹、凝团、结核等）占优势，下部亚层除氧化铁分凝物外，尚有较明显至明显的氧化锰分凝物（黑色的斑点、斑块、豆渣状聚集体、凝团、结核等）；c. 有地表水和地下水引起的铁锰氧化淀积分异，自上至下的顺序为铁淀积亚层、锰淀积亚层、锰淀积亚层和铁淀积亚层；d. 紧接水耕表层之下有一带灰色的铁渗淋亚层，但不符合漂白层的条件；其离铁基质（iron depleted matrix）的色调为 10YR～7.5Y，润态明度 5～6，润态彩度≤2；或有少量锈纹锈斑。

③除铁渗淋亚层外，游离铁含量至少为耕作层的 1.5 倍。

④土壤结构体表面和孔道壁有厚度≥0.5mm 的灰色腐殖质—粉砂—黏粒胶膜。

⑤有发育明显的棱柱状或角块状结构。

附：水耕氧化还原现象（hydragric evidence），土层中具有一定水耕氧化还原层的特征，但厚度为 5～20cm 的土层。

10. 黏化层（argic horizon） 黏粒含量明显高于上覆土层的表下层。其质地分异可以由表层黏粒分散后随悬浮液向下迁移并淀积于一定深度中而形成的黏粒淀积层，也可以由原土层中原生矿物发生土内风化作用就地形成黏粒并聚集而形成的次生黏化层（secondary clayific horizon）。若表层遭受侵蚀，此层可位于地表或接近地表。它具有以下条件：

①主要是沉积成因的黏磐的、或河流冲积物中黏土层的、或由表层黏粒随径流水移失等

而造成 B 层黏粒含量相对增高的特征。

②由于黏粒的淋移淀积。a. 在大形态上，孔隙壁和结构体表面有厚度＞0.5mm 的黏粒胶膜而且其数量应占该层结构面和孔隙壁的 5% 或更多。b. 在黏化层与其上覆淋溶层之间不存在岩性不连续的情况下，黏化层从其上界起，在 30cm 范围内，总黏粒（＜2μm）和细黏粒（＜0.2μm）含量与上覆淋溶层相比，应高出：(a) 若上覆淋溶层任何部分的总黏粒含量＜15%，则此层的绝对增量应≥3%（如 13% 对 10%）；细黏粒与总黏粒之比一般应至少比上覆淋溶层或下垫土层多 1/3；(b) 若上覆淋溶层总黏粒含量为 15%～40%，则此层的相对增量应≥20%（即≥1.2 倍，如 24% 对 20%）；细黏粒与总黏粒之比一般应至少比上覆淋溶层多 1/3；(c) 若上覆淋溶层总黏粒含量为 40%～60%，则此层总黏粒的绝对增量应≥8%（如 50% 对 42%）；(d) 若上覆淋溶层总黏粒含量≥60%，则此层细黏粒的绝对增量应≥8%。c. 在微形态上，淀积黏粒胶膜、淀积黏粒薄膜、黏粒桥接物等应至少占薄片面积的 1%：(a) 在砂质疏松土层中，可见砂粒表面有黏粒薄膜，颗粒间或有黏粒桥接物连接，或形成黏粒填隙体；(b) 在有结构或多孔土层中，可见土壤孔隙壁有淀积黏粒胶膜，有时在结构体表面有黏粒薄膜。d. 厚度至少为上覆土层总厚度的 1/10；若其质地为壤质或黏质，则其厚度应≥7.5cm；若其质地为砂质或壤砂质，则厚度应≥15cm。e. 无碱积层中的结构特征和无钠质特性，即不符合碱积层的条件；但在干旱土中可因土壤碱化而伴随有钠质特性，称为具钠质特性的黏化层，简称钠质黏化层（natro - argic horizon）。

③由于次生黏化的结果。a. 黏粒含量比上覆和下垫土层高，但一般无淀积黏粒胶膜；土体和黏粒部分硅铝率或硅铁铝率与上覆和下垫土层基本相似。b. 比上覆或下垫土层有较高的彩度，较红的色调，而且比较紧实。c. 在均一的土壤基质中，与表层相比，其总黏粒增加量与"黏粒淀积层"的相同。d. 在薄片中可见较多不同蚀变程度的矿物颗粒和原生矿物的黏粒镶边、黏粒假晶、黏粒斑块等风化黏粒体及其残体，并占薄片面积的≥1%，或因受土壤扰动作用影响，它们"解体"后形成的各种形态纤维状光性定向黏粒。e. 出现深度和厚度因地而异。在具半干润水分状况的土壤中多见于剖面中、上部或地表 25cm 以下，厚度≥10cm；在干旱土中多位于干旱表层以下，厚度≥5cm；若表层遭侵蚀，可出露地表。f. 若下垫土层砾石表面全为碳酸盐包膜，则此层有些砾石有一部分无碳酸盐包膜，若下垫土层砾石仅底面有碳酸盐结皮，则此层砾石应无碳酸盐包膜。

简化条件：a. 在形态上黏粒胶膜按体积计≥5%，或色调较红，较紧实；b. 黏粒含量符合②b 条件。

11. 黏磐（claypan） 一种黏粒含量与表层或上覆土层差异悬殊的黏重、紧实土层；其黏粒主要继承母质，但也有一部分由上层黏粒在此淀积所致。它具以下一些条件：

①可出现于腐殖质表层或漂白层之下，亦可见于更深部位，厚度≥10cm；

②具坚实的棱柱状或棱块状结构，常伴有铁锰胶膜和铁锰凝团、结核；

③与腐殖质表层相比，其总黏粒增加量与黏化层的规定相同；而总黏粒含量与漂白层黏粒含量之比≥2；

④某些部分有厚度≥0.5mm 的淀积黏粒胶膜；

⑤在薄片中，除上述铁锰形成物外，并有大量黏粒形成物，其中主要是沿水平或倾斜细裂隙附近分布的黏粒条带、条块和基质内、粗骨颗粒表面、裂隙附近的各种形式纤维状光性定向黏粒；淀积黏粒胶膜一般＜1%（占薄片面积的百分率）；若≥1%，则与黏粒条带、条

块之比<0.3。

12. 碱积层（alkalic horizon） 交换性钠含量高的特殊淀积黏化层。它除具有黏化层②项 a～d 的条件外，还具有以下特性。

①呈柱状或棱柱状结构；若呈块状结构，则应有来自淋溶层的舌状延伸物伸入该层，并达 2.5cm 或更深。

②在上部 40cm 厚度以内的某一亚层中交换性钠饱和度（ESP）≥30%，pH≥9.0，表层土壤含盐量<5g/kg。

附：碱积现象（alkalic evidence），土层中具有一定碱化作用的特征。具有碱积层的结构，但发育不明显；上部 40cm 厚度以内的某一亚层中交换性钠饱和度为 5%～29%；pH 一般为 8.5～9.0。

13. 超盐积层（hypersalic horizon） 含高量易溶性盐，但未胶结的土层。它具有以下条件：

①厚度≥15cm；

②含盐量≥500g/kg；

③干时松散，呈白色粒状盐晶或盐斑。

14. 盐磐（saltpan） 由以 NaCl 为主的易溶性盐胶结或硬结，形成连续或不连续的磐状土层。它具有以下条件：

①厚度≥5cm；

②含盐量≥200g/kg；

③呈板状或大块状结构；

④干时土钻或铁铲极难穿入。

15. 石膏层（gypsic horizon） 富含次生石膏的未胶结或未硬结土层。它具有以下全部条件：

①厚度≥15cm；

②石膏含量为 50～500g/kg，而且肉眼可见的次生石膏按体积计≥1%；

③此层厚度（cm）与石膏含量（g/kg）的乘积≥1 500。

附：石膏现象（gypsic evidence），土层中有一定次生石膏聚积的特征。含有比下垫层更多的石膏，其含量为 10～49g/kg。

16. 超石膏层（hypergypsic horizon） 土壤发生或地质沉积的富含大量石膏但未胶结的土层。它具有以下两个条件：

①厚度≥15cm；

②石膏含量至少为 500g/kg。

17. 钙积层（calcic horizon） 富含次生碳酸盐的未胶结或未硬结土层。它具有以下一些条件：

①厚度≥15cm；

②未胶结或硬结成钙磐；

③至少有下列之一的特征：a. $CaCO_3$ 相当物为 150～500g/kg，而且比下垫或上覆土层至少高 50g/kg。b. $CaCO_3$ 相当物为 150～500g/kg，而且可辨认的次生碳酸盐，如石块底面悬膜、凝团、结核、假菌丝体、软粉状石灰、石灰斑或石灰斑点等按体积计≥5%。c. $CaCO_3$ 相当物为 50～150g/kg，而且细土部分黏粒（<2μm）含量<180g/kg，颗粒大小

为砂质、砂质粗骨、粗壤质或壤质粗骨，可辨认的次生碳酸盐含量比下垫或上覆土层中高 50g/kg 或更多（绝对值）。d. $CaCO_3$ 相当物为 50～150g/kg，而且颗粒大小比壤质更黏，可辨认的次生碳酸盐含量比下垫或上覆土层中高 100g/kg 或更多；或按体积计≥10%。

附：钙积现象（calcic evidence），土层中有一定次生碳酸盐聚积的特征。①符合钙积层③a 或③b 的条件，但土层厚度仅 5～14cm；②土层厚度>15cm，$CaCO_3$ 相当物也符合钙积层③c 或③d 的条件，但可辨认的次生碳酸盐数量低于钙积层③c 或③d 的规定；③$CaCO_3$ 相当物只比下垫或上覆土层高 20～50g/kg 或可辨认的次生碳酸盐按体积计只占 2%～5%。

18. 超钙积层（hypercalcic horizon） 未胶结或未硬结的高量碳酸盐聚积层。它具有以下全部条件：

①厚度≥15cm；

②$CaCO_3$ 相当物含量至少 500g/kg，且可辨认的次生碳酸盐，如石块底面的悬膜、凝团、结核、软粉状石灰、石灰斑或石灰斑点等占土层体积的 50% 以上；

③$CaCO_3$ 相当物应比下垫土层多 50g/kg 或可辨认的次生碳酸盐（按体积计）应比下层多 5%。

19. 钙磐（calcipan） 由碳酸盐胶结或硬结，形成连续或不连续的磐状土层。它具有以下条件：

①厚度，除直接淀积在坚硬基岩上者外，一般≥10cm；

②此层厚度（cm）与 $CaCO_3$ 相当物（g/kg）的乘积≥2 000；

③干时铁铲难以穿入，干碎土块在水中不消散。

20. 磷磐（phosphipan） 由磷酸盐和碳酸钙胶结或硬结，水平方向连续或不连续的磐状土层。磷磐具有以下全部条件：

①其上界位于土表下 10cm 或更深处，厚度≥10cm；

②全磷含量≥30g/kg（P_2O_5≥70g/kg）和 $CaCO_3$ 相当物≥500g/kg。

（三）其他诊断层

有的诊断层在大多数情况下由物质的迁移淀积作用而形成于土壤表层之下的 B 层部位，但在特定情况下，由于土壤中物质随上行水流向土壤上部移动，或由于外来物质进入土壤，或由于表层物质因环境条件改变，就地发生变化而聚积叠加于 A 层部位，使后者在性质上发生明显变化，而且在分类上具有重要意义。这里，将这些特殊的诊断层归入其他诊断层。但不包括诊断表下层中由于土壤遭受剥蚀而暴露于地表的诊断层。本系统分类共设 2 个其他诊断层。

1. 盐积层（salic horizon） 在冷水中溶解度大于石膏的易溶性盐富集的土层。它具有以下条件：

①厚度≥15cm。

②含盐量为：a. 干旱土或干旱地区盐成土中，≥20g/kg，或 1∶1 水土比提取液的电导率（EC）≥30dS/m；b. 其他地区盐成土中，≥10g/kg；或 1∶1 水土比提取液的电导率（EC）≥15dS/m。

③含盐量（g/kg）与厚度（cm）的乘积≥600，或电导率（dS/m）与厚度（cm）的乘积≥900。

附：盐积现象（salic evidence），土层中有一定易溶性盐聚积的特征。其含盐量下限为 5g/kg（干旱地区）或 2g/kg（其他地区）。

2. 含硫层（sulfuric horizon） 富含硫化物的矿质土壤物质或有机土壤物质排水氧化后形成的层。它具有以下全部条件：

①厚度≥15cm；

②直接位于具硫化物物质诊断特性的土层之上；

③氧化后有黄钾铁矾斑块，色调为 2.5Y 或更黄，彩度≥6；

④水溶性硫酸盐≥0.5g/kg 或全硫≥3g/kg；

⑤风干土 pH（H_2O，1∶1）<4.0。

三、诊断特性

中国土壤系统分类共设 25 个诊断特性。

1. 有机土壤物质（organic soil material） 经常被水分饱和，具高有机碳的泥炭、腐泥等物质，或被水分饱和时间很短，具极高有机碳的枯枝落叶质物质或草毡状物质。

有机土壤物质按原有植物分解程度和种类可细分为 5 类，即纤维的、半腐的、高腐的、枯枝落叶的（简称落叶的）和草毡的。其中除草毡有机土壤物质是矿质土壤草毡表层的主要特征外，其余均系矿质土壤有机表层的主要特征或有机土壤的诊断特性。

（1）纤维有机土壤物质（fibric soil material） 搓后的纤维含量（不包括粗碎屑）按体积计占 3/4 或更多；或搓后的纤维含量（不包括粗碎屑）按体积计占 2/5 或更多，但将白色色层纸或滤纸插入用饱和焦磷酸钠溶液与该土壤物质制成的泥浆中显示的颜色明度和彩度应为 7/1，7/2，8/1，8/2 或 8/3（图 4-20）。

（2）半腐有机土壤物质（hemic soil material） 中度分解的有机土壤物质。搓后的纤维含量（不包括粗碎屑）按体积计介于纤维有机土壤物质与高腐有机土壤物质之间（即 1/6～3/4）。

（3）高腐有机土壤物质（sapric soil material） 高度分解的有机土壤物质，常呈黑灰至黑色，纤维最少，容重最大，水分饱和时以干重计含水量最低。搓后纤维含量（不包括粗碎屑）按体积计不足 1/6；其焦磷酸钠提取液在白色色层纸或滤纸上所显颜色的明度和彩度，处于比色卡上 5/1、6/2 和 7/3 等色块画线外的右方和下方范围内（图 4-20）。若无或几乎无纤维，而且焦磷酸盐提取液所显示的颜色范围处于该画线的左方或上方，则很可能是湖积物质。

（4）落叶有机土壤物质（folic soil material） ≥3/4 体积的有机土壤物质是枯枝落叶（包括半分解枯枝

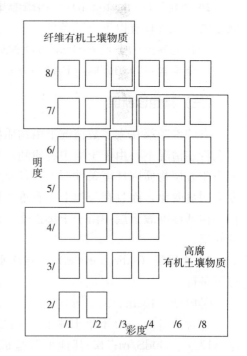

图 4-20 纤维、半腐和高腐有机土壤物质焦磷酸钠溶液的明度和彩度

（据《Soil Taxonomy》，1975）

落叶)。

(5) 草毡有机土壤物质 (mattic soil material) 按体积计≥10%的有机土壤物质是活的和死亡的缠结根系群。

2. 岩性特征 (lithologic character) 土表至125cm范围内土壤性状明显或较明显保留母岩或母质的岩石学性质特征。可细分为:

(1) 冲积物岩性特征 (L.C. of alluvial deposit) 目前仍承受定期泛滥,有新鲜冲积物质加入的岩性特征。它具有以下两个条件: a. 0~50cm范围内某些亚层有明显的沉积层理; b. 在125cm深度处有机碳含量≥2g/kg; 或从25cm起,至125cm或至石质、准石质接触面有机碳含量随深度呈不规则的减少。

(2) 砂质沉积物岩性特征 (L.C. of sandy deposit) 它具有以下全部条件: a. 土表至100cm或至石质、准石质接触面范围内土壤颗粒以砂粒为主,土壤质地为壤质细砂土或更粗; b. 呈单粒状,含一定水分时或呈结持极脆弱的块状结构; 无沉积层理; c. 有机碳含量≤1.5g/kg。

(3) 黄土和黄土状沉积物岩性特征 (L.C. of loess and loess-like deposit) 它具有以下全部条件。a. 色调为10YR或更黄,干态明度≥7,干态彩度≥4; b. 上下颗粒组成均一,以粉砂或细砂占优势; c. $CaCO_3$ 相当物≥80g/kg。

(4) 紫色砂、页岩岩性特征 (L.C. of purplish sandstone and shale) 它具有以下条件: a. 色调为2.5RP~10RP; b. 固结性不强,极易遭受物理风化,风化碎屑物直径皆<4cm。

(5) 红色砂、页岩、砂砾岩和北方红土岩性特征 (L.C. of red sandstone, shale and conglomerate, and northern red earths) 它具有以下条件: a. 色调为2.5R~5R,明度为4~6,彩度为4~8; 或色调为7.5R~10R,明度为4~6,彩度≥6; b. 在北方红土中或具石灰性,或含钙质凝团、结核,或盐基饱和,或具盐积现象。

(6) 碳酸盐岩岩性特征 (L.C. of carbonate rock) 它具有以下一些条件: a. 有上界位于土表至125cm范围内,沿水平方向起伏或断续的碳酸盐岩石质接触面;界面清晰,界面间有时可见分布有不同密集程度的白色碳酸盐化根系; b. 土表至125cm范围内有碳酸盐岩岩屑或风化残余石灰; c. 所有土层盐基饱和度≥50%,pH≥5.5。

(7) 珊瑚砂岩性特征 (L.C. of coral sand) 其符合以下2个条件: a. 主要组成分为珊瑚砂和贝壳碎屑,其中>0.05mm的颗粒≥50%; b. 碳酸钙相当物≥500g/kg。

3. 石质接触面 (lithic contact) 土壤与紧实黏结的下垫物质(岩石)之间的界面层。不能用铁铲挖开。下垫物质为整块状者,其莫氏硬度>3;为碎裂块体者,在水中或六偏磷酸钠溶液中振荡15h不分散。

4. 准石质接触面 (paralithic contact) 土壤与连续黏结的下垫物质(一般为部分固结的砂岩、粉砂岩、页岩或泥灰岩等沉积岩)之间的界面层,湿时用铁铲可勉强挖开。下垫物质为整块状者,其莫氏硬度<3;为碎裂块体者,在水中或六偏磷酸钠溶液中振荡15h,可或多或少分散。

5. 人为淤积物质 (anthro-silting material) 由人为活动造成的沉积物质,包括: a. 以灌溉为目的引用混水灌溉 (siltigation) 形成的灌淤物质 (irrigation-silting material); b. 以淤地为目的的渠引含高泥沙河水(放淤)或筑坝围垱截留含高泥沙洪水(截淤)造成的截淤物质（interception‐silting material）。前者是灌淤表层的物质基础，后者是淤积人为新成土（俗称淤土）的诊断依据。它具有以下全部条件：

①灌淤物质大多数年份每年淤积厚度≥0.5cm，而截淤物质大多数年份每年淤积厚度≥10cm。

②有明显或较明显的沉积层理和微层理。但灌淤物质的层理因每年耕翻扰动，随后消失；而截淤物质若一年中淤积厚度超过当年或翌年耕犁深度，则在耕作层以下的某些亚层中保留有层理和微层理。

③失去层理的层次泡水一小时后，在水中过 80 目筛，可见扁平状半磨圆的致密土片，在放大镜下可见淤积微层理；或在微形态上有人为耕作扰动形貌——半磨圆、磨圆状细粒质团块，内部或可见有残存的淤积微层理。

6. 变性特征（vertic feature）　富含蒙皂石等膨胀性黏土矿物、高胀缩性黏质土壤的开裂、翻转、扰动特征。它具有以下条件：

①耕作影响层（耕作层或犁底层）或土表至 18cm 范围内土层中黏粒（<2μm）含量的加权平均值≥300g/kg；耕作影响层下界至 50cm 或 18～50cm 范围内各亚层黏粒含量均≥300g/kg。

②除耕翻或灌溉外，大多数年份一年中某一时期在土表至 50cm 范围内，连续厚度至少为 25cm 的土层中有宽度≥0.5cm 的裂隙；若地面开裂，≥50%的裂隙宽度应≥1cm。

③在上界出现于土表至 100cm 范围内，厚度≥25cm 的土层中具密集相交、发亮且有槽痕的滑擦面。

④在腐殖质表层或耕作层之下至 100cm 范围内有自吞特征；前者的裂隙壁填充有自 A 层落下的暗色腐殖质土体或土膜；后者的颜色则因耕作层有机质含量不同而异。

附：变性现象（vertic evidence），不完全符合变性特性全部条件，但具有变性土性（vertisolic）的特征。它具有以下条件：①土表至 50cm 范围内出现石质、准石质接触面，但累计厚度达 30cm 的若干亚层中黏粒含量≥300g/kg；或土表至 50cm 范围内虽未出现石质、准石质接触面，但累计厚度只有 30cm 的若干亚层中黏粒含量≥300g/kg；②土表至 100cm 或至石质、准石质接触面（浅于 100cm，深于 50cm 时）线胀度（LE）≥6.0cm；③除耕翻或灌溉外，大多数年份某一时期在土表至 100cm 范围内，连续厚度至少为 25cm 的土层中有宽度≥0.5cm 的裂隙；④在上界出现于土表至 100cm 范围内，厚度≥15cm 的土层中具有滑擦面。

7. 人为扰动层次（anthroturbic layer）　由平整土地、修筑梯田等形成的耕翻扰动层。土表下 25～100cm 范围内按体积计有≥3%的杂乱堆集的原诊断层碎屑或保留有原诊断特性的土体碎屑。

8. 土壤水分状况（soil moisture regime）　年内各时期土壤内或某土层内地下水或<1 500kPa 张力持水量的有无或多寡。当某土层的水分张力≥1 500kPa 时，称为干燥；0～1 500kPa 时称为湿润。张力≥1 500kPa 的水对大多数中生植物无效。

（1）干旱土壤水分状况（aridic moisture regime）　干旱和少数半干旱气候下的土壤水分状况。

（2）半干润土壤水分状况（ustic moisture regime）　是介于干旱和湿润水分状况间的土壤水分状况。

（3）湿润土壤水分状况（udic moisture regime）　一般见于湿润气候地区的土壤中，降水分配平均或夏季降水多，土壤贮水量加降水量大致等于或超过蒸散量；大多数年份水分可下渗通过整个土壤。

（4）常湿润土壤水分状况（perudic moisture regime） 为降水分布均匀、多云雾地区（多为山地）全年各月水分均能下渗通过整个土壤的很湿的土壤水分状况。

（5）滞水土壤水分状况（stagnic moisture regime） 由于地表至2m内存在缓透水黏土层或较浅处有石质接触面或地表有苔藓和枯枝落叶层，使其上部土层在大多数年份中有相当长的湿润期，或部分时间被地表水或上层滞水饱和；导致土层中发生氧化还原作用而产生氧化还原特征、潜育特征或潜育现象，或铁质水化作用使原红色土壤的颜色转黄；或由于土体层中存在具一定坡降的缓透水黏土层或石质、准石质接触面，大多数年份某一时期其上部土层被地表水或上层滞水饱和并有一定的侧向流动，导致黏粒或游离氧化铁侧向淋失的土壤水分状况。

（6）人为滞水土壤水分状况（anthrostagnic moisture regime） 在水耕条件下由于缓透水犁底层的存在，耕作层被灌溉水饱和的土壤水分状况。

（7）潮湿土壤水分状况（aquic moisture regime） 大多数年份土温＞5℃（生物学零度）时的某一时期，全部或某些土层被地下水或毛管水饱和并呈还原状态的土壤水分状况。

9. 潜育特征（gleyic feature） 长期被水饱和，导致土壤发生强烈还原的特征。具有以下一些条件：

①50％以上的土壤基质（按体积计）的颜色值为：a. 色调比7.5Y更绿或更蓝，或为无彩色（N）；b. 色调为5Y，但润态明度≥4，润态彩度≤4；c. 色调为2.5Y，但润态明度≥4，润态彩度≤3；d. 色调为7.5YR～10YR，但润态明度为4～7，润态彩度≤2；e. 色调比7.5YR更红或更紫，但润态明度为4～7，润态彩度为1。

②在上述还原基质内外的土体中可以兼有少量锈斑纹、铁锰凝团、结核或铁锰管状物。

③取湿土土块的新鲜断面，用10g/kg铁氰化钾［$K_3Fe(CN)_6$］水溶液测试，显深蓝色；或用2g/kg $\alpha\alpha'$-联吡啶于中性的1mol/L醋酸铵溶液测试，显深红色。

④rH值≤19，计算公式：$rH=[Eh(mV)/29]+2pH$。

其中，rH值是溶液中氢压的负对数值，是表示溶液氧化还原电位的一种方式。rH值越大，氢压越小，其氧化性越强，还原性越弱；rH值越小，氢压越大，其氧化性越弱，还原性越强。

附：潜育现象（gleyic evidence），土壤发生弱—中度还原作用的特征。①仅30％～50％的土壤基质（按体积计）符合"潜育特征"的全部条件；②50％以上的土壤基质（按体积计）符合"潜育特征"的颜色值，但rH值为20～25。

10. 氧化还原特征（redoxic feature） 由于潮湿水分状况、滞水水分状况或人为滞水水分状况的影响，大多数年份某一时期土壤受季节性水分饱和，发生氧化还原交替作用而形成的特征。它具有以下1个或1个以上条件：

①有锈斑纹或兼有由脱潜而残留的不同程度的还原离铁基质；

②有硬质或软质铁锰凝团、结核、铁锰斑块或铁磐；

③无斑纹，但土壤结构体表面或土壤基质中占优势的润态彩度≤2，若其上、下层未受季节性水分饱和影响的土壤的基质颜色本来就较暗，即占优势润态彩度为2，则该层结构体表面或土壤基质中占优势的润态彩度应＜1；

④还原基质按体积计<30%。

11. 土壤温度状况（soil temperature regime） 指土表下50cm深度处或浅于50cm的石质或准石质接触面处的土壤温度。土壤温度状况的细分：

（1）永冻土壤温度状况（permagelic temperature regime） 土温常年≤0℃，包括湿冻与干冻。

（2）寒冻土壤温度状况（gelic temperature regime） 年平均土温≤0℃，冻结时有湿冻与干冻。

（3）寒性土壤温度状况（cryic temperature regime） 年平均土温0～8℃，并有如下特征。a. 矿质土壤中夏季平均土温：若某时期土壤水分不饱和的，无O层者<15℃，有O层者<8℃；若某时期土壤水分饱和的，无O层者<13℃，有O层者<6℃。b. 有机土壤中：大多数年份，夏至后2个月土壤中某些部位或土层出现冻结；大多数年份5cm深度之下不冻结，也是土壤温度全年均低，但因海洋气候影响，并不冻结。

（4）冷性土壤温度状况（frigid temperature regime） 年平均土温<8℃，但夏季平均土温高于具寒性土壤温度状况土壤的夏季平均土温。

（5）温性土壤温度状况（mesic temperature regime） 年平均土温≥8℃，但<15℃。

（6）热性土壤温度状况（thermic temperature regime） 年平均土温≥15℃，但<22℃。

（7）高热土壤温度状（hyperthermic temperature regime） 年平均土温≥22℃。

12. 永冻层次（permafrost layer） 土表至200cm范围内土温常年≤0℃的层次。湿冻者结持坚硬，干冻者结持疏松。它与永冻温度状况之区别，在于可见于0～200cm内任何深度。

13. 冻融特征（frost‐thawic feature） 由冻融交替作用在地表或土层中形成的形态特征。它具有下列一个或一个以上条件：

①地表具有石环、冻胀丘等冷冻扰动形态。

②A或B层的部分亚层，具鳞片状结构。

③在薄片中可见有：a. 冻融团聚体或水平方向延长的断续蠕虫状孔隙；b. 大量纤维状光性定向黏粒；c. 粗、细颗粒的层状分选；d. >0.01mm粗骨颗粒的聚集。

④具昼夜冻融现象，全年正负温交替日数占全年总日数的70%或以上。

14. n 值（n value） 指田间条件下含水量与无机黏粒和有机质含量之间的关系。该值有助于预测土壤能否放牧或支承其他负载以及排水后土壤的沉陷程度。对非触变性矿质土壤物质的 n 值可用下列公式计算：$n = (A-0.2R)/(L+3H)$。

式中：A 为田间条件下土壤含水量，R 为粉砂+砂粒含量，L 为黏粒含量，H 为有机质含量（有机碳含量×1.724）。临界 n 值为0.7。

在野外也可参考ST制所建议的方法进行估测，即用手抓挤土壤，若土壤在指间流动困难，则 n 值为0.7～1.0；若在指间很易流动，则 n 值≥1。

15. 均腐殖质特性（isohumic property） 草原或森林草原中腐殖质的生物积累深度较大，有机质的剖面分布随草本植物根系分布深度中数量的减少而逐渐减少，无陡减现象的特性。具有以下条件：

①土表至20cm与土表至100cm的腐殖质储量比（Rh）≤0.4；若50～100cm深度中出

现石质、准石质接触面，则按相应比例计算，Rh 也应 $\leqslant 0.4$。

②单个土体上部无有机现象，且有机质的 C/N<17。

16. 腐殖质特性（humic property） 热带亚热带地区土壤或黏质开裂土壤中除 A 层或 A+AB 层有腐殖质的生物积累外，B 层伴有腐殖质的淋淀积累或重力积累的特性。它具有以下全部条件：

①A 层腐殖质含量较高，向下逐渐减少；B 层结构体表面、孔隙壁有腐殖质淀积胶膜，或裂隙壁填充有自 A 层落下的含腐殖质土体或土膜。

②土表至 100cm 深度范围内土壤有机碳总储量 $\geqslant 12kg/m^2$。

17. 火山灰特性（andic property） 土壤中火山灰、火山渣或其他火山碎屑物占全土重量的 60% 或更高，矿物组成中以水铝英石、伊毛缟石、水硅铁石等短序矿物占优势，伴有铝—腐殖质络合物的特性。除有机碳含量必须<250g/kg 外，还应具有下列之一或两个条件：

①细土部分：a. 草酸铵浸提 Al+1/2Fe$\geqslant$2.0%；b. 水分张力为 33kPa 时的容重$\leqslant$0.90mg/m³；c. 磷酸盐吸持$\geqslant$85%。

②细土部分的磷酸盐吸持$\geqslant$25%，且 0.02～2.0mm 粒级的含量$\geqslant$300g/kg，并具有下列之一特性：a. 草酸铵浸提 Al+1/2Fe$\geqslant$0.40%，且在 0.02～2.0mm 粒级中火山玻璃含量$\geqslant$30%；b. 草酸铵浸提 Al+1/2Fe$\geqslant$2.0%，且在 0.02～2.0mm 粒级中火山玻璃含量$\geqslant$5%；c. 草酸铵浸提 Al+1/2Fe 为 0.4%～2.0%，且在 0.02～20mm 粒级中有足够的火山玻璃含量，当其与细土中草酸铵浸提 Al+1/2Fe 含量作图时，火山玻璃含量则落在图 4-21 中阴影范围内。

18. 铁质特性（ferric property） 土壤中游离氧化铁非晶质部分的浸润和赤铁矿、针铁矿微晶的形成，并充分分散于土壤基质内使土壤红化（rubification）的特性。它具有以下之一或两个条件：

①土壤基质色调为 5YR 或更红；

②整个 B 层细土部分 DCB 浸提游离铁$\geqslant$14g/kg（游离 Fe_2O_3 $\geqslant$20g/kg），或游离铁占全铁的 40% 或更多。

19. 富铝特性（allitic property） 在除铁铝土外的土壤中铝富集，并有较多三水铝石，铝间层矿物或 1:1 型矿物存在的特性。它具有下列一个或一个以上条件：

①细土三酸消化物组成或黏粒全量组成的硅铝率$\leqslant$2.0；

②细土热碱（0.5mol/L NaOH）浸提硅铝率$\leqslant$1.0。

20. 铝质特性（alic property） 在除铁铝土和富铁土以外的土壤中铝富集并有大量 KCl 浸提性铝存在的特性。它具有下列全部条件：

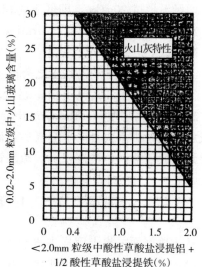

图 4-21 火山灰特性土壤的诊断
若<2.0mm 粒级的磷酸盐吸持>25%，
且 0.02～2.0mm 粒级$\geqslant$300g/kg，
则落在阴影部分的土壤具火山灰特性
（据 Keys to Soil Taxonomy, 7th ed., 1996）

①阳离子交换量（CEC_7）≥24cmol（+）/kg 黏粒；

②黏粒部分盐基总储量（TRB，交换性盐基加矿质全量 Ca、Mg、K、Na）占土体部分盐基总储量的 80% 或更多，或细粉砂/黏粒比≤0.60；

③pH（KCl 浸提）≤4.0；

④KCl 浸提 Al≥12cmol（+）/kg 黏粒，而且占黏粒 CEC 的 35% 或更多；

⑤铝饱和度（1mol/L KCl 浸提的交换性 Al/ECEC）×100≥60%。

附：铝质现象（alic evidence），在除铁铝土和富铁土外的土壤中富含 KCl 浸提性铝的特性。它不符合铝质特性的全部条件，但具有下列一些特征：①阳离子交换量（CEC_7）≥24cmol（+）/kg 黏粒；②下列条件中的任意 2 项：a. pH（KCl 浸提）≤4.5；b. 铝饱和度≥60%；c. KCl 浸提 Al≥12cmol（+）/kg 黏粒；d. KCl 浸提 Al 占黏粒 CEC 的 35% 或更多。

21. 富磷特性（phosphic property） 由鸟粪分解并释放大量磷酸盐，与来源于珊瑚砂、贝壳碎屑的钙结合，在土壤中富集的特性。它具有以下条件：

①全磷含量≥15g/kg（P_2O_5≥35g/kg），最高可达 130g/kg（P_2O_5 300g/kg）；

②全磷在单个土体中的分布由上向下逐渐减少，$CaCO_3$ 相当物则相反。

附：富磷现象（phosphic evidence），土壤中具有较高含量鸟粪来源的磷酸盐和珊瑚砂、贝壳碎屑来源的钙的特性。其全磷含量＜15g/kg，但≥1.5g/kg（P_2O_5≥3.5g/kg）。

22. 钠质特性（sodic property） 指交换性钠饱和度（ESP）≥30% 和交换性 Na^+≥2cmol（+）/kg 或交换性钠加镁的饱和度≥50% 的特性。

附：钠质现象（sodic evidence），ESP 为 5%～29%。

23. 石灰性（calcaric property） 土表至 50cm 范围内所有亚层中 $CaCO_3$ 相当物均≥10g/kg，用 1∶3 HCl 处理有泡沫反应。若某亚层中 $CaCO_3$ 相当物比其上、下亚层高时，则绝对增量不超过 20g/kg，即低于钙积现象的下限。

24. 盐基饱和度（base saturation） 吸收复合体被 K、Na、Ca 和 Mg 阳离子饱和的程度（NH_4OAc 法）。

①适用于铁铝土和富铁土之外的土壤：a. 饱和的≥50；b. 不饱和的＜50。

②用于铁铝土和富铁土：a. 富盐基的≥35；b. 贫盐基的＜35。

25. 硫化物物质（sulfidic material） 含可氧化硫化合物的矿质或有机土壤物质，经常被咸水饱和。排水或暴露于空气后，硫化物氧化并形成硫酸，pH 可降至 4 以下；酸的存在可导致形成硫酸铁、黄钾铁矾、硫酸铝，前两者可分凝形成黄色斑纹，成为含硫层。

第六节 土壤标本的采集与剖面摄影

从土壤剖面采集土壤样本进行实验室分析，是土壤调查不可缺少的组成部分。目的在于：第一，获知土壤的物理和化学性质；第二，测定用于土壤分类的基本标准；第三，进一步确定在野外所观察的土壤类型；第四，获得有关土壤利用改良、水分管理、土壤—植物关系的基本资料；第五，研究土壤发生。

然而，实验室工作的价值不仅决定于分析结果的精确性和如何综合分析结果，而且也决定于采样方法和标本的代表性。因此，调查者在剖面观测记载以后，必须认真对待土壤标本的采集。

一、土壤分析标本的采集

为了系统研究土壤发生分类和土壤肥力特性，在野外土壤性态观测与土壤理化性质简易诊断的基础上，必须采集土壤标本供室内进行各项理化分析。按分析要求可分为全量分析、农化分析和物理分析三类分析标本。

（一）全量分析标本

主要是为了研究土壤的生成发育，土壤剖面中的物质移动以及影响肥力的主要化学性质。凡主要剖面都要带回室内再进行选择取舍，这样可避免返工。采集方法有典型取样法和柱状取样法两种，具体视土壤而定。

1. 典型取样法　最常用的方法（图4-22A），它根据已划定的发生土层，自下而上，在每个土层的典型部位取土块，数量在1kg左右，分层装入塑料袋或布袋。其中底土样品应下坑观察时提前取土，以免观察剖面时，原土掉落和人为践踏污染。

2. 柱状取样法　适用盐渍化土壤的取样方法。因盐分能随水分上下运动，分层采样不能说明土壤盐分状况，故需要采取上下一致的代表整个土壤剖面的土柱状样品（图4-22B）。其他一切同上。这种取样方法一般适用于盐渍化土壤，用以计算盐分贮量或土壤水分贮量。

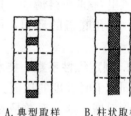

A.典型取样　B.柱状取样

图4-22　土壤剖面取样示意图

在采集盐碱土壤样品时，在耕层中将0～5cm这一层单独划分出来，如有表层盐结壳及结壳下"蜂窝"状土层，也应单独划分和取样。所采土样装入塑料袋中。另外，还要采取地下水样，测定水质。

土壤样品宜采自新挖的剖面，尽量不采道路切面等自然剖面的土样。在取样前都要重新修整土壤剖面；每个样品袋内外都要有标签，用铅笔或防水笔记录下采样地点、土壤名称、剖面编号、层次、取样深度、采样日期及采样人等。

研究养分循环的样品应采到养分渗入深度处。微量元素分析用样品应单独用小塑料袋盛装，采集时特别要小心，防止污染，包括剖面刀等铁器的污染。另外，泥炭沼泽土往往不易挖掘剖面，也可用管状土钻采样。

样品取回后要注意防止发霉。因此，要及时敞口晾干或摊开晾干。在长途运输中要注意将酸性土壤与钙质土壤等分箱包装，防止在运输过程中因布袋的颠簸混杂而相互影响。

在上述两种取样前都要重新修整土壤剖面，并在样品袋内、外做好标签记录，内容包括调查组别、剖面编码、采样层次、深度等。

（二）农化性状分析标本

主要是为了查清调查区耕层土壤的养分状况，或绘制土壤农化图，为肥料分配、土地利用、科学施肥提供科学依据。其取样特点是：首先它不是剖面分层取样的，一般只采取耕层和犁底层（亚耕层）土壤样品。有时为进行土壤肥力评价，往往在调查中规定统一的采样深度。如第二次全国土壤普查中规定，旱地20cm，水田15cm。其次，不是单点取样而是多点混合取样。具体按方格取样法或随机取样法进行，一般采样点不少于 10 点，土样一般保留 0.5kg，土样过多时可用四分法弃取。

（三）物理性状测定标本

为了研究土壤物理性状，除野外直接测定的一些项目外，有的项目需要取原状土带回室内测定。如土壤容重、线性系数和持水差等。为了保持土壤自然性态的结构，取样和运输中就必须用特定的工具和容器。现简介如下：

1. 环刀法测定土壤容重样品　环刀取土（图 4-23），表土一般要求重复 5 个，心、底土重复 3 个。同时，在同一层次中采取 15～20g 土样，装入铝盒供含水量测定用，要求表土重复 3 个，心、底土重复 2 个。环刀取土后盖紧顶、底盖，装箱防震运输（详略）。底盖有孔的应在盖里衬铺塑料薄膜，以防水分蒸发和土粒

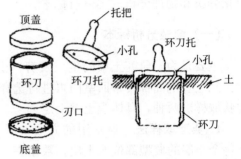

图 4-23　环刀采样示意图

失落。有孔底盖的环刀，可以在室内测定饱和含水量、毛管持水量和田间持水量等水分常数。

2. 测定线性系数、持水差的样品采集　线性系数是指自然土块湿时长度与干时长度之差，同其干时长度的比值。其推导计算以自然土块在 1/3bar 含水量至烘干状态时的线性收缩量为根据，这一系数是鉴别变性土的一个重要诊断特性。持水差（WRD）是土壤分类中用来计算土壤水分控制层段、累积持水量、有效持水量等指标的一种土壤水分特性。

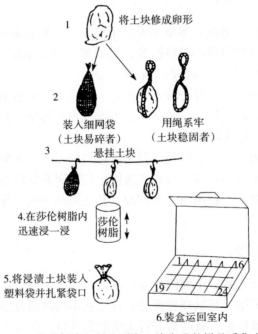

图 4-24　莎伦树脂包封法测定土壤容重的样品采集方法

线性系数和持水差的计算均需要容重测定数据。而这种容重测定的样品，宜采用莎纶树脂（聚偏氯已烯纤维或其共聚物纤维的统称）包封。其采样前，预先配置好两种浓度的莎纶树脂溶液（即莎纶树脂：丙酮分别为 1：4 和 1：7。前者宜用黏粒含量<18%的土壤，后者适用黏粒含量>18%的土壤），置于加盖的容器。分层采集原状土块，若土块易碎（如砂土），可用环刀采集土芯样。每层采 3 个原状土块，其中一个备用。将原状土块削成直径为 6～7cm 的卵形，用绳带缚牢。若土块易碎，可装入细网袋中。将土块悬挂，然后用盛有莎纶树脂的容器上套，使土块完全浸渍后立即移下容器。待悬挂的浸渍土块干燥后，即可装入塑料袋，并放入土块盒中，以软纸或棉花等填充防震运输（图 4-24）。

二、比样标本的采集

比样标本，因多用纸盒装填，故也称纸盒标本。它主要用于室内比土评土之用，对野外初步确定的土壤类型，以分层采集的小盒标本进行实物比较，故又称小盒标本。对主要剖面和疑难剖面都要采集这类标本。这种小盒标本，同时可作教学示范和陈列展览之用。盒子规格为长方形（20cm×5cm×2cm）的有盖有底的纸盒或硬塑料盒，盒内一般分 6 格。取样时要注意以下几点：

①自下而上分层在典型部位中切取保持自然结构的小土块，纸盒内格子可按实际剖面层数调整，然后分层装填土块。若用塑料盒子，可按剖面层次和厚度，将盒子装满，即不受盒子分隔限制，厚的土层可装 2～3 格，以不留空格为原则，防止土块散落。

②在比样标本的盒底、盒盖上都应记录剖面编号、剖面层次和深度；盒盖还要记录采样地点、土壤名称、分层 pH、石灰反应和亚铁反应，以及采样日期、调查组号和采样人等。塑料盒子可预先粘贴白纸条，以便野外记载。

三、整段标本的采集与制作

它是为教学、展览等需要而采集的大型整体标本。因此，它必须选择代表性较强的土壤剖面。按标本制作形式，可分为木盒标本、胶布薄层标本和板底黏结薄层标本。

（一）木盒标本

在典型土壤剖面的垂直观察面上修挖出一个与整段标本盒大小相当的长方形土柱（100cm×20cm×8cm）；将木盒的盖和底卸去，然后将只剩周边的木盒套在柱上，用刀先将土柱观察面修好，加盖；最后在剖面背面从上往下切取土柱，经过修饰，加盖即可（图 4-25）。

这种整段标本比较笨重（20～30kg），运输、贮藏带来许多不便，且干燥后会自然剥落。但制作、取材比较方便，容易推广。

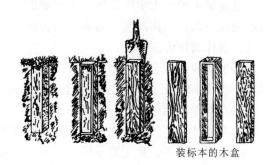

装标本的木盒

图 4-25 木盒整段标本取样图式

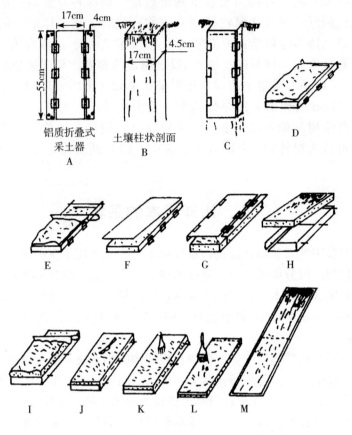

图 4-26 板底黏结薄层土壤整段标本制作示意图

（二）胶布薄层土壤标本

再修挖好的土柱正面喷上一种黏结力极强的胶水（如白乳胶），沾帖一块大小与土柱相似的白布；待胶水干后，将布从剖面上扯下，布上黏着一层土壤，再喷洒上胶水加以保护。这种标本便于运输、贮藏和管理，但对粗骨性的土壤（砂、砾土）就很难制作，国内应用较少。

（三）板底黏结薄层土壤标本

这是华东师范大学陈家琏等人研制的，并在第二次全国土壤普查中得到了推广应用。其特点是成本低、操作简便、运输贮藏方便。不足之处是剖面分两段制作，拼接时留下人为的痕迹。具体制作方法如下：

①准备两个采土器，由 55cm×17cm×4cm 的铝制板材制成活动折叠框架组成（图 4-26A），另备两把底纹笔和一把刮土刀、一把小手锯、一瓶乳胶（聚乙酸乙烯乳胶）等。

②在典型剖面中修挖一个与采土器大小相对一致的长方形土柱（图 4-26B），然后将采土器套在土柱上，顶部空出 5cm，并用螺杆固定采土器（图 4-26C）。

③用刮土刀先沿采土器下缘（即剖面 50cm 处）切一深缝，再用刀将土柱背部切离，最后把采土器连同土柱一起平托到地面（图 4-26D）。

④用刀慢慢地将超过采土器的多于土块削去，如遇树根、草根等，可用小锯锯断，以防土层松动（图4-26E）。

⑤将事先准备好的三合板涂上原汁乳胶，粘贴在修平的土层面上（图4-26F）。

⑥然后将采土器连同土层翻个身，将三合板紧挨着地面，衬托土柱，松开螺杆卸下采土器（图4-26G）。

⑦将采土器反折起来，插上三根螺杆，并将土柱连同三合板一起轻放在取土器的三根螺杆上，然后拧紧螺帽，将其固定（图4-26H）。

⑧用刀把高出采土器的多余土块削平（原厚约4cm，削平后保留1cm左右（图4-26I）。

⑨用小刀慢慢修出一个土壤自然结构面（图4-26J）。

⑩用另一底纹笔慢慢将碎土扫除，然后将土柱连同三合板从采土器取出（图4-26K）。

⑪用另一底纹笔蘸上掺水的乳胶，慢慢的依次淋滴在土层面上，让其自然下渗，待胶水干涸后即成剖面标本（图4-26L）。使用时将上、下标本拼接起来，成为整个剖面标本（图4-26M）。

乳胶掺水浓度视土壤质地和土柱疏松状况而定。原则上质地粗、土壤松的掺水倍数小些；反之则大些。一般浓度控制在1∶1.5～3.5。如土壤过湿，应待土层风干后再加掺水乳胶固化。

四、土壤剖面摄影

除了采集剖面标本外，目前国内外都盛行拍摄剖面彩色照片，作为教学科研、陈列展览的影像资料并可进一步转录成光盘长期贮藏起来。剖面摄像的具体做法如下：

（一）剖面拍摄面的选择和准备

①土壤剖面一般用顺光拍摄，因顺光时，剖面上光线均匀，色彩还原正确，挖土量也最少。逆光拍摄，剖面处在阴影处，照片色彩灰暗，偏蓝。侧光虽立体感强，但剖面上有浓重的阴影，为消除阴影，挖土量要增加，且植被或农作物损坏的面积也相应增大。因此，在剖面摄影时，应选择向阳面，修挖成如簸箕形土坑（图4-27）；并将拍摄面的左半部留作光面，右半部用剖面刀挑成毛面。选择拍摄面时，应考虑阳光的偏离角度，否则剖面上有浓重的阴影。确定阳光偏离角度时，可用土铲柄的投影作基准，考虑剖面挖掘处理时间提前调整确定剖面向阳角度。阳光与地面的夹角随不同地区和季节而异，应按实际情况而定。

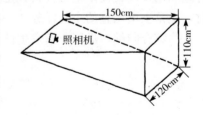

图4-27 土壤剖面拍摄方法示意图

②在光面中间放置标尺，以示剖面层次深度。标尺由宽4cm，长150～200cm的红、白相间10cm的塑料带制作而成。

③为反映土壤剖面的发生层次，可在标尺右侧按土层的发生学特性，放置相应土层符合片（由4cm×6cm的塑料板制成，如A、AB、Bg、BC、C、D等）。

④土壤剖面一般在地下，光线往往上部亮，下部暗。拍摄时可在土坑底部的斜面上铺放一张锡纸或白纸反光板，以增强剖面下部的光亮度。

(二) 拍摄技术要点

1. 拍摄时间　拍摄时间和光线最佳时间为上午9时到下午4时。其中中午前后1h为剖面拍摄的黄金时间。这对普通摄影来讲，是最忌讳的时间。相反，拍摄土壤剖面时，由于此时投影最小，选择拍摄面的机动性最大。由于光线均匀，能真实地反映土壤剖面的发育层次。

除晴天外，薄云遮日也是理想天气。此时，地表景物和剖面上有足够的光照，由于没有投影或投影模糊，给拍摄工作带来了不便。阴雨天，只要光线尚属明亮，土壤剖面颜色较浅，利用中午前后一段时间亦可拍摄。一般在日落前2h不宜拍摄土壤剖面。

拍摄土壤剖面照片，最好用自然光，因为自然光均匀、柔和。用闪光灯拍摄，土壤胶膜等光滑物体会形成耀眼的光斑。当光线很暗（如在密林中拍摄土壤剖面），必须用闪光灯时，应在灯前加纱布或半透明纸柔化光线，或将闪光灯打在反光板上，利用发射光来拍摄。

2. 测光方法　土壤颜色千变万化，同一剖面上层和下层的颜色也不一样。例如，黑钙土上层为黑色的腐殖质层，下层为灰白色的钙积层，测光时，无论以黑色或白色部分作为测光标准均不正确，按此拍出的照片黑色部分不黑，白色部分不白。正确的测光方法应对准手背测光，或分别对剖面中黑色和白色部分分别测光后取平均值。用相机内测光表测光时，应将镜头对准剖面并占满整个画面，切忌包括天空，否则，测定值偏高，照片曝光不足。

3. 拍摄方法　拍摄者应伏卧在地面操作，相机紧贴地表下10~20cm，镜头对准剖面中央拍出的照片比例较为正常。切忌用蹲或站立的方式拍摄，用此法拍出的照片上下比例失调且易将两侧的土壁摄入画面，使剖面畸变为土坑或簸箕形状。为此，需一块塑料布，以便卧摄时用。

拍摄剖面宜竖幅取景，地表植被和剖面比例为3:7，尽量利用小光圈，以达到最大的清晰度和景深范围。

第七节　土壤剖面形态的综合分析与生产评价

土壤剖面性态研究的目的，首先要为土壤分类提供科学依据，其次是为土壤因地制宜、合理利用及改良提供基础资料，也是土壤调查成果应用于生产实践方面的一个必然途径，同时，也是土壤调查的主要任务之一。为此，必须将分层观察记载的专业性很强的剖面性态资料，作综合归纳，进行土壤发生性和生产性的评述。

一、土壤生产性能的访问

在野外成土因素与农业生产活动调查的基础上，调查者应尽可能与当地的农民在田间针对剖面所在地的土壤进行讨论，其内容包括以下三方面。

（一）土壤肥力特征

1. 土壤名称　当地土壤名称的由来及其含义，它们在土壤发生分类中的地位。

2. 土壤的耕作性状反应　如"松、紧、糯、粳、烂"等。它们是土壤质地、结构和熟化度的综合反映。

3. 土壤水分特征 着重访问保水性、渗漏性和回润力。
4. 土壤养分特征 着重访问保肥性、供肥性、和施肥效果等。
5. 土宜性 访问适种和忌种作物种类、品种及其产量；各类作物的生长特征，如全发、全不发，前发后不发、前不发后发等。
6. 产量水平 指主要作物的收获量，是反映肥力特征最综合的生物指标。

（二）土壤管理措施的效果

1. 轮作换茬措施 包括不同作物轮作、水旱轮作和粮肥轮作等效果。
2. 耕作方式 包括冬耕、春耕、秋耕等。
3. 水浆管理 井灌、喷灌、滴灌、水田的搁田、烤田等效果。
4. 施肥措施 包括施肥方法、时期、肥种及效果。

（三）特殊情况的访问

特殊情况的访问是针对某种土壤的特殊问题进行的访问。例如，低产田要查明群众认为造成低产的原因；盐土要查明盐分运动规律及其对作物所产生的危害程度，作物生长异常的原因等。

二、土壤剖面发生性分类和生产性的分析

（一）土壤剖面发生性分类分析

土壤剖面性态是土壤内在性质和外部形态的综合表现，土壤剖面的性状和环境条件之间有着发生学上的因果关系。在对土壤剖面及其环境条件描述以后，要根据土壤发生学的观点，即成土因素学说和成土过程的理论对土壤剖面性状作发生学上的综合分析。如在山前洪积扇与冲积扇之间的交接洼地发现土壤剖面中有泥炭层，就可以推断该泥炭层是在积水还原条件下，湿生植物大量生长，在还原条件下植物残体不能分解而积累下来的。

确定一个土壤剖面的分类地位，一定要结合当地的土壤地理条件进行分析，特别是当应用土壤地理发生分类体系对土壤分类时，更要充分考虑到其地理发生条件。

首先，确定A、B层次的特征或特性，及其组合特性，了解其在土类、亚类等高级分类中的地位；然后根据母质特性，地表特性所产生的影响，逐级向土属、土种等基层单位划分。如在北京山前黄土台地上，发现某一土壤剖面的A层之下有一颜色较红，黏粒含量比上覆层明显增多的B层，在B层下部有碳酸钙假菌丝体存在，那么就可以推断，该剖面是在季风型大陆性气候条件下，黄土性成土母质发生碳酸钙的淋溶与淀积，产生钙积层，土内原生矿物发生风化，转化为次生黏土矿物，使B层黏粒含量增多，形成黏化层。因此，该土壤剖面属于褐土土类、碳酸盐褐土亚类。然后根据其母质特性划分为黄土母质土属，因其剖面通体质地为粉沙壤土，而将其进一步分类为均质型土种。关于土种的划分，调查工作者一定要了解当地已有的土种。

（二）土壤剖面生产性分析

根据剖面性态在野外初步鉴定土壤发生学类型，诊断土壤的生产性。在环境条件调查和

田间生产性访问的基础上，根据剖面形态观察，重点抓住几个与土壤生成发育、利用改良密切相关的土壤属性，进行土壤发生性的分析和生产性的评价。

现以铁锰新生体在土壤剖面中的形态进行综合分析为例。

1. 根据铁锰新生体形态，分析水稻土发生性和生产性 以水稻土土类为例，其亚类划分，主要根据水耕氧化还原层中铁锰新生体的形态、分布部位。因此，可以根据土壤剖面中铁锰新生体在野外作初步分类鉴定，同时进行生产性评述。

例如，河谷平原中紧靠河床的自然堤上，成土母质为河流新泛滥物，农业利用为麦—稻—稻三熟制。全土层深厚（1m 以上），砂质黏壤土，均质剖面，0～20cm 为水耕表层（含犁底层）多红棕色锈纹、斑点和黑褐色斑点；20～60cm 以黑褐色斑点为主，少量棕色锈纹和斑点；60～80cm 黑褐色斑点逐渐减少，黄色斑点增多；80～100cm 为浅色成土母质。

根据上述剖面，水耕表层以下具有铁锰就地氧化还原的斑纹亚层的特征，其土壤发生学类型应为普通水稻土亚类。因其铁锰新生体多数为斑点状，说明通气排水均匀良好。但随深度加深，黄色铁斑点增多，黑褐色锰斑点集中在中部，说明土壤受地下水影响，锰随地下水上升而向上推移，铁新生体水化度提高而呈黄色。说明土壤回润力较强，具有较强的抗旱能力。农业生产中可以稻、麦两优，但其质地较松，保肥性稍差，容易"笑苗哭稻"，后期早衰。因此要注意后期追肥，以保高产。

2. 根据铁锰新生体迁移状况，分析灰潮土的演变发育 以灰潮土为例，因地下水和人为耕作对其发育的影响，出现了不同发育阶段，不同生产性能的三种土壤，即回润力很强的"夜阴地"；回润力较弱，表层容易干燥结皮的"黄泥翘"和完全脱盐淡化的"淡涂泥"。处于 3 个不同发育阶段的土壤，在野外也可以通过土壤剖面中的铁锰新生体的形态、分布，分析其发生演变及生产性能的变化。

如图 4-28 所示，剖面无发生学层次分化，只在 70～80cm 处有铁锰斑点，而且黑褐色斑点在上，黄褐色斑点在下。说明是地下水在此层升降活动，从而使该土壤具有较强的回润力。为此，群众称之为"夜阴地"。该土壤因"雨不易涝，旱不易干"之特点，棉花不会徒长，雨季不易落铃落蕾，能密植高产，是南方棉花高产土壤。

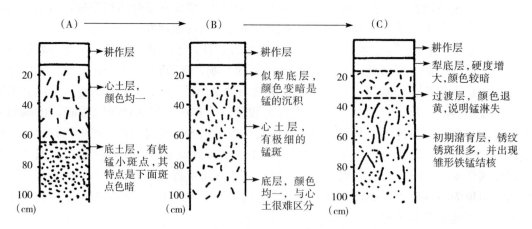

图 4-28 浅色草甸土的土壤剖面演变示意图

综上所述，在水稻土和灰潮土剖面分析中，可以抓住铁锰新生体的性态、移动与分布状况，正确地判断土壤发育和水分移动方向，进而推论养分状况，分析评价其生产性能。

在一些过渡类型中，土壤分类地位一时难以确定，可提出疑问，以便在室内分析资料及其他有关参考资料确定后再作决定。

三、土壤剖面的生产性能评价

土壤剖面的生产性能评价国际上被称之为"土壤调查解译"，它在土壤调查成果用于生产实践是一个有力的手段，对土地评价、土壤合理利用和土壤改良等都是十分重要的，也是其他学科所不能取代的手段。土壤是环境的统一体，土壤要形成生产力必须由环境的其他因素的配合，否则只具有土壤的本质特征——肥力难以形成生产力。而环境诸因素中，如气候、地形、水文等，都有一定地域分布组成。其次，土壤生产力还受生长作物生理特性的影响，不同作物对土壤条件要求差异悬殊，也就是土宜问题。通过挖掘土壤剖面，对土壤理化性质进行观察分析，摸清调查区的主要土壤类型的理化性状，并在此基础上，对该区土壤的宜耕性、宜肥性、宜水性、宜种性、发棵性、生产能力等特征进行研究。进行土壤剖面生产性能评价时应注意以下几方面：

（一）土壤剖面的层次结构特性

不仅要注意其发生学关系，而且要特别注意土壤剖面的层次结构特性对土壤的水、肥运行方面的影响。如华北地区农民所称的"蒙金土"，它就是在土层20cm左右为砂壤至轻壤土，其亚表层，即20cm以下有一厚度20~30cm的中壤层到重壤层，再下又为轻壤等，这种土层结构便于表层耕作和水分渗透，且有利于作物根系的早期发育，亚表层利于保水、保肥（交换量大），再深层又利于作物深层发育，且土体的内排水条件好，故农民称之为"蒙金土"。"既发小苗，也发老苗"，西北农民称之为"砂盖垆"。

（二）土壤剖面中的障碍性层次

如高层位出现的石化砂姜盘层，脱水且阻碍根系下扎；高位的砾石层或粗砂层漏水漏肥；高层位的黏土层滞水，易造成内涝等。这些均是严重影响作物生长发育及土壤耕作的限制土层。

（三）注意土壤所在地的地理环境条件

任何一种土壤利用与生产评价决不仅限于土壤本身，它与四周的生态环境条件是分不开的。如上述的蒙金土、砂盖垆等土体结构类型在华北和西北的半湿润、半干旱地区，土体的水分保持起了重要的作用，是一种很好的土体构型。但是，同样上砂下黏的土体构型，出现在南方多雨地区的土壤中，在雨季，尤其在特长雨季的年份中，土壤滞水使作物渍水受害，成为一种不良的土体构型。例如，南京地区，某些洼凹地段的黄褐土，多雨年份土壤因其上砂下黏的土体构型而滞水，使该土壤上栽种的桃树烂根死亡。因此分析土体构型优劣时，必须与当地的气候地理条件相结合，即从地理观点出发评价土壤生产性。

（四）注意土地利用、作物的种植形式、作物的长势和生态类型

不同的作物要求有不同的生态条件，特别是不同根系的生态条件要求。如一些块茎与块根作物一般要求疏松的土壤质地，以满足薯块膨大和根系呼吸的要求；而一些谷类农作物往

往要求较细的土壤质地,以满足后期籽粒灌浆的水肥要求。这就是不同的土宜条件要求,要把作物生态和土壤水分物理性质和农化性质联系起来综合分析。

另一方面是农作制度,有的为灌区,有的为水土保持区,有的为水稻区,这些不同的农作和耕作制度对土壤质地,特别是表层质地要求是不一样的。

正是因为以上这些特点,要求土壤调查工作者掌握更多的土壤利用与土壤改良的知识,以便作出恰当的土壤剖面评价。

思 考 题

1. 怎样深刻理解研究土壤剖面在土壤调查中的重要意义?
2. 土壤剖面点的设置原则有哪些?如何正确设置某个土壤调查区域的土壤剖面点?
3. 如何正确观测、描述、记载土壤剖面?
4. 如何正确地进行土壤比样标本和分析标本的采集与记录?

第五章 土壤图的调绘

土壤制图通常分成野外草图调绘、室内底图清绘、整饰几个步骤,其中野外草图调绘是最基础的工作。

野外草图调绘是运用土壤地理学的理论和土壤野外调查技术,认识并区分调查地区土壤类型、组合及其分布变化规律,将其界线勾绘并标记在地形底图上或遥感影像上,从而全貌地反映出调查区土壤在地理上的分布规律和区域性特征特性。这种直接调绘的土壤图也是编制中、小比例尺土壤图的重要基础和依据。

第一节 土壤分类与土壤草图调绘

土壤分类是土壤制图的基础,土壤分类系统是制订土壤制图图例系统的基础,土壤图则是土壤分类的具体体现。作为基础性的理论和应用成果,土壤制图的重要任务之一,就是要把调查所得的各种土壤类型,按照所应用的土壤分类系统,把调查区的土壤勾绘在图上。

一、土壤分类与制图单元

(一)土壤分类单元与土壤实体

在任何分类等级上,一个类别就是一个分类单元,土壤分类单元是概念性的,它是根据对分类对象的了解程度,按照一定的分类目的,对分类对象的性质、关系进行抽象概括而精确定义的,指的是土壤分类系统不同级别中的土壤个体。如中国土壤分类系统中的水稻土、褐土、潮土是土类级别的土壤单元;潴育水稻土、潜育水稻土是亚类级别的土壤单元;黄泥土、白土则是土种级别的土壤单元。

土壤实体是客观存在的事物,它不依附于任何一个土壤分类体系而独立存在。对于同一土壤,如果分类的目的不一样,可以给予它各种各样的概念上不同的分类名称,名称本身并未指出该土壤具体空间位置,而是泛指在地球表面存在这样一种土壤。所以,一旦在某地发现某土壤实体的性状符合这个分类单元所定义的性质,就可以用这个分类单元的名称命名该土壤实体。

(二)制图单元和图斑

分类单元是概念化的、是精确定义的,从而给土壤调查制图和土壤评价提供一个通用的标准。如果一个调查区的土壤性状与某一分类单元的概念相吻合或被包含,就以这个分类单元的名称命名该区域的土壤,勾绘土壤。

土壤分类单元用于编制土壤图则称土壤制图单元,对于同一区域的土壤,如果使用不同的土壤分类体系作为制订图例系统的基础,会得出不同的制图单元,而且不同比例尺精度的土壤图可采用不同级别的土壤分类单元或土壤分类单元组合。制图单元主要成分是（单个）土壤类型或组合土壤类型，其次是在实地上占有一定面积的非土壤形成物，此外还有与土地利用和管理有关的土相，它不作为单独的制图单元，但却是制图单元的成分和区分制图单元的因素。土壤制图单元系统既反映土壤分类的理论观点，又不是土壤分类的重复。由于土壤分类单元是区分土壤类型的单元，而土壤制图单元则是表示图斑内容的单位，所以土壤制图单元虽以土壤分类系统的各级分类单元为基础，但前者并不等于后者。土壤制图单元可以根据制图体系、比例尺大小、制图目的来具体确定，如可以用某一土壤性质的级别命名（质地或养分），不必一定用某一分类单元命名。

图斑是制图单元在图上所表示的有区界的空间范围。每个图斑均有一定的几何形状和面积，相同的图斑组成制图单元。在一个地区进行土壤调查制图，相同的图斑组成制图单元，一系列的制图单元构成图例系统。但是若用某一分类体系为基础编制制图图例，去修改根据另一个分类体制而绘制的一个区域的土壤图，仅仅概念套概念改变图斑的名称，而不修改图斑界线是行不通的。

二、土壤草图调绘原则与依据

（一）土壤草图调绘的原则

土壤是一个连续的、不均一的历史自然体，虽然可以根据形态特征、物质组成、土层结构等区分为土壤个体和各种类型，但在地球表面上它却总是以呈连续状态的土被存在，土壤个体与个体之间的转变有时是渐变的，有时是突变的，不管那种情况，土壤的空间分布都在一定的范围内形成个体与个体相结合的群体结构形式。同时，土壤又是人必需的生产资料和重要的自然资源，故土壤野外制图须贯彻下述原则。

1. 土壤发生的主导性原则 在同一成土因素单元内，一般都是只有一种成土因素占主导地位，土壤类型也只有一种占明显的面积优势。因此，通常土壤图都是用这种优势土壤来表征这个图斑，也就是说，只用这一个土壤类型的代号来标入这个土壤图斑里。

2. 土壤发生的综合性原则 土壤类型及其属性是成土作用的结果。相同的成土条件可形成相同的土壤组合群体结构，不同的成土条件则形成不同的土壤组合群体结构。群体结构的规模可以大到与大自然单元和生物气候相联系的土壤广域分布规律，与大地貌、母质和生物气候相联系的土壤区域性特征；也可以小到与中地形、母质和水文地质条件相联系的土壤中域分布规律，与小地形和水、盐变化相联系的土壤微域分布规律。每一种土壤组合的群体结构形式包括组成分、面积对比和图形的几何形状等。由于各种土壤在自然界的空间分布均以组合形式出现，同时各种组合格局即群体结构的形成在发生上均有一定的原因，在分布上有一定的规律性。因此，土壤野外制图可遵循土壤组合发生原则，即以发生学的观点研究图斑内部（复区图斑中）和图斑之间土壤组合的发生原因、土壤组合中组成分的内在联系以及各种组合的图形特征，并以此为基础，经过科学的综合，将土壤类型、组合的空间范围及其分布规律反映在图上，而不应简单地表现土壤信息的空间分布和组合现象。这样将个体与群体、分布模式与组合成因结合起来，在掌握规律的前提下表示的图形，能达到客观而概括地反映自然界土壤空间分布的形式和面积比例关系。

图形和数量是紧密联系的，土壤野外制图不仅要表示形的特征，而且要有数的量度信息。符合客观实际的图形，应有较为准确的面积，因此在贯彻组合发生的制图原则时还应强调分析和解剖图斑的组成分及其面积比例，注意图形的定量表示和制图单元中土壤单元的定量化。

3. 土壤制图科学性与生产性相结合的原则　土壤图既要能正确反映地球表层的土壤状况，又要能较好地适合于生产上的应用。所以，不仅要有反映自然规律的要素，也要表示出与生产密切相关的因素。利用土壤组合发生的制图原则编制的土壤图，不仅能直观地表示出土壤的图形、分布和数量，而且可以反映出土壤组合状况及其成因，有利于合理利用土壤，有利于区域的综合治理和国土的整治等应用。

（二）土壤野外制图的依据

①土壤制图单元以土壤分类（如中国土壤系统分类）的相应级别的分类单元或分类单元的组合为基础。

②图斑结构与图斑组合以土壤分布规律为依据。

③区域性特征根据制图单元的内容、详度以及图斑之间组合形状的差异来体现。

④图幅内容的生产性除不同土壤类型本身所能表示的以外，还根据所确定的相（phase）和与生产有关的非土壤形成物表示。

三、土壤草图内容

（一）土壤制图单元

1. 土壤制图单元的划分　土壤制图单元的划分要考虑制图比例尺与农业生产要求，避免以土壤分类的框框来硬套制图单元。在划分土壤制图单元时应注意：

①土壤制图单元的划分决不是愈细愈好，特别是在地形切割破碎（如黄土丘陵）或小地形十分发育的地段，则可采用组合制图的图例，或复区制图的图例。否则会造成工作的困难，使用图者也感到不方便。

②制图单元应尽可能达到内部一致，没有必要相同到所区分的土壤具有完全一致的性质，但是一个制图单元内的变化应保持在限定的范围内，同时具有相同名称的所有制图单元内部变化的类型应该一致。

③在简单制图单元和复合制图单元中应尽可能地使用前者。

④根据生产要求也可划分出一些非土壤发生性状，或地表特征的"相"以作为制图单位划分的依据，如坡度、侵蚀、砾质特征等。

⑤土壤制图单元虽不等于分类单元，但也应同时考虑两者的相关性，以保证土壤制图的质量。

2. 土壤制图单元的土壤分类级别　基本土壤制图单元中土壤的分类级别决定于成图比例尺及所限定最小图斑面积内能包含的内容，在一定比例尺图上，所确定的土壤分类级别过高，则图斑过大，不能满足调查制图的需要，过低则图面繁琐、杂乱，难以清楚地反映土壤的类型、组合及其分布规律。故大体应与成图比例尺相适应，一般比例尺愈大，分类级别愈低；比例尺愈小，分类级别愈高。土壤制图单元中土壤的分类级别，除以土纲和亚纲为制图单元的比例尺相当小的图外，小比例尺土壤图主要相当于土类、亚类及其组合；中比例尺土壤图主要相当于土属、土种及其组合；大比例尺土壤图主要相当于土种、变种及其组合。

(二) 非土壤形成物

因土壤制图有明确的生产目的性和面积的概念，土壤图不仅要表示地面的各种土壤类型及其空间区域分布，也需要反映占据地面的各种非土壤形成物。在小比例尺图上如冰川、雪被、盐壳、盐泥、岩石露头等；在大比例尺图上如人工堆垫物、坟场、取土坑、开挖的河渠、城市、城镇、农村居民点等。非土壤形成物的种类根据不同地区和各种比例尺所能反映的实地情况确定。

(三) 图例系统

一个制图单元可能包含一个或若干个属于不同分类单元的土壤，根据组成制图单元的土壤类型的数目，以及各土壤类型的比例不同，图例系统基本上可分以下几种类型。

1. 优势单元图例 由于土壤在地球表面是一个连续分布的地理体，分类与制图都是通过若干剖面特征而加以统计划分的单位。因此在一个制图单元内，完全一致的土壤类型是很少的。当其主要土壤的面积占该制图单元的85%～90%时，称为优势制图单元。这种情况一般在平原区的大比例尺制图中出现较多。在大比例尺制图中（甚至在详细比例尺制图的情况下），即使单一的、基层的景观单元内，优势土壤也很少占该制图单元的100%。

对于优势制图单元，其图斑内的土壤以某一土壤类型占绝对优势，制图单元的名称就以这个占优势的土壤类型名称命名。所包含的土壤大多数与主要土壤在性质上相似，以至仅以优势土壤类型的名称命名这个制图单元不致影响对这个制图单元的解释。非类似的土壤类型，如果和命名土壤性质上差异不大，最多不能超过25%，和命名土壤性质迥然不同的土壤最多不能超过10%。例如，某制图单元中C占90%以上，而A、D分别占5%和3%，就确定该制图单元为"C"。

2. 复区图例 在一个制图单元内几种土壤相互穿插分布，在1:1万～1:2.5万的大比例尺土壤制图上难以分别表示时，则用复区图例表示之。复区图例表示的方式：一种是将主要土壤类型作分子，次要者作分母，如潮土/盐化潮土；另一种表示方式是将主要土壤放在前面，后面加一连接号，再写次要土壤类型，如潮土—盐化潮土。不论哪种方式，一般都不注记组成土壤各自所占面积的百分数。造成复区的原因有两种：①由于小地形或微地形形成土壤水分状况的局部差异，如土壤侵蚀复区和盐渍化复区；②由于母质复杂，在不大范围内形成沉积母质的水平层次差异。这些差异都会反映到土壤性状和类别上，就构成了一个不大的范围内，有几种土壤反复出现呈插花分布。只有用复区来表示。

3. 组合图例 当一个自然地理景观单元内有两个以上的非类似的土壤类型呈现有规律的组合出现，同时由于制图比例尺的限制，不能单独表示时，为了反映图斑的组成单元及其规律性，就用组合制图单元表示，多用于中、小比例尺制图，但也有个别用于地形破碎的大比例尺制图，如黄土丘陵区的切割地形部位，风沙区的草丛沙丘地区等。造成土壤组合制图的原因主要是地形因素，如山体的阴、阳坡以及土壤链等。所谓土壤链（soil catena），一般是在母质相同的情况下，由于地形的差异，形成了土壤有规律的重复出现（图5-1）。如黄土高原丘陵沟壑区，东北丘陵漫岗区和南方红壤低丘区。

命名组合制图单元的土壤类型所占百分数不小于75%，可以是2个或3个，一般按其所占百分数的多少依次排列，最多的放在第一位，如"褐土—潮褐土"、"黑土—白浆土—草甸土"。组合制图单元中未命名的土壤的百分数，如果对于制图单元的解释影响不大，最大可达25%；如果对制图单元的解释影响重大，最多不超过15%。

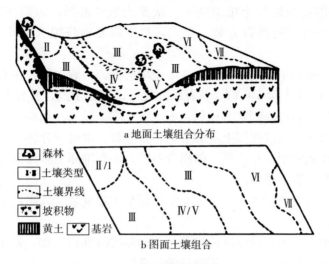

图 5-1　土壤组合分布制图示意图

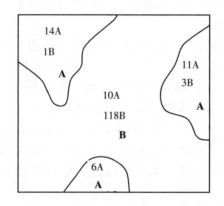

图 5-2　组合制图的剖析示意图

土壤组合图例，一般要求表示制图单位中各成分的百分比。如图 5-2 中属于 A 土种的有 3 个图斑，其中一个图斑的 15 个观察点有 14 个属于 A 土种，一个属于 B 土种，B 就不表示了，而写成 A；另一个图斑有 14 个观察点，其中尽管 3 个属于 B 土种，也不表示出来，而写作 A；还有一个图斑 6 个观察点，都属于 A 土种，则写成 A；剩下的共 128 个观察点中，有 10 个属于 A 土种，118 个属于 B 土种，就写成 B 土种，B 土种包括了 10 个 A。一般说，确定一个制图单元至少有 3 个观察点，这里有 10 个 A 为什么不表示？原因是，这些点分散在 B 土种中无法单独勾画出来成为一个图斑。现在要把上面的图的比例尺变小，直到仅能勾画出一个图斑，那么这个制图单元怎样确定？如何概括？这就要用组合制图。可以计算在这些观察点 A 和 B 各占的百分数，根据以上给的数字，B=118+1+3=122，A=10+11+13+6=40，B、A 占的百分数分别为 B：122/162×100%=75%，A：40/162×100%=25%。因此，在这一个制图范围内，如果用一个制图单位表示的话，则只能是一个组合制图，即 B75/A25，称之为 B-A 组合。土壤组合图例有两种：

(1) 二元组合 即一个制图单元中有主、次两个土壤类型。在大、中比例尺制图中，其比例可以有5:5、6:4和7:3三种，可以用分子表示优势土壤，分母表示次要土壤，并将其百分数附于各自的代号之后。如果为小比例尺或概略比例尺（如1:500万），则可将二元组合分别固定为优势土壤>65%、次要土壤<35%，分别用分子分母表示，因比例尺固定，故可不必写明其百分数。当然，根据需要而将组合单元详细划分出各自的比例也可以。

(2) 三元组合 即一个制图单位中有3个土壤类型。一般少用，在大、中比例尺中可以考虑为4:3:3、4:4:2和5:3:2。表示方式可以用分子式，其百分数分别附于代号之后。如果为小比例尺，则可以固定其比例，如优势土壤>55%、次要土壤>25%、零星土壤<20%。由于比例固定，所以在图上不必表明其百分数。也可划分各自的比例。

上述两种固定比例的中、小比例尺的组合制图方法在国际上多为采用。

采用土壤组合制图需要说明：

①土壤组合制图从制图技术和图面上看来都似乎比较复杂。其实，它更符合实际，更有利于土壤资源计算。

②土壤组合制图中，组合的土壤应与其相应的分类级别相一致。另外，上述两种组合百分数只是一种趋向性的概略估计值，不是精确计算的结果。

③土壤组合单元一般不宜多于三元组合，三元组合也尽量少用，必要时进行制图综合，加以归并，以免图面负担过重。

4. 无差异图例 无差异制图单元的土壤类型可以是两个或多个，只是因为在利用和管理上相似或有着非常类似的共同利用，而把它们包括在同一制图单元内，如两种土壤有着相同的非常陡的坡度，都只能作为林业用地，在制图上把它们分开是毫无意义的，那就以未区分的形式表示这一区域的土壤。如在同一坡度>35°的坡面，一个是花岗岩风化的薄层土壤，另一个是黄土性母质发育的土壤，然而同在陡坡只适宜封山育林，故将两者合为一个制图单元。无差异制图单元内各土壤类型的大致比例（一般估计）可以用斜线断开表示，最多的放在第一位。无差异图例一般是在进一步区分图斑内的土壤得不偿失或无意义时使用。

5. 土相图例 主要指用来表示土壤的非发生学特征，和影响农业生产的地面现象或底土层的变异状况的制图图例。常用于大比例尺制图的土种（美国是土系）以下的分类级别，但也可以用于中、小比例尺制图的土属以上的制图单元。土相制图单元在国外制图中被广泛采用。虽然它不被列入土壤分类单位，但生产应用上价值比较大。主要根据侵蚀情况，地面坡度，质地变异，某些特殊土层的存在，等等。

第二节 土壤草图调绘的精度和详度要求

土壤草图不但是野外工作中最基本的图件资料，也是野外土壤宏观研究成果的集中反映，由此也可看出，正确调绘土壤草图关系到未来土壤分类分区体系能否正确的划分和建立。同时，也关系到土壤利用改良规划图能否因地制宜地进行编制。因此，土壤草图是土壤调查工作中又一个极其重要的工作程序，是一项严肃的科学工作，必须恪守在野外完成的原则，在技术上一定要达到相应精度和详度的要求。

一、土壤草图的精度要求

土壤制图因调查目的、任务和服务对象不同，所用的比例尺也相应而异，一般可分为中、小比例尺制图与大比例尺制图两种类型。

土壤边界的过渡存在着三种情况，一种是变化明显，一种是比较明显，还有一种是很不明显。而边界的划分又是凭借剖面形态特征，通过人为寻找确定的，带有一定的相对性，很难完全无误，尤其在边界过渡很不明显的地段。因此，允许图上调绘的土壤边界与实地的边界有一个误差范围（表5-1、表5-2、表5-3）。

表5-1 土壤图上边界线与面积允许误差

自然区复杂程度*		土壤界线允许误差（mm）	土壤图斑面积允许误差（cm²）	土壤边界过渡明显程度
Ⅰ	Ⅱ	8 或 6～8	1.0～3.0	过渡不明显
	Ⅲ	4 或 4～6	0.5～1.0	较为明显
Ⅳ	Ⅴ	2 或 2～4	0.2～0.3	明显

注：自然区复杂程度划分标准见表5-2。

表5-2 自然区复杂程度划分标准

自然区复杂程度	地形特点	土壤复杂情况	植物群落过渡明显情况	视野情况	自然区举例
Ⅰ	平坦	简单（无沼泽及丘陵）	明显	良好	雷州半岛、准噶尔盆地中部、江苏北部、内蒙古西北
Ⅱ	割裂较明显	简单（无沼泽及丘陵）	尚明显	较好	陕西黄土高原、四川中部丘陵、南方红壤低丘、柴达木盆地、云南橄榄坝、嫩江流域
Ⅲ	波状丘陵或平原（母质复杂）	比较复杂，有少数沼泽地、沙丘或盐斑	不明显	较困难	松花江流域、华北平原、柴达木南部、焉耆盆地、河套地区、成都平原、汾河流域、山东西部
Ⅳ	起伏割裂平原（母质复杂）	土壤复杂，有大面积盐土、沼泽地、沙丘及侵蚀地	很不明显，或明显而零星	不良	松花江下游、黑龙江下游沼泽地、海南岛西部
Ⅴ	山地或平原（母质复杂）	很复杂，沟蚀地很多；在平原有复杂的母质及零星盐土	很不明显，或明显而零星	较困难	华南和西北山区、宁夏平原西部

根据习惯规定，制图上的误差分为两种：一种是直线允许误差，即根据土壤界线明显程度而确定的允许误差范围；二是面积允许误差，它是根据土壤界线明显程度和比例尺大小，允许在一定面积范围以下，不必作为制图单位而单独调绘的面积。总之，允许误差范围的变化主要取决于土壤界线的明显程度。凡不明显者允许误差偏大，反之，则偏小。例如，1∶1万比例尺的图，在土壤边界明显的条件下，允许误差为2mm，实地误差就是20m；边界较明显者为4mm，实地跨幅是40m；边界很不明显者，允许误差最大可达8mm，即实地为

80m。同样比例尺的面积允许误差，从边界明显到不明显，图上分别为 0.3cm²、1.0cm²、3.0cm²。

表 5-3 各种比例尺土壤图上适宜的最小面积

土壤制图比例尺	土壤图上图单元所规定的最小面积			
	理论上		实际上	
	在图上	在实地	在图上	在实地
1:200	所有比例尺当制图单元轮廓为长方形时，规定 20mm²（4mm×5mm）；当轮廓为圆形时，直径为 5mm	1m²	1cm²	4m²
1:500		5m²	1cm²	25m²
1:1 000		20m²	1cm²	100m²
1:2 000		80m²	1cm²	400m²
1:5 000		500m²	1cm²	2 500m²
1:10 000		2 000m²	0.5cm²	5 000m²
1:20 000		12 500m²	0.5cm²	20 000m²
1:50 000		50 000m²	0.5cm²	125 000m²
1:100 000		200 000m²	0.5cm²	500 000m²
1:200 000		0.8km²	0.2cm²	0.8km²
1:500 000		5km²	0.2cm²	5km²
1:1 000 000		20km²	0.2cm²	20km²

对于土壤界线过渡的明显程度，一般而言，人为土壤有明显的土壤边界；受生物气候控制的土壤类型的边界很不明显；受地方性成土因素如母质影响的土壤，有较为明显的过渡界线。

二、土壤草图的详度要求

对土壤草图提出详度要求，目的在于土壤图专业主题突出，清晰易读，有助于分析各类土壤发生分布及其与成土环境之间的关系以及面积量算等，从而保证土壤成图质量。但土壤图详度的要求，应视比例尺的不同而有所侧重，不能强求一致，具体来说，有以下一些要求。

（一）地形底图的数学要素要求

1. 比例尺 供作调绘土壤草图用的地形底图，其比例尺应大于或等于土壤草图的比例尺，不允许用小于土壤草图比例尺的地形图（包括它的放大图）作底图。

2. 地图投影 应采用我国测绘部门目前规定的地图投影，即 1980 年国家大地坐标系（西安坐标系），1985 年国家高程基准，高斯—克吕格等角圆柱投影，其中 1:2.5 万～1:50 万图幅采用经差 6°分带，1:5 000 和 1:1 万图幅采用经差 3°分带（分别简称高斯或投影带）。图幅按国际 1:100 万地图统一分幅编号与命名。根据图幅四个图廓点的地理坐标（经、纬度）换算成平面直角坐标，可直接在《高斯投影图廓坐标表》中查取，还可查到图廓大小和图幅的实地（理论）面积，也可在地理信息系统软件中，经过地图投影或地图校正后直接在图上查取。凡调查区内所用图幅处于同一高斯投影带内,其数学基础相同者,各图幅可直接拼接,如所用图幅之间跨越两个或多个高斯投影带,其数学基础不同,就不能直接拼接,需先进行坐标换算(可直接在高斯—克吕格坐标换算表中查取),使各图幅之间的数学基础得到统一之后,才允许拼接使用。

3. 坐标网 通常在地图上绘有一种或两种坐标网,即经纬网和方里网。

我国测绘部门规定在1:5 000~1:25万比例尺地形图上,经纬线只以内图廓线形式直接表现出来,并在图幅四个角点处注出相应的度数。为了便于在用图时加密成网,在其中≤1:1万的地形图内、外图廓间,以1′为单位绘出分度带短线,供需要量图时连对应短线构成加密的经纬网。在1:25万地形图上,除在内图廓线上绘有分度带外,在图内还以10′为单位绘出加密用的十字线。1:50万~1:100万地形图,除在内图廓线上绘出加密分划短线外,还在图面上直接绘出经纬网。

我国规定在1:1万~1:25万地形图上均标绘直角坐标网(亦称方里网),方里网密度不同,其图上相应的公里网间距依次为10cm、4cm、2cm、2cm与4cm,分别代表实地间距为1km、1km、1km、2km和10km。

(二)地形底图的地理要素要求

1. 测量控制点与独立物 控制点为调绘地形和土壤图的主要依据。每幅地形底图,必须保持一定数量的测量控制点(如三角点、图根点、水准点等)。大比例尺图上还应精确标出各种独立地物,如石塔、寺庙、碑亭、烟囱、风车、水井及独立树等,以便判明方位、确定位置。

2. 水系

①海岸线应正确表示出海岸类型及其特征,并保持其主要转折点的精确位置。通常海岸线的弯曲矢长小于0.4mm,弦长小于0.6mm者,除了具有代表性的需强调绘出外,一般舍去。

②岛屿应保持其精确位置和轮廓形状,面积小于0.5mm^{2}可舍去。

③河系应主次分明,显示出各种水系类型特征,并保持河段总长度,凡河段宽度依相应比例尺计算后能在图上呈现0.5mm以上者,应用双线表示,不足0.5mm宽者,可用单线表示之。缺水区河流不论长短,均应保留绘出。南方河网区河流的选取,以河间距为准,即相邻两河图上间距不得小于4mm。

④湖泊、水库、沼泽面积大于4mm^{2}者应绘出,小于4mm^{2}而有重要意义者,可用非比例尺符号表示。"三北"干旱区还应保留适当的井、泉符号。

3. 居民点 在地图上主要表示居民点的位置、规模、类型、人口数量和行政等级等。位置和规模在大比例尺地图上,用水平轮廓面状图形表示;在中、小比例尺地图上,则用简化的图形表示,甚至概括的用圆形符号表示,其几何中心代表居民点的中心。居民点应按行政意义分类(首都、省、市、县、乡、村),一般用名称注记的字体、大小区分。

4. 道路网 大比例尺图上各类道路应全部绘出,其中铁路、公路、简易公路、大车路、乡村路及道路上的附属物要按规定符号绘出。中、小比例尺,一般只保留铁路及县级公路,交通不发达的地区可增加县内重要公路,边缘山区还应保留适当数量的小路。

5. 境界线 不同级别的行政区划（国界、省界、市界、县界、乡界、村界），均有专用的境界线符号，应根据最新行政区划资料精确绘出。在土壤专题图内，境界线在大比例尺图上，可保留到村界，中比例尺图可保留到乡界，小比例尺图上可保留到县界，更小或特小比例尺土壤图上，可相应保留到市界或省（区）界。

6. 山峰及高程注记 为降低土壤专题图上的负载量，一般只选留适当的主要山峰和高程点，图上每100cm² 内，平原区平均取6个，丘陵、山区平均取12个（内中包括等高线注记1~3个），同时，每一幅图的最高点要用数字进行标注。

7. 等高线 总原则是以能清楚反映地貌特征和土壤分布规律为准，故应对同比例尺地形图上的等高线尽量删减，乃至只保留计曲线。有时土壤图宜采用增大的等高距，或采用增大的计曲线。

（三）土壤要素要求

总的要求是以保持图面清晰适度和反映土壤分类系统的完整性与规律性而进行土壤制图综合。

1. 大比例尺土壤图 应以土种或变种作为主要制图单元。但在地形破碎的山丘区，如以土种上图确有困难时，也可允许用复区的方法上图，但复区中的各土种面积，仍应分别进行统计，不能略去。

2. 中比例尺土壤图（包括1:25万土壤图） 应以土属为主要制图单元。但对面积过大，在生产和分类上有重要性的土种，也应保留；对面积过小，无法以土属上图时，可以考虑亚类或土类上图。

3. 小比例尺土壤图 应以土类、亚类作为主要上图单元。对于面积过大，在生产上与分类上有重要性的土属，也应保留；对于面积过小，无法用土类、亚类上图时，可用复域方式或特殊符号注记。

至于土壤断面图，其断面线应穿过主要地貌区与尽可能多的土壤类型，可在图区外缘做首尾线表示，一般一条，最多不超过两条。

图斑符号，应按有关业务部门的要求或颁发的规范，统一拟出代号系统。

土壤图斑的取舍：根据国内各地土壤普查制图实践的结果，最小图斑面积为25mm²，个别特殊图斑可保留到10mm²，对于面积过小，无法上图而又有特殊意义的土壤类型，可用复区、复域表示，也可用特定符号夸大表示，其余则舍去。

第三节 土壤图斑界线的勾绘

一、勾绘图斑界线的方法

在描绘各制图单元的图斑轮廓时，应考虑地形等高线所表示的地表形态及有关地物标志，除母质因素或其他人为因素以外，决不允许有土壤界线不考虑地形因素而横穿几条等高线的情况，也不允许土壤界线有直线、直角等几何外形。

具体的制图单元与分类单元在土壤制图中的相应关系及不同制图比例尺所考虑的景观级别大小和制图方法可参考表5-4。

表 5-4 不同比例尺的野外土壤制图特点

制图特征	中、小比例尺 （1∶5万～1∶100万）	大比例尺 （1∶1万～1∶2.5万）	详细比例尺 （1∶200～1∶5 000）
制图单元的相应的主要土壤分类级别	土类、亚类、土属	土种	变种
制图单元划分的景观级别	以大区地貌和生物气候为代表的大区景观	以中、小地形为代表的地形—母质—土壤水文的地形景观	微地形或地表下的母质层位，一般难以靠明显的地面景观反映
制图方法	以景观类型划分为主勾绘土壤界线	以景观分异类型为参考，实地勾绘和检查制图单元界线	主要根据详查的目的和制图单元实施检查和勾绘

二、中、小比例尺土壤草图的勾绘

中、小比例尺制图是1∶5万～1∶100万的土壤制图，其制图单元均在土种（土系）以上，如土属、亚类、甚至土类等。一般1∶5万～1∶20万其制图单位往往为土属及其组合单位；1∶50万～1∶100万其制图单位多为亚类，或土类及其组合单位。由于制图单元小（高级分类单元），因此它和地理景观因素之间的地面关系更为密切。野外勾绘土壤界线时，一定要充分考虑土壤形成因素对土壤类型的影响，特别是地形因素对土壤变异的影响。这一点对中、小比例尺的土壤制图特别重要。

（一）基本工作方法

由于中、小比例尺土壤调查与制图具有综合性强、面积大和时间短等特点。因此，要有好的调查方法，才能获得质量较高的土壤草图。

1. 掌握调查地区土壤类型的分布规律

①从地形图分析调查区所处的地理位置、经纬度、海拔高度、大中小地貌乃至微地貌特点、区域水文特征，再结合一定的气象、植被和农业利用现状，找出调查区所处的生物气候带和垂直生物气候带，进而分析、推断调查区内可能出现的显域性土壤类型。

②从地质图、地层断面图、地质构造图等图件，分析内营力如何影响调查地区的地形地貌和岩性、岩层产状与组合方式，进而决定母质的类型和分布。以这些规律，确定调查区内可能出现的非生物气候带的土壤，即隐域性土及其分布。我国是一个既多山丘又兼有一系列大平原及低地的国家，因此需要运用地质力学原理，从地质构造角度来认识各地褶皱隆起带和沉积带土壤分布的规律性，这样可以更好地指导土壤制图。

此外，自然植被类型图、森林分布图、农作物布局图等图件，也有助于分析、推断调查区内土壤类型及其分布的规律性。

2. 路线调查 路线调查是完成中、小比例尺野外制图的基本方法之一。

（1）路线调查特点 中、小比例尺土壤界线，并不是每一条都是由实地调绘出来的，而是通过路线网的调查，了解和掌握了调查区土壤分布的基本规律之后，由推理勾绘出来的。其中、小比例尺土壤图之间又有区别。中比例尺土壤界线一般在野外运用罗盘仪等实地定向、定点勾绘,并以能见度为准。而小比例尺土壤界线是根据路线调查取得的路线土壤图,并参照其他资料用推理方法编制而成,一般不必用土钻再去详细寻找不同类型土壤之间的具体边界。因此,这种土壤图常常称为土壤概图。但路线调查通过的地方,土壤界线必须在实地勾绘。这些路线土壤图就成为完成小比例尺土壤图的骨架。因此,中、小比例尺土壤图的质量,在很大程度上决定于路线调查间距的大小(表5-5)。

表5-5 不同比例尺土壤草图的路线间距和平均每日完成工作量

比例尺	路线网间可允许的距离限度(km)	正常情况下平均每日能完成的面积(km^2)
1∶25 000	2	10～15
1∶50 000	4	20～30
1∶100 000	7	40～50
1∶250 000	10	60～80
1∶500 000	15	100～150
1∶1 000 000	30	200～300

(2)路线调查方法 野外勾绘中比例尺土壤图通常有两种方法:一种是路线制图法,即分组定线、控制调查区,齐头并进,选点、挖坑、观察剖面和定界等工作程序同时完成;另一种是定位移点放射线调查法,即划片进行制图工作,完成一片再转移到另一片,片与片之间的距离根据制图比例大小和交通工具而定。

3. 典型区调查 由于中、小比例尺土壤调查的范围很大,要想对全区都做深入细致地调查是不可能的,而只能采用重点调查和推理相结合的办法。典型区调查,就是在广阔的调查区内,选出几个具有代表性的土壤分布小区,对土壤典型及其与农、林、牧业生产的关系进行重点调查和研究。

(1)典型区的设置原则 凡是土壤类型(主要是指地带性土壤或大面积的隐域性土壤)和土壤利用改良方式有明显差别的地区,均需设置典型区。所以,在进行土壤调查前,就要在充分研究全区土壤、地貌、气象和农、林、牧业生产资料的基础上,做典型区的统一安排。

典型区的位置要根据地貌、母质和土地利用情况加以选定。如某个生物气候土壤区,在地貌方面有高山、丘陵和河成阶地;在母质方面有火成岩、水成岩、黄土性物质和河流冲积物;在土地利用方面主要有次生林、大田作物和养鹿业等。那么,在其中选择的小区,既要可观察到高山、丘陵和阶地上的土壤,也可观察到各种岩石、黄土性物质和河流冲积物上的土壤;既能调查到农、林、牧业生产与土壤之间的关系,又有研究土壤合理利用改良和科学管理的机会。

(2)典型区的调查内容因调查目的不同而异 例如,为农业区划进行的中、小比例尺土壤调查,要对各种土壤确定最佳的农业利用类型(农用地、林用地、牧用地等)。每一利用类型的各种土壤,对它们的肥力水平、土壤农化技术措施、土壤障碍因素、农田基本建设要求和土壤改良要点,都要做调查研究。又如以垦荒为目的的土壤调查,要按荒地类型的界线勾绘在土壤图上,并指明每种土壤开垦的可能性。对可以开垦的土壤,要确定垦荒后利用管理上的特点;对暂时不宜垦荒的土壤,要提出最适宜的利用方式(如宜林、放牧、割草地等)。总之,不管进行中、小比例尺土壤调查的目的是什么,通过典型区的作业以后,都必须完成：①典型区域土壤分布图，并赋有土壤、地貌、母质、植被（或农业利用）等要素的综合断面图，找出土壤类型及其界线的分布规律；②拟订出调查地区土壤工作分类，该分类应以典型区调查过程中遇到的土壤为主，但也可列入估计会发现的土壤类型；③典型区的调查方法因比例尺大小不同而异。在典型区调查的比例尺，通常要比原调查任务所定的比例尺稍大。

（二）勾绘土壤草图的技术

勾绘中、小比例尺土壤草图，就是野外在地形图上填图。在进行填图以前，要对土壤边界线加以研究，然后应用勾绘技术把土壤界线搬到地形图上去。

1. 土壤边界分布规律性的实地分析 科学地确定调查地区不同土壤类型之间的边界线，是保证土壤图符合一定质量和精度要求的关键。寻找土壤边界的过程，就是一个研究变化着的环境因素如何综合影响土壤形成的过程。而这一变化的标志，就是多种多样的剖面形态特征。由于土壤是一种具有分布上连续特性的自然体，划分土壤界线常常是以剖面性态作为根据的。因此，在野外确定土壤边界时应注意联系环境因素加以判断。

（1）**地形与土壤边界** 在任何地区，地形始终主宰着地表光和热条件的再分配，并综合影响着土壤形成过程。因此，土壤的分布往往和地形规律相一致。这样，不同土壤类型之间的界线，常常直接随地形的变化而变化。一般地说，地形底图的等高线就成为土壤分异的自然界线。所以，一幅好的土壤图应该清楚地反映地形规律。但也不能把等高线作为唯一的依据，更不能以某一等高线作为划分两种土壤类型边界的标志。因等高线只表示地面相同高度的闭合曲线，并不指示土壤类型分布的边界（图5-3）。

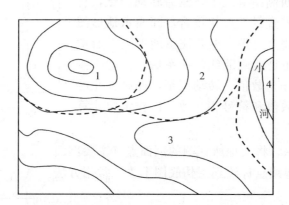

图5-3 不同地形部位土壤界线的画法
～ 地形等高线 --- 土壤界线 1、2、3、4壤类型

（2）**母质与土壤边界** 由于地质构造的影响，使得岩层发生了褶皱或断裂。侵蚀后，不同岩石处于同一等高线（图5-4），或者同一岩层处于不同的等高线（图5-5）。这时，如果确定土壤边界，就不能只考虑与地形等高线相一致，而应根据母质的分布规律来划分。

（3）**植被与土壤边界** 在自然植被保存较好的地方，植被类型结合一定生境条件，也可判断土壤的边界。特别是一些指示性植物，如指示酸性的马尾松、映山红、茶树等，指示盐碱土的盐蓬、碱蓬、枸杞等。它们对寻找土壤边界，都具有一定的指示意义。

图 5-4　不同岩层处于同一等高线　　　　　图 5-5　同一岩层处于不同等高线

（4）农业利用与土壤边界　在古老农区的耕作土壤，无论是水田或旱地，经过长期的平整土地、条田化、水利化和耕作施肥等措施，形成了较为整齐的渠系、道路网和田埂。这些人为的活动，逐步改善了土壤边界受自然成土因素支配的规律，基本上与河道、渠系、道路、田块相一致，故在土壤图上的边界，可以呈现一定的几何形状。但是，并非所有耕作土壤均是如此。特别是远离居民点而分布于山丘坡地上的新垦旱作土壤，在确定边界时，其主要依据仍是地形等高线。

2. 勾绘土壤界线的技术

（1）地形图定向　在勾绘土壤界线之前，首先要将工作底图（即地形图）本身进行定向。目的是使图上的明显地物标志（如居民点、道路交叉点、渠系桥涵、小庙、纪念碑、山顶或特殊建筑物等）与实地相应的标志方向相一致。定向一般采用罗盘仪，即将罗盘仪的斜边紧贴在地形图的东或西侧图廓线上，然后转动图纸，直到磁针端点与罗盘仪零直径端点相重合，即表示地形图的南北与实地的南北完全一致。但要注意地形图上所指的北方，是真子午线还是地磁北线，如系后者，就应按地形图下方表明的磁偏角数值，转动图纸，使磁针北端的读数与已知磁偏角数值和符号相一致。这样定向才算准确。

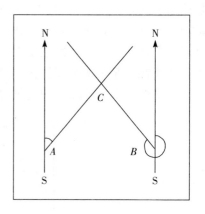

图 5-6　前交会法示意图

（2）地形图上定点　将实地所观测的剖面点（主要剖面或检查剖面）和土壤界线点标绘到工作底图上去。常用方法有如下几种：

①前交会法：即通过地面上一个固有的地物点与地形图上相应的地物点，来确定实地剖面点在地形图上的位置。具体做法如图 5-6，即先将罗盘仪置于地面点 A，瞄准地面点 C（即剖面点位置），读取 AC 的方位角；将罗盘仪移至 B 点，仍瞄准地面 C，读取 BC 的方位角。而后，用量角器根据 AC 和 BC 的方位角，在图上分别绘出其直线，两直线之交会点 C，即为所求剖面点位置。

②后交会法：即将罗盘置于剖面点处，通过图上 2～3 个明显地物标志，再分别瞄准地面上相应的地物标志；分别读

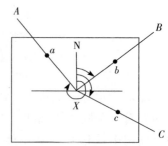

图 5-7　后交会法示意图

X. 剖面点
a、b、c. 地形图地物标志
A、B、C. 地图上相应的实物标志

取它们的方位角,并作成2~3条直线,它们的交点,即为所求剖面点位置。具体做法如图5-7,按上述定向方法,使图上明显地物标志 a、b、c 与实地相应标志 A、B、C 的方位一致,再从剖面点分别瞄准 A、B、C 三点,并依次读取三点的方位角。而后在地形图上用量角器定出 a、b、c 三点的方位角,并作直线 Aa、Bb、Cc,延长此三线至交会于一点,此点即为所求剖面点位置。

这里需要指出运用上述两种交会法在图上确定剖面点位置的精度,主要取决于方向线交角的大小,一般以 30°~150°为宜。

③放射法:将罗盘仪置于实地明显的地物上(道路交叉口、小桥、小碑等),依次瞄准各待测点的剖面点,读取它们的方位角和距离(距离可用罗盘仪视距或目估)。然后用量角器或比例尺,按方位角和距离数值,缩绘于地图上即得。

(3) 土壤界线轮廓的勾绘　对于中、小比例尺野外制图,通常根据图面上已有的地物标志,用罗盘仪测定其方位,并用交会法或放射法测绘定点,再将界线点连绘于图上。如对土壤分布规律掌握的清楚,地形图精度又合乎要求,而且地表形态清晰,用罗盘仪测绘的土壤图一般是能够达到精度要求的。

三、大比例尺土壤草图的调绘

大比例尺的土壤调查制图已成为土壤学的一个独立分支。其主要特点是:调查范围是县一级以下的基层生产单位,面积较小;调查和制图的比例尺≥1:5万,通常为1:5 000~1:25 000;工作对象一般为土壤基层分类单元相对应的小面积的土壤自然体;通常要求在实地进行全面而详细的调查和填图,土壤界线一定要求在野外确定。

(一) 野外土壤制图的工作程序

进行大比例尺土壤调查,其野外工作阶段都有概查与详查两个互相衔接的工序。概查又称为路线调查,一般在野外土壤制图的前期进行,重点掌握调查区的土壤类型及其分布规律,并在此基础上拟定一个工作制图图例系统,作为进一步详查的基础。大比例尺土壤调查中的路线调查一般不进行土壤制图。踏查以后,进行详查。其工作程序是:①根据地形和土壤的复杂程度和制图比例尺要求,计算每个主剖面所控制的面积,按土壤分布规律确定剖面样点数和布置剖面点;②逐个挖掘剖面,观察记载剖面并取样,对土壤剖面分类命名;③当两个相邻剖面不同时,应划分不同的制图单元,并用检查剖面和定界剖面确定其分布范围和查找界线,并依据图面允许误差的要求,勾绘在底图上;④按地面景观的明显程度确定制图单元的界线及最小制图单元。地面界线明显者,图面允许误差为 2~4mm;地面界线较明显,图面允许误差为 4~6mm;地面界线极不明显者,图面允许误差为 6~8mm。

在详查过程中,可能出现踏查时未见到的土壤类型,这时,应在图例系统中补上,并对其进行制图。

(二) 工作底图的准备

工作底图的精度明显地影响到大比例尺土壤制图的质量。因此,要十分重视工作底图的准备。

1. 详细比例尺土壤调查的工作底图——地形田（地）块图　所谓地形田（地）块图，就是具有等高线、高程点和田块边界的图件。它既是工作底图，又是统计各种土地面积和规划农田基本建设的技术资料。地形田（地）块图一般应由测绘部门提供，如果没有适用的图件，则应以航片为基础，经过纠正、转绘、放大和补正等程序，绘出达到要求的图件。如果没有适用的航片，则要组织调绘人员或调查队自己调绘地形田（地）块图，以保证土壤详测制图工作的顺利进行。

2. 大比例尺土壤调查的工作底图——地形田（地）片图　所谓地形田（地）片图，就是具有等高线和较大田（地）块区界的图件。它既是土壤调查的工作底图，又是农田基本建设规划的底图。因此，它是保证土壤制图质量和落实土壤调查成果的关键性图件之一。

（三）野外土壤草图的调绘

大比例尺土壤制图的特点是：①工作底图精度高，图面上信息量多，通常运用目视估测法就能把实地的土壤界线转绘到工作底图上去；②大比例尺的土壤制图单位是土种或变种，在实地往往不容易分辨，难以用目视推理找到土种或变种的界线；③要求制图的精度高，在土壤图上能量算各种土壤的面积。因此，它的制图技术，与中、小比例尺土壤制图相比，有很大的差异。

1. 内插法　土壤界线有两个歧义概念：一个为土壤的"实体界线"，是土壤单位本身的界线；一个为土壤的"映象界线"，是土壤在景观"镜子"里间接显示出来的界线，即景观因素发生变化的界线。由景观形态间接显示于地面上的映象界线，只是有助于寻找土壤界线的一种线索，并不一定就是土壤界线本身。所以，在探讨土壤界线精度时，必须把土壤界线的概念归正到土壤实体界线上来。尤其是在大比例尺土壤调查，在野外借助景观显示特点进行土壤勾图的可能性和准确性都较小，特别是在地形、母质、耕种熟化活动等状况都比较一致的平原，土壤类型之间，通常处于逐渐过渡的状态，以至土种或变种的边界非常不明显，或者划分土种的主要依据是土层中、下部的土壤性质，而在地表很难察觉。因此，更应强调土壤实体界线的概念和特点。首先利用以上中、小比例制图所介绍的土壤景观因素分析法，而大致确定边界可能发生变异的地区，随后即去实地检查，如果出现这种土壤边界不明显的特殊情况，则只有用检查剖面和定界剖面进行内插，使它逐步接近所要求的误差范围，从而来确定边界。

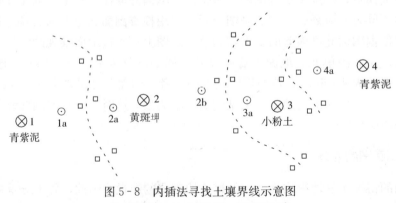

图 5-8　内插法寻找土壤界线示意图
⊗主要剖面　⊙次要剖面　□定界剖面

其作法是：先在地形、母质、植被或农业利用上有明显差异的两种土壤上，确定两个主要剖面点，而两点之间必有边界存在。然后，在两主要剖面之间，逐段挖检查剖面及定界剖面，以缩小边界的范围。如此内插下去，直至寻找出两种土壤类型的边界点。最后，参照地形及其他标志，将若干点连接起来，即成土壤的边界（图 5-8）。

2. 调绘技术　大比例尺土壤制图的调绘技术主要有平板仪调绘和方格网调绘。

（1）平板仪调绘　为了精确地确定土壤边界，可以结合平板仪来调绘土壤边界。一般用大平板仪比小平板仪方便，因其可以精确测距与定方位，起到补充碎部测量的作用。测量方法用交会法、放射法或环绕法均可。如果用大平板调绘，为了减少平板仪的搬动可采用放射法调绘（图 5-9）。但在灌木林或高秆作物区作业，因视线小而用放射法不便时，可改用环绕法。

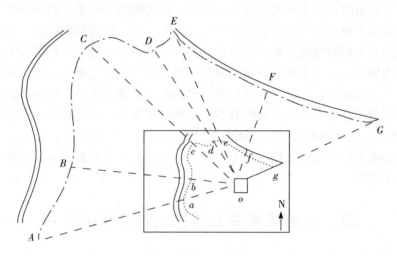

图 5-9　放射法调绘土壤界线示意图
A、B、C、D、E、F、G 为土壤界线测点
a、b、c、d、e、f、g 为地形图上土壤界线测点
o 定界仪器（大平板仪）
—·—·— 实地土壤界线　……图上土壤界线

如用小平板仪调绘，可把小平板仪安放在土壤界线上，向左、右土壤界线估测距离定点，也可获得较好的效果（图 5-10）。

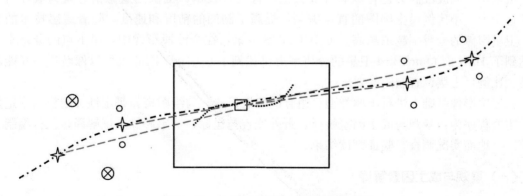

图 5-10　小平板仪调绘土壤界线示意图
—·—·— 实地土壤界线　……图上土壤界线

(2) 方格网调绘 凡在大片荒地或平原地区，由于地形过于平坦，即使有地形图，等高线也很稀疏，且又缺乏明显地物作为标志。在这种情况下，为取得高精度的土壤图，则以采用方格网法进行土壤调查与制图为宜。所谓方格网法是指在调查区内，用一定边长的方格布满整个区域。方格网的布置随精度要求而异。凡成图精度要求高，可用经纬仪定方格和用钢尺丈量距离；精度要求不高，可用棱镜直角仪或方线架定方格和用皮尺、测绳测距离。方格大小随调查要求与制图比例尺而定。其主、副基线的长短，取决于未来林网、渠系、机耕等因素。在布置方格时，每条方格网边要求能通过各种地形部位与母质类型，以利于充分掌握土壤的分布规律。在测量方格网时，应将调查地区的主要地物如村庄、道路、河流、桥涵、石碑等尽可能调绘到方格网上。

在地面布置方格时，应先在调查地区的中心，设置两条互相垂直的十字干线，即主、副基线。然后按规定方格边长（一般为100～200m）沿十字干线向周围扩展。这样布置的方格比从边缘一侧向另一侧铺设的方格误差要小。每个方格的四角桩点，均需标明桩号，其方法可采用方格系统编号，也可采用坐标系统编号。当方格网设置完毕后，即可同时进行测量与勾绘土壤草图。具体做法：把每一方格的桩点作为测站，摆设仪器，用放射法测量地物、地貌特征点和土壤剖面点，将其绘在裱糊有方格图纸的图板上（按调查要求比例尺预先缩绘的方格）。在填图时，土壤调查人员可以此图为底图，到野外顺方格边，寻找土壤边界点，并不断交会在与地面方格相应的方格图纸上。最后，参照地形、植被等标志，将若干边界点相连，即构成土壤草图。

四、遥感技术在土壤界线确定中的应用

应用遥感技术进行土壤调查和制图，包括航测土壤遥感制图和卫星遥感图像制图。航测土壤遥感制图是应用航测像片进行的土壤调查制图。美国在20世纪初就已采用，中国于20世纪60年代初开始土壤航测制图，70年代逐步开展了红外航片土壤调查和制图，大大提高了土壤图的质量和精度。航空遥感土壤调查制图主要用于大、中比例尺土壤图的编制。卫星遥感图像制图是应用卫星遥感图像进行的土壤遥感制图。20世纪70年代开始发展，由于卫星遥感图像具有覆盖面积大（如MSS为185km×185km），宏观性强，多时相，多波段特性，可采用不同波段假彩色合成影像及其他图像处理技术，提供的遥感信息量为航片所不及。适于中、小比例尺土壤图的直接编制，提高了制图的精度和速度。随着遥感技术的发展，卫星影像的分辨率越来越高。如IKONOS卫星，在全波段影像中，星下点的分辨率已经达到了1m，而QuickBird卫星的分辨率更已达到了0.61m，因此也可以像航片一样能够满足大比例尺土壤调查制图的要求。

在遥感影像基础上进行土壤类型、组合的确定界线、勾绘图斑，是定性、定位、半定量的。主要程序为：景观与成土因素解译，野外概查与建标，遥感影像土壤解译，预行编制土壤草图，地面实况调查，验证判读结果。

（一）景观与成土因素解译

1. 了解影像的辅助信息 利用遥感技术进行土壤调查制图，调查人员首先必须明确调查与制图的目的、具体任务和要求，熟悉获取影像的平台、遥感器、成像方式、成像日期与

季节、成像范围、影像比例尺、空间分辨率和彩色合成方案等。如调查与制图的目的不同，从而成图的比例尺也就各异，因而对遥感影像的分辨率要求也不同。一般来讲，航片的比例尺应比成图的比例尺要大些，以便在较大的比例尺航片上解出较小的土壤图斑、土壤类型，借以提高土壤图的精度；同样，如果采用卫片作为基础进行制图的话，卫片的分辨率与土壤图的成图比例尺相比，也不宜太高，否则将会影响成图的效果。

2. 景观与成土因素解译　对于裸露土壤而言，遥感影像只能提供表土层水分、有机质、表土盐分含量、表土质地等信息；对于有植被覆盖的土壤而言，遥感影像只能提供造成土壤空间分异的因素如植被、地形、岩石、水文、土地利用等综合景观方面的信息。由此可见，土壤类型及其形状与遥感影像之间的关系是间接的。而土壤发生学理论认为土壤是气候、生物、母质、地形、时间等成土因素综合作用的产物，成土因素的时空变化制约土壤的空间分布模式和时间演化过程。因此，在参阅研究区域文献资料（如气候）的基础上，利用多时相、多光谱遥感影像提取综合景观与成土因素信息，依据土壤发生学理论，可推断土壤界线。

首先根据影像特征即形状、大小、阴影、色调、颜色、纹理、图案、位置和布局，判断研究区域的景观类型，划分出山地、丘陵、盆地、森林等，勾绘界线；然后主要根据色调的差异判别植被的分布范围及类型，一般来说，各类型植被影像色调由深到浅的变化顺序为针叶林—灌丛—草地—阔叶林；按照"局部图形因素"划分更小的地形单元如山坡、谷地、分水岭等推断和勾绘不同地形和母质的分布范围；主要根据图形和色调特征划分土地利用类型和水系。

将解译的每一成土因素都作一张图，把这些图与收集到的其他资料如气候类型图进行叠加，形成原始的影像解译图，在图上表现为大量边界，但并不是所有的界线都是土壤界线，需要到野外进行校正。一般情况下，一个土壤界线往往是由几个因素的界线决定的，特别是界线愈集中的地方，愈可能是土壤边界所在之处。另外，要注意对土壤形状起决定作用的因素——主导因素，其界线往往也是土壤类型变化的界线。

（二）野外概查与建标

1. 确定概查路线　在野外概查之前，首先在室内根据遥感图像、地形图、地质图等仔细研究调查地区的地貌类型，然后根据不同的地貌类型、不同地貌单元、不同土地类型及不同生产情况和当地干部等共同研究拟订出几条概查所经的路线。这些路线应经过各种不同的地貌类型、地形部位和不同的农业区，同时还要通过最高的山峰，以便远眺调查地区的大概情况，只有这样才能更全面了解调查地区内的土壤及成土因素的概况。然后选择其中一条，进行野外概查。应用卫星遥感像片进行路线调查时，还必须随时将透明地形图与卫片上明显地物点为基准进行局部套合定位，以免产生定位误差。概查路线的选择，必须是路线最短的，观察的土壤类型最多，经概查后掌握的情况是最全面的。

2. 野外概查与建标　概查是在编制土壤图为目的进行详细的野外土壤调查以前，对调查区土壤所做的概况调查。主要的目的是对调查区的地形地貌、植被、母质、水文等成土因素和农业布局以及土壤类型、特性、分布规律等的概况调查，与此同时建立遥感影像解译标志，以便了解不同地貌类型、不同地貌单元的组合、土壤特征及其遥感图像特征，并且确定土壤的地理分布、地形特征、地质构造和其他土壤的形成关系。应尽量找出其主导因素、农业生产中存在的主要问题。

野外概查具体工作主要有：

(1) 成土因素的调查研究　主要是研究调查区母质、地形、植被、水文等对土壤形成的影响及其遥感图像特征。

(2) 成土过程的调查研究　主要分析研究在调查区起主导作用的成土过程和主要成土特征，调查主要土壤类型。

(3) 土壤剖面性态的研究　通过挖掘土壤剖面，对土壤理化性质进行观察和分析。

(4) 土壤类型及分布规律的研究　主要通过土壤类型和分布与成土因素之间的关系，研究土壤分布规律。

(5) 土壤生产性能的研究　主要包括土壤的宜耕性、宜肥性、宜水性、宜种性、发棵性、生产能力等特征的研究。

(6) 土壤与遥感图像的相关性研究　主要是研究成土因素、成土过程、土壤类型、景观特征与遥感影像特征之间的对应关系。在概查中对照影像，随时定位，仔细观察，对调查区的地貌单元、植被类型、农业利用方式、土壤类型、地质（母质）、水文等与遥感影像之间的相互关系，进行比较分析，素描记载，并实地照相，建立典型"样块"图像特征，分析填写"景观—土壤—影像特征"三者相关性表（表5-6），为拟定解译（判读）标志和室内预判提供依据。

表 5-6　景观—土壤—影像特征相关性一览表

土壤类型	符号	地质	母质	地形	位置	植被	水文	土地利用	色调	图形	纹理	结构	阴影	典型遥感影像

为了达到上述目的，进行概查时，最好能和地质工作者、植物工作者、农业技术人员以及熟悉当地情况的干部或者老农一起进行，以便了解当地的自然因素、行政区界、人口劳力、经营管理水平、农业机械化、水利化以及产量、产值、收益分配等情况。

土壤遥感解译标志是在土壤遥感概查的基础上，以土壤发生学理论为基础，以地物的影像特征为依据，建立起来的成土因素、土壤类型等影像综合特征，包括地形、植被、成土母岩（母质）、水系、农耕地、裸土等的解译标志。即地形、母岩、植被和农业土地利用方式的判读是基础；生物气候带是地带性的显域土重要的判读特征，如寒带的冰沼土、温带的灰化土、棕色森林土、北亚热带的褐土、中亚热带的红壤、南亚热带的赤红壤、热带的砖红壤等；地形、母岩、植被和土地利用等影像特征是非地带性的音域图的综合判读特征，如四川的紫色土，系侏罗系紫色砂泥岩形成的幼年土壤（岩性土），主要分布在四川盆地的丘陵区，丘体多为旱地，冲沟一般为水稻土。

将遥感影像同比例尺大小相近或相等的地形图进行分析对比，不同的土壤类型建立相应的判读（解译）标志。在建立判读标志的过程中，如果发现相同土壤类型有不同影像特征时，则要进一步对水分条件、有机质含量的多寡、机械组成的差异等进行对比分析，看是否受其中某一因素的干扰。如粉砂质耕型红壤，在航片上呈灰白色色调，但在较湿润的条件下，则呈浅灰色色调，与中壤质耕型红壤色阶（灰度）相近，但是粉砂质耕型红壤，呈云彩斑块状浅灰色,而中壤质耕型红壤呈均匀浅灰色,在野外认真比较这两种土壤的色调差异,是可以把两者区别开来的。如果不同的土壤有相似的色调和形态特征等直接判读标志时,则同样应用其他要素的差别建立间接的判读标志。

建立土壤遥感解译标志,是遥感土壤调查制图的室内判读基础,判读标志的丰富与可靠性直接影响解译的效果,从而影响到成图的质量和效果,因此要建立更多的可靠的判读标志。有经验的土壤工作者,在熟悉的地区工作能在室内建立判读标志,则尽量多地建立判读标志;经验较少或者在人地生疏的地区工作,室内预判和野外校核与调绘阶段不要严格分开,可以交错进行,有利于样块的建立,促进室内预判的开展。

(三) 遥感影像土壤解译

土壤解译(或土壤判读)即是依据遥感图像(土壤及其成土环境条件光谱特性的综合反映),对土壤类型、组合的识别与区分过程。其方法是依据土壤发生学原理、土被形成和分异规律,对遥感图像特征(包括色调、纹理和图形结构)或解译标志以及地面实况调查资料,进行地学相关分析,直接或间接确定土壤单元或组合界线。一般遵循遥感影像,图斑界限和实际三者一致的原则。

1. 拟订工作分类系统和确定制图单元　根据土壤概查的结果,拟订调查地区的土壤工作分类系统表,以供全面详细开展遥感土壤调查制图时作为参考。

由于概查工作时间短促,工作不够深入等,对于调查土壤情况掌握不够,特别是较小比例尺遥感土壤调查制图,而拟订土壤工作分类有困难,则可根据前人所做的土壤的调查成果,将分散、零星、不统一的土壤分类体系及形状阐述材料,按照现行应用的土壤分类系统加以解译,并按目前制图精度的要求,确定相应的制图单元,拟订出这次土壤遥感调查制图统一的土壤工作分类系统。必须强调,概查后拟订出调查地区土壤工作分类系统,确定制图单元,是一项重要的工作。

2. 遥感影像土壤解译

(1) 从已知到未知　在所有方法的判读工作中,从已知到未知是一个不可缺少的重要环节,是使判读者取得判读标志,识别不同土壤类型及其成土因素特点在遥感影像上显示的图形和色调的重要步骤。目视判读中所指的"已知"主要是判读者自己最熟悉的生活、工作中的实际环境,或者是别人最熟悉的生活和工作的实际环境,如土壤分布图、地形图等。所指的"未知"就是遥感影像显示。这就是由"已知"到"未知"的第一含义,将已知的生活和工作环境实际或土壤分布图、地形图等与相应地区的遥感影像对比,使不同土壤类型和成土因素与遥感影像切实挂起钩来,这些经过对比证实在图像上反映特定土壤、地形部位以及地物等的影像、色调和图形显示,就是判读这类土壤或地物的标志。有了这些判读标志,我们就可以在相邻地区或其他地区的遥感影像上举一反三,根据它又可以在相应地面上找到新的实际。这就是从"已知"推断"未知",也就是从"已知"到"未知"的另一个含义。

(2) 先易后难　在判读过程中,先从容易判读的开始,后判读较难的。先易后难的过程中,也是一个不断实践,逐渐取得判读经验,积累判读标志,克服各种判读困难的过程。具体要求是:

①先清楚后模糊:一般来说,凡是影像特征显眼的,都是易判读的;还有某些土壤与成土因素之间、一种土壤类型与另一种土壤类型之间,反射光谱有差异的,都是清楚易判读

的；反之，反射光谱一致的，都是模糊不清难以判读的。

②先山区后丘陵和平原、先陆地后海边：山区切割厉害，岩面裸露，地形起伏大，影像清晰；丘陵岗地，山间谷地，影像明显；而平原地区地面平坦，模糊一片，影像不清。所以山区、丘陵易于判读，平原地区则判读较难。在这种情况下，经验不多的同志先从山区、丘陵区取得经验，再判读平原地区则难度较小。何况山区、丘陵与平原在地质构造上总有一定的关系，因而一方面在判读上可以借鉴，另一方面又可以用"延续性分析"不断扩展。陆地和海边的判读，其道理也是如此。

③先整体后局部：根据大的景观类型及其界线，深入到一种景观类型，推断出母质种类，勾绘出同一景观类型中以母质为主要依据的不同土属。如南方丘陵地区的红黄壤亚类中，可以根据第四纪红色黏土母质及花岗岩风化母质等不同影像特征，区分出红黄土、砂黄土等不同土属；再深入到微地形、微阴影的观察，参照土壤组合的规律，应用逻辑推理，推测土属以下不同土种的轮廓界线。例如，第四纪红色黏土母质形成的红黄土地区，从丘陵顶部至山脚分布着死黄土—二黄土—面黄土的土壤组合。

④边判读边勾绘：进行影像判读时，可以边判读边勾绘，最好是全部判读一遍，然后按照上述步骤，边判读边勾绘，或者大部分判读结束再勾绘。总之不要先忙于勾绘，把主要精力先放在判读上，但也不能先判读迟迟不勾绘，或不勾绘，这样把判读的结果又忘了，达不到遥感图像判读的目的。勾绘时应把不同土壤类型界限画在透明纸上或聚酯薄膜上，在土壤图斑内注明该土壤类型的代号（按照土壤工作分类系统表），以免混乱。

因此，可以运用相关分析方法，根据成土因素解译结果和概查资料对土壤进行解译，勾绘类型界线，标注地物类别，形成土壤预解译影像图（图 5-11，图 5-12）。

图 5-11　某地卫星遥感影像

（四）土壤草图编制

1. 土壤类型及其特性和土壤分布规律的研究　根据已确定的概查路线进行调查和遥感影像解译结果，查明主要土壤类型及其特性和分布规律，对于各种不同地貌类型乃至不同地

第五章 土壤图的调绘

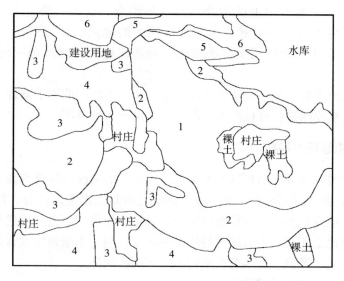

图 5-12 某地土壤类型及界线解译图
1. 森林灌丛淋溶褐土（简育干润淋溶土、简育干润雏形土）
2. 灌丛旱地粗骨褐土（简育干润雏形土、简育干润淋溶土）
3. 园地旱地褐土（简育干润淋溶土） 4. 水浇地草甸褐土（简育干润淋溶土）
5. 季节集水草甸土（简育湿润雏形土） 6. 集水沼泽土（简育正常潜育土）

貌单元的特点进行研究，以便了解不同地貌类型、不同地貌单元的组合、土壤特征，并且确定土壤的地理分布、地形特征、地质构造和其他土壤的形成关系，应尽量找出其主导因素，农业生产中存在的主要问题。

更重要的是，还要查明各种土壤的农业利用情况。因此，在一个地形部位，如山冈、坡地、山谷、洼地以及不同地类，如水田、旱耕地、荒山荒地和林地等都要挖掘主要剖面，对于不同地形部位、不同母质、不同植被类型和不同农业利用的主要剖面，要加以详细的研究和记载（剖面记录表），并采集必要的土壤标本和土壤理化分析样本，需要时还应将这些样本送到化验室进行分析，以便根据分析结果进一步了解土壤情况，初步确定土壤发生变化的规律、农业利用情况。为了更好地说明地形和地质构造对土壤变化的影响，可以根据概查的材料和预判结果编制表明地形、绝对高度、作物种类及各个地形部位的母质和土壤的分布与地形关系的断面图，当然这时编制的断面图不可能很准确和完善，将来在详细调查之后，还可能有补充和修正。

2. 图例式样的确定 在概查和遥感影像解译后，根据调查区内的土壤类型、地质、地形、植物（作物）及耕作利用等情况，按土壤图的要求，修订研究区域基本制图单元，制订图例系统，确定转绘成图的方法。

3. 土壤草图的转绘 大比例尺土壤草图可根据转绘底图不同，可分为像片平面图转绘、地形图转绘，可以根据现有底图、设备和技术条件，分别采用适当的转绘方法。

（1）像片平面图转绘 用像片平面图作为底图，把判读调绘好的像片向像片平面图上转绘。最为方便正确的方法，即用目视的方法，逐一将影像调绘像片与像片平面图组成立体像对，在立体镜下进行立体转绘。

（2）地形图转绘 利用地形图作为转绘底图，在地形、地物明显地区，把道路、界线等，采用目视方法按地形图上的地物性线（如山脊、山谷、鞍部等）逐个进行转绘。除以沟、山脊作为控制骨干外，还应参照地形图上的地类界、道路及其他地物标志做控制。对于一些小面积的地物可用交会法转绘，对平坦地区可辅以透视网格加密控制，保证转绘精度。

通过校正投影误差后，统一土壤预解译影像图和原土壤图的数学基础，可以直接用土壤预解译影像图对土壤原图进行校核修编，获得小比例尺土壤草图。

（五）野外检查验证与校核

室内图像预判时，常常会遇到判读不出或把握不大的情况（缺乏判读经验或在新区开展工作时更会如此），需要到野外作补充调查。即使已经判读出来的部分，但分布面积广或有特殊意义的轮廓，也应到实地进行检查与验证，并挖掘土壤剖面进行描述和研究，采集土壤标本与样本供室内比土评土、土壤理化特性分析化验、测定土壤理化性状之用；还应总结农民用土改土等农业生产经验，这些是在室内不能解决的问题。

1. 野外检查验证工作的主要内容

①对于在判读过程中认为有把握的土壤类型图斑及其界线，根据统计抽样的原则，进行少量（一般占20%的土壤图斑及界线）野外检查验证工作；对于在判读过程中认为把握性不大的、有疑问的土壤类型及其界线，要求进行全部的、详细的实地检查验证。

②对于调查地区内具有理论意义、生产意义的地区或地段，如大片荒地荒山、严重水土流失地区、特殊的低产土壤等，要求进行重点的野外验证。

③采集供室内评土比土的土壤标本、土壤理化特性分析用样本，并对采样土壤剖面进行详细研究与描述，进一步深入了解土体的构型、理化特性、生产特性，以便提出改良利用意见。

④对农业上存在的问题和先进经验，要进行访问和总结等。

2. 野外检查验证路线的确定　根据经验，野外检验路线的确定，应经过不同的地貌类型、土壤类型、不同的农业区；经过在室内判读过程中认为把握不大的、有疑问的土壤类型及其分界线；经过必须采取土壤理化分析样本的剖面点，以及生产上存在问题的地块和地区。

每条路线的间距，因比例尺不同而异。如以大比例尺详细的遥感图像土壤调查制图，可作图像框标的连线，把航片分成四等份，可对角线抽样确定野外检查验证路线，也可采用放射状四块来确定野外检查验证路线，这决定于时间、要求和人力的许可与否；比例尺较小的航片土壤调查制图，也可以航线来确定路线的范围，但路线的里程，必须以一天来回为原则，范围过大者，宜分幅设站，进行野外检查验证。

3. 土壤剖面的配置　土壤剖面的配置，要根据不同的地貌单元、母质类型、农业利用方式和土壤类型设置剖面，每一类型土壤至少要设有一个剖面，同一类型土壤根据其分布面积的大小或者图斑的多寡再决定其剖面数。对于有重要理论、生产问题的土壤类型应增设剖面。另外，剖面分布要合理，即剖面的分布要均匀，防止太集中于某一地段，而疏忽了其他地段，达到最低限度控制剖面总数目为标准，或应分析的总标本数。其数量是根据调查制图的比例尺、地形和土壤复杂程度，以及其生产要求所决定的。现引用《全国第二次土壤普查暂时技术规程》所规定的每个剖面代表的面积（表5-7）。

表 5-7 不同比例尺影像和地形图每个剖面所代表的面积（hm²）

地形复杂程度	Ⅰ		Ⅱ		Ⅲ		Ⅳ		Ⅴ	
比例尺	地形图	影像	地形图	影像	地形图	影像	地形图	影像	地形图	影像
1∶2 000	0.6	1	0.5	0.8	0.4	0.6	0.3	0.45	0.2	0.3
1∶5 000	2	4	1.7	3	1.4	2	1.1	1.7	0.8	1.1
1∶10 000	5	10	3.5	7	3	5	2.2	3	1.5	2.5
1∶25 000	15	30	10	25	7.5	12	6	10	3.5	5

地形复杂程度划分标准：

(1) Ⅰ级　山麓洪积—冲积平原与高原。地面平坦而有微倾斜，地下水位在 2.5～3.0m，母质比较均一，农用大田作物为主。如华北、东北、西北大平原以及内蒙古高原、青海高原等近山麓一带洪积—冲积平原的中、下部地区和河流的高阶地。

(2) Ⅱ级　地形已有切割，但母质比较均一或母质稍复杂，但地形单一。

①切割平原：地表已受到一定的切割，母质较单一，土壤与地形呈有规律的组合，如西北黄土塬地区、东北漫岗平原和山麓被切割的洪积平原。

②冲积平原：地形平坦、沉积母质复杂，但逐渐过渡者居多，土壤表面受热化影响较大。如长江中下游平原、洞庭湖、鄱阳湖、太湖等湖滨平原，川西平原以及东北、华北等平原非盐化影响的地区。

(3) Ⅲ级　地形母质均较复杂，而且参与了潜水因素，土壤复区面积达 20% 左右的地区。

①丘陵：地形受到明显切割与分化，并影响到地下潜水与母质的分异，因而地形、土壤及潜水呈明显的组合关系。如南方的红土丘陵，西北黄土丘陵等。

②洼涝平原：地势洼平，多近河流下游，河床和水系复杂，因而母质与潜水也较复杂，土壤盐渍化与沼泽化复区面积也较大。如华北、长江中下游平原局部地区。

③河谷平原与河谷泛滥平原：包括平原与山区的一切河谷平原在内，受河流影响大，小地形与潜水均较复杂，土壤复区可达 20% 以上。

(4) Ⅳ级　地形高差较大或母质和潜水复杂，土壤复区面积可达 30%～40%。

①山地：相对高差在 500m 以上，土壤母质岩性复杂，而且土壤有垂直分布的差异。

②盐碱地：微地形、土壤母质和地下潜水关系复杂，土壤复区面积在 30%～40%。

③沼泽地：基本要求同盐碱地。

(5) Ⅴ级　主要用于高度集约农业。

①蔬菜；

②实验地、苗圃。

剖面进行研究描述、取样以后，将剖面点的位置准确记录在影像上，并将剖面的编号写上。样品的理化分析结果，也要附上，以供后来的整理资料、编写报告、土壤改良规划之用。

4. 土壤类型及其界线的检查验证　对于土壤界线明显和很容易检查验证的，如稻田土与旱地、耕地与非耕地等在影像上都一目了然，或影像内部均匀一致的地段，意味着土壤类型分布单一，变化不大，可以简化野外工作，减少挖坑打钻的数量，增加野外调查路线的间距，不必拘泥于一般大比例尺的土壤调查规范所确定的挖坑、打钻定额以及每条路线所控制的范围；对于判读过程中认为把握不大，有疑问的土壤类型及其分界线等的地区，要有针对性地安排野外调查路线，进行详细的挖坑打钻。野外检查验证时，作了修正的土壤类型和土壤界线，在影像上就地更正，并在框边注明。土壤分界线的精度，应根据土壤图误差限度的规定，进行检查验证，超过土壤图误差限度规定者，当场修正。修正土壤类型或土壤界线，必须持谨慎态度，应进行反复对比，综合分析，予以确定，而土壤类型改变的同时其代号也跟着改变。

五、GPS/PDA 在土壤界线确定中的应用

在土壤调查确定土壤图斑界线中一般使用的是直接外业调绘或遥感解译、外业校核的方法。这些方法存在一定的缺陷与不足：①遥感手段只能实现宏观上的监测，不能得到局部直至地块的土壤信息；②缺乏外业调查资料及高效的调查手段，即使遥感方法在外业调查方面也仍然采用传统的调绘方式，工作量大，周期长，效率较低；③外业调查的数据成果基本上也是纸质资料，不能直接入 GIS 数据库，需要繁杂的内业处理。所以，利用现代 3S 技术将传统的方法加以改进成为关键所在。随着以掌上电脑（PDA）、GPS 的日益普及，以 PDA 和 GPS 集合为基本的硬件平台，利用无线通讯和 GIS 嵌入技术，实现野外测量数字成图一体化的工作模式，不但可以解决数据的存储问题，而且可以在掌上电脑上方便的绘制土壤界线，并完成属性数据的记录工作，给外业数据采集工作带来相当大的便利。

（一）GPS 与 PDA 概述

1. GPS　空间定位系统（global positioning system），以人造卫星组网为基础的无线电导航系统。目的是建立一个供各军种使用的统一的全球军用导航卫星系统，为全球范围内的用户提供全天候、连续、实时、高精度的三维位置、三维速度以及时间数据。GPS 系统分成 3 个部分：GPS 卫星、地面监控系统、GPS 接收机。一般所说的 GPS 是第三部分 GPS 接收机。GPS 使用测距交会的原理确定点位，只要接收到 3 颗以上的卫星发出的信号，经过计算后，就可以报出 GPS 接收机的位置（经度、纬度、海拔高度）、时间和运动状态（速度、航向）。到 20 世纪 90 年代，随着 GPS 技术解密，开始在土壤学领域内进行应用，已成为获取现势空间数据的重要手段。但也存在不足：①通常记录原始的 GPS 点位坐标，属性数据记录功能较弱；②没有将外业调查过程与内业数据处理流程一体化，需要大量的人为干预、处理，自动化程度不高。

2. PDA　个人数字助理（personal digital assistant），集中了电子记事、计算、电话、传真、网络、多媒体等功能和部分普通计算机的功能。现代的 PDA 具有体积小、重量轻，达到"一切尽在掌握中"的特点，因此又称为"掌上电脑"。PDA 有触摸屏、手写笔、手写识别等多种输入方法，具有良好的通讯性能，带有嵌入式的面向对象的操作系统，也可以加装其他应用软件系统，拥有良好的图形用户界面和编程接口，可以通过有线或无线方式接入 Internet，存储容量空间较大，电池连续使用时间长等优越的特性使得 PDA 已经被广泛应用于各个领域。

(二) GPS/PDA 组成与功能

GPS、PDA 技术发展的日趋成熟，为二者技术集成并应用于土壤调查等提供了可能。GPS 用于实时采集空间点位数据，而在 PDA 上构建小型的嵌入式 GIS 系统，以显示图形和记录数据，具有定位准确，数据精确，数据处理智能化、速度快、省时省力，成果资料实现现代化管理模式，是导航、定位、地图查询和空间数据管理的一种理想解决方案，满足随时随地获得地理信息的要求，增加了现场调查的可视化和直观性。

GPS/PDA 硬件部分主要是 GPS 接收机、掌上电脑（PDA）、天线、数据线等，软件部分主要是野外调查作业系统、内业 PC-GIS 数据处理软件。

GPS/PDA 的主要功能包括：①地图操作模块：地图的放大、缩小、漫游、点选择、圆形选择等；②GPS 信号接收与分析模块：启动与停止 GPS 的通信以及 GPS 信号接收与解析；③图斑变更模块：图形手工、自动变更，属性变更；④数据组织模块：遥感数据、地图数据、GPS 数据以及其他数据的组织；⑤查询、检索模块。其中，图斑变更模块是核心模块，包括图形数据变更和属性数据变更。图形数据变更是根据 GPS 信号接收与分析模块所获得的点位信息与用户所设置的变更参数来完成图形的自动绘制或手工绘制，属性数据则由调查者将实际调查信息输入 GIS（图 5-13）。

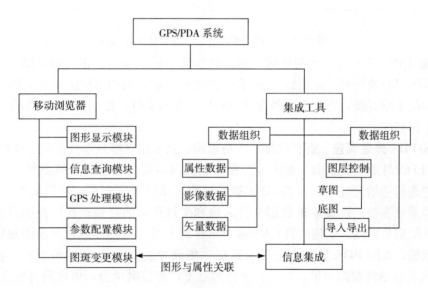

图 5-13 GPS/PDA 系统功能

(三) GPS/PDA 确定土壤界线的工作流程

利用底图资料或土壤图，结合人工判别以及利用遥感影像数据，将 GIS 矢量图或 RS 影像图导入 PDA，到实地用 GPS 测量技术连续采集变化图斑拐点位置信息，同时将采集的数据实时传送至 PDA 中进行人机交互式处理，提取土壤变化信息，并现场构造图斑、录入属性，进行土壤调查，野外变更调查的工作底图；在地面调查的基础上，内业利用 GIS 技术在多源信息的支持下，再进行更全面细致的数据处理和编辑、整理，实现对基础图件的数字化更新（图 5-14）。

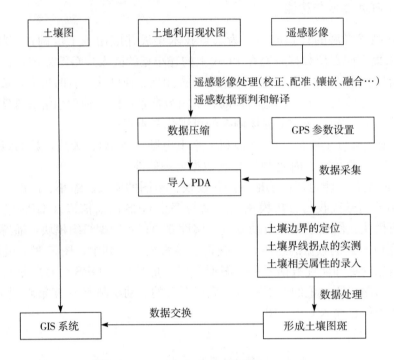

图 5-14 GPS/PDA 确定土壤界线工作流程

1. 准备工作 明确要调查的区域，通过收集已有的土壤图、正射影像图、土地利用现状图、地形图等有关资料，运用计算机等先进技术手段，利用 RS 技术对土壤类型进行预判；初步勾绘土壤界线，将数据转换为 PDA 专用底图文件，然后导入到 PDA 中，作为外业调查的工作底图。

2. GPS/PDA 外业调查 资料收集、人员组织、技术培训等一系列前期工作准备完毕后，进入 GPS/PDA 外业变更数据采集阶段。根据不同的精度要求选择不同类型的 GPS 及测量方式。首先进行初始化处理，设置 GPS 初始参数，如设置坐标系，经纬度单位及其长度、角度单位等系统参数；设置采集数据文件名称和文件存取的路径；利用控制点进行坐标联测，检测系统定位精度；正确后将 GPS 流动站移到土壤界线拐点处，点击测量键，开始测量并记录数据，此时 PDA 屏幕上会显示数据采集或导航 GPS 运行的位置；在移动的过程中，GPS 接收机继续跟踪卫星，在下一个待测点上，再按测量键，依次测得变化的各个点；如果土壤界线为一封闭图形，可进入建立新建图斑模式，依次点击要生成的图斑上的连续点，形成闭合图形，弹出是否生成新图斑的对话框，点击确定后进入图斑属性界面，输入相应的属性，如种植作物种类、权属、产量等，即完成了外业的数据采集。野外调查工作全部是以数字化的形式记录在 PDA 内，然后在 PDA 屏幕上可以对外业采集的图斑图形信息进行编辑、修改，输出记录表和土壤草图。

为了减少接收干扰，GPS 不能安置在根本接收不到卫星直射讯号的地方，如室内、地下停车场、天桥下、树木密集、四面环山的地方及隧道中。在地形复杂、建筑物多、干扰多的地方，建议使用带有延长天线的 GPS。

3. 内业处理 将 GPS/PDA 连接 PC 机，可以将现场采集的图形数据和属性导入 PC

机，借助 GIS 内业处理软件的功能，实现坐标转换、图形编辑、信息查询、生成变更调查记录表和附图，免去了以往繁琐的土壤调查手工填表、草图绘制、草图清绘等工作，实现土壤调查与制图工作的数字化和自动化。为避免 PDA 内的外业采集数据发生意外情况，采取的方法是当天采集，当天处理。

第四节　土壤图的编制

一、土壤草图的审查与修正

土壤草图的审查与修正是在野外资料和野外工作分类系统修正之后进行的，其内容包括土壤界线、草图内容的审查与修正和拼图。

（一）土壤界线的审查与修正

土壤草图是根据野外土壤工作分类系统和相应的制图单元调绘的，经过室内资料审核，比土评土和分析数据的整理，对原拟定的土壤工作分类系统做出补充、归并和调整，土壤界线也会随之改变。

土壤界线审查主要是检查图斑及其代号有无差错和遗漏，图斑的几何形状是否合理，土壤分布图所反映的地理规律是否符合客观实际，土壤分布的界线与标志地物的关系是否相符，土壤分布规律与母质、水文、植被和耕作情况的分布状况是否相符等内容。在地形与母质关系比较协调的情况下，土壤地形分布与地形变化是一致的，如果土壤界线与地貌单元不相符时，就要找出原因，看其是地质、植被因素造成的，还是局部人为耕作熟化的影响。自然土壤的分布，一般在最高和最低地形部位的土壤，由于地形单元的边界呈圆滑状态，而相应的土壤边界也应该呈圆滑形状。中间地段的土壤，可以呈锐角楔入高地或低地的土壤制图单元之中（图 5-15）。同时还要看土壤界线与自己的调查资料、已往的研究成果是否吻合，审查土壤界线与这些成土因素间有无矛盾，规律性如何。如四川省宝兴县以前将棕壤的界线错划到 4km 以上。

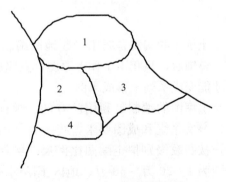

图 5-15　土壤边界轮廓与地形部位的关系
1、2、3、4. 不同的土壤类型

在修正时应以修正后的正式土壤分类系统为基础，确定制图单元，土壤类型和界线修改时，应参考土壤形成的自然条件与分布规律，要使土壤界线与环境条件变化的规律相一致，土壤界线与地形、母质、自然植被和利用方式是吻合的或相关的。

其次，仔细检查图上所表示的土壤分布规律是否与调查资料及以往的调查成果相吻合，如有矛盾，要通过分析，找出原因。土壤界线的边角形状要符合土壤分布的实际情况。修改草图边界时，要用不同于原界线颜色的彩色笔把修改的边界划出来，并保留原来的界线。修改后的土壤界线，经技术负责人认可，即作为最后的土壤界线，不得任意改动。

最后，检查土壤界线的闭合情况，土壤的界线一般是封闭的、圆滑的，每幅土壤草图内的图斑界线都应闭合，反映了自然土壤的特性，但人为土壤界线有其特殊性。农业土壤人为长期耕作熟化后，逐渐改变了自然土壤的分布规律，土壤的分布界线常常与渠道、道路田块等地物相吻合呈现出规则的几何图形；如果与邻幅土壤图界线不能闭合的，则留待拼图时解决。

（二）草图内容的审查

主要是审查土壤草图上，除土壤界线以外的其他内容（土壤剖面位置、注记、土壤类型的代号及居民点、道路、坑塘、水库等地物）是否符合技术规程的要求和有无错漏。骨干剖面必须上图，并统一编号；对照剖面也应上图，并编号；各图斑都应有土类代号。这也是反映一幅土壤图精度高低的指标，如有错误或遗漏应及时补充或修正。

（三）接边

在各小组审查野外草图的基础上，相邻调查小组要进行拼图，相互核对土壤界线或土壤类型。当相邻边界或土壤类型在拼接中出现矛盾时，就要认真核对比样标本和土壤剖面记录，并通过比土评土找出误差原因，直至经过修正，使之吻合。当土壤界线错位误差（接边误差）符合精度要求，而土壤类型又吻合时，两组界线各调整一半；如果土壤界线超过允许误差，土壤类型划分不能一致，室内难以确定，有关人员必须到实地查对、校正。

为了便于彼此双方间的接图，在野外制图阶段，应尽可能地注意与相邻图幅接边的情况，甚至可以作少量的重复工作以达到相邻小组的工作地区，或者相邻调查小组共同在接边地区进行调查，就地解决接边问题，以免在拼图时由于边界问题重返野外验证。

二、土壤图的编制

土壤图的编制是属于专题地图编制的范畴。外业勾绘的土壤草图，经过最后修改、审定、整饰后，只相当于作者原图，只完成了大比例尺或同级土壤制图的任务，还必须经过编制才能变成系列土壤成果图。

土壤图的编制是利用已有的、规格不统一的土壤调查制图成果，按照目前的分类原则、分类系统和成图要求，统一编制国家、省、市（区）、县、乡（镇）各级行政区土壤图，按行政级别拟定编图比例尺。例如：国家级土壤图比例尺为<1:100万，省级的土壤图为1:20万~50万、地区土壤图为1:10万~30万，县级土壤图一般为1:10万或5万，乡级土壤图一般为1:1万。制图比例尺不同，室内编制土壤图的工作内容和方法略有差异。

除部分中比例尺图有缩编工作外，一般大、中比例尺土壤实测制图的室内成图主要是审查和修改土壤草图。首先是审核土壤界线，看其图斑的几何形状是否合理，土壤分布与地形图所反映的地貌形态、地物标志的关系以及母质、水文、植被等是否合理协调。对不协调的土壤界线应根据地形图或航片、卫片反映的信息加以修正。其次根据统一的正式图例系统和制图代号修改土壤草图的图斑代号，不应出现错漏，同时还要做好图幅接边工作。最后按成图比例尺的要求转绘到相同比例尺地形图上或缩绘到小于草图比例尺的地形图上，从而完成土壤图编稿原图。

小比例尺土壤制图室内成图主要是审查和缩编土壤图。将野外校核过的、调查补充的制图资料，结合卫片室内目视判读，同时要制订新编图的制图单元系统，根据制图单元系统对土壤图斑进行制图综合，协调土壤界线与地理要素的关系，最后进行审校、修改、接边，即可获得土壤图编稿原图。

（一）展绘数学基础

土壤图的数学基础是控制其质量和精度的关键之一，目前主要是通过高斯投影坐标点的展绘，来纠正地形底图的误差和同一地区相邻图幅的衔接以及图幅缩小后的精度控制问题。通过计算或查取高斯投影坐标值、建立公里坐标网、展绘地理坐标点（控制点和加密点），建立展绘好的数学基础控制图，作为土壤图和地理素图的控制基础。

（二）地理要素的选取

地理要素表示的程度取决于土壤图比例尺、土壤专题内容详细程度和制图区域特点等因素。一般来说，大比例尺土壤图反映的地理要素要详细些，反之，小比例尺土壤图则要概略得多；土壤专题内容详度大的则地物要素要相对减少，减轻土壤图的载负量。

1. 水系 在 1∶20 万和 1∶30 万中比例尺土壤图上，河流要表示到二、三级支流，对再次一级支流进行取舍，根据河网密度的差异确定取舍程度，要表示主要排灌渠并注意反映其结构特点。湖泊、水库、运河要尽可能表示。在 1∶100 万、1∶400 万、1∶1 000 万小比例尺土壤图上，基本上保留同比例尺普通地图上的全部水系。在土壤专题内容复杂、水系过密时作适当舍去。表示河流着重反映其形状、大小、河网结构特点及地区间密度差异和湖泊的分布特点。要特别注意选取作为国界的和省界的河流，连接湖泊或水库的河流，直接入海的以及能显示河系结构特征的河流。描绘时要保持河流的中心线一致，不要移位；主、支流的关系要清楚。

2. 居民地 以基层生产单位和农场规划为目的的大比例尺土壤图，通常全部用平面图形表示所有居民地。在 1∶20 万、1∶30 万中比例尺土壤图上，居民地一般表示到乡、镇级，对乡、镇级以下的，根据居民地密度的差异以及重要性进行取舍。在 1∶100 万及更小比例尺土壤图上，一般情况保留到县级，对县级以下居民地按其对土壤的定位指示作用及重要性作不同取舍。多数居民点改用圈形符号表示。同一比例尺的不同制图区域，选取指标略有浮动。人烟稀少地区降低选取指标。表示居民地的要求是正确反映居民地的位置、形状、轮廓、行政级别和名称，地区间居民地的密度差异、分布特点以及与其他要素间的关系。

3. 地形 地形对于土壤的发生、发育和分布起着重要作用，地貌类型与土壤的分布有密切的关系。地形部位和坡向的差别由于引起水热状况的变化，造成土壤发育程度的差异，甚至形成不同土壤类型。在大比例尺土壤图上，用等高线详细反映制图区域的地形特点，主要是抽去一些等高线，其等高距由地貌类型和等高线的稀密程度来定。一般平原 20～50m，丘陵 50～100m，山区 100～200m。在中、小比例尺土壤图上，由于土壤类型多，图斑密度大，为了减少土壤图负载量，使图清晰易读，我国习惯上不用等高线表示地形，而用山线区分出山地土壤。在山脉表面注记山峰符号、山头名称及高程，反映山体走向、山头的名称和高度。

4. 交通线 在大比例尺土壤图上，要表示全部道路，以便精确计算耕地面积。在中、小比例尺土壤图上，公路、铁路是地图定向要素，一般表示全部铁路和主要公路。

5. 境界线 境界线常与居民地的表示结合在一起，正确表示县界、市界、省界、自治区界和国界不仅反映土壤的行政归属，还便于统计各行政区单位土壤资源数量，为指导农业生产和宏观决策服务。值得注意的是，因为涉及国家的领土完整，描绘国界要慎之又慎，要清楚表示敏感地区和沿海岛屿的归属。

(三) 土壤制图综合

不管何种比例尺的土壤图都不可能将地球表面分布复杂、种类繁多的土壤全部表示出来，都必须进行取舍和概括，即土壤制图综合。土壤制图综合在不同比例尺土壤图上其综合程度是不一样的，比例尺缩小越多，其综合程度越大。因为比例尺的缩小，意味着地理空间的缩小，在图斑变小的同时，相邻的土壤图斑变得越来越靠拢，甚至拥挤不堪，复杂的轮廓图形显得混乱，增加了读图的难度。为了改变这种状况，必须对图斑内容进行选取和概括。这种由比例尺缩小引起的制图综合，称为比例制图综合。另外，当用土壤制图资料编图时，由于所编图件服务于某种目的，如低产土壤分布图，这时制图综合不是依据图斑大小，而是根据编图目的，对低产土壤突出表示，而对其他土壤类型则舍去。这种制图综合，称为目的制图综合。制图综合在小、中比例尺土壤制图中有着极其重要的地位。

1. 土壤制图综合原则 为使土壤制图综合增强客观性，减少或避免主观性，在实施制图综合措施之前，编图者要通过野外调查和室内分析认真地研究土壤类型及其性态特征，研究各种土壤形成与地貌、地质、植被和农业生产利用的关系，了解制图区域土壤空间分布特点。同时，还要确定选取指标或者选取程度。在实施制图综合过程中，要掌握以下原则：

①各图斑中的制图单元（单个和组合土壤单元）要正确反映实地的土壤类型和组合土壤类型；

②图斑结构、形状和组合要正确反映土壤分布规律和区域分布特点；

③保持各类土壤面积的对比关系和图形特征；

④注意表示在土壤分类和生产利用上有特殊意义的土壤类型，当其图斑面积小于选取指标时要夸大表示，或转用符号、复区表示。

2. 土壤制图综合方法 土壤制图综合一般从内容综合、面积综合和图形细部综合三种途径进行。具体方法归纳为内容综合、图斑取舍、图斑合并、成分组合、轮廓简化和界线移位。

(1) 内容综合 内容综合即以最小图斑面积和基本制图单元的土壤分类级别为基础，高一级的土壤分类单元归并低一级的分类单元，这是土壤制图综合第一个阶段即制图单元内容或图例概括。如大比例尺制图时，图上单位面积所代表的实地面积小，土壤类型变化的级别低，上图单元的土壤分类级别亦低，如土种、变种。反之，随着比例尺的缩小，上图单元面积代表的实地面积增大，土壤分类级别可能变高，上图单元的土壤分类级别就高至土属、亚类、土类，或仅表示较大面积的低级别土壤类型（表5-8）。

表 5-8　两种不同比例尺土壤图部分图例比较

1∶400 万中国土壤图	1∶1 000 万中国土壤图
赤红壤	赤红壤
赤红壤	砖红壤
铁质赤红壤	砖红壤
砖红壤	黄色砖红壤
砖红壤	
铁质砖红壤	
黄色砖红壤	

(2) 图斑取舍　凡小于 25mm² 及 10mm² 的图斑均应舍去。对于面积小又分散的土壤类型可以采取以下三种处理办法：一是留大弃小；二是复区上图；三是采用颜色围点或图形等号表示。对山区分布于狭窄谷地中的土壤类型，当宽度不足 1mm 但长度近于 0.5cm 的可加宽到 1mm，长度照原长表示；对宽度又小于 1mm 的图斑，一般要舍去。

(3) 图斑合并

①对成片零散分布，而间隔较小（一般小于 3mm）的同类土壤图斑，应根据环境条件，按其分布规律进行合并，概括其外形轮廓（图 5-16）。

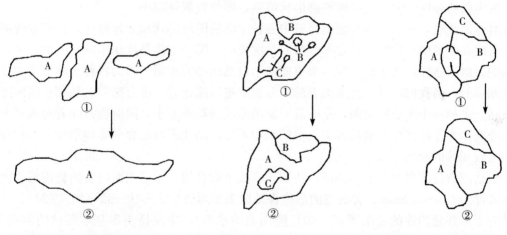

图 5-16　图斑合并（1）　　图 5-17　图斑合并（2）　　图 5-18　图斑合并（3）

②对于在高级分类中的同一制图单元，而孤立相邻存在的较小图斑，可以并到较大的图斑中去（图 5-17）。

③对于孤立存在而与邻近图斑在高级分类中（一般控制在亚类级）不同单元的过小图斑，一般可舍去。舍去后参照当地土壤分布规律，合并于邻近相关土壤中去，若不便处理，则可并在不同土壤图斑之中（图 5-18）。

④对零星分布，间隔大于 3mm 的同类土壤图斑，一般只能取舍，不宜合并（图 5-19）。如不适当地将其合并，则会违反地貌侵蚀状况及其土壤分布的特点。

⑤经过归并取舍的图斑，其轮廓、形式、走向等都需进行概括，应与自然景观及地形单元相吻合。如平原地区的土壤形状多呈不规则的块状；丘陵岗地的水田与水系骨架一致，呈树枝或羽状；围湖垦殖区水田呈以湖泊为中心的圈状（图 5-20）。

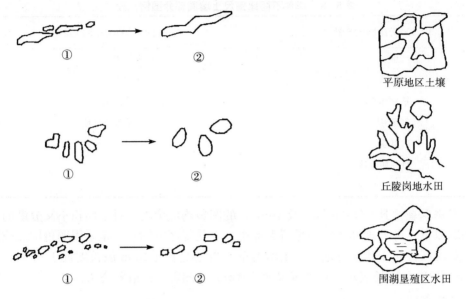

图 5-19 图斑合并（4） 　　　　图 5-20 图斑合并（5）

（4）轮廓简化　就是对图斑的轮廓形状进行平滑处理，与地形图相应，把小的弯曲去掉，保留大的特征性弯曲，使图斑轮廓形状清晰，图画负载量减小。

在具体简化时，首先要研究制图区域中各种土壤的图斑形状和分布特征，再根据弯曲的大小、弯曲在图形中的位置，确定哪些弯曲是次要的，哪些弯曲是反映图形特征的，然后决定弯曲的去留。这样，图形概括的结果更能揭示自然图形的本质。因为各种土壤类型的分布是彼此相邻的，当我们对某一土壤类型的图形轮廓进行简化时，也意味着对相邻土壤的图形进行概括。去掉一个次要的弯曲，意味着对某类土壤面积的缩小，同时也意味着对毗邻土壤面积的夸大。为了保持综合前后各类土壤的面积不变，简化图形轮廓时必须掌握缩小和夸大的面积大致相等的原则。

①概括图斑轮廓界线的细小碎部，使图斑界线平滑自然，增强图面内容的整体感，舍去弯曲的长度为 0.6～0.8mm，舍去弯曲后应保持原来图形的基本形状一致（图 5-21）。

②对于某些延伸性的复杂图斑（如丘陵岗地的水田），应保持图形基本形状的前提下，舍去短而密的分支，适当夸大一些长而有特征的交叉，并使图斑界线圆滑自然（图 5-22）。

图 5-21 轮廓简化（1）　　　　图 5-22 轮廓简化（2）

（5）成分组合　成分组合是将发生上有一定联系并且毗连分布的土壤类型组合在一起，以组合制图单元表示，在图斑中用代号注明其相应的土壤类型。在土壤制图中，因比例尺缩小导致图斑面积相应变小，很多已小于最小图斑面积的，不能再用单区图斑表示。为客观反映土壤分布情况，以及表示某些在分类或生产上有意义的土壤类型，可采用复区图斑表示并根据它们在图斑中所占面积的百分数，分为主要成分和次要成分，图斑中组合制图单元用土壤代号表示之。主要成分在前,次要成分在后,用加号连接,或次要成分用符号不定位表示,放在主要成分土壤代号之后。

(6) 界线移位　在小比例尺土壤制图中,对于呈长条形和沿河分布的土壤类型如潮土和冲积土,往往因比例尺缩小而无法表示,此时只有采用夸大的方式,将图形的轮廓界线向外适当移位。

上述制图综合方法在实施过程中,往往是综合使用、交错进行的。如最小图斑面积选取之后,就着手图形轮廓简化,同时对零星分布的土壤图斑进行合并或组合(图5-23)。

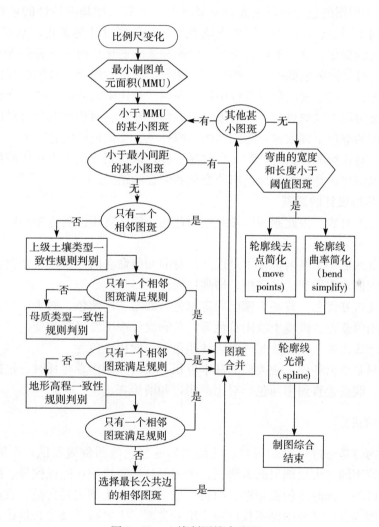

图 5-23　土壤制图综合流程

(四) 土壤图的色彩设计

色彩是地图语言之一,土壤图的色彩设计是土壤制图的重要组成部分,土壤图的易读性、美感取决于色彩设计成功与否。

1. 土壤图的色彩功能　土壤图的色彩是图形要素之一,显示了图例的分类分级系统,丰富了图形内涵。土壤图的色彩不是任意设计的，它是以客观存在的土壤颜色或其他重要属性为依据的，如红色代表红壤，棕色代表棕壤等。由于人们对色彩的差异较之图形形状的差异在某方面更敏感，所以在土壤图上很容易通过不同的色彩把土壤类型区别开来。因此，色彩具有反映分类的功能。在土壤图上还利用色彩饱和度的变化表示不同层次的类别，如利用不同饱和度的红色表示红壤中的亚类，因而色彩又具有反映分级的功能。

2. 土壤图的色彩变化和配合 我国疆域辽阔，地形复杂，土壤类型繁多，因而表示其类型的色彩变化亦复杂多样。如 1：400 万《中华人民共和国土壤图》（1978），其基本制图单元一般到亚类，以土类设计颜色，有 54 个色相；新编 1：400 万《中国土壤图》（1997）达 77 个色相。土壤图的色彩设计主要是依靠被称为色彩三种基本特性的色相、明度、饱和度的变化。利用不同的色相区别不同的土壤类型，如黄壤设计为黄色，水稻土则为蓝色等；以明度和饱和度的变化区分亚类或者土属；以饱和度的变化反映土壤养分含量的高低。

色彩的配合可分同种色的配合、类似色的配合、原色的配合、补色的配合、对比色的配合及综合色的配合。在土壤图色彩设计中我们强调"对比中求协调"的配合法则，达到明显区分土壤类型又协调美观的目的。一般来说：原色、补色、对比色的配合对比强烈，但不易协调，此时调配的颜色不宜太深，否则刺眼。同种色、类似色的配合因为它们含有共同的色素，容易协调，对比性弱，这时调配颜色宜深一些，以达到协调中求对比的目的。一幅色彩设计成功的土壤图往往是综合运用色彩的变化和配合的结果。

3. 土壤图色彩设计的原则

（1）**突出主题内容** 为此制图区域宜用明色相，邻区宜用浅灰色相，以邻区底色为背景衬托制图区域。

（2）**模仿自然色** 土壤名称很多是以其自身的颜色命名的，如红壤、黄壤等，这是对此类土壤设色的依据，它便于读者联想，增强自明性。

（3）**尽量使用习惯色** 有些土壤已固定用色，如盐土用紫色、潮土用绿色、水稻土用浅蓝色、潜育土用深蓝色、漠境土壤用黄色等，色彩设计中不要轻易改变。

（4）**高寒地区土壤** 以地势与气温设计颜色，一般用冷色。

上述原则只是给出各种土壤类型的基本色相，在具体制作总色样时，根据色彩的变化规律，反复实验、调整，直到图面色彩对比鲜明，和谐美观。

（五）图例的制订

土壤图的内容是通过一定的符号、几何图形或颜色等图例表示的，不同比例尺的土壤图，图例的内容不同。大比例尺的土壤图，图例设计比较详细，除以代号、颜色和几何图形表示制图单元以外，同时还包括地形、植被、地下水位、土壤主要特征、农业利用状况、肥力评级、面积等内容。这种图例不仅反应土壤的类型、主要特征及分布规律，而且标明了与土壤形成、分布有关的自然成土因素和农业利用状况。因此，通过图例说明，就能够了解到土壤图的基本内容，这样对农业生产很有价值。中、小比例尺的土壤图，图例的设计比较简单，只标出制图单位的符号或颜色、土壤名称等主要项目。例如，我国 1：1 000 万土壤图图例用颜色与数字表明主要的土壤类型，在土类数字前以"S"字母表示山地土壤，以符号表示戈壁、盐壳、冰川雪被以及小面积的零星土类。

土壤图图例的编排秩序，要按照土壤分类系统，把主要的土壤类型用颜色或图形突出出来。土壤图符号最常用的表示方法，是以罗马数字（Ⅰ、Ⅱ、Ⅲ、…）或阿拉伯数字（1、2、3、…）等符号表示。例如，由中国科学院南京土壤研究所编制的1∶1 000万中国土壤图，以"9"表示水稻土类，91、92、93等符号表示水稻土类低一级分类单元的黄泥田、紫泥田、泥肉田等。又如以"3"代表黑垆土，31表示正常黑土、32表示黏化黑垆土、33表示黑焦土、34表示黑麻土等。这种表示方法简单易读，但还未纳入国际统一划分标准。另一种表示方法，是利用土壤名称开头的1~2个字母表示。例如，前苏联以"Ч"表示黑土（Чернозем），在土类的右下角用数字表示土种，如Чв代表淋溶黑土（Выщ），Чв1、Чв2、Чв3代表薄层腐殖质、中厚腐殖质和深厚腐殖质的淋溶黑土。联合国粮农组织汇编的世界土壤图，图例符号所表示的信息包括主要的土壤单元，土壤组合成分的数字，质地级别的数字（1. 粗、2. 中、3. 细），土壤组合的坡度（a. 缓坡、b. 丘陵、c. 山地）等。例如，图例Ag1-3a，说明主要制图单元为潜育强淋溶土（Ag），主要组合土壤为网纹强淋溶土（1）质地细（3），所处坡度为a级，即水平到缓坡。土壤图例表示到哪一级制图单位，主要取决于土壤图比例尺的大小。

土壤复区图例一般采用分数式表示，分子表示复区中占优势的土壤种类，分母代表次要的土壤种类。例如，河漫滩由浅色草甸土、盐土和沼泽化的土壤组成的复区中，浅色草甸土（Ⅰ）占65%，盐土（Ⅲ）占25%，沼泽土（Ⅴ）占10%，用分数式表示为Ⅰ65／Ⅲ25+Ⅴ10。

用颜色表示的图例，颜色设计尽量要符合土体的本色，色调（hue）区别高级分类单元，纯度或彩度（chroma）表示低一级的单元。

（六）图画配置

一幅优秀的地图作品（包括单幅图、拼幅图、地图集）除了要有丰富的科学内容和富于表现力的图形设计外，还应有合理的幅面设计和图画配置，使制图区域、图幅的各辅助元素在图面上正确合理、各得其位。

1. 良好的图面配置总体效果　符号或图形的清晰与易读，要求线划清晰一致，色彩、尺寸易于辨别、区分，符号的形状不易混淆；整体图面视觉对比度适中，对比度过小和过强，均影响其视觉感受效果；图形与背景，突出表示专题内容的图形，处理好二者的关系；图形的视觉平衡效果，地图以整体形式出现，要求符号和图面配置相互协调；图面设计的层次结构合理，各种层次的组合可传达不同的信息。

2. 图面配置　图面配置包括：主图内容、图名、图例、比例尺、编图单位与时间的配置、专题内容与地理底图的关系、图廓的设计等。

（1）主图　主图是专题地图的主体，应占有突出位置和较大的图面空间，还应注意：增强主图区域的视觉对比度；主图的方向一般为上北下南，有经纬网表示的可不表示，没有经纬网，左右图廓为其南北方向，可标注指北针，若不能适当配置在图面内，可偏离正常南北方向，但必须指明。

（2）图名　图名的主要功能是为读图者提供地图的区域和主题信息，一般多位于图幅上方中央，以横排为主，不得已时竖排于图幅左上方。

（3）图例　图例集中放在一起，一般为一整体，图例中的符号、线划应绘画清楚，且与图内符号的大小、形状、颜色一致，图例压盖主图的部分应镂空。图例系统的排列以正确表示土壤分布规律和图幅内容清晰为前提，先排土壤单元及组合土壤单元，相同类别的放在一起，后排非土壤形成物，最后是土相。

（4）插图、附表　应尽可能在图面四周布置，插图和附表不宜过多，以免充塞图面而冲淡主题，且要配置得当。

（5）编绘时间、编绘单位等文字说明　一般在图幅的右下方或在外图廓的右下方。

（6）比例尺　一般在图名或图例的下方，形式可选直线、数字等，很小比例尺的土壤图，甚至可以省略。

（7）图廓　多以直线表示内外图廓，一般内细外粗，也可加上花边图案，以示美观，常有经纬度或直角坐标注记。

图面配置还应考虑地图的使用条件、经济效益等。

三、GIS 在土壤制图中的应用

GIS 的出现是信息技术及其应用发展到一定程度的必然产物。GIS 所能提供的应用具有"多来源、多层次、快速度、深加工、多时态、多形式、多精度"的特点。20 世纪中叶以来，数理方法在土壤学中的发展异军突起，引发了土壤学数字化和信息化革命，GIS 强大的空间信息和属性信息管理功能为土壤资源信息系统的建立提供了技术支撑。

（一）GIS 概述

1. GIS 概念　地理信息系统（geographical information system，GIS）。美国联邦数字地图协调委员会（FICCDC）的定义为："GIS 是由计算机硬件、软件和不同的方法组成的系统，该系统设计用来支持空间数据的采集、管理、处理、分析、建模和显示，以便解决复杂的规划和管理问题"。其概念框架见图 5-24。

根据这个定义及它的概念框架，可得出 GIS 的如下基本概念。

①GIS 的物理外壳是计算机化的技术系统。

②GIS 的对象是地理实体。

③GIS 的技术优势在于它的混合数据结构和有效的数据集成、独特的地理空间分析能力、快速的空间定位搜索和复杂的查询功能、强大的图形创造和可视化表达手段以及地理过程的演化模拟和空间决策支持功能等。

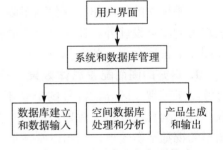

图 5-24　GIS 概念框架和构成

2. GIS 组成　GIS 一般包括 5 个主要部分：系统硬件、系统软件、空间数据、应用人员和应用模型（图 5-25）。

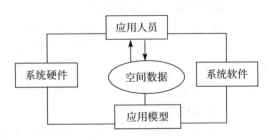

图 5-25　GIS 组成关系

（1）系统硬件　指的是各种硬件设备，是系统功能实现的物质基础。包括输入设备（如数字化、测图仪、扫描仪、遥感处理设备等）、数据存储处理设备（如计算机、硬盘、光盘等)、输出设备(如打印机、绘图仪、显示器等)和网络设备(如服务器、网络适配器、调制解调器等),其中计算机是硬件系统的核心,用作数据的处理、管理与计算。

(2) 系统软件 即支持数据采集、存储、加工、回答用户问题的计算机程序系统。按照其功能分为:GIS 专业软件、数据库软件、系统管理软件等,其层次结构见图 5-26。外层以内层软件为基础,共同完成用户指定的任务。①GIS 专业软件:包含了处理地理信息的各种高级功能,可作为其他应用系统建设的平台,代表产品有 ARC/INFO、MapInfo、MapGIS、GeoStar 等,是地理信息系统的核心;②数据库软件:除了在 GIS 专业软件中用于支持复杂空间数据的管理软件以外,还包括服务于以非空间属性数据为主的数据库系统,这类软件有 Oracle、Sybase、Informix、SQL Server、Ingress 等;③系统管理软件:主要指计算机操作系统,当今使用的有 MS-DOS、UNIX、Windows、Windows NT 和 VMS 等。

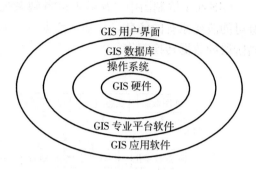

图 5-26 GIS 软件层次结构

(3) 空间数据 空间数据具体描述地理实体的空间特征、属性特征和时间特征,是地理信息的载体。空间数据是系统分析与处理的对象,构成系统的应用基础。根据图形表示形式,可抽象为点、线、面三类元素,数据表达可以采用矢量和栅格两种形式。

(4) 应用人员 GIS 服务的对象,分为一般用户和从事建立、维护、管理和更新的高级用户,他们的业务素质和专业知识是 GIS 工程及其应用成败的关键。

(5) 应用模型 构建专门的 GIS 应用模型,如土地利用适宜性模型、选址模型、洪水预测模型、森林增长模型、水土流失模型、最优化模型和影响模型等。应用模型是 GIS 与相关专业连接的纽带。

3. GIS 基本功能 由计算机技术与空间数据相结合而产生的 GIS 包含了处理信息的各种高级功能,但基本功能是数据的采集、管理、处理、分析和输出,如图 5-27。

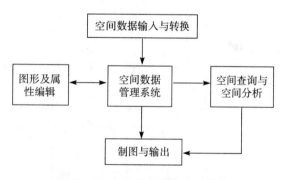

图 5-27 GIS 基础软件主要模块

(1) 数据采集与编辑 支持数字化仪手扶跟踪数字化、图形扫描及矢量化以及对图形和属性数据提供修改和更新等编辑操作。

(2) 数据存储与管理 如数据库定义,数据库的建立与维护,数据库操作,通讯功能等,能对大型的、分布式的、多用户数据库进行有效的存储检索和管理。

(3) 数据处理与变换 能转换各种标准的矢量格式和栅格格式数据,完成地图投影转换等。

(4) 数据查询与分析 包括拓扑空间查询、缓冲区分析、叠置分析、空间集合分析、地学分析、数字高程模型的建立、地形分析等。

(5) 数据显示与输出 提供各种专题地图制作,如行政区划图、土壤利用图、道路交通图、地形图、坡度图等。

(6) 其他功能 如报表生成、符号生成、汉字生成和图像显示等。

(二) GIS 在土壤制图中的应用

GIS 在土壤制图中，从数据准备到系统完成，内部必须经过各种数据转换，每个转换都有可能改变原有的信息，其基本数据流程见图 5-28。土壤制图的过程主要是完成流程中不同阶段的数据转换工作。

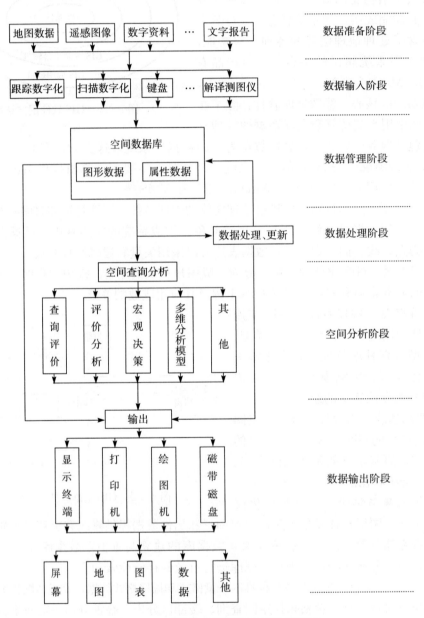

图 5-28 GIS 在土壤制图中的数据流程

1. 数据的采集与输入 数据的采集输入是建立土壤调查与制图的基础工作。没有数据的采集和输入，就不可能建立一个数据实体，更不可能进行数据的管理、分析和成果输出。数据选择要确保数据真实，除了一些不可避免或无法预料的原因外，输入的数据应力求准确，否则将会影响最终成果的分析和正确评价。通常，地理数据可分为空间数据和属性数据两种，因此数据的输入工作也可以包括空间数据的输入和属性数据的输入两类。

(1) 空间数据的输入　空间数据主要指图形实体数据。空间数据输入则是通过各种输入设备完成图数转化的过程，将图形信号离散成计算机所能识别和处理的数据信号。根据数据来源的不同，空间数据的采集可分为数字化输入、遥感数据获取和地面各类测量仪器（全站仪、GPS 接受仪等）的数据采集。

以纸质地形图等为底图，需要将纸质地形图扫描到计算机，然后通过 GIS 软件进行屏幕跟踪数字化各地形地物和专题要素，并输入各要素的属性数据；再通过 GIS 软件进行分析、制作土壤专题图。

以遥感图片（航片或卫片）为底图，遥感图片有纸质（像片）和电子数据不同种类。纸质的需要扫描到计算机，经过几何纠正或正射纠正，再进行屏幕跟踪数字化；电子数据的遥感图像，经过几何配准后，可以作为底图进行要素的提取并数字化，也可以进行遥感图像的计算机自动提取（如等值线的自动提取）、自动分类（监督分类或非监督分类），将不同地貌、地质类型与土壤的不同景观类型结合作为勾绘土壤图斑类型的重要参考依据。

以实测点位数据为基础的土壤图制作，则要将点位的 GPS 数据（经纬度、高程）、样点的野外剖面记载数据、室内分析理化数据等输入到计算机，对有限点位数据利用 GIS 软件进行空间内插估算整个区域的土壤性状，再对区域土壤进行分级分类（可以参考中国土壤系统分类的定量分类的方法）。

数字化（digitizing）主要指把传统的纸质或其他材料上的地图（模拟信号）转换为计算机可识别的图形数据（数字信号）的过程，以利于计算机的存储、分析和输出制图。由于目前我国大量基础或专题数据地图主要以纸质图件的形式表达和保存，所以数字化输入还是现阶段空间数据采集的主要手段。

目前，数字化输入的手段主要有键盘输入、手扶跟踪数字化、光学扫描仪的栅格扫描屏幕数字化。其中，键盘输入的方式主要是针对少量的点状数据或栅格数据的输入，目前在数字化工作中极少用；手扶跟踪数字化直接以矢量化形式获取地图坐标数据，绝大多数 GIS 和图形处理软件都带有利用数字化仪进行数字化的模块；扫描屏幕数字化是目前较流行的数字化方法，由于扫描屏幕数字化不受数字化仪设备的限制，可以进行大批量数字化工作的开展，同时相对于手扶跟踪数字化，其精度和速度均有明显提高。

(2) 非空间数据的输入　非空间数据有时称为特征编码或简单地称为属性，是那些需要在系统中处理的空间实体的特征数据。属性数据的输入可在程序的适当位置键入，但数据量较大时一般都与空间数据分开输入且分别存储。将属性数据首先键入一个顺序文件，经编辑、检查无误后转存数据库的相应文件或表格。就整个土壤调查制图与评价工作而言，属性数据的输入与分析显得尤为重要，它是土壤资源制图与评价的重要依据。属性数据库创建过程中，关键是要了解不同 GIS 软件的数据模型和有针对性地设计好属性数据库，以便于数据处理与分析、数据查询、维护与更新。

属性数据的建立与录入可独立于空间数据库和 GIS 系统，可以在 Excel、Access、dBASE、FoxBASE 或 FoxPro 下建立，最终以统一格式保存入库。属性数据库的内容既要包括室内分析的土壤理化性能指标，也要包括土壤调查野外记载的观测与调查数据资料，有时还要包括历史资料数据（如第二次全国土壤普查数据）。

（3）空间数据和非空间数据的连接　在数据编辑的基础上，确定空间数据和非空间属性数据连接的关键字段；然后将非空间属性输入到文件中，空间数据通过数字化或扫描矢量化后，再经检查、线和连接点、细化处理、变形纠正过程建立起多边形；最后将唯一的识别符加入到图形实体中，实现空间与非空间的连接，建立起多边形矢量数据库。

2. 数据的管理与处理

（1）统一数学基础　地理基础是地理信息数据表达格式与规范的重要组成部分。主要包括统一的地图投影系统、统一的地理坐标系统以及统一的地理编码系统。通过投影坐标、地理坐标、网格坐标对数据进行定位。各种来源的地理信息和数据在共同的地理基础上反映出它们的地理位置和地理关系特征。

（2）统一分类编码　数据的分类编码是对数据资料进行有效管理的重要依据。编码的主要目的是节省计算机内存空间和便于用户理解使用。把数据输入计算机建立 GIS，必须以明确的分类标志、统一的标准，对信息进行分类编码。分类编码应遵循科学性、系统性、实用性、统一性、完整性、可扩充性等原则，既要考虑信息本身属性，又要顾及信息之间的相互关系，保证分类代码稳定性和唯一性。数据分类编码的方法多种多样，如层次分类编码法、顺序分类编码法等。而编码表示方法即格式，通常有英文字母、数字或字母数字组合等。此外，还应该考虑文件编码。文件编码就是数据库的文件名，主要反映专题要素的意义，并符合操作系统的命令要求。

同时，数据分类与编码一定要考虑标准化问题，它关系到信息系统能否顺利地健康发展。所以，应尽可能采用标准化的分类、编码系统。在选择标准时，应优先选择国颁标准，然后是部颁标准，再次是行业标准。国家规范组建议信息分类体系采用宏观的全国分类系统与详细专业系统之间相递归的分类方案，即低一级的分类系统必须能归并和综合到高一级分类系统中去。

（3）数据质量的控制　空间和非空间数据输入时会产生一些误差，主要有：空间数据不完整或重复、空间数据位置不正确、空间数据变形、空间与非空间数据连接有误以及非空间数据不完整等。所以，在大多数情况下，当空间和非空间数据输入以后，必须经过检核，然后进行交互式编辑。

一般来说，交互式进行图形数据编辑须按如下步骤进行：

①利用系统的文件管理功能，将存在地图数据库中的图形数据（文件）装入内存；

②开窗显示图形数据，检查错误之处；

③数字化定位和编辑修改；

④若在编辑工作中出现误操作，可用系统提供的多级 Undo（后悔）功能，改正误操作；

⑤当所有编辑工作完成后，再利用系统的文件管理功能，将编辑好的图形数据存储到地图数据库中。对图形数据编辑是通过向系统发布编辑命令（多数是窗口菜单），用光标激活来完成的，编辑的对象是点元、线元以及面元，而每种图元又包含空间数据和非空间数据两类。

对属性数据的输入与编辑，一般是在属性数据处理模块中进行，但为了建立属性描述数据与几何图形的联系，通常需要在图形编辑系统中设计属性数据的编辑功能，主要是将一个实体的属性数据连接到相应的几何目标上，亦可在数字化及建立图形拓扑关系的同时或之后，对照一个几何目标直接输入属性数据。一个功能强的图形编辑系统可能提供删除、修改、拷贝属性等功能。

3. 数据的空间分析 空间分析是基于空间数据的分析技术，它以地学原理为依托，通过分析算法，从空间数据中获取有关地理对象的空间位置、空间分布、空间形态、空间形成和空间演变等信息。通过开发和应用适当的数据模型，用户可以使用 GIS 的空间分析功能来研究现实世界。由于模型中蕴涵着空间数据的潜在趋向，从而可能由此得到新的信息。GIS 提供一系列的空间分析工具，用户可以将它们组合成一个操作序列，从已有模型来求得一个新模型，而这个新模型就可能展现出数据集内部或数据集之间新的或未曾明确的关系，从而深化对现实世界的理解。

空间分析的主要内容有：属性数据的分析，如条件检索、统计分析、分类与合并；图形和属性的相互检索，如图元间关系检索、叠置分析、缓冲区分析、网络分析等。空间分析的成果往往表现为图件或报表，图件对于凸显地理关系是最好不过的，而报表则用于概括表格数据并记录计算结果。根据 GIS 空间分析处理，可以在土壤图的基础上制作其他各类土壤专题图件，如土壤有机质分布图、土壤碳分布图、土壤氮素分布图、土壤 pH 分布图、土壤有效含水量分布图、土壤质地图、土地评价图和土地改良利用分区图等。

4. 数据的输出 一般的 GIS 软件都具有很强的输出功能，具备计算机地图制图的各种工具，如符号库、注记等。用户通过该系统将数字地图数据信息转换为可视化、符号化的图形信息。输出系统有四种输出方式：纸质地图、电子地图、胶片以及各种标准格式的图形图像文件。

四、其他土壤专题图的编制

按全国第二次土壤普查技术规程的要求是"五图一书"及资料汇编。要完成的"五图"是土壤类型图、土壤养分图、土壤资源评级图、土地利用现状图、土壤改良利用分区图，这些图件都是在土壤图及有关资料的基础上编绘而成的。一般可以通过对区域资源与环境特征以及发展需求与资源利用要求的调查分析，选择有代表性的评价因子，根据评价标准，确定评价目标的适宜性和限制性，应用一定的数学模型进行分析评价，划分等级，从而获得专题内容的空间分布，目前多在 GIS 中实现。

（一）土壤资源评级图的编绘

土壤资源评级图是根据土壤肥力状况及其所处的环境条件（如地形、气候等），对土壤资源的生产力进行综合评价，使各种土壤资源的生产水平、生产潜力、障碍因素得到反映，为当地农业区划、土壤资源的开发和土壤改良提供依据。

土壤资源评级图的编制程序大体分 4 个步骤：

①确定评价单元，根据土壤评价单元所提出的评价项目和指标，在 GIS 中以土壤图为基础，勾画界线，形成评价图斑。

②以评价图斑为单位，分别评等、定级。

③以最小行政统计单位为单元，将评级表所列等级（Ⅰ、Ⅱ、Ⅲ、…）按编号逐个标记于评价图斑上，并将彼此相邻、等级相同的评价单元图斑归纳合并，勾绘等级界线，形成草图。

④经野外校核后，进行室内修改和清绘。图上用符号标出类、等、级（型），一般用英文大写字母表示类，罗马数字表示等，英文小写字母表示级（型）标在等的右上角。

土壤评级图图例见表 5-9。

表 5-9 土壤评级图图例

土壤等级	颜 色	面积（hm²）	所占比例（%）	备 注

（二）土壤养分图的编制

土壤养分图是在土壤图的基础上，采集耕层混合土样，分析养分含量，根据各种养分含量的级别，编制而成的专题图件。

1. 编制程序

（1）标图 以野外填写的取样点位图为底图，分别标记各项养分的原始数据，具体反映各点养分实际状况和点面关系，并参照土壤图、土地利用现状图进行综合分析。

（2）设计养分分级方案 根据养分分级原则，结合调查区域的实际情况，制订土壤养分分级标准。应多设计几种分级方案或草图，进行比较，最后选用最能反映区域性规律的方案，作为成图分级标准。

（3）勾绘图斑 按制图要求，样点土壤类型和土壤肥力等级是勾绘图斑的主要依据。参照土壤界线，将相邻的、相同等级的样点连片，并成图斑，标上等级，制成草图。对在采样中忽略的局部地段，可根据土壤、母质和景观的显著差异现象，根据其他地段的统计资料，进行推断制图。这是编制中、小比例尺图幅时的重要手段。

（4）修正草图 将养分草图与地貌图、土壤图、土地利用现状图、土壤肥力等级图、施肥水平图、产量水平图等互相印证，比较分析，检查是否互相协调，是否符合区域性规律，然后进行必要的修改与调整，编制成图。

（5）编制图例 图例是图幅内容的简介。一般土壤养分图图例包括制图单元代号、级别、划分标准、面积、所占比例、必要的说明等内容（表 5-10）。

表 5-10 土壤养分图图例

养分等级	图 例	土壤中养分含量（mg/kg）	土壤养分丰缺	施肥必要性	全区所占面积

土壤养分等级图制成后，可以参照各地肥料试验结果，划分养分丰缺标准，不同的养分等级可以用颜色或晕线加以区别。并按行政区，统计各种养分等级所占的面积。这对制订肥料区划和调配化肥计划十分有用。

（6）整饰图件 包括着色，边框整饰，书写图标、图签等内容。着色需经设色比较，要求色泽清晰、协调，能反映要素的量级差异。通常在单色图中，有机质图用棕色、全氮图用粉红色、速效磷图用蓝色、有效钾图用黄色，然后根据饱和度的不同，区分等级。组合图斑按其主要成分着色。土壤养分图清绘整饰技术与土壤图相同。

2. 点位标记养分图 成图方法是将土壤养分含量等级，甚至养分含量的实测值直接标记在采样点位上。这种方法多在林区、牧区应用，一般一个样点可代表0.07万～0.13万hm²，甚至0.27万～0.33万hm²土地面积，是编绘县以上行政区中、小比例尺养分图常用的方法。点位法多半用土种剖面耕层土样测定值编图。其优点是养分的分布有准确定位、定量的特点，对长期定位观察土壤养分变化有价值，而且土样少、工作量小，制图简单。缺点是图的内容比较粗略，没有面的概念，不能反映养分含量变化的规律性。点位法一般在采样点少的情况下使用。制图的步骤和方法如下：①以同比例尺的土壤图作底图，准确注记各采样点的位置和编号。②整理各点位的土壤养分含量测定值，确定养分含量等级和代号。③以不同大小或不同颜色的圆点（或其他形状的图形）代表单项养分的不同含量等级，准确画在各自采土点位上，有时也可将该点位养分实测值注记在点位上。④点位的密度及其控制范围应符合要求，农区密度应大些，非农区可小些，注意点位分布的均匀性及其与土壤类型、肥力水平的吻合性。

3. 单项养分图斑图 这种养分图是以图斑形式反映单项养分的含量等级和分布状况。每一图斑内代表着同一等级的养分含量，要求有多点的养分测定值，才能准确地划出图斑界线。养分图的精度主要取决于样点密度及其分布的均匀度，样点越多，精度越高，但工作量也越大。以土壤图为基础进行采样，可以明显减少工作量。因此在勾绘图斑界线时，土壤图、地貌图、土地利用现状图、地力等级图、生产水平图等都是重要的参考图件。

单项养分图斑图是养分调查中最为常见的一类图件（图5-29）。

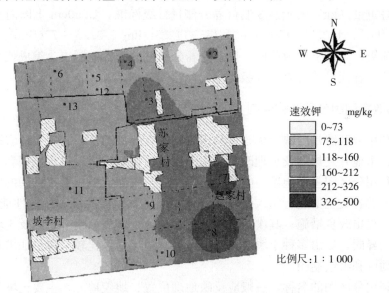

图5-29 土壤速效钾含量分布图

4. 综合养分图 前面所述的单项养分图具有直观性强、简单易读的特点，但是看不出土壤养分全貌和养分之间的关系，难以对土壤养分进行综合评价。综合养分图则是多元素综合编制在一起的养分图，可以全面综合反映多元素养分现状与比例关系，揭示缺素特点与养分失调问题。综合养分图选用的要素一般不超过3项，一般在北方地区不缺钾，则侧重于氮、磷，也可以以有机质和速效磷作为综合制图要素；南方地区则氮、磷、钾并重。地块养分调查后，往往以综合养分图予以反映。绘制步骤如下：①以地块为单元，逐块进行编号，并整理登记各地块养分含量测定值，养分等级代号。②确定综合养分等级，根据当地实际，综合各养分要素的比例关系。如黑土地区，将氮、磷比值（N/P_2O_5）以小于5、5～10、大于 15 三个比例范围分别代表相对缺氮、氮磷相当和相对缺磷三种级别，并分别以 1、2、3 表示。山西省根据小麦研究所做的试验，划分三个级别：N/P_2O_5 为 2～3 表示磷相对丰富，施磷无效，施氮效果显著，可增产 30%～50%；N/P_2O_5 为 4～8，氮、磷肥配合可大幅度增产；N/P_2O_5 大于 10，表示氮丰富，单施氮效果不显著，施磷效果显著。也可以结合当地情况，以氮、钾（N/K）比作为分级要素。③以地块为底图，将综合评价等级用代号代入图中。④将养分综合评级代号相同的地块，用相同的颜色或线划图式上图连片，编绘成综合养分图斑草图，然后按常规方法进行清绘、整饰。图例除注明各地块的养分含量、等级外，还应指出各等级土壤面积、比例、供肥特点和丰产施肥应该注意事项等问题。

5. 养分储量图 上述养分图均是以耕层的养分资料为依据制图的，它只反映土壤耕层的养分状况。但是，由于作物根系吸收养分不只限于耕作层，而且土壤养分的剖面分布又与土体构型关系密切，因而利用土壤剖面化验资料编绘养分储量图，有助于深入了解调查区的土壤养分状况。养分储量调查工作量大，只有与土壤调查配合，结合剖面观测才有可能完成。养分储量图常用于全量养分，如有机质、全氮、全磷、全钾等制图，并多以单项养分图编图方法成图。编制步骤如下：①确定编图的土体厚度，一般多编绘 50cm 或 100cm 土体厚度的储量图。②以土种为单位，统计各发生层次的厚度、容重、比重和养分含量的平均值，并分层统计每种养分的储量和所定深度内的养分总储量，一般以每 $0.067hm^2$ 一定土层厚度内的某种养分总重量（kg）表示。③制订养分储量分级标准，如 50cm 土体内土壤有机质储量按大于 $150t/hm^2$、$112.5～150t/hm^2$、$75～112.5t/hm^2$、$37.5～75t/hm^2$、小于 $37.5t/hm^2$ 标准划分 5 级。④以土种为单位，按上述养分储量分级标准制表，编成代号，然后以土壤图为底图，依土种代号填写养分分级代号，勾绘图斑。

（三）土壤改良利用分区图的编制

土壤改良利用分区图是反映土壤改良利用方向的专业性图件，它是制订农田基本建设规划、农业区划、土地开发规划及合理改良利用土壤资源规划的重要科学依据和基础图件。

土壤改良利用分区图是在土壤图的基础上编绘的，首先应根据调查访问的资料和分析结果，对调查地区的各类土壤进行深入研究和评比，确定其肥力状况、生产性能和存在问题，明确利用方向，提出改良措施；其次，按照地貌类型、土壤类型组合，以及土壤利用改良方向、改良措施的异同，提出多种土壤改良分区方案；最后通过比较、讨论征求意见，选定最佳方案，进行划区和编绘制图。

土壤改良利用分区图的名称，一般应反映地理位置、地貌单元、主要土壤类型、改良利用方向及改良措施。图上不同改良利用区，用不同颜色或图案加以区别，亚区或小区可用不同符号表示。土壤改良利用分区图的图幅内容和图例设计，应包括专业要素、地理要素及整饰要素三方面内容。专业要素包括分区界线、代号、图例、土壤组合、改良利用方向及措施、面积等。地理要素与分区图的整饰技术同土壤图。土壤改良利用分区图图例见表 5-11。

表 5-11 土壤改良利用分区图图例

颜色（代号）	区名及亚区	土壤类型组合	主要生产问题、改良利用方向措施	面积（hm^2）	占总面积（%）

(四) 土地利用现状图的绘制

土地利用现状图主要是反映调查区域各类土地资源的利用现状、特点及其分布规律，为农业生产规划、合理利用土地提供资料和依据。土地利用现状图的编制程序如下：

1. 搜集资料 土地利用现状图是利用地形图及有关资料和实地调查相结合的方法编制的。因此，要搜集最新测绘的地形图，了解各地的土地利用现状，如能搜集到最新拍摄的航片资料，则所反映的土地利用现状就更加真实。同时要收集有关的调查材料、统计数字及文字说明。根据这些资料，就可进一步划分土地利用类型，最好是收集由最近航片转绘成的底图，作为编绘土地利用现状图的底图或者用高分辨率的卫星遥感影像作为底图。

2. 土地利用类型的划分 划分土地利用类型是绘制土地利用图的基础，分类详尽的程度取决于地图比例尺的大小。土地利用类型划分标准依据《土地利用现状分类》（GB/T 21010—2007），采用一级、二级两个层次的分类体系，共分12个一级类、57个二级类。各地根据当地的具体情况，可在全国统一的一、二级分类基础上，根据从属关系续分三级类，并进行编码排列，但不能打乱全国统一的编码排序及其所代表的地类及含义。

3. 编图方法 根据分类系统，设计好图例。由于土地利用分类系统是多级的，图例要按分类系统中最低一级设计，但可以根据制图比例尺的不同，上图的单元允许用分类系统中的不同等级。土地利用图的编制，多采用把不同的土地利用类型用轮廓线勾绘出来，然后用颜色或晕线，符号或数字加以区别。在编绘草图时，$0.4 cm^2$ 的图斑都要绘出，不足 $0.4 cm^2$ 的利用类型，可以用符号注明。草图编好后，要量算各类用地面积及其所占百分比，统计数字放在图例中。土地利用图的清绘与装饰技术同土壤图。一般土地利用现状图有统一的图式规定，其表示方法要按土地利用类型图式的规定进行作业。

在图面配置和整饰设计时，要合理配置图名、图廓线、各类土地面积表、图例、比例尺、编图单位和时间等，使图面美观。一般在土地利用图形轮廓线外侧要注记相邻的县或乡（镇）的名称，图名一般配置在图幅的上方中央，也可以在左上方或右上方，但不宜配置在中间或下方，字的大小一般为图幅长的 $1/15 \sim 1/20$。图签（编图单位和时间）要配置在右下方，图例配置在右下方或左下方，视图形而定。要求使图面整体匀称、清晰、美观。

思 考 题

1. 土壤分类单元与土壤制图单元有何联系与区别？
2. 土壤草图有哪些内容？
3. 土壤图最小上图面积是如何规定的？
4. 大比例尺土壤草图测绘中，土壤界线是如何确定的？
5. 如何利用遥感技术确定土壤界线？

第六章 土壤调查成果的整理与总结

土壤调查的野外工作结束后随即转入室内资料整理与总结阶段。这阶段的主要任务是检查、审核和整理野外调查访问的资料，野外草图的拼接，选择分析样品和确定分析项目，编制各种图件和编写调查报告等。室内资料整理与总结阶段是土壤调查中的重要环节，其目的是将准备阶段和野外及室内工作阶段所获得的信息，进一步吸收、消化、提炼与深化，最终提供成果。因此，它既是土壤调查从感性到理性的深化阶段，又是出成果的阶段。

第一节 原始资料的审核

一、土壤标本和野外记录的审核

野外调查时采集的土壤比样标本、分析标本、整段标本以及不同目的的所需测试的水样标本等，在处理前首先要检查标本的标签是否遗失或发生差错，标本是否完整，若存在问题，应及时修正或采取补救办法，而后将土样立即风干，以防污染、霉烂。采集的水样，如不能及时分析，应密封保存或采取防止变质的处理。

结合比样标本的整理，审查野外剖面记载表，检查野外记载是否符合调查规范的要求，并在同样光线条件下，细心地观察标本的颜色和形态特征，修正和补充土壤剖面记录，使记录结果准确无误。审查后的记载表要依次编号、分类装订成册。

此外，对野外调查访问所获得的各种资料，如调查地区历年的农业发展情况、施肥量、各种肥料比例、土地利用现状统计、改土培肥措施以及群众识土、评土经验等都要加以归纳和整理，并将各种资料转变成规范化的语言，以便输入计算机存储。

二、土壤草图的审核

土壤草图的审核是在野外资料和野外工作分类系统修正之后进行的，其内容包括土壤界线、草图内容的审查与修正和拼图。

土壤草图审核的具体内容，详见第五章第四节土壤图的编制。

三、比土评土和制订土壤分类系统

土壤调查开始时采用的土壤分类系统，主要是在研究过去的调查资料和进行路线概查的基础上制订的，因此是不够完备的暂拟的"土壤工作分类系统"。野外调查工作结束后，经过外业考察，并对大量野外调查资料的审查、整理和土样分析化验，必然会取得许多新的认识，发现许多新的问题。于是就有必要和可能对原来的土壤分类系统加以补充修正，增减、修正某些土壤类型，修正某些诊断指标及诊断层，修订土壤分类系统等。

修正土壤分类系统一般是从低级分类单元开始的，其方法是通过比土、评土。具体做法是把调查采集的比样标本按照暂拟的分类系统全部摆开，对照剖面记载表及分析化验结果，并参照野外调查、获得的群众访问资料，对每一土壤类型的形成条件、成土过程、土体构型、理化特性、诊断特征、生产情况、肥力水平、存在的生产问题及改良利用途径，进行认真的讨论与评比。根据土壤剖面和各诊断指标及特征来确定各种土壤的归属及在分类系统中的位置，消除同土异名和同名异土，确定制图单位系统和土壤分类系统。同时通过评土、比土，能够使野外资料和分析结果同群众生产经验结合起来，充实调查内容，加深对土壤类型分布、特性和生产问题的认识，为编写调查报告及成果应用奠定基础。

第二节 组织土样化验

野外调查阶段新拟定的土壤分类系统和制图单元，必须由室内分析提供准确的数据加以确定。同时，室内分析还要测定土壤养分，确定土壤障碍因子，为土壤肥力综合评价、土壤改良利用规划和科学种田提供必要的基础资料，是土壤调查与制图中必不可少的基础工作。因此，必须要组织好土样的化验工作。

一、分析土样的选择

选择分析样本是一项十分重要的工作。样本挑选恰当与否，不仅涉及化验结果的实用价值，而且直接关系到调查地区土壤分类和肥力状况鉴定的准确性，也会影响到能否正确地制订土壤改良措施。因此，选送土壤分析样本必须慎重，既要充分考虑分析的必要性与可能性，又要注意样品的代表性与典型性。为此分析样本的选择应掌握以下原则：

（一）主剖面作诊断分析

鉴定土壤发生学特性的样品，应根据土壤图的剖面分布位置和野外剖面性状记载，选择代表性的样品，同时又要选择发育环境稳定、剖面层次发育完整的典型剖面作分析样品。

（二）土壤分布规律

按断面线选择若干系列样品，进行分析，以便掌握土壤的发育规律，这在地形起伏变化较大的地区尤为重要。

（三）参照以往的调查资料

对于过去研究较多，已有详细分析资料，或对于需研究问题已经比较明确的土类，可适当减少剖面样本的数量。若以往研究很少，或野外调查发现有特殊意义的，可适当增加分析样品数。

(四) 适当考虑土壤的分布面积和复杂程度

在选择剖面样本时，应保证每一种土壤都有供分析的典型剖面。如果土类分布面积很大，多次重复出现的土壤类型，应在几个典型地区选择同一土壤类型数个剖面进行分析，使每个剖面样本能控制一定的面积，还要考虑到样点分布的均匀性。对面积很小，分布零散且问题比较复杂的土类，也应酌情增加剖面样本的数量。

(五) 根据研究目的，确定分析样品的数量和层次

如鉴定发生学特征，应分析全剖面的各个发生层次，如诊断肥力状况，一般只需分析耕作层和犁底层即可。对于测定土壤肥力状况的农化样本，采集数量要多。野外调查所采集的农化样本，除个别有问题或代表性较差，应予以剔除外，全部送化验室分析。

二、分析项目的确定

土壤理化性质分析是土壤调查制图工作的重要组成部分，是确定土壤类型、评价土壤肥力和制订土壤改良利用规划的依据。分析项目的确定主要考虑以下 4 个因素：

1. 分析的目的　土壤样品的分析目的一般分为两大类，一类是为确定土壤类型而进行的分析，另一类是为确定土壤肥力状况而进行的分析。当然两者之间并没有截然分开的界线，有些项目，常常是兼而有之。总之，分析项目不能千篇一律，要有针对性。

2. 地域特点　我国土壤分布范围广，变异性大，地区之间有其特殊性，在分析项目上也会有所反映。例如，对石灰性土壤就不必测定交换性阳离子、交换性和水解性酸；对酸性土壤需测得交换性酸，而不必测碳酸钙含量；水稻土需测得氧化还原电位等。

3. 研究的深度和广度　由于承担的任务不同，对问题需要了解的深度和广度不同，分析项目也有所区别。如为了研究土壤发育，可能需要详细研究活性氧化铁、游离氧化铁和络合态铁的含量。

4. 考虑对比性　即我们需要进行相同土类或相同亚类、土属间的对比，应选择相同的分析项目。

根据不同的分析目的，土壤分析常有的项目如下。

(一) 土壤肥力鉴定

土壤肥力鉴定是为确定土壤肥力状况和编制土壤养分图而进行的分析，一般包括土壤养分的含量、土壤的物理性状及保肥指标。具体项目如下：
①测定土壤有机质、全氮、碱解氮、全钾、全磷、速效磷、速效钾；
②测定土壤水分、结构、机械组成、容重及沉降容重、胀缩性和可塑性；
③测定土壤的阳离子交换量、盐基交换量、pH。

(二) 土壤发生分类的鉴定

这类分析是为确定土壤分类系统和制图单元提供充分依据，使土壤分类向数量化和定量化方向发展。一般包括：

①进行土壤矿物全量分析,测定土壤胶体的硅、铁、铝的含量;
②鉴定土壤黏土矿物的类型及组成;
③土壤腐殖质类型;
④主要诊断层和诊断特性的定量指标项目的测定;
⑤土壤微形态观测。

(三) 土壤特殊问题的鉴定

这类分析是针对特殊的土壤分类和制图单元而进行的。这些土壤类型除了上面的(二)中所列项目外,还应根据不同的土壤类型选取不同的分析项目。主要是盐碱土、酸性土、沼泽土和水稻土,另外还有为研究土壤微量元素和土壤环境质量而进行的污染元素含量状况的分析。主要包括以下项目:

①盐土测定氯盐含量、氯根、硫酸根、碳酸根、重碳酸根及钙、镁、钾、钠4种离子的含量;
②碱化土壤要测定交换性钠和盐基交换量;
③酸性土壤要测定活性酸、水解酸、代换酸和活性铝;
④沼泽化土壤要测定还原性铁、锰、硫化氢等;
⑤水稻土研究主要测定土壤中氧化铁的游离度、晶化度、活化度;
⑥测定土壤中的微量营养元素及某些重金属元素,作为土壤背景值及施肥的参考。

分析样本和分析项目确定之后,主要按照我国《土壤基层分类理化分析项目和方法》一书,并参考国际有关标准,选择分析方法,编制出理化分析结果代号检索;然后填写详细的分析计划表,内容包括土样编号、土壤名称、采样层次、分析项目、分析方法;最后将分析计划表与分析样品一并送分析室化验。

三、分析资料的审查和登记

(一) 分析数据的审查

由于样品的预处理、分析方法的不完善,操作错误及污染的干扰,常常会使分析结果产生一定的误差。因此,分析数据在整理、应用之前,首先要进行认真审查。

1. 检查比较分析数据与调查结果 检查内容:机械分析结果与野外手测质地是否相符,代换量与土壤的组成成分是否一致,pH 与野外测定是否吻合等。如果出现矛盾,应认真研究,找出原因。若是野外调查的错误,应修正调查记载;若属分析误差,应另选样本作补充分析,予以校正。

2. 有关分析数据的相关性检查 利用同一个土样的不同分析项目的相关规律性进行检查。例如 CO_3^{2-} 与 pH 的关系,腐殖质与含氮的关系,全盐量与各类含盐量的关系等。如发现有 CO_3^{2-} 含量高的土壤而 pH 较低,或者腐殖质含量低而含氮量却高,或者各类全盐量超过含盐量等分析化验的误差,必须找出原因予以排除,或重新分析加以改正。

(二) 分析数据的归类登记

分析数据审查后,按其内容分别填入"土壤农化样化验结果统计表"、"土壤剖面样化验结果统计表"、"主要剖面含量分析结果记载表"及有关表格,以便进行整理与统计。

第三节 调查与分析资料的整理

一、资料整理的数理统计技术

(一) 若干特征值的计算

常用的特征值有平均数、中位数、众数、几何均数、极差、方差与标准差、变异系数等。在土壤调查数据整理与分析方面,可以考虑采用下列方法:层次分析法(AHP法)、回归分析法、聚类分析法、多元分析法、模糊数学方法等。

1. 平均数 $\overline{X} = \dfrac{1}{n}\sum\limits_{i=1}^{n} X_i$。

样本平均数是最常用的表明数据集中位置的数值,反映数据的平均水平。

2. 中位数 将样本数值由小到大排列后,居中间位置的数据值就是中位数 Me。

当样本数 n 为奇数,$Me = $ 第 $\dfrac{n+1}{2}$ 个数据值;

当样本数 n 为偶数,$Me = \dfrac{1}{2}\left[第\dfrac{n}{2}个数据值 + 第\left(\dfrac{n}{2}+1\right)\right]$ 个数据值。

3. 众数 数据中出现频数最多的那个值,以 M 表示。

4. 几何平均数 $G = \sqrt[n]{X_1 \cdot X_2 \cdots X_n}$,实际运算时,则用 $\lg G = \dfrac{1}{n}\sum\limits_{i=1}^{n}\lg X_i$。

查 $\lg G$ 的反对数,即为 n 个样本数据的几何均数。

5. 极差 样本数据中的最大值与最小值之差,$R = X_{\max} - X_{\min}$。

6. 方差与标准差 方差 $S^2 = \dfrac{1}{n-1}\sum\limits_{i=1}^{n}(X_i - \overline{X})^2$,在实际计算中,则用 $S^2 = \left[\sum X_i^2 - \dfrac{(\sum X_i)^2}{n}\right]/(n-1)$。

方差的平方根称为样本标准差,即

$$S = \sqrt{\left[\sum X_i^2 - \dfrac{(\sum X_i)^2}{n}\right]/(n-1)}$$

有时要计算样本的几何标准差,则将数据取对数后计算标准差的反对数

$$S_g = \operatorname{antilg}\sqrt{\left[\sum (\lg X_i)^2 - \dfrac{(\sum \lg X_i)^2}{n}\right]/(n-1)}$$

7. 变异系数 $CV = \dfrac{S}{\overline{X}} \times 100\%$

样本变异系数表明数据分布的相对离散程度。

(二) 聚类分析法

1. 方法原理 聚类分析法是数理统计多元统计中研究"物以类聚"的一种方法。它根

据变量（诊断指标）的属性和特征的相似性或亲疏程度，用数学方法把它们逐步地分型划类，最后得到一个能反映构成对象各因素之间、因素与评价结果之间亲疏的客观的分类系统。

2. 应用技术

（1）相似系数　描述构成对象物法指标之间相似程度的一种指标。

①夹角余弦（$\cos\theta$）。

$$\cos\theta_{ij} = \frac{\sum_{k=1}^{m} X_{ik} \cdot X_{jk}}{\sum_{k=1}^{m} X_{ik}^2 \cdot \sum_{k=1}^{m} X_{jk}^2}$$

式中：i、j 代表两个地点（或两个样本）；k 代表第 k 个特征值或指标。$\cos\theta_{ij}$ 也称为相似系数，如把两地点之间相似系数都求出来，便可排成一个相似系数矩阵。

$$\boldsymbol{\theta} = \begin{Bmatrix} \cos\theta_{11} & \cos\theta_{12} & \cdots & \cos\theta_{1n} \\ \cos\theta_{21} & \cos\theta_{22} & \cdots & \cos\theta_{2n} \\ \cdots & \cdots & \cdots & \cdots \\ \cos\theta_{n1} & \cos\theta_{n2} & \cdots & \cos\theta_{nn} \end{Bmatrix}$$

其中 $\cos\theta_{11} = \cos\theta_{22} = \cdots = \cos\theta_{nn} = 1$，这个矩阵是实对称性阵。因此，只需计算出其上三角阵或下三角阵即可。在此基础上可按相似系数的大小分类，其余可归属于另外一些类别。

②相关系数（r）：为了衡量要素（变量）或指标之间的亲疏关系，常用相关系数（r_{ij}）作为分类统计量，计算公式为

$$r_{ij} = \frac{\sum_{k=1}^{n}(X_{ik} - \overline{X})(X_{jk} - \overline{X}_j)}{\sqrt{\sum_{k=1}^{n}(X_{ik} - \overline{X})^2 \cdot \sum_{k=1}^{n}(X_{ik} - \overline{X})^2}}$$

在数据标准化情况下的相关系数与夹角余弦 $\cos\theta$ 等价。用相关系数公式计算出来的任意两两变量的相关系数，可构成 $m \times m$ 阶的相关阵 $\boldsymbol{R}$。

$$\boldsymbol{R} = \begin{Bmatrix} r_{11} & r_{12} & \cdots & r_{1m} \\ r_{21} & r_{22} & \cdots & r_{2m} \\ \cdots & \cdots & \cdots & \cdots \\ r_{m1} & r_{m2} & \cdots & r_{mm} \end{Bmatrix}$$

相关阵也是一个实对称阵，主对角线上的元素均为 1，因此也只需计算出其上三角阵或下三角阵即可。相关系数的取值范围在 $-1 \leqslant r_{ij} \leqslant +1$ 之间，故相关系数越接近 1，则说明变量 i 与 j 之间的相似性越大，也就是相关程度越密切。

（2）距离系数　常用的一种就是欧氏距离（d）。

$$d_{ij} = \sqrt{\sum_{k=1}^{m}(X_{ik} - X_{jk})^2}$$

式中：X_{ik} 是第 i 个点第 k 个指标的值；X_{jk} 是 j 个点第 k 个指标的值；i 和 j 为两个样本在 m 维空间中的任意两个点；$k = 1、2、3、\cdots、m$ 是指标个数。由此式计算出来的 d_{ij} 值越

小，两个点之间的相似程度就越大；反之，则相似程度就越小。有时为消除 m 对 d_{ij} 的影响，将上式除以 m，则公式改为

$$d_{ij} = \sqrt{\frac{1}{m}\sum_{k=1}^{m}(X_{ik}-X_{jk})^2}$$

（三）多元分析法

1. 方法原理　将聚类分析和判别分析结合进行。

2. 应用技术

（1）统计聚类　与欧氏距相同。

（2）判别分析

（3）推求判别函数

①计算平均数之差。

②计算各类（组）离均差平方和、离均差和及两类之和。

层次分析法（AHP法）、回归分析法、模糊数学方法等参见土壤资源评价。

（四）数理技术应用举例

李天杰等于1979年对河北栾城县21个褐土剖面进行模糊聚类分析，所得结果与常规分类基本吻合（表6-1）。

表6-1　土壤发生分类与模糊聚类分析对比

土壤发生分类	模糊聚类分析（方法3）
1 黄土（1、2、3）	1 黄土（3）
2 红黄土（4）	2 红黄土（4）
3 砂黄土（21）	3 砂黄土（21）
4 暗黄土（5）	4 暗黄土（5）
5 灰黄土（6、7、8、9、10、11、12、13）	5 灰黄土（6）（9）（15）（1、8、17）
6 底黑夹灰黄土（14）	6 底黑夹灰黄土（10、14）
7 底姜灰黄土（15、16、17、18、19、20）	7 底姜灰黄土（2、7、11、18、12、13、20）
	8 姜灰黄土（16）

杨建海等用模糊聚类方法，对33个褐土样本的3个定性指标、6个定量指标进行了原始数据标准化处理，用模糊等价矩阵进行分类，将33个样本分成聚类图谱（图6-1）和模糊聚类分析结果图（图6-2）。

新疆土壤普查中将44个盐土剖面资料，按总盐量、总碱度、Cl^-、SO_4^{2-} 和 Cl^-/SO_4^{2-} 的比值等5个项目作为变量指标，采用盐土主成分分析方法，计算出各变量的分类界线指标，总值 > 1.2% 为盐土，< 1.2% 为盐化土壤。而土属划分视 Cl^-/SO_4^{2-} 的比值而定，比值 < 1.0 为 SO_4^{2-} 型，1.0～1.5 为 $Cl^- - SO_4^{2-}$ 型，1.5～1.7 为 $SO_4^{2-} - Cl^-$ 型，> 1.7 时为 Cl^- 型。以此来检验8个未知土类，结果与实际情况吻合，而且更加准确。

土壤的调查资料和分析数据经过整理统计之后，便可获得各分类级别土壤特性的量化指

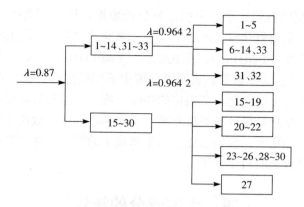

图6-1 33个样本模糊聚类谱（图中数字为样本序号）

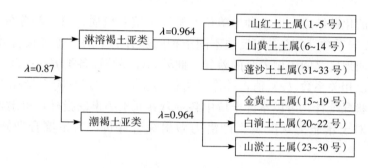

图6-2 模糊聚类分析结果归纳图

标，借以对土壤分类系统作进一步的补充、修正，使分类系统更加准确和完善。土壤分类系统确定之后，即可编制分类检索表。土壤分类检索主要是根据土壤发生、发育过程中所产生的土壤剖面、诊断层或诊断特性的数量指标来编制，这样便可把各种土壤类型区分开来。

二、土壤剖面形态统计

土壤剖面形态统计，主要是对不同土壤类型反映在剖面上的发生特性、肥力特征的统计。即从土壤发生角度出发，针对土壤发生特性、肥力特征及其在分类上有诊断意义的土层特征进行统计。具体方法是，根据已确定的分类系统，结合土壤的分布位置、成土母质等因素，对剖面加以分组排列。以组为单位，综述土壤形态特征，统计土壤与地形、成土母质、水文和水文地质条件的关系，找出土壤发生、演变特性及分布等的规律性，弄清分类特征的稳定性及变异性，找出土壤分类上的数量标准，实现土壤分类指标的标准化和数量化。同时，从分析资料中统计各土层的养分含量及变化规律，弄清土壤质地层次的排列状况，确定土壤的肥力特征，为合理开发、利用和保护土壤资源提供科学依据。土壤剖面形态统计的项目，因地区、土壤类型和不同的分类级别，可有差别，但对于每一类土壤最重要的特征和存在问题，应是统计表上的主要内容。

三、土壤中地球化学物质数据的整理

根据全量分析结果，计算土壤中不同层次的硅铝率、硅铝铁率；根据机械组成分析结果计算 A 层、B 层与 C 层的黏粒比率；根据盐分分析数据，计算各类盐分离子的比率；根据无定形氧化铁（Fex）、游离氧化铁（Fed）、络合态氧化铁（Fep）及土壤全铁量（Fet），计算土壤中氧化铁的游离度（Fed/Fet）、晶化度［(Fed-Feox)/Fed］、活化度（Feox/Fed）及络合度（Fep/Fed）等。这些数据，表明了土壤中不同层次硅、铁、铝的含量及黏粒部分的硅铝率的大小，可确定土壤灰化及富铝化的强度；按发生层黏粒含量及比率，可确定土壤黏化作用的强弱；按土壤总盐量及各类盐分离子的比率，可确定盐渍土的种类；根据土壤中不同层次铁的活化度、晶化度，鉴别水成土和半水成土的发育。这些数据均可为土壤分类提供量化指标，提高土壤分类的科学水平。

四、土壤养分的统计

根据农化样的化验结果，以土种为单位，统计土壤有机质、氮、钾养分含量的平均值、标准差（S）和变异系数（CV），以反映不同土种间养分的丰缺。也可按行政区域统计各类养分含量，以说明地区之间土壤养分的差异。此外，还要统计各类养分之间、养分和产量之间的相关性，求出相关系数（r）值，并作显著性检验，以判别影响产量和土壤肥力的主要因子。通过养分状况统计，可以掌握土壤中各种营养元素的丰缺指标，得出各类土壤养分的供给能力，进而对土壤肥力状况及生产潜力做出综合评价，为土壤合理施肥和管理提供依据。

第四节　土壤图的整理

土壤图以图形的方式反映自然界土壤空间分布的形式和面积比例关系，因而制图中应遵循以下 3 个原则：

①运用发生学观点，将土壤分布规律，特别是受地貌条件影响形成的中域分布规律，反映在图斑结构及图斑组合中；

②注重成图质量，特别是精度要求，以利于评价和统计土壤资源；

③为便于生产应用，制图单元不仅有各级分类单元，还可以包含一些非土壤形成物和需要表示的相。

一、土壤图集的统一设计

由于农业生产是综合性的问题，以及生产对土壤的要求是多方面的，因此在土壤调查以后，往往就要求在土壤图的基础上，结合一些特殊的生产要求，绘制一些"衍生"图幅，如土壤改良图、土壤资源评级图、土壤各种性质图等，因而形成了一个土壤图集。在绘制以土壤图为基础的土壤图集中一般应注意以下几点：

①应根据成图比例尺的要求，设计一个统一的成图底图。在此统一底图的基础上添加各专业图的内容。在这个底图上要求以浅的颜色表示一些稀疏的计曲等高线和一些重要的地物，一方面不影响各专业图突出各自的专业内容，另一方面又有一定的地物和地形作参考，以便于图的使用与检查。

②各专业图之间要有明确的分工和统筹的安排,使这个图集能形成反映土壤肥力和生态特征的各个方面的一个总体图集。在这方面一定要避免图幅过多的现象。有些图幅内容可以在结合而又不致形成图面负担过重的情况下,应当尽量有机的结合表示。有些次要图幅可以取消,或以小比例尺作附图表示于主图图框外。如果专业图幅过多,不但在成图上造成浪费,在使用上也造成困难。

有关土壤图的绘制及土壤图的编制具体见第五章。

二、土壤图面积的量测

土壤图面积的量测是在经过转绘后的土壤底图（作者原图）上,采用方格法、仪器法或电子扫描等方法,量算求得各级行政区内的各类土壤分布面积。

面积量算最基本的原理是运用几何学原理或微积分原理计算面积。根据运用的工具及基础数据资料,存在着多种量算方法。这些方法的实用条件、操作过程以及成果精度也就存在着一定的差别。从土壤调查的要求看,常用的方法主要有解析法、图解法、方格法、网点板法、求积仪法、光电测积仪法和计算机量算面积法等。上述量算方法的选用往往不是单一的,为了确保量算精度,常需同时选取若干种方法结合使用。这里重点介绍方格法、网点板法、求积仪法和计算机量算面积法。

(一) 土壤图面积的量测方法

1. 网板法 网板法是利用简单的格网、点网或线网式工具在图上进行面积量算的方法。

(1) **方格法** 是利用绘有边长为 1mm（或 2mm）正方形网格的透明片或者透明纸,蒙盖于被量测的土壤底图之上,数出图形范围内的整方格及破格数（各破格可凑成若干整格数）。由于纸（片）上所有方格边长相等,面积一样,因而只要将被量测图形线内含有的小方格数乘以每个小方格代表的实地面积,便可测算出图斑的面积。

(2) **网点板法** 以等距分布 (1mm 或 2mm) 有小点的透明膜片为工具,运用与方格法相同的方法量算面积,所不同的是方格法通过查格数的办法来计算,而网点板法主要通过查点数的办法来实现。

网点板量算面积主要依据的是格点多边形面积公式,由于网点板有落点几率的影响,因而实际图形并不是严格的格点多边形。网点板法计算对于大多数图形仍属近似计算,在精度上低于方格法。

2. 求积仪法 求积仪是一种专供图上手工操作量测面积的仪器。应用求积仪进行量测,具有快速、简便、精度较高的优点,且仪器体积小便于携带,能适应土地利用现状调查及其他面积量测工作的需要。

由于求积仪可以用来量测界线不规则的图形,因而其适应性广,是目前世界各国普遍采用的面积量测仪器。求积仪有若干种,主要有机械求积仪和数字求积仪两类。

3. 计算机量算面积法 计算机量算面积是通过数字化办法将地物形状转换成计算机能够识别的数据信息,然后经过对信息的计算、平差等得到所需的面积。在矢量格式下,面状地物以其轮廓边界弧段构成的多边形表示。对于没有空洞的简单多边形,假设有 n 个顶点,其面积计算公式一般使用辛普森公式:

$$A = \frac{1}{2}\left|\sum_{i=1}^{n}x_i(y_{i+1}-y_{i-1})\right| \quad \begin{array}{l} y_0=y_n \\ y_{n+1}=y_1 \end{array}$$

其中 A 为图斑面积；(x_i, y_i) ($i=1、2、\cdots、n$) 为图斑在 X-Y 坐标系中边界顺次相邻接的坐标点。所采用的是几何交叉处理方法，即沿多边形的每个顶点作垂直于 X 轴的垂线，然后计算每条边与它的两条垂线及这两条垂线所截得 X 轴部分所包围的梯形面积，所求出的面积的代数和，即为多边形面积。对于有孔或内岛的多边形，可分别计算外多边形与内岛面积，其差值为原多边形面积。

在实际工作中，使用辛普森公式量测图斑面积有两种情况。一种是用手扶数字化仪从图件上直接采点逐个量算图件各图斑面积；另一种是根据空间数据库中坐标链文件坐标数据以及拓扑数据，量测指定图斑编号的图斑面积。

矢量格式下图斑面积量测的误差来源：辛普森公式本身对图斑面积量测不带来任何误差，而误差来源于数据源与采点操作以及采点仪器。

对于栅格结构，多边形面积计算就是统计具有相同属性值的格网数目。由于每个网格实际覆盖的地面面积是固定的，因而将网格覆盖地面面积值乘以统计出来的该指定地块的网格数就是该地块的实际面积。从原理上讲，这种方法与测量学中的膜片法没有本质的不同。但对计算破碎多边形的面积有些特殊，可能需要计算某一个特定多边形的面积，必须进行再分类，将每个多边形进行分割赋给单独的属性值，之后再进行统计。

目前应用的相关软件为各种 GIS 软件，一般使用手扶跟踪数字化和扫描矢量化两种方法将图形信息输入计算机，GIS 软件自动显示各图斑标识号、面积、周长等信息。

(二) 面积量算的原则

土地面积量算的基本原则是以《高斯投影图廓坐标表》中查取的图幅理论面积为基本控制，分幅进行量算；选用适当方法，重复进行测算，严格限制误差，按面积的比例平差；最后按行政单位级别自下而上逐级汇总土壤类型面积。面积量算无论采用什么方法，都必须重复两次，其误差在允许范围时，取两次量算的平均值。

(三) 土壤面积量算的基本程序

土地面积量算总的程序是分幅由总体到局部进行控制量算、平差，然后按行政单位自下而上逐级统计汇总。具体量算可区分为控制面积量算、碎部（图斑、线状地物等）面积量算及汇总统计 3 个部分，依次进行。

第五节 土壤资源评价

土壤资源评价是土壤资源调查研究的重要内容，也是土壤管理的一项基础工作。土壤资源评价是以土壤类型为研究对象，以土壤属性为主，综合环境和生产条件等，评定土壤质量，即评定农、林、牧业利用的适宜性和限制性、生产潜力和利用措施。通过土壤资源评价，鉴定其质量等级、面积、分布及造成分异的原因，揭示利用上存在的主要问题及改良途径，为合理开发利用土壤资源及开展各种土地规划和土壤资源的分类管理提供依据。

一、土壤资源评价的内容、原则与依据

（一）土壤资源评价的内容

主要包括：①土壤类型和土壤的环境条件；②土壤在一定条件下发展农、林、牧业的适宜程度；③反应土壤质量的生产潜力的大小；④土壤的障碍因素，如障碍土层、砾石含量、侵蚀程度、盐碱、积水与干旱，等等。

（二）土壤资源评价的分类

土壤资源评价是在土壤调查制图的基础上，应用室内分析数字、田间实验材料统计资料，进行综合评比，确定各类土壤质量等级，编绘出土壤资源等级图。由于对土壤评价的目的不同，可以划分区域评价和类型评价。

1. 土壤资源区域评价 评价目的是将全区土壤类型，按农、林、牧业利用途径加以区别归纳，农、林、牧业用地的标准，主要依据土壤类型及其环境条件（表6-2）。

表6-2 黑龙江省土壤资源农林牧用地划分

项目		农用地				牧用地			林用地	
自然因素	地形	缓坡	漫岗	平原		谷地	高平原		山地	
	坡度	5°～8°	3°～5°	3°～10°		洼地			>78°	
	地下水埋深		50～100cm			平坦	1°～2°		>100cm	
							<50cm			
	植被类型	五花草塘	草甸草原	疏林草甸	灌丛草甸	盐生草甸	沼泽	干草原	盐生草甸	针叶林	针阔混交林	疏林灌丛
土壤类型	荒地	黑土	黑钙土	白浆土	草甸土	盐土	沼泽土	栗钙土	碱土	灰色针叶林土	暗棕土	火山灰土
	耕地	黑土黑黄土	火性黑土	白浆土	黑黏土黑油砂土	盐土碱土	—	栗砂土	—	—	—

表6-2是根据5个条件，选出各种用地。但必须指出，这种评价土壤资源的条件，在不同的地区是不同的。这样评出的各类用地，其质量等级还要分别评定。

2. 土壤资源类型评价 土壤资源类型评价是以农、林、牧业用地中的土壤类型为单元，根据土壤性质、土壤环境条件、多年平均的生物生产量，来评定该土壤单元的质量等级。评价采用的项目与标准也各不相同。例如，黑龙江省农用地质量评价采用环境因素、养分因素、生物因素等12个项目作为评价项目；选用土壤温度、土壤水分、土壤质地、有效土层厚度、有机质、全N、全P、C/N、水解N/全N、速效P/全P作为评价指标，分别对各指标数值进行等级划分，赋予分值，确定权重，选用一定的评价模型，可以得到各种农耕地的土壤生产力指数和，依据生产力指数和从而划分出农用地等级。但是，所采用的评价项目和指数的阈值限额都带有主观性，评价方法和模型也很多，土壤资源评价的方法还有待进一步研究。

（三）土壤资源评价的原则与依据

1. 土壤生产力高低评价　这是评价的核心内容。一般以耕地的农作物产量、林地的林分生长量、草地产草量（载畜量）等作为土壤当前生产力的综合指标，也要对土壤资源类型的形成、演变与特性进行综合分析，并对经过调整和采取高科技措施以后的生产潜力做出评价。

2. 土壤资源对农、林、牧业生产的适宜性评价　这里要特别注意土壤资源潜在的适宜性及其长远利用的后果，要求使经济效益、生态效益和社会效益相互协调，并且以生态效益为基础进行评价。

3. 土壤资源对农、林、牧业生产的限制因素及强度评价　要求在全面分析土壤资源自然要素之间的相互联系、相互制约的基础上，找出影响土壤资源自然生产力的主导限制因素，分析研究改造限制因素的可能性及应采取的措施，并预测其改变后的生产潜力。

4. 综合分析与主导因素相结合的评价原则　即在多因素分析的基础上抓住对土壤资源的利用起主要限制作用的几个因素进行评价。

（四）评价单元的划分

在进行土壤资源评价之前，先要确定土壤资源评价的评价单元。土壤资源评价的评价单元是土壤资源评价的最小单位，反映着一定空间和实体，在图上则反映为一定的图斑。土壤评价的最终结果就是由评价单元反映出来的。

评价单元的划分，与土壤资源评价工作量的大小、调查的深度和成果应用有关。划分的评价单元，要求能客观反映出土壤质量在一定空间的差异性，而且同一评价单元的基本属性应具有一致性。我国目前常用的划分评价单元的方法有 4 种：

①采用土壤分类的某一基层单位，如县级耕地采用土种，林、牧地采用土属等。

②采用土地类型结合土地利用现状。

③采用自然地块。

④利用土壤图或土地类型图叠置到土地利用现状底图上，以最终形成的图斑作为评价单元。

（五）土壤资源评价系统

土壤资源评价其实质是将各种土壤按其性质特点和在利用上的质量高低，重新排列组合成不同等级，一般将这类多层次等级系统称为评价系统。国内外关于土壤评价的系统和层次划分尚无统一规定。但在基层土壤资源评价中，近年来国内一般多采用类、等、级（或型）3 个层次。

1. 类　"类"是多年实践的土壤利用类型，反映最有利于土壤生产力发挥和提高的适宜利用方式或类型。可依照土壤对于农、林、牧业的适宜情况划分为宜农类、宜牧类和宜林类，也可进一步划分为旱地、水田、园地、林地及牧地等，商品菜集中产区还可划分出菜地类。这种划分不仅反映了土地的利用现状，而且能从宏观层次上反映土壤对农、林、牧业的适宜性、限制性及生产力水平，即土壤质量等级的差异。

2. 等 "等"是土壤质量综合评价的核心部分,它反映的是在同一利用方式类别下土壤各种属性因素及环境条件对土地现状利用方式或类型的适宜程度和生产力的高低,亦即土壤质量的高低。同一等内土壤的适宜性、限制性及生产力大致相同。等的划分一般根据土壤及环境的主要限制因素的综合限制程度来划分,侧重比较稳定的自然属性,如土壤及环境的水分状况、盐分状况,以及与水分状况密切相关的土壤通气导热状况,还有与土壤物理机械性能和缺陷有关的扎根条件和机械侵蚀等,调整作物类型、布局、组合。主要解决土壤的利用方向和途径,即利用方式和类型问题。一般可根据实际情况划分为四等或五等,分别用罗马数字Ⅰ、Ⅱ、Ⅲ、Ⅳ、Ⅴ表示。

3. 级（或型） "级"（或型）是土壤评价的辅助单元,反映同一等内土壤对其主要利用方式的适应性和生产潜力的差异。一般根据土壤肥力（主要是养分）、生物因素及生产力水平的差异在等内划分,或者根据土壤及环境条件的主导限制因素类型和改良利用特点划分。一般可分为干旱型、渍涝型、风蚀型、沙质型、黏质型、石质型、盐碱型、薄层型及污染型等,分别用小写英文字母表示。

二、土壤资源评价项目（评价因素）的确定

(一) 评价项目选定的原则

土壤资源评价项目的选定是土壤质量鉴定的直接依据,正确选定评价项目是土壤评价最重要、最基本、最核心的工作,因为它影响评价结果的客观性和准确性。一般应注意下列原则:

1. 体现地域性,注意因地制宜 由于土壤的差异性,自然环境条件和经济条件的差异性,评价项目和标准不能划一,需要在评价项目上反映出评价区的土壤特征,以及环境和社会经济特点。

2. 具有针对性,项目和标准依目的而定 由于土地利用类型多样,不同生产对象对土壤及环境条件的要求也有所不同,土壤的适宜性自然也不能用同一尺度衡量,因此其评价的项目也应按不同的利用方式来选取。

3. 选取相对稳定因素 以使评价结果相对稳定,便于较长期地使用。

4. 实现定量评价 一般尽量选择可度量或可测定的特征,且评价项目不宜过多,以免杂乱及综合定级困难。

5. 充分利用现有资料 土壤资源评价一般是在土壤调查的基础上进行的,因而寻找所需评价项目与现有资料的连接点、尽量利用现有资料,对选择确定评价项目是至关重要的。

一般而言,评价地区面积愈小,制图比例尺愈大,以土壤低级分类单元作为评价对象时,评价项目中土壤因素所占比重应该愈大;反之,环境因素则应占主要地位。所谓土壤资源评价与土地资源评价之间的区别亦在于此,即取决于用作评价的多数因素的性质。

(二) 评价指标的选取

评价指标一般应从土壤属性、自然环境因素、社会经济技术条件因素3个方面来选择。

1. 土壤属性 土壤属性包括有效土层厚度、耕层厚度、障碍土层深度、土体构型、土壤质地、石砾含量、岩石裸露程度、母质类型、土壤有机质、土壤养分、土壤酸度及土壤水温状况等。

2. 自然环境因素 主要有气候因素、地形地貌和水文因素。气候因素如温度、光照、降雨量、干燥度、无霜期、干旱季节及强度等；地形地貌如坡度、坡向、海拔高度、相对高度等；水文因素如地下水埋深和地下水矿化度。

值得注意的是自然环境因素与土壤属性之间，自然环境的各要素之间，往往存在着很高的相关性，因而一些评价项目可以相互替代，这一点极为有用。例如，地形起伏高低与地貌部位，与地下水的埋深和矿化度关系密切。

3. 社会经济技术条件 包括区位，农、林、牧业的单位面积产量和产值、投入产出比、生产方式及条件，人土比、劳土比，农业年收入及其所占比重等。

产量是在现状利用下土壤生产力的表现。但是，由于产量可分为自然产量和经济产量，而经济产量又是由多种人为影响的经济因素（施肥、种子）构成的，掩盖了土壤属性和生产力，因而很少单纯用农作物产量来评价土壤资源；林地木材蓄积量和牧地产草量受人为因素影响较少，故可作为土壤自然生产力的评价依据。一般来讲，产量在反映利用水平上是极其重要的指标，在有的评价中还可以将其作为检验土壤综合评价指标是否正确的指标。

三、土壤资源评价方法

（一）分等法和评分法

目前，土壤资源评价的方法可以归纳为两类，即分等法和评分法。

1. 分等法 又称归类法，是对土壤质量进行定性评价的方法。专家和有经验的干部、群众依据评价的目的和对象，通过讨论、评议，首先选定参评项目，然后逐项逐个进行分析、归类，确定单元等级。再将参评项目逐项排队，选出主导因素，根据其对土壤资源生产力的影响程度，确定权重。当确定等级时，往往以关键项目的大多数等级归纳为每个评价单元的等级，或者以平均数确定等级。

分等法以土壤等级直接评价土壤资源质量。数据处理简单，易于掌握，若评价者的知识和经验丰富，对各类土壤资源可以做出比较准确的评价。缺点是它们属于一种定性的评价，缺少定量化指标，容易产生片面论断。如果能与指标化、数量化评价相结合，将会使评价效果更好。

2. 评分法 又称为数值法或参数法，是定量评价方法。其评价过程大致有以下几个步骤：

①确定评价项目的权重 W_i；
②将评价项目分等赋值 D_i；
③计算每一评价单元的每一评价项目的评价指数 $W_i \cdot P_i$（称为评分值或等级值）；
④计算综合评价指数；
⑤根据每一评价单元的综合评价指数，分类、分等。

评分法的主要优点在于：在一定程度上能消除或减少评价者的主观性，但又必须承认，这是以参评项目的选择是否正确、鉴定指标是否适当为前提的。

（二）权重的确定

参评项目给予评价对象的贡献是不一样的，有的可能极为重要，有的影响较小，处于次要的地位。这种影响的大小就是权重。确定土壤资源评价中各评价因素权重的定量方法有多种，此处介绍比较常用到的专家打分法、回归分析法、层次分析法和主因子分析法 4 种。

1. 专家打分法 根据调查资料，广泛吸收有经验的专家、技术人员参加，由专家根据经验，对每一因素的重要性（权重）进行主观判断，按照各评价因素对土壤资源影响的大小或比例，将各个因素排列次序并给予适当的分数，综合多位专家的评分确定各评价因素的权重，谓之专家打分法。

在土壤资源评价中会遇到大量定性描述的因素，为提高工作的精度，保证成果的可靠性，有必要将定性因素定量化，专家打分可以解决类似的问题。一般用特尔斐测定法。

特尔斐测定法有以下 4 个特点：

（1）特尔斐测定法综合的是多个专家意见 应用此法选择的专家要求权威性较高，代表面广泛。在专家的人数上，一般要求 20～50 人，有时还可能高达 100 人。

（2）特尔斐测定法要求独立判断 也就是说要各自填表，不许面对面讨论。这主要是因为，一方面避免专家级别相同，意见相持不下；另一方面避免专家中有权威，其他专家得服从的现象。

（3）特尔斐测定法的统计分析 它可以利用统计方法对大量非技术性的无法定量分析的因素作出概率估算。首先是将定性评估结果进行量化，最常用的方法是将各种等级打上分，然后求出各种评估意见的概率分布，由均值来代表最有可能发生的事件的概率，用方差表示不同意见的分散程度。

（4）特尔斐测定法存在信息反馈和再征询的过程 将征询意见经统计处理，得出专家总体的评估结果的分布，将这些信息反馈给专家。专家根据总体意见的倾向和分散程度，修改自己的评估意见。这样的过程可以反复进行二、三次，使分散的评估意见逐次收敛，最后集中在协调一致的评估结果上。

2. 回归分析法 回归分析法是把一定范围内土壤评价项目与生产力之间的关系，近似地描述为具有线性相关关系（或统计关系）的函数，并建立线性回归模型。如

$$Y = b_0 + b_1 X_1 + b_2 X_2 + \cdots + b_m X_m$$

式中：Y 为因变量，在此表示土壤资源的生产力，一般用基本产量，单位为 kg/hm^2；X_1、X_2、$\cdots$、X_m 是自变量，在此为参评因素；b_0 为回归常数项；b_1、b_2、b_3、$\cdots$、b_i、$\cdots$、b_m 为回归系数，表示自变量每增加一个单位时因变量的增长量。

基本产量是指去掉对产量影响大的非土地自然因素（如施肥、品种、机耕、管理等）后的产量。基本产量的计算方法是：先用施肥量（或其他非土地自然因素）—产量曲线求得单位投肥的增长量，然后从产量中扣除肥料施用量所对应的产量增长量，则可近似地求得土地基本产量。

选作自变量 X 的数值，一般通过抽样调查取得。将基本产量与评价项目值一一对应，建立多元回归方程，经逐步回归分析，剔除非显著性影响因素之后，如果相关关系显著，即可选择出参与评价的因素，并采用下式计算出参评因素的权重：

$$p_i = b_i' / \sum b_i'$$

式中：p_i 为参评因素 i 的权重；b_i' 为参评因素 i 的标准偏回归系数。求得回归系数 b_i，然后通过检验，确认 b_i 的显著性，然后计算出标准回归系数的 b_i' 后即可以计算权重。

3. 主成分分析法 主成分分析法是把一些错综复杂的成分，归结为数量较少的几个综合成分的一种多元统计方法。这些综合因素称为原来因素的主要成分，每个主成分都是原来多个因素的线性组合。通过适当的调整线性函数的系数，既可使主成分之间相互独立，舍去重叠的信息，又能起降维的作用，便于做出比较直观的分析判断，主因子的权重则根据特征值的积累贡献率来确定。当缺乏大量观测资料，计算土地基本产量比较困难的情况下，可以应用主成分分析法确定评价项目的权重。

方法原理：主要通过建立假设为 $n \times m$ 的数据矩阵来实施。如

$$\mathbf{Z} = (Z_{ij}) = \begin{bmatrix} Z_{11} & Z_{12} & \cdots & Z_{1m} \\ Z_{21} & Z_{22} & \cdots & Z_{2m} \\ \cdots & \cdots & \cdots & \cdots \\ Z_{n1} & Z_{n2} & \cdots & Z_{nm} \end{bmatrix}$$

式中：$i = 1、2、\cdots、n$ 为单元号；$j = i = 1、2、\cdots、m$ 为因素号。

求解程序包括数据标准化处理、求相关矩阵 R 的特征值及特征向量、确定主因子的权重及主因子与变量（因素）的相关系数等程序。

4. 层次分析法（简称 AHP 法） 层次分析法是系统分析中经常使用的一种方法。20 世纪 70 年代初由美国著名运筹学家，匹兹堡大学教授 T. L. Saaty 提出。这种方法特别适用于处理多目标、多层次的系统问题和难于完全用定量方法来分析与决策的系统工程中的复杂问题，它可以将人们的主观判断用定量形式来表达和处理，是一种定量与定性相结合的分析方法。其基本步骤是要比较若干因素对同一目标的影响，从而确定它们在目标中所占的比重。因此，在土壤资源评价中应用层次分析法确定各因子的权重是合适与可行的。

层次分析法是将多层次、多准则的复杂问题分解为各个组成因素，将这些因素按支配关系分组形成有序的递阶层次结构，通过两两比较的方式，确定层次中各因素的相对重要性，再加以综合以决定参评因素的相对重要性顺序，也就是权重。

下面结合具体实例说明此方法。

（1）建立层次结构 将土壤资源质量等级作为目标层（G 层），把影响土壤资源质量等级的土壤特性、环境因素和社会经济条件作为准则层（C 层），再把影响准则层中各元素的因素作为指标层（A 层），建立的层次结构模型（图 6-3）。

这里选出了 10 个因素，具体的评价因素及层次结构模型见图 6-4。

（2）确定判断矩阵 邀请专家，根据农业生产实际，对各指标进行相对重要性的比较评价，将结果采用"1~9 及其倒数标度法"（表 6-3）进行数量化，得到每一层次因素两两比较的判断矩阵。

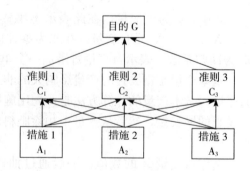

图 6-3 层次结构图

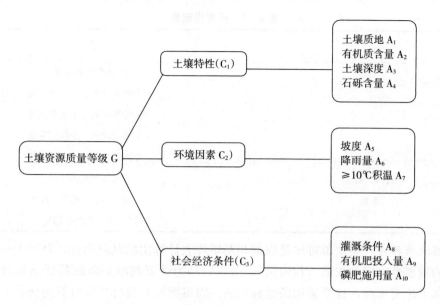

图 6-4 土壤质量评价的层次结构模型

G	C_1	C_2	C_3
C_1	1	2	2
C_2	1/2	1	1
C_3	1/2	1	1

同理，可得指标层 A 对于标准层 C 的判断矩阵：

C_1	A_1	A_2	A_3	A_4
A_1	1	3	2	3
A_2	1/3	1	1/2	1
A_3	1/2	2	1	2
A_4	1/3	1	1/2	1

C_2	A_5	A_6	A_7
A_5	1	2	2
A_6	1/2	1	1
A_7	1/2	1	1

C_3	A_8	A_9	A_{10}
A_8	1	1	3
A_9	1	1	3
A_{10}	1/3	1/3	1

表 6-3 标度说明表

标度	含义
1	两因素同等重要
3	一个因素比另一个稍微重要
5	一个因素比另一个明显重要
7	一个因素比另一个强烈重要
9	一个因素比另一个极端重要
2、4、6、8	两相邻判断的中值
倒数	元素 i 与 j 比较得 b_{ij}，则 j 与 i 相比得 $1/b_{ij}$

(3) **层次单排序** 层次单排序是根据判断矩阵表计算出的基础指标，对于上一层次某个元素而言的重要性次序的权值（权向量），可以归结为计算判断矩阵的特征值和特征向量的问题。具体求法有多种，这里采用的是和积法。以准则层对目标层的计算为例：

①将各元素按列作归一化处理，从而得到另一矩阵 Q。

$$Q = \begin{bmatrix} 1/2 & 1/2 & 1/2 \\ 1/4 & 1/4 & 1/4 \\ 1/4 & 1/4 & 1/4 \end{bmatrix}$$

其中

$$q_{ij} = \frac{b_{ij}}{\sum_{i=1}^{n} b_{ij}}$$

②将 Q 中各行元素分别相加得：$\beta_1 = 3/2, \beta_2 = 3/4, \beta_3 = 3/4$。

③将 $\beta = (3/2, 3/4, 3/4)^T$ 作归一化处理，$\alpha = (0.500, 0.250, 0.250)^T$ 即为所求的特征向量。

式中：

$$\alpha_i = \beta_i / \sum_{i=1}^{n} \beta_i$$

④求 $\lambda_{\max}$

$$B_\alpha = \begin{bmatrix} 1 & 2 & 2 \\ 1/2 & 1 & 1 \\ 1/2 & 1 & 1 \end{bmatrix} \begin{bmatrix} 0.500 \\ 0.250 \\ 0.250 \end{bmatrix} = \begin{bmatrix} 1.50 \\ 0.750 \\ 0.750 \end{bmatrix}$$

则

$$\lambda_{\max} = \frac{1}{m} \sum_{i=1}^{m} (B_\alpha)_i / \alpha_i = 3$$

同样，可以求出其余判断矩阵的特征向量和特征根。

(4) **权重结果的一致性检验** 在确定判断矩阵时，虽然采用了专家的意见，但由于参评人员多少的影响，土壤的复杂性、指标关系的不清晰性，不可能做到每一判断都准确无误，不可能完全符合客观实际、具有完全的一致性。所以根据矩阵理论，当完全一致时，最大特征根 $\lambda_{max} = n$（n 为矩阵阶数）；当具有满意的一致性时，$\lambda_{max} > n$；其余的特征根近于 0。因而，在具体应用中，一致性指示 $CI = \dfrac{\lambda_{max} - y}{n-1}$ 要求 $\leqslant 0.1$，而随机性一致性比值 $CR = \dfrac{CI}{RI}$ 也要求 $\leqslant 0.1$，被认为所确定的判断矩阵一致性较好，接近客观实际，可以被接受（表 6-4）。

上述 $CI = 0 < 0.1$，$CR = 0 < 0.1$ 具有满意的一致性。

表 6-4 随机一致性系数值表

矩阵阶数	1	2	3	4	5	6	7	8	9	10
RI	0.00	0.00	0.58	0.90	1.12	1.24	1.32	1.41	1.45	1.48
矩阵阶数	11	12	13	14	15	16	17	18	19	20
RI	1.52	1.55	1.57	1.59	1.61	1.62	1.64	1.65	1.67	1.68

（5）层次总排序和一致性检验　多层排序实际上就是根据各层次的单排序进行加权综合以计算同一层次元素对于上一层次的相对重要性而言的权重。多层次排序可一层一层向上进行，直至最高的层次。

根据前面的计算，土壤特性判断矩阵的特征向量为 $(0.428, 0.133, 0.306, 0.133)^T$，$\lambda_{max} = 4.046$，$CI = 0.015 < 0.1$，$RI = 0.9$，$CR = 0.0017 < 0.1$。

环境因素判断矩阵的特征向量为 $(0.500, 0.250, 0.250)^T$，$\lambda_{max} = 3$，$CI = 0 < 0.1$，$RI = 0.58$，$CR = 0 < 0.1$。

社会经济条件的判断矩阵的特征向量为 $(0.429, 0.429, 0.143)^T$，$\lambda_{max} = 3$，$CI = 0 < 0.1$，$RI = 0.58$，$CR = 0 < 0.1$。

据此计算综合权重 $W = \alpha_i \cdot W_i$（表 6-5）。

表 6-5 综合权重

	C_1	C_2	C_3	总排序
A	0.500	0.250	0.250	权重 W_i
A_1	0.428			0.214
A_2	0.133			0.067
A_3	0.306			0.153
A_4	0.133			0.067
A_5		0.500		0.125
A_6		0.250		0.063
A_7		0.250		0.063
A_8			0.429	0.107
A_9			0.429	0.107
A_{10}			0.143	0.036

$$CI = \sum_{i=1}^{n} \alpha_i \cdot CI_i = \dfrac{6}{12} \times 0.015 + \dfrac{3}{12} \times 0 + \dfrac{3}{12} \times 0 = 0.00075 < 0.1,$$

$$RI = \sum_{i=1}^{n} \alpha_i \cdot RI_i = \frac{6}{12} \times 0.9 + \frac{3}{12} \times 0.58 + \frac{3}{12} \times 0.58 = 0.74,$$

$$CR = \frac{CI}{RI} = 0.001\ 0 < 0.1$$

（三）评价指标的制定

评价指标是指各评价项目的内容在数量上的变化，反映其质量上的差异，或适宜性、限制性的级别。评价指标是评价土壤的具体依据，应尽量做到数量化、标准化。在制订评价指标时，可以采用以下4种方法：

1. 引用已有资料的分级标准 充分利用已有调查资料，包括土壤调查、水文、地貌、气候调查资料，是完成土壤资源评价工作的关键。已有资料的分级标准自然而然地被引入到土壤资源评价工作中，但还需要根据实际，将有些级别合并，若要将标准进一步细分，则会加大工作量。已有调查资料可引用的指标很多，如土壤养分含量分级、坡度分级、土体厚度分级等。

2. 将定性指标转化为定量指标 这在定量评价中是一项必需的工作。一类是将定性指标转化为布尔型指标，如灌水条件的有和无，这里仅有0和1两个值；另一类是将定性指标通过编码转化为有序或无序数列。这类项目比较多，如土壤类型、地貌类型、地表岩性、母质类型、黏土矿物类型等，根据不同类型对土地利用适宜程度的差异用指数来表示，可以是等差级数，也可以根据实际制订不等差级数。

3. 根据相关曲线，划分指标范围 对已有田间试验资料的评价指标，可以作评价指标与作物产量的相关曲线，根据曲线特征，划分评价要素分级指标值范围，可以避免主观随意性。对于缺乏试验资料的地区，也可以根据长期生产经验和邻近地区的试验资料确定。

从曲线类型上划分，可分为两类：一类是生长指数型曲线，即在一定范围内，要素的增长与作物产量成正相关，而低于或超过这个范围，要素的变化对土壤生产力影响很小。属于这类评价要素的有土层或耕层厚度，障碍层出现深度，有机质与氮、磷、钾含量等。需要先确定要素对作物的最佳值和最低值，即两个拐点，两个拐点之间的数值按一定斜率的线性函数处理，两个拐点之外的数值取恒一指数值。另一类是抛物线形曲线。即要素对作物的生长均有一个最佳适宜范围，在此范围之外，偏离程度越大，对作物的影响越不利。属于此类评价要素的有土壤水分含量、地下水位、pH、容重、黏粒含量、微量元素含量等。处理此类评价要素需要先确定要素对作物生长的最佳适宜区间，并赋予最大指数值，对该区间以外的数值按差值比例递减（图6-5）。

4. 利用模糊数学中的隶属函数 模糊数学是一种处理模糊信息的理想数学工具。它是将需要研究

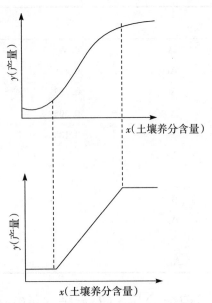

图6-5 生长指数型曲线示意图

的一系列现象作为论域（即讨论的范围），并将论域中一部分相互联系的因素称为集合，采用模糊数学方法对论域中各元素进行处理，就可把缺乏明确数量性状的模糊概念用数值表示出来，利用此数值便可对讨论的事物进行评价。如我们可以将"土层薄"、"土层厚"、"土层非常厚"这些非数量化的性状，利用模糊数学这一工具转化为数值。

精确数学是建立在集合论的基础上的，根据集合论的要求，论域 μ 中任意指定一个元素 μ 及任意一个集合 A。在 μ 与 A 之间，要么 μ 属于 A，要么 μ 不属于 A，二者必居其一。如果用特征函数表示即为：

$$X_A(u) = \begin{cases} 1 & u \in A \\ 0 & u \notin A \end{cases}$$

而模糊数学就是建立在模糊集合的基础上的，这样的集合可用下列隶属函数来表示：

$$\mu \underset{\sim}{A}(u) \in [0, 1]$$

式中：$\underset{\sim}{A}$ 为模糊集，$\mu \underset{\sim}{A}(u)$ 为在 $[0, 1]$ 区间上的一个数，称之为 u 对 $\underset{\sim}{A}$ 的隶属度。

在以前的单因素评价中，常常会发生这样的情况，如按有效土层≥50cm 属于第一级，则 49cm 就应属于第二级，而实际上有效土层 50cm 和 49cm 之间相差没有那么明显。这是由于我们划分级别时将原来性状的连续性人为地变成了间断性状，使评价有脱离实际的可能。运用模糊数学方法就可以充分考虑事物原有性状的连续性，使评价更为准确。从一级到二级有一中介过渡过程，如果有效土层 50cm 以上定为一级，则有效土层 49cm 属于一级的有效程度有所减弱（假设为 0.9），有效土层 48cm 属于一级的程度比 49cm 还小（假设为 0.8），这种属于某一级的程度称为隶属度，这是 0~1 之间的数，越接近于 1，隶属于某一级的程度越大。这样，每给一个元素一定的数值就对应一个隶属度，我们把这种对应关系称为隶属函数。

模糊数学中首先要确定中心概念，然后判断其隶属程度，以隶属程度表示各自的地位。确定隶属程度，有几种适宜的函数可利用，方程（1）、（2）是两种应用极广的此类函数，见图 6-6A、图 6-6B。隶属函数的确定对土壤资源评价结果有十分重要的作用。

降半柯西分布（图 6-6A）：

$$\mu(x) = \begin{cases} \dfrac{1}{1 + [a(x-c)]^b} & (x > c) \\ 1 & (x \leqslant c) \end{cases} \quad (1)$$

升半柯西分布（图 6-6B）：

$$\mu(x) = \begin{cases} 0 & (x \leqslant c) \\ \dfrac{1}{1 + [a(x-c)]^b} & (x > c) \end{cases} \quad (2)$$

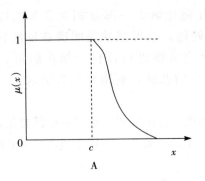 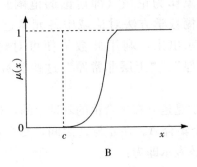

图 6-6 柯西分布
A. 降半柯西分布　　B. 升半柯西分布

在许多情况下，类型的上界线或下界线很有实际意义。如我们评价土层厚度时，认为≥80cm 厚的土层为深厚，则可将上转向点定为 $c=80$，则有如下隶属函数：

$$\mu(x) = 1, 则\ X \geqslant c;$$

$$\mu(x) = \frac{1}{1+Q\,(x-c)^2}, 则\ x < c。$$

根据隶属函数，土壤厚度浅于 80cm，不是深厚，但随着厚度加大，土壤称为深厚的可能性加大，直到土壤厚度大于或等于 80cm，可能性为 1。

(四) 综合评价指数的计算

单项评价得到各指标的指数 $W_i \cdot P_i$（称为评分值或等级值），还需通过一定的数学模型转换成综合评价指数。数学模型体现出各土壤特性、环境条件、社会经济条件等因素之间的相互作用，及其对土壤资源质量的综合影响。建立综合评价指数的数学模型有 3 类。

1. 指数和法　土壤是成土因素综合作用的产物，而各成土因素是同等重要和相互不可代替的。所以，综合评价指标为各单项评价的指数和。

其数学模型为

$$综合评价指标 = \sum_{i=1}^{n} W_i \cdot P_{ij}$$

式中：W_i 是第 i 个因子的权重。

所有有利因素彼此相加，而所有有害因素彼此相减。

我国过去所进行的土壤资源评价，大多采用这一模式，在表 6-6、表 6-7 中列出了两个实例。

2. 指数乘积法　土壤肥力因子之间有着各种交互作用，某一因子的增减，会影响其他因子的利用率。可以反映这种交互作用的最简单的方法是指数相乘。

$$综合评价指标 = \prod_{\lambda=1}^{n} P_{ij}$$

应用这种模式的有前苏联土壤生态指数、美国斯托里指数评级法等。

实际上，影响土壤资源质量的各因素间的关系是多种多样的，有些有交互作用，有些则是单独起作用。所以，在一些土壤资源评价中，将上述两种数学模型混合使用，效果比较好。

表 6-6 吉林省榆树县旱地评价因素权重和指数表

因素等级	等级分值	指标指数	全氮(%)	耕层结构	障碍因素	有机质(%)	有效土层厚度(cm)	灾害程度	坡度(°)	指数合计	土地质量等与指数范围	
					评价因素权重						土地等	指数范围
			23	22	17	14	11	9	4			
1	4	指标	>0.2	以团粒结构为主	无冷、板、鳅等障碍因素或障碍层距地表100cm以上	3~4	>50	基本无自然灾害	<2		Ⅰ	400~340
		指数	92	88	68	56	44	36	16	400	Ⅱ	339~230
2	3	指标	0.15~0.20	团粒或小团块结构	冷、板、鳅等障碍因素中具备其一或障碍层距地表50~100cm	2~3	30~50	无跑风、内涝外洪，但易受一种偶然或阶段自然灾害	2~6			
		指数	69	66	57	42	33	27	12	300	Ⅲ	279~220
3	2	指标	0.1~0.15	团块或小棱块结构	冷、板、鳅等障碍因素中具备两个或障碍层距地表30~50cm	>4	20~30	有跑风、内涝外洪等一种自然灾害	6~15		Ⅳ	219~160
		指数	46	44	34	28	22	18	8	200		
4	1	指标	<0.1	片状、棱块状结构或无结构	冷、板、鳅等障碍因素中具备三个以上或障碍层距地表30cm以下	<2	<20	经常有跑风、内涝外洪灾害	>15		Ⅴ	159~100
		指数	23	22	7	14	11	9	4	100		

表 6-7 湖北省大冶县水田评价指数表

等级	等级分值		地形部位	成土母质	障碍层出现部位(cm)	土壤质地	耕层厚度(cm)	水源及排灌条件	有机质含量(%)	总指数	指数范围
					因素权重						
			3.8	0.4	1.7	0.9	0.7	1.8	0.7		
一等田	3	指标	平畈、中垄中、下塝	安山岩、泥质页岩、砂页岩	无	重壤、中壤	16~20	抗旱能力大于90d渠灌沟排	2.5~0.3	67	34~67
		指数	11.4	1.2	5.1	2.7	2.1	5.4	2.1		

(续)

等级分值		地形部位	成土母质	障碍层出现部位(cm)	土壤质地	耕层厚度(cm)	水源及排灌条件	有机质含量(%)	总指数	指数范围
		因素权重								
		3.8	0.4	1.7	0.9	0.7	1.8	0.7		
二等田	2	指标	上塝，上、下垄	闪长石、砂岩、角岩、湖积物石英内长岩	耕层以下或20cm以下	砂壤、轻壤	10~15	抗旱能力60~90d串灌、沟排灌	3.0~3.5或2~2.5	16.2	7~33
		指数	7.6	0.8	3.4	1.8	1.4	3.6	1.4		
三等田	1	指标	垄口、岗顶、低湖田、畈的低洼处	紫砂岩、流纹岩、红砂岩、灰岩、花岗岩	耕层以内，或20cm以内	黏土或砂土	<10或>20	抗旱能力小于60d，无灌排系统	>3.5或<2.0	1.4	<7
		指数	3.8	0.4	1.7	0.9	0.7	1.8	0.7		

3. 模糊综合评价法　该方法是将因素集中的信息通过建立隶属函数的方法，构造成评语集，即判断矩阵，判断矩阵与权重集相结合，经模糊变换，产生出评语集上的评语子集，以此进行评价判断。模糊综合评价一般包含以下三个步骤：

①对参评各因素，分别作单因素评价，从而构造判断矩阵；

②确定诸因素在被评价事物中的重要性程度，即确立权重；

③作模糊变换。前面两个步骤与其他方法相同，关键是最后的步骤。模糊变换可有两种运算：一种是矩阵乘；另一种则是"复合运算"。

复合运算可以用下式表示：

$$\beta = A \cdot R$$

式中：A 为权重集，R 为单因素评价矩阵；$\beta = (b_1、b_2、\cdots、b_m)$；$b_i = \bigvee_{i=1}^{u}(a_i \wedge r_{ij})$，$\vee$：取大，$\wedge$：取小。

这种方法主要运算 $\wedge$ 和 $\vee$，对于有的问题，可能丢失信息。

在地理信息系统支持下，国内不少学者将灰色关联度法、多元统计分析、地统计学方法、系统评价模型、聚类分析方法等应用到土壤资源综合评价中。

四、土壤资源评价图和报告

（一）土壤资源评价图的编制

土壤资源评级图可以准确反映各评价系统内土壤质量等级的空间分布和组合规律，是评价结果的直观反映。具体的编制方法和要求见第五章。

（二）面积量算与统计

根据土壤资源评价图进行面积量算，以求出各类、等、级（或型）土壤面积，并把量算结果统一汇总到土壤等级面积汇总表中。汇总表中包括各等级限制因素类型及面积统计，各等级土壤与土壤类型的面积统计，各类别土壤与土壤类型组合的面积统计等。

(三) 土壤资源评价报告内容概要

①工作概况。包括：工作的目的性和针对性，工作的组织与进程，评价依据的主要资料和来源，工作成果，工作经验与存在问题。

②调查区域的自然和社会经济概况。

③评价方法。包括：评价单元的确定，评价项目和指标的选择，评价的方法和步骤，类、等、级（型）的评定方法。

④土壤资源评价结果。

⑤土壤质量分析。包括：分布规律，有利因素与不利因素，存在问题，造成土壤质量差异的原因，合理利用土壤的方向与改良途径。

⑥附统计表格。

确定土壤资源评价中各评价因素权重的定量方法有经验评分法、回归分析法、层次分析法和主因子分析法等多种。

第六节 土壤适宜性评价

一、土壤适宜性评价的内涵

土壤适宜性是指一定土壤类型与规定用途（利用方式）的和谐度（适合程度）。由于土壤是自然经济综合体，土壤适宜性高低，既受土壤自然属性的影响，也受社会经济条件的制约。一定土壤类型满足作物或土壤利用方式的生理、生态要求的程度称为土壤自然适宜性。不同的评价目的和土壤利用要求，可以是土壤适宜性评价（既分析土壤自然特性，也考虑土壤社会经济条件），也可以是土壤自然适宜性评价（着重考虑土壤类型的土壤质量）。土壤适宜性评价侧重于土壤自然适宜性评价，主要分析自然条件（如气候、土壤、地貌、水文等）对作物或土壤利用方式的生理、生态要求的适合程度，即土壤自然特性或土壤质量与土地利用要求的匹配程度。

土壤适宜性评价是以特定土壤利用为目的，评价土壤适宜性的过程。土壤适宜性程度和限制性强度通常作为土壤适宜性评价的主要依据。对作物生长或土壤利用方式有限制性的土壤特性或土壤质量称为限制因素。土壤限制程度有大有小。不容易改变的限制因素（如气候等），称稳定性限制因素；容易改变的（如土壤有效养分等）称为不稳定的限制因素。分析稳定性限制因素，以充分合理利用土壤资源；评价不稳定的限制因素，为因地制宜地改良土壤服务。

土壤质量评价是土壤适宜性评价的基础，土壤用途与土壤质量的匹配是土壤适宜性评价的核心。所谓匹配就是将土壤利用方式、要求和评价对象（土壤评价单元）的土壤质量进行分析比较，在此基础上进行土壤利用方式的调整与适宜性评价的过程。因子筛选（选择主导因子作为评价因子）与因子权重的确定是土壤适宜性评价（成果质量）的关键。土壤评价单元的选择则直接影响到评价工作进度、质量和效果。

二、土壤适宜性评价的原则和依据

（一）评价的原则

土壤适宜性评价一般遵循以下原则：

1. 针对性原则 针对特定用途种类进行土壤适宜性评价及分类。不同的土壤利用方式或用途种类对土壤性状或土壤质量有不同的要求。土壤的适宜性是对每种用途的要求比较而言的，只有针对特定的土壤利用方式或用途种类，土壤的适宜程度才有确切的意义。所以，评价要针对特定的土壤利用来进行。

2. 比较原则 比较土壤利用的要求与土壤性状或土壤质量和谐度。比较原则是土壤评价最基本的和最重要的原则。一是比较土壤利用的要求与土壤性状或土壤质量，不同的土壤利用有不同的最佳条件和不同的限制性；二是比较不同的土壤利用，土壤具有多种用途，适宜性评价要分析比较各种土壤用途的优劣。

3. 区域性原则 因地制宜确定土壤适宜性区域及其相应的评价单元、评价因子和指标体系。土壤是自然地理综合体，一方面各土壤要素具有强的区域空间性，另一方面必须就地利用土壤。只有把握好区域性原则，才能客观地对土壤做出评价，增强评价成果的科学性和应用价值。

4. 综合性与系统性原则 坚持天、地、人、物统一体的观点，考虑土壤利用的经济、生态、社会综合效益，运用综合分析、系统分析的方法评价土壤适宜性。土壤是由多要素构成并受多因素影响的土壤生态系统，土壤的不同性状或不同因素之间又是相互作用影响的，土壤质量是诸因素及其性状共同影响的统一体。

5. 主导性原则 选择较为稳定的，在众多因子中对土壤质量起主导作用的因子作为评价因子。在众多因子中，影响适宜性的土壤生产力在一定区域往往受很多因子的影响和制约，有的是较稳定的，有的是易变的，且影响力及限制强度有大有小。现实的土壤评价中不可能也没有必要将所有因子都选作评价因子，而是在综合分析的基础上，以各因子对土壤生产能力的相关程度为依据，选择主要的因素作为评价因子，分析其与土壤用途的关系。

6. 生产性原则 以合理利用和优化配置土壤为最终目的，评价成果要能客观地反映实际和有效地指导生产实践。土壤适宜性评价是土壤资源调查的重要组成部分，以合理利用土壤、提高土壤生产力为最终目的。评价成果要有实用性，便于指导生产，以加强土壤的科学管理、为国民经济发展服务。

（二）评价的依据

①土地利用现状调查成果是土壤适宜性评价的重要依据。土地利用现状，受自然、经济及技术、社会条件的综合影响，在一定程度上综合反映了土壤的质量和适宜性。因此，土地利用现状是建立土壤适宜性评价分类体系的重要依据，是叠置土壤适宜性评价单元的基础信息库。

②土壤肥力状况是构成土壤质量的一项重要的综合指标，土壤普查成果是土壤适宜性评价的主要依据之一。

③土壤的诸自然因素及其组合状况综合影响土壤适宜性，分析整理区域自然地理和农业

区划成果资料，也是土壤适宜性评价不可缺少的内容。

④社会经济统计资料及其他有关资料，提供土壤生产力和产出效益等方面的信息，是土壤适宜性评价不可缺少的重要依据。

三、土壤适宜性评价的方法及体系

(一) 土壤适宜性分类体系

土壤资源评价系统也称土壤评价等级系统或土壤评价分类系统，通常以土壤生产能力高低为依据，采用多层次的方法来划分土壤类别或级别。不同评价目的和地区的分类系统也不同。

四川省土壤适宜性评价中采用的适宜性分类体系参照 FAO《土壤评价纲要》的土壤适宜性评价分类体系，并结合当地的实际，借鉴了国内一些评价的方法和指标，按三级分类法表示，即适宜性纲、适宜性类、适宜性等三级。

1. 土壤适宜性纲 包括适宜纲（S）和不适宜纲（N）。土壤适宜纲（S）：表示预期考虑的土壤用途，持续利用所产生的效益足以补偿投入，而对土壤资源不会产生不合适的破坏危险。土壤不适宜纲（N）：表示预期考虑的土壤用途、土壤质量不能满足其持续利用，或土壤对该用途不能产生足以补偿投入的收益，而且有破坏土壤资源的危险。

2. 土壤适宜性类 依据土壤对农、林、牧业生产的适宜性划分，反映土地利用现状和土壤对农、林、牧业的适宜性，分为宜农类、宜林类、宜牧类和不宜农林牧类四类。

3. 土壤适宜性等 反映现阶段土壤对各种土壤利用类型的适宜程度和土壤生产能力。根据适宜性及限制性因素（坡度、土层厚度、土壤肥力、水源保证率等）及各因素评级，分为五个土壤适宜等：高度适宜等（S_1）、中等适宜等（S_2）、临界（或勉强）适宜等（S_3）、当前不适宜等（N_1）、永久不适宜等（N_2）。

以四川省为例，按上述分类体系对全省土地利用现状的耕地、园地、林地、牧草地进行适宜性评价以及对未利用土地进行农业适宜性评价。该土壤适宜性评价分类系统，有 2 个纲、4 个类、13 等（表 6-8）。

表 6-8 四川省土壤适宜性评价分类体系

纲	类	等
适宜纲（S）	宜农类（SA）	高度宜农等（SA_1）、中等宜农等（SA_2）、临界宜农等（SA_3）
	宜林类（SF）	高度宜林等（SF_1）、中等宜林等（SF_2）、临界宜林等（SF_3）
	宜牧类（SP）	高度宜牧等（SP_1）、中等宜牧等（SP_2）、临界宜牧等（SP_3）
不适宜纲（N）	不宜农林牧类（N）	当前不宜农等（NA_1）、永久不宜农等（NA_2）、不宜林等（NF）、不宜牧等（NP）

(二) 土壤适宜性评价体系

针对适宜性评价目的，采用多层次续分的土壤适宜性评价方法。该评价方法是大范围土壤适宜性评价中常用的方法，其特点是（地域范围）从大到小、（效应）从宏观到微观、（指标）从综合到单一，逐步深入的分级评价方法。

一般采用三级系统：

零级系统（即第一层次）　主要划分依据是地理分布构成的水热条件及生物气候条件或农业耕作制度上的差异。

一级系统（即第二层次）　主要按土壤对农、林、牧业的适宜性划分。

二级系统（即第三层次）　以土壤对某种具体用途的适宜性程度、限制因素的作用大小等为依据来划分。

按多层次续分系统，采用"（土壤适宜性）区—（土壤适宜性）类—（土壤适宜性）等"三级体系。

1. 土壤适宜性区

（1）分区的原则

①土壤资源的构成要素及其组合属性的区域差异性和区域内基本相似性。自然条件是土壤适宜性和土壤利用的基础，尤其是地貌、热量、降水、土壤等条件，对土壤适宜性和土壤利用影响极大。四川省土壤资源的自然地理构成要素及其组合有显著的地域性，这种地域之间的差异性和地域内的基本相似性是划分土壤适宜性区的主要原则之一。这也是与土地利用现状分配差异之所在。

②土壤利用状况和特点的区域差异性和区域内基本相似性。土地利用现状是人类长期以来开发利用土壤的现实表现，土壤利用的现状和特点，反映了土壤本身的内在本质差别和土壤利用的适宜性。在一定的社会历史发展进程中，土壤利用是适应于某种自然及社会经济条件下的产物，具有较大的稳定性，并能在很大程度上左右今后的土壤利用方向。

③土壤利用方向远景规划的区域间显著差异性和区域内的相对一致性。土壤适宜性分区的最终目的是土壤利用，分区应综合土壤的自然及社会经济条件的适宜性，科学指导区域土壤利用方向和远景规划，以体现适宜性分区的生产实践性。

④保持县级行政界线完整性和区域尽可能的连续性。四川省土壤适宜性分区，是大区域小比例尺的区划，需要综合大量的自然地理及农业区划数据及各种统计资料。保持县级行政区域的完整性和区域的尽可能连续性，既便于分析归纳，也便于应用。

（2）分区依据及其结果　土壤适宜性分区，主要依据地貌、气候、土壤、植被等自然条件，其次是土壤利用的现状及其特点，再次是土壤利用的经济社会状况（条件），综合分析，将其与土壤利用分区结合起来。四川省划分为成都平原、盆地丘陵、盆周山地、川西南山地、川西北高山高原5个土壤适宜性大区，16个亚区。在评估中，着重从5个大区分析考虑。分区提出土壤利用方向：成都平原和盆地丘陵区以农为主，种养结合；盆周山地和川西南山地区以农为主，农、林、牧结合；川西北高山高原区以林、牧为主，农、林、牧结合。

2. 土壤适宜性等级　土壤适宜性等级是在土壤适宜性类范围内，反映土壤的适宜程度和生产潜力的高低，是土壤适宜性评价的核心。

（1）宜农土壤

①一等（高度适宜）土壤：对农业利用无限制或少限制，质量好。这类土壤地形平坦、土壤肥力高、水热条件好，在当地均属基本农田或易于建成基本农田，在正常耕作管理措施下一般都能获得较好的产量。

②二等（适宜）土壤：对农业利用有一定的限制，质量中等，需进行一定改造才能建成

或垦为基本农田，或者需要一定的保护措施，以免产生土壤退化。

③三等（次适宜）土壤：对农业利用有较大限制，质量差。勉强可以农业利用，需采取措施大力改造后，才能成为基本农田，或在严格保护下才能进行农业生产，否则易发生土壤退化。

（2）宜林土壤

①一等地：最适于林木生长的土壤，无明显限制因素。更新或造林时采用一般技术。产量高，质量好。

②二等地：一般适于林木生长、无明显限制因素。在更新或造林时采用一般技术。产量较高，质量较好。

③三等地：林木生长有一定困难，地形、土壤、水分、气温等因素限制较大。造林或更新需采用特殊技术措施。产量低。

（3）宜牧土壤

①一等地：最适于牲畜放牧饲养。草群质量好，产草量高，水土条件好。

②二等地：一般适宜于牲畜放牧饲养。草群质量较好产草量较高；草场轻度退化，水土条件较好，较容易恢复土壤生产能力。

③三等地：勉强适宜于牲畜放牧饲养。草群质量差，产草量低；草场退化或气候恶劣、水土条件不良、坡度大、砾质化或基岩裸露多等，需大力改造方可利用。有部分由于环境条件限制，利用困难。

土壤适宜性评估体系和评估单元见表6-9。

表6-9 土壤适宜性评价体系和评价单元

土壤区	土壤类	土壤等级	评价单元
Ⅰ	A	S_1	A：二级地类+土属
	F	S_2	F：二级地类+亚类
	P	S_3	P：二级地类+亚类
	N		
Ⅱ	A	S_1	A：二级地类+土属
	F	S_2	F：二级地类+亚类
	P	S_3	P：二级地类+亚类
	N		
Ⅲ	A	S_1	A：二级地类+土属
	F	S_2	F：二级地类+亚类
	P	S_3	P：二级地类+亚类
	N		
Ⅳ	A	S_1	A：二级地类+土属
	F	S_2	F：二级地类+亚类
	P	S_3	P：二级地类+亚类
	N		
Ⅴ	A	S_1	A：二级地类+土属
	F	S_2	P：二级地类+亚类
	P	S_3	
	N		

（三）土壤适宜性评价因子及其指标

土壤用途的要求与土壤质量的供给"匹配"，是土壤评价的核心。土壤适宜性评价的基本参评因素由土壤的气候、地质地貌、土壤、水文、植被等要素构成，土壤质量还受社会经济和技术条件的影响。土壤利用适宜性评价主要是对现阶段土壤的自然生产力的评价，在众多的自然地理要素中选取参评因素是很复杂的问题，也是评价关键，要对评价地区进行大量的全面系统的分析研究才能正确选取参评因素。不同地类因素不一样，指标亦不相同。参考中国农业工程研究设计院推出的"全国主要大类土壤质量参评因素指标分级标准表"，四川省土壤适宜性评价参评因素见表6-10。

表6-10 土壤适宜性评价参评因素表

土壤要素	参 评 因 素
气候	太阳辐射、日照时间、降雨量、湿润度（或干燥度）、年平均温度、≥10℃积温、无霜期、灾害性天气
地形地质	地貌类型、岩石组成、母岩裸露状况、海拔高度、地形部位、坡度、侵蚀程度、地表形态特征
土壤	土壤类型、母岩、土壤质地、结构、田间持水量、土体构型、土层厚度、障碍土层（厚度与出现深度）、有机质、酸碱度、盐基饱和度、养分含量、含盐量、通透性、供肥性
植被	植被组成或类型、覆盖度、产草量、草质等
水文	水源保证率、地下水埋深、排水能力、沼泽化程度、洪涝灾害
其他	污染程度、农田设施、土壤的区位与市场的距离、投入产出水平

根据前述土壤适宜性评价原则及系统，在对具体的土壤评价单元进行等级划分时，在评价中选择了对土壤利用有重要影响的评价指标，主要包括地形地貌、土壤、植被、水文等。

根据上述农、林、牧用地有关土壤、土壤质量的主要因子，确定四川土壤适宜性分级鉴定指标，用于土壤适宜性评价。然后以主导因子综合分析法，对各项指标就适宜性等级进行评价，并按表6-11、表6-12、表6-13列出的参考指标确定适宜性等级。

表6-11 四川省耕地适宜性评级参考指标

适宜性级	坡度	土层厚度（cm）	酸碱度	土壤肥力	水土流失	年降雨量（mm）	≥10积温（℃）	灌溉保证	每公顷产量（kg）
SA_1	<6°	≥100	中性	高	轻微	>800	>5 000	保证	6 000
SA_2	6°~15°	60~100	微酸或微碱	中	轻度	600~800	3 500~5 000	基本保证	4 500~6 000
SA_3	15°~25°	30~60	微碱	中偏低	中度	400~600	2 500~3 500	一般保证	3 000~4 500
NA_1	25°~35°	<30	酸性或碱性	低	强度	<400	<2 500	无保证	1 500~3 000
NA_2	>35°	<30	酸性或碱性	极低	强度	<400	<2 500	无保证	<1 500

表 6-12 四川省林地评级参考指标

适宜性级	坡度	土壤	年降雨量（mm）	海拔高度（m）	≥0℃年积温	植被	每公顷木材年生长量（m³）
SF_1	<25°	紫色土、黄红壤土、棕色土、红壤土	>800	<500	>5 000	阔叶林、针阔混交林	>3
SF_2	25°~35°	山地棕色土	600~800	1 500~3 300	3 500~5 000	针阔混交林、针叶林	2~3
SF_3	>35°	山地棕色森林土、灰红土	300~600	>3 300	<3 500	针叶林、稀树灌丛	<2
NF	>35°	褐土	<300	>3 300	<3 500	灌丛	

表 6-13 四川省牧草地评级参考指标

适宜性级	坡度	海拔（m）	公顷产鲜（kg）	草群质量	牧草类型
S_1	<20°	<2 800	>7 500	优良中	山地草甸草地、山地草丛草地、山地疏林草地、高山疏林草地、空隙地草地
S_2	20°~30°	2 800~3 800	3 750~7 500	中或低	山地稀树草丛草地、高寒灌丛草地、干旱河谷灌丛草地
S_3	>35°	>3 800	<3 750		高寒草甸草地、高寒沼泽草地

第七节 土壤改良利用分区规划

土壤是农、林、牧业生产的物质基础，不同土壤，适宜农、林、牧业生产的能力各不相同。为了因土种植，因土改良，合理开发利用土壤资源，充分发挥其生产潜力，就必须根据不同地区、不同土壤的适宜能力进行科学分区，从而为合理布局农、林、牧业生产提供科学依据。

一、分区的目的与要求

土壤改良利用分区是根据不同土壤类型的特征特性、生产性能结合各类土壤分布区内的自然、经济条件，提出改良利用方向、措施，从而为调整农业生产结构，发展农业生产，保护土壤资源，建立合理的生态系统，进一步搞好农业区划、土地规划以及土壤区域改良提供科学依据。因此，土壤改良分区必须尊重科学，切合实际。具体要求是：

（一）科学性

就是按照土壤的科学理论进行改良利用分区。将各种类型的土壤及其错综复杂的分布进行综合归纳，尊重客观规律，如实地、充分地反映调查区的自然规律和土壤改良利用特点，揭示区域间的共性和差异性，提出相应的改良利用意见。

（二）生产性

土壤改良利用分区主要针对所在区域的土壤特点和主要矛盾，力求做到反映农业生产特性，明确主攻方向，兼顾长远，服务当前。

（三）可行性

制订土壤改良利用分区要联系实际，因地制宜，要参考历来自然分区的习惯，吸取群众认土、改土的经验，以科学的方法总结提炼，提出群众易懂、生产易行的分区方案。

（四）综合性

土壤改良利用分区应综合考虑当地的自然环境条件、土壤利用现状和社会经济特点以及农业生产的合理布局，从而做到边利用、边改良，充分发挥其经济效益。

（五）预见性

土壤改良利用分区不仅要注意当前，更要注重长远。要用发展的观点分析土壤可能发展的状况，预测在不同条件下的发展趋势，以期达到防有目标、治有决策、改有措施、分区有目的。

二、分区的原则、系统与依据

（一）分区的原则

土壤改良利用分区主要依据土壤本身的适宜性能、障碍因素和改良措施划分。划分原则是：

①充分反映不同土区的自然特点和肥力状况以及区域性差异。依据自然环境不同的特点，对主要土壤个体和群体类型适宜性能的相似性进行概括。

②充分反映不同地区农、林、牧业的生产特点以及存在问题。按不同自然地带土壤类型的组合差异及适宜能力进行归纳，根据不同地貌单元土壤组合类型存在的障碍因素和改良措施进行区分，并针对性地提出改良措施。

③分区划片主要根据各地的自然条件、生产水平与利用现状，坚持土壤与自然条件统一的观点进行划片，兼顾利用现状问题。在同一区域内，土壤的主要改良措施与利用方向基本一致。

④土壤改良分区不仅要立足当前，还要着眼长远，做到当前与长远相结合。

（二）分区的系统与依据

分区系统目前多采用二级或三级分区制，即改良区、亚区和小区。也有用主区、副区和土片进行分区的。

1. 改良区 土壤改良条件、生产问题和改良利用方向基本一致的地段，它通常与大中型地貌相吻合。如渭河新老滩地的共同问题是地势低洼，下湿内涝，易于返盐，可划分沿河滩地排涝防盐改良区。

2. 亚区 在同一改良区内，因土壤改良条件的差异或另有次要的土壤障碍因素，构成土壤改良利用措施有所不同的土地区段，它常与中、小地貌类型相一致。例如，在沿河新老滩地排涝防盐改良区内，可进一步划分为河漫滩防洪、排涝、引洪造田亚区；新滩地排涝、防盐、客土改沙亚区等。

3. 小区 亚区的进一步细分,主要反映土壤问题程度上的不同及改良措施上较小的差异。

一幅改良利用分区图的分区系统应视制图比例尺的大小、土壤与环境条件的复杂程度而定。一般制图比例尺大,土壤及其环境条件比较简单,可采取一级分区;相反,可采用二级或三级分区制。

三、分区命名

采用连续命名。改良区名称:区域位置、地貌特点、主要土壤类型(土类和亚类)及土壤改良利用的途径或方向连续在一起即可。如河谷阶地褐土、潮土园田化改良区。图上不同改良利用区,用不同颜色或图案加以区别,或以代号表示,一般用罗马字母表示,如Ⅰ、Ⅱ、Ⅲ分别表示第一改良区,第二改良区,第三改良区。

亚区命名:在改良区名称后加主要改良措施,即地形、地貌和土壤类型(亚类)和改良措施。如在河谷阶地褐土、潮土园田化改良区内,可进一步划分为潮褐土、潮土园田化改良亚(副)区;潮土引水灌溉掺黏改砂改良亚(副)区;盐化潮土、盐渍性水稻土水旱轮作种稻压盐洗碱改良亚(副)区等。在图上代号一般用罗马字母加阿拉伯数字表示,如$Ⅰ_1$表示第一改良区中第一改良亚区,依此类推。

四、土壤改良利用分区图的编制

土壤改良利用分区图是反映土壤改良利用方向的专题图件,它是制订农田基本建设规划、农业区划、土地开发利用规划及合理改良利用土壤资源的重要科学依据和基础图件。

土壤改良利用分区图的编绘参见第五章第四节中其他土壤专题图的编制。

第八节 土壤调查报告的编写

土壤调查报告是在深入研究、综合分析各种调查成果的基础上编写的,是为生产和科学探索研究服务的文字说明。调查目的不同,报告的内容应有所侧重,既要充分反映土壤调查的成果,又要突出重点,特别要把揭示生产上的矛盾,解决矛盾的途径,作为报告的主要内容。写法上要求简明扼要,分析透彻,意见中肯,措施切实可行。特殊任务土壤调查报告内容,可根据调查本身的特点,参照提纲拟定。一般土壤调查报告内容概述如下:

一、总 论

说明土壤调查任务的由来、目的与要求,调查地区的地理位置、行政区域、调查面积、调查方法、主要成果,调查的人员构成,以往的调查研究资料及其评价、工作的经验及问题。

二、调查地区的自然和农业概况

调查地区各种自然成土因素的特点，阐述内容包括气候、地形、地质与成土母质、地表水与地下水、植被、农业生产、土壤改良的关系、农业生产活动情况对土壤形成的作用。

三、土壤性态综述

1. 土壤的形成 调查地区土壤形成过程，主要土壤类型，土壤分布规律（附土壤与地形、母质、地下水、植被或农业利用方式的断面图）。

2. 土壤分类原则与系统（附土壤分类表）

3. 各种土壤的特性（一般要求写到土种） ①土壤分布与生态环境；②土壤的形态特征；③土壤理化性状（附分析资料）；④土壤的生产性能及存在问题。

四、土壤与土地资源评价

1. 土地利用现状
2. 土壤资源评价

五、土壤改良利用分区

1. 分区的目的
2. 分区的原则
3. 分区各论

分区说明各改良利用区或亚区的范围、自然条件、面积、主要土壤类型及性状、农业利用情况、存在问题、改良利用措施等。

六、其　他

包括土壤改良、土壤培肥的经验、问题及对策建议，特殊土宜调查，专题调查研究等。

思　考　题

1. 对土壤调查原如资料进行审核，主要要审查哪些内容？
2. 如何选择供实验室化验用的土壤分析标本？如何确定分析项目？
3. 如何选择土壤资源评价项目？有哪些土壤资源评价方法？各有何优缺点？
4. 什么是土壤质量？它的内涵应包括哪些方面？其评价指标有哪些？

第七章　特别任务的土壤调查

第一节　土壤养分调查与制图

土壤养分是土壤肥力的重要组成部分，土壤养分的丰缺程度及其供应强度直接影响作物的生长发育和产量。

土壤养分调查的目的，在于了解调查区内土壤养分的含量状况、分布规律，要求对养分丰缺作出评价，并阐明影响土壤养分的主要因素和条件，以文字报告、统计数据和农化图件等形式，为因土施肥、培肥改土、配方施肥以及肥料的区划、生产、布局提供依据。

一、土壤养分调查的内容和方法

（一）土壤养分调查的类型

土壤养分调查根据服务对象、目的的不同，可以分成两类：一类是地块土壤养分调查；一类是土壤类型养分调查，因而在调查方法、调查内容、成图比例尺、成图要求、制图程序等诸方面都存在很大的差异。

1. 地块土壤养分调查　即以大比例尺或详细比例尺地块图为基础，以土壤速测或常规分析的养分数据为基本资料，绘制养分含量图。

由于制图单元小，养分含量级别划分得细，反映土壤养分状况与地块相联系，且更具体，因而可以为基层生产单位和农户服务，为配方施肥和制订管理措施提供依据。地块养分调查制图，要求充分反映土壤养分分布状况，尽量反映出地块土壤养分状况的相对差异。

地块养分调查的关键是绘制地块图。可以利用近期的航空像片，直接勾绘地块图。也可以将地形图原图放大，经过野外校核，标出田间渠系及道路林网后，形成自然地块，标出地块名称及编号，形成地块图。在划分地块时，既要照顾原有地块界线，又要兼顾土壤类型、土壤等级、土壤肥力、土地利用类型和生产力水平，特别是当原有地块较大时，需要根据以上内容作进一步划分。

2. 土壤类型养分调查　此类调查是以土壤图为底图，以各级土壤类型作为制图单元，选择代表性地段取样化验，以期获得全部养分信息。分析项目以反映稳定性养分为主，如有机质、全氮等，也应包括影响生产的其他养分元素，如速效磷、有效钾等，为进一步阐明土壤的养分潜力，在分析化验中还要增加全磷、全钾、阳离子交换量等内容。

成图比例尺比较小，一般为1∶5万或更小。可以利用基层土壤养分图及有关图幅和资料编制，要求能概括反映土壤养分含量及其区域性特点，为有关部门布置区域性的土壤肥料试验、肥料规划和调配以及制订农业区划提供依据。

采样点和代表性地段的确定，需综合考虑土壤类型、肥力水平及分布范周。选择的采样地段不宜过大或过小，防止不同土壤类型及肥力水平的土样掺混，造成养分含量数据的失真。

（二）土壤的采集

1. 采样地块的选择和样点密度　采样单位的确立必须考虑以下几个因素：一是不同地形和土壤条件；二是不同土地利用方式及相应的土壤肥力上的差异；三是采样单位的面积。

应与熟悉当地生产情况的人共同制订采样计划，以保证土样和肥力有代表性，布点均匀。地块养分调查，同一地块，同一土种，采集一个混合土样；同一地块不同土种则分别采样。

以下面积要求可作为地块养分调查的参考：

天然牧场	$3.33 \sim 6.67 hm^2$
平坦地的作物区	$2.00 \sim 6.67 hm^2$
侵蚀的作物区	$0.67 \sim 2.00 hm^2$
灌溉的作物区	$0.33 \sim 0.67 hm^2$
果园	$0.33 \sim 0.67 hm^2$
菜地	$0.13 \sim 0.67 hm^2$
温室、保护地菜地	$0.007 \sim 0.13 hm^2$

土壤类型养分调查土壤采样，以土种为基础进行，采样时要根据土壤图的土种图斑和熟悉当地情况的人员共同布置采样点，除保证每一土种均有样点外，一般要选择当地主要代表地块，即要求土壤和肥力均有代表性。兼顾旱地、水田、菜地、园地，以反映各地类的土壤肥力水平。样点密度远远小于地块养分调查的标准。

以土壤图为底图，按照土壤基层单元（土种或变种）界限，逐块采取耕层混合土样，每一土样都要注明所代表的图斑或田块范围，然后送化验室分析。所有图斑都要有分析土样，土样代表面积按不同比例尺的精度差异。例如，按1∶5万比例尺图幅要求，最好每 $60 \sim 70 hm^2$ 采集一个混合土样。土壤复杂的地区，样点还要密一些。在确定样点密度和控制面积之后，还需进一步选择土种图斑中面积较小的典型地段（一般不超过 $6 \sim 7 hm^2$）作为地块的实际采样范围。

2. 采样部位和深度　采集农区耕地土样一般只采耕作层土壤，为20cm左右。水田可以定为15cm，牧场为10cm，果园为 $50 \sim 80 cm$。我国北方垄作区应在垄上采样，在作物植株（如玉米、高粱）之间，横断垄台，按要求深度垂直取样。

3. 采样季节和时间　土壤养分调查，一般要求在前茬作物成熟或收获以后，后茬基肥尚未施入以前，目的是了解土壤肥力的真实情况。注意在一定区域范围内，采样时间要统一，并力争在短时期内完成采样工作，否则缺乏横向可比性；二是要考虑有效养分受温度影响，存在明显的季节性变化，如当平均土温大于10℃，土壤释放磷、钾的比例明显增大；三是要避开雨季，以防速效氮的淋洗。

4. 采样方法和路线　一般采用人工土钻钻取。每个地块取 $10 \sim 15$ 个小样点（即一钻土样）土壤，在田间用四分法弃去多余部分，最后保留0.5kg左右的混合土样，并在潮湿状态下用手掰碎并充分混匀，挑出根、石块、秸秆等杂物后，装袋、编号、记录，供土壤养分测定用。采样时要避开沟渠、林带、田埂、路边、旧房基、粪堆底等受人为影响较大的地段，以及微地形变化无代表性的地段。

还应根据采样地段的形状和大小,确定采样路线,一般有对角线、蛇形等,既要保证小样点分布均匀,又要使所走距离最短。图7-1中长方形地块多用之字形,而近似矩形田块则多用对角线形或棋盘形等方法。

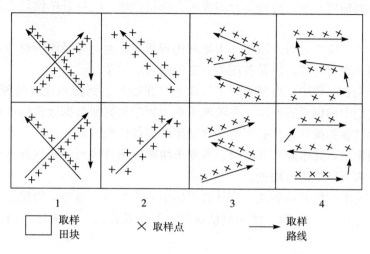

图7-1 取样路线示意图

5. 微量元素分析土样的采集 微量元素是土壤养分的重要组成部分,是土壤养分调查的一项重要内容,采集微量元素分析土样要特别注意土样的污染问题。

采土工具最好用竹制或木制等非金属工具。混合和包装土样应需要注明项目有:地块编号、地块名称、面积、土壤类型、地形、灌排条件、土地等级、作物、产量、轮作制度、施肥水平(有机质、氮肥、磷肥、钾肥)、生产问题和养分化验结果等。

采样的同时,还应进行专题调查。包括作物种植、管理、轮作制度、施肥数量、施用方法、增产效益;有机质的种类、来源、施用量;微量元素、石灰、石膏等的施用状况及肥效等。这对于阐明土壤养分状况,应用调查成果是非常有意义的。

从野外采集的土样应及时检查、登记、处理。以防错、漏和丢失。为防止样品发霉变质应及时风干或烘干。风干土样时应在清洁、阴凉、通风条件下进行,并经常翻动、捏碎。烘干可在干燥箱中进行,温度控制在50℃以下。风干或烘干后的土样,磨碎过筛,分别制备通过孔径1mm、0.25mm和0.15mm的18号、60号和100号筛的分析土样,装瓶备用。

微量元素分析土样在风干和烘干过程中,也要注意土样污染问题,严格防止与橡皮和金属物品接触。磨碎土样可用塑料板和塑料棒,用尼龙筛过筛,有条件的地方最好在单独的房间中进行。

二、土壤养分调查结果的评价

(一)分析项目与分析方法

土壤养分的分析项目包括土壤有机质、全氮、碱解氮、速效磷、速效钾、pH、石灰反应等。有条件的地方,也要分析土壤中的有效态微量元素如锌、钼、锰、硼等作为施用微量元素的肥料参考。分析方法参照《土壤理化分析方法》和鲍士旦主编的《土壤农化分析》。

（二）化验结果的审查整理

审核的内容主要是检查报送的化验资料是否齐全完整，有无丢失遗漏现象；检查参比样品，审查是否达到精度要求；各种养分的表示方法是否统一，计量单位是否符合要求；数字书写是否清晰。

还应审核取土点位图，与土壤图、土地利用现状图、地力等级图等对照，审核养分化验资料与土壤类型、地力等级，以及各项养分之间的对应关系。

在土壤养分调查过程中，由于采样不当或土样在运送、制备和存放过程可能发生污染，以及土壤分析化验中的误差等原因，有可能出现个别偏离其他数据较远的可疑值。这些可疑值如不审定而直接参加统计，势必影响统计结果的准确性和可靠性。

对可疑值的审定，除审查野外记录、参照土壤图等图件进行分析以外，也可以根据常用数理统计方法，对可疑值进行检验。

一种方法称为平均偏差检验法。即计算可疑值与平均值之差与平均偏差的比值，若≥4，则可疑值剔除，若计算结果<4，则可疑值保留，并与其他值一样参加平均值的计算。公式如下：

$$\frac{可疑值-不包括可疑值在内的平均值}{平均偏差} \leqslant 4$$

另一种方法是 t 检验法，公式如下：

$$t = \frac{可疑值-平均值}{极差}$$

计算所得的 t 值与可靠性占 95% 的 t 值（查 t 值表）相比较，若大于表中值，则可疑值剔除，若小于表中值，则保留。

（三）土壤养分分级

养分调查结果的应用中评价土壤养分状况与分类指导施肥都将涉及土壤养分分级问题。

总的原则是根据不同作物类型的肥效反应及需肥水平的不同进行分级。土壤养分分级应能反映土壤养分的丰缺程度，通常养分丰缺是根据肥效反应确定的。施肥有增产效果，则说明该种养分的缺乏。为此，必须找出不同施肥效果的土壤养分临界指标，这种养分的临界指标就是养分分级的主要标准。例如，江西泰和县的土壤中普遍缺少磷素，根据土壤速效磷不同含量条件下的肥效试验结果状况，确定 3mg/kg 及 10mg/kg 作为速效磷的分级标准。

北方平原地区则以 10mg/kg 和 20mg/kg 的速效磷含量作为大田作物施用磷肥有显著肥效和较显著肥效的分级标准。不同施肥效果的临界指标，是根据过去在该土壤类型进行长期系统的田间肥料试验得出的，为此，必须充分搜集此类资料，如本区域缺乏，也可参照与当地土壤类型和肥力水平相近地区的有关资料。

另外，当地群众按生产性能划分出的不同肥力级别或产量水平的土壤，存在着的养分含量上的差异，可以作为养分分级的重要参考。土壤养分分级标准的划分，要充分体现地区性土壤养分含量的特点及其与土壤个体在发生发育特性上的联系。

全国第二次土壤普查对土壤有机质、氮、磷、钾和硼、锌等微量元素，提出统一分级标准见表 7-1 和表 7-2。可以作为我们划分区域土壤养分分级标准的重要参考。但由于全国标准是为全国统一汇总之用，因而分级较粗，可以根据当地实际情况，适当增大或加细划分等级。

表 7-1 土壤养分含量分级表

级别	有机质(%)	全氮(N)(%)	全磷(P)(%)	全钾(K)(%)	碱解氮(mg/kg)	速效磷(mg/kg)	速效钾(mg/kg)
1	>4	>0.2	>0.2	>3	>150	>40	>200
2	3~4	0.15~0.2	0.15~0.2	2.0~3.0	120~150	20~39	150~199
3	2~3	0.1~0.15	0.1~0.15	1.5~2.0	90~119	10~19	100~149
4	1~2	0.075~0.1	0.07~0.1	1.0~1.5	60~89	5~9	50~99
5	0.6~1	0.5~0.075	0.04~0.07	0.5~1.0	30~59	3~4	30~49
6	<0.6	<0.05	<0.04	<0.5	<30	<3	<30

表 7-2 有效微量元素含量分级 (mg/kg)

分级项目	一	二	三	四	五
硼	<0.2	0.20~0.5	0.50~1.0	1.0~2.0	>2.0
钼	<0.1	0.10~0.15	0.15~0.2	0.20~0.3	>0.3
锰	<1.0	1.0~5.0	5.0~15.0	15~30	>30
锌	<0.3	0.30~0.5	0.5~1.0	1.0~3.0	>3.0
铜	<0.1	0.10~0.2	0.20~1.0	1.0~1.8	>1.8
铁	<2.5	2.5~4.5	4.5~10.0	10~20	>20

根据不同养分在含量上的对应关系，尽量将其放在同一等级中。例如，有机质和全氮应尽量根据其碳氮比的对应关系分级，一般耕地的碳氮比在北方旱地为 6~10:1，在南方水田则为 10~11:1。当碳氮比相对稳定时，可把有机质和全氮编在一张图上，并且级别相一致，以便比较碳氮比关系。

土壤养分含量的级别数量，应根据土壤养分含量的变幅和生产上的需要，通常划分四至六级，既可充分反映土壤养分含量的差异，又便于读图和用图。

(四) 土壤养分含量的因素分析

分析研究影响土壤养分的有关因素，有助于揭示土壤养分含量与土壤类型和环境条件之间的关系，以及土壤养分丰缺的实质，这对合理施肥，改土培肥，土壤管理有指导意义。同时，深入分析这些规律，也便于下一步土壤养分图的编制。

1. 土壤养分与土壤类型　　土壤养分分布的规律性，与土壤发育类型有关，如沼泽土的有机质含量一般大于草甸土，棕壤的有机质含量一般大于褐土。由于土壤中的绝大多数矿物质养分直接来源于母质，因此对于母质类型的差异，特别是同一类型土壤由于母质不同所造成的养分状况的差异，更值得注意。例如，石灰岩与花岗岩，黄土与第三纪红土等，在养分含量上均有较大的差异。另外土壤养分也与质地有很大的关系。土质愈黏，则矿物质养分及代换量愈高。高速效磷区往往分布在排水良好、熟化程度高、土壤质地适中的壤质土地区。低磷区往往分布在沙土、水土流失地、生土地及涝洼地。

2. 土壤养分的剖面分布 由于受生物积累和施肥熟化的影响,土壤养分在剖面中的分布很有规律性。总的趋势是表层含量高,下层含量低。但上下含量的幅度变化的大小,又与土壤类型有关。如黑土、黑钙土、草甸土一般是腐殖质层深厚,垂直变化幅度小,土壤养分总储量比较丰富;而暗棕壤,白浆土等表层养分含量高,但往下养分含量急剧下降,变化幅度大,养分总储量低。至于有覆盖层、埋藏层和夹层等土体构型的各种土壤,如埋藏泥炭土、层状冲积母质上的潮土、墡土等则是养分的垂直分布受到埋藏层次的影响而各具特色。

3. 土壤养分与人为措施 土壤养分与耕作、施肥等人为措施的关系极为密切。随着土地耕作年限的增加,土壤养分有可能随着时间的推移逐渐增高,也有可能逐渐降低。例如,东北的黑土耕垦以后,土壤有机质呈明显的下降趋势,并导致其他养分含量的下降。但是随着肥料的施用,养分也有可能提高,菜园土壤的形成就是一个例证。一般趋势是,愈近居民点,施肥愈多,产量愈高,则土壤养分含量也愈高,往往沿居民点呈同心圆状向外辐射状分布,这在同一土壤类型上表现最为明显。

4. 各项土壤养分之间的相关分析 同一土壤的各项养分之间往往存在着一定的相关关系。分析各项养分之间的相关性,可以加深了解土壤养分状况及其特征。例如,土壤有机质与全氮含量,土壤有机质与有机磷,以及土壤有机质与有效铜、锌、铁等都存在极显著的正相关。土壤代换量与有机质和黏粒含量密切相关。

(五)空间插值算法的运用

将分析结果(样品的平均值)按养分分级标准,标注在取样的位置上,借助空间变异理论和地统计学方法,对离散的采样点进行空间插值分析,获取连续的空间分布图;然后把相同等级的图斑归并,即成土壤养分图。不同的养分等级可以用颜色或晕线加以区别。土壤养分等级图制成后,可以参照各地肥料试验结果,划分养分丰缺标准;并按行政区,统计各种养分等级所占的面积,这对制订肥料区划和调配化肥计划十分有用。

第二节 土宜调查

一、土宜的概念和土宜调查的目的要求

(一)土宜的概念

土宜是指土壤剖面性状及其理化性质和局部生态环境条件对某些作物、果树和经济植物经济性状的适宜程度。即土壤在生产上表现出对某些栽培作物的经济性状的适宜状况。

土宜不同于土壤适宜性。土宜是从作物的角度出发,以作物的经济性状为主体,讨论对土壤及其环境的要求。而土壤资源的适宜性是从土壤资源的角度,以土壤资源的特定用途为主体,包括宜农、宜林、宜灌溉等不同用途,讨论对某种利用方式或某作物的适宜程度。土壤适宜性范围较广,包括了土宜的内容。例如,土壤适宜性为宜林的若干土壤类型,其土宜可以包括宜油松、宜洋槐、宜茶树等。

在土宜的概念下,又可分为一般性土宜和特殊性土宜。

①所谓一般性土宜是指某一类作物的生长与经济性状对土壤及环境的要求。例如,橡胶、咖啡、可可、胡椒、香茅等生长在热带铁铝土地带,而茶叶、油桐、油茶、毛竹、柑橘

等则生长在亚热带硅铝土和淋溶土上。一般性土宜讨论的范围很广,由于品种的差异,限制的标准也比较宽。

②特殊性土宜是指名优特农产品对土壤及其环境条件的特殊要求。名优特农产品是指在色、香、味等方面具有特色的果类、蔬菜、花卉等。这些产品只是在某一很小区域范围内,才能显示其特色,因而往往冠以原产地名,如肥城佛桃、温州蜜橘、燕山板栗、宁夏枸杞、深州蜜桃等,都具有独特的风味。

一个著名的特产作物的出现,绝不是偶然的,它是良好的品种,特定的立地环境条件和独特的栽培管理技术相互影响下的产物。同时还与一定的社会经济条件和历史背景有关。如果条件不吻合,就有可能导致名特优产品质量的下降乃至风味的丧失。江西省南丰蜜橘在湖北、四川等地扩大种植面积以后质量下降,就是一个实例。

(二) 土宜调查的目的

在复杂的自然条件、丰富的土壤资源和悠久的栽培历史的基础上,我国各地培育了品种繁多的名特优经济植物,包括果品、蔬菜、花卉和一些重要的工业原料。这些产品闻名中外,具有较高经济价值。近年来随着市场经济的发展,各地开始规划和建设名特优经济植物生产基地。不同的名特优经济植物各自具有不同的发展条件,特别是适宜的土壤条件,差异更大。土宜调查的目的是为了查明不同名特优农产品适宜的土壤及其环境条件,为其合理开发、利用、改造、保护和商品生产基地建设提供科学依据。

(三) 土宜调查的要求

①实地验证该名特优产品的品质特色,即该产品的经济性状的具体表现及其品质特色的主要数据指标;

②明确该名特优经济植物适宜的土壤类型,提出利于该名特优经济植物优质高产的土壤主要属性数量范围;

③明确在土壤条件适宜的基础上,限制该种植物发展的主要环境因素及其指标;

④明确在调查区域范围内,该名特优经济植物适宜发展的范围、发展面积以及发展过程中应注意解决的主要问题。

二、土宜调查的内容和方法

(一) 土宜调查的内容

1. 植物本身的生理特性和生物学特性　根据植物生理特性的不同要求,可以划分若干类型组合,如茶、板栗、玫瑰花等喜酸忌钙,柏树、枣树、柿树、花椒等则喜钙耐旱,枸杞则喜盐。生物学特性应包括果树的单株常年产量,连片常年产量,平均单果重,果皮、果肉颜色,果肉质地、品味,干果的出仁率等。

2. 环境因素　小气候条件是构成适宜某些植物生长的特殊生态环境的重要组成部分。热量、水分、光照条件自然关系很大,但地形条件会使水、光、热产生重新分配,因而也会与名产植物的分布密切相关。

3. 土壤条件　除一般土壤调查分析项目外,更应注意微量元素和一些敏感元素的分析,如烟草土宜调查中氯和镁的含量等。

4. 社会经济和历史条件 名特优经济植物产区的群众具有较长时期的种植历史和丰富的技术经验，因而调查群众的栽培管理措施也是至关重要的。

（二）土宜调查的方法

土宜的调查研究主要采用野外考察与室内化验、室内模拟相结合的方法。

1. 地理比较法 即通过野外调查搜集大量第一手资料，将名特优产品原产地的土壤及其环境与其他地区进行分析对比，形成对土壤及其环境的进一步的认识。分析比较的内容主要包括：土壤类型、地形、坡度、坡向、小气候、母质、土体构型、障碍层次、质地、地下水位和水质、灌溉水等。

2. 土壤植株分析与果实品质分析相结合 土壤分析主要测定有机质、全氮、全磷、碱解氮、速效磷、速效钾、有效态的铜、锌、铁、锰、硼。有些名特优植物对某种元素敏感，土壤分析项目中要相应增添该种元素测试。植株叶片分析主要测定全氮、磷、钾的含量和全铜、锌、铁、锰、硼的含量。果实的品质分析主要测定总糖、总酸、可溶性固形物、硬度等。

3. 数学分析与物理模拟 由于土宜调查涉及的都是多要素的相关分析，多元统计方法、模糊数学方法、灰色系统方法等方法广泛应用于在土宜调查研究中。

物理性模拟是指在室内完全模仿名特优农产品原产地的土壤条件、小气候条件、灌溉水条件等，进行单因素的分析比较。

三、特殊性土宜研究

名特优农产品的形成具有一定的地域性，在适合某种作物生长的土壤及其环境中，作物的品质就会得到提高，反之，则会影响其品质。

1. 地形小气候 适于茶树栽植的区域，年平均温度应在15℃以上，年极端最低温度多年平均值不宜低于－12℃，土壤呈微酸性，这些因子是决定茶树能否生长和存活的首要条件。但日照（45%以下）、空气湿度（75%以上）和土壤有机质则是决定茶叶品质的主要因子。这就是为什么有的名茶出自于大山、深山。

不同地形、温度也影响柑橘的生长和果实品质。同一甜橙品种，栽培在河谷浅丘湿热区，年平均气温在18℃以上，植株长势好，产量高，果皮薄，果色鲜艳，果汁浓甜，品质佳；栽培在深丘温和区，年均温在16~18℃，产量虽然高，但果色较浅，果味偏酸，品质较差；栽植在中高山区，年均温在16℃以下，果实小、皮厚，着色也差，含酸量高。

2. 土壤类型 不同土壤类型的南丰蜜橘，其品质也存在着差异。栽植在有机质含量高，水分含量适中，酸性偏低的菜园土上的南丰蜜橘，果实的固形物含量高，糖酸比适中，风味好；而栽植在水分含量高，速效磷含量低的潮土上的南丰蜜橘，果实个大、化渣，但含酸量和固形物含量明显下降，果实风味较差。另外种植在红壤山地上的南丰蜜橘的品质也会下降。

品质最好的肥城佛桃分布在黄土状母质发育的褐土上，土壤下层多为棱柱状立茬结构，排水良好，土层深厚，质地为均质中壤，产出的佛桃，其果皮米黄色，味甜，含糖量为

12%，品质最佳；种植在石灰岩发育的淋溶褐土上的佛桃，含糖量为11.8%，质量中等；栽植在平原区潮土上的佛桃，虽然个头大，产量高，但果皮青绿，含糖量为11%，品质较次。

3. 母质 适宜栽植燕山板栗的土壤为发育在花岗片麻岩残坡积物上的淋溶褐土，pH为6.6，含$CaCO_3$含量为0.07%。板栗肉质细腻，易剥离，含糖量在12%以上，具有甜、香、糯的风味。在砂岩、砾岩残坡积物发育的淋溶褐土上栽植的栗树，产品品质和产量均差。

据研究，生长于石英砂岩和花岗岩母质土壤上的茶叶品质较好，而生长于玄武岩母质发育的黏质土壤上的品质较差，其原因是前者继承了母质高硅钾低钙的特点，适合于茶树生长。

4. 质地和土体构型 深州蜜桃适宜栽种在通体砂壤土、通体壤土或土体内砂壤和轻壤相间分布的脱潮土上，土壤疏松，通气透水性好，地温升降快，昼夜温差大，有利果实糖分的积累，品质和风味皆好。土壤黏重，或土体有中层（20~50cm）和厚层（大于50cm）的黏性土层，或土体中的砂层、黏层重复出现，则种植的蜜桃长势旺、高产但不优质。在潮土地区，沧州金丝小枣最适宜种在表层为黏壤土，心底土为黏土的土壤上，不仅树体健壮寿命长，而且干枣色泽紫红，含糖多，产量高，耐贮藏；通体砂壤或壤土型的土壤，也能种植金丝小枣，但品质和产量都差；介于两者之间的土壤，种植金丝小枣品质和产量中等。

5. $CaCO_3$含量 对烤烟品质影响极大的土壤化学性质之一是土壤$CaCO_3$含量。过多的钙对烟叶品质损害较大，易造成烟叶粗糙，叶片过厚，地方杂气增加等。云南、福建及辽宁省的植烟土壤基本不含游离$CaCO_3$或所含极少，其烟叶品质较高。

6. 营养状况 在一定范围内，氮素与柑橘产量成正相关，适当水平的氮可提高柑橘果实中糖和有机酸的含量，使果实味浓。但过量的氮会使果实皮厚粗糙，含糖量低而含酸高，品质低劣。

土壤中缺锰是造成柑橘风味变淡的一个主要原因。锌供应不足，也会使柑橘的柠檬酸和维生素C含量下降且味淡。

第三节 盐渍土的调查与制图

土壤盐渍化是干旱或半干旱地带普遍存在的土壤障碍性因素。据不完全统计，全世界盐渍土面积近10亿hm^2。我国盐渍土具有分布广、面积大、种类繁多的特点。我国有各类盐渍土约8 180万hm^2，还有1 733万hm^2的土壤存在着潜在盐渍化威胁。盐渍化土壤既是我国重要的土地资源也是当前农业生产中的主要低产土壤之一。改造和利用盐渍土，能够不断扩大耕地面积和提高土壤肥力，达到建设高产稳产基本农田的目的。

进行盐渍化土区土壤调查，具有下列作用：

①全面研究并评价盐渍土区的土壤改良条件（主要是地貌和水文地质条件），尤其应该对灌区进行水文地质调查，对海涂围垦区进行海涂动力特点调查和海涂形态特征调查。

②深入查明原生和次生盐渍化及沼泽化的形成原因，各种土壤类型的改良特性，如土壤盐渍化和沼泽化程度，盐分化学组成，土壤水分物理特性，灌溉后土壤盐渍化、沼泽化的可能性；海涂围垦区泥沙性质与补给，泥沙沼泽条件及速率，围垦利用的肥力特征，指明对排水、灌溉、洗盐、化学改良和农业技术改良等措施的要求，达到综合改良利用盐渍土的目的。

一、盐渍土的类型和分级

盐渍土是一系列受盐、碱作用的土壤的统称，是在各种自然环境因素和人为活动因素综合作用下，盐类直接参与土壤形成过程，并以盐（碱）化过程为主导作用而形成的，具有盐化层或碱化层，土壤中含有大量可溶盐类，从而抑制作物正常生长的土壤。国内外常把盐渍土或盐碱土作为各种盐土和碱土，以及其他不同程度盐化和碱化土壤系列的泛称。但盐化、碱化土壤仅处于盐分与碱性钠盐的量的积累阶段，还未达到质的标准。通常认为盐渍土或盐碱土可分为两种类型：一是中性盐类大量积累达到一定浓度的称盐土，二是在水解作用下呈碱性的钠盐，主要是重碳酸钠、碳酸钠和硅酸钠等影响下，钠离子在交换性复合体中达到一定数量后，土壤性质变劣，则形成碱土。

（一）盐土和盐化土

盐土是诸成土过程作用下，以积盐过程为主（包括现代和残余积盐过程）形成的。盐土具有明显的积盐层，在地表和接近地表的土层中含有大量可溶性盐类，地面上仅生长稀疏的盐生植物和耐盐性强的植物，甚至地表裸露。

当土壤表层含盐量达 0.6%～2% 时，即应属盐土类。氯化物盐土含盐下限一般为 0.6%，氯化物—硫酸盐和硫酸盐—氯化物盐土其含盐下限为 1%，含石膏较多的硫酸盐土下限为 2%。当土壤的水溶性盐类组成中含苏打在 0.5mmol/kg 以上者，即属苏打盐土范围，其表土层含盐下限为 0.5%。有积盐作用而含盐量未达盐土指标的为盐化土壤，盐化土壤含盐量通常为 0.1%～0.6%。

（二）碱土和碱化土

在碱土形成过程中，起主导作用的是碱化过程。碱化土壤具有明显的碱化层，土壤胶体中含有较多的交换性钠，呈强碱性反应，表层土壤含盐量一般不超过 0.5%。碱化土壤湿时泥泞，干时板结坚硬，通透性和耕性极差。

划分碱土主要依据碱化度（交换性钠离子占阳离子交换总量的百分数）、残余碳酸钠 [即 $(CO_3^{2-}+HCO_3^-)-(Ca^{2+}+Mg^{2+})$，单位：mmol/L×离子价数] 和 pH 3 项指标。

碱土分为 5 个亚类，即草甸碱土、盐化碱土、草原碱土、龟裂碱土和镁质碱土。

碱土土属的划分主要依据碱化属性，即有无碱化作用所形成的构造层，如结皮、结壳、棱柱状和柱状等，也要考虑盐渍类型。

未达到碱土标准的各种碱化土壤，分属其他有关土类中的亚类或土属。

（三）土壤盐化与碱化分级

在一个地方，盐土、碱土、盐化土与碱化土往往呈镶嵌结构，交错分布在一起。因而打破土壤传统分类的界限，根据土壤盐化和碱化程度，统一划定级别，对于制订土壤利用改良措施具有重要意义。

在土壤盐化分级指标中，综合考虑积盐量、盐渍类型、地域特点等，见表 7-3。

表7-3 盐土与盐（渍）化土壤盐分分级（0～20cm土层）

主成分	盐土（%）	盐（渍）化土（%）		
		重	中	轻
苏打（CO_3^{2-}＋HCO_3^-）	＞0.7	5～0.7	0.3～0.5	0.1～0.3
氯化物（Cl^-）	＞1.0	0.6～1.0	0.4～0.6	0.2～0.4
硫酸盐（SO_4^{2-}）	＞1.2	0.7～1.2	0.5～0.7	0.3～0.5

（全国土壤普查办公室编，中国土壤普查技术，农业出版社，1992，略作改动）

土壤碱化分级指标，则综合考虑碱化度、残余碳酸钠和pH 3项标准，见表7-4。

表7-4 土壤碱化分级指标

分级	残余碳酸钠[cmol（＋）/kg]	酸碱度（pH）	钠碱化度（%）
非碱化土壤	＜0.5	＜8.5	＜5
弱碱化土壤	0.5～1.5	8.5～9.0	5～15
中碱化土壤	1.5～2.0	9.0～9.5	15～30
强碱化土壤	2.0～3.0	9.5～10.0	30～45
碱土	＞3.0	＞10.0	＞45

（全国土壤普查办公室编，中国土壤普查技术，农业出版社，1992，略作改动）

二、盐渍土调查的内容与方法

（一）土壤改良条件的调查

1. 地形地貌的调查 不同地貌单元支配着土壤水文类型、水文地质特征及母质分布状况，从而决定着土壤形成、分布与组合特点及土壤改良利用特点，它是评价土壤改良条件和进行土壤改良分区的重要依据。此外同一地貌单元的不同地形部位，其改良条件各异，通常是作为土壤改良分区中续分亚区或小区的依据。

野外地貌的调查，可在航片、卫片或地形图判读的基础上，在实地调查中确定地貌类型、范围及其地形要素（地形部位、坡度、坡向等）。应十分注意微地形的调查研究。调查地貌时要和其他地学特征（如沉积物类型、水文地质条件）的调查研究结合起来；宜围垦的泥质开阔海岸区，应侧重研究海浪、潮汐、海流作用特点，将潮间带划分为超高潮滩（龟裂带）、高潮滩（内淤积带）、中潮滩（过渡带）、低潮滩（外淤积带），以便为盐渍土改良利用提供基础资料。

2. 水文地质条件的调查 盐渍土的形成是由于地下水中含有的盐、碱随地下水上升到地表造成的。因此，地下水的埋藏深度及其矿化度高低，成为土壤是否积盐的一个决定性条件。许多工程改良措施和调控区域水分运动的措施，也都是围绕改善地下水状况进行的。

地下潜水（地表以下出现的第一层地下水）与盐渍土的形成、改良及其利用特点密切相关，尤其在施行沟洫排水洗盐或垂直排水洗盐的改良措施时，必须进行以土壤改良为目标的水文地质调查。在盐渍土区土壤调查中，通常应完成潜水埋深、矿化度、水化学类型等水位线图的测绘任务；对垂直排水洗盐的盐渍土改良区，尚需进行竖井抽水试验，以提供涌水量、抽水历时、水位降深等数据资料，以便阐明测区潜水的埋藏、分布、补给、径流及其排泄条件，潜水化学特征和潜水季节动态等规律对土壤形成过程的影响，同时为测定区内的水利土壤改良田间技术设计提供科学依据。

3. 海岸带水动力特点的调查研究 海岸带水动力除以潮汐作用为主外，还包括波浪破碎形成的激浪作用、海流作用，三者综合作用构成海岸带的水动力特征。它们影响潮间带浅滩的各地貌分带特征，泥沙沉积物的滩面塑造和再分配，围垦区水工建筑物的工程标准和围垦高程与面积。在收集附近海洋站的海岸带水动力资料的基础上（海流及其沿岸水系流向可借助陆地卫星图像的晕纹加以判读），应于现场调查日大潮（高高潮）、日低潮，月大潮，月低潮和季节潮位变幅及海啸影响范围，结合潮间带地貌分带图，绘制围垦区滩涂类型图及书写文字报告。

此外，尚需研究年降雨量、蒸发量及其季节分配状况和水文特征，如引灌水源数量与水质特点、河流类型、湖泊和海洋的水位变化对土壤水和潜水之间的补给与排泄关系。只有这样才能为土壤改良分区、综合开发利用盐渍土提供基本的水文和水文地质依据。

（二）土壤剖面及其有关性状的研究

通过深入调查研究盐碱土性状及分布规律，指明各盐渍土类型的改良特点，为制订改良措施提供科学依据，必须对盐碱土的主要剖面进行细致的研究和土、水样品的分析。因此，主要剖面挖掘深度应达到潜水位以下 10～20cm 处，并分层（表土层细分为 0～5cm，5～10cm，10～20cm，心土、底土按质地层次划分可粗些），用连续柱状法采取化验用土样及其潜水化验样品，此外，还应研究下列主要内容：盐渍土类型的划分 [盐土和碱土的分类：可参考全国第二次土壤普查工作分类系统（修订稿），该系统根据盐土所处的环境条件、发生过程和盐渍化特点分为盐土、漠境盐土、滨海盐土。碱土共 4 个土类，14 个亚类]、土壤盐渍化等级（根据土壤含盐的多少来划分为不同的盐渍化程度；由于我国地域广大，自然条件复杂，致使盐渍化等级的划分还没有统一标准）、盐分组成类型 [划分方法通常采用水溶性盐类阴离子比值（me/100g 干土）进行分类]、土壤最大吸湿量、田间最大持水量、土壤饱和含水量、土壤毛管水含量、土壤吸水速度及其渗透系数、土壤湿润范围、毛管水强烈上升高度等。

（三）土壤次生盐渍化的调查

次生盐渍土的形成和耕种盐渍化土壤的肥力演变，与人类生产活动密切相关。土壤次生盐渍化是指干旱灌溉农业区，由于存在不利的自然因素，加上水利工程和农业生产措施不当，如大水漫灌、有灌无排、盲目插花种稻、渠道渗漏以及引用高矿化度水灌溉等原因，引起地下水位上升，使原来非盐渍化的土壤或已得到改良的各种盐渍土，重新演变为盐渍化土壤或使盐渍化加重，这些均可称为次生盐渍化。

平原地区水库和渠道的渗漏，有灌无排，排水出路及自然流势受其他工程设施阻截，均能使地下水位提高，引起土壤次生盐渍化。若引用高矿化水灌溉或长期粗放耕作，更会加重土壤盐渍化；当长期提灌深层碱性水时（其矿化度仅 1.0～1.5g/L，含有碳酸氢钠为主的易溶盐，pH 大于 8.0，钠吸附比大于 10.0）会导致土壤发生苏打草甸碱化成土过程。又如草原盐渍土区的过度放牧或人为破坏自然草被后，亦能加重土壤的盐渍化作用，形成重盐碱土。

在许多灌区，土壤次生盐渍化一直是影响当地农业生产发展的一个严重限制因素。如河北省在 50 年代至 60 年代初的 7 年时间，盐渍化土壤面积增加了 47 万 hm^2，盐碱化的面积占总耕地面积的 20%。宁夏引黄灌区据第二次土壤普查资料，耕地中不同程度的盐渍化面积占灌区总耕地面积的 40%，其中严重影响作物产量的低产田占 18.8%。因此，在灌区进行土壤盐渍化调查时，应将土壤的次生盐渍化作为重点调查内容之一。

主要进行以下方面的调查：

1. 调查土壤次生盐渍化发生的原因　土壤次生盐渍化的发生，主要与生产措施不当有关，应着重调查灌溉、排水、作物布局和耕作等方面对土壤次生盐化的作用。

（1）灌溉方面　应收集灌区的引水量和排水量资料，根据作物面积和产量，计算水资源利用率和对地下水的补给量；实地测量田块大小和田面高差，以了解灌水质量和盐斑的成因；在引用高矿化水灌溉的地区，要重点调查灌溉历史，灌溉前后土壤盐分含量和作物产量变化情况。可在未灌溉地段和不同灌溉历史的田块内，分别取样，进行分析对比，在新灌区及一些高位渠道，往往渠道和灌溉水渗漏严重，应着重调查渠道两侧的渗漏范围，地下水上升幅度和相应的盐分变化情况。

（2）排水方面　主要调查是否具有排水出路、排水设施，排水系统是否完整和畅通，以及机械排水（电排站、机井）的效果和存在的问题等。

（3）耕作和作物布局方面　应了解耕作管理和施肥水平、复种指数、稻田面积和分布等，分析耕作和种植对土壤盐渍化的影响。

2. 土壤次生盐渍化的发生规律　包括次生盐渍化的分布规律、土壤盐渍化的季节性变化和周年变化。

土壤次生盐渍化的分布，主要与地形、质地和地下水位有关。应结合地下水临界深度的调查。选择不同地点或不同地形部位，如自流灌区、干渠两侧的不同距离、多级扬水灌区的不同扬水区（一级扬水灌区、二级扬水灌区等）或按高田、平田、低田、洼田以及在同一田块中的盐斑和非盐斑处，分别开挖剖面，采集土样，通过分析对比，掌握次生盐渍化分布的特点和规律，研究盐斑形成的条件。

土壤盐渍化的季节性变化是伴随着灌溉、降水、排水和耕作等因素进行的。应通过座谈、访问，了解不同的灌溉制度和灌水方式对土壤盐渍化的影响，并借助定位观测资料，了解灌水前、灌水期、停灌后等不同时期地下水位升降状况和土壤盐渍化状况以及土壤盐分在剖面中的分布状况。在缺乏定位观测资料的地区，应定点观测上述不同时期的地下水埋深和土壤盐渍化状况的变化，分别采样，分析对比。

土壤盐渍化的多年变化，主要与当地的水文地质条件改变有关。盐渍土在合理的综合性改良措施下，也能建成高产稳产的粮棉生产基地。为此，野外调查要与有关业务部门及当地农民进行座谈访问，并完成下列调查内容：适种作物及其种植制度和常年产量水平；耕作制度及施肥制度；灌排渠系的配置特点和灌溉制度及其优缺点；改良旱、涝、盐、碱的经验或教训。可通过座谈、访问和历史资料的对比，了解多年来当地灌排条件的变化情况、地下水位升降和土壤盐渍化的演变等情况。

三、盐渍土的特征及其图件的调绘

（一）盐渍土壤图调绘的特点

由于盐渍土区局部小地形和土壤质地剖面排列复杂，加之人类生产活动频繁，造成土壤普遍出现水盐重新分配，土壤多呈复区分布，群众称为一步三换土的"云彩地"。因此，在进行大比例尺土壤制图时，必须采用土壤复区制图法。在盐渍土区画土壤草图时，必须认真研究地表景观，这对判断土壤盐分组成、盐渍化程度、有无沼泽化过程和勾绘土壤边界特别重要。如根据地表积盐特征，可鉴别盐、碱、卤、硝及盐渍度。当氯化钠为主时，地表呈现薄层盐结皮硬壳且有咸味；含苏打等易溶盐的碱化土壤，常发生片状龟裂或形成干硬的表土板结层，在该层表面遍布灰白色二氧化硅粉粒，群众形象地比喻为"瓦缸碱"或"马尿碱"；含氯化钙等吸湿性盐类为主时，地表常呈潮湿状，尤以阴天时更甚，其土味苦涩，卤性特大的群众谓之"万年湿"地段；以硫酸钠为主的盐渍土，表土呈蓬松状态以区别于其他易溶盐的土壤表征；当土壤呈现轻度盐渍化时，表土仅有少量盐类积聚，地表土粒呈凝结状态和少量盐霜呈零星斑状存在，随盐渍度的加重，其盐斑面积及盐霜结皮大量出现而加重作物缺苗程度，重盐斑处只能生长耐盐的盐吸、矶松、马绊草或耐碱的碱蓬、剪刀股、芨芨草、马蔺等指示植物，严重的甚至呈不毛的"光板地"。沼泽化盐土上则以喜湿耐盐的海蓬子、海韭草、芦苇等指示植物占优势。上述地表景观在大、中比例尺航片上，呈现较明显的影像特征，为了提高土壤制图精度及其工作效率，应着重研究航片的影像色调、图形形状及其图形内部的影纹，在认真判读的基础上，建立不同盐渍度及盐分组成的解释标志。

（二）潮间盐土地带土壤图调绘特点

根据海涂资源的中比例尺调查结果，确定围垦范围后，围垦区的土壤调查应采用1：2 000～1：5 000比例尺制图，为垦区土壤改良利用提供科学依据。但该区往往缺乏上述比例尺地形图作为工作底图，通常采用平板仪进行地形测量后取得工作底图（等高距以0.2m为宜），方可确保勾绘土壤界限和剖面点及精度。实地调查中潮间盐土亚类续分类型的分异应与潮水进退的周期性运动、潮浸频率和能量密切相关，对土壤的含水性、含盐量、颗粒组成、微地貌形态（如波痕间距、波痕高度、浅凹、冲刷沟密度与深度，地表龟裂体的大小等）、淤泥有无臭味、滩面动植物种类及生物洞穴、土壤颜色、潜育化程度、土壤pH、盐酸反应、亚热带海湾有无红树林着生或红树林残体埋藏层等土壤形成与改良利用特点有深刻影响，在制图和采样中尤需注意。

为了保证海涂野外调查的人身安全，除科学地依照当地涨落潮规律计划每日工作量与工作进程，应迅速突击完成日低潮带调查后完全返陆，为确保安全应配备舟船和有航海经验的渔民作野外向导。

（三）水文地质图组的调绘

水文地质图组一般包括潜水埋深图、等水位线图、矿化度图及水化学类型图。这是编制土壤改良区划的基础资料。其编制程序分为定点、采样和化验，潜水控制点及有关数据的标图，制订分级标准图例，勾绘边界线，清绘与图幅整饰等5个步骤。

1. 定点 首先在工作草图的每一平方米范围内设置5～10个控制水点，一般可利用主剖面点或钻孔（深度要求达到潜水面以下20～30cm），以及民用浅井和泉水露头等。将控制水点依统一顺序编号，并精确地标在图上。同时用棕色瓶采集地下水样100～500ml，并填好水样标签，以供室内化验。应该指出，潜水的周年变化和季节变化很大，此项野外工作应在土壤返盐盛期内尽快完成为宜，为了反映科学价值，必须注明调查时间（年、月、日）。

2. 标图 用清绘后的工作草图作底图，以透明纸蒙绘法或地形图转绘法，将各控制水点的有关数据依图幅名称分别进行标图。如绘制地下水埋藏深度图，应标明静止水位

(cm)；矿化度图标明地下水矿度（g/L）；等水位线图标明控制水点的绝对高程（即控制水点的地面绝对高程减去地下水埋深），水化类型图以分式 M^-/M^+ 表示｛其中：M^- 按含量多少的顺序表示阴离子含量［cmol（+）/L］占阴离子总量［cmol（-）/L］的百分数。M^+ 按含量多少的顺序表示各阳离子含量占阳离子总量的百分数｝。

3. 制订分级标准及图例 目前尚无统一的制图单位，现仅将潜水分级标准列于表7-5供参考。矿化度和水化学类型划分标准可参考表7-6、表7-7。

表7-5 潜水埋深分级表

分级特点	埋深（m）	土壤存在的问题	改良特点
沼泽化深度	<1.0	主要土壤沼泽化、盐碱化程度不大	地下水矿化度低，以排水改良为主
强烈积盐深度	1.0~1.5	为毛管水强烈上升高度，土壤呈强烈盐渍化	建立完整的排灌渠系，采取洗盐措施，迅速降低地下水位
积盐深度	1.5~2.0	大于毛管水强烈上升高度，可能进行着稍轻的积盐过程	建立完整的排灌渠系，采取洗盐措施，迅速降低地下水位
稍安全深度	2.0~2.5	积盐迅速下降，还处在临界深度范围内	完整的排灌渠系，可加大沟间距
安全深度	>2.5	大于临界深度，土壤基本不发生表土积盐过程	建立一定排水系统，防止土壤次生盐渍化

表7-6 地下水矿化度分级

分级名称	干残余物（g/L）
淡水	<1
弱矿化水	1~5
矿化水	5~10
强矿化水	10~30
极强矿化水	30~80
盐水	>80

表7-7 地下水矿化类型成分表

	类型名称	离子类型	占同类离子总数（%）
阴离子类	重碳酸盐	HCO_3^-	>25
	硫酸盐	SO_4^{2-}	>25
	氯化物	Cl^-	>25
	重碳酸盐—硫酸盐	$HCO_3^- + SO_4^{2-}$	>25
	重碳酸盐—氯化物	$HCO_3^- + Cl^-$	>25
	硫酸盐—氯化物	$SO_4^{2-} + Cl^-$	>25
阳离子类	钙盐	Ca^{2+}	>25
	镁盐	Mg^{2+}	>25
	钠盐	Na^+	>25
	钙镁盐	$Ca^{2+} - Mg^{2+}$	>25
	钙钠盐	$Ca^{2+} - Na^+$	>25
	镁钠盐	$Mg^{2+} - Na^+$	>25

待分级标准确定后，就可用线条法或着色法设计各级图例，标明制图单元。

4. 勾绘制图单元边界线　除等水位线图用内插法勾绘等值线外，其他图幅可根据地形地貌特点、沉积物质、土壤分布规律及河流走向等因素，勾绘边界。然而，各种边界线均不能穿切地表水。当图幅中出现三种以上类型的边界线交点（通常称为多相点）或两个相邻的矿化度区域出现跳极现象时，应以勾绘过渡带的办法消除之。对异常水点应以实线圈出，并注明水化学类型或矿化度，但不上图例说明表。

5. 图幅清绘与整饰　可按一般方法处理。此外，图幅中尚需用一般图例反映测区地表水（河、湖、坑塘、泉）、湿地、砂丘及主要居民点和交通地物等。

（四）盐渍土壤质地图编绘

绘制土壤质地图是盐渍土区进行水利土壤改良，深翻改土的重要依据和图幅成果。在目前尚无统一的制图分类单位和图例，现仅介绍有关分层表示质地的办法以供参考。

0～20cm：耕作层，该层质地直接影响土壤耕作特性和农业生产的土壤物理特性。

20～50cm：心土层，往往与上层配合直接影响土壤水分性状和肥力性状。如"蒙金"、"腰砾"等。

50～120cm：底土层，主要影响土壤内排水性能，是水利土壤改良的浅排水沟的技术设计的主要依据。

120～250cm：母质层，主要影响深沟排水的技术设计和排水、排盐效果。

对上述每个层位中夹有黏土层、砂层、粉砂层厚度可分为：薄层5～10cm，中层20～50cm，厚层>60cm。

根据以上分层情况，应分层设计图例，如耕作层用颜色，第二层用线条，第三层用数字，第四层用字母，以得到分层表示的立体效果。对于影响土壤肥力性状较大的砂浆层、埋藏的泻湖盐渍层和铁锰结核层，应以特殊符号表示。

图例及制图单位确定后，可根据主要剖面的质地分层进行统计，并标绘在地形图中（亦可以透明纸蒙绘野外工作草图的主要剖面后，再进行质地的分层统计），然后根据图例检查野外土壤边界线。当出现一个土壤区界中有两个以上的质地剖面区界时，可在室内依沉积物质和沉积规律，合理地补充一部分深层的质地界线，因为详细要求精确的下层区界，必然导致野外工作量加大，边界线多而加重图幅负担，故一般农业生产上质地类型界线多以1m土体为主，其下层仅以符号表示而不绘制区界。该图幅清绘及图饰等编绘程序同土壤图。

（五）海涂区土地利用现状图的测绘

为了多部门综合开发利用滩涂资料，多方面满足市场要求，制订综合开发利用规划，促进各行业生产建设的稳定性，不断提高土地生产力并发挥其最大经济效益，因此海涂区土地利用现状图的绘制为其提供了最基本的科学依据。应根据不同的利用现状绘制盐田、水产养殖业种类及面积（应包括水下浅滩地带）、红树林地、潮间盐土荒地，草地、林地、工业与居民建筑用地等制图单元。

（六）编绘盐渍土壤改良分区图

盐渍土区的土壤改良分区是正确地综合分析各种自然条件，特别是测区盐渍土壤改良条件，盐渍土壤改良特征、盐渍土壤类型及分布特点等调查资料，从土壤改良目的和当前农业生产实际出发，根据各地段间的分异规律进行分区。其目的在于说明和规定不同土地区段土壤改良的主攻方向和长远及当前的改良措施。它不是综合自然区划，也不是具体改良规划，它仅供业务领导部门，为盐渍土改良和发展农业生产（尤其是农田基本建设）制订具体改良利用规划。

围垦区潮间盐土改良原则与前者类似，但它的分区是在滩涂资源的综合开发指导下进行的，它与航运、渔业捕捞、水产养殖业、林业、晒盐及工业建设有着密切联系，其改良分区应使海涂生态系统通过各种相应改良途径，逐步促进潮间盐土—滨海草甸盐土—盐化潮土—潮土的转化，应改变片面开发（即开垦）的观点。

第四节　湿地土壤调查制图

湿地（wetland）是地球上水陆相互作用形成的独特生态系统，是重要的生存环境和自然界最富生物多样性的生态景观之一，在抵御洪水、调节径流、改善气候、控制污染、美化环境和维护区域生态平衡等方面有其他系统所不能替代的作用，被誉为"地球之肾"、"生命的摇篮"、"文明的发源地"和"物种基因库"，因而湿地研究受到国际社会的普遍重视。在国际自然及自然资源保护联盟（IUCN）、联合国环境规划署（UNEP）和世界自然基金会（WWF）编制的世界自然保护大纲中，湿地与森林、海洋一起并列为全球三大生态系统，而淡水湿地被当作濒危野生生物的最后集结地。

据统计，全世界共有湿地8.56亿hm^2，占陆地总面积的6.4%。其中以亚热带比例最高，占29.3%，寒温带占13.4%，寒带占11%，热带占10.9%。就国家而言，加拿大的湿地面积最大，约1.27亿hm^2；其次是俄罗斯，约8 300万hm^2。美国的湿地按1982年调查为1 790～1 897万hm^2，若包括阿拉斯加可达7 000万～1.4亿hm^2。据全国湿地资源调查结果表明，我国现有湿地3 848.55万hm^2（不包括水稻田湿地），居亚洲第一位，世界第四位，世界各种类型的湿地在中国均有分布。其中，自然湿地3 620.05万hm^2，占94%；库塘湿地228.50万hm^2，占6%。自然湿地中，沼泽湿地1 370.03万hm^2，近海与海岸湿地594.17万hm^2，河流湿地820.70万hm^2，湖泊湿地835.16万hm^2。

目前，我国的湿地和世界其他国家的湿地一样正以令人担忧的速度消失。越来越多的科技工作者和行政官员都发现，为了实现区域可持续发展，需要了解、保护甚至重建这类脆弱的生态系统。因此，了解并掌握湿地生态系统调查的相关内容和方法，具有重要的意义。

一、湿地的定义与类型

湿地是介于陆地和水生生态系统之间的过渡带，湿地的特征从水体到陆地逐渐变化，并兼有两种系统的某些特征。由于认识上的差异和目的不同，使得不同的人对湿地定义强调不同的内容。如湿地科学家考虑的是伸缩性大、全面而严密的定义，便于进行湿地分类、野外调查和研究；湿地管理者则关心管理条例的制定，以组织或控制湿地的人为改变，因此需要准确而有法律效力的定义。尽管由于人们各种需要不同，产生了各种不同的湿地定义，但是多水（积水或过湿）、独特的土壤（水成土）和适水的生物活动是其基本要素。

通过国际合作，保护重要湿地系统，特别是珍稀水禽重要的栖息湿地，动员世界各国联合行动，以挽救世界上急速消失的湿地及濒临灭绝的水禽。1971年，苏联与英国、加拿大等6国在伊朗（Ramsar）签署了《关于特别是作为水禽栖息地的国际重要湿地公约》（The Convention on Wetlands of International Importance Especially as Waterfowl Habitat），即《Ramsar公约》。目前，有158个缔约方，共有1 754个湿地列入国际重要湿地名录，总面积约1.61亿hm^2。我国于1992年加入本公约，截至2008年2月，我国有36块湿地被列入湿地公约国际重要湿地名录。Ramsar公约中关于湿地的定义，可以作为一个无所不包的定义，也是许多加入湿地公约国家所接受的一种，定义陈述为"湿地系指，不问其为天然或人工，长久或暂时性的沼泽地、湿原、泥炭地或水域地带，带有静止或流动，或为淡水、半咸水体者，包括低潮时不超过6m的水域"。

Ramsar公约中的湿地分类系统是第四届缔约国大会（瑞士蒙特勒，1990）作出的建议，要求成员国和执行局统计全球各种类型湿地的数量和面积时使用的分类系统。为了使我国的湿地调查成果能够和Ramsar湿地公约名录的类型相衔接，我国的湿地资源调查中基本上使用Ramsar湿地名录的分类系统，只是结合我国的情况进行局部的修改（中国湿地调查纲要，1995）。根据湿地分布及其性质划分三组：海洋和滨海湿地、内陆湿地和人工湿地。人工湿地主要指稻田。其中自然湿地的分类如下：

1. 海岸湿地类

（1）浅海水域　低潮时水深不足6m的永久浅水域。

（2）潮下水生层　包括海草层、海草、热带海洋草地，这个类型很少。

（3）潮间泥、沙或盐碱滩　指高潮线与低潮线之间的泥滩、沙滩和盐碱滩，随潮汐而周期性的被海水淹没。

（4）潮间沼泽　即潮间带有喜湿性植物的生长和底栖生物种群的活动，在嫌气环境下有潜育化现象的发生，有一定数量有机质积累的地段。

（5）砾石性海岸　一般是陆地上的山脉或丘陵延伸，直接与海面接触的部分，被海水淹没或过湿。

（6）沙泥质海岸　也称堆积海岸，由松散物质组成，其形成与平原、河口堆积或地壳上升运动有关。

（7）红树林沼泽　红树林一般生长在高温高盐和没有拍岸浪的港湾淤泥滩上，是热带、亚热带广泛分布的一种湿地类型。

（8）珊瑚礁　珊瑚礁是由腔肠动物造礁珊瑚的骨骼与少量石灰质藻类和贝壳胶结形成的大块有孔隙的钙质岩体。受珊瑚生长条件的限制，所以珊瑚礁只能分布在热带和一部分亚热带以及一些受暖流影响的温带海区。

（9）海岸性咸水湖　主要是由于泥沙的沉积（沙堤、沙嘴或滨岸堤）而与海洋分离的潟湖。潟湖沉积以颗粒较细为其特征。在湿润地区，由于潟湖内生物的繁殖、死亡和堆积，在潟湖沉积中，有机质的含量较高，甚至形成泥炭堆积。在干燥地区的潟湖，则沿着盐沼、盐滩的方向发展。

（10）海岸性淡水湖　当海岸潟湖完全被沙堤与海洋隔离，潟湖受陆上入湖淡水的影响，即演化发育为海岸淡水湖泊。

2. 河口海湾湿地

(1) 海湾、河口湾

①海湾是海岸线内十分明显的凹部水域，它不是海岸线的简单弯曲地带，而是凹部水域的大小同海湾口的宽度应有一定的比例，即凹部水域的面积不应小于以通过海湾口所划的直径为直线所绘的半圆面积。海湾湿地也指的是低潮时水深不足6m的浅水区域。

②河口湾即江河入海口的区域，受河流与海水的相互作用。根据水文、地貌特征不同，从陆到海，可把河口区分为近口段、河口段和口外海滨段。

(2) 三角洲湿地　　通常把河口区由沙岛、沙洲、沙嘴等发展而成的冲积平原称三角洲。我国的黄河、长江、珠江和辽河口等都有大面积的三角洲。河口三角洲湿地以芦苇、柽柳和碱蓬等植物群落为主，也是重要的水禽栖息地。

3. 河流湿地　　河流湿地分为永久性河流与溪流以及季节性与间歇性河流与缓流。我国河流众多，流域面积在$100km^2$以上的河流大约有50 000多条，大于$1 000km^2$的有1 500多条，若计溪流和季节性与间歇性河流则更多。由于河流宽度在枯水季节和汛期有很大差别，河流湿地面积按平均泛滥宽度即洪水位平均河流宽度计算。

4. 湖泊湿地　　湖泊是湖盆、湖水和水中所含物质包括矿物质、溶解质、有机质、水生物等组成的统一体。湖泊湿地按积水时间划分为长期的和季节性的、间断性的；按水的矿化度分为淡水和咸水湖，即通常将湖水矿化度小于1g/L的水体为淡水，大于1g/L而小于10g/L的为咸水。所以，湖泊湿地划分为4个类型：永久性淡水湖，季节性或间断性淡水湖，永久性咸水湖，季节性或间歇性咸水湖。至于矿化度大于10g/L的盐湖不计为湿地。据统计，全国现有大小湖泊24 880个，总面积达83 400km^2；其中面积大于$1km^2$的湖泊共2 848个，总面积为80 645km^2，总蓄水量7 000多亿m^3。

5. 沼泽和草甸湿地　　沼泽和草甸湿地类型多样，且独具特色。

(1) 草本沼泽　　它是我国沼泽的主体，面积大，约占沼泽总面积50%以上，遍布于全国各地。特别是三江平原和若尔盖高原都是典型的草本沼泽集中分布区域。由于组成草本沼泽的植物种类不同，草本沼泽又可划分许多种类。最常见的是苔草构成的沼泽。如分布在三江平原的毛果苔草，发育有泥炭沼泽土或腐殖质沼泽土；分布在青藏高原的木里苔草沼泽，发育有泥炭沼泽土；分布在东北平原和山地的乌拉苔草沼泽，发育有泥炭沼泽土；分布在亚热带山地的蒯草沼泽，发育有泥炭沼泽土。芦苇沼泽分布广、面积大，几乎在全国各地均有分布。另外，还有分布在水域边缘的香蒲沼泽、水葱沼泽；分布在热带地区的田葱沼泽、热带海岸的薄果草沼泽；分布在青藏高原河源和洼地的栅叶沼泽等。

在部分草本沼泽中也伴生有少量灌木、半灌木。草本沼泽多为大气降水、地表径流和地下水等混合补给。因此，植物所需要的氮、磷、钾等营养元素很丰富，有些人称它是富营养型沼泽。

(2) 藓类沼泽　　藓类沼泽分布零星、面积小。主要发育在地处寒温带和温带的大、小兴安岭和长白山地区。大兴安岭的阿尔山、古莲、满归，小兴安岭的乌伊岭和汤旺河流域，长白山玄武岩台地等地区，由于气候冷湿、地下有岛状永冻层，或玄武岩风化物成为隔水层，土壤终年处于积水或过饱和状态，微生物活动受到抑制，植物残体的积累大于分解，有利于泥炭堆积，而使藓类沼泽得到发育。在我国藓类沼泽主要是泥炭藓沼泽。

泥炭藓形成密实的地被物，像绒毯一样覆盖地面，并形成藓丘。泥炭藓沼泽主要由大气降水补给，泥炭藓持水量很大，一般高达1 000%~2 000%，呈酸性至微酸性。土壤中灰分含量低，植物所需要营养元素贫乏，故只能有藓类发育，并出现食虫植物，如茅膏菜、狸藻等。在该类沼泽中乔木几乎消失，仅伴有稀疏的小灌木。

（3）灌木为主的沼泽　多分布在森林沼泽的边缘地带，或是草本沼泽向森林沼泽过渡地区。如东北地区分布有丛桦湿地、柳丛湿地、绣线菊湿地；南方有箭竹湿地、岗松湿地等。这些类型湿地中多伴有一些小灌木和苔草。

以长白山地和兴安岭丛桦湿地为例，一般分布在河漫滩上，向高处为乔木湿地或森林，向低处多为草本沼泽。呈季节性积水，为河水和地下水补给；土壤为薄层泥炭土，泥炭层厚50～60cm，pH 为 5.5～6.5；伴生有柳叶绣线菊、沼柳、鼓囊苔草等；常常形成草丘，丘间有积水。

（4）乔木为主的沼泽　这种湿地分布在山地和丘陵地区，是森林沼泽化的结果。在大兴安岭具有贫营养的兴安落叶松、狭叶杜香、泥炭藓湿地，也有富营养的兴安落叶松、柴桦、玉簪苔草湿地。大兴安岭乔木为主的湿地类型多，发育有泥炭沼泽土，但因气温低，生物生产量相对较小，故泥炭层转薄，一般20～50cm。长白山乔木为主的湿地集中分布在海拔600～1 200m 山地，并发育有富营养的长白落叶松、丛桦、苔草湿地和中营养的长白落叶松、笃斯越橘、藓类湿地。水松湿地仅分布在广东、广西、福建和江西省。历史时期天然水松林分布很广，在低湿地方和山脚洼地均有分布，但后来天然水松林逐渐消失。目前广州一带人工栽培水松一般种在河流泛滥地带，经常有河水浸没，林下有短叶茳芏、圆叶节节菜、水蓼等少数草本植物。

（5）盐沼　分布在我国北方干旱和半干旱地区，滨海一带也有零星分布。盐沼是由一年生盐生植物群落组成的，发育有盐化沼泽土。新建的盐沼有两个植物群系：一是盐角草群系，分布普遍，见于山前冲积平原和罗布泊周围，呈斑状出现于潮湿的盐湖湖滨和洼地底部，有季节积水，基质黏重，土壤表面有 5～10cm 盐壳或盐聚层。生长着盐角草，伴生有碱蓬、矮生芦苇，覆盖度达 40%～50%。另一种是矮盐千屈菜群系，仅见于罗布泊北麓湖滨，形成 30～50m 窄带，高不过 10cm，盖度 30%～40%，秋季经常受上涨湖水淹浸。

（6）湿草甸　它是草甸向沼泽的过渡类型，通常称之为沼泽化草甸，或低湿地草甸。湿草甸由湿中性多年生草本植物为主形成，其中莎草科植物占有重要地位。它的分布与特定地形所引起土壤水分状况有关，是在地势低平、排水不畅、土壤过分潮湿、通透性不良条件下发育起来的。因此多形成草甸沼泽土，甚至有些地区形成泥炭层或半泥炭化的有机层，下层为黏重潜育层。

分布在温带草原、河漫滩、湖滨及山地沟谷地带常见有苔草沼泽化草甸。如瘤囊苔草、小白花地榆沼泽化草甸。分布在高原地区具有高寒性质的沼泽化草甸有嵩草沼泽化草甸（如藏嵩草草甸、大嵩草草甸），华扁穗草草甸，及面积较小的针蔺沼泽化草甸。

（7）淡水泉（包括绿洲湿地）　泉是地下水在地表的天然露头。无论潜水含水层还是承压水的含水层，其中地下水都能以泉的形式排泄到地表来。泉的成因复杂，类别繁多，大小不一，与一定的地形、地质和水文地质条件有关。

淡水泉在全国各地均有分布。如济南市趵突泉，北京的天下第一泉——玉泉，广西新安县喀尔斯特系（地苏暗河），大陆沿海或岛屿的外围海域，径口发育的海底泉，等等。据新疆综合考察初步统计，新疆平原区泉水年径流量近 5 亿 m^3，其中平均流量在 $1.0 m^3/s$ 以上的有 33 条，较著名有玛纳斯地区的、四棵树地区的、喀什地区的泉沟，较大泉流成为稳定的农业灌溉水源——绿洲湿地。

（8）**地热湿地** 埋藏地下深处的高温地下水，以泉的形式流出地表称温泉，如果由导水断层喷出地表称为喷泉。温泉分布是与地热异常区联系起来。我国是世界上热水资源丰富的国家，地表出露的热水泉至少有2 000多处。西藏羊八井、云南的腾冲、台湾的大屯均为世界上有名的热水泉。云南腾冲温泉区，就有50多座温泉出露，泉水温度几十度以上，最高达105℃。由温泉水补给湿地称地热湿地。西藏高原是我国主要地热分布区，地热湿地分布与高原构造断裂发育有关。

二、湿地土壤类型

湿地土壤是构成湿地生态系统的重要环境因子之一。在湿地特殊的水文条件和植被条件下，湿地土壤有着自身独特的形成和发育过程，表现出不同于一般陆地土壤的特殊的理化性质和生态功能，这些性质和功能对于湿地生态系统平衡的维持和演替具有重要作用。因此，在湿地的诸多定义中有很多将湿地土壤作为划分湿地的一条重要标准。

湿地分布的区域广泛，自然条件复杂。在多样的生物、气候、地形、母质和植被等因素的综合作用下形成了不同的湿地土壤类型。

水成性湿地土壤是现代土壤形成过程中，长期或季节性受到水分过度湿润或水分饱和的土壤。水成土壤一般与低平或低洼的地形部位相联系，自然植被主要为草甸或沼泽植物。水成湿地土壤从水分条件上可分为：

①地表积水并受地下水浸润的土壤，如沼泽土；

②完全受地下水浸润的土壤，如草甸土；

③仅受土层中暂时滞水浸润的土壤，如白浆土。

从水分条件在成土过程中的作用程度来说，后两者可称为半水成土壤。

水成湿地土壤的主要成土过程包括潜育过程、潴育过程、腐泥化过程、腐殖质累积过程和泥炭化过程等。然而，在各种水成土壤中，这些过程的组合和表现程度又各有不同。从而又形成了各具特点的、有特定剖面构型和属性的湿地水成土类型。

1. 水成性湿地土壤——沼泽土 沼泽土的形成过程包括有机质的泥炭化过程，有机质的腐殖化过程，有机—无机物的腐泥化过程和矿物质的潜育化过程。因此，可根据其有机质的积累程度和潜育化程度进一步划分为若干个沼泽土亚类。

（1）草甸沼泽土 是草甸向沼泽土过渡的类型，土壤经常处于湿润状态。剖面构型为 AHg - Bg - G 型。表层（AHg）为草根或粗腐殖质层，有粒状或鱼卵状结构，有的亚表层出现多量铁锰结核；心土层（Bg）色较淡，有锈斑；底土层为灰蓝色或浅灰色的潜育层（G）。草甸沼泽土的有机质含量多在10%以上，高的可达30%。

（2）腐殖质沼泽土 有临时积水，但总的来说土壤通气条件尚好。剖面为 AH - G 型，其特点是泥炭积累不明显，而多以腐解的有机质（AH）形态累积于土壤表层。AH 层中草根较少，结构不明显，很少见到铁锰结核，其下即为 G 层。腐殖质沼泽土的有机质含量很高，有的表土层可达40%，但在潜育层则锐减到1%左右。

（3）泥炭腐殖质沼泽土 地面长期积水，只有在极为干旱的情况下才能露出水面。其剖面构型是 H - AH - G 型。表层为厚20cm左右分解不良的泥炭层（H）；草根极多、密集成层，H层以下为腐解的有机质层（AH），再下为G层。

（4）泥炭沼泽土　地面长期积水，剖面构型为H-G型。表层有机质呈泥炭状累积，但厚度不超过50cm，有机质含量一般都在40%以上，高的可达80%。

（5）泥炭土　地面长年积水，水深20～30cm。上层为50～200cm或更厚的泥炭层，下层为潜育层，有的在这两层之间还有腐殖质的过渡层，但剖面的基本构型仍为H-G型。

（6）腐泥沼泽土　多分布于开阔积水地段，系湖泊沼泽化的产物，有由细腻黑色有机—无机物混合而成的腐泥层，剖面构型为As-G型，即由腐泥层（As）和潜育层（G）组成。

2. 半水成性湿地土壤——草甸土　草甸土是直接受地下水浸润，在草甸植被下发育而成的半水成湿地土壤。它广泛分布于大河流泛滥地、冲积平原、三角洲及滨湖、滨海等地势低平的地区。

草甸土一般都发育在近期的沉积物上，地下水距地表较近，埋深1～3m，在植物生长旺盛季节，地下水可沿毛细管经常地上升至地表。自然植被茂密，多由中生的草甸植物及部分沼泽化的草甸植物组成。其成土特点是具有明显的腐殖质累积过程和潜育过程。

再则需要指出，由于草甸土广泛分布于各个土壤地带之中，因而在成土过程中反映出一定的地带性和地区性的差异，除了上述基本过程之外，还可能附加有钙化、盐渍化等过程。

草甸土的共同特征是：剖面为Ah-Bg-G型。表层腐殖质含量较高，结构良好；Bg层腐殖质含量很少，而多铁锰结核，并自上而下逐渐减少；Bg层以下为G层。但是，由于生物、气候条件及地形、水文等条件的不同，其性状亦有很大差异。据此尚可划分若干亚类。

（1）暗色草甸土、草甸土和酸性草甸土

①暗色草甸土：分布于温带及寒温带的湿润和半湿润地区，植物残体分解缓慢，腐殖质累积强度大，腐殖质厚度达40～100cm，表层有机质含量为5%～10%，颜色深暗，土壤呈中性或微酸性。

②草甸土：分布于暖温带湿润半湿润地区。植物残体分解快，腐殖质含量低，只有2%～3%，腐殖质层也较薄，一般30～50cm，颜色变浅，呈灰棕色，土壤呈中性或微碱性。

③酸性草甸土：分布在亚热带、热带。腐殖质含量较低，一般为1%～3%，颜色浅，厚度为20～40cm，土壤呈微酸性至酸性反应。

（2）碳酸盐草甸土　主要分布于碳酸盐母质或半干旱地区。特点是淋溶较弱，除易溶盐遭受淋失外，碳酸盐不被淋失，而淀积在土壤剖面的一定部位；土壤中含有碳酸钙，呈微碱性至碱性反应，腐殖质含量低。

（3）盐化草甸土　分布于草原或荒漠草原区，在滨海地区也有分布。地表生长碱草、碱蒿和星星草等喜盐性植物，地下水埋深在1.5m左右，矿化度较高，地下水所含盐分可随毛细管升至土壤上层，致使草甸土产生附加盐化过程。土层中含有一定量的易溶盐，一般介于0.1%～0.6%，土壤呈中性至碱性，有石灰反应，腐殖质含量低。

（4）碱化草甸土　多发育在草甸草原地区。植物以羊草、蔓菱陵菜、大针茅为主，地下水埋深1.5～2.5m，矿化度、盐分含量低，唯碱化度较高，一般在5%～20%，表层中性，下层偏碱性，有石灰反应。

（5）潜育草甸土　主要分布于地形较低洼处，地下水位约1m，土体的潜育化过程较强，剖面中可见明显的蓝灰色斑块，表层腐殖质化较差，有轻度泥炭化现象，有机质含量可高达

8%，但向下急剧降低。它是草甸土向沼泽土过渡的亚类。

（6）**高山草甸土** 高山草甸土形成的特点是：土体比较温润，进行着强烈的泥炭状有机质的累积过程和大气湿润冰冻氧化还原过程，同时也具有草甸过程的某些萌芽。其剖面构型为 O‑Ah‑AhB‑C 型。草皮层（O），厚 3～10cm。腐殖质层（Ah），厚 10～20cm，呈浅灰棕或棕褐色，粒状和鳞片状结构，多根系。AhB 层为过渡层，其性质是：①表层有机质含量高，在 10%～15%；②土体中碳酸钙被充分淋洗；③pH 为 6.0～7.0，盐基饱和度较高；④土壤质地较粗，黏粒含量多在 5%～10%。

3. 半水成性湿地土壤——白浆土 白浆土是一种滞水潜育性的半水成土壤。主要分布于东北地区，但在江苏、安徽、湖北等省也有分布。

白浆土分布地区的地下水位一般都比较深，并有质地黏重的隔水层。但由于母质黏重，地形平坦，以及季节冻层存在时期较长，土壤排水不良，又加之降水集中，因而在土层上部多形成临时性上层滞水（或称土壤‑地下水）。

地势低平的地方，还有临时性地表积水。这些周期性出现的土壤滞水和地表积水，对白浆土的形成起着重大作用。

白浆土的植被以喜湿性植物种类为多，主要是草甸和草甸‑沼泽类型的草本植物。在木本植物中，也以喜湿性的落叶松、白桦、水曲柳、丛桦最为常见。

在上述成土条件的综合作用下，白浆土的形成具有潴育—淋溶—草甸过程的特点。

在自然状态下，白浆土的形态特别明显，其剖面构型为 Ah‑Ecs‑Bts‑C 型。腐殖质层（Ah）厚 10～20cm，暗灰色、多根、疏松，富含有机质，团块结构，含有铁子，向下过渡明显。白浆层（Ecs）厚 20～40cm，灰白色、紧实，在湿润状态下结构不明显，干时呈不明显的片状结构，有大量铁子，向下过渡明显。淀积层（Bts）呈暗棕色或棕色，以小棱柱状结构为主，在裂隙及结构面上有暗棕色胶膜及白色粉末，铁子不多，黏紧，透水差，向下层逐渐过渡。母质层（C）主要是河湖黏土沉积物。

总体来看，白浆土的腐殖质以 Ah 层最多，一般在 8%～10%，但自 Ah 层以下，急剧减到 0.5%。白浆土呈微酸性反应，pH 一般为 5～6。

白浆土由于其所在地貌部位的不同，尚可划分出 3 个亚类，即白浆土、草甸白浆土和潜育白浆土。

4. 盐成湿地土壤 盐土在我国分布较广。盐土的形成过程，实际上是各种可溶性盐类在土壤表层或土壤中逐渐积聚的过程。盐分的这种积聚，一般由如下因素的综合作用而实现的。①气候干旱；②地势低平或微有起伏；③地下水径流滞缓，同时地下水的含盐量要达到临界矿化度，对含氯化物—硫酸盐者，其临界矿化度平均为 2～3g/L；含苏打的则其临界矿化度平均为 0.7～1.0g/L；④更为重要的是，只有在地下水能上升到地面的情况下，换句话说，也就是在水成或半水成条件下，才能形成盐土或盐化土壤。这就是我们为什么将部分盐土作为湿地土壤来加以研究的原因。

（1）**盐土的量化指标** 一般认为，当土壤表层含盐量超过 0.6% 时，即属盐土范畴。不过，由于不同盐分组成对植物危害程度不同，因而各种盐土含盐量的下限也不同。氯化物盐土的含盐下限为 0.6%，硫酸盐土的含盐下限为 2% 左右；氯化物—硫酸盐盐土及硫酸盐—氯化物盐土的含盐下限为 1% 左右。当土壤的可溶盐类组成中含苏打在 0.5mmol/kg 以上的，即属苏打盐土。

(2) 盐土的一般性状　盐分沿土壤剖面的分布是上多下少,但在滨海地区也常见到上轻下重的现象。盐土中的盐分,一般是多种可溶盐盐分的组合。根据盐渍地球化学过程的特点,因地区不同,其盐分组成具有明显的差异。如滨海区,以氯盐为主;松辽平原以 HCO_3^-、CO_3^{2-} 为主;华北平原和黄河河套平原,一般以 $SO_4^{2-}-Cl^-$ 为主;而荒漠区则以 $Cl^- - SO_4^{2-}$ 为主。盐土一般呈碱性反应,除苏打盐土外,pH 为 7.5～8.5。盐土的腐殖质含量一般很低,唯草甸盐土腐殖质含量较高,并有潜育化特征。盐土的质地以黏质为主,没有明显的发生层,颜色多为浅灰到浅灰棕色。

盐土分类根据盐分起源以及积盐过程和成土特点,可分为以下亚类:

①草甸盐土:分布极广。按其盐分组成可分为氯化物盐土、硫酸盐土和硫酸盐－氯化物、氯化物－硫酸盐盐土。

②滨海盐土:特点是全剖面积盐较重,土壤和地下水的盐分组成与海水一致,均以氯化物占绝对优势,且地下水矿化度很高。

③沼泽盐土:由沼泽或盐沼干涸演化而成。

5. 碱土　碱土系指土壤中含相当多的吸收性钠,并具有特殊的剖面构型($E-Bth-B_2-C$)。该土表层为淋溶层(E),厚数厘米至十厘米,通常为灰色,片状或鳞片状结构。碱化层(Bth),呈灰暗色、紧实、圆顶形的柱状结构,通常在柱状顶部有一薄薄的白色(SiO_2)间层。盐化层(B_2),在柱状层以下,呈块状到圆块状或核状结构,易溶性盐含量最高。

碱土中含可溶性 Na_2CO_3 及 $NaHCO_3$ 很多,而其他可溶性盐类较少。剖面中,上部含可溶盐分少而底部多,这一点恰与盐土相反,碱土呈强碱性反应。由于碱土中所含的腐殖质被 Na_2CO_3 等作用分散,而使土壤呈黑色,故又称为黑碱土。

碱土的分类,据其发生特点,可将碱土划分若干亚类。但与湿地有发生学联系的仅有草甸碱土。特点是:具有较高的湿润状况,为水成型碱土,地下水位 2～3m,矿化度多低于 3g/L,属苏打型;植物为碱蒿、星星草、羊草等。草甸碱土的形成特点是以碱化过程为主的同时,还伴随有草甸和盐化的附加过程。

性状:具有深厚的腐殖质层和柱状碱化层,有机质含量 1.5%～6%,淋溶层和碱化层的含盐量都不超过 0.5%;pH 一般在 9 以上。草甸碱土形态区别其他碱土的最大特点是在于碱化层之下为锈色的、浅灰色的潜育层。

6. 水稻土　属于人工湿地土壤(略)。

三、湿地土壤调查与制图

湿地土壤调查旨在查清湿地土壤类型、分布以及与之形成、发展有联系的相关环境因素,如植被类型、水文状况和地形、地貌特征等。

(一)调查内容

①调查区湿地土壤类型、分布、面积、剖面特征等。
②调查湿地植物覆被类型、水文条件、地形地貌特征及其与湿地土壤的联系。

（二）调查过程和方法

1. 准备工作

（1）收集资料　收集该地区的气候、地质、地貌、植被、土壤、水文及水文地质等自然条件的资料，同时收集该地区人口、劳力、收入、交通、通信等社会经济资料。还要收集有关该地区在开发利用本地湿地方面的经验教训。对收集到的资料进行综合归纳整理与分析，对已明确的内容不再列入实地调查的项目，对不明确或没有调查的项目，制订出野外综合调查计划。

（2）工具准备　湿地土壤调查主要活动于地表有水的地区，尤其是滩涂调查。因此进行工作之前，首先要掌握不同干湿月份、不同日期的涨、落潮时间和地面情况。如果仅用一般的调查工具，常不能采集到需要的标本，因为湿地一般松软而滑，难以采到心、底土。因此进行湿地土壤调查时除了应拥有以下调查常用的工具备品（罗盘、测坡器、手提式电导仪、铁锹、土钻、剖面刀、卷尺、野外调查记载表、布袋、水样瓶、标签以及连鞋水衣、有色眼镜等）外，还应准备简易海滩和湖泊采泥器，船和橡皮艇及汽车等。

2. 野外调查方法

（1）湿地土壤调查方法　按湿地的概念，我国的湿地可分成自然湿地和人工湿地两大类。在自然湿地中，又根据其分布的地理特征，将其分为沿海型和内陆型湿地。我国湿地土壤类型分类可以参照表 7-7。同时，可以引用和参考土壤普查的成果，如水稻土、盐碱土等在第二次土壤普查时已基本调查清楚，在湿地土壤调查之前可到有关部门收集和查找，或者根据土壤普查的技术规程，对没有调查的湿地进行土壤类型、分布、面积的详细调查。基本的步骤和方法如下：

①调查路线、断面、点位布设：在地形图或航片上（或高分辨率遥感影像）确定野外调查的路线，按规定要求或根据已了解的湿地土壤情况，在图上先布设断面线，间距1～5km（中、大比例尺），5～10km（中、小比例尺），在断面上选择有代表性的地段（典型土壤类型）布设土壤剖面点，预算出采集土壤和样品的数量。

②工作进度和预期成果：外业调查工作最好安排在一年中水位最低的季节，同时考虑天气的变化，以提高工作效率。内业工作主要应考虑化验分析的方法、项目和任务的完成、图件的编绘和清绘、资料的整理和报告的编写。总的成果要求：a. 土壤各种类型的描述；b. 土壤图的编绘和清绘；c. 规定的土壤图件和说明书；d. 调查报告的编写。

③土壤剖面特征：由于湿地土壤受地表径流和地下水的影响强烈，在土体中进行明显的潴育化或潜育化过程，并伴随着氧化还原电位（Eh）的降低，因而对土壤有机质积累有利，甚至产生泥炭化过程。在进行土壤野外剖面描述时需要注意这些特征。

a. 潜育作用的土壤：剖面具有腐泥层或泥炭层和潜育层的土壤，土壤糊软，土粒分散，无结构或呈大块状结构，呈灰至蓝色，极少褐色锈斑；湿时pH较高，近中性反应者多，土体中亚铁反应显著，风干后土色往往转为灰棕至棕黄色。

b. 潴育作用的土壤：剖面具有腐殖质层和氧化还原交替进行形成的青灰色、灰绿色或灰白色，有时有灰黄色铁锈的斑纹层；土壤的凝聚性较好，斑纹化和铁、锰氧化物淀积显著；pH也是湿时高，干时下降，有亚铁反应，但整个土体的颜色在湿时与干时差异不显著。

c. 泥炭化或腐泥化作用的土壤：由于水分过多，湿生植物生长旺盛，秋冬死亡后，有机残体留在土壤中；由于低洼积水，土壤处于嫌气状态，有机质主要呈嫌气分解，形成腐殖质或半分解的有机质，有的甚至不分解。这样年复一年的积累，不同分解程度的有机质层逐年加厚，这样积累的有机物质称为泥炭或草炭。

但在季节性积水时，土壤有一定时期（如春夏之交）嫌气条件减弱，有机残体分解较强，这样不形成泥炭，而是形成腐殖质及细的半分解有机质，与水分散的淤泥一起形成腐泥。

（2）湿地植被类型调查方法 我国湿地植被类型繁多，具有木本湿地植被9类，草本湿地植被17类，水域植被37类，共计约超过84个群系。湿地植被调查要与土壤调查同步进行，所使用的底图比例尺和调查路线应与土壤调查一致，每个主要土壤剖面应设1～2个植物样方，原则上每种植物群落组合必须有一个以上的样方。根据踏查时所掌握的植被类型和分布规律，制定出湿地植被工作分类系统，确定调查路线和工作方法（表7-8）。

表7-8 湿地土壤类型及其与植物覆被类型和地形地貌关系

一级分类	二级分类	基本性状	植物覆被类型	水文、地形、地貌特征
沼泽土	草甸沼泽土	剖面构型为AHg-Bg-G型，有机质含量多在10%～30%	苔草、小叶章、芦苇、大嵩草等	季节性积水，阶地上的低洼地带，河漫滩、谷地等
	腐殖质沼泽土	剖面为AH-G型，有机质含量很高，有的表土层可达40%	苔草、芦苇、香蒲、小叶章	常年积水，河漫滩地带、湖滨地带
	泥炭腐殖质沼泽土	剖面构型是H-AH-G型，草根极多，密集成层	苔草、芦苇、嵩草	常年或季节性积水，高河漫滩阶地上的低洼地、低河漫滩
	泥炭沼泽土	剖面构型为H-G型，有机质含量一般都在40%以上，高的可达80%	小叶章、芦苇、苔草、落叶松、白桦、水曲柳、丛桦、泥炭鲜	常年或季节性积水，河漫滩、低洼地、山缓坡、高原冰蚀洼地、山间盆地
	泥炭土	剖面构型为H-G型，上层为50～200cm或更厚的泥炭层，下为潜育层	泥炭鲜、苔草、芦苇、眼子菜等	常年或季节积水，宽谷、湖滨、山间洼地
	腐泥沼泽土	剖面构型为As-G型，即由腐泥层（As）和潜育层（G）组成	芦苇、眼子菜、苔草、藻类等	常年积水，老年期和退化的河流、湖泊地带
草甸土	暗色草甸土、草甸土和酸性草甸土	剖面为Ah-Bg-G型，Bg层腐殖质含量很少，而多铁锰结核，并自上而下逐渐减少	草甸植物及部分沼泽化的草甸植物组成	暗色草甸土分布于温带及寒温带的湿润和半湿润地区；草甸土分布于暖温带湿润半湿润地区；酸性草甸土分布在亚热带、热带
	碳酸盐草甸土	淋溶较弱，土壤中含有碳酸钙，呈微碱性至碱性反应，腐殖质含量低	高原大嵩草、杉叶藻、华扁穗草	分布于高原冰水平原、洼地
	盐化草甸土	使土层中含有一定量的易溶盐，一般介于0.1%～0.6%，土壤呈中性到碱性，有石灰反应，腐殖质含量低	碱草、碱蒿和星星草；高原大嵩草、华扁穗草	分布于草原或荒漠草原区和高原山间盆地

(续)

一级分类	二级分类	基本性状	植物覆被类型	水文、地形、地貌特征
草甸土	碱化草甸土	碱化度较高，一般在5%～20%，表层中性，下层偏碱性，有石灰反应	羊草、蔓菱陵菜、大针茅	分布草甸草原地区
	潜育草甸土	土体的潜育化过程较强，剖面中明显的蓝灰色斑块，表层腐殖质化较差，有轻度泥炭化现象，有机质含量可高达8%	小叶章、沼柳	季节性积水，高低河漫滩、低平地
	高山草甸土	剖面构型为O-Ah-AhB-C型，土体中碳酸钙被充分淋洗，pH为6.0～7.0	嵩草，华扁穗草	分布于高山区域
白浆土	白浆土	剖面构型为Ah-Ecs-Bts-C型；Ah层最多，一般在8%～10%；白浆土呈微酸性反应，pH一般为5～6	小叶章、落叶松、白桦、水曲柳、丛桦最为常见	地表湿润的丘陵、岗地、高河漫滩等
	草甸白浆土		小叶章、丛桦	季节性积水，阶地洼地
	潜育白浆土		丛桦、水冬瓜、沼柳	季节性积水，高河漫滩、低平地
盐成湿地土壤	草甸盐土	氯化物盐土、硫酸盐土和硫酸盐—氯化物、氯化物—硫酸盐盐土	盐蒿	地势低平或微有起伏
	滨海盐土	全剖面积盐较重，土壤和地下水的盐分组成与海水一致，均以氯化物占绝对优势，且地下水矿化度很高	碱蓬、米草	潮间带
	沼泽盐土	由沼泽或盐沼干涸演化而成	盐蒿	河、湖岸带，河漫滩
碱土		剖面构型（E-Bth-B_2-C），具有深厚的腐殖质层和柱状碱化层，有机质含量1.5%～6%，pH一般在9以上	碱蒿、星星草、羊草	河、湖滩地
水稻土		人工湿地土壤	水稻	分布广泛

注：二级分类中各土壤类型基本性状详见第七章第四节。

①样地的布设：样地主要是用来描述湿地的自然条件和利用状况的一种重要的方法。样地应设立在湿地植被典型地段，样方在样地内随机布设，样方主要用来观测记载湿地植被的生物特性和测定湿地植被生产潜力。

a. 样方形状：一般为正方形，样方大小以植被种类和生长状况而定。一般沼泽和草甸植被用$1m^2$样方，高大的植物可用$16m^2$样方。

b. 样方数量：在一个样地上，描述样方1～2个，测定样方4～5个，频度样方10～20个。样方数量应由调查的精度而定。

②样地和样方的观察记载：样地选择必须有代表性，记载内容必须具有准确性、严密性

和可靠性。记载具体内容如下：a. 样地编号：根据调查人员的数量和分组情况而统一编号；b. 地理位置：写出样地所在的地形图编号、行政区域、样地距明显地物的方向、距离、海拔高度等；c. 湿地植被组成成分：记载湿地植被的优势种类、亚优势种类以及组成成分的个体特征，还应记载植物的物候期；d. 湿地植被群落结构特征：主要记载群落的高度、盖度、多度、频度以及植物的产量等。

面积较小的自然湿地宜采用1∶2.5万～1∶5万的近期航片、地形图或高分辨率卫星遥感影像做参考。成图比例尺为1∶2.5万～1∶10万。对大面积的自然湿地可采用1∶10万～1∶20万卫星遥感影像进行调查。人工湿地（如水田）可引用和参考土壤普查资料，水库、池塘等可利用和参考水利部门的资料。

（3）湿地水文和地形、地貌特征调查　湿地地表水变化颇大。对地表水的调查要与土壤调查同时进行，调查内容包括该样点积水状况（季节性积水、常年积水或无积水），水位、水量状况，以及地形地貌特征（河漫滩、阶地、洼地、古河道、山间谷地等）。

（4）湿地土壤制图　湿地土壤制图是运用制图技术即用色调、图案或符号反映土壤类型及其地理分布规律。主要目的是查清土壤资源的数量和质量，进行土壤资源评价，为湿地土壤资源保护与合理利用提供科学依据。

湿地土壤制图一般分为：野外土壤草图编制、室内计算机遥感制图等。

①野外草图编制：湿地土壤草图编制综合运用土壤地理基础理论和土壤野外调查成果。首先要系统分析调查地区土壤类型与湿地植物覆被类型，以及湿地水文、地形和地貌之间的关系，分析土壤类型及其分布变化规律；然后参照遥感影像和地形图信息确定土壤类型界线，并将其界线勾绘在地形底图上或遥感影像上。

②室内土壤遥感制图：土壤遥感制图是指应用遥感技术进行土壤制图。包括航测土壤遥感制图和卫星遥感图像制图。它们是在遥感图像基础上对土壤类型、组合进行定性、定位和半定量研究，勾绘图斑，确定其界线。遥感制图程序为：a. 利用野外土壤调查成果编制土壤草图，然后再进行地面实况调查，验证判读结果，修订土壤草图；b. 详细解译遥感图像，进行制图。土壤解译（或土壤判读）是依据遥感图像（土壤及其成土环境条件光谱特性的综合反映）对土壤类型、组合的识别与区分过程。其方法是依据土壤发生学原理、土被形成和分异规律，对遥感图像特征（包括色调、纹理和图形结构）或解译标志以及地面实况调查资料，进行地学相关分析，直接或间接确定土壤单元或组合界线。一般遵循遥感图像，图斑界限和实际三者一致的原则。

③其他步骤与常规土壤调查相同。

第五节　污染土壤调查与制图

随着人类社会对土壤需求的扩展，土壤的开发强度越来越大，向土壤排放的污染物也成倍增加。目前，我国遭受不同程度污染的农田已达1 000万hm^2，对农业生态系统已造成极大的威胁。防止土壤污染，保护有限的土壤资源，实际上已成为突出的全球问题。土壤污染不但直接表现于土壤生产力的下降，而且也通过以土壤为起点的土壤、植物、动物、人体之间的链，使某些微量和超微量的有害污染物在农产品中富集起来，其浓度成千上万倍地增加，从而对植物和人类产生严重的危害。

一、土壤污染的概念、来源及特点

(一) 土壤污染的概念

土壤污染(soil pollution)是指人为活动将对人类本身和其他生命体有害的物质施加到土壤中,致使某种有害成分的含量明显高于土壤原有含量,而引起土壤环境恶化的现象。

土壤作为人类赖于生存和发展的物质基础,不仅因为它的肥力属性即具有生产绿色植物的功能,还因为它具有过滤性、吸附性、缓冲性等多种特性,既充当各种来源污染物的载体,又起到污染物天然净化场所的作用。土壤是一种复杂的自然综合体,具有一定的环境容量(soil environment capacity),即在一定环境单元和时段内,土壤生态系统进行物质循环过程中,在遵循环境质量标准,保证农产品产量和生物学质量基础上,土壤能容纳污染物的最大允许负荷量。在环境容量内,当污染物进入土壤后,在土壤矿物质、有机质和土壤微生物的作用下,经过一系列物理、化学及生物过程,降低其浓度或改变其形态,从而消除污染物毒性。这种现象称土壤自净作用,自净作用对维持土壤生态平衡起重要的作用。正是由于土壤具有这种功能,少量有机污染进入土壤后,经生物化学降解可降低其活性变为无毒物质;进入土壤的重金属元素通过吸附、沉淀、化合、氧化还原等化学作用可变为不溶性化合物,使得某些重金属元素暂时退出生物循环,脱离食物链。但当污染物质的输入量超过环境容量时,则引起污染现象。土壤环境容量的大小,与土壤环境背景值(back ground value of soil environmental)密切相关。土壤环境背景值又称本底值,在理论上应该是土壤在自然成土过程中,构成土壤本身的化学元素的组成和含量,即未受人类活动影响的土壤本身的化学元素组成和含量,当化学元素含量超过环境背景值时,表明土壤环境可能已受到污染。但在人类长期活动,特别是现代工、农业生产活动的影响下,土壤环境的化学成分和含量发生不断变化,要找到土壤自然背景值比较困难。因此,土壤背景值实际上是相对未受污染的情况下土壤的基本化学组成。

(二) 土壤污染的特点

土壤污染具有渐进性、长期性、隐蔽性(或潜伏性)、特殊性和复杂性等特点。

1. 渐进性与隐蔽性 土壤污染对动物和人体的危害往往通过农作物包括粮食、蔬菜、水果或牧草,即通过食物链逐渐积累危害。从遭受污染到产生恶果有一个相当长的逐步积累的过程,人们往往是身处其害而不知所害,不像大气、水体污染易被人直接觉察。20世纪60年代,发生在日本富山县"镉米"事件曾轰动一时,这绝不是孤立的、局部的公害事例,而是给人类的一个深刻教训。

2. 特殊性 土壤污染与造成土壤退化的其他类型不同。土壤沙化(沙漠化)、水土流失、土壤盐渍化、土壤潜育化等是由于人为因素和自然因素共同作用的结果。而土壤污染除极少数突发性自然灾害如火山活动外,主要是人类活动造成的。随着人类社会对土地要求的不断扩展,人类在开发、利用土壤,向土壤高强度索取的同时,向土壤排入的废弃物的种类和数量也日益增加。当今人类活动的范围和强度可与自然作用相比较,有的甚至比后者更大。土壤污染就是人类谋求自身经济发展的副产品。因此,在高强度开发、利用土壤资源,寻求经济发展，满足物质需求的同时，一定要防止土壤被污染，生态环境被破坏，力求土壤资源、生态环境、社会经济协调和谐发展。

3. 复杂性　土壤污染与其他环境要素污染紧密相关。在地球自然系统中，大气、水体和土壤等自然地理要素的联系是一种自然过程的结果，是相互影响，互相制约的。土壤污染绝不是独立的，它受大气、水体污染的影响。土壤作为各种污染物的最终聚集地，据报道，大气和水体中污染物的90%以上，最终沉积在土壤中。反过来，土壤污染也将导致空气和水体的污染。例如，过量施用氮素肥料的土壤，可能因硝态氮（NO_3-N）随渗滤水进入地下水，引起地下水中的硝态氮超标，而水稻土痕量气体（NH_3、N_xO、CH_4）的释放，被认为是造成温室效应气体的主要来源之一。所以防治土壤污染必须在环境和自然资源管理中实现一体化，实行综合防治。

（三）土壤污染源和种类

1. 土壤污染源　按污染物进入土壤的途径所划分的土壤污染源，可分为污水灌溉、固体废弃物利用、农药和化肥的使用、大气沉降物等。污灌是指利用城市污水、工业废水或混合污水进行农田灌溉。污水水质不符合灌溉水水质标准，使一些灌溉区土壤中有毒有害物明显积累，甚至达原有含量的数倍至数十倍之多，致使粮食作物中某一成分超过食用标准。固体废弃物包括工业废渣、污泥、城市垃圾等多种来源。农药在生产、贮存、运输、销售及使用过程中都会产生污染，施在作物上的杀虫剂，约有一半进入土壤。化肥对土壤的污染主要是由于大量施用化学氮肥，致使氮污染地下水。土壤氮经过反硝化作用产生的氮氧化物进入大气，破坏大气臭氧层。过量使用化肥还会使河川、湖泊、海湾富营养化而影响渔业生产。将含三氯醛的磷肥施入土壤后，三氯乙醛转化为三氯乙酸，它们均可毒害植物，造成作物大面积减产。大气中的二氧化硫、氮氧化物和固体颗粒通过降水或沉降进入土壤，逐步积累，造成污染。一些主要污染物及来源见表7-9。

表7-9　土壤污染的主要物质及来源

	污染物	主要来源
无机污染物	砷	含砷农药，硫酸、化肥、医药、玻璃等工业废水
	镉	冶炼、电镀、染料等工业废水，含镉废气，肥料杂质
	铜	冶炼、铜制品生产等废水，含铜农药
	铬	冶炼、电镀、制革、印染等工业废水
	汞	制碱、汞化物生产等工业废水，含汞农药，金属汞蒸汽
	铅	颜料、冶炼等工业废水，汽油防爆剂燃烧排气，农药
	锌	冶炼、镀锌、炼油、染料工业废水
	镍	冶炼、电镀、炼油、染料工业废水
	氟	氟硅酸钠、磷肥及磷肥生产等工业废水，肥料污染
	盐碱	纸浆、纤维、化学工业等废水
	酸	硫酸、石油化工业，酸洗、电镀等工业废水

(续)

	污染物	主 要 来 源
有机污染物	酚类	炼油、合成苯酚、橡胶、化肥农药生产等工业废水
	氰化物	电镀、冶金、印染工业废水，肥料
	3,4-苯并芘、苯丙烯醛等	石油、炼焦等工业废水
	石油	石油开采，炼油厂，输油管道漏油
	有机农药	农业生产及使用
	多氯联苯类	人工合成品及生产工业废气废水
	有机含氟物及含氮物质	城市污水，食品、纤维、纸浆业废水

2. 土壤污染的类型 根据污染物的属性，一般可分为有机污染物、无机污染物、生物污染和放射性物质污染等。

（1）有机污染物 包括有机废弃物（工业生产及生活废弃物中生物易降解和生物难降解的有机毒物）、农药（包括杀虫剂、杀菌剂和除莠剂）等污染。有机污染物进入土壤后，可危及农作物的生长和土壤生物的生存，如稻田因施用含二苯醚的河泥会造成稻苗大面积死亡，泥鳅、鳝鱼绝迹。人体接触污染土壤后，手脚出现红色皮疹，并有恶心、头晕现象。农药使用后的残留会污染土壤和进入食物链。土壤中的农药主要来自直接施用和叶面喷施，也有一部分来自回归土壤的动植物残体。地膜弃于田间，也是一种潜在的有机物污染源。

（2）无机污染物 它包括有害元素的氧化物、酸、碱和盐类等的污染。生活垃圾中的煤渣，也是土壤无机污染物的主要组成部分。一些城市郊区长期、直接施用无机污染物的结果造成了土壤环境质量的下降。

（3）土壤生物污染 一个或几个有害的生物种群，从外界环境侵入土壤，大量繁衍，对人类健康和土壤生态系统造成不良影响。土壤生物污染的主要物质来源是未经处理的粪便、垃圾，城市生活污水，饲养场和屠宰场的污染等。其中危害最大的是传染病，主要来自医院未经消毒处理的污水和污物。进入土壤的病原体能在其中生存较长时间。如痢疾杆菌能在土壤中生存22～142d，结核杆菌能生存1年左右，蛔虫卵能生存315～420d。有些长期在土壤中存活的植物病原体还能严重危害植物，造成农业减产。例如，一些植物致病细菌污染土壤后，能引起番茄、茄子、马铃薯等植物的青枯病，能引起果树的细菌性溃疡病和根癌病。一些致病真菌污染土壤后引起大白菜、油菜、甘蓝等多种栽培作物和十字花科蔬菜的根肿病，以及小麦、大麦、燕麦、高粱、玉米、谷子的黑穗病等。

（4）土壤放射性物质的污染 系指人类活动排放出的放射性污染物，使土壤的放射性水平高于天然本底值。排放到地面上的放射性废水，埋藏处置地下的放射性固体废弃物以及核企业发生的放射性排放事故等都会造成局部地区土壤严重的放射性污染。大气中的放射性降尘，使用含有铀、镭等放射性元素的磷肥和用放射性污染的河水灌溉农田会造成土壤放射性污染，这种污染虽然一般程度较轻，但污染的范围较大。土壤被放射性物质污染后，所产生的α射线、β射线、γ射线能穿透人体组织，损害细胞或造成外照射损伤。放射性污染物还可通过呼吸系统或食物链进入人体，造成内照射损伤。

（5）土壤重金属污染

①概念：重金属污染是指人类活动将重金属加到土壤中，使其含量明显高于原土壤含量，并造成生态环境质量恶化的现象。

重金属环境污染研究，主要是指汞、镉、铅、铬、铜、锌，此外还有类金属砷和非金属氟污染研究。一些国家污染中重金属浓度见表7-10。

表7-10 环境污染重的重金属浓度 (mg/kg)

国家及地区	镉	锌	铜	铅
英国	2~1 500	600~20 000	2 000~8 000	50~3 600
美国	2~1 100	72~16 400	84~10 400	80~26 000
瑞典	2~171	700~14 700	52~3 300	52~2 900
加拿大	2~147	40~19 000	160~3 000	85~4 000
澳大利亚	2~285	240~5 500	250~2 500	55~2 000
中国上海	25~48	2 895~3 480	220~792	135~339
中国广州	6.6~642	456~5 360	—	16~1 700
中国天津	0.1~45	312~3 120	73~2 960	44~1 680

②来源：土壤重金属污染主要来自灌水（特别是污灌）、固体废弃物（污泥、垃圾等）、农药、肥料以及大气沉降物等。例如，含重金属的矿产开采冶炼、金属加工排放的废气、废水、废渣；煤、石油燃烧过程中排放的飘尘（含铬、汞、砷、铅等）；电镀工业废水（含有铬、镉、镍、铅和铜等）；塑料、电池、电子等工业排放的废水（含有汞、镉和铅等）；采用汞接触剂合成有机化合物（氯乙烯、乙醛）的工厂排放的废水；染料、化工、制革工业排放的废水（含有铬和镉等）；汽车废气沉降使公路两侧土壤易受铅的污染；砷被大量用做杀虫剂、杀菌剂、杀鼠剂、除草剂而引起砷的污染。一般来说，用于校正营养缺乏而施入土壤的重金属的量很少，不大会引起污染，但重复使用也会因积累而产生危害。含重金属的某些有机农药在降解后其重金属仍留在土壤里。污泥含较多的重金属，当做肥料时，若使用不当必然会引起土壤污染。肥料中的重金属污染，特别是镉，主要来自磷肥，有些表土中的镉有80%来自磷肥。

③危害：污染重金属在土壤中不被生物分解，可在生物体内积累和转化，超过一定限度时便产生毒害。进入土壤中的重金属尘埃使微生物区系数量减少，酶活性降低。植物吸收重金属浓度有随土壤中施用重金属浓度的增加而增高的趋势，如在污染土壤中生产的糙米，其平均重金属含量亦较高，而对产量的影响则与重金属的种类不同有关，如铜污染对产量的影响十分明显，但铅和镉对作物产量的影响一般较小。

重金属在土壤中的行为与土壤理化性质密切相关，如水稻对镉的吸收总量随着氧化还原电位的增加和pH的降低而增加。污染重金属的生物效应与其在土壤中的溶解和其化合物类型有着十分密切的关系。例如，亚砷酸的毒性明显高于砷酸，即使同为砷酸盐，由于所结合的重金属离子不同，毒性也有显著差异。土壤中虽有单个重金属的污染发生，但多为伴生性和综合性的多种重金属元素的复合污染。土壤一旦遭重金属污染就难恢复，而且它们可通过食物链对人体健康带来威胁。汞、砷、铅能带来神经系统疾病；汞、镉能引起严重肝肾损伤,举世瞩目的"水俣病"和"痛痛病"就是分别由汞和镉引起的;砷、铬被认为有致癌作用。

(6) 化学肥料污染

①来源:大量使用化肥引起的土壤污染。化肥包括氮肥(如尿素、硫胺、碳铵)、磷肥(如过磷酸钙、钙镁磷肥、磷矿粉)和钾肥(如氯化钾、硝酸钾)等。

施入农田的各种化肥中,以大量氮肥引起的污染最为严重。氮肥施入土壤后,有相当一部分被分解,或挥发进入大气;或随地表径流和土壤侵蚀等汇入河流、湖泊和内海;或垂直淋溶渗漏进入地下水,从而造成氮的污染,并对生物及人体健康构成危害。

②危害

a. 河川、湖泊、内海的富营养化。大量化肥经农田径流带入地表水中的氮、磷含量增加,使藻类等水生植物生长过多。

b. 施用化肥过多的土壤,使食品、饲料和饮用水中硝酸盐含量增加。食用硝酸盐含量过高的食物和饮用水,不仅能引起变性血红蛋白血病的病例增多,而且硝酸盐在人体和动物体内能被还原成亚硝酸盐,而引起肠原性中毒病症,在胃液的酸性条件下,亚硝酸盐还能与仲胺合成强致癌物质——亚硝胺。

c. 使大气中氮氧化物含量增加。施于农田的氮肥在土壤微生物的作用下,生成一氧化二氮和氮气释放到空中。一氧化二氮不溶于水,能上升到离地面 20 000m 高空的臭氧层消耗臭氧,而且它在大气层中还可以转化成氧化氮,氧化氮具有催化作用,能加速臭氧的分解速度,对臭氧的破坏能力更强。

d. 恶化土壤理化性质。长期过量而单纯施用化肥,会使土壤酸化;土壤溶液中和土壤微团聚体及有机—矿质复合体的 NH_4^+ 量增加,并交换出 Ca^{2+}、Mg^{2+},分散土壤胶体,破坏土壤结构,使土地板结,直接影响农业生产成本和作物产量与质量。此外,化肥中含有其他一些杂质,如磷矿石中含镉 1~100mg/kg,含铅 5~10mg/kg,这些杂质可促成土壤重金属污染。

(7) 农药污染 人类活动使农药进入土壤并积累到一定程度,给土壤生态系统造成不良影响的现象。

①概述:早期,农药主要为无机化合物和天然有机化合物。自 20 世纪 30 年代有机氯农药滴滴涕(DDT)问世以后,有机合成农药迅速发展,特别是有机氯杀虫剂,由于廉价、广谱和长效等优点,曾被大量生产和广泛使用。到 60 年代合成的农药品种繁多,已达数万种,常用的几百种按其功能可分为杀虫剂、杀菌剂和除草剂等。

按其元素组成可分为有机氯农药(如滴滴涕、六六六)、有机磷农药(如敌敌畏、对硫磷等)、有机氮农药(如西维因、呋喃丹)和有机金属农药(如含汞农药和含砷农药)等。中国从 1950 年开始使用最多的农药是六六六和滴滴涕,约占农药总施用量的 80%。1960 年后,随着近代分析技术的发展,高灵敏度带电子捕获鉴定器的气相色谱仪应用于有机氯农药的检测。从大量的环境调查中发现,在环境的各区域中,包括从不施农药的中国西藏珠穆朗玛峰的冰雪和南极洲的企鹅中都检测到有机氯农药的残留,从而引起普遍关注。由于有机氯农药化学性质比较稳定,给环境造成严重污染,破坏生态平衡,影响人体健康。西欧和北美各国在 20 世纪 70 年代初,中国在 1982 年已决定禁止使用,并以非持留性农药(如有机磷、氨基甲酸酯类农药)来替代六六六和滴滴涕等。1983 年后,中国农药工业中以有机磷农药产量最大，品种也最多。由于有机磷农药在土壤环境中易被分解，故尚未发现它们在土壤中的累积现象。

②污染途径

a. 为了防治地下有害生物，使用药剂进行土壤处理；

b. 对地上部分作物进行喷洒时，由于喷雾漂移或从植株上落入土壤；

c. 农药厂排放的污水引起水源污染，经灌溉而污染土壤；

d. 含有农药的尘埃沉降和降水；

e. 被农药污染的动植物残体及农家肥等。

其中，最主要来源是防治病、虫、草害时大量施用的农药。

③消失与残留：农药在土壤中的消失途径有：吸收、迁移、蒸发，在日光、空气、水、黏土矿物和微生物的作用下分解、转化。温度、土壤质地、水分含量、有机质含量及耕作制度等对农药残留有不同程度的影响。

落入土壤中的非持留性农药。仅一小部分被挥发或与水蒸气共同蒸发，被地表径流、动物与植物摄取以及风的吹移而进入大气、水体和生物体内参与大环境的农药循环，从而扩大了农药对环境的污染范围；而大部分经土壤化学、生物作用被降解失活，如有机磷农药、氨基甲酸酯类农药易被水解失去生物活性。有机氯农药在旱地土壤中很难被降解，但在淹水条件下，易被土壤中嫌气微生物降解而降低活性或失去生物活性。农药在环境中降解并不意味着毒性完全消除，它既可以产生无毒降解产物，如二氧化碳，也可产生与原始农药毒性相当的降解产物，甚至有的降解产物的毒性比原始母体农药的毒性更大（图7-2）。

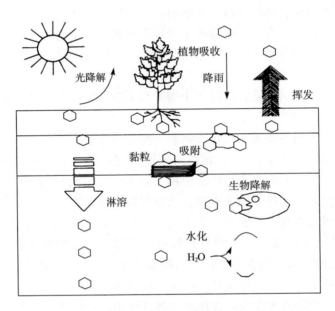

图7-2 农药移动途径

土壤农药的稳定性，一般采用半衰期（$T_{1/2}$）表示，各类农药在土壤中半衰期见表7-11。可见，农药品种不同，它们在土壤中的持留期也各异。其半衰期长的几十年，短的仅数日。

表 7-11　各类农药在土壤中的残留时间

农药种类	半衰期（年）
铅、砷、铜、汞农药	10～30
有机氯农药	2～4
有机磷农药	0.02～0.2
氨基甲酸酯农药	0.02～0.1
均三氮苯类除草剂	1～2
取代脲类	0.3～0.8
2,4-D；2,4,5-T	0.1～0.4

二、污染土壤调查的内容和方法

（一）土壤背景值调查

土壤背景值，又称本底值，是指在没有人为污染情况下，土壤在自然界存在和发展过程中，其本身原有的化学组成。但是在目前，在全球环境都受到冲击的情况下，要获得绝对不受污染的背景值是极为困难的，因而土壤背景值只有相对的意义。

土壤背景值是评价土壤环境质量的基础。因为在确定某区域土壤的污染程度时，往往以土壤背景值作为对比。同时，土壤背景值也可以为农、林、牧业的合理规划、微量元素肥料的合理施用、地方性土壤病因的探讨和防治、地球化学研究等提供依据。

1. 采样点布设的原则　在分析研究收集的有关资料以及对调查区作过初步踏查后，即需要在地形图上进行土壤背景值采样点的布设。样点布设的多少，样点的代表性、典型性、均衡性，直接影响到土壤元素背景值的准确性和精确度。

①采样点的布设要体现调查区域的土壤地球化学的特点，使土壤元素背景值建立在一定的理论基础之上。

②要排除污染的地区，凡是已知或怀疑有次生成矿作用污染及其他人为影响明显的地区，要排除在样点布设范围之外。

③要求具有一定的精度，以单元统计的元素背景值的相对误差、变异系数，应分别在0.2 和 0.5 以内。同一类型土壤应有 3～5 个以上的重复样点。

④布设取样点要尽量布设在能代表区域特征或代表环境单元、土壤类型等特征的地方，同时因统计上的需要，布点时也要照顾点的均衡性。

2. 采样点布设的方法

（1）网络法　网络法是将调查区域划分为若干方格，按格布点取样。优点是采样点均匀分布，便于保证所获背景值的均衡性，但是工作量大，有一定重复。

（2）环境单元法　是根据相关的环境要素组成的一个综合体为单元，划分的主要依据是地形—成土母质—土壤类型，这些综合体不仅具有各自的特性，而且在土壤元素背景值上也各具特点。

（3）系统层析法　此法是在调查区内依土壤分类系统，按土类、亚类、土属、土种等逐层区分，最后分成若干单元，在每一单元中随机布设样点。这一方法使获得的土壤元素背景值具有系统性。

（4）**典型分析法** 这一方法是通过典型土壤或区域布设样点，以点带面，以期迅速获得结果。一般来讲，由于样点少，均衡性较差，比较粗糙。

3. 土样的采集和制备 由于野外条件的变化，在实际采样过程中，应根据实际情况，对预先采样点的布设做一些修正。其选定的原则是：要有一个稳定的土壤发育条件，即有利于该土壤主要特征发育的环境，通常选在小地形平坦、稳定的地方。否则土壤剖面缺乏代表性。不宜在路边、住宅周围、沟渠附近和工厂附近以及一切受某种因素影响发生污染的地方挖掘。

自然剖面对土壤背景值调查是不适用的。这是因为自然剖面由于长期暴露，土壤的水分和热量发生较强的横向交流，引起元素的横向移动，影响到土壤元素的正常含量。

一般样点取表层（0～20cm）和心土层（20～40cm），主要土壤类型按土壤剖面发生层次取样。山地土壤采至风化母质层，平原冲积土壤采至地表下1m左右，或至地下水位。凡接触铁铲、取样刀的部分土壤应剥去，以免土样受污染。每个样品取土1～2kg。

土样在室内及时风干，用有机玻璃棒或木棒碾碎，挑除植物根及大于1mm的石块，再用玛瑙研钵磨细，过0.25mm或0.15mm尼龙筛，混合均匀装瓶备用。

4. 土壤背景值数据的检验 土壤元素背景值分析结果中可能会有异常值出现。异常值的出现，除分析误差原因外，采样地区土壤的环境污染，可能是某些异常值出现的主要原因。判断异常值的方法很多，主要有：

（1）**平均值加标准差法** 在母质类型比较简单均一的地区，对于实测值大于平均值加二倍标准差的样品作为异常值而剔除，不参加背景值统计。在母质类型复杂的地区，变为三倍标准差检验标准，即把大于平均值加三倍标准差的样品视为可疑污染样品，予以剔除。

（2）**4d 法** 也称4乘平均偏差法，其数学表达式为 $D>4d$。

一组4个以上的实测值，其中一个偏离平均值较大，称可疑值。该组实测值中每个值与平均值的偏差为 d；可疑值与将其剔除在外的其他实测值所求得的平均值的差值为 D。若 $D>4d$，则可疑样品视为污染样品剔除。4d 法适用于测定4～6个污染样品数据。

（3）**上下层比较法** 由于重金属易与土壤发生吸附、螯合及化学沉淀等反应，使外来的污染元素在表土的浓度高于底土，所以当上层/下层比值大于1时，便认为受到污染。

（4）**富集系数法** 由于二氧化钛（TiO_2）高度抗风化，因而作为参比元素来求其他元素的富集系数。

$$富集系数＝污染元素含量/二氧化钛含量$$

富集系数显著大于1，表示该元素有外来污染。此法要求土壤剖面的成土母质与下伏基岩属于同一来源。另外，要注意污染与生物富集的区别。

（5）**相关分析法** 选定一种没有污染来源的元素作为参比元素，求出该元素与其他元素的相关系数和线性回归方程，建立95％的置信区间。落在置信区间以外的样点被认为是异常值，应预剔除。此法要求受检验的母质相同。

5. 土壤背景值的计算及制图 由于土壤背景值的变幅较大和样品的不连续性，其频数分布类型除正态分布和近正态分布外，还有大量偏态分布。

属正态分布的可用平均值，或平均值加减一个标准差来计算和表示。属对数正态分布或偏态分布的用几何平均值乘除几何标准差表示。

背景值在区域上的分布特征为面状连续分布，故其表示方法可以有多种形式。目前，常用的有分级统计图、等值线图和定位图表图等。

（1）分级统计图　首先是确定制图单元，体现地理要素对土壤背景值的主导作用。如山区可以按母质类型；平原区可以按土壤质地类型，也可以按土壤类型、地貌类型等划分制图单元。其次要分别计算制图单元的背景值、标准差和置信区间，并划分级别，一般以 3～6 级为宜。最后利用制图单元和级别，勾绘分级界线或上色。

（2）等值线图　打破了地理要素间的关系，在存在级差的样点间按比例取点连线，构成等值线。等值线图可以反映出其他因素的影响。如城市附近汞元素的分布，可以更多地反映出人为活动的影响。但此法制图所要求的样点较多。

（3）定位图表图　要求将化验结果以表格形式标于图上采样点附近，方法简单，但所反映的规律性不强。

（二）土壤污染调查

土壤污染调查包括布点、采样、确定监测项目等内容。

1. 污染土壤样品采集

（1）污染调查　采集污染土壤样品之前，首先要进行污染调查。调查内容包括：
①自然条件，如成土母质、地形、植被水文、气候等；
②农业生产情况，如土地利用情况，作物生长与产量、耕作、水利、肥料、农药等；
③土壤性状，如土壤类型、层次特征、分布及农业生产特性等；
④污染历史与现状，如水、气、农药、肥料等途径的影响，以及矿床的影响等。

（2）采样点布设　采样地点的选择应具有代表性。因为土壤本身在空间分布上具有一定的不均匀性，故应多点采样、均匀混合，以使所采样品具有代表性。采样地如面积不大，在 $2/15～3/15hm^2$ 以内，可在不同方位选择 5～10 个有代表性的采样点。如果面积较大，采样点可酌情增加。采样点的布设应尽量照顾土壤的全面情况，不可太集中。下面介绍几种常用采样布点方法，见图 7-3。

　　　a　　　　　　　b　　　　　　　c　　　　　　　d

图 7-3　土壤采样布点法

①对角线布点法（图 7-3a）：该法适用于面积小、地势平坦的受污水灌溉的田块。布点方法是由田块进水口向对角线引一斜线，将此对角线三等分，每等分中央点作为采样点。但由于地形等其他情况，也可适当增加采样点。

②梅花形布点法（图 7-3b）：该法适用于面积较小、地势平坦、土壤较均匀的田块，中心点设在两对角线相交处，一般设 5～10 个采样点。

③棋盘式布点法（图 7-3c）：适宜于中等面积、地势平坦、地形开阔、但土壤较不均匀的田块，一般设 10 个以上采样点。此法也适用于受固体废物污染的土壤，因为固体废物分布不均匀，应设 20 个以上采样点。

④蛇形布点法（图7-3d）：这种布点方法适用于面积较大、地势不很平坦、土壤不够均匀的田块。布设采样点数目较多。

（3）采样深度　如果只是一般了解土壤污染情况，采样深度只需取20cm的耕层土壤和耕层以下的土层（20~40cm）土样。如果了解土壤污染深度，则应按土壤剖面层次分层取样。采样时应由下层向上层逐层采集。首先挖一个1m×1.5m左右的长方形土坑，深度达潜水区（约2m）或视情况而定。然后根据土壤剖面的颜色、结构、质地等情况划分土层。在各层内分别用小铲切取一片土壤，根据监测目的，可取分层试样或混合体。用于重金属项目分析的样品，需将接触金属采样器的土壤弃去。

（4）采样时间　采样时间随测定项目而定。如果只了解土壤污染情况，并随时采集土壤测定。有时需要了解土壤上生长的植物受污染的情况，则可依季节变化或在作物收获期采集土壤和植物样品。一年中在同一地点采集两次进行对照。

（5）采样量　具体需要多少土壤数量视分析测定项目而定，一般只要1~2kg即可。对多点均量混合的样品可反复按四分法弃取，最后留下所需的土量，装入塑料袋或布袋中。

（6）采样注意事项

①采样点不能设在田边、沟边、路边或肥堆边；

②将现场采样点的具体情况，如土壤剖面形态特征等做详细记录；

③现场填写标签两张（地点、土壤深度、日期、采样人姓名），一张放入样品袋内，一张扎在样品口袋上。

2. 土壤样品的制备与保存

（1）土样的风干　除测定游离挥发酚、铵态氮、硝态氮、低价铁等不稳定项目需要新鲜土样外，多数项目需用风干土样。因为风干土样较易混合均匀，重复性、准确性都比较好。

从野外采集的土壤样品运到实验室后，为避免受微生物的作用引起发霉变质，应立即将全部样品倒在塑料薄膜上或瓷盘内进行风干。当达半干状态时把土块压碎，除去石块、残根等杂物后铺成薄层，经常翻动，在阴凉处使其慢慢风干，切忌阳光直接曝晒。样品风干处应防止酸、碱等气体及灰尘的污染。

（2）磨碎与过筛　进行物理分析时，取风干样品100~200g，放在木板上用圆木棍碾碎，经反复处理使土样全部通过2mm孔径的筛子，将土样混匀储于广口瓶内，作为土壤颗粒分析及物理性质测定。

作化学分析时，一般常根据所测组分及称样量决定样品细度。分析有机质、全氮项目，应取一部分已过2mm筛的土，用玛瑙或有机玻璃研钵继续研细，使其全部通过60号筛（0.25mm尼龙筛）。用原子吸收光度法测Cd、Cu、Ni等重金属时，土样必须全部通过100号筛（0.15mm尼龙筛）。研磨过筛后的样品混匀、装瓶、贴标签、编号、贮存。

（3）土样保存　将风干土样、沉积物或标准土样等贮存于洁净的玻璃或聚乙烯容器之内，在常温、阴凉、干燥、避阳光、密封（石膜涂封）条件下保存。一般土壤样品需保存半年至一年。

3. 土壤样品测定

（1）对土壤监测结果的要求　土壤中污染项目的测定，属痕量分析和超痕量分析，尤其是土壤环境的特殊性，所以更须注意监测结果的准确性。土壤与大气、水体不同，大气和水皆为流体，污染物进入后易混合，在一定条件及范围内，污染物分布比较均匀，相比之下，比较容易采集具有代表性的样品。而土壤是固、气、液三相组成的分散体系，污染物进入土壤后流动、迁移、混合较难，所以不同采样点的分布往往差别很大。因此，其监测中采样误差对结果的影响往往大于分析误差，一般监测值相差10%～20%是允许的。

土壤分析结果以 mg/kg（烘干土）表示。

（2）测定方法　土壤样品的测定方法与水质、大气的测定方法基本一样。下面介绍几种常用分析方法：

①重量法：适用于测定土壤水分；

②容量法：适用于浸出物中含量较高的成分测定，如 Ca^{2+}、Mg^{2+}、Cl^-、SO_4^{2-} 等；

③原子吸收分光光度法：适用于金属如铜、铅、锌、镉、汞等组分的测定；

④气相色谱法：适用于有机氯、有机磷、有机汞等农药的测定。

（3）土壤样品的预处理　土壤污染监测与大气及水中污染物测定方法最不相同之处是样品的预处理非常复杂。

测定土壤中重金属成分时，溶解土壤样品有两类方法：一类为碱熔法。碱熔法是利用碱性熔剂在高温下与试样发生复分解反应，将被测组分转变为易溶解的反应产物。常用的有碳酸钠碱熔法和偏硼酸锂（$LiBO_2$）熔融法。碱熔法的特点是分解样品完全，缺点是：添加了大量可溶性盐，易引入污染物质；有些重金属如 Cd、Cr 等在高温熔融时易损失（如温度大于450℃时，Cd 易挥发损失）等。另一类是酸溶法。测定土壤中重金属时常选用酸液进行土壤样品的消化，消化的作用是：溶解固体物质、破坏和除去土壤中的有机物，将各种形态的金属变为同一种可测态。为了加速土壤中被测物质的溶解，除使用混合酸外，还可在酸性溶中加入其他氧化剂或还原剂。

测定土壤中可溶性组分、有机物、农药时，避免用强酸、强碱处理样品，常用溶剂萃取分离法。如测定酚时，可用水与30%乙醇将含量较低的游离酚直接从土壤中提取出来。又如，有机氯农药如六六六、DDT 采用石油醚—丙酮混合液提取。

土样中某些金属、非金属组分的溶解与测试方法见表7-12。

表7-12　土壤样品某些金属、非金属的溶解与测定方法

元素	溶解方法	测定方法	最低检出限（$\mu g/kg$）
As	HNO_3-H_2SO_4 消化	二乙基二硫代氨基甲酸银比色法	0.5
Cd	HNO_3-HF-$HClO_4$ 消化	石墨炉原子吸收法	0.002
Cr	HNO_3-H_2SO_4-H_3PO_4 消化	二苯碳酰二肼比色法	0.25
	HNO_3-HF-$HClO_4$ 消化	原子吸收法	2.5
Cu	HCl-HNO_3-$HClO_4$ 消化	原子吸收法	1
	HNO_3-HF-$HClO_4$ 消化	原子吸收法	1
Hg	H_2SO_4-$KMnO_4$ 消化	冷原子吸收法	0.007
	HNO_3-H_2SO_4-V_2O_5 消化	冷原子吸收法	0.002
Mn	HNO_3-HF-$HClO_4$ 消化	原子吸收法	5
Pb	HCl-HNO_3-$HClO_4$ 消化	原子吸收法	1
	HNO_3-HF-$HClO_4$ 消化	石墨炉原子吸收法	1

(续)

元素	溶解方法	测定方法	最低检出限（μg/kg）
氟化物	Na$_2$CO$_3$-Na$_2$O$_2$熔融法	F$^-$选择电极法	5
氰化物	Zn（AC）$_2$-酒石酸蒸馏分离法	异烟酸—吡唑啉酮分光光度法	0.05
硫化物	盐酸蒸馏分离法	对氨基二甲基苯胺比色法	2
有机氯农药（DDT、六六六）	石油醚—丙酮萃取分离法	气相色谱法（电子捕获检测器）	40
有机磷农药	三氟甲烷萃取分离法	气相色谱法	40

4. 监测项目 环境是个整体，污染物进入哪一部分都会影响整个环境。因此，土壤监测必须与大气、水体和生物监测相结合才能全面客观地反映实际。确定土壤中优先监测物的依据是国际学术联合会环境问题科学委员会（SCOPE）提出的"世界环境监测系统"草案，该草案规定，空气、水源、土壤以及生物界中的物质都应与人群健康联系起来。土壤中优先监测物有以下两类：

第一类：汞、铅、镉、DDT及其代谢产物与分解产物，多氯联苯；

第二类：石油产品，DDT以外的长效性有机氯、四氯化碳酸醋酸衍生物、氯化脂肪族、砷、锌、硒、铬、镍、锰、钒，有机磷化合物及其他活性物质（抗生素、激素、致畸性物质、催畸性物质和诱变物质）等。

我国土壤常规监测项目中，金属化合物有镉、铬、铜、汞、铅、锌；非金属无机化合物有砷、氰化物、氟化物、硫化物等；有机化合物有苯并（α）芘、三氯乙醛、油类、挥发酚、DDT、六六六等。

三、土壤环境质量评价

选择确定土壤环境质量的评价因子，一是根据土壤污染物的类型；二是根据评价目的和要求。一般选择的评价因子如下：

①重金属及其他有毒物质：汞、镉、铅、锌、铜、铬、镍、砷、硒、氟、氰等。

②有机毒物：酚、石油、3,4-苯并芘、DDT、六六六、三氯乙醛、多氯联苯等。

③酸碱度、全氮、全磷等。

此外，对土壤污染物质的积累、迁移和转化影响较大的土壤理化性质指标也应选取作为附加参数，以便分析研究土壤污染物的运动规律，但不一定参加评价。附加参数包括：有机质、质地、石灰反应、氧化还原电位等。根据需要和可能，也可选取代换量、易溶盐类、重金属不同的价态、黏土矿物等。

（一）评价标准的选择

土壤和人体之间的物质平衡关系比较复杂，土壤污染物需要通过食物链，主要是各种作物，进入人体危害健康。故确定土壤污染物的卫生标准难度很大。另外，土壤受成土因素的影响，地域性强，均一性差，这也是难以确定统一的土壤污染物卫生标准的原因之一。因而，土壤质量评价标准可以参考国家土壤质量环境标准值来确定（表7-13）。

表 7-13 国家土壤环境质量标准值（GB 15618—1995）

单位：mg/kg

项目		级别	一级	二级			三级
		pH	自然背景值	<6.5	6.5～7.5	>7.5	>6.5
镉		≤	0.2	0.3	0.3	0.6	1
汞		≤	0.15	0.3	0.5	1	1.5
砷	水田	≤	15	30	25	20	30
	旱地	≤	15	40	30	25	40
铜	水田	≤	35	50	100	100	400
	旱地	≤	—	150	200	200	400
铅		≤	35	250	300	350	500
铬	水田	≤	90	250	300	350	400
	旱地	≤	90	150	200	250	300
锌		≤	100	200	250	300	500
镍		≤	40	40	50	60	200
六六六		≤	0.05		0.5		1
滴滴涕		≤	0.05		0.5		1

注：①重金属（铬主要是三价）和砷均按元素量计，适用于阳离子交换量＞5cmol（＋）/kg 的土壤，若≤5cmol（＋）/kg，其标准值为表内数值的半数。

②六六六为四种异构体总量，滴滴涕为四种衍生物总量。

③水旱轮作地的土壤环境质量标准，砷采用水田值，铬采用旱地值。

其中一级标准为保护区域自然生态，维护自然背景的土壤环境质量的限制值；二级标准为保障农业生产，维护人体健康的土壤限制值；三级标准为保障农林生产和植物正常生长的土壤临界值。

确定评价标准常选用以下几种方法。

1. 以区域土壤背景值为评价标准 由于背景值不仅包括区域内污染物的平均含量，同时也包括污染物含量的范围，故多以平均值±标准差表示。

2. 以区域性土壤自然含量作为评价标准 区域性土壤自然含量，是指在清水灌区内选用与污水灌区的自然条件、耕作栽培措施大致相同，土壤类型相近的土壤中污染物的平均含量。以区域土壤中某污染物的平均值加减 2 倍标准差作为评价标准。

3. 以土壤对照点含量为评价标准 土壤对照点含量是指与污染区的自然条件、土壤类型和利用方式大致相同的，相对未受污染或少受污染的土壤中污染物质的含量。往往以一个对照点或几个对照点的平均值作为对照点含量。

4. 以土壤和作物污染物质积累的相关数量作为评价标准 当作物积累污染物而遭受不同程度污染时，土壤中相应污染物的含量可以作为阶段性评价土壤质量等级的标准。

从上述评价标准分析，土壤环境有它本身的自然容量，它允许受到一定程度的人为干扰。一个地区土壤的现状反映现在该地区土壤与环境、土壤与人之间的物质和能量交换所处的动态平衡水平，区域土壤背景值代表了自然和社会环境发展到一定的历史阶段，在一定的科学技术水平影响下土壤有毒物质的平均含量。同时，区域土壤背景值代表范围较小，具有显著区域特点，而且测定方法也简单易行。因此，在作土壤质量评价时，常常采用现在的土壤背景值作标准。在自然保护区和风景疗养区的土壤质量评价中，常用土壤本底值作为标准。在评价区域范围不大，或评价要求不高，任务紧，时间短的情况下，可用土壤对照点含量作标准。至于以土壤和作物中污染物质积累的相关数量作为评价标准，可在一定程度上把土壤质量和作物卫生指标相联系，这无疑是一个良好的方向，但尚需较长时期的资料积累。

（二）评价模式

土壤环境质量评价分为单因子评价和多因子评价。单因子评价，一般以污染指数表示。其计算方法如下：

$$Pi = \frac{Ci}{Si}$$

式中：Pi 为土壤中污染物 i 的污染指数；Ci 为土壤中污染物 i 的实测浓度；Si 为污染物 i 的评价标准。

在土壤环境质量的单因子评价中，这个指数得到广泛应用。其优点是计算简单，数值含意清楚。$Pi \leqslant 1$ 表示未污染；$Pi > 1$ 表示污染。具体数值还可以反映出污染物超标倍数和污染程度。

土壤环境质量的多因子评价，一般以污染综合指数表示。污染综合指数的计算方法有多种，一般都采用内梅罗（N. L. Nemerow）公式，因为它不仅考虑了各种污染物的平均污染状况，而且突出了影响较大的污染物的作用。其计算公式如下：

$$P = \sqrt{\frac{(Ci/Si)_{\max}^2 + (Ci/Si)_{\text{ave}}^2}{2}}$$

式中：P 为土壤污染综合指数；$(Ci/Si)_{\max}$ 为土壤污染物中污染指数最大值；$(Ci/Si)_{\text{ave}}$ 为土壤中各污染指数的平均值。

第六节　城市土壤调查与制图

城市土壤对传统土壤学而言是一个全新的概念，一方面是因为传统认识认为城市没有土壤，更重要的是因为传统土壤学更多的服务于农业。

城市土壤并不是一个分类学上的术语，它是出现在城市和城郊地区，受多种方式人为活动的强烈影响，原有继承特性得到强度改变的土壤的总称。这些被人为活动改变的土壤广泛分布在公园、道路、体育场、城市河道、城郊、垃圾填埋场、废弃工厂、矿山周围。或者简单地成为建筑、街道、铁路等城市和工业设施的"基础"而处于埋藏状态。

相对于自然土壤的农业生产功能而言，在城市空间内，土壤的环境和生态功能更为受到重视。城市和城郊土壤既直接紧密地接触密集的城市人群，涉及众多生命的健康和安全，也通过食物链影响食品安全，还通过对水体、大气的影响进而影响城市环境的质量。城市居民每天呼吸的空气和饮用水质量的好坏都与城市土壤存在着密切的关系。城市土壤是城市生态系统的重要组成部分，是城市绿色植物的生长介质和养分的供应者，是土壤微生物的栖息地和能量的来源，是城市污染物的汇集地和净化器，对城市的可持续发展有着重要意义。因此，客观上要求我们扩展有关城市土壤的知识，理解城市土壤特别是处理与城市土壤有关的环境问题，充分发挥其生态和环境功能。

但长期以来由于客观的需要，土壤学研究将注意力主要放在如何提高和维护土壤的生产力上，无暇顾及城市中和城市周围的土壤，有关城市土壤方面的知识很大程度上仍然是空白的。为合理利用城市土壤，充分发挥其生态和环境功能，有必要采取多学科的研究方法深入研究，以更好地理解城市土壤。

城市土壤调查的主要任务有：通过调查分析查清城市土壤的数量、类型、分布状况；通过分析城市土壤的发生、发展过程、趋势及其原因，对城市土壤的合理利用和保护提供建议；通过调查城市土壤的理化性状、污染状况等，为深入研究城市化过程对生态、环境和人类健康的影响提供依据和参考。

一、城市土壤的特点和主要性状

城市土壤受人为活动的影响强烈，其形成和性质与所处的自然环境没有必然的联系。城市土壤在空间上变异十分明显，在较小的范围内会出现完全不同的土壤类型。除自然土壤物质外，城市土壤包含大量的人为物质，这些物质决定或影响着城市土壤的形态学、物理、化学和生物学特性等。

（一）形态特征

土壤形态学性质受到严重的人为干扰。从土壤形态学特征来看，城市土壤具有混乱的土壤剖面结构与发育形态。在城市建设过程中，由于挖掘、搬运、堆积、混合和大量废弃物填充，土壤中人工粗骨物质较多，包括建筑和家庭废弃物、碎砖块和玻璃、沥青碎块、木炭、煤渣、钢渣、混凝土块、金属、铁钉、陶瓷、骨头等，与工业废弃物、泥炭－堆肥混合物和自然土壤发生层的土壤碎块混合在一起，颗粒分布规律异常，明显不同于自然土壤；土壤结构与剖面发育层次十分混乱，土层深浅变异较大。

城市土壤剖面结构分异程度低，土层分异不连续，许多土层之间没有发生学上的联系，腐殖质层被剥离或者被埋藏，其他土层破碎且没有统一的出现规律，土层深浅变异较大。有的出现土层缺失，缺少发生学的 A 层和 B 层；有的甚至发生"土层倒置"现象，即 A 层在下、B 层在上或古土壤层在上，新土壤层在下；另外还可能有古土壤的埋藏而呈现出"双层构造"。

土壤可能出现特异的颜色，这种特异颜色是由于特异物质的存在或有色化学物质污染所至，而非发生学过程的结果。另外，裸露的城市土壤，在表面的几厘米内有明显形成结壳的趋势。

目前存在的不足是，这些层次的表征和其归类缺乏统一的术语和描述标准，使城市土壤的研究缺乏共同的交流语言。

（二）物理特性

土壤压实和板结是城市土壤的物理特性之一。已有一些研究表明，由于机械压实、人为扰动、践踏等的影响，城市土壤的土壤物理性质恶化，主要体现在土壤颗粒组成极端、土壤结构受到严重毁坏、容重增加、通气和持水孔隙降低。城市土壤因紧实降低渗透能力，并影响城市树木生长，加上地表的封闭，显著提高地表径流系数，导致降雨集中时短时间的洪涝。

城市土壤中的水分运动受土壤的石质度、孔隙度、水分含量以及土壤化学组成的影响；土壤中的石块、孔隙和裂隙也影响水分运动。城市土壤中含有一定量的砾石、石块和其他固体碎屑状物质。由于建筑、修路等，城市生态系统中输入了沙和砾石，且在煤矿场的废料、工业残余物、废弃物、和其他工业底质中含有相当的砾石和石块，因此城市土壤中的砾石和石块等在不断增加，由于土壤中这些粗骨物质的存在，土壤水分运动受到大空隙的影响，呈所谓"优势流"方式运动，增加了污染物质的下渗危险，而且其运移方式较难预测。

由于城市的"热岛效应"，城市土壤的温度状况要比周围自然土壤高一些。Mount 等（1998）监测了纽约市中央公园和拉托里特公园土温特征，结果表明，人为活动明显提高了土壤温度，城市土壤年均土温比邻近的林地高 3～11℃。

（三）化学特性

已有的研究表明，城市土壤性质发生变异的主要方面就是城市土壤化学性质的强烈改变和土壤污染的加剧。由于各种途径和形式的人为影响，城市土壤性质显著偏离同地带（区域）背景土壤的特征。

例如，由于人工酸、碱物质的影响而出现极端的土壤反应，其变异范围非常大。但大部分城市土壤向碱性的方向演变，pH 比周围的自然土壤高，热带、亚热带地区尤为明显。高 pH 导致城市土壤营养元素有效性降低，因此会影响树木、草坪等城市绿地植物的生长。城市土壤碱性增强的原因可能包括：融化道路积雪的氯化钙、氯化钠和其他种类的盐，随地表径流积累在土壤中；用富钙的水灌溉植物；建筑废弃物、水泥、砖块和其他碱性混合物中钙的释放；大量含碳酸钙和碳酸镁的灰尘的沉降；流经混凝土和石灰石表面的径流到处存在，而径流中含有钙离子等碱性物质；土壤中碳酸盐与碳酸反应形成重碳酸盐等。

养分元素方面，在城市土壤中，氮、磷、钾元素呈现无规律的分布，不同地区的研究结果也不同。总体上看城市土壤的养分富集也是一个重要的特征，特别是磷素富集明显。龚子同等（1997）还建议使用磷的富集现象作为城市人为土的诊断标准。城市土壤的养分富集不但在蔬菜生产养分管理上有重要意义，还具有重要的水环境效应。城郊土壤的流失也是地表水非点源污染的重要途径。城市土壤中钙、镁含量高，供应充足；由于硫存在于一些底质中，大气来源的输入相对较多，所以城市土壤不可能存在硫缺乏的问题，而更多关注的是工业来源硫的输入，导致土壤酸化和毒害的问题。

（四）生物学特性

城市土壤的生物学特性研究是比较薄弱的，积累的资料不多。根据一般的形态学研究的结果，在养分富集的土壤中（如园地或城郊菜园土）土壤生物活动频繁；在受重金属或有机污染严重的土壤中则十分微弱。总体上看，由于人为扰动、压实和污染等，城市土壤中生物多样性降低、生物的生物量减少、微生物群体结构发生变化，且有危害人体健康的病原生物的侵染。

（五）城市土壤的污染

城市是一个重要的污染源，同时也是一个被污染体。城市土壤污染的主要来源是工业

"三废"物质、生活垃圾、交通运输、大气降雨、降尘等。城市土壤污染主要包括重金属、有机物与病原菌污染。

与农业土壤相比,城市土壤基本上无化肥和农药污染,但土壤中污染物特别是金属污染物的浓度往往要高于农业土壤。如由炼钢炉渣发育的土壤含铁较高;由食品工厂废渣发育的土壤组成中则可能含硫很高。城市土壤重金属污染主要来源于家庭活动、废弃物处置、交通运输、金属矿开采和冶炼、制造业、加工业、发电厂、废料场等。如城市土壤中铅主要来源于机动车尾气排放和含铅汽油的污染和燃烧。城市土壤重金属含量高,可移动态所占比例大,生物有效性高。因为物质来源的不同,这些特异物质种类复杂且对土壤化学性质的影响各异。

伴随工业生产和高强度农业利用,进入土壤的有机污染物也成为土壤环境质量下降的重要因素。城市土壤中PAHs(多环芳烃)和PCBs(多氯联苯)主要来源于废弃物的处置和大气的沉降。城市土壤中PAHs和PCBs的含量空间变异很大,在不同的气候带含量不同。地处热带的城市土壤比温带的城市土壤低,这可能是由于热带气候促进其生物的降解、挥发损失和光氧化作用以及强烈淋溶进入地下水等原因所致。

城市土壤污染可对土壤理化性质、土壤生物、土壤环境、植被和人体带来严重危害。城市土壤污染是一个值得深入研究的领域。

二、城市土壤调查的内容与方法

(一)调查内容

目前在主要城市土壤形成过程、历史和分类上还不明确,应该作为认识和了解城市土壤的基础工作。在城市化过程中,土地利用空间格局的变化是引起土壤质量变化的根本原因,必须通过解剖典型城市发展历史的方法研究城市土地利用的变化及其与土壤质量演变的关系。对城市土壤属性的空间变异规律缺乏系统的认识,变异的机制、定性和统计描述以及制图表达等,都是需要解决的科学问题。在调查研究过程中,以下几方面应该是要重点关注的:

①人为改变的土壤属性表征,与自然土壤的形态学、物理、化学、矿物学等区别及其与土地利用的关系,是城市土壤研究的中心内容之一。

②城市土壤的污染状况调查及其风险评价,特别是城市(城郊)土壤—蔬菜体系中污染物的风险评价及其方法论是国际国内研究的前沿。

③城市土壤以及城市流域中地表径流对地表水的非点源污染贡献和城市土壤对浅层地下水的污染负荷,是评价城市土壤环境影响的重要方面。

④城市土壤与大气可吸入颗粒物含量和性质的关系研究,也应该及时开展多学科的合作研究。

⑤建立综合的城市土壤质量评价方法与指标体系和城市土壤数据库,是科学管理城市土壤的重要工具。

(二)调查方法

1. 有关资料的收集　在进行城市土壤调查之前,应该对所要研究城市的发展历史和变迁过程、城市规划、城市的土地利用现状以及卫片和航片等有关资料进行全面收集，在充分利用和分析资料的基础上，对城市土壤的变化历史、空间分布等情况有一个全面的了解。特别是近年来随着城市化进程的加快，以及城市的大规模建设，大部分城市的树木、草坪等绿地都进行客土栽种，因此很多土壤性质其实更多的是保留了客土源自然土壤的特性，如果没有详细的收集资料、了解这些情况，就可能对研究结果产生重大影响。对城市土壤剖面的研究，更是要结合土壤扰动历史的资料来进行。

2. 土壤样品的采集与制备

（1）采样方案的拟订　采样方案的选择在城市土壤研究中起着重要的基础性作用。一个理想的采样方案应包括合理的采样布点方法与适宜的采样密度，要求基于此方案所得到的结果既能达到工作所需精度，又尽可能减少采样成本、简化采样工作程序。在一定的经济、设备条件下，应根据不同的研究目的而采用不同的采样方法。

第一，明确采样目的。在方案的制订过程中首先要明确调查采样的目的。例如，研究城市周边农产品质量安全的调查，是进行的相对范围较大的摸底性质的调查；土壤环境背景调查是针对无污染或相对被认为无污染的土壤进行的采样分析；分析城市建设项目或生产项目的环境影响调查是在相对具体的区域进行的土壤调查；研究不同城市功能区或不同城市化水平对土壤的影响调查，是在相对范围较大的区域间的采样对比调查。不同的采样目的，采样方案的差别很大。

第二，了解采样工作区的基本情况。为了制订科学的采样方案，必须对采样工作区进行尽可能多的了解，如土壤的分布情况、工业生产情况、居民住宅区和工矿等的分布情况，并收集有关的工作图件等资料。在有些情况下，还需要先进行实地考察并进行探查性采样，以便制订更详细的计划。

第三，采样方案的制订。在明确采样目的和了解采样工作区基本情况后，结合项目的经费支持力度，从理论上进行采样方案的初步制订。采样方案应包括样品数量、采样点布置、是单点采样还是混合采样、每个样品的重量、采用何种采样工具和装样工具、样品如何标志记录等。不同分析目的的样品，样品装载材质要求不同。重金属分析样可用布袋或塑料袋，有机污染物分析样用广口玻璃瓶，外加黑色塑料袋防光解。采样工具一般用竹刀或不锈钢工具。在实际采样过程中，采样点的布置与样品数量可根据采样工作区的实际情况做适当的调整，以更符合实际情况和调查目标为宗旨。尤其在采样过程中发现特殊情况时，需要增加采样数量。

（2）采样密度的确定　土壤的不均一性是造成采样误差的最主要原因，城市土壤尤其如此。土壤是固、气、液三相组成的分散体系，各种外来物进入土壤后要进行流动、迁移、混合均较为困难，所以采集的样品往往具有局限性。通常城市土壤样品的采样和分析代价都非常高，尤其是一些POPs物质，如二噁英（dioxin）。目前分析一个样品所需要的费用很昂贵，而且费时较长，通过采样点的优化可以在保证精度的条件下减少样品数量，从而节省采样与分析费用。

如果土壤中某污染物或某种性质空间变异缩小，或所要求的概率低，或预期的平均值变异范围扩大，均可减少样点数。所要求的概率与预期的平均值变异范围可根据具体调查目的进行合理划定。

如果对每一个土壤样品要测定多项指标，则整体上需要的采样点数取决于需要最大采样点数的指标。

(3) 采样点的布置和选取　在传统的土壤学研究实践中,人们发展了大量的采样方法,这些方法各有优缺点,适用于不同的情况。最基本的采样方法有简单随机采样、系统采样、分层随机采样、整群采样、双重采样等。在这些方法之上又结合、引申出种类繁多的采样方法,前者如系统随机采样、分层系统采样等,后者如非列线采样、优先网格采样及重点采样和自适应采样等。

城市土壤广泛分布在公园、绿地、道路两侧、体育场、城市河道、城郊、垃圾填埋场、废弃工厂、矿山周围、机关企事业单位的院内、居民小区的花坛草坪等。在进行城市土壤调查时,采样点的选择可参考上述的采样方法,具体实施中一般有以下几种方式。

第一种是网格法采样。根据要研究的采样区域的面积和采样密度的要求,采用一定距离,如500m或1km的间隔进行网格法取样。由于城市中大部分地表都被建筑物或硬地面覆盖,所以网格法取样的时候可根据预设样点的实际情况,在预设样点周围一定的范围内采样即可。网格法采样一般在进行城市区域范围内的土壤性质空间变异分析时采样的比较多。

第二种是按照不同的城市功能区采样。大多数城市在规划和发展过程中,逐渐形成了不同的城市功能区或者说以某种城市功能为主导的区域。例如,可将城市划分为工业区、商业区、城市广场、风景区、老居民区、新居民区、开发区等城市功能区。土壤调查时根据不同的城市功能区采集样品,研究某些土壤性质变化的原因和规律及其与城市土地利用的关系等。

第三种是按照不同的城市化水平区采样。不同的城市化水平区域,人口密度、建筑数量、机动车密度、道路面积等的程度是不同的。一般城市中心区的城市化水平相对较高,但城市土壤分布的数量相对较少,土壤受干扰的时间相对较长,性质变化也较大,但是相对处于一种比较稳定的状态;城市郊区相对人口、建筑、交通的影响比城市中心区可能要弱一些,但是由于土地利用状况相对混乱,因而对土壤的干扰强度比较大。

在采用后两种方法采样的时候,也需要注意,在不同的城市功能区或城市化水平区之间进行土壤性质比较的时候,还应该考虑利用方式的一致性。例如,都用不同城市功能区的路边土进行比较,这样才在一定程度上有可比性;用工业区的一个公园内的土壤与开发区的路边土进行比较,很难具体说明问题。

(4) 样品的采集　样品采集方案确定后,要根据方案进行采样。目前城市土壤调查时的样品采集基本上是两种方式。一种是采集表层土壤,一般采集0~10cm的表土层,通常不超过20cm。采样时按多点混合法(同一地点采多个样品,就地混合为一个样品),如果混合样品量超过所需样品量时,混匀后可用四分法取舍。另一种是剖面采样,剖面样往往为单点样。选择好采样点挖掘土壤剖面,由于城市土壤的混杂性,根据研究的需要和剖面的状况,可以按照发生层取样或者采用深度间隔法采样(间隔5cm或10cm)。样品根据分析项目的性质分别装入不同的容器,运回实验室进一步处理。

(5) 样品的处理和保存　取回的土样,经登记编号后,都需经过一个制备过程,其中包括风干、磨细、过筛、混匀、装瓶,以备各项测定之用。土壤重金属一般采用烘干样,而持久性有机污染物的分析一般用风干样。挥发性有机污染物的测定或者土壤微生物的测定一般用新鲜样。新鲜样可暂时保存于冰箱或冰柜中,但应尽量在短时间内进行相关的处理和测定。

制备好的样品要妥善贮存，避免日晒、高温、潮湿和酸碱等气体的污染。在全部分析工作结束，分析数据核实无误后，试样一般还要保存 3 个月至半年，以备查询。少数重要的需要长期保存的样品，须保存于广口瓶中，用蜡封好瓶口。有条件的地方，样品应低温保存。

（6）描述与记录　由于城市土壤受到过强烈的人为干扰，土壤中往往混杂了建筑垃圾、玻璃、塑料甚至电池等大量的外来物，在采样时对这些物质的种类和数量等都要进行详细的描述记录。采样时除了资料收集外，还应尽可能地向当地居民了解采样点附近土壤变化的情况，如何时修建的建筑或道路，何时修建的花坛或栽的树、种的草坪等，尽可能详细地了解要采集土壤的相关情况。在公园采样时可询问公园管理处的工作人员，并向他们收集公园建设情况的资料。

根据研究的目的，调查时具体的记录可包括以下内容：

①样品编号、采样时间、采样人、采样深度。

②采样地点：应该记录采样点周围的情况，例如距离马路的远近、附近是否有工厂或排污口等。采样时还应该用 GPS 进行定位，以便进行某些性质的空间变异分析。

③地表状况：应描述采样点的土地利用和植被等状况。例如，是花坛，草坪，树林还是裸土等，地表是否为新近的客土或有无踩踏压实等状况。

土壤性状的描述可参考一般土壤调查的描述内容，需要注意的是对于土壤中混杂的物质应该详细描述其种类、大小、数量等内容。

如果进行的是土壤剖面调查取样，也应该根据一般土壤调查的方法对剖面层次进行仔细划分并分层描述。同样除了土壤本身性状的描述外，要格外关注人为干扰因素的记录。

三、城市土壤分类与制图

（一）城市土壤分类

土壤分类是对土壤个体在属性上的不同程度的综合，是土壤调查制图的基础，也是认识和管理土壤的工具。因此为了有效地规划、管理和利用有限的城市土壤资源，对城市土壤的分类是非常有必要的。目前，城市土壤的分类研究相对比较薄弱，至今仍未达成共识。在大多数国家土壤分类系统中，即使考虑了城市土壤的分类，其分类级别也各不相同。

由 ISSS（国际土壤学会）、FAO（联合国粮农组织）、ISRIC（国际土壤参比及信息中心）联合成立的 WRB，在 1998 年出版的世界土壤资源报告《世界土壤资源参比基础》中，高级土壤分类单元中没有划分人为土，而把受人类活动深刻影响的土壤，归属于松岩性土（regosol）。并提出了诊断土壤物质，用来反映还没有受到土壤发生过程显著影响的原始母质，作为续分高级土壤分类单元的依据。在诊断土壤物质中，包括人为地貌土壤物质（anthropogeomorphic soil material），它是指由于人类活动而产生的，来源于土地填埋、开矿挖出的泥土、城市填埋、垃圾堆积和清淤等未固结的矿物质或有机物质。由于这些物质形成时间短，土壤发育过程表现还不明显，在松岩性土高级单元中，按耕翻扰动的、垃圾堆积的、还原的、废弃土状的、城镇的人为地貌土壤物质特征的优先顺序续分受人类活动影响的土壤。

1989 年德国土壤学会城市土壤工作组提出建立的城市人为土纲（urbic anthrosol），下分 5 个土类。

1. 扰动土类（meiktosol）　没有物质输入时，继续分为深耕扰动土（treposol）和松岩性土（regosol）；有腐殖质输入（Ah＞40cm）时，继续分为园田土（hortsol）和墓地土（nekrosol）。

2. 堆积土类（deposol）　继续分为水铝英型土（Al-losol）（自然基质）、混合型土（phyrosol）（自然基质和工业基质混合物）和工业土壤（technosol）（工业基质）。

3. 还原土类（reductosol）　被甲烷还原，没有进一步细分。

4. 剥蚀土类（denusol）　剥蚀深度大于40cm，没有进一步细分。

5. 侵入土类（intrusol）　新近被地下水、气体和液体渗入。没有进一步细分。

1994年德国城市土壤工作组提出了第二次城市和工业土壤分类方案，该分类方案是从土壤形成基质（substrates）来区分土壤类型。用于分类并影响土壤发育过程的基质特性包括有机质、碳酸盐和硫化物的含量以及固体基岩和未固结的沉积物的出现与它们的直接形态（包括石块的含量、大小和空间排列）。

英国的 B. W. Avery 土壤分类级别共有4级，即大土类（major soil group）、土类（soil group）、亚类（soil subgroup）和土系（soil series）。在最高级分类级别中有人工土大土类，人工土分为两个土类。一个是人工腐殖土（man-made humus soil），其下又续分为砂质人工腐殖土（sandy man-made humus soil）和土质人工腐殖土（earthy man-made humus soil）亚类。另一个是扰动土（disturbed soil），其下没有再细分。英国土壤分类系统对很多人为影响的土壤进行了很好的区分，但是那些具有自然地起源与没有受土壤形成过程影响的人工堆放物质的表层或亚表层的土壤，并没有归于人工土大土类中，而是根据它们形态特征被划分为其他大土类中。所以人工土名称实际上并不确切，该分类系统在城市土壤分类中使用也有其局限性。

俄罗斯早期的土壤分类系统中（classification and diagnostics of soils of the USSR，1977）没有包括城市土壤。由莫斯科道库恰耶夫土壤研究所（Lebedeva, Tonkonogov and Shishov, 1993）提出的新分类系统中，对人为改造土壤和类土壤体（soil-like body）提供了高级别的分类单元。按照新的俄罗斯土壤分类原则，城市土壤是依据其剖面特征进行分类，并参考母质特性。例如，人为改造的土壤包括表面改造和强烈改造的。表面改造的土壤指人为改造的层次厚度不到50cm，因此土壤剖面由两个不同层次系列组成，表土是厚度小于50cm城镇堆积层（urbic horizon）；心土则未被扰动，且保留原始发生层排列。该类土壤命名时，在原始土壤名称前加上城市化（urbo-）。强烈改造的土壤是根据它们在特性方面的变化来细分，如果土壤以物理的（机械的）改造占主导作用，属城市土，其城镇堆积层厚度大于50cm，包括典型城市土、栽培城市土、墓地土和封闭土；如果土壤以化学改造占主导作用（如以气态和液态形式渗入土体的污染物），属化学土，包括工业土和侵入土。类土壤体是人工的，主要指城市工业土壤，包括复垦土和建筑垃圾土。

在中国土壤系统分类中，受人为作用的土壤归属人为土和新成土两大土纲。人为土划分的依据是土壤中有水耕表层和水耕氧化还原层或肥熟表层和磷质耕作淀积层，或灌淤表层或垫表层。因此，人为土只包括受人为活动影响深刻的农业土壤，不包括由于城市人为土壤扰动作用而形成的城市土壤。新成土纲下包括人为新成土亚纲，它是指在矿质土表至50cm范围内有人为扰动层或人为淤积物质的新成土。人为新成土亚纲分扰动人为新成土、淤积人为新成土土类。城市土壤属于人为新成土亚纲扰动人为新成土土类。

(二) 城市土壤制图

目前我们能看到的绝大部分的土壤图都是类型图，土壤图上的类型大多是土壤分类系统中的某个分类单元。由上述内容可知，虽然许多国家在其土壤分类系统中或多或少涉及城市土壤的分类，但还很不完善，因此对于城市土壤的制图就显得异常困难。到目前为止，我们还很难找到一张相对完整的城市土壤类型图，城市土壤类型图的绘制也是目前城市土壤研究领域的一个难点。

当然，土壤制图不仅仅是土壤类型制图，还包括土壤性质制图等。土壤性质图是反映土壤性质要素量级状况及空间分布的图幅。土壤性质图是土壤图的派生图，通过不同形状的图斑或栅格的空间布局来反映一定区域内特定土壤性质的分布状况，并反映环境要素规律。土壤性质图以单因素性质为主，目前关于这方面的土壤制图大多是基于 3S 技术，在传统制图理论和方法的指导下，吸收地统计学研究成果，在地学模型支持下完成对土壤性质和土壤质量空间分布和动态变化特征的表征。当前关于城市土壤制图的工作成果主要是城市土壤的性质图，一般过程如下：

1. 基础图件的准备　收集研究区的地理底图、土地利用图以及其他有关图件，进行数字化，建立土地利用图、研究区界线图、城区土壤分布图（公园、绿地、道路等的分布）等数字化图，同时建立数字高程（DEM）。成图比例尺根据研究区大小决定。对于城市区域一般不应小于 1：5 万的比例尺。

2. 基础数据库的建立　收集整理研究区各个采样点的物理、化学和生物学分析数据，建立采样点土壤属性数据库。属性数据包括各种物理、化学和生物学的性质等，最重要的是要包括采样点的地理位置数据，这是因为此后的空间插值运算都是基于空间坐标进行的。

3. 样点的分布图和城市土壤性质图的制作　将包含各个采样点坐标的数据库导入 GIS 软件中，生成土壤采样样点分布图。在样点图进行投影变换后，采用点面扩展方法生成各种土壤性质图，比如某种重金属的分布现状图等。

点面扩展方法很多，对于城市土壤而言一种是利用土地利用图变换而来，即以分布在每一个土地利用图图斑中的采样点土壤属性的平均值来代替整个图斑的值，重新运算形成某种土壤性质图。另一种是克里格插值法。克里格插值法采用地统计学方法，利用邻近已观察点的属性值推算未观察点的属性值。该方法依赖于一个理想的半方差图的绘制，用以确定邻近各点的加权系数，是一种无偏的、估测误差最小的理想估测方法。目前城市土壤性质图的制作主要采用这种方法。具体操作过程参照本书相关章节。

4. 城市土壤质量评价等级图的生成　土壤质量主要指土壤肥力质量、土壤环境质量和土壤健康质量，是多种因子综合作用的结果，在 GIS 中表现为多种土壤性质图的叠加。通过叠加多种土壤性质图，进行分等定级，最后生成土壤质量评价图。这其中牵涉到如何选择土壤质量评价因子、如何确定各种土壤性质的权重，以及如何划分土壤质量等级等研究内容。生成的评价图还要进行检验，查看数据的合理性。对于城市土壤质量评价图的制作，目前更多的是集中在土壤环境质量图和土壤健康质量图方面。

第七节　复垦区土壤调查

1988 年 11 月国务院颁发的《土地复垦规定》对土地复垦界定为"土地复垦是指在生产建

设过程中，因挖损、塌陷、压占等造成破坏的土地，采取整治措施，使其恢复到可供利用状态的活动"。我国是矿产资源大国，采矿后土壤形成条件以及土壤的性质发生了剧烈的扰动和变化，引起土地和环境的破坏。根据专家估算，截止到 2004 年底，我国各种工矿废弃地累计超过 400 万 hm^2，目前仍以每年 3.3 万～4.7 万 hm^2 的速度增加。随着我国西部大开发的进行，矿产资源开发与加工利用，大型公路、铁路、水利水电工程等将对土壤造成更大规模的扰动。而我国人多地少，耕地后备资源不足，搞好土地复垦对缓解人地矛盾、促进社会经济的发展具有十分重要的现实意义。因此，土地复垦已成为我国一项十分紧迫的任务。进行复垦区（矿区）土壤调查，对科学合理地进行土壤资源再利用和恢复重建生态非常重要。

一、复垦废弃地种类

根据废弃地的成因，复垦废弃地的种类可分为以下几种：①矿区开采废弃地；②火力发电厂排放的粉煤灰所压占的场地；③水利和交通建设工程挖废和压占的废弃地；④因自然灾害和人为污染造成的废弃地等。在上述复垦废弃地的类型中，以矿区开采对土地的破坏最为严重，废弃地面积最大，且复垦的难度也最大。因此，土地复垦通常侧重于矿区废弃地的复垦。也正因为如此，本节所讨论的也主要是矿区土壤调查。

二、矿产资源开发与利用对生态环境的影响

工矿区的主要人类活动包括矿产资源开发与加工利用，公路及铁路建设、水利水电工程建设、城市建设发展等。矿产资源开发利用的环境问题是指矿产资源在开发利用过程中（包括开采、运输、加工和消耗）对生态平衡和环境的影响问题。矿产资源开发利用对环境的影响主要反映在以下几个方面：

（一）诱发滑坡、崩塌、泥石流灾害

采矿诱发滑坡、崩塌、泥石流灾害的主要原因表现在 3 个方面：一是露天开采使边坡改变原有的天然平衡状态，引起滑坡、崩塌；二是开采造成顶板下沉变形，致使上部岩体发生下沉、开裂变形，诱发滑坡、崩塌；三是矿渣堆放不合理，如直接堆放在沟谷中或顺山坡堆放，或超负荷堆放，引起滑坡、崩塌、泥石流。

（二）造成地面塌陷、开裂、变型灾害

造成地面塌陷的原因主要有两种：一是地下矿体被采空后遗留大片采空区，因失去支撑力而引起地面塌陷；二是岩溶地区，因采矿疏干流水或采矿时造成矿坑突水，从而引起岩溶塌陷。

在各种矿产资源开发过程中，煤炭开采引起的土地破坏最为严重。煤炭是我国的最主要能源，约占一次能源构成的 75%。我国的煤炭产量 95% 以上为井工开采，这种开采方式会破坏煤层覆岩的应力平衡状态，导致覆岩从下至上发生冒落、裂隙（缝）和弯曲下沉，使采空区上方地表发生大面积沉陷，并在地表产生大量的裂缝、裂隙。研究发现全国煤炭采空塌陷与采矿量呈直线关系，平均每采万吨煤塌地 0.2 hm^2，最多达 0.53 hm^2，全国现有国有矿

山塌陷面积已达 83 992.2 hm²。我国煤炭开发引起的地面沉降的现状及预测见表 7-14。

表 7-14 煤炭开发引起的地面沉降的现状及预测（单位：hm²）

破坏类型	1949—1989 年	1990—2000 年 年均	1990—2000 年 累计	2020 年
塌陷影响的	30 万	2 200	2.2 万	4 万
塌陷破坏的	19 万	7 300	7.3 万	1.33 万
合计	49 万	9 500	9.5 万	5.33 万

（三）其他灾害

采矿往往把周围的植被砍伐殆尽，使其丧失了水土保持功能，造成水土流失、岩石裸露、荒漠化。疏干排水造成矿井突水、海水入侵、恶化生态环境。许多矿区采矿时要疏干排水，往往造成矿坑突水事故，危及矿井和职工的安全。

采矿生产过程中堆放大量固体废弃物占用大片土地，并造成水土污染。我国重点金属矿山约有 90% 是露天开采，每年剥离岩土 2.2 亿～2.6 亿 t，露天矿坑及堆土（岩）占用大片农田。据 28 个重点露天矿调查，仅堆土（岩）场地占地面积即 0.45 万 hm²，今后每年还要新占土地 400hm² 以上。据不完全统计，至 1995 年底，全国重点煤矿历年煤矸石累计堆存量约 30 亿 t，年平均排放 1.5 亿 t，煤矸石利用量 4 700 万 t，占年排放量的 31%。矸石堆场占地 5 500hm²。采矿造成的塌陷、沉陷变形开裂或形成积水凹地，致使大量耕地废弃、村庄搬迁。矿山生产要排出大量水，如矿坑排水、洗矿选矿水、矿渣矸石堆受雨淋滤后溶解了矿物质的污水以及矿区其他工业废水等，大部分未经处理，排放后直接或间接污染地表水、地

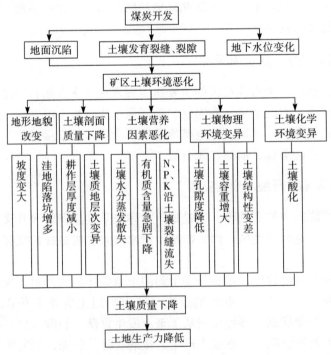

图 7-4 采煤塌陷对土壤质量的影响效应模式

下水和周围农田、土地，再进一步污染农作物，恶化生态环境。矿山长期排水，附近的地表水和浅层地下水被疏干，影响植物生长，有的矿区甚至形成土地石化和沙化，至于因采矿造成的缺水地区也在不断增加（图7-4）。

采矿可分为地下开采（又称井工开采）和露天开采两大类。因采矿工艺不同，对矿区土地与生态的破坏形式也不同。

三、矿区土壤形成特点和主要性状

矿区土壤是指以采矿业等产生的固体废弃岩土作为母质，经人工整理、改良，促使其风化、熟化而形成的一类土壤。矿区土壤又称为矿山土壤。

采矿排出的固体废弃物，在露天矿是矿层上的剥离物，这些剥离物包括岩石和地表的土壤（有时没有土壤）。在井工矿是废石（矸石），以及火力发电厂排出的粉煤灰等工业固体废弃物等。这些固体废弃物在矿区、厂区大量堆积，经过长期的风化作用，缓慢地成为土壤。有的也能种植绿色植物，但这种过程是非常缓慢的。如人类有目的、有计划地去堆置——即土地复垦中的造地工程，堆造成平整、大片的土地；再在地面上覆盖一层土壤，没有土壤时只能覆盖一层细碎的石砾，这就建造了一种新的土壤——矿山土壤。这类矿山土壤表层可能是土状堆积物，也可能是石砾、石碴、石屑。

（一）矿区土壤形成的特点

就土壤的形成发生而言，矿山土壤与一般自然土壤和耕作土壤有显著的差异，概括起来主要有以下几点：

1. 成土条件发生了很大的变化 特别是露天矿山开采，对矿床以上岩层、风化层和土层的剥离，厚度从十几米到数百米，使成土条件发生了很大的变化。除气候因素外，完全破坏了原土壤的成土条件，自然植被完全毁坏，重新形成新的小地形，自然土壤和耕作土壤原来的层序和发生发展的规律性进程，重新在人为的作用下堆垫组合，完全形成全新的矿山土壤或矿山堆垫土。如山西安太堡露天煤矿原地貌是低山丘陵，有平地、缓坡、陡坡、沟壑、河漫滩等，而堆垫形成的排土场呈平台、边坡相间分布的阶地式地形，相对高度100～150m，台阶坡面高度20～40m；原地貌地表被第四纪黄土覆盖，但由于采矿对原地层不同岩土层的彻底扰动，使排土场地表物质组成绝大部分为覆于表土下数十米厚的土状物质和石状物质。

2. 土壤剖面重构 国外有关研究表明，现代复垦技术研究的重点是土壤因素的重构而不仅仅是作物因素的建立，为使复垦土壤达到最优的生产力，构造一个较好的土壤物理、化学和生物条件是最基本和最重要的内容，土壤重构是土地复垦的重要组成部分之一和土地复垦的核心内容。

土壤重构（soil reconstruction, soil restoration）即重构土壤，是以工矿区破坏土壤恢复或重建为目的，采取适当的采矿和重构技术工艺，应用工程措施及物理、化学、生物、生态措施，重新构造一个适宜的土壤剖面与土壤肥力条件以及稳定的地貌景观，在较短的时间内恢复和提高重构土壤的生产力，并改善重构土壤的环境质量。

土壤重构所用的物料既包括土壤和母质，也包括各类岩石、矸石、粉煤灰、矿渣、低品位矿石等矿山废弃物，或者是其中两项或多项混合物。所以在某些情况下，复垦初期的"土壤"并不是严格意义上的土壤。真正具有较高生产力的土壤，是在人工措施定向培肥条件下，重构物料与区域气候、生物、地形和时间等成土因素相互作用下，经过风化、淋溶、淀积、分解、合成、迁移、富集等基本成土过程而逐渐形成的。

与一般土壤的最大差别莫过于土体构型的彻底改变。如自然土壤一般总是以地表枯枝落叶层、腐殖质层、淋溶层、淀积层和母质层为其土体构型；耕作土壤则以其耕作层、心土层、底土层而不同于自然土壤；矿山土壤通常多以堆垫表土层、堆垫岩石碎屑层、下垫砾石层、基岩层或堆垫岩石碎屑表层、下垫砾石层、基岩层，或通体堆垫砾石层、基岩层或通体堆垫土层、基岩层等土体构型为其人工塑造的剖面特征（图7-5）。

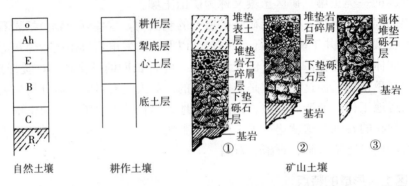

图7-5　矿山土壤与自然土壤、耕作土壤土体构型之比较

3. 矿山土壤在成土母质上的特异性　　矿山土壤因矿体开采完全破坏了原来土壤层—风化层—岩石层的层序及成土规律性进程而依一定地形部位完全重新堆垫而成。用于基本建设、民用建筑、厂矿用地、交通道路、机场、体育场地等非种植的土地复垦的要求则是较易满足，而用于种植的土地复垦要恢复到可供利用的状态，其对土壤的要求则是较高的。其中最突出之点在于要求有一定厚度的适于植物生长的表土层和下垫层的土体构型。这就涉及矿山所在地有无充足的土源和半风化物类，以供复垦造田最后上覆足量表土和半风化物层的需要；其次，当地即使有土源和半风化物类，也难以将上覆表土恢复到自然表土或耕作表土的肥沃松软适于植物生长的良好状态；往往由于采矿剥离时将表土与底土、熟土与生土、甚至半风化岩石矿物碎屑相互混杂其间，而使矿山土壤母质产生很大的差异。

4. 自然作用的持续性　　尽管矿山土壤因人为重新堆垫受人为影响极大，但矿山土壤总是存在于一定的地理环境或一定的生物气候带，因而矿山土壤的形成和各种土壤一样，总是在一定的气候、生物、母质、地形和时间等自然因素的综合作用和影响下形成与演变，而且这种作用与影响将不断地持续下去。

（二）矿区土壤的主要性状

矿山土壤主要是因采矿活动而产生的土壤，其主要性状概括如下：

①新生的矿山土壤的性状（物理的、化学的、生物的），主要决定于覆盖在地表的物质特性、颗粒的大小和厚度。表层的性状极不稳定，处在继续风化和土壤熟化过程中。深层的物质对表层也有影响。这种变化着的"新生土"有其自身特殊的土体构造，有的剖面中还可出现轻微的淀积。随着时间的延长，受自然环境的影响，会使矿山土壤具有地带性的特征。

②表层是矿山固体废弃物为主的风化物和表面覆盖物，其颗粒大小极不均匀，养分、动植物残体和土壤生物、微生物含量很少。土体的水分、空气、热状况受颗粒大小、矿物组成的影响而变化。有时土壤中含有有害物质。因此，这种土壤常不利于种植，必须经过改良，才能成为具有一定生产力的土壤。

四、矿区土壤调查的目的和任务

矿区土壤调查的目的是为采用合理的地形重塑、土壤重构、植被重建技术及人为促进土壤熟化提供科学依据。其主要任务有：通过调查分析查清被破坏土壤资源的数量、类型、破坏程度和分布状态；通过分析研究被破坏土壤的发生、发展过程、趋势及其原因，对采矿、废弃物堆置等一系列矿山作业提出合理建议；通过调查不同废弃物的理化性状，为进一步的复垦方式及利用方向提供依据；通过采矿前原土壤、采矿后土壤及复垦后矿区土壤的理化性状对比，进一步完善复垦技术，并为宏观的复垦规划提供参考。

五、矿区土壤调查的内容与方法

（一）形成条件调查

矿区土壤形成条件调查注意以下特殊问题：

1. 区域地貌特征调查　可分为黄土高原矿区、东北缓丘漫岗矿区、南方丘陵山地矿区、黄淮海平原矿区及西部风沙矿区等。由于不同的区域地貌特征、生物气候以及地面组成物质、坡度、地形等因子变化很大，造成的土壤破坏程度、强度和形成的条件亦有明显差异。

2. 复垦对象的调查

（1）采矿系统　包括煤炭开采业、铁矿山、铝土矿、石膏矿、金矿、铜矿、石棉矿、锡矿等。采矿系统以可根据开采方式分为露天开采和地下（井工）开采两大类。露天开采使土壤彻底破坏，土壤生产力完全丧失；地下开采造成地面塌陷、地表裂缝、水资源破坏，土壤生产力下降或完全丧失。黄土高原土地复垦对象分类见表7-15。

表7-15　黄土高原土地复垦对象分类表

土地复垦类	土地复垦亚类
1. 煤炭坑采破坏土地类	11. 工业广场余土埋压的土地 12. 堆放煤矸石的土地 13. 煤矿废水浸泡的土地 14. 职工生活废弃物品堆放压埋的土地 15. 运煤铁路或公路专线两侧破坏的土地 16. 塌陷的土地
2. 煤炭露采破坏土地类	21 露采堆土场用地 22. 露采回填后矿坑地 23. 煤矿废水浸泡、淹没的土地 24. 堆放煤矸石的土地 25. 职工生活废弃物品堆放压埋的土地 26. 运煤铁路或公路专线两侧破坏的土地

(续)

土地复垦类	土地复垦亚类
3. 油气开采破坏土地类	31. 废弃井周围的废地 32. 运原油、气道路废弃的土地 33. 采油、气工棚废地
4. 烧砖破坏土地类型	41. 烧砖取土坑用地 42. 土坯生产废弃广场 43. 运土、土坯、砖道路废弃的土地 44. 烧砖工棚废弃地
5. 道路建设破坏土地类	51. 取土石坑用地 52. 堆土场占地 53. 机具碾压破坏的土地 54. 油渣烧冻坑灶废弃的土地 55. 工棚废弃地
6. 火电厂建设与生产破坏土地类	61. 火电厂工业广场余土埋压的土地 62. 灰渣堆放埋压的土地 63. 废水排放淹没、浸泡的土地 64. 职工生活废弃物品堆放压埋的土地
7. 矿区城镇建设破坏土地类	71. 建筑取土石坑用地 72. 非建筑用土堆放用地 73. 居民废弃物品堆放埋压的土地

(引自中国科学院黄土高原综合科学考察队，1991)

(2) **电力系统**　主要包括火力发电厂、变电站等，以粉煤灰及其堆积场造成的污染为主。

(3) **冶金系统**　包括钢铁联合企业、特殊钢厂、炼铁厂、其他金属工业企业，也可包括炼焦厂，主要是尾矿、炉渣及其废弃物乱堆乱放造成的生态环境破坏。

(4) **化工系统**　包括硫酸厂、烧碱厂、纯碱厂、磷肥厂、橡胶厂、造纸厂等，以环境污染为主。

(5) **建材系统**　包括水泥厂、陶瓷厂、石料厂、挖砂场、石灰场、砖瓦窑等，以扰动地面、挖石取土取砂、破坏土壤、植被造成的水土流失为主。

3. 废弃物堆积形式调查　可分为平地堆山式、填凹（如填沟）堆垫式和河岸沟岸倾泻式 3 类。平地堆山式主要是容易造成滑坡、崩塌以及多种水力侵蚀；沟岸河岸倾泻式缩窄河道，影响行洪，河流输沙量剧增，相比而言填凹堆垫式较为妥当。

4. 废弃物组成成分调查　分粗颗粒废弃物和细颗粒废弃物。粗颗粒废弃物，如铁矿、地下开采煤矿（矸石山）、采石场等，为砾石状排弃物。细颗粒废弃物，如火力发电厂（粉煤灰）、砖厂（土状物）、铝厂（赤泥）、采砂厂、化工厂（废渣）、各种尾矿等。

5. 废弃物含毒状况调查　分有毒废弃物和无毒废弃物。有毒废弃物，如重金属矿、化工厂等；无毒废弃物，如砖厂、水泥厂、采石场、低硫煤矿等。

6. 植被类型的调查　调查工矿区未受破坏的自然环境中生长的植物和受破坏的自然环境或当地堆放多年的废石废渣堆上的自然及侵入定居天然植物，是复垦种植的重要依据。但要注意的是，由于采矿和工程建设的人为扰动，目前的种植环境和乡土植物能够正常生长发育的条件不尽相同，有时会差别很大，故必须进行适生植物种的筛选试验。

7. 生产建设规模调查　可分为大、中、小型矿区，各行业划分标准不同，一般是以生产能力、固定资产投入、职工人数、投入产出状况等综合划分。

8. 权属关系调查　可分为国有工矿区（包括国家统配和地方国有）、乡镇工矿区、个体工矿区。一般国有工矿区为大、中型工矿区，造成的水土流失严重，但易管理，企业自身调控能力强，能在有关部门监督下，进行土地复垦和生态重建工程；乡镇和个体工矿区属小型矿区，数量多，分布广，难管理，往往以眼前利益为主，不考虑长远利益，土地复垦与生态重建工作极为棘手。

（二）土壤调查

矿区土壤调查主要围绕矿区土地复垦规划要求和土壤质量演变来进行。为便于调查，根据采矿发展次序分为：采矿前原土壤调查、采矿后土壤调查，即重塑地貌、重构土壤、重建植被后的土壤调查。

根据土壤资源破坏方式分为：挖损地土壤调查（如露天矿坑、砖瓦窑取土场等），压占地土壤调查（露天矿排土场、煤矸石山、粉煤灰堆场、露天铝矿赤泥堆积场等），塌陷地土壤调查。

1. 采矿前原土壤调查　可参照当地的地形图、土壤图、土地利用现状图等为基础，综合加以实地调查，汇总而成，以满足规划、设计的要求。一般矿区土壤的调查指标与农业用地指标相同，不再重复。

由于露天矿对土壤的扰动较大，开采前对土壤和上覆岩层的分析是许多国家土地复垦有关法规中明确要求的，其目的是在开采与复垦前进行复垦的可行性研究，以便制订合适的开采与复垦计划。它往往有以下几个作用：①确定适宜植被生长的土壤材料的性质和数量（包括可作为表土替代材料的岩层）；②确定开采以后矿山剥离物的性质；③确定是否有不适宜的岩层（如含有毒、有害元素）存在；④确定复垦与开采工程规划；⑤确定复垦土壤的改良方案和重建植被规划。

因此，土壤调查除需一般的土壤调查指标外，应特别注意所有剥离岩土层的物理性质、化学性质和生物性质的分析。不同矿的剥离岩土层的厚度不同，有的矿厚度可达200m。

2. 采矿后的土壤调查　开采后的新造地或复垦土壤的调查研究，是为了确定植物生长的介质特性及土壤生产力，以便于制订有效的土壤改良和重新植被技术方案。

（1）收集资料　一般可先查阅矿山的有关资料，矿山废弃物是否污染环境（如有污染，应先作环境保护处理）。如露天矿需查阅排土场及排土进度图；井工矿需查阅井上井下对照图及有关塌陷资料等。根据资料的情况再针对性的进行调查。

（2）矿山土壤性质的调查

①土层厚度及有效土层厚度。

②土壤酸碱性：酸性岩石的风化，特别是黄铁矿（硫化铁）的氧化是造成极度酸性矿山土壤的主要原因。在湿润地区，产生的酸使土壤酸化，而不适宜植物生长，同时产生的酸水还污染环境。有些煤矸石堆自燃产生酸雨而使土壤酸化。

③土壤养分：养分贫乏是大多数矿山土壤普遍存在的问题。

④持水性能：有效水分不足被认为是矿山土壤的一个主要问题。矿山土壤的持水性能直

接与矿山土壤堆垫过程中固体废弃物的颗粒分布有关。

⑤地表温度：煤矸石形成的矿山土壤，颜色一般为浅灰到黑色，地表温度常常比气温高5℃左右。在夏季高温季节，煤矸石山上的植物往往处于萎蔫状态，这可能是高温低湿共同作用的结果。

⑥可溶性盐分：很多沉积岩层风化产生的各种盐类，在未被雨水淋溶以前，聚积而产生很高的浓度，对植物产生危害。

⑦土壤紧实度：许多矿山土壤的表层因重型机械的压踏，容重往往超过 1.4g/cm³，使土壤孔隙度及通气性降低，阻碍水分的下渗及植物根系的下扎，更易形成径流而引起水土流失。矿区土壤调查参考指标见表 7-16。

表 7-16 矿区土壤调查参考指标

指　　标	挖　损		压　占			塌陷
	露天矿坑	砖瓦窑取土场	露天矿排土场	粉煤灰堆场	煤矸石山	井工矿塌陷地
岩（土）层厚度	Y	Y	Y	S	S	Y
岩性及风化状况	Y		Y		Y	
岩（土）污染状况	Y	S	Y	Y	Y	S
人造地形特征（坡度、坡向、坡型等）	Y	Y	Y	Y	Y	Y
地基的稳定性	N	N	Y	N	Y	Y
非均匀沉降	N	N	N	N	N	Y
新造地面积	Y	Y	Y	Y	Y	Y
地表物质及颗粒组成	N	S	Y	Y	Y	Y
土层厚度	N	Y	Y	S	S	Y
有效土层厚度	N	Y	Y	S	S	Y
土壤侵蚀状况	Y	S	Y	Y	Y	Y
水文与排水条件	Y	S	Y	Y	Y	Y
土壤盐碱化	N	S	Y	Y	Y	Y
土壤酸化	S	S	Y	N	Y	Y
土体容重	N	Y	Y	Y	Y	Y
土壤有机质	Y	Y	Y	Y	Y	Y
水分有效性	N	Y	Y	Y	Y	Y
地表温度	N	N	S	Y	Y	N
土壤养分指标	N	Y	Y	Y	Y	Y
土壤生物学指标	N	Y	Y	Y	Y	Y

注：S 表示在特定的条件下测定；Y 表示需测定；N 表示不测定。

不同矿区可根据土壤破坏和土壤再造的具体情况，在此基础上作增减。

矿区土壤制图及有关的图件主要包括：采矿前土地利用现状图、采矿后土地破坏现状图、土地破坏预测图、土地复垦潜力图、土地复垦规划图等。比例尺根据辖区面积大小、形状、类型、复杂程度和便于使用等因素确定。各矿一般用 1∶10 000 成现状图；矿务局一般用 1∶25 000 成现状图；若矿务局辖区面积过大时，可用 1∶50 000 的比例尺。

其他复垦类型的土壤调查与矿区复垦土地有相似的一面,但也存在一些差异,在调查内容上可做适当调整。

值得注意的是,应当对作为土壤调查与制图基础的复垦土壤的基层分类进行深入研究,特别是复垦土壤下垫面对土壤性质的影响,如下垫面为煤矸石时,煤矸石的自燃会对土壤性质产生很大的影响。

思 考 题

1. 特殊任务土壤调查有无共性可循?
2. 何谓土宜?如何进行土宜调查与制图?
3. 何谓土壤污染?如何进行污染土壤调查制图?
4. 与耕作土壤相比,矿山土壤的形成有哪些特点?

第八章 遥感土壤调查制图

自 20 世纪 80 年代的全国第二次土壤普查开始以来，我国即采用基于遥感技术的土壤调查制图。遥感土壤调查制图，即利用遥感技术对成土因素、土壤景观进行调查，分析研究成土过程、土壤分布规律和动态变化规律，确定土壤类型及其特征特性，并测绘土壤分布图和进行面积量算的整个过程。必须注意的是，基于遥感技术的土壤调查制图，虽然具有速度快、精度高等特点，但是遥感技术不可能解决所有的土壤调查问题，因此常需辅以野外工作偏重的常规土壤调查，或者采用遥感土壤调查与常规土壤调查相结合的方法。

第一节 遥感土壤调查制图概述

一、遥感影像的特征

（一）宏观性特征

航摄飞机的高度可达 10km，一张航片的拍摄面积通常能达 $10\sim30km^2$；而资源卫星的轨道高度可达近数百千米，一张陆地卫星影像相当于 $185km\times185km$ 的范围，即 $3.42\times10^4km^2$。因此，遥感影像的视野广阔，可避免各种遮拦和阻隔，获得宏观而完整的影像特征。①有利于研究洪积扇、三角洲等的宏观自然现象和规律，便于分析各个界面的过渡关系；②整体的地面信息突出，便于自然地理景观的综合取舍，勾绘的土壤专题图斑分布规律性强；③土壤专题类型的影像轮廓连续、清晰，图斑界限明显，勾绘的土壤专题界线较准确；④便于审核、修正县级土壤专题图在拼接中所出现的"重、漏、错、碎、断"等现象，可充分利用"色"、"形"特征的一致性予以接边；⑤对于一时难以详查的边远省区的高山冰雪、戈壁沙漠、荒无人烟的地区及难于通行的沼泽地区，可应用卫星影像和其他遥感方法进行资源概查。

（二）多波段特征

一般的航天遥感影像都由多个波段组成，影像信息量丰富，为识别地物属性提供了有利条件。不同波段的卫星影像对不同地物具有各自特有的解译效果，通过影像对比，可增强影像的解译能力；多波段扫描的另一特点是能将不同的波段相互组合，进行假彩色影像合成处理和信息增强技术处理，这样对土壤专题解译和专题信息提取具有更好的效果。

（三）多时像特征

通过不同时间成像资料的对比，不仅可以研究地面物体的动态变化，为环境监测以及研究地物发展变化的规律提供了条件，而且结合物候期的变化，可以提高地物的判读精度。如冬小麦的判读，落叶林和针叶林的判读。又如卫星影像在土壤侵蚀调查中的应用，就可以通过对同一个流域内、不同时相的卫星影像信息进行对比分析，发现土壤侵蚀的类型、速度等。此外，还可以通过遥感影像信息研究和分析，及时地发现作物病虫危害、洪水、污染、地震、火山等灾害的前兆，为预测预报提供科学依据与基础资料。

（四）综合性特征

在遥感分辨率的范围内，遥感影像综合反映了该范围内所有地物影像，因而能够准确地、客观地反映地球表面自然综合景观，为土壤调查制图提供信息丰富的影像。

二、土壤遥感调查制图评述

通过对遥感特征的分析，可以发现用遥感影像作为土壤调查的底图比用地形图作为调查底图拥有更多的优点，具体可分为以下几点。

（一）土壤制图的速度大大加快

主要是遥感影像与地形图相比，遥感影像能够提供海量的信息。因为地形图是通过人工测绘的地物、地貌符号和注记（如等高线描绘，河流、道路和村庄符号，高程点注记）等来表示地表特征的，反映的地表信息量受制图手段的制约；而遥感影像则是各种传感器在经过地面上空时，对地面进行光谱摄影或扫描形成的影像，属地面的中心投影，反映的地面信息量比相同比例尺的地形图所提供的地面信息量要大得多，能够比较真实地、丰富地反映地物特征。因此，在开展野外工作之前，通过路线调查建立解译标志之后，即可根据遥感影像的影像特征和该区域已有的资料进行室内专题预判（预判性的专题解译），然后经过抽样检查校核或路线调查验证，即可成图，大大地减少野外工作量。在大比例尺的集约化农业区的土壤调查中使用航片，由于航片本身就比较详细地记录了田间的田埂、道路、林带和渠道等，因此不必像过去那样在原地形图的基础上补绘田块图，从而减少大量的野外补测工作。在中、小比例尺调查中难以到达的地区，如沙漠、戈壁和沼泽等不同土地的中央部分，可以通过遥感影像的解译而加以解决。同时，利用遥感影像丰富的地物信息资源，可以很好地解决土壤剖面点的定位、土壤边界的绘制等问题。不难看出，利用遥感技术进行土壤调查制图，可大大提高工作效率，据以往工作经验测算，以目视解译为例，它仅为常规工作量的 $1/4 \sim 1/10$。当然，其工作量减少的程度常与成图比例尺的大小成反比，即成图比例尺愈大，则工作减少愈小，反之则愈大。

（二）土壤制图的精确度得到提高

遥感影像能够较为全面地反映地面丰富的信息，如地形、岩性、植被和土地利用等要素，这些信息可以根据其光谱特性在影像上的反映而进行有效的提取，实现专题内容的解译。勾绘的土壤界线比较准确，特别是对那些土壤界线比较复杂的地区，即使挖掘许多定界剖面或者地面具有比较明显的划分两个土壤类型之间的已知标志，但在地形图上描绘土壤边界也只能是"逼近"状态；绘制的土壤图斑，比用地形图所绘制的土壤的图斑更多。所以，土壤制图的精度即可大大提高，具体表现在类型划分精度与图斑界限精度，两个方面的精度一般均高于常规调查制图，特别是在利用遥感影像进行专业制图过程中可以大大减少人的主观性，较好地取得重现的结果。同时，由于遥感影像的宏观性强，比较容易取得一个地区土壤的宏观对比结果，有利于成图的宏观对比和动态变化分析。据中国科学院南京土壤研究所在红壤丘陵区实验，用平板仪测量的土壤边界，其误差达30%，而航空影像制图其误差仅8%，在边界轮廓信息详细的地区，其误差仅1%。随着卫星影像分辨率的提高，这种制图误差将会越来越小。

（三）调查工作的主动性和预见性增强

土壤遥感调查制图能够将调查中大量的、繁重的野外工作，改变为室内遥感影像的判读和研究，这不仅仅缩短了野外作业时间，而且在野外工作之前就能够实现对调查区的详细了解，明确野外调查的重点和难点，因而可以提高野外调查研究工作的主动性和预见性。

（四）节省费用

由于野外工作时间缩短，整个调查工作量的减少，因而土壤调查中的相应工作经费也就能够得到节约，具体节约经费的程度，受制图目的、要求、精度（成图比例尺）等的影响。一般是成图比例尺愈小，则节约程度愈高；反之比例尺愈大，则节约程度愈低。

当然，遥感土壤调查制图也有其局限性。如利用卫星影像进行土壤调查的局限性为：

①比例尺小、地面分辨率低。许多地面细节反映不清楚，即使放大，也只是影像放大，并不增强信息，限制了制图详度。

②影像的综合性干扰因素较多，"同像异物"或"同物异像"等现象无法直接区分。

③光谱范围有限，不能解译全部内容，如在土壤分类中具有重要作用的发生层次、石灰反应、pH等土壤属性无法检别；云层覆盖也影响解译效果。

第二节 土壤遥感解译的理论基础

一、遥感的主要物理基础

（一）电磁波的特性

1. 电磁波谱 各种辐射，如太阳辐射、电磁辐射、热辐射等都是产生电磁波的波源。存在于宇宙间的各种电磁波的波长变化范围很大，有长到数千米的工业用电，有短到小于 $10^{-6}\mu m$ 的宇宙射线。实验证明，无线电波、红外线、紫外线、γ射线等都是电磁波，只是波源不同，因而频率或波长不同。人们把这种电磁波按波长（或频率）的大小，依次排列，画成图表，称为电磁波谱。

在遥感技术的应用中，主要使用的是电磁波谱中的紫外线、可见光、红外线和微波等波段。

2. 大气对电磁波的干扰和大气窗口 电磁波必须穿过大气层才能到达传感器。进入大气的电磁波，必然一部分被吸收，一部分被散射和一部分被透射。大气的这种对通过的电磁波产生吸收、散射和透射的特性，称为大气传输特性。

（1）大气对太阳辐射的影响 太阳辐射通过大气层时，有30%的太阳辐射被云层和其他大气成分反射回宇宙空间，17%被大气吸收，22%被大气散射。因此，仅有31%的太阳辐射能到达地面。

(2) 大气窗口　就遥感而言，不是所有的地物反射和发射的电磁波都能被高空遥感仪器所接受，因为这些电磁波在通过大气层时，会受到大气的干扰。大气中的水汽、氧气、臭氧、二氧化碳、氮气等物质对不同波段的电磁波产生不同程度的吸收和散射作用，结果使电磁波减弱，甚至完全消失，所以不能完全被高空的传感器所接受。

有些波区"衰减"严重，就形成了"大气屏障"；有些波区"衰减"很小，就形成"大气窗口"。所谓"大气窗口"是指可以透过大气层的电磁波段，即这些波段的透射率较大，使之能到达传感器而宛如窗口。正是有了这些窗口，才有可能通过传感器接受透过的电磁波，以获得影像。但目前这些波段主要还限制在可见光和近红外波段范围。

目前，遥感技术选用的大气窗口多为 $0.3\sim 1.3\mu m$、$1.3\sim 2.5\mu m$、$8\sim 14\mu m$ 和 $0.8\sim 25\mu m$ 光谱段，是因为在这几个光谱段内各种地物的反射光谱或发射光谱可以很明显地区别开来。

(二) 地物电磁波反射特性

任何物体都有电磁波辐射的特征，即任何物体都有反射、吸收和透射太阳辐射电磁波的能力。反射率高的地物，其吸收率就低；吸收率高的地物，其反射率就低。

陆地卫星影像是对地表及地表以下一定深度土壤体电磁波谱特征的记录，而它们的差异在影像上就构成各种影像信息，这些影像信息是不同性质的电磁波以不同的色调特征信息和形态特征信息在影像上的反映。因此，我们可以根据影像上的"色"、"形"差异来识别土壤体的属性。例如，水体影像，在 MSS6、MSS7 波段片上色调特别深沉，呈现出几乎黑色；而在 MSS4、MSS5 波段片上较明亮。反之，植被影像，在 MSS4、MSS5 波段上特别灰暗；而在 MSS6、MSS7 波段片上则较明亮。若在假彩色合成片上植被又呈现红色，而水体呈现蓝色，这是为什么？因为各种不同的地物，无论固、液、气，只要它们自身的温度大于绝对零度 0K（-273.15℃），就表示它们有能量，便具有不断地反射、吸收和透射电磁波的特性，而且不同的地物，如上所述的水体和植被，由于其物质组成的结构（分子和原子排列）不同，在旋转和振动过程中，所产生的能级跃进性能不相同，因此所反射、吸收或透射的电磁波频率也不相同。如水体对 4、5 波段反射强，故在 4、5 波段片上较明亮，而对 6、7 波段吸收强，在 6、7 波段片上特别灰暗；反之植被对 4、5 波段吸收强，故在 4、5 波段片上特别灰暗，而对 6、7 波段反射强，在 6、7 波段片上则较明亮。不同地物或同一地物对不同波段的反射随波段改变而变化的特性，称为地物的反射光谱特性。这些特性差异，都可以利用各种传感器将它们接受并记录下来，人们便可以用卫星影像上所记录的电磁波信息，通过各种解译技术，将它们区别开来。

1. 地物的反射率　不同的地物对入射电磁波的反射能力是不一样的，通常采用反射率（或反射系数或亮度系数）来表示。它是地物对某一波段电磁波的反射能量与入射的总能量之比，其数值用百分率表示。即

$$反射率（P）=\frac{反射电磁波能量}{入射电磁波能量}\times 100\%$$

地物的反射率随入射波长而变化。地物反射率的大小，与入射电磁波的波长、入射角的大小以及地物表面颜色和粗糙度等有关。一般地说，当入射电磁波波长一定时，反射率强的

地物，反射率大，在黑白遥感影像上呈现的色调就浅；反之，反射入射光能力弱的地物，反射率小，在黑白遥感影像上呈现的色调就深。在遥感影像上色调的差异是判读遥感影像的重要标志。

2. 地物的反射光谱　地物反射电磁波能力可用反射率或亮度系数来表示。而反射率和亮度系数又与入射电磁波的波长有关，在不同波长处的反射率称光谱反射率，即地物的光谱反射率或光谱亮度系数是入射电磁波波长的函数，这个函数关系称为地物的反射光谱特征。

地物的反射光谱特征，通常都是横坐标代表波长，以纵坐标代表光谱反射率或光谱亮度系数所作的相关曲线来表示。曲线既表示出了各种波长处的光谱反射率或光谱亮度系数的大小，又直观地反映出光谱反射率或光谱亮度系数随波长的改变而发生变化的特点和规律，因而充分反映了地物电磁波的特征。几种地物反射光谱特征曲线如图 8-1 所示。

（1）雪　雪的反射光谱和太阳光谱很相似，在 $0.4 \sim 0.6 \mu m$ 波段有一个很强的反射峰，反射率几乎接近 100%，因而看上去是白色，随着波长的增加，反射率逐渐降低，进入近红外波段吸收逐渐增强，因而变成了吸收体。雪的这种反射特性在这些地物中是独一无二的。

（2）沙漠　在橙光波段 $0.6 \mu m$ 附近有一个强反射峰，因而呈现出橙黄色，在波长达到 $0.8 \mu m$ 以上的波长范围，色调呈褐色。

（3）湿地　潮湿地在整个波长范围内的反射率均较低，当含水量增加时，其反射率就会下降，尤其在水的各个吸收带处，反射率下降更为明显。因而，在黑白影像上，其色调常呈深暗色调。

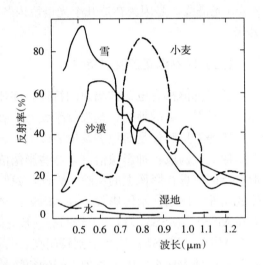

图 8-1　雪、沙漠、湿地、小麦反射光谱曲线

（4）小麦　其反射光谱曲线主要反映了小麦叶子的反射率，在蓝光波段（中心波长为 $0.45 \mu m$）和红光波段（中心波长为 $0.65 \mu m$）上有两个吸收带，其反射率较低，在两个吸收带之间，即 $0.55 \mu m$ 附近有一个反射峰，这个反射峰的位置正好处于可见光的绿光波段，故而叶子的天然色调呈现绿色。大约在 $0.7 \mu m$ 附近，由于绿色叶子很少吸收该波段的辐射能，其反射率骤升，至 $1.1 \mu m$ 近红外波段范围内反射率达到高峰。小麦反射率的这一特性主要受到叶子内部构造的控制。这种反射光谱曲线是含有叶绿素植物的共同特点（即叶绿素陡坡反射特征）。

根据上述可知，不同地物在不同波段反射率存在着差异。如图 8-1 中，反映出雪、沙漠、小麦和湿地在不同波段的反射率。因此，在不同波段的遥感影像上即呈现出不同的色调。这就是判读识别各种地物的基础和依据。

另外，影响物体反射波谱特征的环境因素主要有温度、湿度、被测物体的紧密度和背景，它们是波谱研究中的干扰因素。但在一定条件下又可以利用这些干扰因素所产生的地物波谱的变化规律为土壤解译服务。例如，平坦地区低太阳角的大阴影影像有利于对新构造活动进行分析和研究。又如，可以利用不同物体波谱特征随季节变化所产生的变异，在遥感影像上将它们区别开来。

二、成土因素学说（地理景观学说）的理论基础

在遥感影像上，土壤的剖面构型、土层厚度以及各土层的理化性质，都不能被反映出来，即使是土壤的表面，也有可能被掩盖，这都影响了我们对土壤的判读。俄罗斯土壤地理学家道库恰耶夫曾经指出，土壤是在母质、动植物有机体、气候、地形与年龄五个因素综合作用下形成的一个独立的历史自然地理体，这被认为是土壤地理发生分类学的理论基础。成土因素的发展和变化决定了土壤的形成与演化，土壤是随着成土因素的变化而变化的。土壤的属性、类型、分布等是由地形、母质、植被和利用方式等因素综合作用的结果，而这些环境因素又能直接反映在遥感影像上。因此，根据土壤发生学和地理景观学的理论，便有可能推断出土壤类型、分布、成因及某些属性，再结合实地调查、剖面观察分析，就能完成土壤调查与制图，这是土壤遥感调查的理论基础。

三、土壤的光谱特性

遥感影像记录的信息实际上就是地物的综合光谱特征，不同的地物具有不同的光谱曲线，反映在影像上即为不同的灰阶或色调，这是之所以能够分辨地物类型的物理基础。土壤的光谱特性是在遥感影像尤其是多光谱影像上判别土壤类型的依据。影响土壤光谱特性的因素主要有土壤表层的状况和土壤的本身特性。

（一）土壤表层的光谱反射率

首先，它是绿色植物覆盖的光谱反映，在假彩色影像上呈现不同亮度和饱和度的红色。其次它是地面作物残茬和植物残落物的反映。E. R. Stoner 等的研究，于淋溶土和软土上留有的玉米残茬，其田间光谱曲线还是反映原来的土壤特征。H. W. Gausman 等的研究，在地面有麦秸的土壤，$0.75\sim1.3\mu m$ 范围的近红外区，比可见光较容易与裸土区别。地面粗糙度与结壳情况有关，具有结壳的土壤，在 $0.43\sim0.73\mu m$ 的波段具有较高的反射率，在影像上可形成白色色调；但当结壳破坏，或是耕作以后，其反射率则明显下降。当然，粗糙地面的反射与太阳高度角有较大的关系。细结构的耕层土壤要比无结构的反射率降低 $15\%\sim20\%$。

（二）土壤本身特性对土壤反射率的影响

1. 土壤湿度 一般情况下，土壤水分含量与其反射率呈正比，甚至可以认为土壤水分含量与反射率之间，在一定范围内呈现一种线性关系。当然，它对有机质含量少的土壤比对有机质含量多的土壤的影响要大，在土壤水分曲线中 $1.45\mu m$ 和 $1.95\mu m$ 两个波段处有两个强吸收谷，并在 $0.97\mu m$、$1.2\mu m$ 与 $1.77\mu m$ 处有 3 个弱吸收谷。当含水量大时，吸收带特征非常突出；当含水量小时，光谱曲线趋向光滑而反射率增高。

2. 土壤有机质含量和腐殖质类型 一般在 $0.4\sim2.5\mu m$ 波长范围内，土壤有机质含量与其反射率成反比，当土壤有机质含量超过 2% 就有明显的影响，但是当有机质超过 90% 以后，其影响作用就不明显了。当然，这也与土壤腐殖质的类型有关，一般来说，胡敏酸的影响大于富里酸。在大多数温带土壤中有机质含量的范围在 $0.5\%\sim5\%$，有机质含量在 5% 以

上的土壤通常呈现深褐色或黑色，有机质含量低的土壤通常呈现浅褐色或灰色。

3. 氧化铁含量 由于土壤风化，土壤中的部分含铁矿物风化为铁的氧化物，如针铁矿、赤铁矿、褐铁矿等，它们均以胶体状态覆于土壤颗粒表面。因此，它们含量虽少，但对土壤颜色影响较大。三氧化二铁呈红色，在红光区反射明显增强；四氧化三铁具有略带绿色色调的黑色，会使土壤的色调变暗。

4. 土壤质地 理论上，干燥的土壤粒级越细、表面越平、反射越强，影像应为浅色调。而在自然界中，土壤粒级越细，则毛细管作用吸水强、粒子外层吸水也强、水分含量大，同时有机质的含量也比较大，因而光谱吸收率强、反射率低，成为暗色调。所以，在判读影像时，土壤颗粒细的为深色调，颗粒粗的为浅色调。

5. 土壤盐分 干旱区的土壤盐分含量较高时，色调变浅，干旱季节易溶性盐分较多上升到表面，土壤表面形成盐结皮，在影像上表现为不规则的白斑，而在雨季则随着雨水的淋溶而溶解。

6. 矿物成分 在土壤中各种矿物组成对光谱反射率有一定影响。石英反射最强，可达93%；黑云母则只有7%；白云母中等，约为60%，它们在可见光波段反射均匀。微斜长石、石榴石、绿帘石，则由蓝光到红光反射率逐渐增强。

7. 土壤结构 一般来说，土壤在自然界不是以单个颗粒的形式存在，而是以颗粒黏结成一定的结构，如田间所普遍存在的团聚体形式。在某些情况下，土壤结构体比土壤质地的单个颗粒形态对光谱影响还大。一般在实验室将土壤结构压碎而呈单粒进行光谱测试，其单个颗粒粒级的质地愈细，颗粒间空隙可能均为细粒所充填，因而反射表面加大。但在田间自然状态下，土壤颗粒往往以特定的结构存在，仅仅是沙粒反射率高，故遥感影像上所见到的干细沙粒也呈淡白色。黏粒土壤在遥感影像上表现颜色深者，除本身的光谱特性和水分影响以外，就是因为与土壤结构有关。

（三）土壤的反射光谱类型

影响土壤光谱特性的几种因素并不是孤立的。实际上，土壤光谱特征是它们共同作用的结果。遥感影像记录的就是它们共同起作用的综合信息。根据我国主要土壤的反射光谱曲线的形态特征和斜率变化情况，可以把它们归结为平直型、缓斜型、陡坎型、波浪型4类（图

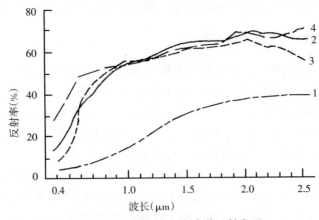

图 8-2 几种主要土壤波谱反射类型

1. 平直型：代表土壤泥炭土 2. 缓斜型：代表土壤水稻土 3. 陡坎型：代表土壤红壤 4. 波浪型：代表土壤棕漠土

8-2)。

1. 平直型 凡有机质含量高，颜色暗的土壤多形成平直型曲线，尤其在可见光波段，斜率小而稳定，基本上成一条与 X 轴有一个锐角的直线；进入红外波段后，曲线稍有抬升，但变幅不大。泥炭土是这种反射光谱类型的典型例子。此外，火山灰土也具有这种反射曲线。

2. 缓斜型 水耕熟化后的水稻土在我国分布范围很广，是一种具有独特发生属性与形态结构的耕作土壤，它的波谱曲线属于缓斜型。它的主要特征是自光谱的紫光端向红光端缓缓抬升，形成一条斜线。在 $0.45\mu m$ 和 $0.62\mu m$ 附近可能出现程度不等的小波折，这段的斜率一般在 0.10 左右，明显地高出上述平直曲线。在 $0.62\mu m$ 以后的斜率稍有降低。

3. 陡坎型 南方湿热条件下发育的红壤形成陡坎型曲线。它的主要特征是在可见光段曲线陡峻，斜率剧增。但是斜率增高程度不等，形成几个波折，这是因为土壤中含有相当数量的赤铁矿、褐铁矿等高价铁的氧化物所致，红外波段的几个吸收带则与铁的氧化物及高岭土矿物中所含 OH^- 有关。

4. 波浪型 干旱荒漠地区土壤（如棕漠土、龟裂性土、风沙土、盐土、绿洲耕作土等）反射光谱曲线为波浪型。一般约在 $0.6\mu m$ 之前曲线较陡峻，斜率为 0.10 左右。以后斜率就急剧下降，形成一条与 X 轴接近平行的似波浪起伏的曲线。其波谷一般较宽，且较浅平，$2.3\mu m$ 之后反射率不仅不下降，反而略有增高，呈翘尾巴态，使此曲线的特征更为鲜明。

（四）土壤的发射光谱特性

土壤的发射光谱特征是由土壤温度状况决定的，而影响土壤热特性的最重要因素是土壤水分、土壤孔隙度和空气温度等。热红外影像反映的主要是土壤表层的温度，如在 TM2-TM5-TM7 或 NOAA 卫星的 CH1-CH2-CH4 的假彩色（分别用蓝、绿、红滤光镜合成）热像图上，裸露的干旱土壤因水分少，土壤增温快而呈红色，低处的湿地（如沼泽土、潜育性水稻土等）则呈暗蓝色。因此，可以根据其色调的变化来判读土壤水分和农田旱涝状况。

第三节 遥感影像的解译标志和土壤解译方法

一、遥感影像的解译标志

遥感影像的解译标志是指那些能帮助辨认某一研究对象的影像特征，是地物本身属性在影像上的表现，它反映了地物所固有的一些特征。据此辨别土壤或自然界现象的影像特征，在应用中不断检验和补充这些标志，是解译成功的关键。遥感影像解译标志分为直接解译标志和间接解译标志两类。在遥感影像上地物本身的特性所反映的、能够直接看到的、可供解译的影像特征称为直接解译标志，如影像的形状、大小、色调及阴影等。根据直接解译标志可以直接解译目标物。如利用影像对河流、湖泊等水系及城市等的解译，就是利用直接解译标志进行解译的例子。如果由甲目标的直接解译标志可以用于推断出乙目标来，那么甲的直接解译标志就叫做乙目标的间接解译标志。也可以说，间接解译标志是指与之有联系的其他地物的、能够间接推断某一研究对象存在的那些影像特征。利用影像对农作物或森林进行解译来推断土壤类型，就是利用间接解译标志来进行解译的例子。

（一）直接解译标志

它是地物本身属性在影像上的反映，即凭借影像特征能直接确定地物的属性。地物的直接解译标志可以分为以下几个方面。

1. 形状 影像的形状是指物体的一般形状或轮廓在影像上的反映。各种物体都具有一定的形状和特有的辐射特征。一般来说，同种物体在影像上有相同的灰度特征，同灰度的像元在影像上的分布就构成与物体相似（或近似）的形状。地物在遥感影像上的形状，并不是与实际形状严格相似的。当像面和地面或物体表面都水平时，其影像上的相应构像与实际相似。如水田、水库等，当像面水平、物面倾斜时，其像面上的相应构像按中心投影规律变形，即坡面坡向向像主点的坡长相对延长，逆像主点的坡长相对缩短。随影像比例尺的变化，"形状"的含义也不同。一般情况下，大比例尺影像上所代表的是物体本身的几何形状，而小比例尺影像上则表示同类物体的分布形状。例如，一个居民地，在大比例尺影像上可看出每栋房屋的平面几何形状，而小比例地图上则只能看出整个居民地房屋集中分布的外围轮廓。

土壤不同于其他一般地物，除个别土壤类型外，一般无固定的几何图形，并且常被植被和作物所覆盖，在影像上得不到直接的反映。因此，往往要通过其他的因子来做间接的推测，确定土壤类型。

2. 大小 遥感影像上地物的构像大小是地物的尺寸、面积、体积在影像上按比例缩小后的反映，它与地物本身的大小和比例尺有关。"大小"的含义随影像比例尺的变化而不同。在大比例尺影像上，量测的是单个物体的大小；而在小比例尺影像上，则只能量测同类物体分布范围的大小。对解译人员来说，如果不考虑物体大小，就可能把小比例尺影像上的大型物体，判断为大比例尺影像上影像特征相似的小型物体。例如，把大桥判断为架空管道，把山地与小丘、水库和坑后等地物混淆。

3. 色调 色调是地物反射或发射电磁波的强弱程度在影像上的记录，是地表物体电磁波谱特征在影像上的反映。由于地物对电磁波的反映不同，在遥感影像上就会产生色调的差异，这种色调的差异在黑白影像上就会表现为由白到黑的不同深浅的色调，即灰色的变化程度，也叫灰度色调；在彩色片上表现为色彩。

（1）灰度 是地面物体的亮度和颜色在黑白影像上的表现，也叫灰阶或灰标。灰度是人眼对影像亮度大小的生理感受。人眼不能确切地分辨出灰度值，只能感受其大小的变化，灰度大者色调深，灰度小者色调浅。在自然条件相同的情况下，物体的辐射特性（反射率或发射率）不同，遥感器接收的能量也不同。反射率高的物体，接收的能量大，影像的色调就浅，反之则深。于是同一环境条件下，影像灰度色调的差异即是不同物体在影像上的反映。

（2）色彩 一般对彩色影像而言，用色彩类别、亮度和饱和度这3个要素来表示色彩的种类。色彩能够进一步反映地物间的细小差别，能够为判读人员提供更多的信息。特别是多波段彩色合成影像的解译，解译人员往往依据色彩的差别来确定地物与地物间或地物与背景间的边缘线，从而区分各类物体。

彩色片能够充分显示地物的影像特征，提高影像的光谱分辨率。通常人眼能辨别的灰度色调只能达到10级（表8-1），而彩色则可以区分出100多种，加上亮度和饱和度组合，分辨色彩的种类就会更多。土壤本身的表层和地面覆盖特征在黑白影像和彩色合成影像上的表现不同，标准假彩色合成影像能大大增加土壤的解译信息量，提高与土壤有关影像的景观分辨能力（表8-2）。

表8-1　人眼能辨别的10级灰阶表

灰阶	1	2	3	4	5	6	7	8	9	10
吸收率（%）	0~10	10~20	20~30	30~40	40~50	50~60	60~70	70~80	80~90	90~100
色调	白	灰白	淡灰	浅灰	灰	暗灰	深灰	淡黑	浅黑	黑

表8-2　几种主要土壤及其特征在遥感影像上的色调

土壤	黑白影像	标准假彩色合成影像	备注
干旱壤质土壤	白发浅灰	黄白	
湿润草甸性土壤	暗灰	浅蓝	水分系列影像
潮湿的沼泽性土壤	深灰暗	深灰暗	
灰蓝色浅育性土壤	灰	蓝灰	
浅色土壤	白发灰	白黄	
黄色土壤	灰白	浅黄、浅蓝绿	有机质系列影像
有机质稍多的土壤	灰	暗灰	
黑土	黑	黑	
潮湿盐土	黑	蓝灰	盐分系列影像
硫酸盐盐土	白	白	
石质土	浅灰	浅蓝、蓝、蓝绿	
砾质土	浅	浅蓝	
白色除砂	白	白	质地系列影像
黄色沙土	浅灰	白、浅黄	
黄色粉沙土	浅灰	白	
红色黏土	暗灰	蓝绿、绿	

4. 阴影　受太阳高度角以及地物高差的影响，在遥感影像上就产生了阴影。地物阴影分本身阴影（本影）和投射阴影（落影）两种。本影是地物本身背光面在遥感影像上形成的影像，落影是地物投射到地面上的阴影在遥感影像上形成的影像。阴影取决于地物本身大小和高矮以及太阳高度角等因素。它会对目视解译产生不利的影响。一方面，人们可以利用本影判别地物形状和获得立体感，利用落影获得地物高度的信息；而另一方面，阴影覆盖区中的物体会被遮蔽，给解译带来困难，甚至根本无法解译。

5. 位置和相关体

①位置是地物存在的地点。位置对人为物体和自然体的判译十分重要。例如，土壤的垂直带谱除了鉴别影像特征外，位置是决定性因素。地带性土壤和土属的判译，常需借助于所处位置和地形部位。

②自然界的物体之间往往存在一定的联系，有时甚至是相互依存的。往往由一种地物的存在，去指示或证实另一种地物的存在和属性，这些存在的地物被称为相关体。相关体实际

上也是目标地物所处的环境。利用相关体的影像特征可以推断或确定其他相关地物。例如，以植被和土地利用方式确定土壤类型，由采石场和石灰窑推知石灰岩山地等。因此，物体所处的位置和所处的环境也是帮助解译人员确定物体属性的重要标志之一。

6. 图形和组合

①图形是解译对象的空间分布格局。它是许多细小地物重复出现的组合图案，包括不同地物在形状、大小、色调、阴影等方面的综合表现。水系格局、土地利用方式、土壤等均可形成特有的图形。例如，平原区的稻田呈格网状图形，丘陵区沟谷的稻田呈蚯蚓状或剥壳笋节状图形，丘陵坡地稻田则成孤行的阶梯状图形；菜园地呈明暗相间的栅栏状图形（这是菜畦和菜沟相间的反映）；果园成行列整齐的棋盘状图形；茶桑园多呈平行线状、带状和波状图形；林地一般构成特殊的粒点状图形（粒点是树冠的反映）等。由此可见图形是反映景观地貌的一种稳定标志。由于图形多种多样，不可能完全归纳，一般用点状、条状、扇状、斑状、块状、格状等来描述。

②组合是以一定排列和组合方式出现的同类地物。成群排列和组合的地物往往目标更明显，遥感影像上尤为突出，便于判译。

7. 纹理 影像上细部结构以一定频率重复出现，是单一特征的集合。如树叶丛和树叶的阴影，单个的看是各叶子的形状、大小、阴影、色调、图形，当它们聚集在一起时就形成纹理特征。影像上的纹理包括光滑的、波纹的、斑纹的、线形及不规则的纹理特征。我们可以利用纹理的形状和粗细来判别地物。如花岗岩丘陵，一般纹理较粗；而黄土丘陵则纹理较细。沙地纹理粗，黏土纹理则较细。

在红外彩色的卫星影像上，各类土壤、地貌、植被、潜水（通过土壤水反映）和水体等均有其特有的影像标志。但是在不同的地区，特别是不同的时像，其影像标志则有变异，甚至变异较大，具体可参考表8-3。

表8-3 主要土壤和地物的卫星影像解译标志（假彩色）

土壤或地物	影像颜色	影像的图形、纹理
砂性土壤	白色	沙丘：具有沙丘纹理
	黄白色（有一定植被）	河床形成的砂性土：线状缺口扇形地形成的砂性土，扇形
黏性土壤	暗灰色（有机质水分影响）	海岸砂堤形成的砂性土：与海岸平行
	暗棕色	扇形洼地：半月形
	浅棕色（水分干涸）	地上河外测洼地：线状与河流平行
草甸性土壤	浅蓝（裸土）	湖相洼地：片状
	红（生长作物）	
盐渍土	浅蓝（轻盐渍化裸土）	絮块状（内陆盐土）
	灰蓝（重盐化裸土、盐土）	大片状（滨海盐土及荒漠盐土）
	蓝灰（滨海盐土）	
	白色（硫酸盐土）	湖洼沼泽性土：片状，蓝（水体）红（植被）
沼泽性土	暗灰（裸土）	交错相嵌
	红（长有植物水稻）	洼地水稻土：格状河网水系

(续)

土壤或地物	影像颜色	影像的图形、纹理
水稻土	暗灰（裸土）	
	红（长有水稻）	
	蓝灰（水位高）	林带：红格网状
农田	红（长有茂盛作物）	田间道路：白格网状
	黄（作物幼苗期或近成熟）	水网：蓝格网状
针叶林	暗红	
阔叶林	红（生长旺期）	
	暗灰（落叶期）	
水体	深蓝（深而清的水体）	湖泊：自然片状
	浅蓝（浅而浑的水体）	水库：有坝址整齐的几何图形
		河流：线状
		阴阳坡沟谷水系及阴影效果的立体感
山体、丘陵		

（二）间接解译标志

根据地学、气象、水文、农学等专业知识，应用直接解译标志，推断出影像上确实存在的地物，称为间接解译，这些直接解译标志相对于目标地物来说，也就是间接解译标志。在影像判读的时候，判读人员可以采用逻辑推理和类比的方法引用间接解译标志，从而正确地判读地物。例如，通过影像上地貌的特征推断岩性；通过地貌与植被特征推断气候；通过水系与冲积扇的排列推断地下水的分布等。所有这些都是通过地学知识，由地学相关分析推断的。间接解译标志的应用，在地理信息系统的支持下，引入人工智能，建立专家系统才能取得更好的解译效果。

地物原型客观地存在着下述四种不同类型的现象。第一种是有规律性现象，如土壤分布的地带性规律。第二种是随机现象，如天气变化、洪水出现、泥沙运动等。第三种是不确定性现象，如一条河流上修建水库，改变了局部侵蚀的基准面。第四种是模糊性现象，如风沙侵蚀与流水侵蚀的交界地带，有一系列过渡区，凡是渐变的地带，都存在着模糊性现象。由于解译过程中存在"同物异像"、"同像异物"等现象，同时地物原型均是三维信息，而影像记录往往是二维影像（除全信息成像外），这些都给目视解译带来一定难度，这就更加需要运用间接解译标志。

最后，需要强调的是，直接与间接标志是一个相对概念，常常是同一个解译标志对甲物体是直接解译标志，对乙物体可能是间接解译标志。因此，必须综合分析，首先是解译人员发现和识别物体，其次是对物体进行量测，之后根据解译人员掌握的专门知识和取得的信息对物体进行研究。解译人员必须具备把自己对物体的理解和物体的含义联系起来的能力，也就是说具备相应专业的实践经验。

遥感影像记录的是地物的光谱特征，尤其是反射光谱。因此，土壤及其覆盖物的光谱信息是土壤遥感的物理基础。根据遥感影像上各种地物的光谱信息、影像特征和分布规律，作出对该地物的性质和数量的辨认，综合分析成土因素、土壤景观要素、成土过程，从而对土壤类型、分布规律和土壤界限做出判断的过程，称为土壤遥感目视解译。遥感影像的土壤目视解译一方面是综合分析由于土壤本身的理化性状及其覆盖物的光谱特性的差异而在遥感影像上形成的各种影像特征，这些影像特征实际上是各种地物本身的形状、大小、颜色、阴影及相关位置等解译标志，在遥感影像上反映出来的影像特征，如色调、阴影、形状、纹理等；另一方面根据土壤发生学原理分析成土因素和景观结构，以推断出在不同景观下所发育形成的主要土壤类型或土壤组合。因此，遥感影像的土壤目视解译是一种综合分析、逻辑推理与验证的过程。

二、遥感影像的目视解译方法

目前应用于土壤目视解译的主要方法有直接判定法、对比分析法和逻辑推理法3种。

（一）直接判定法

直接判定法是通过遥感影像的解译标志直接确定地物类型和属性的直观判译法。在卫星影像上，除了较大地物的个体，如大的水体、岩体、海岸线等能反映出其形状以外，大多数影像表现的是群体中以占优势地物光谱为主的综合特征。例如，我国南方石灰岩广泛分布的地区（广西、贵州），岩溶地貌十分发育，峰丛、溶丘、干谷、洼地正负岩溶地貌纵横交错，在卫星影像上构成深灰色麻点状或菱形网络状（如同花生外壳）的图案，判译时可根据影像的这一特征，判译岩溶地貌分布范围，而在该范围内的孤峰、溶丘、干谷等细部，则很难分辨出来。又如，在我国黄土地区，水土流失严重，沟谷纵横，地形切割十分破碎，在卫星影像上则表现为大面积浅砂色调树枝状的图案，据此可直接判译黄土地貌的分布。而黄土地貌中较小的沟、谷等则融合于综合图案中而显示不出来。卫星影像特征直接反映土壤类型的情况甚少。但是，根据综合判译方法，沙质土、草甸土、沼泽土、砂姜黑土、盐碱土和部分水稻土等，可以被解译出来。

直接从遥感影像上识别地物和现象，也不能简单地由一、两个影像特征进行分析和判定，而应该根据区域的地理特征，对遥感影像反映出的色调、形状、阴影、纹理结构等各种标志进行综合分析，从中归纳出"模式影像"，便成为目视解译时的重要依据。

在进行各种标志的综合分析时，色调对直接识别地物和现象是很重要的。但是对色调的分析必须结合具体的图形特征，也就是说"色"要附于一定的"形"，只有这样，色调才具有意义，才能达到识别地物的目的。另外，也应该看到色调是一种很不稳定的因素，影响色调变化的因素十分复杂。因此，在判译时还必须根据具体的时间、地点以及地理环境条件，结合影像的各种标志和结构，对照地物光谱曲线的特征进行分析。

（二）对比分析法

对比分析法是指把航片和不同波段、不同时相的卫星影像与已知的地面资料结合起来，采用对比的方法来判译地物的类型和属性的方法。采用对比方法的目的在于相互补充、相互验证，使得判译的结果更加准确可靠。

1. 多级多种遥感影像对比 多级是指不同比例尺的遥感影像,多种是指不同组合方案以及航片和卫星影像两种遥感影像。多种多级遥感影像对比是指采用航片、卫星影像相结合,不同比例尺的遥感影像相结合,组成不同的组合方案,发挥不同遥感影像、不同比例尺影像的优点,对地物进行正确的解译。例如,小比例尺的遥感影像有利于宏观整体解译,而大比例尺遥感影像则有利于局部解译。

2. 多波段影像对比 现在使用的卫星影像一般为多波段影像,由于不同地物在不同波段有不同的特征,因此可以利用不同波段的遥感影像进行对比分析,这样就有可能把不同的地物区别出来。在进行多波段对比分析时,如果能够借助彩色合成和密度分割等光学增强处理技术,判译的效果将会得到大大地增强。

3. 多时相卫星影像对比 利用卫星影像进行判译时,还可考虑用不同时相的影像进行对比分析,从中提取有用的信息,有助于判译和动态研究。例如,大豆和玉米这两种作物,很难从影像上区分开来,但可利用不同时相的影像对比,则有可能将两者区分。

如图 8-3 是大豆和玉米在不同时间两维空间反射光谱曲线的变化。从该图分析,在播种后经过一段时间,两者光谱曲线接近,而在播种后 130d 左右,光谱曲线的差异比 75d、100d 和 140d 要显著得多。因此,选择播种 130d 前后的影像资料,就能把种植大豆和玉米的土地分开。所以,在对比不同时期的影像资料时,要注意选择所判译地物光谱曲线变化最大的时间,利用影像对比,提高判译效果。

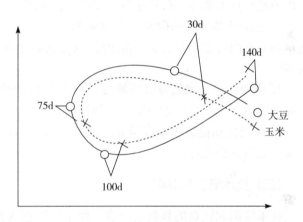

图 8-3 大豆、玉米反射光谱曲线随时间变化情况示意图

4. 多信息综合对比分析 通过影像对比,可增强土壤解译效果,但更重要的是要应用综合辨认法采取"多信息综合"解译,充分利用地质图、地形图、森林分布图等多种辅助信息资料。地质图有利于区分"同像异土"现象,如各种母质发育形成的土壤,由于植被覆盖度较好,均呈红色色调,参照地质图可将它们区分开;地形图上的沼泽地、沙地、草地、森林、果树等注记有助于地类的定性;森林分布图或植被图对确定石灰岩、紫红色砂岩发育的土壤性质有一定指示作用,如柏木林地多为石灰(岩)土,马尾松林地多为酸性土。

(三) 逻辑推理法

逻辑推理法是指借助各种地物和自然现象之间的内在联系,用逻辑推理的方法,揭示出更多有用的信息,从而间接判断出某一地物或自然现象的存在和属性。例如,从水系分布的格局,可推断出有关岩性及地貌类型等方面的信息;从植被类型的分布,可推断出土壤类型。

显然,上面的几种土壤目视解译方法的划分是带有主观性的,各自都具有一定的局限性。因此,在实际应用中,应该用多种方法相互补充和验证。

第四节 土壤遥感调查的步骤

一、准备工作

土壤遥感调查的准备工作，与常规土壤调查一样，是一项基础性工作。主要包括组织准备、制订工作计划、资料准备、物质准备和技术准备等工作，准备工作的好坏直接影响到遥感调查的质量和进度，因此必须做好一切准备工作。在土壤调查的五个准备工作中，前面的四个已经提到过，这里主要谈一下技术准备。

（一）编写各工作阶段的技术指导书（土壤遥感调查实施细则）

各阶段的技术指导书，是各工作阶段的技术指南，关系到整个调查质量和工作进度。技术指导书的编写，必须参照有关规程、文件和资料进行，同时也要参照别人成功的经验。各工作阶段的技术指导书包括土壤遥感草图的调绘、内业转绘技术和面积量算技术指导书。

1. 土壤遥感草图的调绘指导书编写　内容包括调查区的基本情况，调绘的专业内容，各单项专业内容的解译标志，室内预判方法，外业调绘方法、内容及部署，使用资料和要求等。

2. 内业转绘技术指导书的编写　内容包括转绘方法、步骤，精度要求，清绘方法，各专业图内的表示符号，检查制度，制图要求等。

3. 内业面积量算技术指导书的编写　内容包括面积量算的原则、程序、方法步骤，所涉统计表格的说明等。

（二）技术培训和试点

技术培训和试点的目的及要求：使全体调查人员提高认识，明确开展本项工作的意义；统一标准，统一认识和意见；提高专业技能；要求调查人员达到相同或相近似的水平。

1. 培训内容　包括地形图和遥感的基础知识，外业调查技术，内业转绘及面积量算方法，操作技能，各阶段技术要求、精度要求等。

2. 实地试点　选择一个有代表性小区域进行调查试点，使调查队员能掌握全部调查技能，当每个队员都合格或部分合格时，可将合格人员分派到调查工作第一线，开展调查工作。

二、土壤遥感草图调绘

土壤遥感调查制图与常规土壤调查制图比较，调查的内容、制图的精度要求等是一致的，最大的区别就在于调查底图、工作方式和程序的不同。土壤遥感调查制图主要工作包括土壤遥感判读标志的建立、室内预判、外业调查与调绘等。当然，土壤遥感调查制图常需辅以常规调查方法，也可以将遥感调查制图作为常规调查制图的辅助方法。因此，土壤遥感草图的调绘是土壤遥感调查的主要内容。

土壤遥感草图的调绘是指经过对野外土壤类型、分布、主要剖面形态等综合研究之后，在遥感影像上确定土壤类型、剖面点位置、土壤界线，从而全貌地反映出调查区土壤在地理上的分布规律和区域性特征、特性的过程。土壤遥感草图不仅是野外工作中最基本的成果图件资料，也是野外土壤宏观研究成果的集中反映，由此也可看出，正确测制土壤遥感草图关系到未来土壤分类、分区体系能否正确划分和建立。同时，也关系到土壤利用改良规划图能否因地、因土制宜地进行编制。因此，土壤遥感草图的调绘是一项严肃的科学工作，必须坚持正确解译和野外验证与校核的基本原则。在技术上一定要达到常规土壤调查制图的精度和详度的要求。

(一) 土壤遥感制图的精度、详度要求及工作定额

1. 精度要求　土壤遥感制图与常规土壤调查制图一样，因调查目的、任务和服务对象的不同，所用的成图比例尺也相应而异。不同比例尺的土壤图，有不同的土壤制图精度（上图单元）要求，土壤遥感调查的精度主要受制图单元的土壤分类级别、最小上图面积（面积允许误差）和土壤边界绘制的准确程度（直线误差）的影响。制图单元的土壤分类级别愈低（基层分类单元）、最小上图面积愈小、土壤边界绘制的准确程度愈高，则土壤遥感调查的精度就愈高，其调查的工作量也愈大；反之亦然。

制图单元的土壤分类级别主要由调查的目的来确定。最小上图面积和土壤边界绘制的准确程度受土壤边界本身的明显程度、调查区复杂程度和底图比例尺等因素的影响。在土壤遥感制图上，将这些因素的影响带来的误差分为面积误差和直线误差。

在航片或卫星影像的预判、调绘过程中，要按照不同成图比例尺土壤图对直线和面积允许误差的要求，控制勾绘土壤图斑的直线和面积允许误差。其允许误差的标准可按地形图上允许误差，依比例折算而成，即直线允许误差应小于 L_m，面积允许误差应小于 S_m，这样才能保证调绘影像转绘后的制图精度。

$$L_m = d \times \frac{M}{m};$$

$$S_m = S \times \frac{M^2}{m^2}$$

式中：L_m 为航片或卫星影像上的最大直线允许误差（mm）；d 为土壤图直线允许误差（mm）；m 为航片或卫星影像的数字比例尺分母；M 为土壤图的数字比例尺分母；S_m 为航片或卫星影像上的最大面积允许误差（mm²）；S 为土壤图面积允许误差（mm²）。

2. 详度要求　对土壤遥感草图提出详度要求，目的在于使土壤图专业主题突出，清晰易读，有助于分析各类土壤发生分布及其与成土环境之间的关系，以及面积量算等，从而保证土壤成图质量。但土壤遥感草图的详度要求，应视最后的成图比例尺的不同而有所侧重，不能强求一致，总的要求是以保持图面清晰适度和反映土壤分类系统的完整性与规律性而进行土壤制图综合。

①一般大比例尺土壤图，应以土种或变种作为主要制图单元。但在地形破碎的山丘区，如以土种上图确有困难时，也可允许用复区的方法上图，但复区中的各土种面积，仍应分别进行统计，不能略去。

②中比例尺土壤图（包括1∶25万土壤图），应以土属为主要制图单元，但对面积过大，在生产和分类上有重要意义的土种，也应保留；对面积过小，无法以土属上图时，可以亚类或土类上图。

③小比例尺土壤图，应以土类、亚类作为主要上图单元。对于面积过大，在生产上与分类上有重要意义的上属，也应保留；对于面积过小，无法用土类、亚类上图时，可用复域方式或特殊符号注记。

至于土壤断面图，其断面线应穿过主要地貌区与尽可能多的土壤类型，可在图区外缘作首尾线表示之，一般一条，最多不超过两条。

图斑符号，应按有关业务部门的要求或颁发的规范，统一拟出代号系统。

3. 调查工作定额　遥感概查或详查都应该确定工作定额，一般是根据调查区内的土壤类型、地质、地形、植物（作物）及耕作利用等实际情况，确定的转绘成图方法、遥感土壤调查制图的精度等来确定。特别是在全面开展详细调查以前，还必须指定工作定额，以利于确定土壤详细调查的工作步骤、工作进度表和人员设备。关于调查工作定额的问题，土壤调查机关是有规定的，但因调查地区的地形与土壤复杂程度，调查人员的技术水平不同以及调查队的组织领导是否健全有很大差异。因此，一般规定的定额只是作为参考而已。

（二）土壤遥感概查与土壤解译标志建立

1. 土壤遥感概查　土壤遥感调查可分为土壤遥感概查和详查（概测和详测）两种，而土壤遥感概查又称为路线遥感土壤调查，开展土壤遥感详查之前必须先开展概查。土壤遥感概查是对调查区内土壤发生条件、分布规律、成土过程、土壤理化性状、生产性能等要素作概括性调查研究，并对各要素与遥感影像的相关规律性作深入分析研究的过程。其工作应遵循"先宏观后微观，先整体后局部"的原则进行，为土壤遥感详测制图做好充分的准备。因此，遥感概查的目的是摸清调查地区的自然景观、土壤类型、土地利用等概况，制订调查区的土壤调查的工作分类系统，确定成土因素、成土过程、土壤类型、景观特征与遥感影像特征之间的对应关系，为建立土壤遥感解译标志奠定基础。

为了很好地达到上述目的，进行概查时，最好能和地质工作者、植物工作者、农业技术人员以及熟悉当地情况的干部或者老农一起进行，以便了解当地的自然因素、行政区界、人口劳力、经营管理水平、农业机械化、水利化，以及产量、产值、收益分配等情况。

（1）**确定概查路线**　在出发进行野外概查之前，按照走最短的路、了解最多的内容、能够全面地掌握调查区概况的原则，首先在室内根据遥感影像、地形图、地质图等仔细研究调查地区的地貌类型，并根据不同的地貌类型、不同地貌单元、不同土地类型及不同生产情况和当地干部等共同研究拟订出几条概查具体的路线。这些路线应经过各种不同的地貌类型、地形部位和不同的农业区，同时还要通过最高的山峰，以便远眺调查地区的大概情况，只有这样才能更全面了解调查地区内的土壤及成土因素的概况，然后根据选择的路线进行野外概查。所以，概查路线通常是垂直穿过等高线的2～3条路线。应用卫星遥感影像进行路线调查时，还必须随时将透明地形图与卫星影像上明显地物点为基准进行局部套合定位，以免产生定位误差。

（2）**土壤类型及其特性和土壤分布规律的研究**　根据已确定的概查路线进行调查过程中，要查明主要的土壤类型及其特性和分布规律，对于各种不同地貌类型乃至不同地貌单元的特点进行研究，以便了解不同地貌类型、不同地貌单元组合的土壤特征，并且确定土壤的地理分布、地形特征、地质构造和其他土壤的形成关系，应尽量找出其主导因素、农业生产中存在的主要问题。

更重要的，还要查明各种土壤的农业利用情况。因此，在一个地形部位，如山岗、坡地、山谷、洼地以及不同地类，如水田、旱耕地、荒山荒地和林地等都要挖掘主要剖面，对于不同地形部位、不同母质、不同植被类型和不同农业利用的主要剖面，要加以详细的研究和记载（剖面记录表），并采集必要的土壤标本和土壤理化分析样本，需要时还应将这些样本送到化验室进行分析，以便根据分析结果进一步了解土壤情况。

根据概查材料，评比土壤标志以后，便可初步确定土壤发生变化的规律、农业利用情况。为了更好地说明地形和地质构造对土壤变化的影响。可以根据概查的材料编制表明地形、绝对高度、作物种类及各个地形部位的母质和土壤的分布与地形关系的断面图，当然这时编制的断面图不可能很准确和完善，将来在详细调查之后，还可能有补充和修正。

（3）土壤与遥感影像的相关性研究　主要是研究成土因素、成土过程、土壤类型、景观特征与遥感影像特征之间的对应关系。在概查中对照航片或卫星影像，随时定位，仔细观察，对经过的地貌单元、植被类型、农业利用方式、土壤类型，地质（母质）、水文等与遥感影像之间的相互关系，进行比较分析，素描记载，建立典型"样块"影像特征，为拟定解译（判读）标志即景观—土壤—影像特征三者相关性关系和室内预判提供依据。

（4）拟订工作分类系统和确定制图单元　根据土壤概查的结果和一般土壤分类的原则，参照国内最新拟定的土壤分类体系，结合本次调查工作的需要，以评土比土为基础，拟订出调查地区的土壤工作分类系统，以供全面详细开展遥感土壤调查制图时作为参考。对于由几十人组成的大队，而且队里可能存在不熟悉土壤遥感调查工作的成员，这项工作是非常重要的，如果没有一个土壤工作分类系统作为依据，那么各个小组进行影像判读与土壤分类工作将不会得到标准一致的结果。

由于概查工作时间短促，工作不够深入等，对于调查土壤情况掌握不够，特别是较小比例尺遥感土壤调查制图，导致拟订土壤工作分类的困难。可根据前人所做的土壤的调查成果，将分散、零星、不统一的土壤分类体系及性状阐述材料，按照现行应用的土壤分类系统加以解译，并按目前制图精度的要求，确定相应的制图单元，拟订出这次土壤遥感调查制图统一的土壤工作分类系统。这个分类系统是临时性的，详查后还要进行补充和修正。

必须强调，概查后拟订出调查地区土壤工作分类系统，确定制图单元，是一项重要工作。

2. 建立土壤遥感判读标志　土壤遥感解译标志是在土壤遥感概查的基础上，以土壤发生学为理论基础，以地物的影像特征为依据，建立起来的成土因素、土壤类型等影像综合特征，包括地形、植被、成土母岩（母质）、水系、农耕地、裸土等的解译标志。

在概查中所走的路线经过了不同的地貌单元、不同的植被类型、不同的农业利用方式、不同的土壤类型。除了完成上述任务之外，调查者还应对照影像随时定位，仔细观察地质、地形、母质、植被、水文、土壤与遥感影像之间的相互关系，进行比较，素描记载，并拟出判读标志一览表（表8-4），这也就是建立典型"样块"，为室内预判提供依据。

表8-4　土壤遥感判读标志一览表

土壤标志地物	符号	地形	色调	图形	结构	阴影	位置	典型遥感影像

将遥感影像同比例尺大小相近或相等的地形图进行分析对比，不同的土壤类型建立相应的判读（解译）标志。在建立判读标志的过程中，如果发现相同土壤类型有不同影像特征

时，则要进一步对水分条件、有机质含量的多寡、机械组成的差异等进行对比分析，看是否受其中某一因素的干扰。

有经验的土壤工作者，在熟悉的地区工作能在室内建立判读标志，则尽量多地建立判读标志；经验较少或者在人地生疏的地区工作，室内预判和野外校核与调绘阶段不要严格分开，可以交错进行，有利于样块的建立，促进室内预判的开展。

判读标志的建立，是遥感土壤调查制图的室内判读基础，判读标志的丰富与可靠性直接影响解译的效果，从而影响到成图的质量和效果，因此要尽量建立更多的可靠的判读标志。

土壤判读标志是以地形、母岩、植被和土地利用等判读标志为基础的，即地形、母岩、植被和农业土地利用方式的判读是基础。生物气候带是地带性的显域土重要的判定特征，如寒带的冰沼土，温带的灰化土、棕色森林土，北亚热带的褐土，中亚热带的红壤，南亚热带的赤红壤，热带的砖红壤等。地形、母岩、植被和土地利用等影像特征是非地带性的隐域土的综合判读特征，如四川的紫色土，系侏罗系紫色砂泥岩形成的幼年土壤（岩性土），主要分布于四川盆地的丘陵区，丘体多被作为旱耕地利用，冲沟一般为水稻土，可根据这些特征在影像上的表现，确定紫色土的判读标志。

（三）室内预判

室内预判是根据路线调查所掌握的感性知识，以工作分类系统和解译标志为依据，充分运用解译人员的专业知识和遥感影像解译的基本方法，对遥感影像进行综合性的景观分析，在航片或卫星影像的蒙片（聚酯薄膜）上逐块勾绘出土壤类型或土壤组合的界线，并对预判结果做好记录（表8-5）的整个过程。在预判过程中，由于使用遥感影像资料的不同，其预判的难易程度和方法步骤也有差异。

表8-5 土壤预判结果记录表

土壤名称及制图单位	地形影像特征	植被及土地利用影像特征	母质影像特征	综合影像特征及成土过程、特点分析	验证结果

1. 航空遥感影像预判的步骤

（1）从已知到未知　在所有方法的判读工作中，从已知到未知是一个不可缺少的重要环节，是使判读者取得判读标志，识别不同土壤类型及成土因素特点在遥感影像上显示的图形和色调的重要步骤。

目视判读中所指的"已知"是什么呢，主要是判读者自己最熟悉的生活、工作中的实际环境，或者是别人最熟悉的生活和工作的实际环境，如土壤分布图、地形图等。所指的"未知"是什么呢，就是遥感影像显示出来的未知内容。这就是由"已知"到"未知"的第一含义，将已知的生活和工作中的实际环境或土壤分布图、地形图等与相应地区的遥感影像对比，使不同土壤类型和成土因素与遥感影像切实挂起钩来。这些经过对比证实在影像上反映特定土壤、地形部位以及地物等的影像、色调和图形显示，就是判读这类土壤或地物的标志。有了这些判读标志，我们就可以在相邻地区或其他地区的遥感影像上举一反三，根据它又可以在相应地面上找到新的地物。这就是从"已知"推断"未知"，也就是从"已知"到"未知"的另一个含义。从"已知"到"未知"是一切判读必须遵循的方法、步骤。否则，欲速则不达。

(2) 先易后难　在判读过程中，先从易判读的开始，后判读较难的。先易后难的过程中，也是一个不断实践，逐渐取得判读经验，积累判读标志，克服各种判读困难的过程。这里所说的"先易后难"有以下几种情况。

第一，先清楚后模糊。一般来说凡是影像特征显眼的，都是易判读的；还有某些土壤与成土因素之间，一种土壤类型与另一种土壤类型之间，反射光谱有差异的，都是清楚易判读的；反之，反射光谱一致的，都是模糊不清、难以判读的。

第二，先山区、后丘陵和平原，先陆地后海边。山区切割厉害，岩面裸露，地形起伏大，影像清晰，丘陵岗地，山间谷地，影像明显；而平原地区地面平坦，模糊一片，影像不清，所以前者易于判读，后者则判读较难。在这种情况下，经验不多的人员先从山区、丘陵区取得经验，再判读平原地区则难度较小。何况山区、丘陵与平原在地质构造上总有这样那样的关系，因而一方面在判读上可以借鉴，另一方面又可以用"延续性分析"不断扩展。陆地和海边的判读，其道理也是如此。

第三，先整体后局部。

①根据遥感影像色调、图形的特点，判读确定该地区大的景观类型及其界线。如判读勾绘出山地、丘陵、平原、森林土壤、稻田土壤、旱耕地土壤、非耕地土壤等的界线。

②深入到一种景观类型，推断出母质种类，勾绘出同一景观类型中以母质为主要依据的不同土属。如南方丘陵地区的红黄壤亚类中，可以根据第四纪红色黏土母质及花岗岩风化母质等不同影像特征，区分出红黄土、砂黄土等不同土属。

③再深入到微地形、微阴影的观察，参照土壤组合的规律，应用逻辑推理，推测土属以下不同土种的轮廓界线。例如，第四纪红色黏土母质形成的红黄土地区，从丘陵顶部至山脚分布着死黄土—二黄土—面黄土的土壤组合。各土种往往有不同的色调、隐纹等影像特征，如仔细观察，认真判读，就有可能将它们区分出来。

④边判读边勾绘。进行影像判读时，可以边判读边勾绘，最好是全部判读一遍，然后按照上述步骤，边判读边勾绘，或者大部分判读完了再勾绘。总之不要先忙于勾绘，把主要精力先放在判读上，但也不能光判读迟迟不勾绘，或不勾绘，这样容易遗忘判读的结果，达不到遥感影像判读的目的。勾绘时应把不同土壤类型界限画在透明纸上或聚酯薄膜上，在土壤图斑内注明该土壤类型的代号（按照土壤工作分类系统表），以免混乱。

2. 航天遥感影像预判的步骤

(1) 土壤景观判读　表征在卫星影像上的景观或土壤的影像，由于成像时间不同，以及卫星影像波段组合、洗印等状况的差别，对同一地区相同地物的影像特征也可以产生变异，因此很难得出统一的标志予以确认。然而，不论怎样变化，固有地物的表面形态和光谱特征，通常都有其总体变化的规律。

景观是地貌、地质、水文、土壤、植被及农业利用等诸因素的综合反映。由于卫星影像比例尺一般较小，景观在卫星影像上的主要特征，主要通过其固有形态和自身的物质结构的宏观特征体现出来。例如，不同的地质构造会明显地反映在形态特征上，线性影像可能是山脊或河谷走向，直线形可能是单斜构造，曲线形可能是褶皱构造，单根线形影像可能是大的断层，许多线形影像组合而成的带状则可能是沉积岩或喷出岩。

景观自身的物质结构会有不同的光谱特性。它们反映在卫星影像上就构成色调灰度特征。不同的岩性、植被及水体丰缺状况，对不同光波的反射、辐射能力不同，在卫星影像上也会得到不同的影像色调及图形。

卫星影像景观预判主要是山地、丘陵、岗地、谷地、平原等地貌类型及其相应地层的预判，这些景观都有其固定的外部形态，在卫星影像上也都比较容易地被判译出来。例如，山地及谷地多呈条带状，丘陵、岗地呈圆浑的团块状，平原呈平面片状等。由于地层的岩性不同，使得它们受侵蚀后的形态表现和反射光谱特性产生差异，也会在影像色调和图形上显现出区别。硬质砂岩、砾岩、岩浆岩等，由于自身抗蚀性强，形成的地形比较陡峻，因此阳光反射后在卫星影像上的形态也是棱角明显，阴影清晰。而色调在彩色片上如消除了植被干扰，多半呈褐铜色或暗褐色。较软质的砂页岩地层，在卫星影像上色调比灰岩、结晶岩浅。山地形态较平缓，坡面陡缓相间；水系一般呈树枝状、角状、倒勾状和棱状；沟谷较开阔，多呈"U"形。

(2) 农业用地与植被预判　农业旱耕地在假彩色合成卫星影像上可呈白色、黄白色、浅蓝色或红色等多色调的块状、条带状影像。水田呈蓝色、浅红色或暗红色格网状、同心圆状、块状、树枝状影像。菜地呈浅粉红色或浅肉红色粒状。林地呈灰色、深灰色片状，过度模糊；假彩色合成片上呈橙红，背景可嵌有黄色斑块。牧草地呈灰色、深灰色，但不均匀；假彩色合成卫星影像上呈红色间有黑红或鲜红斑点，或呈淡黄红色，无一定几何形状。

(3) 成土条件和土壤类型的判读　在土壤景观、农业利用与植被等预判的基础上，进一步判读、确定土壤类型和界线。

(四) 野外调查校核

室内影像预判时，常常会遇到判读不出或把握不准的情况（缺乏判读经验或在新区开展工作时更会如此），需要到野外作补充调查，到实地进行调查与验证。即使是已经判读出来的、分布面积广或有特殊意义的轮廓和内容，也应到实地进行检查与验证，并挖掘土壤剖面进行描述和研究，采集土壤标本与样本供室内比土、评土、土壤理化特性分析化验、测定土壤理化性状之用。总结农民用土、改土等农业生产经验，这些在室内是不能解决的问题。

1. 野外调查验证的主要工作内容

(1) 土壤类型、图斑及其界线的检查验证　对于在判读过程中认为有把握的土壤类型图斑及其界线，根据统计抽样的原则，进行少量的（一般20%的土壤图斑及界线）野外检查验证工作；对于在判读过程中认为把握性不大的、有疑问的土壤类型及其界线，要求全部进行详细的实地检查验证。

(2) 重点内容的野外调查验证　对于调查地区内具有理论意义、生产意义的地区或地段，如大片荒地荒山、严重水土流失地区、特殊的低产土壤等，要求进行重点的野外验证。

(3) 观察土壤剖面、采集土样　对土壤剖面进行详细观察、研究与描述，并采集供室内评土比土的土壤标本、土壤理化分析用样本，以便进一步深入了解成土过程、土体的构型、理化特性、生产特性等，为提出改良利用意见服务。

(4) 揭示问题、总结经验　对农业上存在的问题和先进经验，要进行访问和总结等。

2. 野外调查校核的做法

(1) 调查验证路线的确定　根据经验，野外检验路线的确定，应经过不同的地貌类型、土壤类型、不同的农业区；经过在室内判读过程中认为把握不大的、有疑问的土壤类型及其分界线；经过必须采取的土壤理化分析样本的剖面点，以及生产上存在问题的地块和地区。

每条路线的间距，因比例尺不同而异。例如，大比例尺详细的遥感影像土壤调查制图，可作影像框标的连线，把航片分成四等份，可对角线抽样确定野外调查验证路线，也可采用放射状四块来确定野外检查验证路线，这决定于时间、要求和人力的许可与否；比例尺较小的航片土壤调查制图，也可以航线为确定路线的范围，但路线的里程，必须以一天来回为原则，范围过大者，宜分幅设站，进行野外调查验证。

（2）土壤剖面的配置　剖面的配置，要根据不同的地貌单元、母质类型、农业利用方式和土壤类型设置剖面。每一个土壤类型至少要设有一个剖面，同一个土壤类型根据其分布面积的大小或者图斑的多寡再决定其剖面数。对于有重要理论意义、生产问题的土壤类型应增设剖面，另外剖面分布要合理，即剖面的分布要均匀，防止太集中于某一地段，而疏忽于其他地段，达到最低限度控制剖面总数目为标准，或应分析的总标本数。其数量是根据调查制图的比例尺、地形和土壤复杂程度，以及生产要求所决定的。

土壤剖面挖掘后，要进行观察、研究与描述，并将剖面点的位置准确记录在影像上，同时对剖面进行编号。取样后的样品理化分析结果也要附上，以供后来的整理资料、编写报告、土壤改良规划之用。

（3）土壤类型及其界线的检查验证　在遥感影像上许多土壤界线已经现成地反映在影像上，如水稻土与旱地、耕地与非耕地等在影像上都一目了然，这些土壤界线都是很容易检查验证的；土壤分布变化是否复杂也可以从影像特点判读出来，如影像内部均匀一致的地段，意味着土壤类型分布单一，变化不大，野外工作可以从简。这样就可以大大减少挖坑、打钻的数量，增加野外调查路线的间距。不必拘泥于一般大比例尺土壤调查规范所确定的挖坑、打钻定界及每条路线所控制的范围，完全可以根据室内预判的结果，有针对性地安排野外调查路线和挖坑、打钻。对于判读过程中认为把握不大，有疑问的土壤类型及其分界线等的地区，要进行详细的挖坑、打钻。野外检查验证时，做了修正的土壤类型和土壤界线，影像上就地更正，并在框边注明。

土壤分界线的精度，应根据上述土壤遥感草图的误差限度的规定，进行检查验证，超过土壤图误差限度之规定者，当场修正。修正土壤类型或土壤界线，必须持谨慎态度，应进行反复对比，综合分析，予以确定。而土壤类型改变的同时其代号也跟着改变。

（4）新增地物的补测　随着社会经济的发展，新的地物和人为地貌也随之不断地增加和变化，在航片、卫星影像上反映的影像往往因年长日久而失真，在遥感影像上对这些内容进行修改和补充的过程称新增地物的补测。遥感影像上反映不出来的这些内容，有的对土壤调绘是非常重要的，因此必须对新增地物进行补测。新增地物的补测可以通过室内或实地调绘补充到影像上去。根据在准备工作阶段所收集的地形图等资料，可把大部分或一部分补测工作移到室内进行（称为新增地物的室内补测），室内无法解决的问题必须到实地去调绘（新增地物的调绘）。

①新增地物的室内补测：主要是针对若干年前拍摄的遥感影像，近年来，分散的居民点已经集中到某一地段上，昔日的零星分布的水塘和弯曲的溪沟已被今天有规则的排灌渠系所取代；昔日的小丘荒滩已被今天的方田所代替，昔日的荒坡可能变成今天有规则的梯田，昔日的旱耕地可能变成今天的水稻田，以及昔日的田野今日盖起了工厂等。所有这一些，当我们在利用遥感影像进行土壤调查过程中认为有必要时，就可根据新近的地形图、城市地籍图

等，按图件与航片的比例尺，选择相应的明显地物点作为控制点，或选择两个明显地物点联成直线作为控制轴线进行修改或补充到影像平面上去，或描绘在透明描图纸上。

②新增地物的调绘：当需要修改或补充的内容在内业补测不能解决时，必须携带有关的仪器和影像（或地形图）到实地去进行调绘。尽管野外的地形、地物的形状和位置是多种多样的，如外形有直线的、折线的、曲线的、有裸露的、有隐蔽的、有可达的、有不可达的等，但它们都是由若干像点以及由点连成的线所构成的。例如，独立树、水井、电线杆就是一个点；一幢或一排房子，是由四个点构成的，而便道、渠道或公路也是由有限的几个点及其连线构成的；一个水池或一种无规则的土壤界线也是若干个特征点及其曲线构成的。因此，外业调绘的实质就是测定地形和地物点，以点定线，以线定地形地物的形状、大小和位置。

应该注意的是，在野外进行碎部补测时，由于地形地物错综复杂，所需补测的点作用不同，精度要求不同，所用的仪器和方法也不一样，一般可选择极坐标法、量距交会法、量距直接定点法、罗盘仪和距离定点法等。

调绘新增内容（地物），包括遥感影像上的建筑物。如新开的排灌系统、道路、居民点，新开的茶园、果园，新营造的林木，新砍伐的森林迹地，新改变的耕作利用地块等。

(5) 境界、权属界的调绘　一幅完整的土壤遥感调绘图，还应该具有境界和权属界线。境界是指国界及各级行政区划界，权属界是指村界，农、林、牧、渔场界，居民点以外的厂矿、机关团体、部队、学校等单位的土地所有权和使用权界线。境界、权属界的调绘必须是界限的双边单位负责人到现场指界，实地调绘。高级境界与低级境界共线时，只绘高级境界；同一区域内，最高境界必连续。

(6) 土壤遥感草图的拼接　经过野外调绘和验证以后的土壤工作草图，应当结合室内的化验和评土比土结果，将各组调绘的土壤图（航片或卫星影像）进行拼接（接边）。一般在相邻调绘片之间往往会产生各种难以拼接的情况，如果属于影像畸变问题，则可通过影像纠正来解决，如果通过上述措施还难以解决者，则要求进行野外复查。总之，要成为一幅完整的、合乎要求的土壤遥感草图。由于遥感影像上带有各种误差（如倾斜、投影误差等），同时比例尺也不一定与成图比例尺相同，因此草图还必须经过转绘或技术处理，才能够形成土壤底图（作者原图）。

三、土壤遥感草图的转绘

土壤遥感草图的转绘是在草图的基础上进行的，具体转绘的方法和过程由成图比例尺的大小和工作底图性质来决定。大比例尺调查制图，遥感调查的工作底图一般都采用航片或者大比例尺的卫星影像，由航片形成的草图，就必须经过纠正转绘，再经过编制成图，才能够形成土壤遥感底图（作者原图）；而中、小比例尺调查制图，遥感调查的工作底图一般都采用卫星影像，那么形成的土壤遥感草图，就不一定经过纠正转绘，只需作一般转绘或必要的技术处理，就能够形成土壤遥感底图。如果是用正射影像图调绘的土壤工作草图，则不必转绘。

(一) 航片土壤草图的转绘

由于航空影像是中心投影，所以会产生地形位移和倾斜位移等影像畸变，在其影像上调绘的土壤图斑、土壤界线等内容，也相应地发生了畸变。因而，必须进行纠正，并转绘到我们所要求的比例尺的地形图上来。遥感影像转绘可分为目估、图解转绘和光学仪器转绘，光学仪器法可以达到较高的用图要求。

1. 目估转绘　目估转绘是以转绘底图（影像平面图、地形图）和工作草图上对应的已知地物、景观等信息为参照，用目估的方法将土壤草图上的调绘内容转移到底图上的过程，具有简便易行的特点，但费工费时。

（1）基于影像平面的目估转绘　用影像平面图作为底图，把判读调绘好的影像向影像平面图上转绘，最为方便准确，即用目视的方法，按影像逐一将调绘影像与影像平面图组成立体像对，在立体镜下进行立体转绘。两者比例尺相差很大，立体观察不方便时，如有条件也可以采用巴斯坦立体镜来转绘。立体转绘方法既方便，质量又好，但速度不快。

（2）基于地形图的目估转绘　利用地形图作为转绘底图，在地形、地物明显地区，把道路、界线等，采用目视方法按地形图上的地物性线（如山脊、山谷、鞍部等）逐个进行转绘。除以沟、山脊作为控制骨干外，还应参照地形图上的地类界、道路及其他地物标志做控制。

2. 图解转绘　主要的方法有图解格网法、距离交会法、辐射交会法、平行尺转绘法、单辐射分带转绘法、辐射同心圆模板转绘法。特点是精度高，但费工费时，造价高，一般很少采用。

3. 仪器转绘　最常用的转绘方法是仪器转绘，可分为纠正转绘仪转绘和精密立体测图仪转绘。

（1）纠正转绘仪转绘　这里指的纠正仪，主要是一系列的具有纠正转绘功能的仪器。主要有下列仪器：HCZ-02 型航片转绘仪，HCD-1 型单投影转绘仪，YZH-1 型遥感影像转绘仪。

基本原理：通过仪器的投影或几何变换，将航片的影像转化为水平投影，再将水平投影放大到与成图比例尺完全相等，并转绘成图。它只能消除倾斜误差 δ_α，而不能消除 δ_h，δ_h 只能通过分带来加以限制（图 8-4）。

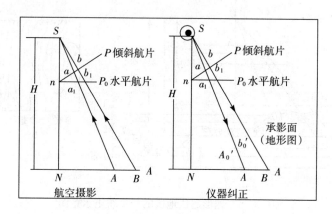

图 8-4　航片纠正转绘原理示意图

地形起伏较大地区的分带纠正转绘，这时必须是由于地形影响而引起的投影误差在规定的范围以内，即点的位移在地形图上不能超过 ±0.4mm。在起伏较大的丘陵地区所摄得的航片，其投影误差也很大，因此影像各部分的比例是不一致的。虽然这时可将地形起伏改正数加入纠正点，但其位移将会超过规定的精度，从而降低成图的精度。这时，如果使用不同高度的平面进行影像的分带（分层）纠正，可以消除这个缺陷，并使地形起伏引起的位移减少到所需要的精度以内。因此，分带纠正法的实质是在一个平均高度的平面上纠正影像。即在两个、三个平均高度的平面上纠正影像。也就是说把整张影像分成好几层进行纠正，镶嵌平面时就将各层纠正所得的面积拼接起来，即成为一幅比例尺一致的地图。

分带纠正在理论上是没有带的限制的，但实际上我们在一张影像上一般不超过三带。这是因为带数过多时就非常麻烦。

为了决定分带纠正的层数，就要确定航片作业面积范围内最高和最低的高程，从而求得地形起伏变化的幅度。

$$\Delta H = H_{最高} - H_{最低}$$

为了使各带在投影面上的投影误差不超过允许误差的限度 0.4mm，根据以前所述公式的限制，则带的截面间隔（即两纠正分层的间隔）为：

$$2h = 0.0008 \frac{f}{r} M$$

式中：$2h$ 为纠正分层间隔（m）；r 为影像中心至定向点的距离（可取平均距离）；M 为成图比例尺分母值；f 为航空摄影机焦距（mm）。

确定了分层间隔以后，就可以计算本分层带的数目 N：

$$N = \frac{H_{最高} - H_{最低}}{2h} = \frac{\Delta H}{2h}$$

图 8-5a 所表示为地形的断面，该地形的地貌用等高线表示，在影像上如图 8-5b 所示。图中 T_2 是高差为 $\pm h_2$ 这一带地面的平均高程，高差 $\pm h_2$，在该带产生的起伏位移不会超过 ± 0.4mm。在相邻的两带内平均高程分别为 T_1 和 T_3。

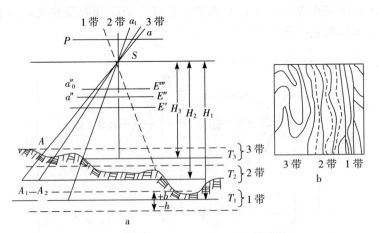

图 8-5 地形起伏地区的分带纠正示意图

当把第 1、2、3 带内的平均高程面 T_1、T_2、T_3 分别作为起算平面时，按公式 $\Delta h = rh/fM$，即可求得各纠正点在各带内的起伏改正数，并可将该改正数加入底图上的纠正点。然后通过升降承影面 E，使带内改正后的纠正点与像面上的纠正点一一对准，这样我们就可以在相应的承影面（E'或E''或E'''）上利用地物的投影光线（如$ASa''A$）来纠正影像。

如果把第3带内的平面T_3，作为起算平面时，那么点A的起伏改正数即等于零，而在沿光线aSA纠正时，需要把承影面从位置E''转绘到位置E'上。平面E'''上的比例尺将小于平面E''上影像的比例尺。

当把第1带内平均平面下所算出的起伏改正数加入纠正点时，即可在承影面E'上取得1带内部分影像的纠正影像。

当分带纠正影像时，必须在每个平面E'、E''、E'''上晒印一张影像，并注明带的号码，在经过分带纠正的影像上，因地形起伏影响而引起的偏差不会超过规定的限度。

（2）精密立体测图仪转绘法　基本原理：在仪器上将标准像对通过光学或机械投影（或几何投影）变换，重建地面模型（谓之立体模型），然后将模型通过缩放系统，放大到与地形底图比例尺相等，再将所需转绘的内容转于地形图上。这种转绘能一次性消除投影差δ_h及倾斜误差δ_a，同时达到统一比例尺的目的。如X-3型立体视差测图仪就属于这类转绘仪器。

4. 遥感影像处理系统办法　通过遥感影像处理软件，如ERDAS IMAGINE，将航片及相应地形图数字化，可实现对航空影像的数字化误差纠正。

（二）卫星影像土壤草图的转绘

对于卫星影像调绘的土壤草图来说，一般不用进行几何纠正。因为通常1:10万的卫星影像的粗制品均经过了初步纠正的过程，其精度是可以满足一般土壤制图要求的。主要是在比例尺放大过程中，由于放大机的光学系统为中心投影，因而产生误差，纠正也比较容易。最简单的转绘办法就是用相同比例尺的透明地形图采用局部重合的方法，将其直接蒙覆于卫星影像的调绘土壤草图上，在透明地形图上另固定一张半透明的聚酯薄膜，在光桌上将这两组图以地形地物作控制、水系为基准进行局部套合并转绘调绘内容和各类边界，这一转绘过程实际上也是纠正过程。在转绘过程中，还可利用卫星影像信息丰富、影像逼真、宏观性强、易于概括等优点，对土壤工作草图进行校核修编，以提高土壤图的质量。

（三）土壤草图的编制成图

通过以上土壤遥感草图转绘形成的土壤遥感底图，是最基础的土壤图图件，还必须经过编制才能形成土壤底图（作者原图）。土壤底图是土壤系列专题图件编制和面积量算的基础，同时也是遥感土壤调查的成果图之一。

1. 土壤底图的编制　以遥感影像为基础的土壤底图编制，是在转绘底图（比例尺相当或缩小了的地形）上进行的。转绘后形成的土壤底图，已经消除了各种误差。因此，编制的主要内容是加绘自然和行政要素、增添反映地形变异的等高线条、进行必要的修饰等，这样便可形成一幅既有景观背景、又有土壤图斑的底图或透明底图（作者原图），晒印后或者经过计算机数字化后即为成图。

2. 图例的制订　通常是用代号和色彩来反映一张土壤图的全貌。

3. 土壤图的清绘与整饰　经绘制复晒得到的清绘素图，通过着色、装饰，便可形成一张既有专业内容又很美观大方的成果图。也可经过数字化后形成影像,这个过程可以通过地理信息系统软件来完成。

四、土壤遥感调查成果的整理与总结

土壤遥感调查成果的整理和总结与常规土壤调查相同。

思 考 题

1. 土壤遥感解译制图有何特点?
2. 土壤遥感解译的原理有哪些?
3. 什么是土壤遥感解译标志?如何建立土壤遥感解译标志?
4. 土壤遥感解译制图的步骤有哪些?各步骤包括哪些具体内容?

第九章 土壤系统分类的土系调查制图

中国土壤系统分类是以诊断层和诊断特性为基础的土壤分类系统,自 1984 年以来已经进行了深入细致的研究,经过首次方案(1991)、修订方案(1995)的完善,于 2001 年出版了第三版。以诊断层和诊断特性为基础的中国土壤系统分类既与国际接轨,又充分体现我国特色。除有分类原则、诊断层和诊断特性及分类系统外,还有一个检索系统,每一种土壤都可以在这个系统中找到所属的、唯一的分类位置。

自建立以来,中国土壤系统分类在国内外产生了深远的影响,1999 年开始即被中国土壤学会推荐作为标准分类,已大量应用于不同比例尺的土壤制图,并成为大学教科书的基本内容。在国际上,中国土壤系统分类成为国际主流分类之一,能与国际上的主要分类接轨;并且,关于人为土壤的分类方案被 WRB(world reference base for soil resource)全盘接受,成为国际土壤分类标准。2005 年,中国土壤系统分类获得国家自然科学二等奖,充分体现了其科学性和认同程度。

然而,已有的研究侧重高级分类单元。一个完整的土壤分类不仅应该包括高级单元,也应该包含基层单元,虽然目前中国土壤系统分类的基层单元研究已经取得了重要进展,但是还有很长的路要走。土壤基层分类单元一方面从属于高级单元,另一方面也是支持高级单元的重要基础。高级分类单元是抽象和概括的结果,其作用主要是揭示大范围内的土壤发生分布规律,指导宏观尺度即小比例尺土壤制图和技术转移;而基层分类则是着眼于客观存在的土壤实体,可以相对独立于高级单元且可能变迁,反映性质相对均一的土壤空间存在。从实际应用来看,与土壤分类应用最密切相关的是土壤基层分类,以及在此基础上获得的大比例尺土壤图和土壤个体信息。因为基层分类考虑了诸多地方性环境因子和具体详尽的客观土壤属性,并直接服务于应用,它能够更加反映区域范围内土壤的相对均一性和变异性,从而为合理的土地利用管理和其他相关科学提供尽可能详尽的土壤信息。

一个土壤分类体系的实用性必须在实践中,即土壤调查制图中进行检验。要制订一个完整的土壤分类体系,首先要开展大规模的土壤调查。在获得大量数据资料的基础上,通过科学的分析归纳,提出分类草案,然后不断地用新的土壤调查成果去补充和修改,使之逐渐达到完善。反过来土壤分类又对土壤调查起指导作用。用一个行之有效的土壤分类体系去指导土壤调查,才会获得大量的有用的土壤资料与数据。

土系是土壤系统分类中最基本的分类单元,具有最狭窄的属性定义,也是土壤系统分类中土壤性状最接近的分类级别。以土系作为主要研究对象开展基层分类研究,建立与之相衔接的基层分类体系并建立我国土系数据库,对完善和发展中国土壤系统分类,促进土壤信息在我国土地持续利用中的应用都具有重要的理论和实际价值。

一、土系的定义

土系作为土壤基层分类级别由来已久,但对土系的认识是随土壤科学的发展逐渐完善的。20世纪初期美国学者把土系当作地质体,是由类似特征的母质的质地和颜色构成,从马伯特开始逐渐由重视母质特征而转为重视土壤形态。自此以后,直到20世纪70年代,美国土壤调查局才逐步确立土系的概念,认为土系是发育在相同母质上,具有类似剖面土层排列的一组土壤。除表土层的质地外,剖面土层的性态特征,包括土层的种类、厚度、排列,以及土层的颜色、质地、结构、土壤反应、腐殖质含量、化学特性以及矿物学特征均相似的土壤构成土系。

土系是具有实用目的的分类单元。可以用狭窄的土壤性质变幅定义土系,也可以用相对宽的变幅定义它,这完全根据定义是否做出最好的解释来满足对特殊土壤调查的要求。唯一限制土系的是土族及其以上各级分类单元所积累的那些土壤性质范围。所以,每个土系都携带有从土纲到土族以及自身的一系列用以定义各级分类单元的土壤性质。

土系具有明显的地域特色,具有定量(精确的属性范围)、定型(稳定的土层结构)和定位(明确的地理位置)的特征。相对于其他分类级别而言,土系能够对不同土壤类型给出最大量、最精确的解释,提供给土地使用者尽可能多的信息。

二、土系的调查

(一)土系的控制层段

要建立土系,首先需要理清土系的控制层段,统一土壤类比或联比时候的比较空间。土系的控制层段是指用于划分、鉴别土族内土系的土体部分,土系鉴别特征只能在土系控制层段内使用。土系控制层段近似于土族控制层段,但有几个不同之处。土族的颗粒大小、矿物学类型控制层段下止于含根系少的脆磐、硬磐或石化钙积层上界面,且不考虑这些根系限制层的厚度。而土系控制层段由土壤表面开始,如紧实或准石质接触面在矿质地表下的125cm以内,则也取紧实或准石质接触面以下的25cm土壤物质,即考虑到颗粒大小控制层段下距矿质地表100~150cm内(若其下有诊断层可致200cm)土壤发生层和土层的各种特性。不同土壤类型的土系控制层段深度不一,但通常以影响土壤利用的土壤性状为出发点,最深可至200cm,观察及研究土系的土体较为深厚。具体包括下述几种情形:

1. 矿质土壤

(1) 自土表而下150cm深度内出现永冻层的矿质土壤　其土系的控制层段从土表起算,到下述各种情况中的深度处为止,取其中深度最浅者为准。

①至石质接触面或石化接触面。

②若永冻层出现的深度小于75cm,至100cm处。

③若永冻层上界面在距土表至少75cm以下,至永冻层上界面以下25cm处。

④至紧实接触面或准石质接触面以下25cm处。

⑤至150cm处。

(2) 自土表而下150cm深度内不见有永冻层发生的矿质土壤　其土系的控制层段同样从土表起算,到下述各种情况的深度处为止,也取其中最浅者为准。

①至石质接触面或石化铁质接触面。

②若土深150cm内具有紧实接触面或准石质接触面,至紧实接触面或准石质接触面以下25cm处或距土表150cm处中较浅的。

③若最下部诊断层底部距土表 150cm 或更深，至最下部诊断层的底部或 200cm 中较浅的。

2. 有机土壤 有机土壤（有机土纲和有机冻土），其土系的控制层段正常情况下应由其表、中、底三部分组成。从土表起算，到下述各种情况中的深度处为止，同样取其中深度最浅者为准。

①至石质接触面或石化铁质接触面。
②至紧实接触面或准石质接触面以下 25cm 处。
③若永冻层深度小于 75cm，至 100cm 处。
④若永冻层上界面在距土表 75～125cm，至该界面以下 25cm 处。
⑤至底层层段的底部。

（二）土系划分的原则

土系是土壤系统分类中的基层分类级别，应遵循统一的诊断定量分类原则，同时土系的划分是以土壤实体为基础，划分指标应相对明确、相对独立存在与稳定，能直接用于大比例尺土壤调查制图，服务于生产，并可最终纳入土壤信息系统，实现其管理、应用自动化和共享。因此，土系划分应遵循以下原则：

1. 鉴别特征的限制使用原则 土系是土族的续分级别，每一土族由相应的一些土系所组成，因此土系鉴别特征的划分指标范围界限不能在两个土族或两个更高级别分类单元之间交叉，即土系鉴别特征指标的变幅不能跨出其所属土族或土族以上的分类单元的特征变化范围。土系中某些土壤特性的变幅可与所在土族的范围完全一致，但至少一个或更多个土壤特性的变化范围窄于土族。另外，用于鉴别土系的许多土壤性质不能用于高级分类单元，同一土族下的相似土系间的差异只限于土族的部分特征，不必是全部特征。

2. 易于鉴别的原则 土系的鉴别特征应以高级土壤分类属性分异为基础，并易于观察和测定，或从其土壤性质或环境、植被能合理推知。最常用的鉴别指标包括用以鉴别高级分类单元的诊断层种类，诊断特性存在与否，土层的深度、厚度、质地、颜色、矿物学特征、土壤水分、土壤温度和有机质含量等，在众多的特性中应选择 1～2 个能制约和影响土壤利用并能反映土壤之间重要差异的特性与指标作为土系划分依据。

3. 与土壤管理利用有关的生产实用原则 土系是具有明确实用目的的分类单元。土壤生产力是影响土系划分的基础，凡是制约和影响土壤利用与涉及土壤本质的土壤间重要差异，应作为土系的鉴别特征，如土层结持性与亚层的质地等，但用来描述土壤及其利用的土壤性质不是土系鉴别特征，如坡度或地表砾石度，可以作为划分土相的基础。从实用目的出发，平原作物高产区、农区往往比山丘区要建立更多数量的土系。

必须说明，土系鉴别特征必须在土系控制层段内使用，出现在土壤或疏松母质层以内而位于土系控制层段外的土壤性质不能作为土系鉴别特征，若它们在某些土壤内具有潜在的利用价值，可以作为划分土相的指标。

（三）土系划分的依据

土系划分依据众多，凡是用以划分土壤性质，如由外界综合条件下形成的重要属性及其分异，以及直接影响植物生长的如养分含量、酸碱度、质地、孔隙、结构等，均是土系划分的依据，但土族内的分异特征是划分土系的重要依据。按照土系具有实体概念的内涵及上述土系划分原则，土系划分的主要依据有以下几方面。

1. 控制层段中特征土层的种类、排列及其厚度相似　这是鉴别土系的主要依据，也易于观察比较。特征土层包括诊断层及特定含义的土层，通常指诊断层与发生层的细分及具有明显母质特征的土层，常用于小区域范围内的土系调查划分研究。或按某特征土层的厚度和出现部位不同划为相应的土系。

2. 特征土层与土壤理化性状相似　特征土层有多种，理化性状也各异，有不同特征土层构成的土壤性状也各不相同是土系划分的依据。有些土层的形态相似而性状有偏离，因此研究特征土层的形态与属性，以及不同特征土层构成的土壤综合属性，才是划分土系的主要依据。

3. 土壤颜色、结构、裂隙、新生体及土层界面过渡状态的相似　土壤颜色、结构、裂隙等也是易于观察及用以划分土系的重要形态特征，必须给予重视。例如，裂隙状况常用以变性土的鉴别，土层界面过渡状况是鉴别岩性连续性的重要依据以及其他如锈斑、铁锰斑与结核、三氧化合物薄膜、黏粒胶膜等，均是在特定条件下土壤发生发育程度的综合反映，其形态、丰度等常用于鉴别土系乃至高级土壤类别的重要依据。

（四）土系的鉴别特征

土系的划分标准是没有特定限制的。一般是将土壤出现的地貌、景观组成与所在部位等信息进行总结、研究，并将所获信息与现有土系比较，以评估是否能作为建立新土系的标准和划分新的土系。土壤发生层的特性及其排列，土壤发生层的缺失，能影响土壤利用与管理，如土壤砾石含量和土壤反应等是常用的土系划分依据。如果土壤在形态和组成方面与其他土壤有明显能观察的正常误差，在利用与管理上有重要意义，则很容易判别出这是一个新土系。

因此，常常根据所研究的土壤分布区域、自然地理、环境条件，尤其是分布的地貌地形部位与排水状况，观察土壤在特性上的差异，从而鉴别土系。在此前提条件下，进一步考虑的土壤特性可包括：①在土系控制层段内一些部位的质地；②在一限定深度或其上的碳酸盐含量；③石质、准石质接触面等的出现深度；④土壤中碎屑含量与类型；⑤颜色指标；⑥低彩度的土壤氧化还原特征；⑦土壤温度差异，也是较实用的划分土系的指标；⑧表土层厚度；⑨心土层厚度；⑩土壤水分差异；⑪土系控制层段内的土壤反应；⑫土壤矿物组成；⑬土壤结持性差异；⑭土壤诊断层、诊断特性的厚度。

需要再次强调的是，所有鉴别土系的特征必须在土系控制层段内使用，超过此范围的土壤特征间差异是无效的。要通过比土评土，尽可能不总结出新的土系。

（五）土系的建立

在比土评土基础上，确定符合土系划分原则及建立方法。在土系之间差异足够大，并满足实用目的的情况下，可以提出建立土系，但还需符合下述条件。

①建立新土系，其土壤分布面积应至少达到 800hm^2。

②必须具有符合新土系概念的单个土体的正式记录，以便决定土系诊断特性的变化范围。这些单个土体要接近于土系的中心概念，并代表一定面积的土壤，这些单个土体代表的

面积总和满足上面的条件。

③具有有效的实验数据以及土系代表性土壤有效的原始资料与信息。

如果某土壤与某已建土系的土壤性质相似但符合该已建土系的鉴别特征及其变化范围，又不满足新建土系原则与条件，则可设为变种（variant）和附属种（taxadjunct）。

不同于其上的分类单元，土系鉴定指标的变幅是明确的，且变化范围界限在该分类级别上是连续的。但开始建立与划分土系时，人们在野外发现某土壤后，才确立一个新土系，这是个归纳过程。

（六）土系的命名

土系一经划分确定后，应当随即命名。土系的命名通常没有太特殊的原则，只要不重复，一般多取自这种土系首次发现与记录或该土系占优势的地区的地名，如城市名、县名或附近的山岳河流等的名称。迈阿密土系（Miami series），就是在迈阿密首次发现的，中国广为人知的泰和系、雷虎系，也代表了这类土壤的优势分布地区。但是有些情况还是应当注意，下列情况应避免作为土系名：非常长的名字；怪异的、歧视性的、富戏剧色彩的以及粗俗的词语；地质名词，如岩石名、矿物名、当地地貌和地层名词；动物名；待定的人名，除非此人名已被用于表示地理位置的名称；已获注册的版权名和商标名；在发音或拼写上与已有土系名基本相似的名称。

如果为避免上述情况，在当地或邻近地区又无合适的地名，则可以"创造"土系名。虽然土系单独命名，并不与土族和土族以上分类单元连接，但由于土系有其精确的定义以及相对应的典型单个土体，所以一提到某土系名，人们就可以联想到该土系的一系列性质。在美国，有关土系的所有资料和信息，如正式土系记录等已存储于计算机内，在进行土地评价和调查时，可以方便、迅速地查询到这些土系的性质和所属的高级分类单元。我国也正在开展类似的工作，土系（或土壤）信息系统中将不仅包含土系本身的一系列数据，还将包括其所属的高级分类单元，以及与传统基层分类的比较等信息。

（七）土系的描述与记录

土系的描述与记录主要用于对鉴别和分类土壤时作详细说明。正式土系记录是为了保存野外观察和室内分析所获取的土壤信息资料，利于与其他世界各国或不同的土壤分类系统间的交流与对比，是进行比土评土的基础，也是建立土壤信息系统的基础。一个已建的或拟建的土系必须具备完整的正式土系记录。记录要符合规定的格式，所有从事土壤分类的研究者都应熟悉正确的记录土壤信息的方法和要求。

我们在野外工作时，如前人已在该地区开展过相关基层分类工作，就必须有调查区现有土系的正式记录。另外，相邻或相似地区的土系记录也要具备。

其他领域，如农业化学、园艺、工程与规划等工作者也可借助于正式土系记录，由此他们可以了解该区域内土壤特性。

根据张甘霖等编著的《土系研究与制图表达》中的有关内容，将土系描述与记录的有关方面介绍如下：

1. 正式土系记录要求 每份正式土系记录应遵循下列要求：

①所有特性记录项必须完整，用语简洁。

②正式土系记录必须记载并清楚地记述被记录土系与所有其他土系在鉴别特征上的差异,以土壤特性、诊断层或诊断特性表述。

③正式土系记录运用的是一个土系现有的概念,而不是过去的、旧有概念或演化过程。

④正式土系记录必须记载如下的土壤特性:用以定义被记录土系的;用以划分与其他土系的;用以作为基础以确定土系在其所属土族中位置的;可以用以进行土壤解译的。

⑤在"对比土系"栏中,分类类别的简单叙述不能替代对土壤特性的记载。土壤鉴别特征要以土壤性质、诊断层或诊断特性表述。

⑥正式土系记录中的专门名词和术语一般以《土壤调查手册》和《土壤系统分类学》中的定义为标准。有些名词在这两种文献中没有定义,在土系记录中如需要,可以使用,但要用其在辞典中普通的、标准的意义。

2. 正式土系记录的内容与说明　下面对正式土系记录各项内容逐一详细说明。

(1) 土系分布地点　土系所分布的范围,指明该土系分布的省、地(州)、县。

(2) 土系建立状况　指土系是试验性的或已建土系。

(3) 修改者　最近修改者的姓名,两人或以上之间用逗号连接。

(4) 送档日期　土系建立与修改材料送交正式土系记录进行档案管理的年、月。

(5) 土系名称

(6) 引言段　这一段落无标题。主要简要地描述土系的土壤深度、排水状况、渗透性、土壤发育的母质和其他重要的能反映土系及其地理环境的土壤性质。这些信息可以帮助要使用正式土系记录但又不很熟悉土壤分类的人。此处的土壤深度是指在对一些有关植物生长和工程利用的土壤其他性质不需作说明时,就指土表至基岩深度。如果土壤剖面中一定深度内出现限制性的特征,可描述为"至砂岩或页岩,深度很浅"、"非常深厚的土壤,中等深处出现砾石",或"至硬磐深度浅,至流纹岩深度中等"。

气温和降水为年平均值。土壤系统分类中的专门名词和术语在此段落中不使用。

(7) 系统分类类别　给出土系所属土族的分类名称。若分类有疑问,应于"备注"栏中说明。

(8) 典型单个土体　典型单个土体的描述是土系记录中最重要的内容,将在后面专门说明。

(9) 典型单个土体采样地点　这是一个特定位置,首先给出其所在省、地(州)、县名,然后精确描述该地点与地图坐标或其他参照点,使人们即使不熟悉该地区也能找到采样地点。无论是什么地区,都要说明其所在的纬度、经度和大地基准点。必要时,其位置可用永久性地物标志标明。

(10) 土壤特征变幅　这一部分是为了指明目前已知的土系这一级可观察到的土壤特性变化范围。重点叙述定义该土系的特性,和那些不论是否作为鉴别土系特征但能影响土壤利用方式和管理的土壤特性,尽可能给定这些性质以数量和可操作的变幅界限。这些特征的变化范围必须在该土系所属土族的特性变化范围内,若某个土壤特性的允许变幅与所属土族或更高级单元一致,变幅可以省去不提。但更常见的情况是土系的土壤特性变幅窄于其所在土族的变化范围,因而必须特别说明。此外,应给出其变幅,用于限制土系的土壤特性界限,使不至于延伸至附属种。在鉴别土系时,许多原有问题由于土壤性质的异常变动而变得更为复杂,所以记述的土壤特性变幅应是野外观察和室内分析测试得到的。假定的土壤特性变化范围可记录于"备注"栏中。

特征变幅记载包括单个土体总体特征，如心土层厚度、基岩出现深度、脆盘出现深度、石质性、矿物学特性、土壤温度变化范围、土壤水分含量在凋萎点或以下的频率与持续时间以及其他有关整个土体的特征，这些由直接观测或由可靠推知的信息都可以记载。应分别叙述每个矿质土壤的主要土壤发生层；有机土壤则以层段或相似土层合并进行表述。叙述的土壤特性变幅顺序与"典型单个土体"记录相同。另外，先叙述某个土壤特性最常出现的变幅，再记述该特性的全部变化范围。例如，"A层常见为壤砂土，可见壤质细砂土、细砂壤土"或"A层最常见为砂土，但变化范围在细砂土和壤砂土之间"。若不了解某个特定土壤特性的变幅，不要重复"典型单个土体"栏中已有记述。有关诊断层或诊断特性的专门名词可用于此部分，但使用时，它们与典型单个土体土壤发生层及其亚土层的关系必须说明。

(11) 对比土系　这一部分讨论该土系与其分类上主要近似土系的差异。要列出同土族内所有土系，并给出将此土系与其他土系相区分的主要鉴别特征，尽可能作明确和定量的比较，可参考诊断层和其他特性进行。

(12) 地理环境　这部分记述的内容有：地形、地势、疏松母质层、气候和其他所有的特别是有助于鉴别该土系土壤的景观特征。要指明土壤的地形名称、坡度变化范围、坡型、坡向；同时，表明土壤区域性的景观特征，如岩石露头、侵蚀面或沉积面均要记载。对疏松母质层的特性要简单描述，下伏岩石也要说明，描述下伏岩石和疏松母质层特征目的在于帮助鉴别土壤而不是去定义土系。气候特征可以用温度、降水量和一些指标，如PE（降水、蒸散量）指标表述变异范围。只能使用正式发表、应用范围广的指标。若对于鉴别土壤有用的信息，如无霜日数和海拔高度的变化范围也要记载。

(13) 地理环境相连的土系　列出出现在同一位置上的，即地理位置上相连土壤的土系。例如，要记录各土系实际的地理位置和土系间的差异。相连土壤中各土系的景观位置也要记录。记述重点在说明土系间主要差别，而不是所有差异。此处对鉴别特征的叙述不要与"对比土系"栏中的内容重复。用"邻近景观（nearby landscape）"表述要好于"相连景观"。

(14) 排水性和渗透性　每个被记录的土系排水状况都要指明，并说明排水状况级别或级别范围。有些土系具有两个相近的排水状况。另外，土壤渗透性也记载于这部分中。土壤渗透性描述的深度可根据其有无大的变化而定在125cm深或至基岩。如"土壤上部渗透性中等，下部缓慢"。若剖面较下部位渗透快，一般都要记载。同时，径流情况也需描述。若土壤表面积水重要，也要记录。根据需要，对洪水泛滥情况也可记载。应避免如"排水状况好至中等"的描述用语。应使用"排水状况好"、"中等"或"良好"。一个土系的土壤不能有两种以上的排水级别。

(15) 利用和植被　该土系土壤的主要利用方式，如果土壤用于农业种植、畜牧或林业，城市建设或其他利用，除了指明用地方式外，如已知其用地面积等也要说明。还要记述土壤生产力水平、产量、限制因子或灾害情况。如果原生植被在该种土壤的利用上占重要位置，要作记述。若了解原生植被演替阶段的情况，如演替顶级、次生地或弃荒地、伐迹地或炼山林地（burnt forest）。对于某些土系的土壤来说，若与现有利用方式相比，原生植被类型不确定，或不重要，就可以不记载。记录要从简，因为这仅是有助于土壤的鉴别。一般表述，如"土壤用于玉米和小麦生产"或"土壤为耕地，玉米和小麦为主要作物"较"土壤耕种，玉米和小麦是主要作物"更好。

(16) **分布范围** 土系的分布面积分 3 个级别。下面列出 3 个级别的名称及其面积指数。名称的名词和形容词形式都已给出，具体用哪种形式更合适，取决于上下文。小面积或分布面积不大的，小于 4 000 hm^2；中等面积或分布面积中等的，4 000～40 000 hm^2；大面积或分布面积广的，大于 40 000 hm^2。分布面积不大的和分布面积广的两个级别可以补充具体面积数。例如，"该土系分布面积不大，总面积约为 2 000 hm^2"。

(17) **土系建立情况** 对"暂定土系"，列出设立的地点以及给予该土系"暂定"地位的时间。对已建土系，指出土系建立的地点和时间。上述两种情况均是指明州、县名和年份。如果调查地区划分不只涉及一个县，则每个县名均要写入。一个新设立的土系的首次正式土系记录要指出该土系名的出处。已有的土系记录，在进行土系记录修改时，无需指明。

(18) **备注** 列出记录的单个土体的诊断层、诊断特性。目的是列出需要的用于划分和鉴别土系的特征。已述的用于帮助鉴别土系的性质不要列出，定义土系时或鉴别该土系与其他土系时未解决的问题要列于此。

(19) **附加资料** 列出资料出处，包括研究论文的信息、来自于实验室的资料和引用未发表的土壤调查报告中用于定义土壤性质的材料。

3. 典型单个土体的描述 单个土体的描述以该典型单个土体所属的土系名加以其质地相或"土系"一词作为副标题，紧接以该单个土体分布部位的坡向、坡形或坡度。然后，以一个词或词组，如"森林地"、"牧草地"、"耕地"或其他名词表明其土地利用方式或植被覆盖情况，也说明该处土壤是否被扰动，接着说明在描述该土壤时的土壤水分状况。如果土壤在剖面上部 40cm 内接近干燥，其下土壤湿润，则叙述为"记述时土壤土深 40cm 以上微润，以下中度湿润"。

下面对典型单个土体及其土壤发生层进行记录。土壤发生层记录一般包括三部分：

①土壤发生层定义；

②土壤发生层的深度；

③土壤发生层描述。

单个土体描述指对一个实际存在的单个土体的记述，选择作为典型的单个土体必须尽可能反映该土系的标准特性。这个标准是一个概念或对土系内所有单个土体抽象出的中心概念。若这个单个土体偏离标准微小，就无需作说明；若在一些明显的土壤特性方面出现偏离，就需要对这些土壤特性方面的偏差范围在"备注"栏中作说明。典型单个土体要侧重于主要的土地利用方式的记述。这个单个土体描述的深度至少与其所属的土系控制层段相当。R 层和 CR 层相关的特性也要记录。

记载顺序为：

(1) **土壤发生层的鉴别** 采用土壤发生层（有关土壤发生层的定义可参见本书前面的有关内容），而不用土壤系统分类中的诊断层名词。

(2) **土壤发生层的深度** 采用国际制（cm）表示土壤发生层的上、下界面的深度，排除活的或新鲜的枝、叶的土壤表面作为计量所有矿质和有机土壤发生层深度和厚度的参照面。

(3) **描述土壤发生层的特征** 具体的记载内容可参照本书第四章"土壤剖面性态的观测研究"中的有关内容和要求。

4. 正式土系记录的修改 若出现下述一种或多种情况，土系记录必须做出修改。土系概念包括鉴别特征的变异范围发生变化，土系的分类位置变动，土系的典型单个土体的采样地点有变动。

三、土壤系统分类的制图应用

（一）制图指导思想

1. 反映土壤微域分布规律 自然界土壤的分布不是杂乱无章的，各类土壤及其组合结构在形成上总有一定的原因，在分布上具有一定的规律性。土壤制图就在于揭示各类土壤及其组合群体的分布规律，当然在不同制图尺度上其"规律"的内涵也不完全相同的。在小比例尺图上揭示的是一种宏观的分布规律，对于大比例尺制图来说揭示的是土壤微域的分布规律。现实制图中应充分把握这一思想，深入研究制图区土壤微域分布特征，在此基础上着手大比例尺制图工作，谨防对制图区土壤进行机械地填绘或临摹。

2. 体现土壤系统分类的定量化要求 土壤系统分类是以诊断层、诊断特性为基础，以发生学理论为指导，一种面向世界、国际通行的定量化分类方式。作为土壤系统分类中基层分类成果的表达形式，土壤制图应能充分体现系统分类的定量化要求。例如：界定上图单元类型、明确图斑组成分的比例关系等。所有这些不仅有益于土壤信息系统建立，也有益于基层分类成果在生产实践中的应用。

3. 考虑土壤利用管理方向的一致性 土壤基层分类具有明确的实用目的，而土壤制图又是确保基层分类成果通向应用的桥梁。因此，在现实大比例尺土壤制图中不能为制图而制图，而要把制图与生产应用结合起来，根据土壤利用管理需要，对基层分类成果进行科学地归纳、整理、表达，可以对图上相邻且利用方向相似土壤合并在一个图斑中，也可运用土相对某一土系单元作进一步的细分。当然，具体操作要根据实际应用需要而定。

（二）基本上图单元

制图表达是土壤分类应用的重要方式。土壤分类单位在土壤图上的表示方法，就是土壤图绘制时候所谓的上图单元（soil mapping unit，soil cartographic unit）。

土壤图上的土壤类型由界线来表示。这些线段构成的多边形区域代表在野外所确认的土壤实体，每一个封闭的区域称为"土壤轮廓"、"土壤勾图"或"图斑"（soil delineation）。所有具有相同符号、颜色、名称或由其他表达方式表示的土壤勾画的集合组成一个上图单元。由于定量化的系统分类的特点和要求，上图单元常常不是单一的土壤类型，必须通过组合、复区和土相等手段来合理地反映土壤的空间分布规律。

上图单元的类型，可根据闭合区域内包含的土壤分类单位所占的比例或者区分的难易，有以下几种。

1. 优势组合 如果某一图斑中组合土壤主要由一种土壤（或杂集区）和其相似土壤组成，称为优势组合。优势组合中至少50%的土体属于同一分类单元并用其命名该单元。剩余部分主要由与优势土壤相似的分类单元组成，且其比例不少于25%，这些土壤具有相同或相似的利用解译。上图单元中的不相似土壤的内含物如果没有明显的障碍因子，其比例不超过25%；如果具有障碍因子则不超过15%；如果利用上反差特别明显，则单一限制性组分不超过10%。

2. 复区和组合 复区和组合包含两种或两种以上已知且可定义的规律出现的不相似分类类别或杂集区。在土壤制图中，复区或组合的应用由一个严格的标准，即只有在较大比例尺制图中（约 1∶25 000）不能单独勾画出的土壤组成（<0.4cm²）才采用复区来表达。而在这一比例尺中组合的组分可以上图。组合中的主要土壤组分在形态学属性上有差异，所以不符合优势组合的规定，且没有哪一个组成超过 50%。

在上图的每一个具有相同命名的复区或组合的图斑中，所有主要组分通常都出现，但比例可以有所不同。与主要组分不相似的内含物如果有限制性因子则不超过 15%，否则不超过 25%。组合和复区中组分的空间分布规律和组分比例是非常重要的特征，可以给出对利用解译十分有用的信息，告诉土壤图使用者土壤出现的特征模式和比例。复区和组合可以通过上图单元所覆盖的整个区域的特性来认定。

3. 未区分组 未区分组包含两种或两种以上的命名类别，它们在地理位置上并非总是相结合出现，但是由于利用和管理上的相似，将它们放在同一上图单元中。这些外在特征包括坡度、石质程度、泛滥频率等限制利用和管理的因子。因为在某些情形下，某一特征影响太大以至于再作土壤划分意义不大，所以将它们划为未区分组。

4. 非组合类型 在某些情形下，当两种或两种以上土壤即使具有不同的利用适应性，或者它们在景观中的分布未知，但在特定比例尺制图中难以分开时，它们以非组合类型出现。在大比例尺制图中不常用。在较小比例尺的土壤概图中，即使是性质迥异的两种土壤也不得不放在同一个图斑中，这时通常使用非组合类型作为上图单元。

（三）土相与特殊土地单元

1. 土相 在实际工作中，还有另外一种常用的基础分类单元：土相（soil phase）（USDA，1993）。土相通常是对某一个分类单元的细分，也可以是多种同级分类单元内不同类型的合并。一般来说，土相是对土系的进一步划分。土相的划分和划分标准主要是基于土地利用、土地管理或土地性质来确定。

如果一个土壤系统分类类别的性质对于土壤形成过程的分析和解释范围过宽，或者除了土壤发生形成本身的特征之外它的某些特征对于土壤利用和管理非常重要，就可以使用土相进行定义和命名。土相通常仅包括一个土壤系统分类类别所表现出的某些特征范围的一部分，但土相划分可以根据像霜冻、深层底土层或地理位置等属性，这些属性在划分土壤系统分类时并没有使用，但它们影响着土壤利用和管理。

对于大多数土相来说，它们的划分是根据土壤在利用条件下的性质。至少在土相的描述中有一个土壤性质在同一系统分类类别的每一个土相中是独有的，土壤性质的差异超过正常观测误差。

一般情况下，要反映制图单元的成分或要表征由一个制图单元所代表的整个区域的特征，而且它们又与系统分类类别或特殊土地单元不同，需要使用一系列的术语，这时就可用土相和区域特征来表达。

常用于制图单元的土相有：表层质地相，有机表层相，沉积相，岩屑相，岩石相，坡度、深度相，底土相，土壤水相，盐渍度相，钠质相，地形相，侵蚀相，厚度相和气候相等。

2. 区域特性 基于一些特定的目的，有时需要在制图单元的名称中表明区域的属性，尽管这些属性是土地区域的特征，并不是命名土壤类型中使用的系统分类类别属性，但还是应该表示出来。它们常常是在进一步划分土壤系统分类类别、土壤变异或特殊土地单元时，用土相并不合适的情况下才使用。

制图单元的名称是根据整个区域的特征来确定，所使用的术语不应是系统分类类别属性所具有的术语。这些区域特在术语对于确定小比例尺土壤图土壤组合区域的特定性质是非常有用的，但它们同样也可以作为较大比例尺土壤图的制图单元。

3. 特殊土地单元类型 特殊土地单元基本上没有土壤，地表只有很少植被或没有植被，由于不断受到侵蚀和水流冲刷，以及不利的土壤发育条件或人类活动的影响，这类土地基本没有被开垦。一些特殊土地单元在经过强度改造之后，可以具有生产力。制图单元是根据特殊土地单元的状况进行设计的。多数用于表明特殊土地单元的制图单元都包含少量的土壤。如果包含土壤的数量超过了一定的标准，那么制图单元就作为特殊土地单元和土壤的复区或者组合。

特殊土地单元类型包括如下类型：劣地，海滩，风蚀地，火山灰地，岩石，废料地，沙丘地，冰川，冲沟地，石膏地，熔岩流，油污地，坑地，干盐湖，河床冲积物，岩石露头，砂石地，盐积平地，熔岩地，泥质地，光板地和水体等。

（四）分类单元与上图单元

虽然土壤资源研究中系统分类和土壤制图着眼于土壤这一相同个体，但是这两种单元类型无论在概念上还是使用上都不尽相同。土壤分类单元和上图单元是两个不同的实体。分类单元定义土壤特性集合中的某一特定部分（范围），土壤图单元和每一个图斑则代表景观中的一定区域。

分类单元或级别通常是主观创造的产物。分类者实际上创造了一个抽象的概念，将所有具有某一选择特性的土壤看作其成员。在很多情况下，用于土壤的分类名称依据于土壤性质，如"红壤"、"盐土"等。

制图单元和分类单元之间的差异还有其他的原因。例如，有些属于不同分类单元的土壤互相紧密地掺杂在一起，或者所占面积太小，因此很难在具有实用比例尺的图上用单独的图斑表示，在这种情况下，一个图斑代表属于两种或两种以上分类单元的土壤共同分布的区域。在进行土壤制图的时候，我们常常会发现，几乎每一个上图单元都包含了一个以上的分类单元。用来作为图例的分类名称仅仅表明了作为上图单元之一的某一景观单元内土壤最普遍的土壤特性。

土壤分类并非是提供上图单元的唯一来源。比如土相，就是系统分类之外设立的常用来续分不同分类等级的一个工具，它使土壤制图更加方便，而且在土壤图的实际应用解译中十分有用。

概括起来，分类单元和上图单元的根本区别在于：前者是代表土壤整体归类成不同子集合的一个抽象概念，后者则是具有相同名称、符号、颜色或其他表示方式的图斑的集合。

（五）制图内含物和最小化

系统分类中的分类级别都有严格的定义。然而，并非所有出现在一个图斑内的土壤都属于用来命名该图斑的分类等级。这些落在定义范围之外的土壤称为"制图内含物"或"杂质"。制图内含物有几种类型。

内含物的存在降低上图单元的均一性。内含物的重要性在于，就其所占据的面积及其与周围土壤性质差异而言，不应该大到显著地影响根据该图斑名称所作的利用解译。理想状况下，上图单元的定义和命名要达到尽可能少的出现内含物的目的，并且为制图技巧所允许。通常有几种途径可以达到这一目的。

第一种情况，如果图斑包含一种以上土壤，每种土壤都影响着不同的利用和管理，上图单元的名称由组成土壤共同命名。此时，得以命名的土壤组分越多，未命名的内含物相应减少，不至于要求改变组分的定义。

第二种情况，组成土壤具有相似的利用潜力和管理要求，此时上图单元可以用主要土壤命名，其他土壤可以在报告中的上图单元描述内加以说明。这样，上图单元名称中得以命名的土壤个数减少，但其实用信息内容没有减少。

第三种情况，提高用来命名的分类单元的等级水平（如从土系升至亚类），使其容纳更宽范围的土壤。但是，这种方法很难每次都达到目的。

还有一些内含物可能来自其他来源。最主要的来源之一是还未认识和分类的土壤。一般来说，"中国土壤系统分类"提供了亚类以上的所有分类单元，但在亚类等级以下没有（也很难）将所有类型列出。在实际制图工作中，新出现的土壤如果不能归属于已经建立的单元，则可以考虑建立新的类型。当然，这要依据它们与已有土壤的相似程度，还要看是否有足够的分布面积。建立新单元必须十分严格、谨慎。

基于上述原因，合理表达土壤之间的差异非常重要。如果土壤之间的这些差异并不影响土壤利用和管理，称它们为"相似土壤"；如果土壤间这些差异影响利用和管理，则称为"不相似土壤"。

区分土壤的"相似程度"是十分必要的，这可以通过两个方面来加以说明：

第一，是分类简洁性要求。在特定的土壤资源调查中，或在国家一级的分类体系框架内，如果所研究的对象（某一区域的土壤）与已经定义的土壤差别不大，不足以形成新类别的主中心概念，并且分布面积有限，则没有必要设立新的单元。否则不但没有增加太多的新信息，而且意味着接下来要激增一系列新的低级单元。

第二，是关系到土地利用和作物限制因子的存在与否。如果分类上属于某一单元的土壤中，有一部分出现十分严重的限制因子，则有必要考虑单独勾画出一个上图单元。勾绘新的上图单元依据土壤性质相似程度、限制因子的严重性以及在该比例尺下是否可以勾画出一定单独的单元。

1. 相似土壤 如果用来区分某级别和其以上基本的土壤特性相似（或大多数特性相似），那么它们就是相似土壤。相似土壤即使在某些诊断特性上稍有差异，也应该具有公共的诊断特性边界。总的来说，无论在数量还是程度上相差都不大，大多数相似土壤之间有差异的指标不超过3个。这些土壤的一般利用解译也基本相同。

需要注意的是并非属于同一个分类单元之下的土壤都是相似的。例如，某一个土系可以包含不同的土相特征。在高级分类单元中，分类单元的名称仅仅暗含了作为区分特性的那些土壤性质的严格范围，而其他的性质可能有较大的变幅，而使不同的下级单元成为不相似土壤。以均腐土为例，富磷岩性均腐土和黑色岩性均腐土虽然都具有均腐殖质特性，但可能在土壤温度和水分状况、土层深度、土壤有机质水平、养分特征上迥异，不能作为相似土对待。

如果说某土壤与另一个特定土壤类别（比如亚类）相似，是指它与该水平和其以上水平的土壤类别仅仅在一些定义属性上有微小差别，但是在该类别水平之下的土壤属性可以有很大的变化范围，出现不相似土壤。以潜育土为例，如果某土壤与水耕潜育潮湿雏形土（亚类）相似，是指其具有与该亚类相同或仅有微小差异的水耕表层、潜育现象、雏形层等一系列诊断特征，但它们一个可能出现在海南岛，另一个则可能出现在东北新稻区，无论土壤温度状况、矿物类型还是有机质水平上都有很大差异，它们是不相似土壤。

2. 类别附属　类别附属（taxadjunct）是一类特殊的相似土壤，指某些与已建立土系仅仅在一、两个土壤性质上有程度很小的差异。下面的例子说明了如何确认类别附属。某热性土族中的一个土系可以在具有热性土壤温度状况的土壤中广泛地出现；在热性与中温性土壤温度状况地理边界的地方，某土壤很可能除土壤温度状况为中温性（平均土壤温度与热性土壤温度状况相比差别在 2~3℃）之外，其他土壤性质都非常相似。这样的一个土壤落在已建立土系范围之外，但仅仅在温度状况上不同，如果又没有已建立的中文性土系来归类它，它就可以看做是上述热性土系的类别附属。在实际制图工作中，一般就不再另给一个名称，而是使用已建立的热性土系来命名，土壤温度状况上的偏差可以在报告中用文字加以说明。该土壤是给明土系的"类别附属"，但不是它的一部分，在分类意义上也不是已建立土系的一员，而是作为上图单元的一分子对待，在上图单元图例命名和应用解译中方便使用。

所谓系统分类，就是为分类级别确定定量的边界，这涉及很多土壤性质。当这些边界应用于土壤景观时，可能将景观分割成很多小块（碎片），这些小块过去被当作某一个已建立类别的部分。这些"碎片"中的一些成为新建立的或修订的土系的一部分，另一些在土系一级分类水平上仍然没有位置。那些没有被分类的土壤，以及那些代表对一个分类类别来说独一无二的属性集合的一小部分变幅范围的土壤，都是附属种。

综上所述，当一个土壤不能在所讨论的水平上分类时，才考虑它是类别附属，它与业已存在的类别定义仅有微小差异，并且它应当与已命名类别有相同的应用解译。

3. 相异土壤　不相似的土壤称为相异土壤。两者非此即彼，没有中间类型。相异土壤的差别在于，要么相异属性个数太多，要么相异程度较大，或者二者兼而有之。这种差异可以是土相、土系、土族或者高级分类单元的诊断特性的不同，也可以是不同级别诊断特性组合的差异。

如果单独考虑，相异土壤在某些重要利用潜力或者为有效利用所需要的管理投入，或者不同利用前提下的表现等，通常需要做出相异的预测。当相异土壤中的一个仅仅占上图单元很小的比例时，对该单元的应用评价不见得有多大影响。如果这样的制图内含物并不限制整个区域的利用或者对相应管理措施的可行性有限制性的影响，它对该单元预测的影响也很小。

如果相异土壤占据的面积较大，足以影响该单元的利用，这时单元的名称就要考虑作必要的调整，使应用者能够清楚的识别这些限制。在上图单元中，土壤之间的有些差异有必要在单元名称中体现，因为它们明显地限制土地利用；相反，有些则对利用解译影响不大。这样的一个考虑，是区分下面几个概念的基础。

4. 非限制性内含物　限制性比单元中主要土壤要弱的土壤内含物对该单元整体的评价

影响不大，这样的内含物可以称为"非限制性内含物"。

5. 限制性内含物 如果内含物与单元主要土壤相比，利用限制性明显严重，或者影响管理措施的使用，即使其仅仅占上图单元的一小部分也能够明显影响单元的评价解译，这些内含物就是限制性内含物。

6. 变种 有些土壤在重要土地利用性质上与已建立土系有差异，如果它们分布面积很小，如小于 $800hm^2$，通常将它们当成已存在土系的"变种"。变种的名字可以用来指明上图单元或者其组分，而无须建立新土系。

（六）土壤图的调绘

上图单元的勾绘建立在土壤微域景观基础上，同一上图单元内在土壤性状及土地利用方向上应具有相对的一致性。具体工作环节可分为以下几步：第一，根据室内、外资料，分析并把握土壤基层分类单元（以土系为主）的分布特征及其组合规律；第二，在把握规律的基础上，结合野外调查资料勾绘图斑界线；第三，对勾绘结果进行野外抽样复核、校正。

在实际工作中，我们几乎不可能精确地勾画出真实空间的某一个分类学级别的土壤。这是因为实际上没有人真正严格按照分类单元来进行土壤制图。所有土壤都藏在地表地下，只有地表平面结构和地表特性为人所见，而跟踪地下特性的实际边界是很困难的。迄今为止还没有什么办法直观地勾绘土壤图，同样也不可能对构成景观的所有土壤分类单元进行照相来开展土壤制图，航片顶多也只能提供土地利用等的一些地表信息。

在野外绘制土壤图时，土壤界线的确定未必要全程都步步追踪，大部分是基于地形、植被、地表颜色等一些外在特征，结合土壤调查所获取的信息和在此基础上归纳出来的景观模型来推测土壤类别，勾绘土壤界线。这样勾绘的图斑与实际土壤特性的符合程度取决于这些外在指标的可信度。实际工作中，还要通过野外打土钻和挖剖面来校核图上界线。当然，这种推测必须建立在一定的土壤学专业素养和经验基础上。在实际工作中应该注意以下几点：

①在调查区域内的土壤概况未弄清楚之前，不应开始绘图。

②绘图之前，制图者对调查区域应该有一个大体完整的土壤景观的认识。因此，绘图的着力点应指向土壤与景观之间关系的合情合理的自然圈界，而绝不是斤斤计较在相似土壤剖面的追踪上。

③绘图单元的纯度通常很难达到百分之百，也不应该以同性质百分之百的纯度假设为追求目标，实际上，如果能达到85%的准确程度就应该算是优秀的土壤图。

④绘图工作虽然主要都是在野外实地完成，但通常在室内清绘的时候，仍应借助航空相片的景观判读，做必要的修饰；完稿衔接的时候，更应借助较小比例尺的地形图对照，进行宏观角度的全方位检阅，以求合情合理。

土壤调查中最让人感觉棘手的问题还是如何确定不同土壤之间的界线。因为土壤是三维的连续的自然体，土壤的任何形态特征或理化性质的变化都是在立体或水平空间上渐变的。因此，不论根据何种参数或指标，硬性的将某地的土壤人为分开的话，界线一定很难具体，而必然是模糊的。换句话说，在绝大多数情况下，任何两种相邻分布的土壤分类单位之间的分界，很少是一条说变就变的截然分明的切线，而大多是一条具有一定宽度的过渡带。然而，究竟以这一过渡带的哪个部位作为两类土壤的分界线是很难决定的。

实际上不论调查密度多大，我们也很难绘制成绝对准确的土壤图。因此，评价土壤类型分布的界定结果时，不应该用是否正确的定性词汇进行主观评价，而应以可信度高低的定量角度来客观衡量。可以按图索骥，实地抽验每一个闭合单元内的土壤均一性以及不相邻的闭合单元的相对同质性等的相似程度来检验和评价。这样，土壤分布界线的决定仍然没有绝对的非对即错的分别，只有相对的较合理或较不合理的斟酌。而这里的较合理或较不合理的相对结论，则反映了界线所圈定的闭合单元对土壤分类单位定义的符合程度以及界线本身确定时候的可解译层面。具体可以根据图9-1加以说明。

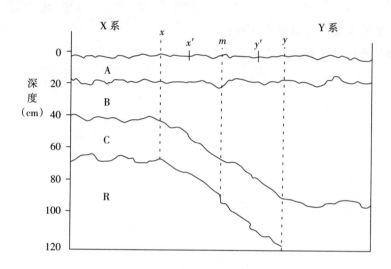

图9-1 土系界线划分示意图

图9-1中一系列相连的相同A-B-C-R发育形态的土壤中，如果分类等级以土系为准时，基于实用的考虑，其土壤有效深度不到75cm和大于120cm的，可以分别定义为X土系和Y土系。实地分布上，这两个土系间以75~120cm的深度变化范围（$x \sim y$）为彼此的过渡带。这两个土系的划分界线可以做下面的一种选择：

第一种：定于x。如果基于某种利用上的考虑，土壤有效深度必须以75cm为分界时，则界线只能定于x处；此时土系X的有效深度≤75cm，土系Y的有效深度≥120cm，但变异范围可允许浅至70~80cm，定义上可视为浅相。

第二种：定于y。同样，如果基于某种利用上的考虑，土壤有效深度必须以120cm为分界时，则界线只能定于y处；此时土系Y的有效深度≥120cm，土系X的有效深度虽然主要是≤75cm，但变异范围可局部允许深至120cm上下，定义上可视为深相。

第三种：定于x、y之间的任何一处。如果x、y之间X和Y两个土系土壤的变化毫无规律，这样整个$x \sim y$的宽度就是X、Y的界线，这种情况下，界线划在$x \sim y$之间任何一处，都是合理的。

第四种：定于x'、y'之间的任何一处。如果X、Y两个土系的过渡带狭窄，而在x'处的土壤基本上仍可以算作是X，y'处的土壤也还可以当作Y，只有x'、y'之间则模棱两可时，同上，X、Y两个土系就以此过渡带为界。这种情况下，界线划在$x' \sim y'$的任何一处，也都是合理的。

第五种：定于m。取$x \sim y$的大致中点m为界；这是最常见的界定法，特别是网格调查时更普遍。

另外，相邻地面如果出现有下述情形，则其发生变化处，一般可能就是不同土壤的分界处。调查时每当遇到这类现象，应多用土钻等进行校验，以探明究竟。具体情形包括：不同的微地形；不同的自然植被；相同的自然植被或农作物，但生长情况不同；不同的岩石出露或不同的漂石类别；不同的表土颜色；不同的表土质地；不同的冲蚀状况等。

思 考 题

1. 何谓土系？土系调查制图有何特点？
2. 应该如何进行土系调查与土系描述？

第十章 数字土壤制图技术

土壤调查与制图是获取土壤信息的基本手段,在土壤学发展中起了关键作用,其主要成果土壤图,是自然资源管理中的重要依据。长期以来,土壤制图沿袭着收集资料—室内预判—野外调查—室内判读—野外校核—定界成图的方法体系,一些先进技术如 3S(RS,GIS,GPS)的逐渐应用,在一定程度上提高了土壤制图的效率、精度以及成果图的编纂及表现方式,但并未改变传统土壤制图的整体思路。传统土壤制图方法主要依赖于制图者的经验和判断,这使得传统土壤制图方法在一定程度上更像一门艺术而不是科学方法。其不足之处主要表现在以下几个方面:

①成本高昂。需要进行大量的野外调查,往往花费高昂,劳动强度较大,耗时又长。因此,工作实施难度大,土壤信息的更新速度很慢。到目前为止,仅有45%的欧洲国家拥有详细土壤图(1∶50 000),尚有9个欧洲国家拥有不足土地面积20%的详细土壤图。据估计,对美国土壤图更新一遍约需100年的时间。在欠发达国家中,极少数国家拥有比例尺大于1∶25 000的土壤图,约1/3的国家仅拥有1∶100 000到1∶150 000的土壤图,且这些国家几乎没有任何更大比例尺(1∶50 000)的土壤图。

②二值假设。传统的多边形土壤图在确定土壤图斑界线时,主要靠景观(地形、母质、植被等)对土壤的"映像界线",土壤被图斑界线分割,变异被认为只发生在边界上,图斑边界处为突变而图斑内部被认为是均质的;而自然条件下,土壤的空间变化更多呈现为连续渐变。事实上,基于多边形的传统土壤图在描述土壤空间变异时存在两个问题:其一、多边形的边界并不能准确描述土壤单元的界限,自然界中实际并不存在这样的边界;其二、在多边形内,许多与环境模拟和特定土壤管理相关的土壤物理和化学性质并不是均一不变的。

③制图精度过分依赖于专家的经验(有人称之为思维模型)。这种思维模型缺乏记述,难以交流,继承性差。以经验模式存于土壤制图者大脑中的制图经验和判断往往难以用语言记述,使得土壤图难以被使用者充分利用以及被后来的制图者再利用。一些土壤调查者试图把它们转化为语言模型,但仍然只是模糊的定性描述。

④在进行野外调查获取专家经验时,只能对非常有限的剖面点进行观测与分析,其选点的代表性也受到工作人员水平的限制,这从基础上也影响到经验模型的准确度以及成果图件的精度。

⑤传统土壤制图方法在图例表达、不确定性和精度评估等方面也存在不足,如没有在既定比例尺度上以土壤组合、复区等方式提供更为详尽的土壤信息;成果图不能给出系统的不确定性和精度评价结果,而只能依据实际验证给出全图的概率性精度。

在过去几十年的时间里,传统土壤调查与制图方法为各行业、各学科提供了大量的、有效的信息支持。目前的应用需求和技术手段已经发生了巨大的变化,在近20年里,快速发展的精准农业、环境管理、土地管理、生态水文模拟等对土壤图的精度以及土壤数据的时效性提出了较高的要求,传统土壤制图方法越来越难以满足这些需求。就技术手段而言,多个因素共同推动了土壤制图技术的发展,这主要包括空间分析技术广泛应用、各种遥感数据源的使用、计算和统计方法的发展进步。

近20年里,为了满足快速发展的大量高精度土壤信息需求,世界各国的土壤科学家展开了大量土壤调查与制图研究,逐渐发展了以定量土壤—景观模型为理论基础、以空间分析(如3S、数字地面分析等)和数学方法为技术手段的土壤调查与制图方法。有人将这种新的土壤制图方法称为预测性土壤制图(predictive soil mapping),并定义为:建立土壤性质与环境因子之间的数值或统计关系模型,并在地理数据库中应用该模型来预测制作土壤图。这种方法被称之为数字土壤制图(digital soil mapping),并根据这种方法的特点,称它为scorpan - SSPFe(soil、climate、organism、topography、parental material、age、n - spatial soil prediction function with spatial autocorrelated error)模型。同时指出了这种方法的一般模式:①确定要研究的土壤性质(s),并决定分辨率(q)和区域大小(b);②收集数据层;③处理数据层;④采样分析收集到的数据(Q),以获取采样点;⑤GPS野外采样及实验室分析以获取土壤类型或属性数据;⑥模拟具有自相关误差的定量关系;⑦预测生成数字土壤图;⑧野外采样和实验室分析以确认并检验数字图的质量;⑨如有必要,简化图例,或者返回第①步来降低分辨率,或者返回到第⑤步来提高图的质量。所以,数字土壤制图被定义为"建立并发展利用数学模型从土壤观测、土壤知识及相关环境变量中推断土壤类型、属性时空演变的土壤信息系统"。

第一节　数字土壤制图依据的景观环境信息

与传统土壤制图一样,数字土壤制图也以经典土壤发生学理论为基础,从土壤的发生形成环境中寻找土壤—景观关系,用一定方法建立土壤—景观关系模型,再应用该关系模型来制图表达土壤的空间分布。与传统土壤制图不一样的是,数字土壤制图采用3S、数字地面分析等技术来获取并解译土壤的发生形成环境信息,再利用数值或统计方法来建立定量土壤—景观关系模型。而传统土壤制图方法则主要根据专家知识和经验,从有限的环境信息中解译出土壤—景观关系,并在调查者思维中形成这种关系模型。因此,数字土壤制图与传统土壤制图的主要区别在于建立土壤—景观模型所依据的景观环境信息和建立模型的方法。

以经典土壤发生学理论为基础的数字土壤制图方法,采用的景观环境信息主要反映了土壤形成的五大因素:气候、生物、地形、母岩及时间,此外还包括空间位置信息及容易大量获取的或现有的土壤信息。有人统计,80%的数字土壤制图研究采用了地形信息,35%的研究采用了容易大量获取的或现有的土壤信息,25%的研究采用了生物信息;另有25%的研究采用了母岩信息,20%的研究采用了空间位置信息,5%的研究采用了气候信息,暂无研究采用时间信息。此外,数字土壤制图研究中使用的景观环境信息并不完全相同。据统计,40%的研究仅采用了1种景观环境信息,有40%的研究采用了2种景观环境信息,近10%的研究采用了3种,2%的研究采用了4种,而没有研究采用5种或更多景观环境信息。在这些研究中,最常见的景观因子组合为地形景观信息和容易大量获取的或现有的土壤信息,而DEM是最常用的景观环境信息来源,其次是遥感影像和现有土壤图。以下主要介绍地形,容易大量获取的或现有的土壤信息、生物、母岩、空间位置和气候在数字土壤制图研究中的应用。

一、数字地形信息

从数字高程模型(digital elevation model,DEM)中提取的地形因子广泛应用于近20年的数字土壤制图研究中,主要有两方面的原因。一方面,地形是局部地区土壤发生形成中最主要的影响因素。土壤的地形系列主要受地表形态特征和母岩的控制,而母岩在面积较小的范围内一般比较均一,因此地形是局部地区土壤发生形成中最主要的影响因素。土壤的形成发育及土壤剖面形态受景观内部及景观表面上水运动过程的控制。而景观内部及景观表面上的水运动主要受地形因素控制。因此,地形在土壤形成发育中具有重要影响,是土壤制图中常用的景观环境信息。另一方面,数字高程模型的发展和应用使得地形分析变得简单易行。DEM是以数字形式按一定结构组织在一起的描述一个区域内地形起伏的空间三维信息,DEM的建立可以通过数字化地形图、摄影测量、地面采集高程数据等多种方法来实现。在DEM的基础上,可以方便地提取出坡度、坡向、剖面曲率、平面曲率、特定汇流面积(specific catchment area,SCA)、径流强度指数(stream power index,SPI)、地形湿度指数(topographic wetness index,TWI)等(表10-1)。这些地形因子从不同方面影响着地表物质、能量的运动,从而影响土壤发生形成过程,因而与土壤性质具有很强的联系。从大量研究中可以看到,地形因子与土壤属性有着显著相关关系。例如,坡度、地形湿度指数与土壤A层厚度、表层有机质、pH、机械组成有着显著的相关性,并能形成线性回归模型。根据地形景观对土壤的影响作用,更多研究则采用了各种各样的方法来拟合土壤性质与地形景观之间的关系。把DEM数据模拟为一个连续的曲面$H(x,y)$,x和y为地面点的平面坐标值,$H(x,y)$为地面点高程值,则表中各式符号的计算公式为:$p=\frac{\partial H}{\partial x}$,$q=\frac{\partial H}{\partial y}$,$r=\frac{\partial^2 H}{\partial x^2}$,$s=\frac{\partial^2 H}{\partial x \partial y}$,$t=\frac{\partial^2 H}{\partial y^2}$。

表10-1 地形因子的定义、计算公式及物理意义

地形因子	定义及计算公式	意义
坡度(G),°	地表某点正切面与水平面之间的夹角:$G=\arctan\sqrt{p^2+q^2}$	描述了物质流的速度
坡向(A),°	地表某点位置的坡面法线在水平面上的投影的方向 $A=\arctan\frac{q}{p}$	描述了物质流的方向
剖面曲率(k_v),m^{-1}	过地面上某点的水平面沿水平方向切地形表面所得的曲线在该点的曲率值 $k_v=-\frac{p^2r+2pqs+q^2t}{(p^2+q^2)\sqrt{(1+p^2+q^2)^3}}$	反映物质和能量流动的相对加速(正)或减速(负)运动
平面曲率(k_h),m^{-1}	过地面上任一点的水平面沿水平方向切地形表面所得曲线在该点的曲率值: $k_h=-\frac{q^2r-2pqs+p^2t}{(p^2+q^2)\sqrt{(1+p^2+q^2)^3}}$	反映物质和能量的相对集中(负)或分散(正)趋势

(续)

地形因子	定义及计算公式	意 义
特定汇流面积（SCA），m^2	地面上任一点所截的等高线与上坡到等高线尾端的流线所围成的面积与所截的等高线长度比，计算公式参见秦承志等（2006）	反映水流贡献面积的径流量
地形湿度指数（TWI）	$TWI = \ln(SCA/G)$	反映土壤中水分状况
径流强度系数（SPI）	$SPI = SCA \cdot G$	反映土壤中水流侵蚀强度

二、数字土壤信息

数字土壤信息是指容易大量获取的土壤信息和现有的土壤信息。容易大量获取的土壤信息是指利用遥感手段、电磁检测手段等快速获取的土壤信息；现有的土壤信息是指从现有土壤图、土壤资料或土壤专家系统里提取出的土壤性质信息。

最近二、三十年间，遥感技术得到了长远发展，如多光谱扫描仪、高光谱扫描仪、合成孔径雷达等。搭载这些高精度遥感设备的卫星，诸如陆地卫星、SPOT、IKONOS、QuickBird、中巴资源卫星等在最近几十年里陆续升空，给地面提供了大量的地表信息。这些信息以不同波段的形式反映了土壤形成的综合环境，如岩石、植被等，同时，这些信息还反映了土壤的物理（如机械组成）和化学性质（如有机质和水分含量）。因而，这些信息给数字土壤制图提供了丰富的景观环境信息，在数字土壤制图中得到了广泛应用，已成为数字土壤制图中景观环境信息来源的重要组成部分。例如，有研究表明，NOAA 卫星的 AVHRR 热波段（尤其是 3 波段）和归一化植被指数 NDVI 能很好地指示土壤类型；陆地卫星 TM 影像中的蓝、绿、红、近红外和中红外波段可估测土壤中的阳离子交换量；陆地卫星 TM 数据的 1 到 7 波段、及全色波段等数据可用来表征土壤形成环境中的生物和母岩信息。

除了遥感技术外，逐渐发展起来的近距离电磁探测手段也为数字土壤制图研究提供了大量的土壤信息。土壤电导率（或电阻率）是土壤矿物学、盐分、湿度和质地的综合反映，是对土壤性质的综合测量。常用的两类电磁探测仪器是电磁感应器（electromagnetic induction，EMI）和基于滚动电极的电导率/电阻率（electrical conductivity/resistivity，ECRE）。这些仪器广泛应用于精准农业的土壤类型和属性制图中。例如，可利用表面电导率（apparent electrical conductivity，EC_a）测定数据监测土壤软层厚度（soft layers depth）并制图；可利用土壤 0～30cm、0～90cm 和 30～90cm 的 EC 测量值进行土壤 CEC 的预测制图；土壤的 EC_a 信息可用来预测土壤表层的黏粒含量、CEC 和水分含量。

从现有土壤图、土壤资料中提取的土壤性质，以及从土壤调查专家思维中提取的土壤—景观关系，有助于建立定量土壤—景观模型并应用于土壤制图中。例如，提取出专家知识和经验并以此建立土壤—景观关系模型，通过进一步的模糊逻辑，可推理出土壤类型图和属性图；将土壤图、地质图、DEM 叠加后，应用分类树、贝叶斯方法，可提取出土壤制图规则，对土壤制图很有帮助；用决策树方法分析沙漠土壤图上的土壤类型与地形、植被等信息之间的关系，依此重新生成土壤类型图，并可扩展到研究区附近的其他区域；同样用决策树方法分析土壤景观单元信息与地形、植被、地质等之间的关系，也可重新生成土壤类型图；根据专家经验来选择对土壤形成具有重要影响的景观因子，可建立土壤—景观模型并制图。

三、数字植被信息

生物（包括人类活动）是土壤形成的主要因素之一。尽管其他生物，如土壤中的蚯蚓等，能对局部土壤产生较大影响，但植被和人类（活动）对土壤形成的作用更重要。在原始环境或新开发的环境下，"自然"植被类型是土壤类型达到某种平衡的反应，因而可用于表征土壤类型；在人类利用土壤的过程中，对土壤施加了影响，改变了土壤的形成发育过程，另一方面，人类在利用土壤时，往往会根据利用目的来选择土壤类型，因而土地利用方式可以指示人类对土壤的影响。因此，地表覆盖和土地利用在指示土壤属性和类型时非常有用。此外，近年来，通过遥感等手段，可以方便地获取作物产量或自然植被生物量信息，这些信息也反映了土壤的差异。应用于数字土壤制图研究的生物信息主要有植被图、土地覆盖和利用分类、生物量和作物产量图。

在全球对自然森林管理和保护的关注下，随着 DEM、地理信息系统、高分辨率遥感技术的快速发展，快速且廉价的植被制图方法日趋成熟，为土壤制图提供了大量的植被信息。例如，有人利用当前及人类定居前的一个森林景观（森林组分和植被斑块）的森林信息来估计当前和过去的欧洲矿质土壤碳含量。

获取土地覆盖和利用分类信息是遥感技术的特点。这种分类信息可通过多种方法来实现，如地面控制点监督分类等。土壤制图者可从土地覆盖分类中得到裸地或者特殊种植作物（人类根据需要而选择特定土壤来种植这种特殊作物）的地区分布。例如，利用 NOAA 卫星的 AVHRR 遥感影像可建立 1km 土地覆盖和利用分类数据库，可用于 1∶200 000 到 1∶2 000 000 的土壤制图。

除了土地覆盖外，植物的生物量和作物产量也可用于提高对土壤的辨识。例如，基于可见光和近红外光的 NDVI 指数常用于估计自然植被生物量和作物产量，它们可用于土壤类型判断。作物产量是土壤内在本质特性的反应，可用于土壤属性的监测制图。

四、数字成土母质信息

土壤是在母（岩）质基础发育形成起来的，因而无论传统制图方法还是数字土壤制图方法，都将成土母质作为重要的景观环境信息。目前，获取成土母质信息的途径较多，如 γ 辐射、重力场、磁场和电磁感应、地表形态和风化模型等。有人研究了风化层制图，为土壤的预测制图提供了重要的景观环境信息来源，既可当作容易大量获取的土壤性质又可作为土壤的岩性性质。在大量数字土壤制图研究中，尤其是土壤类型制图研究中，成土母质起到了很重要的作用。由于成土母质信息的普遍空缺，地质图常被有选择的用于预测土壤制图。虽然母岩与成土母质之间存有较好的相关性，然而它们之间又有着一些根本性的不同。一般而言，广泛分布的第四纪沉积物质可以直接指示成土母质信息；而岩石出露地区的母质则是经历了物质风化和搬运过程，呈现出残积、坡积以及混合相母质，这需要区别处理。

五、空间位置信息

尽管空间位置并不是土壤形成因素，但由于土壤类型及属性具有空间距离上的相关性，许多研究利用采样点之间的空间位置关系来模拟土壤在空间上的变异。较早的研究多采用趋势面分析、样条函数等方法。趋势面分析是对空间坐标的低阶多元模拟，样条函数的使用较少。

近30年来，地统计方法日趋成熟。大量的土壤制图研究，如土壤重金属污染制图、pH、土壤肥力制图，甚至土壤类型制图，采用了地统计方法，因而空间位置信息应用较多。尤其是近10多年来，全球定位系统的迅猛发展，使得空间位置坐标的测定变得简单、廉价而准确，尤其是地理信息系统和数字高程模型的发展，为空间扩展提供了强有力的技术支持，相关研究很多。

六、数字气候信息

气候对土壤形成具有重要影响，主要影响土壤形成环境中的水、热条件，因而在土壤制图中，气候信息反映了土壤形成的水、热条件。但一般情况下，气候信息的空间分辨率较粗，依据该信息生成的土壤图的分辨率也较粗，因而只有很少的研究采用了这一因素。例如，有人应用土壤质地和气候的变异预测温带森林土壤碳储量；有人利用生物—气候和气象数据计算区域的降雨和平均气温，并利用模型模拟净太阳辐射，最终综合这几个气候因子模拟出水平衡指数，并用该指数来分析并预测区域的土壤剖面深度、土壤全磷、土壤全碳含量分布。

第二节　数字土壤制图中建立土壤—景观模型的方法

应用于数字土壤制图的模型拟合方法较多，大致可以分为六大类：地统计、数理统计、决策树、专家系统、模糊数学和其他方法。

一、地统计方法

在20世纪70年代早期，人们逐渐认识到土壤单元内部的组分并没有被较好地定量化。为了解决这一问题，地统计被引入土壤学研究中。以区域化变量理论为基础，通过对土壤属性空间自相关性的分析，地统计应用克里格法对野外采集到的数据进行空间内插。克里格方法是一种加权的局部平均方法，各个平均值的权值是对空间相关性的度量，即变异函数。目前，已有多种形式的克里格方法应用到了土壤制图研究中。

最初普通克里格方法被引入到土壤学研究中。此后，大量的研究采用该方法来内插多种不同的土壤属性，包括土壤污染、微量元素、盐分和肥力等。为了利用其他环境数据和已知的土壤—景观关系，普通克里格方法被进行了多种形式的修改，如块段克里格、泛克里格、外部飘移克里格、协同克里格、回归克里格、因子克里格等。块段克里格将研究区划分成反映不同土壤形成过程的区域,在这些特定的区域内,再对土壤性质作出估计;泛克里格方法则容纳了所要预测的土壤变量在空间上的变化趋势;外部飘移克里格与泛克里格相似,不同的是外部飘逸克里格采用的是外部变量来代替预测变量(土壤属性)的变化趋势;协同克里格利用了预测变量(土壤属性)与其他较容易测得的变量之间的相关性;回归克里格是指对回归模型的残差进行克里格插值,将回归模型的预测值和残差克里格值相加即为回归克里格预测值;因子克里格是将多个数据的克里格方法综合在一起来外插土壤数据。除应用这些地统计方法进行土壤制图研究外,一些研究还比较了这些方法在土壤制图中应用的效果。除以上各种克里格方法之外,克里格方法还与模糊逻辑相结合,将模糊逻辑分类后的隶属度值在空间上进行克里格插值,预测土壤类型在空间上的连续性分布。

地统计方法提供了创建连续性土壤属性表面的方法,更好地展现了土壤连续性;同时,地统计方法也可用于研究发现土壤形成的景观变量与土壤属性之间的关系,有助于有效地收集土壤数据。该方法成功地应用在了土壤制图研究中,尤其是在需要非常详细的土壤属性信息的领域,如精准农业、环境污染。

然而,尽管这些研究反映出地统计方法是一种较好且容易实施的土壤制图方法,但也有一些研究认为地统计方法也存在着诸多不足。例如,地统计方法忽视了土壤形成与自然条件之间的关系;由于土壤空间变异性较大,地统计方法需要大量采样,对采样有过高要求,一般需要一百个以上且空间上紧密联系的数据点,因而地统计方法非常依赖于采样数据。此外,地统计对空间自相关性进行了假设,当土壤形成因素在局部出现较大变化时,该假设并不成立,因而地统计方法还不能应用在变异较大的环境下,或者更大的空间范围中。

二、数理统计方法

数理统计方法可用于检验并发现定量的景观因子与土壤属性或类型之间的关系,并通过数据模拟形成土壤—景观关系,进而应用于数字土壤制图中。用于数字土壤制图的数理统计方法很多,主要有相关性分析、方差分析、多重比较、主成分分析、线性回归、线性判别分析、广义线性回归、广义可加模型等。相关性分析、方差分析和多重比较常用于分析土壤属性、类型与景观因子之间的关系;主成分分析则用于分析景观因子内部之间的关系,并将众多景观因子降维至几个主要因子;线性回归、线性判别分析、广义线性回归、广义可加模型除了分析土壤属性与景观因子之间的关系外,主要用于构建土壤—景观模型,从而对土壤属性或类型制图。

线性模型很早且经常应用在数字土壤制图研究中。例如,有人应用线性回归模型模拟景观因子(坡度、阻碍层、地势、地形、地形位置)与土壤属性之间的关系,这些回归模型解释了很多土壤特性(A层:黏粒含量、CEC、EC、pH、容重;B层:黏粒含量、CEC、ESP、EC、pH、容重)变异的很大部分。有人在相关分析的基础上应用线性回归分析建立地形因子(坡度、坡向、地形湿度指数、径流强度系数等)与土壤有机质含量、可提取态磷、pH、质地之间的回归模型。据研究,通过土壤A层厚度与地形因子之间的回归模型模拟,结果表明用平面曲率和湿度指数模拟的土壤A层厚度回归模型可以说明土壤A层厚度变异的63%。有人还用逻辑回归模拟土体厚度及判断E层的存在与否。最近,有学者用线性回归方法预测生成土壤图并且调查了回归方程在不同地貌地区的迁移性。也有研究通过专家知识来选择环境因子并建立土壤属性如黏粒含量、CEC、有机质含量、ESP和水分含量与这些环境因子之间的线性回归模型。

除了以最小二乘法为基础的线性回归模型外，其他一些回归模型方法也应用在预测制图中。在法国中部，根据DEM中的地形属性，用逻辑回归建立模型来判断非钙质性黏壤土层的有无。在荷兰西部海滨区域，利用指数回归模型来预测软土层厚度。在美国明尼苏达中部，用指数回归模型模拟地形变量与冰川冰水沉积土中土壤有机碳含量之间的关系。有研究利用线性判别分析来判断土壤母质。还有学者根据一系列环境因子（坡度、高程、湿度指数、平均年温度、降雨和辐射），建立广义可加模型预测土壤全碳、A层厚度和土体厚度。

数理统计方法可以较好地分析和预测土壤属性或类型在空间上的分布。与传统土壤制图方法相比，这种方法更好地反映了土壤属性在空间上的连续分布特征。数理统计方法不需要大量的野外采样，且结构简单，计算效率较高、容易使用并容易理解。然而，数理统计方法（除广义可加模型之外）都基于土壤属性与景观环境因子之间的线性假设，并要求有一定数量且成正态分布的数据。此外，数理统计方法只考虑了定量的景观因子，一些重要的非定量环境信息未能考虑。

三、决策树模型

决策树是一种有效的数据分类方法，因其结构形似一棵树，故称为决策树，又称分类树。决策树的最顶端为整个数据集，即决策树的根，包括了要分类的对象，即预测自变量，和分类所依据的变量。在数字土壤制图研究中，分类变量一般为土壤类型或土壤属性，自变量一般为各种环境因子，如地形、植被、母质等。从最顶端开始，通过对数据集中预测自变量的判断，将数据集划分为两个或多个子集，各个子集内部相对均一，而子集之间的差别较大，这些子集即为枝节点。每个子集又按照这种方式，逐渐分裂成更加均一的子集。当决策树停止生长时，就形成了较多的叶节点，每个叶结点对应一个分类结果。产生决策树的算法很多，主要有概念学习系统（conceptual learning system，CLS）、交互式二分法（interactive dichotomizer - 3，ID3）、C4.5（或者C5.0）、CART（classification and regression tree）、SLIQ（supervised learning in quest）、SPRINT（scalable parallel classifier for data mining）等。这些方法的主要区别在于划分子集的标准不同。例如，C4.5依据信息增加量来划分子集，而CART则通过计算基尼（gini）系数来划分。在数字土壤制图研究中，C4.5应用较多，另外还有CART。当决策树形成后，为了使得到的决策树所蕴含的规则具有普遍意义，必须适当控制树的生长，防止训练过度。因此，在决策树形成后，需要对树进行适当的"剪枝"（pruning），即去除掉一些冗余的枝。通常有两种剪枝方法：前剪枝（pre-pruning）和后剪枝（post-pruning）。前剪枝通过提前停止树的构造（如通过决定在给定的节点上不再分裂或划分训练样本的子集）而对树"剪枝"。后剪枝是在"完全生长的"树的基础上，通过算法计算给定节点上的子树被剪枝后可能出现的期望错误率，来判断是否需要剪枝。后剪枝所需的计算比前剪枝多，但通常产生更为可靠的树。另外，也可以交叉使用前剪枝和后剪枝，形成组合式方法。

在数字土壤制图研究中，决策树主要应用于从训练数据集内提取出预测规则（如果母质类型为A，则土壤类型为B），进而在地理环境数据库中应用这些预测规则来判断土壤属性或类型。例如，有人在研究土壤制图中地理数据误差增长的问题时，利用CART方法建立预测树模型来预测土壤类型。有人利用决策树，根据一系列地形属性和遥感数据，预测了土壤排水特性，结果表明，预测精度平均高达70%。有人根据土壤属性与环境之间的相关性，建立土壤属性与环境因子之间的回归树模型，进而应用这些模型来预测土壤属性，如土壤剖面深度、土壤磷含量、土壤全碳。有人利用分类树提取出澳大利亚某地区现有土壤图中的土壤制图规则，再利用这些规则来重新对该地区进行了制图。尽管该研究比较成功地提取出了土壤图中的制图规则，但依据这些规则重新生成的土壤图并不够详细，一些小的土壤类型在土壤图中未能见到，土壤图被一些主要的土类所占据。鉴于此，研究者为了提高土壤制图质量，利用推进式（boosting）C5.0建立预测树模型，同时利用了环境变量的局部空间相关性，结果使得土壤制图结果的准确性有所提高。有人在美国加利福尼亚某沙漠生态区土壤图的基础上，提取出土壤类型随环境因子如地形、母质、植被等的分布规律，再用这些规律重新对该区制图，并将这些分布规律扩展到研究区附近的其他研究区内进行制图。

一些研究比较了决策树和其他方法在土壤制图中的应用。在侵蚀模拟的应用中，决策树的预测结果与人工神经网的结果相似，两者在训练集上表现良好，但在预测应用中的精度较差。有人使用决策树、广义线性模型、广义可加模型来预测A层厚度，结果表明，广义线性模型优于决策树和广义可加模型。有人比较了回归树和线性回归模型在土壤属性预测中的应用，结果表明，对应于不同的预测对象，最好的预测方法不同，一般而言，制图的准确性取决于土壤与环境变量之间的关系。也有人比较了广义线性模型、广义可加模型、决策树—回归树、地统计（克里格、异质—协同克里格、组合方法（回归克里格）在土壤制图中的应用，结果表明，决策树产生了不符实际的预测表面，预测准确性最差。

决策树方法产生的规则可以较快地、重复性地被应用，因而得到了广泛的应用。它具有以下几个优点：①可以同时利用名词性变量和连续性变量；②不受预测变量的单调性变化的影响；③更有效地处理缺值和离异值；④更适用于非可加性和非线性土壤—景观关系；⑤不对数据分布作任何假设；⑥当数据集增加时，容易更新。尤其是当自变量数据集包含了很大范围的自变量时，决策树模型显得更加有利。尽管决策树有许多优点，但由于决策树模型预测的土壤图结果表现为梯状表面，因而受到了多方面的批评。当预测变量具有不同的分辨率时，这个问题尤其突出。决策树的成功往往依赖于模拟者在模型建立过程中作出关键判断的能力；遗憾的是，并没有一个明确的方法可用于判断最优的分类树结果。

四、专家系统

专家系统是能够表示、推理某领域内专家知识，并以此解决问题、提出建议的软件系统。在数字土壤制图中，专家系统的目的是提取出土壤调查者在野外积累的经验和知识，并将这些专家经验和知识应用于数字土壤制图中。一般说来，专家系统由三部分构成：①数据（空间环境变量信息如地形、气候等）；②知识库（土壤调查者提供的土壤变异规律及事实）；③推理机（将数据和规则联结起来，推理出有效的结论）。

专家系统与传统模型的主要区别在于：①专家系统存储及运用定性信息，并能兼容其他方法不能正常使用的信息；②专家系统是元模型，专家知识与模型彼此是分开的。随着计算机技术，尤其是专家系统和人工智能的发展，模拟已成为土壤科学家的一项实用土壤制图工具。有人采用贝叶斯专家系统制图表达森林土壤类型，与现有土壤图和实际采样数据相比，说明这种制图方法较好。尽管这种方法成功地将土壤调查者的知识和遥感及数字地形属性综合在一起，但由于它们的最终成果仍然是等值线图，所以没有较好地表达连续性土壤—景观变异。为此，研究者重新审视了他们以前的研究，对制图结果的精度进行了评价，结果表明这种使用专家系统的制图结果总体准确度达到了 69.8%（样本数为 53），但传统土壤方法的准确度可达到 73.6%。另有学者设计了基于规则的系统（rule-based system）提取并利用专家知识，通过专家经验对地形（湿度指数、坡向、坡度）的判断，成功地对土壤有机质实现了连续性土壤制图表达。然而，他们的方法需要对每个土壤属性设计独立的专家系统，因而这种方法显得不够高效。随着模糊数学方法在土壤学中的应用，连续性土壤制图得到了更好的研究，尤其是模糊数学与专家系统的结合。有学者在研究中，根据专家知识对土壤环境（母质、地形、植被）的认识，定量地模拟土壤发生环境对土壤形成的影响规律，再通过模糊逻辑的推理，得到土壤发生环境与典型土壤发生环境之间的相似度（similarity），根据这一相似度，最终形成连续性的土壤类型（土系）图；硬化这些连续型土壤类型图，并用 34 个检查点检验其制图精度的结果表明，其中 28 个点的预测结果与传统土壤图的结果相同。进一步的研究是将这种用模糊数学方法提取专家知识并推理土壤制图的方法总结为土壤—环境推理模型（soil-land inference model，SoLIM），并在美国的一个实验森林和澳大利亚的一个流域对 SoLIM 进行了土壤属性（A 层厚度、土壤传输率）预测制图测试；结果表明，SoLIM 方法预测 A 层厚度的精度要高于传统土壤图，但预测土壤传输率的精度则要低于传统土壤图。在 SoLIM 的基础上，有人研究了 DEM 分辨率和计算地形属性的邻域大小对 SoLIM 制图结果的影响。考虑到 SoLIM 对专家知识提出的要求较高，有人设计了基于案例推理（case-based reasoning，CBR）的方法来预测制图。在该方法中，土壤调查专家只需要判断出典型土壤（tacit point）的存在位置，之后推理研究区所有土壤发生环境与这些典型土壤发生环境之间的相似度，最后利用相似性来预测制图。在美国的一流域应用结果表明，该方法所预测的 C 层深度和 A 层机械组成的精度要明显高于传统方法。然而，也有学者认为，SoLIM 及基于案例推理的制图方法只是将专家知识转化为一种形式，其中缺乏合理的推理过程，因而专家知识难以解释和更新。鉴于此，这些学者以原型范畴理论为基础，根据土壤调查专家的知识，选择"土壤类型原型"所在的环境位置，并模拟影响土壤发生的主要环境因子（母质、地形、植被）影响"土壤类型原型"的优度曲线（optimality curve）；在此基础上，通过模糊逻辑推理得出土壤发生环境与"土壤类型原型"发生环境之间的相似度，根据这一相似度，最终形成连续性的土壤类型（土系）和土壤属性图。这种方法在美国西南部的一流域进行了试验，结果表明，这种方法的制图精度高于传统土壤图和基于案例推理方法。除以上研究外，有利用专家知识来甄选用于回归预测土壤属性的环境因子的报道。

专家系统利用土壤调查者的知识和经验，产生基于规则的系统，来模仿土壤调查者所理解的土壤变异概念模型。在数字土壤制图中，这种方法所生成的栅格土壤图要比以往手工绘制的等值线图更具有科学性，也更加简洁明了；同时，这种方法所生成的栅格土壤图在比例尺上不受航空照片的限制，而只受限于环境数据的比例尺。在野外调查已经建立了土壤—景观关系的地区，这种方法显得非常有用。然而，对于土壤—景观关系认识不够的地区，专家系统显得并不是很有用。尽管这种问题同时也存在于其他数字土壤制图模型中，但专家系统是演绎推理（deductive）模型，任何特定的采样数据并不能促使它的形成，即使土壤调查专家已具备了制图地区的采样经验。因而，专家系统并不是简单地先记录下土壤—景观关系，之后外插这种关系来制图，即专家系统并不能像其他模型那样可以直接利用采样数据进行制图研究。

五、模糊数学方法

模糊数学（或称为模糊集理论、模糊逻辑）给数字土壤制图研究提供了另一种概念性模式。近年来，越来越多的研究采用了这种方法，使得其成为数字土壤制图研究中的重要组成部分。模糊数学被用于处理没有明显界限的分类问题。与传统的硬性或二值分类方法不同的是，模糊数学方法将事物同时划分为多个类别，属于某个类别的程度用隶属度表示，隶属度一般大于 0 而小于 1，隶属度越大表示该事物越与该类别相似，所有类别的隶属度总和为 1。在传统土壤制图中，自然土壤被硬性划分为某个土壤类型。因此，在传统的土壤图上，土壤属性的自然连续变化特征被土壤类型的多边形图斑界限所打断，图斑内部的均一土壤类型又掩盖了土壤属性在空间上的变异性。为了更加准确地描述土壤属性和类型的空间变化，很多学者在数字土壤制图研究中应用了模糊数学方法。一些研究还对模糊数学在土壤学研究中的应用进行了综述，包括模糊数学的理论基础及其在土壤学中的应用方法。

在土壤学研究中，应用最广泛的模糊数学方法为模糊 c 均值聚类。例如，为了在土壤学分类与制图研究中引入模糊数学方法，在澳大利亚中部的某山中部，沿着山体横切面采集土壤个体，利用模糊 c 均值对这些土壤个体特征进行聚类分析，并以此来研究土壤与景观之间的关系；他们还在模糊聚类土壤个体的基础上，用克里格方法外插土壤个体的聚类隶属度值，从而产生连续性的土壤类型图。相似的研究，在荷兰东部对土壤个体隶属度值进行对数比转换，再利用普通克里格方法外插这些转换后的隶属度值，从而生成连续性土壤类型图。与以上方法不同，也有人以模糊逻辑理论为基础，利用专家知识比较每个土壤发生环境与典型土壤类型（土系）发生环境之间的相似性，从而制图表达连续性土壤类型和土壤属性（图 10-1）。有人利用模糊 c 均值聚类方法对地形聚类分析，之后模拟分类隶属度与土壤表层黏粒含量之间的线性关系，并依据该关系预测制图。也有人对地形进行模糊 c 均值聚类，同时对隶属度值进行了平滑，之后用最大似然度来模拟平滑后的分类隶属度与土壤属性之间的回归模型，并利用回归模型来预测制图。有学者首先利用模糊 c 均值聚类对土壤中的重金属进行等级分类，再通过克里格方法内插分类隶属度值，借以评价研究区的污染状况。有研究首先对地形的聚类分析，然后在典型地区有目的地采样，以获取典型土壤特征，进而生成土壤类型、属性图，或对隶属度值进行加权平均以预测生成土壤属性图。除模糊 c 均值聚类外，也有少量研究是应用模糊数学中的语义输入模型（semantic import model）。如利用模糊语义输入模型对希腊西部某地区的酸化风险、淋溶风险程度进行了模糊判别归类，在此基础上，制订了该区氮肥利用图；有人利用模糊语义输入模型来预测土壤剖面中有砂和全剖面有砂的"可能性"（possibility），同时预测制作土地适用性图。

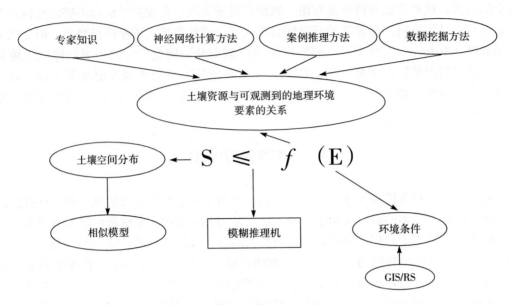

图 10-1　模糊逻辑下的自动土壤推理

由于土壤的空间连续性本质，模糊数学方法显得非常适合于土壤制图研究，因而成为数字土壤制图中的重要组成部分，在土壤制图研究领域中受到了较广泛的重视。

六、其他方法

除了以上五种主要方法外，数字土壤制图中还采用了一些其他方法，如人工神经网络（artificial neural network，ANN）、数学概率及多种方法的综合等。

这些方法中，人工神经网络的应用较为广泛。有报道，基于传统土壤图，用人工神经网络可以模拟土系与其形成环境之间的关系，利用该关系可重新对土系、土壤 A 层厚度预测制图。结果表明，这种方法的制图准确度与基于知识的方法相似，且这两种方法的制图结果均好于传统土壤图。也有人用人工神经网络方法从多时相的遥感探测的亮度温度和土壤湿度图中预测土壤质地。有人提出一种新的人工神经网络计算方法来估计参数式土壤传递函数以预测土壤保水性（water retention）。通过植被、土壤类型、地形信息，人工神经网络方法也被用来预测土壤属性的空间三维变异性。

数学概率的方法用得不多。一个是用在计算土壤排水等级的概率上确定排水等级分布。另一个是在面积较小但有代表性且已进行过土壤调查的区域即样区内，提取制图规则，据此规则来判断某一点上土壤单元出现的概率；根据这些规则，预测参考区附近的较大研究区内出现土壤单元的概率，基于该概率选择观测点；根据观测点上的土壤单元信息和研究区内每个点上出现土壤单元的概率，来预测判断研究区每个点上的土壤单元。之后，有人在同一研究区内，首先根据参考区土壤观测点上的土壤分类信息，对覆盖整个研究区的一组采样点进行土壤分类，并将该点所代表的土壤类型的土壤属性值赋以该点；再通过克里格、反距离平方（inverse squared distance）、最近邻域（nearest neighbour）这三种方法来最终判断土壤属性并制图。他们还有进一步的研究：首先也根据参考区土壤观测点上的土壤分类信息，对覆盖整个研究区的一组采样点进行土壤分类；根据研究区这些采样点上的土壤分类和地势信息，预测研究区未采样点属于某个土壤类型的概率；再在这些未采样的点上，对每个代表性土壤类型的属性值进行加权计算，权值为属于土壤类型的概率，以此预测研究区的土壤属性并制图。为了提供预测土壤类型的不确定性，有人先计算出每个点上土壤类型的条件马尔科夫转移概率作为土壤类型在该点上可能出现的概率矢量，在这基础上，通过可视化来评价土壤图的不确定性。

两种方法的联合使用以回归克里格（regression kriging）最为常见。有学者在预测土壤属性时，采用了两种形式的回归克里格方法。一个是首先利用回归方法预测出研究区所有点上的土壤属性值；再比较采样点上的实测值与回归预测值之间的误差，并对这些误差进行克里格插值；加和回归预测的土壤属性值和克里格所插值的误差值，即为最终预测判断的土壤属性值。另一个是首先利用回归方法预测出采样点上的土壤属性值，再比较采样点上的实测值与回归预测值之间的误差；在整个研究区范围内，同时用克里格插值采样点上的回归预测土壤属性值和误差值，加和这两种空间插值，即得整个研究区的土壤属性预测图。有人用了与上述的第二种回归克里格方法有点不同的另一种回归克里格方法。这种方法仅对回归值进行了普通克里格插值。其他研究所采用的回归克里格方法与这三种方法在形式上是相似的，只是在回归方程上显得不同。除了回归克里格外，外部飘逸克里格也是多种方法相结合的一种方法。几乎所有的研究都认为这种方法要优于其他单个的回归方法或地统计方法。多种方法结合的方法不仅适用于土壤属性制图，还适用于土壤类型制图研究。例如，有人在模糊分类土壤类型的基础上，对土壤分类的隶属度值进行回归克里格插值，从而预测出土壤类型分布。在很多研究中，回归克里格或外部飘逸克里格方法被认为是几种地统计方法、多元线性回归方法中最好的方法。不仅如此，有人还认为，回归克里格需要的参数较少，尤其是有两个或多个辅助性变量可用时，这种方法的优势显得更明显。

第三节 数字土壤制图的成本、精度和展望

回顾传统土壤制图的局限性，包括人力、物力、时间成本高，继承性差，精度受主观影响大且不确定等，随着数字土壤制图技术的发展，这些局限性都有望得到显著的改善。从成本角度，由于数理方法和空间分析方法的应用，以及辅助性制图因子的广泛纳入，可以极大的降低野外工作量。野外工作量的缩减，可以通过三个过程来实现：首先，选择合适的研究区以训练建立土壤—环境关系模型；第二，计算在调查区域内，满足一定尺度和精度的制图所需要的最少样点量；第三，利用空间分析手段，确定这些样点的具体分布，再结合专家经验进行确认和筛选。

训练区的代表性直接关系到模型在训练区以外应用时的适宜性。因此，这就要求训练区应该基本涵盖目标区域内的主要因子特征及其值区范围。例如，可以通过空间分析对训练区和模型应用目标区进行对比，以此来评价训练区的代表性。如图 10-2 中比较训练区和目标区地形因子中平面曲率的分布范围，并结合其他更多的因子对比，获得训练区的代表性评价结果。

野外土壤调查时，传统的方法是由有经验的专家带队，根据地貌、利用等景观条件临时确定剖面观察点。借助于空间分析手段和数字化基础资料，这项工作完全可以在室内完成。

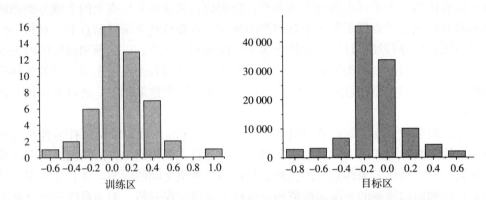

图 10-2 训练区和目标区地形平面曲率分布图（纵坐标为栅格数目）

目的性采样能够有效提高土壤调查与制图的效率和精度。如图 10-3 提供了一个目的性采样的例子，利用多个 DEM 派生的地形参数，进行模糊聚类，得到各个类别（class）的隶属度图；图中白色区域为隶属度高值区，其中隶属度等于 1 的区域被认为是该类别的最典型分布区；利用隶属度信息，再结合交通便利程度和专家经验就可以在接近于 1 的高值区布设样点。

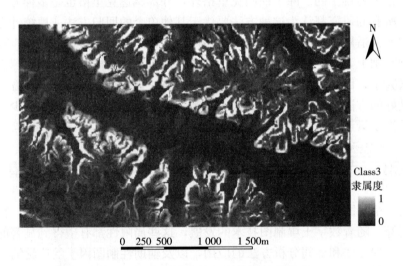

图 10-3 基于隶属度的土壤采样点布设

大量研究表明，数字土壤制图能够显著降低土壤调查制图的成本。例如，利用数字模型在美国进行县级土壤调查制图，其速度比传统土壤调查制图提高 10 倍，其成本比传统土壤调查制图降低 2/3。就数字土壤制图精度而言，不同的研究所获得的结果差异很大，但多数能够达到 60% 以上的精度，这在一定范围内能够满足生产的需求，随着该项工作的持续进行，数字土壤制图的精度仍有进一步提高的空间。

近二十年来，数字土壤制图方法在全世界范围内得到了非常广泛的研究，覆盖了不同地区、不同环境下各种土壤属性、类型的预测制图，利用的景观环境信息包括了五大成土因素中的主要部分，大量的数学模型方法也都应用在了这类研究中。大量的研究结果表明，与传统土壤制图方法相比，这种全新的土壤制图方法具有准确、高效、经济等特点。最近的研究则认为，数字土壤制图方法即将从研究阶段进入到实施阶段。

然而，研究也表明，数字土壤制图方法还受多种因素的影响。这些影响因素主要有：数学模型、采样方式、景观因子、研究区景观条件、影响获取景观因子的因素（如数字高程模型的分辨率、高程来源等）等。一些研究针对这些影响因素进行了探讨。此外，由于土壤形成过程的复杂性，及地区间土壤形成环境的差异性，影响数字土壤制图的各种因素因地区环境的不同而不同，对数字土壤制图造成的影响也不同。因此，数字土壤制图方法在进入实施阶段前，仍需要大量研究来探讨这种方法及其受影响因素的影响规律。

由于粮食安全、能源危机、环境污染、全球变化等题目的需求，全球范围内，对于土壤数据的关注，达到了前所未有的程度。数字土壤制图在全球范围内逐渐成为一个热点题目，由国际土壤科学联合会（IUSS）组织、比尔盖茨基金会资助的全球数字土壤制图网络（www.globalsoilmap.net）已经启动，在全球设立6个区域中心，其中亚洲中心设在我国南京，目标是持续的更新全球土壤资源信息数据库，服务于农业、环境、可持续发展等领域的研究、生产、管理和决策。

思 考 题

1. 何谓数字土壤制图？它有何特点？
2. 土壤—景观模型建立的意义是什么？如何建立土壤—景观模型？

第二部分

土壤调查与制图实验指导

引 言

一、课程的性质和任务

《土壤调查与制图》是从土壤学中独立出来的一门分支学科。主要任务是弄清区域的气候、植被、地貌、母质等成土因素的特点及其和土壤发生的联系,掌握主要土壤类型及其发生演变和分布规律,土壤的理化性质(质量特征)、数量特征,拟定土壤分类系统,确定制图单位,编写土壤调查报告,绘制土壤图,为合理开发利用土壤资源,防止土壤质量的退化、数量的减少提供科学依据,为因土种植、因土施肥、因土灌溉(排水)、因土改良等提供因地制宜的科学依据,从而达到发展生产、发展土壤科学的目的。

二、基本要求

通过实验,熟悉认识土壤和研究土壤的基本方法,培养综合应用所学基础知识和专业知识的能力,掌握测制和编绘土壤类型图和有关专题图件的基本技能,提高用土改土的专业技术水平。为合理开发利用土地资源,土地资源评价,土地管理及规划,土壤改良,农田基本建设提供土壤资源和技术措施。

三、学时分配

实验一 地形图的阅读与应用(2学时)
实验二 航片基本要素的认识与量测(2学时)
实验三 成土因素的野外研究(6学时)
实验四 土壤剖面的设置、打开与观测(6学时)
实验五 航片的土壤判读(4学时)
实验六 野外校核与土壤草图勾绘(4学时)
实验七 土壤图形数据的矢量化与编辑(4学时)
实验八 土壤属性数据的输入与空间分析(4学时)
实验九 土壤类型图和土壤专题图的编制(4学时)

有条件时,本课程实验可与土地资源学、遥感技术应用、GIS技术及其应用等课程的实习同步进行,会收到事半功倍的效果。

实验一　地形图的阅读与应用

地形图是用等高线和各种符号把地面上地形和地物等地理要素按比例尺缩小于图上的一种地图，反映了地物的位置、形状、大小和地物间的相互位置关系，以及地貌的起伏形态。地形图是土壤调查与制图最基本的资料，其判读又是土壤调查的基本技能。善于判读和应用地形图，掌握调查区地理情况，对预判土壤形成、布设土壤剖面点、拟定调查路线、勾绘土壤界线和整理调查资料等均有重要帮助。

一、目的要求

了解地形图的基本知识与方法，熟悉地形图各个要素的标志，能在地形图上认识地形和地貌，掌握地图量算和应用的方法；并能对照土壤图，识别不同的地貌类型以及不同的地形部位的土壤类型，总结土壤类型分布与地形地貌的关系。

二、实验材料

1∶50 000地形图、1∶50 000土壤图、罗盘、GPS接收机、三角尺、分规、铅笔、橡皮。

三、实验内容与步骤

(一) 地图的阅读

1. 图廓外要素的阅读　图名、图号、接图表、比例尺、坡度尺、三北图、图例、图廓、出版单位和日期等。

(1) 图名、图号　了解地图所表示的区域、位置、范围。

(2) 接图表　用来说明本图幅周围相邻图幅的名称或编号；了解接图表的表示形式、位置。

(3) 比例尺　了解比例尺的表示形式、位置，计算比例尺精度。

(4) 坡度尺　坡度尺用于量测坡度；了解坡度尺的表示形式、位置。

(5) 三北方向偏角图　三北方向偏角图说明本图"三北"方向的相互关系，便于实地地图定向；了解三北方向偏角图的表示形式、位置。

(6) 图例　了解各种符号的图形、尺寸、颜色及不同规格注记所代表的内容。

(7) 图廓与坐标网　图廓是地形图的边界；经纬线以内图廓线形式直接表现出来，并在图幅四个角点处标出相应的度数，并在内图廓与外图廓之间绘有黑白相间的分度带，每段黑白线长表示经纬差1′，连接东西、南北相对应的分度带值，便得到经纬坐标网，可供图解点位的地理坐标用；距离高斯投影带纵横坐标轴均为整公里数的两组平行直线所构成的方格网为方里网,即是高斯直角坐标网,可供图解点位的平面直角坐标用;了解经纬网的形状,量测方里网间的距离并按照比例尺换算为实地地面长度。

(8) 行政区划略图　行政区划略图突出反映本图幅所描绘地区的行政归属;了解行政区划略图的表示形式、位置。

(9) 文字说明　了解制图单位、成图时间、资料说明、采用的高程系、坐标系、基本等高距等。

2. 图廓内要素的阅读　图廓内地物、地貌符号及相关注记等的判读,辅助土壤调查及勾绘土壤界线等工作。

(1) 居民点、道路网、境界线等是判读地形图、地物方位的基础　故应首先掌握主要居民点、铁路、公路的起止和走向以及行政区划情况。了解地表植被的类型及分布,判读不同的土地利用方式如林地、水浇地、旱地、果园、荒地等。

(2) 了解制图区域内水系的分布　从干流、一级支流、二级支流的走向及切割等高线的情况,读出流域范围内干流、支流的流向、水位差、河曲情况等,从干流与支流及沟谷汇合的关系读出水系类型,读出冲沟沟头、沟谷、沟口、沟宽、沟谷比降。根据等高线所示山脉及丘陵能判读出岩层走向,再从河流或冲沟与岩层走向的关系,读出河流或冲沟两侧等高线分布疏密及组合形状,读出河谷的形状(U形或V形)、定出河谷或冲沟的发育阶段[幼年河(或冲沟)、壮年河(或冲沟)、老年河(或冲沟)],同时读出河谷形状、河漫滩及河流阶地的分布。

(3) 地貌　常见的有山地、丘陵、平原等,在地形图上一般用等高线表示。等高线均为连续闭合的曲线,同一等高线上任何一点的高度相等。根据等高线的疏密,可了解制图区域地形整体分布,判断地形起伏和地貌类型,如了解山地、丘陵、岗地、谷地和平原的分布及其

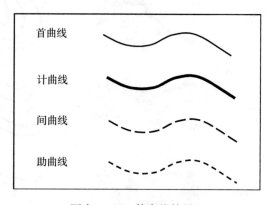

图实-1-1　等高线符号

海拔高度,山地、丘陵、岗地的坡向、坡度及平原、谷地的比降大小。

土壤调查中常要通过分析不同的等高线(图实-1-1)的排列来判读地貌类型,作为研究土壤分布规律的一个重要方面,总结土壤类型分布与地形地貌的关系。

①等高线的种类。

a. 首曲线(基本等高线):按相应比例尺规定的基本等高距所测绘的等高线,用以显示地貌的基本形态。

等高距:相邻两等高线之间的高程差,因比例尺不同而异(表实-1-1)。

表实-1-1　各种不同比例尺地形图的等高距

比例尺	1:1万	1:2.5万	1:5万	1:10万	1:25万
平原—低山区(m)	2.5	5	10	20	50
高山区(m)	5	10	20	40	100

b. 计曲线（加粗等高线）：从高程起算面起算的等高线，每隔四条首曲线加粗描绘。

c. 间曲线（半等距离等高线）：按 1/2 等高距测绘的等高线。用以显示首曲线不能显示的地貌。

d. 助曲线（辅助等高线）：按 1/4 等高距测绘的等高线，用以显示间曲线还不能显示的重要微地貌。

间曲线和助曲线只在局部范围内使用，可以不闭合。

e. 示坡线：指示斜坡的方向线，其一端垂直于等高线，方向朝下。一般是对独立山顶、鞍部及斜坡方向不易判别的地方和凹地的最高、最低的一条等高线上绘出示坡线。

② 地貌的基本形态及其等高线表示形式（表实-1-2）。

表实-1-2　地貌的基本形态及其图形

名称	基本形态	图形	简注
山			用一组环形等高线表示，有时在其顶部最小环圈的外侧绘有示坡线
山背			从山脚至山顶的凸形斜面，是一组以山顶为准向外凸的等高线图形
山谷			两山背间的凹形斜面，是一组以山顶（或鞍部）为准向里凹的等高线图形
洼地			低于周围地面且无水的地方，通常在其等高线图形的内侧绘有示坡线
鞍部			又称山口。通常是两个山脊的下端点，又是两个山谷的顶点
山脊			是若干山顶、山背、鞍部的凸棱部分的连接线
台地			斜面上的小面积平缓地，是一组（或一条）向下坡方向凸出的等高线

(续)

名称	基本形态	图形	简注
山垄			斜面上的长而狭窄的小山背,是一组向下坡方向凸出的等高线图形
山凸			斜面上的短而狭窄的小山背,是一条向下坡方向凸出的等高线图形
丘			体积较小的只能以一条等高线表示的小山包
阶地	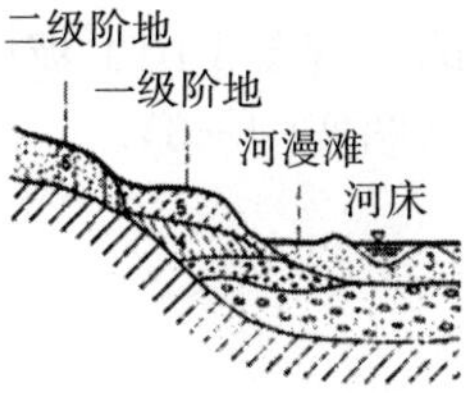		由阶面和阶坎组成,一般分布于河流两侧。地形图上等高线呈疏密相间排列,密集处为阶坎,稀疏处为阶面
断崖		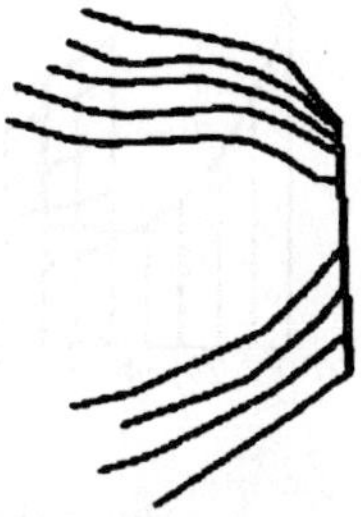	坡度大以至直立,等高线排列非常密集或合成一条
洪积扇		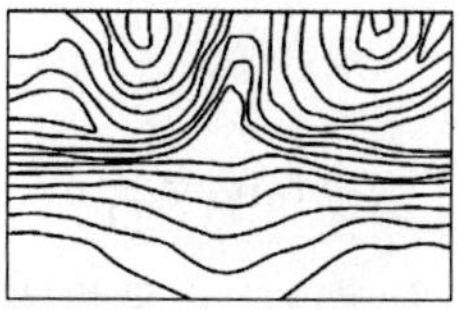	其上部等高线弯曲平缓,逐渐向谷口凸出,与谷地上游等高线弯曲方向相反。越向扇边缘,等高线越稀

(二) 地图的量算与分析

1. 坐标的量算（图实-1-2）

2. 距离的量算 制订调查计划,常需得知两点间距离。即直尺在图上量得两点间距离,再根据该图比例尺即可求得实地距离。

3. 坡度的量算 地面某线段对其水平投影的倾斜程度就是该线段的坡度。地面坡度大小影响土壤利用改良方式与侵蚀的发展,也是判读地形和描述成土条件的重要内容之一。坡

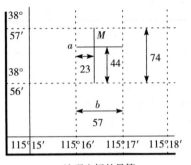 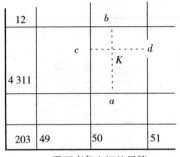 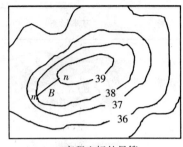

$$\lambda_M = 115°16' + \frac{23}{57} \times 60''$$

$$X_K = 4\ 311\ 000 + \frac{aK}{ab} \times 1\ 000\text{m}$$

在等高线上：等于所在等高线高程。
在等高线间：按平距与高差的比例关

$$\phi_M = 38°56' + \frac{44}{74} \times 60''$$

$$Y_K = 349\ 000 + \frac{cK}{cd} \times 1\ 000\text{m}$$

系求得。$H_B = H_m + \frac{mB}{mn} \cdot h$

图实-1-2 地图上不同坐标的计算

度有正负号，"＋"正号表示上坡，"－"负号表示下坡，坡度常用百分率（％）或千分率（‰）表示，也可用坡度角表示。有两种方法：

（1）坡度尺法　先用圆规的两脚定出两点间距，再使圆规的一脚置于图上坡度尺的底线上，移动圆规使另一脚恰逢曲线为止，读出相应的坡度数即可（图实-1-3）。

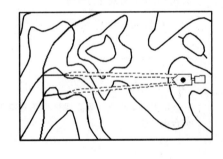 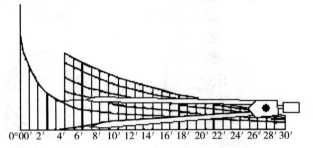

图实-1-3 坡度的量算

（2）计算法

$$i = \tan\alpha = \frac{h}{D}$$

式中：i 为坡度，α 为坡度角，D 为端点间水平投影长度，h 为端点间的高差。

4. 纵断面图的绘制　在土壤调查过程中常常要绘制调查区代表性地段的纵断面图，以了解地形总特征，同时以此作为绘制地形、母质、土壤、植被及农业利用等因子的综合断面图和土壤分布图的基础。因此，掌握绘制纵断面图是十分必要的。

方法：在地形图上选择一条经过各种地形的代表性地段画一直线，将直线上各点的高程及水平距离依次标注在具有纵横轴的坐标上，连接各点即为该地段的纵断面图（水平比例尺一般按原地形图，垂直比例尺一般要比水平比例尺大5～15倍）（图实-1-4）。

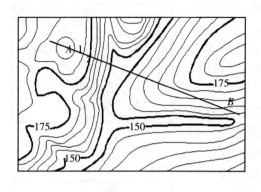 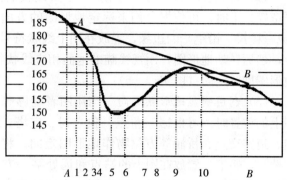

图实-1-4　纵断面图的绘制

（三）地图的野外应用

地形图的野外应用，这也是地形图应用的主要内容，即利用地形图进行野外调查和填图的工作，是用图者必备的知识和技能。根据野外用图的技术需求，在野外使用地形图须按准备、定向、定站、对照、填图的顺序进行。

1. 准备工作　包括器材、资料和技术准备，如测绘器具（如平板仪、直尺、三角板、三棱尺、绘图仪等），量算工具（如曲线计、透明方格片、计算器等），各种野外调查手簿和内业计算手簿等；收集近期地形图以及与地形图匹配的最新遥感影像等地图、文字和统计资料；确定野外工作的技术路线、主要站点和调研对象等。

2. 定向　可以借助罗盘仪、直长地物或明显地形点定向。

（1）用罗盘仪分别可依磁子午线、坐标子午线或真子午线标定　根据地形图上的三北关系图，将罗盘刻度盘的北字指向北图廓，并使刻度盘上的南北线与地形图上的真子午线（或坐标纵线）方向重合；然后转动地形图，使磁针北端指到磁偏角（或磁坐偏角）值，完成地形图的定向（图实-1-5）。

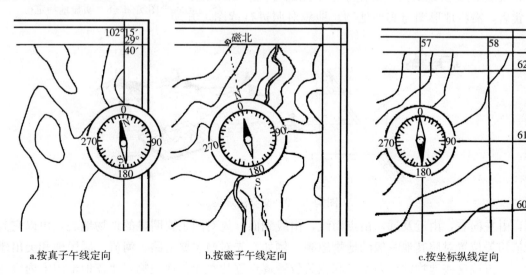

a.按真子午线定向　　b.按磁子午线定向　　c.按坐标纵线定向

图实-1-5　罗盘仪定向

（2）用直长地物定向　当站点位于直线状地物（如道路、渠道等）上时，可依据它们来标定地形图的方向，将照准仪（或三棱尺、铅笔）的边缘，置放在图上线状符号的直线部分上，然后转动地形图，用视线瞄准地面相应线状物体，这时，地形图即已定向（图实-1-6）。

图实-1-6　用直长地物定

（3）利用明显地形点定向　当用图者能够确定站立点在图上的位置时，可根据三角点、独立树、宝塔、独立石、烟囱、道路交点、桥涵等方位物作地形图定向。将照准仪（或三棱尺、铅笔）置放在图上的站点和远处某一方位物符号的定位点的连线上，然后转动地形图，当照准线通过地面上的相应方位物中心时，地形图即已定好方向（图实-1-7）。

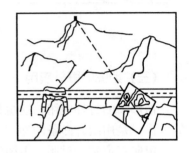

图实-1-7　明显地形点定向

3. 定位　野外作业时，通常需要了解调查者在图上的位置，这就要求调查者能熟练掌握在地形图上定位。

（1）明显地物　附近具有明显而且较多的地物，估计距离，找出相应位置（图实-1-8）。

（2）交会法　在定向后的地形图上找三个明显地物点A、B、C及图上相应点a、b、c，把罗盘对准通过图上a和实地A的方向线并描绘方向线，即可得到通过a点的一方向线。同法可得到通过b点、c点的方向线，其三条方向线的交点即为调查者在图上的位置。若三线不交于一点而呈小三角形时，取三角形的重心即可（图实-1-9）。

图实-1-8　明显地物定位

（3）GPS　根据不同的精度要求选择不同类型的GPS，设置GPS初始参数，测量并记录站立点坐标，根据坐标，确定在图上的位置。

4. 地形图与实地对照　确定了地形图的方向和站点的图上位置后，需将地形图与实地地物、地貌对照进行读图。方

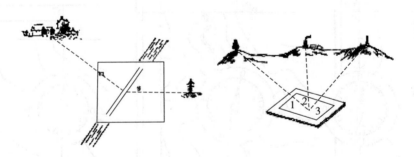

图实-1-9　交会法定位

法是：由左向右，由近及远，由点而线，由线到面；先对照主要明显的地物地貌，再以它为基础依相关位置对照其他一般的地物地貌。例如，先对照主要道路、河流、居民地和突出建筑物等，再按这些地物的分布情况和相关位置逐点逐片对照其他地物，比较地形图上内容与实地相应地形是否发生了变化。

5. 野外填图 野外填图，是指把土壤普查、土地利用、矿产资源分布等情况填绘于地形图上。通过对照读图，在对站点周围地理要素有认识的基础上着手调绘填图，即将研究对象用规定的符号和注记填绘在地形图上。填图时，应注意沿途具有方位意义的地物，随时确定本人站立点在图上的位置；同时，站立点要视线良好，便于观察较大范围的填图对象，确定其边界并填绘在地形图上。通常用罗盘或目估方法确定填图对象的方向，用目估、步测或皮尺确定距离。

四、实验作业

1. 土壤调查工作怎样选择地形图？
2. 对所用地形图找出直线坡、凸坡、凹坡、山脊线、集水线、鞍部等，观察各自等高线特征，试分析该地区地形特点，并同时进行植被、水文、母质识别。
3. 在所用地形图上选一典型地段作一地形纵断面图，并求出所画断面曲线上的最大坡度，一般坡度和相对高程差。
4. 根据所用地形图上地貌、植被、水文、母质之间的相互关系对照土壤图初步识别土壤类型并勾绘图斑，总结土壤类型与地形地貌的关系。

实验二 航片基本要素的认识与量测

一、目的要求

1. 了解单张航片的基本要素,掌握航片比例尺的量算。
2. 学会勾画作业面积。
3. 学会建立并观察像对立体模型。
4. 掌握航片误差量测方法。

二、实验材料

接触晒印象对及相应地形图、反光立体镜、视差杆、放大镜、三角尺、刺针和刀片、绘图铅笔、透明纸和透明胶带纸、酒精及棉花、大坐标纸。

三、实验内容与方法

(一)航片上有关标志的识别

1. 像片编号 一般在航片的上方,它表示该片摄影的日期及其编号,如 7664-10337,即为 76 年 6 月 4 日摄影,10377 为该片编号。

2. 框标 目前有两种表示形式,一种是在每张像片四边的中部有一黑色箭头,另一种是在像片的四角各有一个"×"字。二者的用途就是利用其连线的交点定出该像片的像主点。

3. 水准气泡 说明该像片摄影时的倾斜情况,每圈为一度。

4. 时表 表示摄影的时间,据此可判明该像片成像时的太阳光方向。

5. 校正线(压平线) 像片四边的"井"字形直线,它的弯曲度说明摄影时感光片未压平而产生的影像变形数值。

(二)量算航片比例尺

航片是中心投影成像,由于地面起伏、航高等不一致,造成航片比例尺的差异。为了解某一航片的实际比例尺,拟采用下列方法。

1. 按公式直接计算

(1)地面平坦

$$\frac{1}{m} = \frac{f}{H}$$

(2)地形起伏

$$\frac{1}{m} = \frac{f}{H_0 \pm h}$$

式中：m 为航片比例尺分母，f 为航摄像机焦距（m），H_0 为起算带平均航高（m），h 为相对高程（m）。本实验所用航片的 $f=0.1\mathrm{m}$，$H_0=1\,000\mathrm{m}$。

2. 借助于地形图量算

$$\frac{1}{m} = \frac{航片上距离}{地形图上距离} \times 地形图比例尺$$

首先在同一航片上按下列条件选取 a、b、c 三地物点。①点间距离必须大于 50mm；②三点不在一直线上；③三点位置在航片和地形图上均能准确判定。同时由地形图找到相应的地物点 A、B、C，再分别量测 ab 与 AB、bc 与 BC、ca 与 CA 的长度（各量两次取中数，其数值填入表实-2-1），最后按上式分别代入计算并平均即为航片比例尺。

（三）勾画作业面积

① 拼接三张同航向相邻的航片，取左、右两重叠部分的两条中线为作业面积的左、右界线。

② 拼接三张相邻航带（即纵向）的航片，取上、下重复部分的两中线为作业面积的上、下界点。上述四条中线所围成的长方形即是作业面积。

（四）像对立体观察

1. 建立光学立体模型

① 取一像对，找出其像主点 O_1、O_2，并以红笔标圈。

② 将该像对的两像片的像主点相互转刺，分别得 O_2' 和 O_1'，其连线 O_1O_2' 和 $O_1'O_2$ 均为像基线。

③ 左像片在左、右像片在右，使两像片的主点相距 20~22cm，同时让 O_1O_2' 和 $O_1'O_2$ 共线，用镇纸将该像对固定。

④ 把立体镜横跨于该像对上面，使立体镜上两块透镜的中心连线在像基线的正上方且相互平行；通过立体镜，左眼看左像片，右眼看右像片，并可稍稍移动右像片、直至两条像基线完全重合。由此所看到的立体形像为<u>正立体效应</u>。

实际操作时，为方便起见，往往不先标定像基线，而是用立体镜观察像对中最明显的地物点，同时用两手的中指指在左、右像片的同名地物点上，然后慢慢移动像片，使两手指完全重合，此时即可看到立体模型。

2. 观察像对立体模型

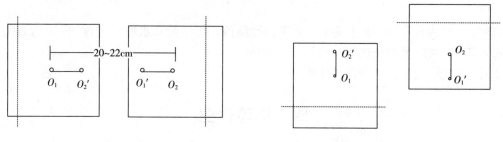

图实-2-1　正立体效应　　　　　　图实-2-2　零立体效应

(1) 正立体效应观察　取山地、丘陵、平原等各种类型的像对进行立体观察（图实-2-1）（各组之间相互调换）。

(2) 反立体效应观察　将左、右像片互调即可看到原地形恰恰相反的立体模型称之反立体效应。

(3) 零立体效应观察　把正方体或反立体效应下的像对，依同名地物点同向转 90°，这样立体镜下就判别不出地形起伏，而是一片平川，这种现象称之零立体效应（图实-2-2）。

(五) 投影误差量测

1. 相对高程量测

①建立好像对的立体模型并固定像对。

②利用视差杆求视差较 ΔP：首先在左像片上选取两明显地物点 A、B，同时在右像片上找其对应点 A'、B'，点的中心位置刺孔并圈以（直径5mm）红色小圆；第二，将视差杆放在该像对上，在立体镜下观察并转动视差螺旋，使两侧标分别紧贴 A 和 A'。此时在视差杆的分划尺和测微轮上读出视差 P_A，依同法可测得视差 P_B，则 A 与 B 两点的视差较就是 $\Delta P = P_B - P_A$，其量测数值填入表实-2-2。

③按下列公式求相对高程差。

$$h = \frac{\Delta P}{(b+\Delta P)} \cdot H_0$$

式中：h 为相对高程差；H_0 为航高（已知）；ΔP 为视差较；b 为像基线长度，即 O_1O_2' 和 $O_1'O_2$ 的平均长度（各量两次取中数填入表实-2-3）。

2. 因地形起伏引起的像点位移值量测　先在一像片上不同部位各选取一点（一般取三点即可），并量取各点到像主点的距离 r（每点至少量两次，其数值填入表实-2-4）；再按下列公式计算位移值 dr：像点位移值，h：待测点的相对高程差（可由相应地形图推算），H_0：航高（已知），r：像主点至位移像点的距离。

$$dr = \frac{h}{H_0} \cdot r$$

3. 因飞行倾斜引起的像点位移值量测

$$|\delta| = \frac{r^2 a}{57.3 f}$$

式中：$|\delta|$ 为像点绝对位移量；a 为飞行倾斜角，可由航片水准气泡查知；r 为表实-2-4 中的 r 值；f 为航摄像机焦距（已知）。

上述数字填入表实-2-5，并计算之。

四、实验作业

1. 计算航片比例尺（表实-2-1）。

表实-2-1　航片比例尺计算

航片编号：_____　　地形图比例尺_____

航片上距离（mm）		地形图上距离（mm）		航片比例尺	平均比例尺
ab		AB			
bc		BC			
ca		CA			

2. 简述建立光学立体模型的操作过程。
3. 视差计算（表实-2-2）。

表实-2-2　视差计算

待测点	视差（mm）			视差较 $\Delta P = P_A - P_B$
	量次	测值	平均值	
A	1			P_A
	2			
B	1			P_B
	2			

4. 相对高程差计算（表实-2-3）。

$$h = \frac{\Delta p}{b + \Delta p} \cdot H_0$$

表实-2-3　相对高程差计算

O_1O_2 长度（mm）		$O_1'O_2'$ 长度（mm）		$b = \dfrac{(1)+(2)}{2}$	Δp（已知）	H_0（已知）	h（A、B 间高程差）
测值	平均（1）	测值	平均（2）				

5. 量测因地形起伏引起的像点位移值（表实-2-4）。

$$\mathrm{d}r = \frac{h}{H_0} \cdot r$$

表实-2-4　因地形起伏引起的像点位移

待测像点	r 值（mm）	相对于像点的高差 h（mm）	航高 H_0（已知）	位移值 dr（mm）
A				
B				
C				

6. 量测因飞行倾斜引起的像点位移值（表实-2-5）。

$$|\delta| = \frac{r^2 a}{57.3 f}$$

表实-2-5　因飞行倾斜引起的像点位移

待测像点	r 值（见表四）	f（已知）(mm)	α（°）	δ（mm）	r（mm）	δ 值（mm）

7. 根据 5、6 两题计算，并说明使用航片时为什么要勾画作业面积。

实验三 成土因素的野外研究

一、目的要求

土壤是气候、地形、母质、植被等成土因素与人类的生产活动综合作用下形成的历史自然体。在野外研究成土因素，对研究土壤有着极其重要的意义，是土壤调查制图的必须要求。

本实验旨在通过在野外选择一条具有代表性的踏查路线，在该路线上选择十余个具有典型性的点位，对各种成土因素进行全面、深入的剖析，找出主导的成土因素；根据成土因素，推断出土壤类型及其性状，并用土钻加以简便的验证。

了解实验区成土因素和土壤发育特点及分布规律之间的关系，掌握土壤地理野外调查的一般方法，了解实验地区土壤特点及其分布规律，以及土壤剖面观察的内容和一般方法。

二、实验材料

气候图、植被图、地貌类型图、地质图、水文地质图、土地利用图等图件与报告；土铲、土钻、速测箱、罗盘、皮尺、比色卡、比色板、pH试剂、记载表、笔记本等。

三、实验内容与步骤

（一）确定调查路线

踏查路线应尽可能地通过各种地形地貌、母质、植被或土地利用方式，一般是采取从低到高垂直穿过等高线的路线，同时兼顾到不同流域。观测点要具有代表性和典型性。

（二）收集资料

了解实习地区的自然成土因素和社会经济因素的特点与规律，分析其在土壤形成中的作用。

1. 自然成土因素的资料与图件 气象气候：着重搜集的数据有气温、年均温、$\geqslant 10°C$积温、年降水量、蒸发量、风、无霜期等资料；植被：植被类型、组成结构、被覆情况、指示植物等；地貌地形：地貌类型、海拔高度、侵蚀切割程度等；母质和母岩：区域地质构造、岩石种类、岩性及其分布规律、成土母质类型等；水文：包括地表水和地下水，如河流水系分布、各河流的水文特征，流域发生发展情况，地面潜水埋藏深度，水化学成分及矿化度等。

2. 社会经济情况资料与图件 目的在于了解人类活动对土壤发生与演变的影响，包括历史上的人类活动和现在的社会情况，特别是农业经济资料，如人口、农业劳动力、总土地面积、土地利用方式、各地类面积、作物种类与配置、耕作制度、产量水平、农业生产结构以及农业生产中产生的主要问题（如水利、施肥状况、旱、涝、盐碱、次生潜育化和水土流失情况等）；此外，城市、工矿业发展对土壤造成的污染或退化也要进行一定的了解。

（三）研究成土因素

在河流阶地、河漫滩、山间平原、山坡、山顶等不同地形地貌上，观察成土因素，结合收集到的资料，记载土壤分布环境条件，如地形部位、成土母质、侵蚀和排灌情况、地下水位与水质、农业利用或自然植被；分析气候、地形、母质、植被、土地利用等成土因素对土壤形成、发育、演变产生的影响，并用土钻钻孔加以粗略的验证。这对了解土壤的发育，确定土壤类型，制订土壤的合理利用和改良措施，都有很有益的。

四、实验作业

分析成土因素在土壤形成中的作用。

实验四 土壤剖面的设置、打开与观测

一、目的要求

土壤剖面是认识土壤、把握土壤的钥匙。认识土壤类型，是通过认识土壤剖面实现的。所以，学会正确地设置土壤剖面，学会正确地打开土壤剖面，学会正确地观测土壤剖面，是土壤调查制图的基础。

二、实验材料

GPS接收机或罗盘、土钻、铁铲、剖面刀、皮尺、铅笔、标签、橡皮筋、塑料袋、纸盒、文件夹、照相机、土壤速测箱（内含：门塞尔比色卡、土壤紧实度计、pH混合指示剂、pH标准比色卡、10%盐酸溶液、1.5%铁氰化钾溶液、10%硫氰酸钾溶液、0.1mol/L $AgNO_3$溶液、0.5mol/L $BaCl_2$溶液、白瓷板、瓷盘、搅拌棒、洗瓶、蒸馏水、吸水纸）。

三、实验内容与步骤

（一）选择土壤剖面点

选择原则：

①要有稳定的土壤发育条件，即具备有利于该土壤主要特征发育的环境，通常要求小地形平坦和稳定，在一定范围内土壤剖面具有较好的代表性。

②不宜在路旁、水沟旁、住宅四周、粪坑附近等易受扰动的地方。

（二）土壤剖面的打开

土壤剖面一般是在野外选择典型地段挖掘。剖面大小，一般要求宽0.8～1.0m，深1.0～1.5m或到基岩或地下水层。

挖掘剖面时，应注意：

①在正式挖掘土壤剖面前，宜用土钻先探一下要挖的土壤剖面是否存在任何异常情况。

②剖面的观察面要垂直，并要使剖面的观测面在观测时向阳；土坑的另一端宜挖成阶梯状（图实-4-1）。

③挖掘的表土和底土要分别堆放在土坑两

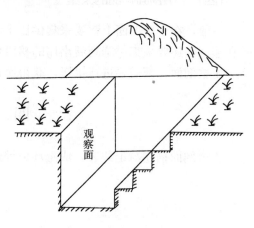

图实-4-1 土壤剖面挖掘示意图

侧，以便分层回填，不乱土层。耕作季节在稻田挖填土坑一定要把土坑下层土踏实，以免拖拉机下陷或牛腿折断。

④观测面上方不能堆土和踩压，以免破坏表土结构。

⑤在垄作地块，要使剖面垂直垄作方向，使剖面能同时看到垄背和垄沟部位表层的变化。

⑥剖面挖好后，要把观测面的一半用铲子铲成光滑的光面（供观察土壤颜色、新生体等用），一半用剖面刀挑出自然结构的毛面（供观察土壤结构等用）。

（三）土壤剖面描述

①记载土壤剖面的位置（最好用 GPS 定位）、地形部位、母质、植被或作物情况、土地利用情况、地下水情况、岩石出露情况等。要勾画地形草图（最好是画成地貌素描图），注明方向，标出土壤剖面点位置；勾画地形断面图（按比例尺画），注明方向，标出土壤剖面点位置。农田的种植制度、轮作、施肥等情况，应向当地农技人员了解。

②划分土壤剖面的发生学层次。土壤剖面由不同的发生学土层组成，称土体构型。土体构型的排列及其厚度是鉴别土壤类型的重要依据。划分土层时，要同时对剖面观察面上的光面和毛面进行观察，根据土壤颜色、结构、质地、松紧度、新生体、侵入体、湿度、孔隙状况、动物穴、植物根系分布情况等形态特征，划分土壤层次，并用尺子量出每个土层的厚度，分别连续记载各层的形态特征。还要对土层线的形态及过渡特征进行描述。通常，土壤类型根据发育程度可分为 A、B、C 三个基本发生学层次，有时还可见母岩层(D)。当剖面挖好后，首先根据形态特征分出 A、B、C 层，然后对这三个层次分别进行细分和描述。

③进行土壤属性的野外速测：测定 pH、Fe^{2+} 反应、Fe^{3+} 反应、石灰反应等，填入土壤剖面记载表。

④最后，根据土壤剖面形态特征及简单的野外速测结果，初步确定土壤类型名称，鉴定土壤肥力状况，提出利用改良意见。

（四）土壤剖面样品的采集

一般，在土壤剖面上都要采集供比土评土用的纸盒标本和供分析化验用的分析标本，少数典型剖面还要采集供陈列展出用的整段标本。

土壤剖面，都需要进行摄影，获得照片。要尽量使土壤剖面的照片不变形或少变形。

四、实验作业

土壤剖面描述与记载表，成土环境综述，总结土壤分布规律。

土壤剖面记载表（正面）：

土壤剖面性态记载表

（南京农业大学资源与环境学院）

日期： 年 月 日	地点：	海拔： m

航片或卫片编号：

剖面编号：

地貌分区及地形部位：

基岩与母质：

地表起伏与侵蚀状况及裸露特征：

植被与覆盖度：

利用轮作施肥管理情况：

地下水位：出现深度：	静止深度：	矿化程度：

剖面附近地形草图

地形断面和剖面位置

土壤野外定名：　　　　　　　　　　　　　土壤当地名称：

土壤剖面记载表（背面）：

发生层次	深度 (cm)	湿度	颜色 干	颜色 湿	质地	结构	紧实度 (kg/cm²)	植物根	新生体	侵入体	pH	HCl反应	高铁	亚铁	Eh值	氯根	硫酸根	HCO₃⁻或CO₃²⁻
土壤剖面图																		

土壤剖面特征与发生层次的描述：

调查人：

实验五　航片的土壤判读

一、目的要求

学习遥感影像判读的基本原理和方法，熟悉航片地形地貌和不同景观要素的判读标志，根据植被、地貌与土壤的关系，识别土壤的类型和分布等。

二、实验材料

航片、地形图、土壤图、立体镜、放大镜、胶带纸、透明纸、铅笔、坐标纸、橡皮等。

三、实验内容与方法

（一）预判土壤地带性

遥感影像土壤判读首先要明确影像所在地区的生物气候带。气候条件在遥感图像上毫无特征标志，但可以根据自然地理位置了解其气候变化情况，进而分析判断受气候条件控制的各要素的特征，诸如植物种属、密度，地貌特征，土壤性质，水系结构等，由此推断可能出现的地带性土壤和隐域性土壤。

待判读航片所属的生物气候带明确以后，凡受地带性影响的山区和丘陵除母质、侵蚀等因素的特殊影响外，一般都发育成地带性土壤。如南方第四纪红色黏土丘陵多发育为红壤，南京下蜀黄土岗地则发育为黄棕壤，北方半干旱丘陵往往发育为褐土，等等。

（二）成土要素判读

1. 水系　水系的类型和结构受地形和基岩类型的控制，基岩的岩性、走向决定了地形地貌的结构和走向，因而也就决定了水系类型和结构。反言之，水系的类型结构也就指示出基岩岩性和地貌特征。水系密度大，表示地表径流发育、支流多，土壤和岩石的透水性差，颗粒细，易于被流水侵蚀；密度小，表示地表径流不发育，土壤的透水性能好，水系稀疏，水土流失少；水系分布均匀时，表示岩性均匀一致。岩性复杂地区水系的流水方向常急转弯，河流纵断面高差突变多形成瀑布、跌水等河段。

水系在遥感图像上反映最明显，最易判读。河流呈弯曲的带状，色调可由灰白到浅黑；湖泊色调近黑色。

2. 地貌　各种地貌形态由不同的岩性、造山运动、风蚀和水蚀作用形成。岩性不同，抵抗风、水等外力侵蚀的能力也不同，一般抗外力能力强的岩石形成陡峻山地地貌，抗外力弱的岩石则形成平缓的丘陵或平地。地貌形态特征决定了水系的类型、植被的分布和土壤的特性等。因此，在图像上判读出了地貌形态后，可按其他要素与地貌的关系，推断出图像上无直接标志的特征。如植被类型、土壤类型甚至植物种类等。

遥感图像上地貌类型的显示和水系一样明显。由于遥感图像一般是低太阳高度角成像，地形起伏产生的阴影十分明显，按阴影的长度和色调的深浅，能确定坡度和比高，进而确定地貌类型，如山地、丘陵、平地等。航片上山地的影像色调较淡，立体镜下地势陡峭，阴影明显；丘陵的色调均匀，顶部圆浑；平原的色调深浅不一，地势较平，低洼地为深灰色。

(1) 分水岭和坡地　在立体镜下可见到两坡相对的高地，通常阳坡色调浅，阴坡色调灰暗。

(2) 侵蚀沟和河谷　侵蚀沟呈分枝状；河谷两壁为陡坎，影像较浅者为"V"形谷；谷坡平缓谷底宽平，影像较浅者为"U"形谷。

(3) 洪积扇　位于河谷出口处，立体镜下观察呈扇形，有平整凸起表面。扇顶端部位由于物质粗大，色调较暗；中部物质多砂且水流下渗，色调明亮；边缘部分因有地下水影响，往往色调较暗。

(4) 阶地　立体镜下可见阶地陡坎，阶地面一般倾向河流，色调较浅。

(5) 河漫滩和河床　河漫滩有砂石堆积或干的色调较浅，无砂石或漫水的色调较暗。河床有水呈黑色条带状，平涸的河床呈明显的白色条带。

3. 母岩及其分化物类型

(1) 沉积岩类

①砂岩：本身的颜色和坚硬因胶结成分不同而异，其色调多为灰白色，在产状倾斜时往往形成陡峻山地或丘岗地形；岩层水平时多呈方山峡谷或丹霞地形。

②页岩：一般色调较深，多为平缓的低丘或负地形。

③石灰岩：其影像色调因岩性而异，一般浅灰白至暗灰；立体镜下观察，岩溶地貌发育，有芽状、锥状、蜂窝状，并有明显的阴影。

(2) 岩浆岩类

①喷出岩：因含基性有色矿石较多，影像多呈深色调；立体镜下可见大小不等的环形地形，有的形成以火山口为中心放射状分布的火山骨架地形。

②侵入岩：以花岗岩为例，立体镜下一般呈穹形凸丘，因含硅质较多而色调偏浅。

(3) 变质岩　石英岩类似于硅质砂岩的影像特征，片麻岩类似于花岗岩的影像特征。

(4) 第四纪黄土和红色黏土物质　色调多呈浅灰；立体镜下观察，坡度平缓，无阴阳坡。

4. 植被　植被的种类、生长状况、分布规律，在一定程度上受岩性、地貌、土质、气候等因素的控制。不同种类的植物要在一定的自然环境中才能生长。一般而言，植物受气候条件的影响最大，但由于基岩的分布以及沉积物的成分、粒度、含水性、矿化度、盐碱度及有害元素等的影响，使植物群落的外貌、种属、生长状态等都发生了一些生态变化。植物在遥感图像上的反映也是相当明显的，用植物的特征来分析判断与之有关的其他要素，效果很好。反之，也可以按其他影响植物发育的自然地理因素的分布规律，来判断植物群落的分布、类型和种类等。大比例尺图像判读，植被往往是一种有害因素，茂密的森林往往掩盖大量地形特征，尤其对立体观测的影响较大。

(1) 针叶林　针叶树的本影为灰黑色调的小圆点，大小较均一；针叶树的阴影为黑色的小圆锥。

（2）阔叶林　阔叶树的本影为大小不等的梅花形灰色小圆点；阔叶树的阴影为黑色的小梅花或小圆点。

（3）针、阔混交林　锥、圆形黑点交错，图斑轮廓模糊，色调明暗相同。

（4）稀疏林　色调深灰至浅灰，间黑色粒点。

（5）灌丛　形状不规则的灰或浅灰色图斑，竹林呈现黑白相间较密集的点状。

（6）草甸沼泽　呈"乌云状"或"墨水斑迹状"图形，干草原呈"花斑状"图形。

5. 人文活动　人文活动往往局部地改变自然环境，使其有利于人类社会的发展。但有计划的开发自然资源，往往又会造成生态平衡严重破坏，使自然地理要素的内在联系遭到破坏。遥感图像反映人文活动的痕迹，大部分能在大比例尺图像上判读出来；小比例尺图像上只能反映大型人文活动的痕迹，如铁路建筑、堤坝工程、围湖造田、防护林带、城市发展、工矿设施及农业活动等。人类活动对环境生态的破坏，用多时相图像对比分析，也是显而易见的。

居民点的房屋在航片上的影像呈方块状，排列有序；道路的影像呈细线状，色调由白到黑；铁路为白色或淡灰色，曲折小，公路和小路曲折多而大。

农业利用方式判读：①旱地：明亮不规则的多边形图案，田埂线条不明显；②水田：梯田呈环状，垅塝田呈蚯蚓状或剥壳笋状，平原圩区的水田呈整齐的格状或长方形，田埂线都很明显；③菜地：多呈栅栏状图型，色调因菜的品种和土壤湿度而异；④果园：呈棋盘格状图型，树冠呈整齐的黑点。

上述各种地理景观及环境因素的判读标志只是一般而言，具体判读时还会遇到各种情况，甚至发生误判。同时，即使综合上述标志判读土壤，其疑难和误判之处也不可避免。因此，实际工作中不仅要视使用像片摄影时间、时相等作具体分析，而且要对调查区作典型调查（建立典型样块），找到可资借鉴的地理景观影像特征之间的相关性。

（三）土壤判读

地面上任何一地物均有一定的几何外形，并可以相应的影像反映在航片上。但土壤不同于地物，首先它没有固定的几何形状，只是覆盖于地表的一层疏松物；其次，往往由于生长着植物而不能使土壤直接显现在航片上；第三，即使是裸露的土地，航片上也只是反映某些表面的图形和影像色调，不可能反映其土体构型。因此，必须先根据航摄的光学原理和几何学原理，熟悉并判读各种景观要素，至此，再根据土壤发生学原理，对相应的土壤类型作出预判。例如：通过对地形、裸露岩石、植被、水文、母质、农业利用方式等地理景观要素的判读，可辨别地带性土壤和非地带性土壤（一般山地丘陵为地带性土壤；平原、谷地为草甸土、沼泽土等非地带性土壤），初步识别土壤类型并勾绘图斑；从不同的图案和色调所反映出来的旱地、水田或果园可判别耕种土壤的分布范围；对于裸露的土壤，可根据表层腐殖质含量、水分状况、质地粗细、结构状态、盐渍化程度等的不同在航片上所显示的影像色调的差异，来推断某一土壤性质，从而确定某些基层土壤分类单元。

裸露土壤某些理化性状判读：①质地：黏土色调暗，砂土色调浅；②有机质：含量高的土壤色调暗，少的色调浅；③湿度：湿度大的土壤色调暗，湿度小的色调浅；④盐分组成：含 $CaCO_3$、$NaCl$ 或 Na_2SO_4 盐土色调浅，含 $MgCl_2$ 及黑碱土色调暗。

在此基础上进行室内土壤判读，然后再行野外实地校核。

（四）土壤界线初步勾绘

把航片按航向编号依次取相邻像对，进行立体观察，参照地形图辨认土壤地理因素和利用方式，用透明纸勾出各种土壤类型和利用方式的界线。

四、实验作业

1. 根据航片判读标志的建立方法，建立判读目标地物的判读标志并完成表实-5-1。

表实-5-1　地物判读标志

判读标志 地物类型	形状	色调	纹理	图形	阴影	其他
地物1						
地物2						
地物3						
地物4						
…						

2. 根据判读标志，通过立体观察和判读，观测各目标地物的分布和相互关系。

3. 将透明纸蒙在航片上，分别勾绘 10cm×10cm 取样区的地貌、农业土地利用类型、土壤类型分布图斑，标以记号，附以图例，并简要说明地貌、植被、土壤、水系等的分布规律。

实验六　野外校核与土壤草图勾绘

一、目的要求

了解土壤野外检查验证路线的选择，熟悉野外校核的一般方法和步骤，以及土壤图斑勾绘的精度要求和勾绘方法。

二、实验材料

地形图、遥感影像、直尺、土铲、钢卷尺、比色卡、pH试剂、比色板、剖面盒、土壤剖面记载表等。

三、实验内容与步骤

（一）野外校核

野外校核，是指到野外实地去校正核对室内遥感影像的预判情况。对于在判读过程中认为有把握的土壤类型图斑及其界线，根据统计抽样的原则，进行少量的（一般20%的土壤图斑及界线）野外检查验证工作；对于在判读过程中认为把握性不大的、有疑问的土壤类型及其界线，要求进行全部的详细的实地检查验证；对于调查地区内具有理论意义、生产意义的地区或地段，如大片荒地荒山、严重水土流失地区、特殊的低产土壤等，要求进行重点的野外验证。

1. 野外校核路线的选择　路线的选择原则：选取穿越不同的地貌类型，母质类型，植被或农业利用方式类型以及水系流域类型，路线的间距要根据不同比例尺的精度要求、成土条件和土壤类型的变化复杂性而定。如地势平坦开阔，土壤类型较单一，分布范围较广，则路线的间距可大些；相反，如果成土条件、土壤类型复杂多样，面积较小，图斑比较零碎，则路线的间距应适当小些。

（1）丘陵山区　路线应垂直于山脉或岩层的走向，从低海拔到高海拔，横穿向斜、背斜，经过不同的地层及河流和阶地；还应考虑山体的大小，注意丘陵、浅山、中山和深山之别，以及不同坡向、不同坡度及局部地形对土壤形成发育造成的差别。此外，山区选线最好从河谷起，这样还可看到河流水文、母质与地形等土壤形成分布的影响。

（2）平原地区　平原区较山区土壤的变化要简单些，但平原区各种地貌类型、中小地形的起伏变化、沉积母质类型的变异程度等对土壤发生与分布的影响都很重要。因此，平原区选线同样要遵循垂直于等高线的原则。选线要通过主要的地貌单元、地形部位、母质类型，以便能观察到更多的土壤类型，并掌握土壤的分布规律。如从滨海（滨湖）平原—冲积平原—山麓平原，从河漫滩—高阶地，从洼地—二坡地—岗地。平原区选线还应注意其典型性，即选定的路线要通过实习地区最具有代表性的地貌类型、地形部位、母质类型的地段。如河流冲积平原要尽量选定在各阶地比较齐全而完整的地段，不应选择某几级阶地缺失，或被侵蚀切割成支离破碎的残存阶地地段。还应考虑交通条件，路线可成放射状，"S"形等。

(3) **农耕区** 选线要选定能代表当地主要耕地，不同农业利用类型的土壤调查路线。如通过路线应照顾到水稻田、旱田、特殊经济作物区、各种草场类型等。

2. 土壤剖面调查与采样 室内设置具有代表性和典型性的土壤剖面，确定剖面点位，分别在地形图上和航片上定位；挖掘观测，填写土壤剖面记载表（包括景观描述和土壤性态描述），同时填写航片"景观—土壤—影像特征"三者相关性表，建立判读标志。

3. 修订土壤界线 根据室内预判和野外检查验证结果，在影像上可以对土壤类型和土壤界线进行就地修正，并在框边注明。此外，如果实地发现新的地物要素，也要补测到航片上去。

(二) 土壤草图的勾绘

勾绘土壤草图就是野外在地形图上填图，首先是在研究了土壤分布基础上，确定实地土界，然后用勾绘技术把土壤界线转到地形图上来。

1. 拟订土壤分类系统，确定制图单元 整理土壤剖面资料，一般按母质类型或分布规律来整理，可能时还可与地质断面结合起来整理。剖面记录要详细清楚，统计相同土类的性态特征，找出变异的幅度，即土层厚度、质地、pH、碳酸盐、淀积物、障碍土层及坡度等变化幅度。

同时整理其他资料，并分别登记已有的剖面分析资料，如有机质，pH，全氮，全磷，全钾，速效氮、磷、钾、机械组成，容重，孔隙度等。

从成土条件、剖面性态、发育特征、理化性质、生产性能、肥力水平以及产量、生产问题等方面去认识和比较土壤，全面比较和认识土壤类型间的异同，统一对类型的认识标准，消除同土异名和同名异土，定出土壤类型。

按发生学的顺序，建立调查区分类、分级编排拟定调查区土壤类型——土壤工作分类系统，来指导土壤草图的测制或指导土壤草图的归纳整理工作。分类、分级编排时，必须按土类之间的差异达到的级别进行编排，达到土纲或土类级别的应在相应级中反映。

然后根据土壤调查的目的、任务确定制图单元的级别。土壤分类单元与土壤制图单元是密切相关的，不同比例尺的地形图，要求的上图单元是不同的。如详细比例尺（1∶200～1∶2 000），要求的上图单元是变种，大比例尺（1∶1万～1∶5万）为土种，中、小比例尺（1∶10万～1∶100万）上图单元可以是土类、亚类或土属。

若土类的面积在调查区不大，而在发生学上和生产性能上都有差异的各土类间，任一种都不能上图勾绘图斑，此情况可采取复区和复域的方式上图。

2. 确定实地土壤界线 科学地确定调查区不同土类之间的边界线，是保证土壤图合乎一定的质量和精度要求的关键。确定土壤边界的过程，就是一个确定变化着的环境因素如何综合影响土壤形成的过程，而这一变化的标志，就是多种多样的土壤剖面形态特征，而划分土界常常是以剖面性态作为根据的。在野外应该利用环境因素作出判断，定出粗略土界，再结合对照和定界剖面观察确定土壤界线，并校正核对室内航片内容的预判情况。

从环境因素来看，当地形（含微地形）、母质、植被、农业利用发生变化时，土类也就相应地发生变化，其土界就在过渡带附近；当土色发生变化，土类也发生变化。勾绘土壤界线的技术如下：

（1）目估法　即完成地形图的定向后，对照相关或已知地物，将实地的土类界线准确地勾绘于地形图上。注意问题：①适合于地形图上参考地物多，地貌单元小的地区（如丘陵区、低山、中山区）；②实地土界必须定准；③地形的定向可用罗盘，也可目估；④勾绘时，必须考虑土壤分布的规律性。

（2）仪器法　即将实地的土壤界线，用仪器测绘其界线的各转折点，然后连接转折点，即构成土壤界线，常用罗盘仪，以前方交会或后方交会的办法，将转折点测于图上。注意问题：①此法适于土壤界线少，地势平缓，参考地物少的地区，如平原和阶地上；②此法测图精度较高，工作效率较低；③骨干剖面点和对照剖面点可用交会法上图。

目估法和仪器法可以结合使用，取长补短，达到相互补充之目的。

3. 土壤草图的审查与修正　土壤草图的审查是在野外资料和野外工作分类系统修正之后进行的，其内容包括土壤界线、草图内容的审查和拼图。

（1）土壤界线的审查　①土壤界线与地形、母质、自然植被和利用方式是吻合的或相关的，审查土壤界线与这些成土因素间有无矛盾，规律性如何；②土壤界线与自己的调查资料、已往的研究成果应该吻合，审查其有无矛盾；③土壤的界线一般是封闭的、圆滑的，反映了自然土壤的特性，但人为土壤界线有其特殊性。

（2）草图内容的审查　主要是审查土壤草图上，除土壤界线以外的其他内容是否符合技术规程的要求和有无错漏。骨干剖面必须上图，并统一编号；对照剖面也应上图，并编号；各图斑都应有土类代号。

（3）拼图（接边）　查相邻小组图幅间的土壤界线是否吻合，土类是否吻合。当符合精度要求（土界错位误差）两组界线各调一半，而土类又吻合时，可透绘在地形图上或拼成大图，否则应到野外补查。土壤界线明显程度允许错位误差：不明显，8mm；较明显，4mm；明显，2mm。

四、实验作业

1. 土壤野外校核路线图，校核剖面的室内初步布设分布图，修正的土壤界线图。
2. 土壤草图：包括土壤界线，土壤工作分类系统，图例等；并提出土壤利用改良问题及建议。

实验七 土壤图形数据的矢量化与编辑

地图数字化（map digitizing）是将地图图形或图像的模拟量转换成离散的数字量的过程，是获取矢量空间数据的一种重要方式。其主要种类有跟踪数字化和扫描数字化。前者使用跟踪数字化仪（手扶或自动）将地图图形要素（点、线、面）进行定位跟踪，并量测和记录运动轨迹的 X，Y 坐标值，获取矢量式地图数据。后者使用扫描数字化仪对地图沿 X 或 Y 方向进行连续扫描，获取二维矩阵的象元要素，形成栅格数据结构。在我国，由于大量基础或专题地图还主要以纸质图件的形式表达和保存，所以地图数字化输入还是现阶段空间数据采集的主要手段。

扫描数字化是目前较流行的数字化方法，可以进行大批量数字化工作的开展，在计算机控制下可实现输入数据的实时屏幕显示和目视检查及图形编辑并改正错误。图在扫描仪上走一遍，即完成图的扫描数字化，将数据输入计算机，存储、处理并可再回放成图。扫描数字化速度较快，但此时获得的仅为栅格数据。栅格数据结构比矢量数据结构简单，但图形数据量大；其空间数据的叠置和组合十分简便，一些空间分析也易于进行；图像表现比较真切，易于与遥感数据匹配应用和分析，因此在 GIS 中，它与矢量数据结构并用。在数字测图中，对原图扫描数字化，获得栅格图形数据后，还必须将栅格数据转换为矢量数据，即矢量化。

MAPGIS 是武汉中地信息工程公司开发的地理信息系统基础平台，具有强大的图形表达和优秀的图形打印功能，集地图输入、数据库管理及空间数据分析于一体，是一种全汉字大型软件系统。分为"图形处理"、"库管理"、"空间分析"、"图像处理"、"实用服务"等部分。利用 MAPGIS 基础平台可以绘制各种土壤图、地质图、地形图等，在国内外测绘、地质、土地、农业等有关行业应用非常广泛。

MAPGIS 矢量化功能提供了矢量跟踪导向功能，可对整个图形进行全方位游览，任意缩放，自动调整矢量化时的窗口位置，以保证矢量化的导向光标始终处在屏幕中央。在彩色、多灰度级图像上跟踪线划时，保证跟踪中心线；同时系统提供了交互式手动、半自动、全自动矢量化方式，而且提供了多种图形数据编辑工具，供用户选择。

一、目的要求

了解国产地理信息系统软件 MAPGIS 的功能模块，了解制图模块的一些概念，掌握扫描屏幕数字化的方法，学会使用空间数据输入和常见编辑工具，掌握点、线、区编辑的工具使用，进行空间数据的编辑。

二、实验材料

计算机、土壤图、扫描仪、MAPGIS7.0 软件等。

三、实验内容与步骤

（一）图形输入前的准备工作

1. 扫描地图 扫描地图时需要尽可能地保持图纸的平整，扫描的分辨率建议在 300dpi～500dpi 即可，以 *.TIF 形式存储文件。

2. 栅格配准 栅格配准是通过控制点的选取，对扫描后的栅格数据进行坐标匹配和几何校正。经过配准后的栅格数据具有地理意义，在此基础上采集得到的矢量数据才具有一定地理空间坐标，才能更好地描述地理空间对象，解决实际空间问题。配准的精度直接影响到采集的空间数据的精度。因此，栅格配准是进行地图扫描矢量化的关键环节，当误差值超过一定大小时，需要考虑重新配准。

在 MAPGIS6.7 或 7.0 "图像处理\图像分析"中"文件\数据输入"里先将 *.TIF 文件转换为 *.MSI 文件，然后在"镶嵌融合"里根据图像一些点的坐标，或者打开参照文件进行镶嵌配准，配准后的格式为 *.MSI。也可先进行矢量化，然后将矢量数据存入线文件（*.WL）或点文件（*.WT）中，进行校正投影，使矢量数据具有一定地理空间坐标。

3. MAPGIS 基础概念

（1）文件或项目 在 GIS 应用中，一般把同一类地理要素存放在同一文件中，我们称该文件为"要素层"或"地理层"；在 MAPGIS6.7 及以前版本可分为点要素（*.WT）、线要素（*.WL）、区要素（*.WP）等。如行政界线矢量化后可保存为"行政界线.WL"，点状乡镇矢量化后可保存为"乡镇.WT"。

（2）图层 每"要素层"内的图形分层，将地理要素按几何特征分类或按用途与其特征结合等分类，每一类作为一个图层。如行政界线可分为国界线、省界线、市界线、线界线、乡镇界线等，在"行政界线.WL"矢量化时可在一个 *.WL 文件中分别将不同级别的行政界线赋予不同的层次。

（3）工程 一幅地图可能由若干个文件或项目组成，工程主要是调入和管理多个文件。在进行编辑、处理和分析时，当文件太多时，不易查找和记忆，需要建立一个工程文件，来描述和管理这些信息。在编辑处理同一工程时，不必装入每一个文件，只需装入工程文件即可；相同的文件可以装入不同的工程，进行编辑修改。

4. 工程和文件的操作

①启动 MAPGIS 点击"输入编辑"，进入图形编辑窗口（图实-7-1）。

②点击"取消"。然后点击"新建工程"、"确定"，出现对话框，选择并点击选中"生成不可编辑项"或"自定义生成可编辑项"，最后点击确定（图实-7-2）。

最大化地图窗口，窗口最上方是菜单栏，左边为工程控制台窗口，右边是图形编辑窗口，最下边是状态栏，显示鼠标所在位置的横坐标、纵坐标等（图实-7-3）。

③在工程控制台窗口击右键，将空的工程文件保存为"土壤"，注意文件的路径，如图实-7-4A；装入光栅文件，根据光栅文件位置找到"土壤.tif"，并打开该文件，如下图实-7-4B。

将屏幕放大到适当大小，利用移动窗口工具拖动窗口，以查看图形的其他部分；也可在图形编辑窗口内点击右键，找到"放大窗口"、"缩小窗口"、"移动窗口"等工具分别进行放大、缩小、移动、复位等操作；如果光栅文件不清晰，可以进行求反显示（图实-7-5）。

图实-7-1 新建工程窗口

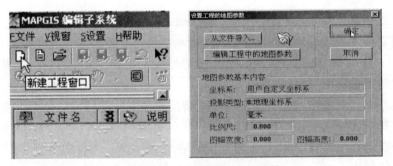

图实-7-2 MAPGIS编辑子系统

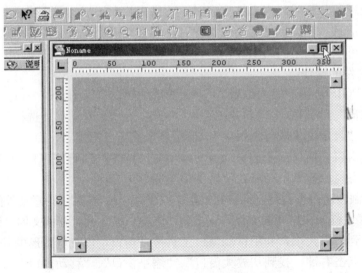

图实-7-3 MAPGIS图形编辑窗口

实验七 土壤图形数据的矢量化与编辑

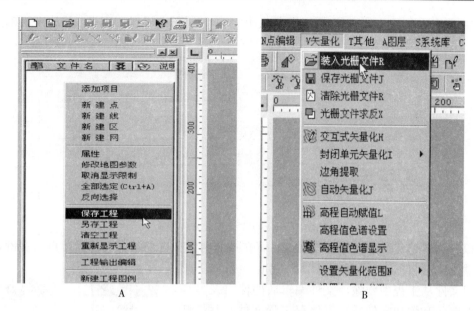

图实-7-4 光栅文件打开

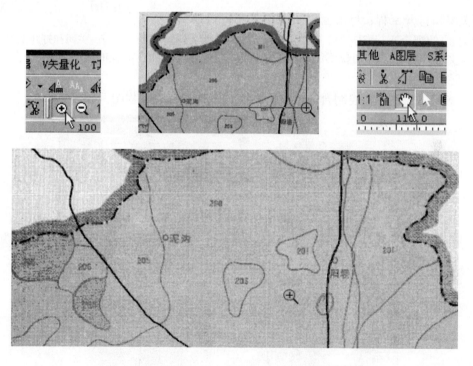

图实-7-5 光栅文件放大与缩小

通过对光栅文件查看，对整个图形主要结构要有一个了解，然后根据一定的目的和分类指标，对底图上的图形要素进行分类。对图形进行分层，有助于图形的编辑与检索。对图形编辑时可以调入相应的图层，无关图层不调入，这样进入工作区的图形数据就可大大减少，从而提高检索与显示速度，同时也避免了无关图形的干扰，也有利于制作专题图。

④在控制台窗口点击右键，利用快捷菜单新建点文件和线文件（区文件可以由线文件转

· 385 ·

化),分别取名,如建立"土壤.WT"、"土壤.WL"、"行政界线.WL",并放入正确的路径(图实-7-6)。

 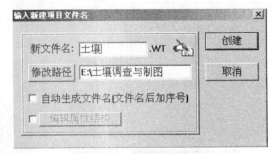

图实-7-6 点文件和线文件建立

可以分别新建几个点文件或线文件。可在控制台窗口选中某个文件后,点击右键,可分别选择"删除项目","保存项目","另存项目"等工具,练习文件从工程中删除,文件编辑后的保存及另存工作。在删除和添加文件后注意保存工程文件,并打开观察效果。

⑤关闭和打开工程:单击窗口右上角关闭窗口按钮(注意是下边的那个);点击"打开工程"工具,找到保存过的工程文件,打开。分别观察添加和删除不同的项目或文件后工程的变化(图实-7-7)。

图实-7-7 关闭和打开工程文件

5. 图例板的操作

(1) 新建图例板 在控制台窗口点击右键,选择"新建工程图例"。

图实-7-8 图例的建立与设置图例参数

①新建"注示"的图例,在"图例类型"选择框中选择"点类型图例",并在"名称"栏中输入"乡镇名称"。点击"图例参数"按钮,输入如下参数,点击"确定"键确认。最后点击"插入"按钮,完成"注示"图例的设置(图实-7-8)。

新建"乡镇"点状符号,点击"图例参数"按钮,输入如下参数,最后点击"确定"键确认(图实-7-9)。

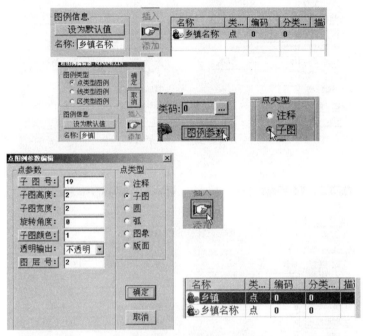

图实-7-9　点状图例参数设置

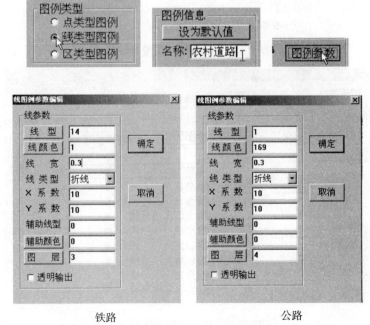

铁路　　　　　　　　　　公路

图实-7-10　铁路和公路线状图例参数设置

②线状地物包括交通道路、行政界线等。以铁路为例,"图例类型"选"线类型图例";"图例名称"填入"铁路";设置"图例参数",设置好图形参数后点击确定,并点击插入(图实-7-10)。

其他线状地物的设置同上,其参数见图实-7-11。

图实-7-11　其他线状图像参数设置

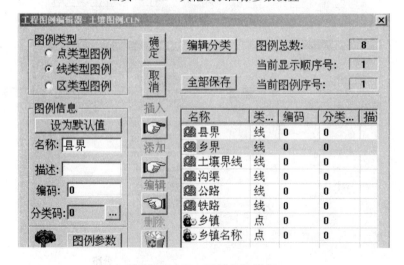

图实-7-12　图例文件保存

以上的参数定义好之后，点击"确定"按钮确认操作，然后点击"全部保存"，系统会提示保存图例文件，保存为"土壤图例.CLN"（图实-7-12）。

（2）关联图例板　将工程文件与图例文件关联在一起才能使用图例板，方法是在控制台窗口点击右键，选择"关联图例文件"，出现修改图例文件路径对话框，找到保存的"土壤图例"，并打开（图实-7-13）。

图实-7-13　关联图例板

（3）打开图例板　在控制台窗口点击右键，选择"打开图例板"，并放置在不影响作业的图形编辑窗口（图实-7-14）。

图实-7-14　图例板打开

（二）图形矢量化

1. 常用快捷键　F5 放大，F6 移动，F7 缩小，F8 线输入时加点，F9 线输入时退点，F11 线输入时反方向，F12 线输入时靠近点，ctrl＋右键线或弧段闭合。

2. 工具箱的使用　工具箱的打开/关闭，在图形编辑窗口点击右键分别可见对窗口的放大、缩小、清除、复位等，对应于主菜单的放大、缩小、更新等图标功能；另外可见"打开工具箱"，点击后，可见点、线、区的编辑工具，分别对应于主菜单的"点编辑"、"线编辑"、"区编辑"、"图层"等子菜单的功能。所有工具的使用，都是先选择各个工具，然后在图形窗口进行操作实施（图实-7-15）。

3. 点的输入 常用的点类型有子图和注释。在输入时将对应的点文件点上"√"，使处于编辑状态。

图实-7-15 工具箱

点击"输入点图元"工具，输入类型选择"注释"，输入注释高度和宽度，选择字体，颜色，图层等参数；也可以在打开的图例板文件上选中某一注释类后，再点击"输入点图元"；在装入光栅文件后，在图形编辑窗口需要输入注释的地方点击，然后输入乡镇名称后点击"OK"。同样的方法输入乡镇子图（图实-7-16）。

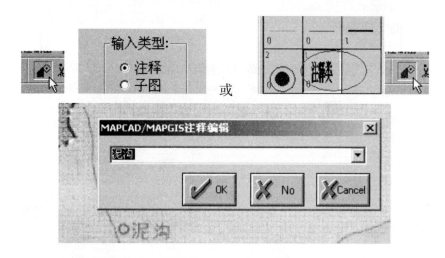

图实-7-16 点图元编辑

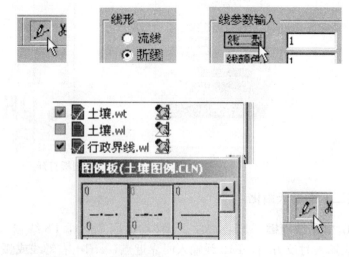

图实-7-17 线图元编辑

4. 线的输入 点击"输入线"按钮,线型框中选择"折线",选择线型、线颜色、线型宽度、X 系数、Y 系数、图层等后点击确定;也可以在打开的图例板文件上选中某一线类后,再点击"输入线";在装入光栅文件后,在图形编辑窗口开始输入线的地方点击左键,沿着光栅文件,画出折线,点击右键结束(图实-7-17)。

还原显示:点击"参数设置"菜单,选择"还原显示"项,然后点击确定,点击"更新"按钮,还原显示。观察还原显示前后不同变化(图实-7-18)。

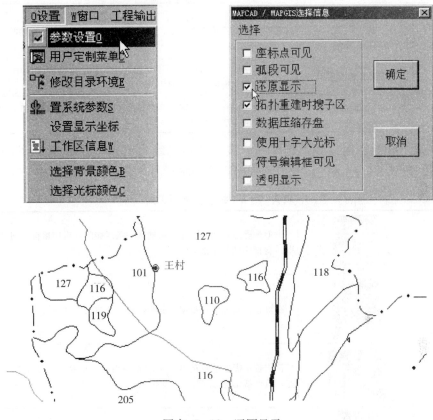

图实-7-18 还原显示

(三)图形编辑

1. 点编辑 包括:输入点,删除点,移动点,(阵列)复制点,修改(统改)点参数,对齐坐标,剪断字串,连接字串,修改文本等。步骤基本都是先选择工具,再在图形编辑窗口选择作用对象,然后进行操作编辑(表实-7-1)。

表实-7-1 点编辑常用工具

删除点		选择"删除点"工具后,在图形编辑窗口用鼠标左键来捕获一点图元,将之删除;用鼠标左键拖动一个矩形框,将框内的点全部删除
移动点		选择"移动点"工具后,在图形编辑窗口点击选中要移动的点,然后拖动到目的地

(续)

阵列/复制点		选择"拷贝点"工具后,在图形编辑窗口点击要复制的点,用鼠标移动到目的地即可,点击右键结束;"阵列复制点"需要输入要复制的行数、列数及行间距、列间距
修改/统改点参数		选择"修改点参数",在图形编辑窗口点击要查看/修改的点,改点参数;将所有符合替换条件的点参数,均替换为相同的点参数,如将颜色为6的注释,均改为高度为8,颜色为2
修改文本		在要修改的字符串上点击,将原始错误的字符串改为正确的,点击OK
在主菜单中的"点编辑"子菜单中	连接/剪断字串	"连接字串"是将两个字串连接起来,使之成为一个字串;"剪断字串"是将一个字串剪断,使之成为两个字串
	对齐坐标	用一拖动过程定义一窗口来捕获一组点图元,将捕获的所有点在垂直方向或水平方向排成一直线

2. 线编辑 包括:输入线,删除线,线上移点,线上删点,查看/修改线参数,剪断线,靠近线,延长线,连接线,线节点平差等(表实-7-2)。

表实-7-2 线编辑常用工具

删除线		类似删除点,用鼠标左键来捕获一条线删除,或用鼠标左键拖动一个矩形框,将框内的线全部删除
剪断线		在屏幕上将曲线在指定处剪断,将一条线变成两条线
线上移点		首先选中需要移点的线,移动光标指向将被移动的点的附近,拖动一个点,改变线形态
线上删点		首先选中需要删除点的线,移动光标指向将被删除的点的附近,按鼠标左键,该点即被删除,改变线的形状,右键结束
阵列/复制线		同复制点操作
修改/统改线参数		同修改点参数操作
靠近线		选中工具后,先在要靠近的目标线点击,然后点击向目标靠近的线

另外,还有延长线、线节点平差、连接线、修改/查看线属性等线编辑工具,自己练习。

3. 区编辑 区是由弧段构成,首先就要了解弧段的操作。弧段的操作基本上类似于线的编辑，但还不完全等同于线编辑。在 MAPGIS 中分别单击"区编辑"和"线编辑"菜单进行对比。输入弧段：先选择图例、单击"区编辑"菜单，然后再单击"输入弧段"。在弹出的弧段参数设置菜单中根据需要进行参数设置（同线的输入），单击"确定"就可以进行输入了。在主菜单"设置"中的"参数设置"里选上"弧段可见"，就可看见所输入的弧段了；在打印出图时，一般设为不可见（图实-7-19）。

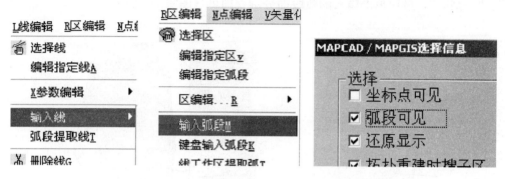

图实-7-19　区编辑

区编辑主要有：输入区、删除区、复制区、分割区、合并区、挑子区等。在输入弧段后，如果弧段封闭，拓扑关系正确，则弹出生成区参数对话框，选择颜色、图案等参数。若

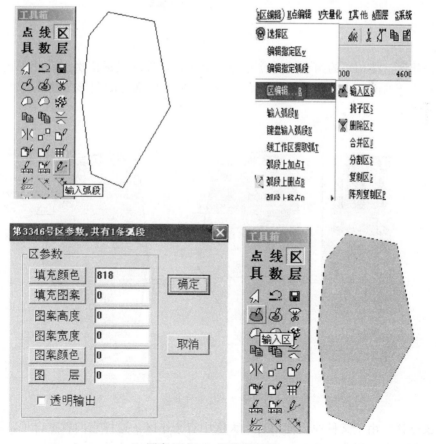

图实-7-20　区编辑工具

造区失败说明弧段拓扑关系不正确,可以用弧段"剪断"、"拓扑查错"、"结点平差"等功能将错误纠正(图实-7-20)。

(1) 删除区　从屏幕上将指定的区域删除,但弧段没有删除。在屏幕拖动一个窗口,将用窗口捕获到的所有区全部删除。

(2) 分割区　输入弧段(选择图例,注意弧段在分割区的两端要出头),依次点击"区编辑"、"分割区",最后单击输入的弧段即分割处即可(图实-7-21)。

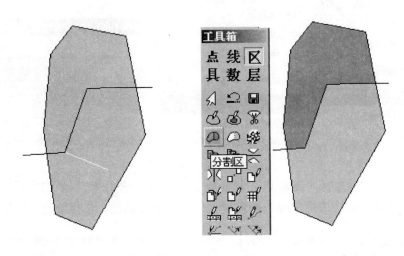

图实-7-21　分割区

(3) 合并区　将相邻的两个面元合并为一个面元,移动鼠标依次捕获相邻的两个面元,系统即将先捕获的面元合并到后捕获的面元中,合并后的面元的图形参数及属性与后捕获的面元相同(图实-7-22)。

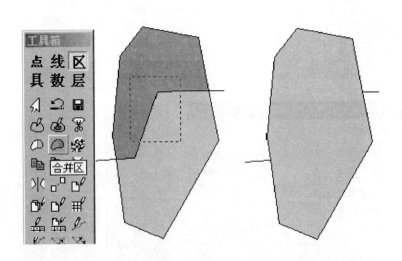

图实-7-22　合并区

(4) 挑子区　由于某种原因使得有个大区中有个小区,这样它们就重合了,统计面积的时候就会重复,必须把它们分开,这样就需要挑子区操作了(图实-7-23)。

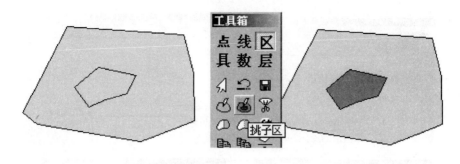

图实-7-23 挑子区

4. 线转区编辑

其程序为：合并线文件，保存；添入工程，自动剪断线，自动结点平差，线拓扑查错，保存；自动剪断线，自动结点平差，（无造区拓扑错误），线转弧段，装入区文件，拓扑重建，编辑修改。

（1）合并文件、拓扑查错（图实-7-24）

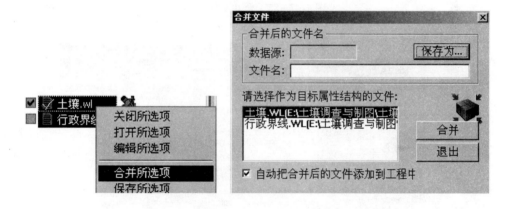

图实-7-24 合并文件

点击"保存为"，弹出对话框，点击文件名，取名，放在合适的路径，确定，合并，退出。若选上下面"自动把合并后的文件添加到工程中"，则该文件自动加入工程，可将合并前的两个或数个原文件在工程中关闭或删除（图实-7-25）。

然后在主菜单"其他"中，先后点击"自动剪断线"、"自动结点平差"、"线拓扑查错"，然后修改拓扑错误（图实-7-26）。

对于线段相交时超出的部分，线剪断后形成无用的微短线，应删除，如图实-7-27A；对于应相交而没有相交的线形成的悬挂弧段不能删除，可采用延长线或靠近线或结点平差，以使其相交，如图实-7-27B；线段相交是两条或两条以上的线重叠，线上删点或移点，如图实-7-27C；线段自相交是指一条线自身打了结，线上删点或移点，在打结的线上删除多余的点将线拉直即可，如图实-7-27D。按照上面线编辑的方法将所有的拓扑错误修改完毕，然后再进行一次自动剪断线和线拓扑错误检查，直至无造区拓扑错误。

（2）线转弧段，建立拓扑 线转弧段，弹出对话框，保存区文件；把新文件增加到当前工程（控制台窗口单击右键，单击添加项目），找到所在位置，添加后设为可编辑状态，然后拓扑重建（图实-7-28）。

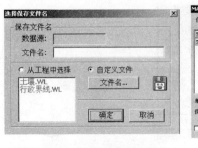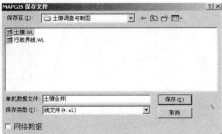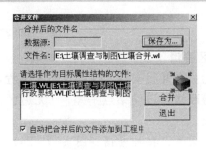

图实-7-25 合并文件保存

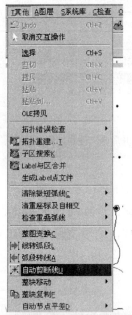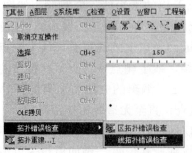

图实-7-26 拓扑错误检查

实验七　土壤图形数据的矢量化与编辑

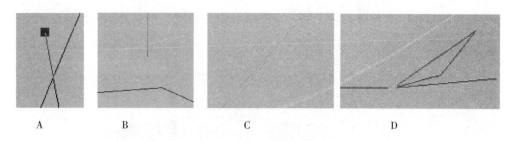

图实-7-27　拓扑错误修改

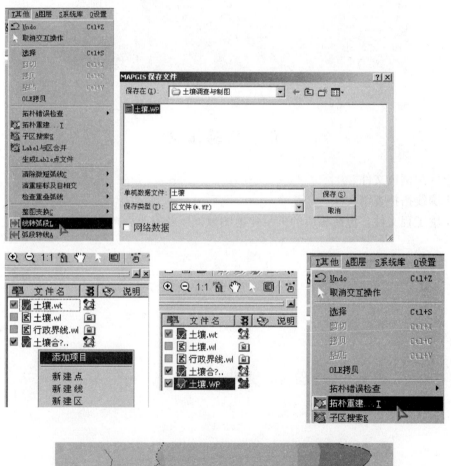

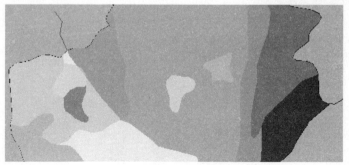

图实-7-28　线转弧段

在控制台窗口将区文件移到最上层,注意部分由交通线、水系分割的图斑应该合并(图实-7-29)。

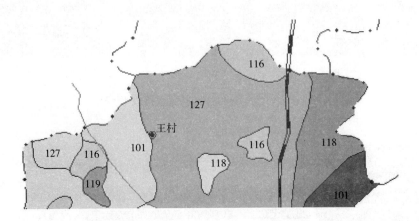

图实-7-29　拓扑重建后的区文件

四、实验作业

1. 土壤图例板文件。
2. 土壤线拓扑查错文件。
3. 土壤工程文件,包括相应的矢量化地图数据以及修改后拓扑重建的区文件。

实验八　土壤属性数据的输入与空间分析

属性，指的是实体特征，它由属性结构及属性数据两部分内容构成。属性结构为属性的数据结构，它描述实体的特性分类，与 dBase、FoxBase 等数据库的表结构相当，具有字段名、数据类型、长度（或小数位数）等特性。属性数据，指的就是实体特征具体描述，它与 dBase、FoxBase 等数据库表中的记录数据相当。

属性数据和空间数据是 GIS 中紧密联系的两部分内容。属性数据的输入可在程度的适当位置键入，但数据量较大时一般都与空间数据分开输入且分别存储，在图形输入的基础上与属性数据库通过标识码建立连接。

就整个土壤调查制图与评价工作而言，属性数据的输入与分析显得尤为重要，它是土壤资源制图与评价的重要依据。在属性数据的支持下，空间数据就不再是仅具有几何意义的图形或像元，而是有地理意义的地理实体。地理分析、地理统计等空间操作都是通过属性数据（与图形数据的结合及联系）而得以实现的。

土壤评价中，经常涉及多要素的综合研究，既要考虑各类评价因子数据的获取和模型计算，又要考虑评价单元的确定，可以使用空间图层的叠加分析技术。将两层地图要素叠加产生一个新的要素层的操作，其结果是原来的要素被分割、剪断、套合，然后生成新的要素，新要素综合了原来两层要素所具有的属性。也就是说，空间叠加，不仅产生新的空间特征，还将输入特征的属性联系起来，产生新的属性。

一、目的要求

掌握 MAPGIS 软件在数字化后进行属性数据的创建和编辑，以及如何通过关键字段图形与属性数据进行连接；掌握利用 MAPGIS 软件来实现空间叠加技术的操作。

二、实验材料

计算机、土壤图、地质图、MAPGIS 软件等。

三、实验内容与步骤

（一）土壤属性数据的建立与录入

属性数据的建立与录入可独立于空间数据库和 GIS 系统，可以在 Excel、Access、dBase、FoxBase 或 FoxPro 下建立，最终以统一格式保存入库。属性数据库的内容包括室内分析的土壤理化性能指标、土壤调查野外观测的记载与调查数据资料或历史资料数据（如第二次全国土壤普查数据）等。

要输入属性值,首先要编辑对应文件的属性结构,确定有些什么属性项,编辑好属性结构以后才可以来输入属性数据。然后将*.XLS转为*.DBF格式(图实-8-1)。

图实-8-1 在Excel中编辑属性数据

(二) 图形数据建立关键字段

在主菜单中选中"区编辑",选择"编辑区属性结构",弹出"编辑属性结构"窗口,将光标移至最后,在字段名称为空的地方,输入新的字段名"土壤代码";字段类型及字段长度根据表中数据进行选择和输入;每输入一项,按一次回车键。输入结束后,点击"OK"返回(图实-8-2)。

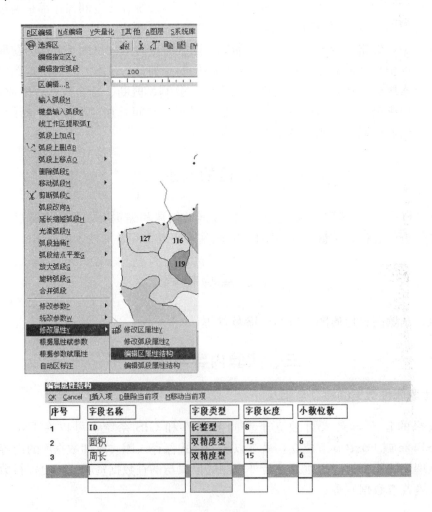

实验八 土壤属性数据的输入与空间分析

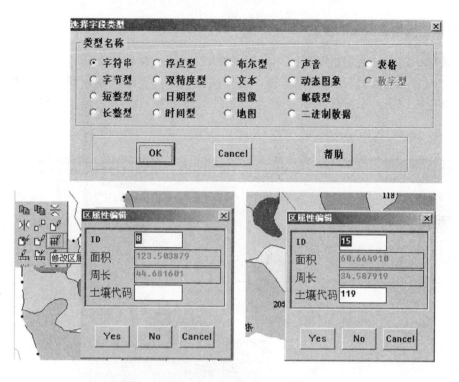

图实-8-2 在 MAPGIS 中编辑区属性结构过程

（三）图形数据与属性数据连接

图形数据有一字段"土壤代码"，表格数据也有一"土壤代码"，可用标识码将空间数据和属性数据连接起来。然后在属性库或图形输入编辑中打开图形文件，查看区属性，可以看见图形中连接了属性数据（图实-8-3）。

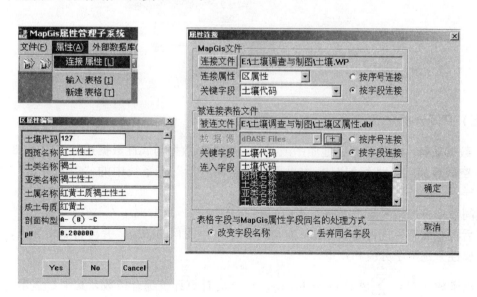

图实-8-3 图形数据与属性数据连接

(四) 根据属性编辑图形参数

在主菜单中选中"区编辑"里的"根据属性赋参数",弹出"表达式输入"窗口,选择某个属性,如"土壤代码",选择操作符,选择属性数据,点击确定;弹出区参数修改对话框,更改颜色或图案;系统便将所有符合该条件的图斑参数改为一样,其他同样进行(图实-8-4)。

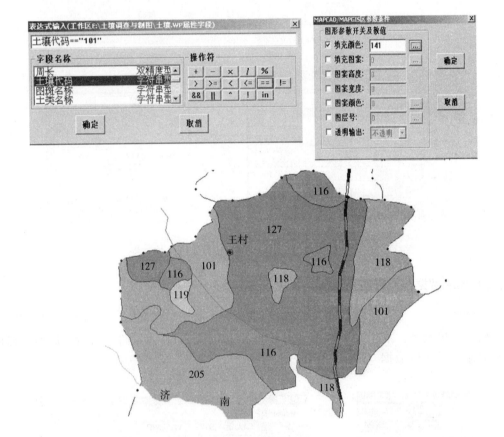

图实-8-4 根据属性编辑图形参数

(五) 空间分析

1. 数据准备 将土壤图、地质图或其他图的图形数据与属性数据连接(图实-8-5)。

2. 空间叠加 启动 MAPGIS 主界面的"空间分析"子系统中的"空间分析",将两个区文件导入,进行叠加(图实-8-6)。

空间数据叠加结果显示(图实-8-7)。

然后将叠加结果进行编辑整饰,如删除小于最小面积的图斑;并可将属性导出,对每个图斑的属性分别赋予分值和权重。

根据函数式 $C = \sum_{i=1}^{n} A_i B_i (i = 1, 2, 3, \cdots, n)$,计算评价综合指数,其中 C 表示每一个评价单元综合评价指数;A_i 表示评价指标的量化分值;B_i 表示评价指标的权系数,即权重;

实验八 土壤属性数据的输入与空间分析

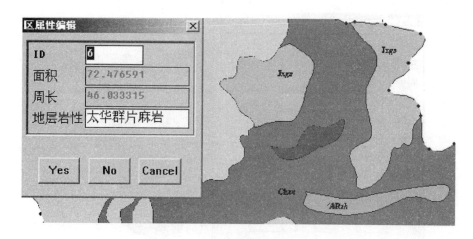

图实-8-5 多图形数据与属性数据连接

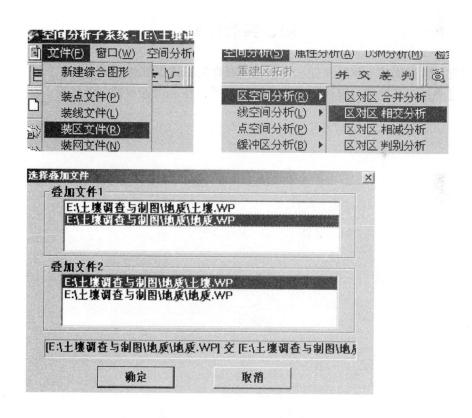

图实-8-6 MAPGIS空间叠加

n 为评价指标个数。将计算结果分级后，再导入图形数据，根据属性赋参数，编辑图形，可得土壤评价等级图，并可统计各等级面积。

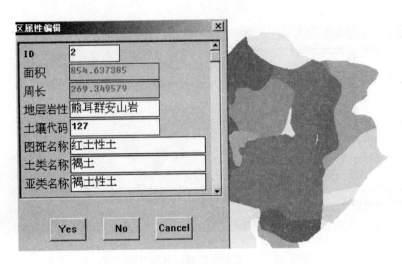

图实-8-7 空间数据叠加结果

四、实验作业

1. 带有属性数据的土壤区文件,要求相同属性的图斑参数相同。
2. 经过叠加、整饰带有属性数据的土壤评价图,并统计各等级土壤面积。

实验九　土壤类型图和土壤专题图的编制

一、目的要求

掌握利用 MAPGIS 软件来实现空间插值分析的操作，了解其他软件插值方法。

二、实验材料

计算机、土壤图、遥感影像、土壤数据、MAPGIS 软件等。

三、实验内容与步骤

（一）数据准备

按照属性输入与连接的方法，将土壤图中的采样点图形数据与属性数据连接（图实-9-1）。

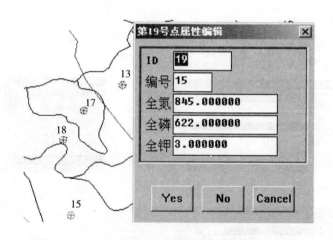

图实-9-1　采样点属性数据编辑

（二）空间插值分析

启动 MAPGIS 主界面的"空间分析"子系统中的"DTM 分析"，装入点文件，进行点属性的插值分析（图实-9-2、图实-9-3）。

分别选择网格化方法，修改网格间距，保存文件*.GRD，点击"等值线绘制"工具；打开刚才保存的*.GRD，弹出设置等值线参数对话框，根据实际情况进行修改（图实-9-4）。

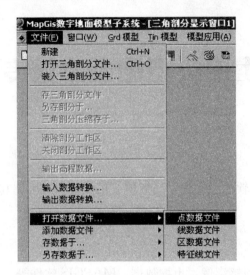

图实-9-2　MAPGIS空间分析界面

图实-9-3　MAPGIS点属性的插值分析过程

实验九 土壤类型图和土壤专题图的编制

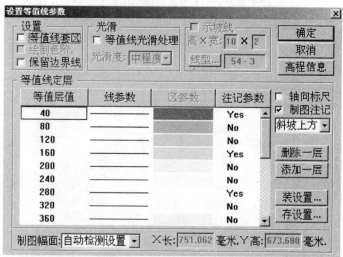

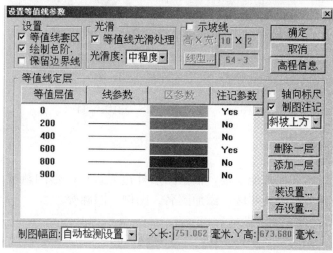

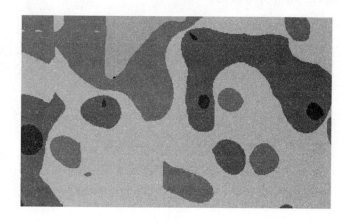

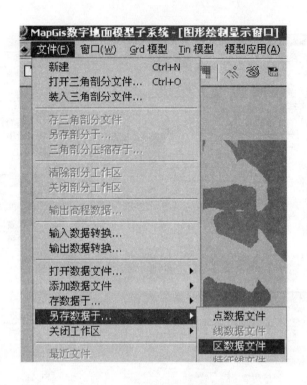

图实-9-4　MAPGIS 等值线绘制

（三）图形整饰

在使用服务窗口，添加其他要素，根据图形外边界进行图形的裁减；在输入编辑窗口，进行制图综合，合并或删除某些区，添加图名、图例、图廓等。

四、实验作业

经过叠加、整饰的土壤养分等级图。

附　　录

附录一　中国土壤分类系统表

土纲	亚纲	土类	亚类
铁铝土	湿热铁铝土	砖红壤	砖红壤 黄色砖红壤
		赤红壤	赤红壤 黄色赤红壤 赤红壤性土
		红壤	红壤 黄红壤 棕红壤 山原红壤 红壤性土
	湿暖铁铝土	黄壤	黄壤 漂洗黄壤 表潜黄壤 黄壤性土
淋溶土	湿暖淋溶土	黄棕壤	黄棕壤 暗黄棕壤 黄棕壤性土
		黄褐土	黄褐土 黏盘黄褐土 白浆化黄褐土 黄褐土性土
	湿暖湿淋溶土	棕壤	棕壤 白浆化棕壤 潮棕壤 棕壤性土
	湿温淋溶土	暗棕壤	暗棕壤 灰化暗棕壤 白浆化暗棕壤 草甸暗棕壤 潜育暗棕壤 暗棕壤性土
		白浆土	白浆土 草甸白浆土 潜育白浆土

(续)

土 纲	亚 纲	土 类	亚 类
淋溶土	湿寒温淋溶土	棕色针叶林土	棕色针叶林土 灰化棕色针叶林土 白浆化棕色针叶林土 表潜棕色针叶林土
		漂灰土	漂灰土 暗漂灰土
		灰化土	灰化土
半淋溶土	半湿热半淋溶土	燥红土	燥红土 淋溶燥红土 褐红土
	半湿暖温半淋溶土	褐土	褐土 石灰性褐土 淋溶褐土 潮褐土 塿土 燥褐土 褐土性土
	半湿温半淋溶土	灰褐土	灰褐土 暗灰褐土 淋溶灰褐土 石灰性灰褐土 灰褐土性土
		黑土	黑土 草甸黑土 白浆化黑土 表潜黑土
		灰色森林土	灰色森林土 暗灰色森林土
钙层土	半湿温钙层土	黑钙土	黑钙土 淋溶黑钙土 石灰性黑钙土 淡黑钙土 草甸黑钙土 盐化黑钙土 碱化黑钙土
	半干温钙层土	栗钙土	暗栗钙土 栗钙土 淡栗钙土 草甸栗钙土 盐化栗钙土 碱化栗钙土 栗钙土性土
	半干暖温钙层土	栗褐土	栗褐土 淡栗褐土 潮栗褐土
		黑垆土	黑垆土 黏化黑垆土 潮黑垆土 黑麻土

(续)

土 纲	亚 纲	土 类	亚 类
干旱土	干温干旱土	棕钙土	棕钙土 淡棕钙土 草甸棕钙土 盐化棕钙土 碱化棕钙土 棕钙土性土
	干暖温干旱土	灰钙土	灰钙土 淡灰钙土 草甸灰钙土 盐化灰钙土
漠土	干温漠土	灰漠土	灰漠土 钙质灰漠土 草甸灰漠土 盐化灰漠土 碱化灰漠土 灌耕灰漠土
		灰棕漠土	灰棕漠土 草甸灰棕漠土 石膏灰棕漠土 石膏盐盘灰棕漠土 灌耕灰棕漠土
	干暖温漠土	棕漠土	棕漠土 草甸棕漠土 盐化棕漠土 石膏棕漠土 石膏盐盘棕漠土 灌耕棕漠土
初育土	土质初育土	黄绵土	黄绵土
		红黏土	红黏土 积钙红黏土 复盐基红黏土
		新积土	新积土 冲积土 珊瑚沙土
		龟裂土	龟裂土
		风沙土	荒漠风沙土 草原风沙土 草甸风沙土 滨海风沙土
		粗骨土	酸性粗骨土 中性粗骨土 钙质粗骨土 硅质岩粗骨土

(续)

土 纲	亚 纲	土 类	亚 类
初育土	石质初育土	石灰（岩）土	红色石灰土 黑色石灰土 棕色石灰土 黄色石灰土
		火山灰土	火山灰土 暗火山灰土 基性岩火山灰土
		紫色土	酸性紫色土 中性紫色土 石灰性紫色土
		磷质石灰土	磷质石灰土 硬盘磷质石灰土 盐渍磷质石灰土
		石质土	酸性石质土 中性石质土 钙质石质土 含盐石质土
半水成土	暗半水成土	草甸土	草甸土 石灰性草甸土 白浆化草甸土 潜育草甸土 盐化草甸土 碱化草甸土
	淡半水成土	潮土	潮土 灰潮土 脱潮土 湿潮土 盐化潮土 碱化潮土 灌淤潮土
		砂姜黑土	砂姜黑土 石灰性砂姜黑土 盐化砂姜黑土 碱化砂姜黑土 黑黏土
		林灌草甸土	林灌草甸土 盐化林灌草甸土 碱化林灌草甸土
		山地草甸土	山地草甸土 山地草原草甸土 山地灌丛草甸土

(续)

土 纲	亚 纲	土 类	亚 类
水成土	矿质水成土	沼泽土	沼泽土 腐泥沼泽土 泥炭沼泽土 草甸沼泽土 盐化沼泽土 碱化沼泽土
	有机水成土	泥炭土	低位泥炭土 中位泥炭土 高位泥炭土
盐碱土	盐土	草甸盐土	草甸盐土 结壳盐土 沼泽盐土 碱化盐土
		滨海盐土	滨海盐土 滨海沼泽盐土 滨海潮滩盐土
		酸性硫酸盐土	酸性硫酸盐土 含盐酸性硫酸盐土
		漠境盐土	漠境盐土 干旱盐土 残余盐土
		寒原盐土	寒原盐土 寒原草甸盐土 寒原硼酸盐土 寒原碱化盐土
	碱土	碱土	草甸碱土 草原碱土 龟裂碱土 盐化碱土 荒漠碱土
人为土	人为水成土	水稻土	潜育水稻土 淹育水稻土 渗育水稻土 脱潜水稻土 漂洗水稻土 盐渍水稻土 咸酸水稻土
	灌耕土	灌淤土	灌淤土 潮灌淤土 表锈灌淤土 盐化灌淤土
		灌漠土	灌漠土 灰灌漠土 潮灌漠土 盐化灌漠土

（续）

土纲	亚纲	土类	亚类
高山土	湿寒高山土	草毡土（高山草甸土）	草毡土（高山草甸土） 薄草毡土（高山草原草甸土） 棕草毡土（高山灌丛草甸土） 湿草毡土（高山湿草甸土）
		黑毡土（亚高山草甸土）	黑毡土（亚高山草甸土） 薄黑毡土（亚高山草原划甸土） 棕黑毡土（亚高山灌丛草甸土） 湿黑毡土（亚高山湿草甸土）
	半湿寒高山土	寒钙土（高山草原土）	寒钙土（高山草原土） 暗寒钙土（高山草甸草原土） 淡寒钙土（高山荒漠草原土） 盐化寒钙土（高山盐渍草原土）
		冷钙土（亚高山草原土）	冷钙土（亚高山草原土） 暗冷钙土（亚高山草甸草原土） 淡冷钙土（亚高山荒漠草原土） 盐化冷钙土（亚高山盐渍草原土）
		冷棕钙土（山地灌丛草原土）	冷棕钙土（山地灌丛草原土） 淋溶冷棕钙土（山地淋溶灌丛草原土）
	干寒高山土	寒漠土（高山漠土） 冷漠土（亚高山漠土）	寒漠土（高山漠土） 冷漠土（亚高山漠土）
	寒冻高山土	寒冻土（高山寒漠土）	寒冻土（高山寒漠土）

附录二　中国土壤系统分类表（土纲、亚纲、土类）

土纲	亚纲	土类
有机土	永冻有机土 正常有机土	落叶永冻有机土、纤维永冻有机土、半腐永冻有机土 落叶正常有机土、纤维正常有机土、半腐正常有机土、高腐正常有机土
人为土	水耕人为土 旱耕人为土	潜育水耕人为土、铁渗水耕人为土、铁聚水耕人为土、简育水耕人为土 肥熟旱耕人为土、灌淤旱耕人为土、泥垫旱耕人为土、土垫旱耕人为土
灰土	腐殖灰土 正常灰土	简育腐殖灰土 简育正常灰土
火山灰土	寒冻火山灰土 玻璃火山灰土 湿润火山灰土	简育寒冻火山灰土 干润玻璃火山灰土、湿润玻璃火山灰土 腐殖湿润火山灰土、简育湿润火山灰土
铁铝土	湿润铁铝土	暗红湿润铁铝土、简育湿润铁铝土
变性土	潮湿变性土 干润变性土 湿润变性土	盐积潮湿变性土、钠质潮湿变性土、钙积潮湿变性土、简育潮湿变性土 腐殖干润变性土、钙质干润变性土、简育干润变性土 腐殖湿润变性土、钙积湿润变性土、简育湿润变性土
干旱土	寒性干旱土 正常干旱土	钙积寒性干旱土、石膏寒性干旱土、黏化寒性干旱土、简育寒性干旱土 钙积正常干旱土、石膏正常干旱土、盐积正常干旱土、简育正常干旱土

(续)

土纲	亚纲	土类
盐成土	碱积盐成土	龟裂碱积盐成土、潮湿碱积盐成土、简育碱积盐成土
	正常盐成土	干旱正常盐成土、潮湿正常盐成土
潜育土	寒冻潜育土	有机寒冻潜育土、简育寒冻潜育土
	滞水潜育土	有机滞水潜育土、简育滞水潜育土
	正常潜育土	含硫正常潜育土、有机正常潜育土、表锈正常潜育土、暗沃正常潜育土、简育正常潜育土
均腐土	岩性均腐土	富磷岩性均腐土、黑色岩性均腐土
	干润均腐土	寒性干润均腐土、黏化干润均腐土、钙积干润均腐土、简育干润均腐土
	湿润均腐土	滞水湿润均腐土、黏化湿润均腐土、简育湿润均腐土
富铁土	干润富铁土	钙质干润富铁土、黏化干润富铁土、简育干润富铁土
	常湿富铁土	富铝常湿富铁土、黏化常湿富铁土、简育常湿富铁土
	湿润富铁土	钙质湿润富铁土、强育湿润富铁土、富铝湿润富铁土、黏化湿润富铁土、简育湿润富铁土
淋溶土	冷凉淋溶土	漂白冷凉淋溶土、暗沃冷凉淋溶土、简育冷凉淋溶土
	干润淋溶土	钙质干润淋溶土、钙积干润淋溶土、铁质干润淋溶土、简育干润淋溶土
	常湿淋溶土	钙质常湿淋溶土、铝质常湿淋溶土、简育常湿淋溶土
	湿润淋溶土	漂白湿润淋溶土、钙质湿润淋溶土、黏磐湿润淋溶土、铝质湿润淋溶土、简育湿润淋溶土
雏形土	寒冻雏形土	永冻寒雏形土、潮湿寒冻雏形土、草毡寒冻雏形土、暗瘠寒冻雏形土、简育寒冻雏形土
	潮湿雏形土	潜育潮湿雏形土、砂姜潮湿雏形土、暗色潮湿雏形土、淡色潮湿雏形土
	干润雏形土	灌淤干润雏形土、铁质干润雏形土、斑纹干润雏形土、石灰干润雏形土、简育干润雏形土
	常湿雏形土	钙质常湿雏形土、紫色常湿雏形土、铝质常湿雏形土、铁质常湿雏形土、酸性常湿雏形土、暗沃常湿雏形土、斑纹常湿雏形土、简育常湿雏形土
新成土	人为新成土	扰动人为新成土、淤积人为新成土
	砂质新成土	寒冻砂质新成土、干旱砂质新成土、暖热砂质新成土、湿润砂质新成土
	冲积新成土	寒冻冲积新成土、干旱冲积新成土、暖热冲积新成土、干润冲积新成土、湿润冲积新成土
	正常新成土	黄土正常新成土、紫色正常新成土、红色正常新成土、寒冻正常新成土、干旱正常新成土、暖热正常新成土、干湿正常新成土、湿润正常新成土

附录三 《土地利用现状分类》与《全国土地分类（试行）》"三大类"对照表

《全国土地分类（试行）》三大类	《土地利用现状分类》（GB/T21010-2007）国家标准			
	一级类		二级类	
	类别编码	类别名称	类别编码	类别名称
农用地	01	耕地	011	水田
			012	水浇地
			013	旱地
	02	园地	021	果园
			022	茶园
			023	其他园地

(续)

《全国土地分类（试行）》三大类	《土地利用现状分类》（GB/T 21010-2007）国家标准			
	一级类		二级类	
	类别编码	类别名称	类别编码	类别名称
农用地	03	林地	031	有林地
			032	灌木林地
			033	其他林地
	04	草地	041	天然牧草地
			042	人工牧草地
	10	交通用地	104	农村道路
	11	水域及水利设施用地	114	坑塘水面
			117	沟渠
	12	其他土地	122	设施农用地
			123	田坎
建设用地	05	商服用地	051	批发零售用地
			052	住宿餐饮用地
			053	商务金融用地
			054	其他商服用地
	06	工矿仓储用地	061	工业用地
			062	采矿用地
			063	仓储用地
	07	住宅用地	071	城镇住宅用地
			072	农村宅基地
	08	公共管理与公共服务用地	081	机关团体用地
			082	新闻出版用地
			083	科教用地
			084	医卫慈善用地
			085	文体娱乐用地
			086	公共设施用地
			087	公园与绿地
			088	风景名胜设施用地
	09	特殊用地	091	军事设施用地
			092	使领馆用地
			093	监教场所用地
			094	宗教用地
			095	殡葬用地

(续)

《全国土地分类（试行）》三大类	《土地利用现状分类》(GB/T 21010-2007) 国家标准			
	一级类		二级类	
	类别编码	类别名称	类别编码	类别名称
建设用地	10	交通运输用地	101	铁路用地
			102	公路用地
			103	街巷用地
			105	机场用地
			106	港口码头用地
			107	管道运输用地
	11	水域及水利设施用地	113	水库水面
			118	水工建筑物用地
	12	其他土地	121	空闲地
未利用地	04	草地	043	其他草地
	11	水域及水利设施用地	111	河流水面
			112	湖泊水面
			115	沿海滩涂
			116	内陆滩涂
			119	冰川及永久积雪
	12	其他土地	124	盐碱地
			125	沼泽地
			126	沙地
			127	裸地

主要参考文献

白中科,等.2000.工矿区土地复垦与生态重建[M].北京:中国农业科技出版社.
北京农业大学.1983.耕作学[M].北京:农业出版社.
布雷迪 N.C..1982.土壤的本质与性状[M].北京:科学出版社.
陈怀满.2005.环境土壤学[M].北京:科学出版社.
陈焕伟.1997.土壤资源调查[M].北京:中国农业大学出版社.
陈思凤.1993.土壤肥力物质基础及其调控[M].北京:科学出版社.
登特·扬(英).1988.土壤调查与土地评价[M].倪绍祥,译.北京:农业出版社.
侯光炯,高惠民.1982.中国农业土壤学概论[M].北京:农业出版社.
华孟,王坚.1994.土壤物理学[M].北京:北京农业大学出版社.
黄昌勇.2000.土壤学[M].北京:中国农业出版社.
李天杰,等.2004.土壤地理学[M].北京:高等教育出版社.
李文银,王治国,等.1996.工矿区水土保持[M].北京:科学出版社.
林成谷.1992.土壤学[M](北方本).北京:农业出版社.
林大仪.2002.土壤学[M].北京:中国林业出版社.
林培.1988.现代土壤调查技术[M].北京:科学出版社.
林培.1996.土地资源学[M](第二版).北京:中国农业大学出版社.
林培.1993.区域土壤地理学[M].北京:北京农业大学出版社.
卢瑛,龚子同,张甘霖.2002.城市土壤的特性及其管理[J].土壤与环境,11(2):206-209.
卢瑛,龚子同,张甘霖.2001.南京城市土壤的特性及其分类的初步研究[J].土壤,33(1):47-51.
卢瑛,龚子同.1999.城市土壤分类概述[J].土壤通报,30(专辑):60-64.
吕成文,顾也萍,等.2001.土壤系统分类在大比例尺土壤制图中的应用——以安徽宣城样区为例.土壤,1:38-41.
南京农学院,东北农学院.1981.土壤调查与制图[M].南京:江苏科学技术出版社.
潘剑君.2004.土壤资源调查与评价[M].北京:中国农业大学出版社.
全国土壤普查办公室.1992.中国土壤普查技术[M].北京:农业出版社.
全国土壤普查办公室.1998.中国土壤[M].北京:中国农业出版社.
沈善敏,等.1998.中国土壤肥力[M].北京:中国农业出版社.
汪权方,陈百明,等.2003.城市土壤研究进展与中国城市土壤生态保护研究[J].水土保持学报,17(4):142-145.
谢兆申,王明果.1996.土壤调查技术手册[M].台北:台湾中兴大学土壤调查试验中心.
邢世和.2000.土地资源与利用规划[M].厦门:厦门大学出版社.
严永升.1988.土壤肥力研究方法[M].北京:农业出版社.
于天仁.1976.土壤发生中的化学过程[M].北京:科学出版社.
张凤荣.2002.土壤地理学[M].北京:中国农业出版社.
张甘霖,龚子同.1999.中国土壤系统分类中的基层分类与制图表达[J].土壤,2:64-69.
张甘霖,朱永官,傅伯杰.2003.城市土壤质量演变及其生态环境效应[J].生态学报,23(3):

539-546.

张甘霖.2001.城市土壤研究的深化和发展[J].土壤,33(2):111-112.

张甘霖,等.2001.土系研究与制图表达[M].合肥:中国科学技术大学出版社.

章家恩,徐琪.1997.城市土壤的形成特征及其保护[J].土壤,4:189-193.

赵景逵,等.1993.矿区土地复垦技术与管理[M].北京:中国农业出版社.

赵其国,龚子同.1989.土壤地理研究法[M].北京:科学出版社.

赵其国,史学正,等.2007.土壤资源概论[M].北京:科学技术出版社.

赵玉萍.1991.土壤化学[M].北京:北京农业大学出版社.

中国科学院南京土壤研究所.1978.中国土壤[M].北京:科学出版社.

中国科学院南京土壤研究所土壤系统分类课题组,中国土壤系统分类课题研究协作组.2001.中国土壤系统分类检索[M](第三版).合肥:中国科学技术大学出版社.

中国土壤普查办公室.1992.中国土壤普查技术[M].北京:农业出版社.

中华人民共和国国土资源部.2000.土地开发整理标准[M].北京:中国计划出版社.

朱阿兴,等.2008.精细数字土壤普查模型与方法[M].北京:科学出版社.

朱德海.2000.土地管理信息系统[M].北京:中国农业大学出版社.

朱克贵.1996.土壤调查与制图[M](第二版).北京:中国农业出版社.

朱祖祥,等.1983.土壤学[M].北京:农业出版社.

Soil Survey Division Staff, U.S. Department of Agriculture, 1993. Soil Survey Manual [M]. USDA Handbook No. 18.

图书在版编目（CIP）数据

土壤调查与制图/潘剑君主编．—3版．—北京：中国农业出版社，2010.3（2024.6重印）
普通高等教育"十一五"国家级规划教材．全国高等农林院校"十一五"规划教材
ISBN 978-7-109-14388-3

Ⅰ．土… Ⅱ．潘… Ⅲ．①土壤调查—高等学校—教材 ②土壤制图—高等学校—教材 Ⅳ．S159-3

中国版本图书馆CIP数据核字（2010）第025193号

中国农业出版社出版
（北京市朝阳区麦子店街18号楼）
（邮政编码 100125）
责任编辑　李国忠　胡聪慧
文字编辑　钟卫彬

中农印务有限公司印刷　新华书店北京发行所发行
1981年7月第1版　2010年3月第3版
2024年6月第3版北京第4次印刷

开本：787mm×1092mm　1/16　印张：27.75
字数：655千字
定价：63.50元
（凡本版图书出现印刷、装订错误，请向出版社发行部调换）